光と生命の
事典

Encyclopedia of Photobiology

日本光生物学協会
光と生命の事典編集委員会 編集

朝倉書店

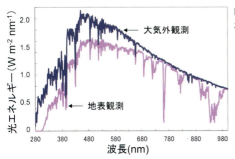

口絵1　太陽光スペクトル［本文 p.8 参照］
地球大気外観測（紺色）と地表観測（桃色）．

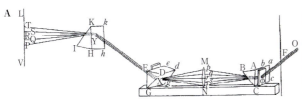

口絵2　ニュートンが用いた分光装置（A）および白色光のプリズムによる光の分散（B）［本文 p.4 参照］
F から入った太陽光をプリズムで屈折させるとレンズ（MN）上に七色の光が見え，集光して平行光とすると白色光となる．それを再度プリズムで分散させると再び七色に分かれる（p, P 点が紫; t, T 点が赤）．

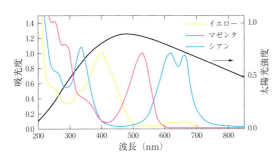

口絵3　カラープリンタの色素の吸収スペクトルおよび太陽からの輻射光の波長分布（実線）［本文 p.5 参照］

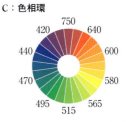

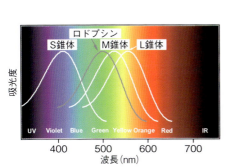

口絵4　人間の各錐体に含まれる視物質およびロドプシンの吸収スペクトル［本文 p.5 参照］

口絵5　光の三原色による加法混色（A），色の三原色による減法混色（B），円の両側が補色関係の色相環（カラーサークル）（C）［本文 p.4 参照］
数値は nm 単位の波長．

口絵 6 藻類から分離した代表的な光合成色素 ［本文 p.82 参照］
1：フィコシアニン，2：クロロフィル a，3：クロロフィル b，4：クロロフィル c，
5：β-カロテン，6：シフォナキサンチン，7：シフォネイン，8：フコキサンチン，
9：フィコエリスリン．

藻類には分類群ごとに化学構造や光吸収特性の異なる光合成アンテナ色素が存在する．ラン藻を起源とする藻類の葉緑体は，さまざまな光環境に適応していくなかで，光合成アンテナ色素を次々と生み出してきた．ある種のラン藻では，青色（1）と赤色（9）のフィコビリン色素の合成が光条件に応じて合成調節されている．

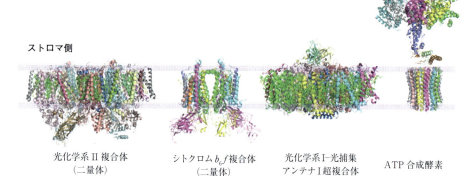

ストロマ側

光化学系 II 複合体　　シトクロム b_6f 複合体　　光化学系 I-光捕集　　ATP 合成酵素
（二量体）　　　　　　（二量体）　　　　アンテナ I 超複合体

口絵 7 光合成電子伝達系を構成するタンパク質複合体の分子モデル ［本文 p.52, 64 参照］
葉緑体のチラコイド膜には，図に示すようなタンパク質複合体が存在し，光エネルギーを化学エネルギーに変換している．

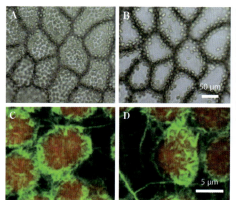

口絵 8 葉緑体の光定位運動 ［本文 p.132, 134 参照］
A と B はシダ前葉体の細胞を示す．葉緑体は光の強弱に応答して移動し，弱光下で細胞の上面に（A），強光下で側面に集まる（B）．C と D はシロイヌナズナの葉緑体（赤）と葉緑体運動に関与するアクチン繊維（緑）を示す．葉緑体が止まっているとき，アクチン繊維は葉緑体を取り囲むように分布し（C），移動するとき，葉緑体の移動方向側に偏って分布する（D）．

口絵 9 明暗に応答した気孔の開閉運動［本文 p.138 参照］
写真はツユクサの気孔を示す．一般に気孔は明所で開き（A），暗所で閉じる（B）．明所で開くことにより光合成に必要な二酸化炭素を取り込む．

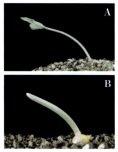

口絵 10 芽ばえの光形態形成［本文 p.110, 114 参照］
写真は明所（A）および暗所（B）で育てたエンドウの芽ばえを示す．暗所では，節間が徒長し，その先端部はフックを形成している．また，全体的に黄白色を呈し，葉は展開していない．一方，明所では，節間の伸長が抑えられ，葉は展開して緑色になる．

口絵 11 芽ばえの光屈性［本文 p.128 参照］
光屈性で明るい方向（左側）に屈曲しているトマト（A）およびトウモロコシ（B）の芽ばえを示す．トマトは胚軸が，トウモロコシは幼葉鞘が屈曲．

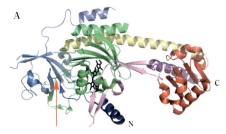

シアノバクテリアのフィトクロム Cph1 の N 末端側の結晶構造．赤矢印は結び目構造，ピンクは tongue（舌）構造，黄土色は PHY ドメインと GAF ドメインを結ぶ connecting helix．発色団フィトクロモビリンは黒色スティックモデルで表す．PDB code；2VEA.

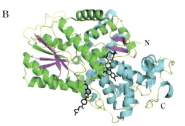

シロイヌナズナのクリプトクロム 3 の N 末端側の結晶構造．発色団フラビンアデニンジヌクレオチド（右）および集光色素メテニルテトラヒドロ葉酸（左）を黒色スティックモデルで表す．PDB code；1NP7.

シロイヌナズナのフォトトロピン 1 の LOV2 二量体結晶構造．LOV2 コアの N 末端側の A'α-α ヘリックス（黄色）と C 末端側の J-α ヘリックス（紺色），発色団フラビンモノヌクレオチド（黒色スティックモデル）を含む．PDB code；4hhd.

口絵 12 植物の光シグナル応答に関与する光受容体の分子モデル［本文 p.145, 158, 160, 162 参照］
A：フィトクロム，B：クリプトクロム，C：フォトトロピン．

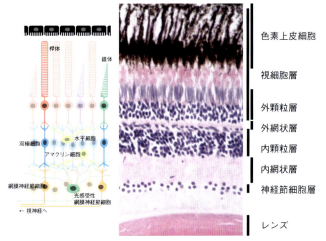

口絵 13 ゼブラフィッシュ網膜の HE 染色像と網膜模式図
左の絵と右の写真は対応している．写真にみえる点は核である．網膜は明順応しているため，色素上皮細胞層に桿体外節がある．（網膜模式図は七田芳則・深田吉孝編，動物の感覚とリズム，培風館，2007 を改変）

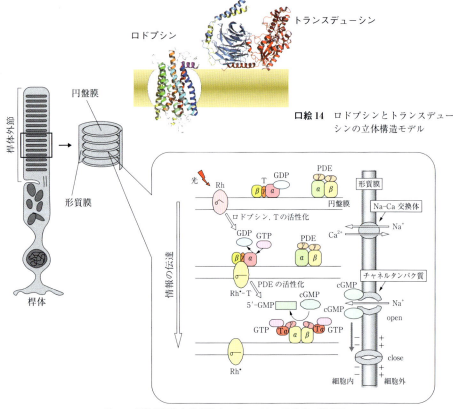

口絵 14 ロドプシンとトランスデューシンの立体構造モデル

口絵 15 桿体視細胞と視細胞内の光シグナル伝達系の模式図

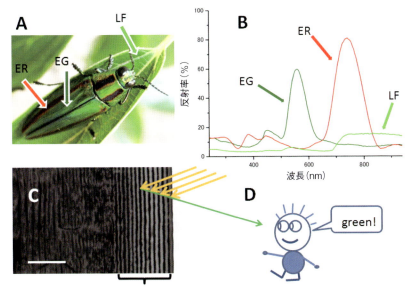

口絵16　タマムシの羽の色素による色と構造による色［本文 p.14 参照］

口絵17　微生物由来の光受容タンパク質の色［本文 p.372 参照］

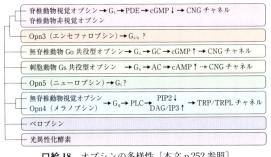

口絵18　オプシンの多様性［本文 p.252 参照］

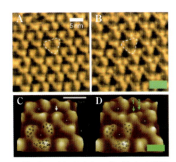

口絵19　バクテリオロドプシンの光照射前後の高速AFM像［本文 p.362 参照］

口絵20 アジア地域で栽培されているイネ品種の紫外線（UVB）感受性の違い［本文 p.312 参照］
インド型イネと日本型イネにおける UVB 感受性の違いと CPD 光回復酵素遺伝子変異との相関を示す．CPD 光回復酵素の 126 番目と 296 番目のアミノ酸が，植物体の紫外線感受性に重要であることがわかる．−UVB は可視光のみで栽培，＋UVB は可視光に UVB を付加して栽培．

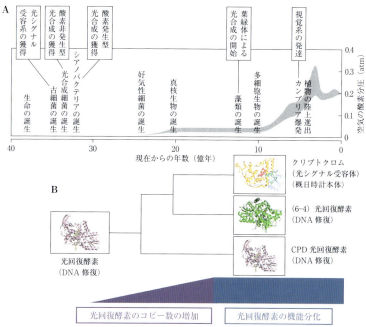

口絵21 地球の光環境変化に伴う光回復酵素の機能変化［本文 p.310 参照］
空気の酸素濃度（推定幅）の変遷（A）と光回復酵素の機能変化（B）の相関を示す．太陽紫外線への対抗手段獲得のための遺伝子重複と，地球環境によりよく適応するための重複遺伝子機能改変を示唆する．

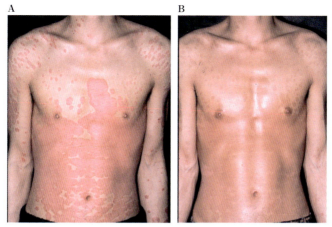

口絵 22 ナローバンド UVB による乾癬治療例〔森田明理氏写真提供〕［本文 p.402 参照］
乾癬治療前（A）とナローバンド UVB を 9 回照射治療 3 週間後（B）．

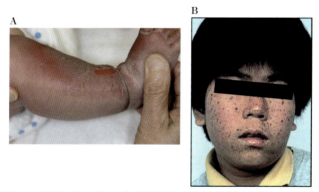

口絵 23 色素性乾皮症 A 群の症状〔錦織千佳子氏写真提供〕［本文 p.318, 324 参照］
A：生後すぐの日光浴で 5 分程度陽を浴びただけで，水疱形成を伴うような著明な日焼けとなっている．
B：診断が遅れ遮光が励行されず，多数の皮膚がんが生じている．

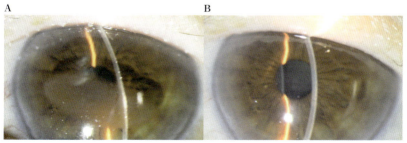

口絵 24 エキシマレーザーによる角膜切除治療〔井上幸次氏写真提供〕［本文 p.406 参照］
角膜表層にカルシウムが沈着する帯状角膜変性疾患の，エキシマレーザーによる治療的角膜切除手術の前（A）と後（B）．

各種測定分析装置

1　高速原子間力顕微鏡

2　SPring-8（航空写真と施設内）

3　培養顕微鏡

4　共焦点顕微鏡

5　多光子励起レーザー走査型顕微鏡

6　超解像顕微鏡

7　フェムト秒過渡吸収測定装置

8　ピコ秒蛍光寿命測定装置

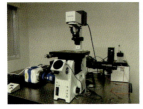

9　全反射顕微鏡

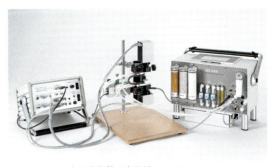

10　光合成蒸散測定装置および
　　P700＆クロロフィル蛍光同時測定装置

【写真提供】1：(株) 生体分子計測研究所，2：理化学研究所，3・5：オリンパス (株)，6：(株) ニコン，10：ナモト貿易 (株)

序

　生命は地球上に誕生して以来，太陽の光により育まれてきた．太陽の光のあるところには必ず多くの生命がある．生命を維持していくためのエネルギー源として，また，適切な生育環境を獲得するためや外界からの情報源として，生命は光を利用している．

　光と生命とのかかわりは，動物の視覚，植物の光合成などがその代表例であり，非常に多様である．動物は眼だけでなく脳や皮膚で光信号を感じ，太陽の光の周期や強度に適応している．植物は光をエネルギー源とする光合成だけでなく，光信号により発芽，形態形成を調節している．また，生物の進化の頂点にたつヒトも光を情報源として利用し，がんや心の治療など多くの医学治療の有力な手段としても光を利用している．一方，フロンなどの化学物質を合成し，大気に廃棄したことで地球のオゾン層が破壊され，生物に深刻な紫外線傷害を生じていることも事実である．

　最近の目覚ましい光技術の発展により，「光によりひき起こされる生命現象」を含むさまざまな生命現象の秘密のベールが一枚一枚はがされようとしている．このような光と生命に関する研究が新しい展開を迎えようとしている今，光と生命に関する基礎的かつ重要な項目や現象を正確に解説した事典を提供することは，社会的にも大きな意義がある．そこで，本書によって，「光と生命」の基礎および現状と将来の夢を，わが国の第一線研究者から読者に伝えたい．

　光と生命のかかわりの解明は，わが国では，多くの学会（光医学，放射線影響学，眼研究，生化学，生物物理学，化学，光化学，動物学，比較生理生化学，植物学，植物生理学，光合成，農芸化学など）により進められてきた．これらの学会が協力して「光生物学」を振興する目的で学術団体「日本光生物学協会」が設立され，さまざまな光生物学の啓蒙・普及活動を行っている．

本書は，日本光生物学協会の全面的な協力を得て，企画・編集された．協会の会員を中心に，わが国の第一線研究者192名の執筆者に上述の趣旨にご賛同いただき，光と生命のかかわりに関する現象を，専門を選択する前の若い世代や一般の読者に理解しやすいように，正確，簡潔，かつ平易に解説していただいた．1項目を見開き2ページで解説する読切り形式を採用して，読者がその項目に関する知識を短時間で修得できるようにしている．章の構成は，光と生命の基礎から始まり，エネルギー源としての光の利用，光の情報利用（生命が光環境からの情報を受け取る仕組み＝光環境応答と視覚），光と障害（光損傷と光回復），光による生命現象の計測，そして最後の章に，光による診断・治療に関する項目をまとめた．しかしこの順に読む必要はなく，読者の興味ある項目から読み始め，目次，索引，キーワードをたよりに関連する項目を読み進んでいただきたい．本書は，光と生命のかかわりの重要性や面白さはもちろん，ダイナミックに発展する光生物学の最先端領域を読者に伝えられるものと確信している．

　最後に，本書の編集・校正にご助力いただいた執筆協力者の方々，また出版に至るまで編集作業を粘り強く進めていただいた朝倉書店編集部に謝意を表したい．

　2016年1月

　　　　　　　　　　　　　　　　　　　日本光生物学協会
　　　　　　　　　　　　　　　　　　　光と生命の事典編集委員会

執筆者一覧

編集委員

真嶋 哲朗　大阪大学産業技術研究所
飯野 盛利　大阪市立大学大学院理学研究科
七田 芳則　京都大学大学院理学研究科
藤堂 剛　大阪大学大学院医学系研究科

執筆者（五十音順）

秋山（張）秋梅　京都大学
安倍 学　広島大学
蟻川 謙太郎　総合研究大学院大学
安東 宏徳　新潟大学
飯郷 雅之　宇都宮大学
飯野 盛利　大阪市立大学
池内 昌彦　東京大学
池田 憲昭　京都工芸繊維大学
池田 啓　岡山大学
池畑 広伸　東北大学
井澤 毅　農業生物資源研究所
石川 大太郎　東北大学
石川 満　城西大学
石田 斉　北里大学
石塚 徹　東北大学
井上 圭一　名古屋工業大学
井上 幸次　鳥取大学
伊吹 裕子　静岡県立大学

今井 啓雄　京都大学
今泉 貴登　ワシントン大学
今元 泰　京都大学
岩田 耕一　学習院大学
岩田 達也　名古屋工業大学
上山 久雄　滋賀医科大学
丑田 公規　北里大学
内橋 貴之　金沢大学
浦野 泰照　東京大学
海野 雅司　佐賀大学
大石 正　G&L共生研究所
大内 秋比古　日本大学
大内 淑代　岡山大学
大岡 宏造　大阪大学
大須賀 篤弘　京都大学
太田 信廣　国立交通大学（台湾）
太田 英伸　国立精神・神経医療研究センター
大平 明弘　島根大学

岡　　義　人	理化学研究所	
岡　島　公　司	慶應義塾大学	
岡　野　俊　行	早稲田大学	
岡　本　晃　充	東京大学	
岡　本　秀　毅	岡山大学	
小　口　理　一	東北大学	
小阪田　泰　子	大阪大学	
尾　﨑　浩　一	島根大学	
加　川　貴　俊	前 農業生物資源研究所	
片　岡　博　尚	前 東北大学	
片　岡　幹　雄	奈良先端科学技術大学院大学	
加　藤　晃　弘	京都大学	
門　田　明　雄	首都大学東京	
鐘ヶ江　　健	首都大学東京	
鎌　田　　　堯	岡山大学名誉教授	
嘉　美　千　歳	京都大学	
上久保　裕　生	奈良先端科学技術大学院大学	
上　出　良　一	ひふのクリニック人形町	
神　谷　真　子	東京大学	
唐　津　　　孝	千葉大学	
川　井　清　彦	大阪大学	
川　田　　　暁	近畿大学	
川　鍋　　　陽	大阪大学	
河　村　　　悟	大阪大学名誉教授	
川　原　　　繁	金沢赤十字病院	
神　取　秀　樹	名古屋工業大学	
菊　川　峰　志	北海道大学	
北　山　陽　子	名古屋大学	
木　下　俊　則	名古屋大学	
木　下　充　代	総合研究大学院大学	

清　末　知　宏	学習院大学	
久　保　達　彦	産業医科大学	
小　泉　　　周	自然科学研究機構	
河　内　孝　之	京都大学	
小　島　大　輔	東京大学	
児　玉　高　志	大阪大学	
小　塚　俊　明	広島大学	
小　林　一　雄	大阪大学	
小　松　英　彦	自然科学研究機構生理学研究所	
小　柳　光　正	大阪市立大学	
酒　井　達　也	新潟大学	
櫻　井　啓　輔	筑波大学	
櫻　井　　　実	東京工業大学	
佐々木　　　純	テキサス大学	
佐　藤　公　行	岡山大学名誉教授	
佐　藤　良　勝	名古屋大学	
志　賀　向　子	大阪市立大学	
鹿　内　利　治	京都大学	
直　原　一　德	大阪府立大学	
七　田　芳　則	京都大学	
篠　原　邦　夫	前 東京大学	
篠　村　知　子	帝京大学	
嶌　越　　　恒	九州大学	
島崎研一郎	九州大学	
沈　　　建　仁	岡山大学	
末　次　憲　之	京都大学	
菅　澤　　　薫	神戸大学	
須　藤　雄　気	岡山大学	
関　　　隆　晴	大阪教育大学名誉教授	
園　池　公　毅	早稲田大学	

田井中 一貴	東京大学	
髙井 保幸	島根大学	
高市 真一	日本医科大学	
髙雄 元晴	東海大学	
髙木 慎吾	大阪大学	
髙田 忠雄	兵庫県立大学	
髙橋 文雄	立命館大学	
高橋 裕一郎	岡山大学	
髙橋 勇輔	オクラホマ大学	
竹内 聖二	神戸大学	
立川 貴士	神戸大学	
立花 政夫	東京大学名誉教授	
橘木 修志	大阪大学	
田中 淳	日本原子力研究開発機構	
田中 歩	北海道大学	
田邉 一仁	青山学院大学	
谷戸 正樹	松江赤十字病院	
崔 正權	基礎科学研究院（韓国）	
塚本 寿夫	自然科学研究機構分子科学研究所	
柘植 知彦	京都大学	
筒井 圭	前 京都大学	
出村 誠	北海道大学	
寺北 明久	大阪市立大学	
寺島 一郎	東京大学	
寺嶋 正秀	京都大学	
寺西 美佳	東北大学	
手老 省三	東北大学名誉教授	
土居 雅夫	京都大学	
藤堂 剛	大阪大学	
德富 哲	大阪府立大学名誉教授	
鳥居 雅樹	東京大学	
内藤 晶	横浜国立大学名誉教授	
永井 健治	大阪大学	
中川 将司	兵庫県立大学	
永田 崇	マンチェスター大学	
長谷 あきら	京都大学	
中谷 敬	筑波大学	
中津 亨	京都大学	
長沼 毅	広島大学	
中根 英昭	高知工科大学	
中林 孝和	東北大学	
中村 整	電気通信大学	
中村 光伸	兵庫県立大学	
中村 渉	大阪大学	
錦織 千佳子	神戸大学	
西出 真也	北海道大学	
西村 賢宣	筑波大学	
沼田 英治	京都大学	
野口 巧	名古屋大学	
羽鳥 恵	慶應義塾大学	
林 重彦	京都大学	
林 文夫	神戸大学名誉教授	
針山 孝彦	浜松医科大学	
彦坂 幸毅	東北大学	
久枝 良雄	九州大学	
久堀 徹	東京工業大学	
日出間 純	東北大学	
平野 誉	電気通信大学	
深田 吉孝	東京大学	
福永 淳	神戸大学

藤塚　　　守	大阪大学	
船坂　陽子	日本医科大学	
古川　貴久	大阪大学	
古谷　祐詞	自然科学研究機構分子科学研究所	
牧野　　周	東北大学	
真嶋　哲朗	大阪大学	
増田　真二	東京工業大学	
松下　智直	九州大学	
松永　　司	金沢大学	
松本　　顕	順天堂大学	
松山オジョス武	理化学研究所	
万代　道子	理化学研究所	
三島　和夫	国立精神・神経医療研究センター	
水上　　卓	北陸先端科学技術大学院大学	
皆川　　純	自然科学研究機構基礎生物学研究所	
宮尾　光恵	農業生物資源研究所	
宮嵜　　厚	石巻専修大学	
村上　明男	神戸大学	
望月　伸悦	京都大学	
森　　俊雄	奈良県立医科大学	
森田　明理	名古屋市立大学	
森脇　真一	大阪医科大学	
八木田和弘	京都府立医科大学	
保田　昌秀	宮崎大学	
山﨑　洋一	奈良先端科学技術大学院大学	
山路　　稔	群馬大学	
山下　高廣	京都大学	
山下（川野）絵美	大阪市立大学	
山中　章弘	名古屋大学	
山仲　勇二郎	北海道大学	
山本　興太朗	北海道大学名誉教授	
吉原　静恵	大阪府立大学	
吉原　利忠	群馬大学	
吉村　　崇	名古屋大学	
和田　正三	首都大学東京	
渡辺　正勝	元 総合研究大学院大学	

目次

第1章 光と生命の基礎

1. 光とは ……………………………………………… [手老省三] … 2
2. 光と色とスペクトル ………………………………… [太田信廣] … 4
3. 動物の色感覚 ………………………………………… [七田芳則] … 6
4. 太陽光 ………………………………………………… [保田昌秀] … 8
5. 生物における太陽光の利用 ………………………… [飯野盛利] … 10
6. 光の屈折，反射，干渉，回折 ……………………… [高田忠雄] … 12
7. 生物の色 ……………………………………………… [針山孝彦] … 14
8. 直線偏光と円偏光 …………………………………… [池田憲昭] … 16
9. 生物の偏光利用 ……………………………………… [木下充代] … 18
10. 光吸収による電子励起状態の生成 ………………… [岡本秀毅] … 20
11. 生物の光吸収物質 …………………………………… [櫻井 実] … 22
12. 電子励起状態の緩和現象 …………………………… [蔦越 恒] … 24
13. 生物による電子励起状態の利用 …………………… [林 重彦] … 26
14. 励起エネルギーの移動・伝達・拡散 ……………… [中村光伸] … 28
15. 蛍光とリン光 ………………………………………… [山路 稔] … 30
16. 生物における発光 …………………………………… [中津 亨] … 32
17. 光化学反応 …………………………………………… [安倍 学] … 34
18. 光化学反応の生物利用 ……………………………… [水上 卓] … 36
19. 光電子移動 …………………………………………… [藤塚 守] … 38
20. 光電子移動と生命現象 ……………………………… [佐藤公行] … 40
21. 光異性化 ……………………………………………… [唐津 孝] … 42
22. 光異性化と生命現象 ………………………………… [神取秀樹] … 44
23. 光化学反応による活性酸素の発生 ………………… [久枝良雄] … 46
24. 活性酸素と生命現象 ………………………………… [秋山(張)秋梅] … 48

第2章 光のエネルギー利用

25. 生物による光エネルギーの利用 …………………… [園池公毅] … 52
26. バクテリオロドプシン ……………………………… [神取秀樹] … 54
27. ハロロドプシン ……………………………………… [出村 誠] … 56
28. プロテオロドプシン ………………………………… [菊川峰志] … 58

29	キサントロドプシン	[井上圭一]	60
30	光合成細菌	[大岡宏造]	62
31	光合成の電子伝達系	[野口 巧]	64
32	光化学系Ⅰ	[髙橋裕一郎]	66
33	光化学系Ⅱ	[沈 建仁]	68
34	光リン酸化反応（ATP合成）	[久堀 徹]	70
35	光合成電子伝達系の調節	[鹿内利治]	72
36	光合成による炭酸同化	[牧野 周]	74
37	C_3植物，C_4植物，CAM植物	[宮尾光恵]	76
38	クロロフィル	[田中 歩]	78
39	カロテノイド	[高市真一]	80
40	補色順化	[村上明男]	82
41	光合成系の光環境変化への適応	[皆川 純]	84
42	葉の光合成系の光順化	[彦坂幸毅]	86
43	光合成における強光阻害	[小口理一]	88
44	葉の構造と光合成	[寺島一郎]	90
45	人工光合成	[大須賀篤弘]	92

第3章　光の情報利用

3.1　光環境応答

46	光と菌類の生活史	[鎌田 堯]	96
47	光と藻類の生活史	[片岡博尚]	98
48	光とコケ・シダ植物の生活史	[佐藤良勝]	100
49	光と種子植物の生活史	[井澤 毅]	102
50	光と昆虫の生活史	[志賀向子]	104
51	光と脊椎動物の生活史	[安東宏徳]	106
52	光走性	[渡辺正勝]	108
53	光形態形成	[長谷あきら]	110
54	種子発芽の光調節	[篠村知子]	112
55	脱黄化反応	[望月伸悦]	114
56	避陰応答	[小塚俊明]	116
57	植物の紫外線B応答	[寺西美佳]	118
58	光形態形成と細胞骨格	[門田明雄]	120
59	動物の光周性	[吉村 崇]	122
60	植物の光運動	[和田正三]	124
61	菌類の光屈性	[宮嵜 厚]	126
62	植物の光屈性	[飯野盛利]	128
63	光屈性における光シグナル伝達	[酒井達也]	130

64	葉緑体の光定位運動	[加川貴俊]	*132*
65	葉緑体光定位運動における光シグナル伝達	[末次憲之]	*134*
66	核の光定位運動	[髙木慎吾]	*136*
67	気孔の光開口運動	[島崎研一郎]	*138*
68	気孔の光開口運動における光シグナル伝達	[木下俊則]	*140*
69	微生物の光受容体	[池内昌彦]	*142*
70	植物の光受容体	[德富 哲]	*144*
71	イエロータンパク質	[今元 泰]	*146*
72	PAS ドメイン	[山﨑洋一]	*148*
73	チャネルロドプシン	[石塚 徹]	*150*
74	シアノバクテリオクロム	[吉原静恵]	*152*
75	菌類のロドプシン	[古谷祐詞]	*154*
76	オーレオクロム	[髙橋文雄]	*156*
77	フィトクロム	[松下智直]	*158*
78	クリプトクロム	[直原一徳]	*160*
79	フォトトロピン	[岡島公司]	*162*
80	ネオクロム	[鐘ヶ江健]	*164*
81	BLUF ドメインをもつ光受容体	[増田真二]	*166*
82	ZTL/LKP2/FKF1 光受容体	[清末知宏]	*168*
83	ピノプシン	[岡野俊行]	*170*
84	メラノプシン	[髙雄元晴]	*172*
85	レチノクロム	[尾﨑浩一]	*174*
86	無脊椎動物オプシン	[塚本寿夫]	*176*
87	アナベナセンサリーロドプシン	[川鍋 陽]	*178*
88	脳内光受容体	[大内淑代]	*180*
89	光シグナル伝達と PIF タンパク質	[岡 義人]	*182*
90	光シグナル伝達と COP タンパク質	[柘植知彦]	*184*
91	光シグナル伝達と PKS タンパク質	[嘉美千歳]	*186*
92	光シグナル伝達と植物ホルモン	[山本興太朗]	*188*
93	植物の光受容体遺伝子にみられる自然変異	[池田 啓]	*190*
94	コケ植物の光受容体と光応答	[河内孝之]	*192*
95	非視覚系の波長識別	[山下(川野)絵美]	*194*
96	概日リズム	[八木田和弘]	*196*
97	哺乳類の生物時計	[土居雅夫]	*198*
98	昆虫の生物時計	[松本 顕]	*200*
99	バクテリアの生物時計	[北山陽子]	*202*
100	植物の生物時計と光応答	[今泉貴登]	*204*
101	概潮汐, 概半月, 概月, 概年リズム	[沼田英治]	*206*
102	体色変化	[小島大輔]	*208*
103	概日リズムのリセット機構	[鳥居雅樹]	*210*
104	松果体の光受容	[深田吉孝]	*212*

105	網膜-視床下部の光応答	[羽鳥　恵]… 214
106	光応答と視交叉上核	[西出真也]… 216
107	哺乳類の光環境応答-行動リズム	[中村　渉]… 218
108	メラトニン	[飯郷雅之]… 220
109	睡眠の制御機構	[山中章弘]… 222
110	ヒトの生物時計制御と光環境	[山仲勇二郎]… 224
111	ヒトの交代制勤務と光環境	[久保達彦]… 226
112	認知症と光環境	[三島和夫]… 228
113	新生児・乳児期と光環境	[太田英伸]… 230

3.2　視　　覚

114	視覚	[寺北明久]… 232
115	視覚の二元説	[河村　悟]… 234
116	薄明視（暗所視）	[櫻井啓輔]… 236
117	昼間視（明所視）	[今井啓雄]… 238
118	色覚	[上山久雄]… 240
119	視感度曲線	[松山オジョス武]… 242
120	光シグナル伝達（脊椎動物）	[橘木修志]… 244
121	光シグナル伝達（無脊椎動物）	[中川将司]… 246
122	明順応・暗順応	[河村　悟]… 248
123	視物質	[筒井　圭]… 250
124	オプシン	[寺北明久]… 252
125	ロドプシン	[七田芳則]… 254
126	発色団	[関　隆晴]… 256
127	視覚オプシンと非視覚オプシン	[小柳光正]… 258
128	Gタンパク質	[山下高廣]… 260
129	PDE	[林　文夫]… 262
130	チャネル	[中村　整]… 264
131	視細胞	[中谷　敬]… 266
132	水平細胞	[古川貴久]… 268
133	双極細胞	[立花政夫]… 270
134	網膜神経節細胞	[小泉　周]… 272
135	色素上皮細胞とレチノイドサイクル	[髙橋勇輔]… 274
136	大脳視覚野	[小松英彦]… 276
137	油球	[大石　正]… 278
138	複眼と単眼	[蟻川謙太郎]… 280
139	ピンぼけを利用した視覚	[永田　崇]… 282
140	昆虫の視覚・非視覚行動	[針山孝彦]… 284

第4章 光 と 障 害

141 太陽紫外線環境・・［中根英昭］… *288*
142 植物と太陽紫外線・・・［田中　淳］… *290*
143 太陽紫外線の生体影響・・［伊吹裕子］… *292*
144 海洋生物と太陽紫外線・・［長沼　毅］… *294*
145 DNA の光化学・・・［真嶋哲朗］… *296*
146 DNA の光化学反応・・［真嶋哲朗］… *298*
147 光による DNA 損傷・・［森　俊雄］… *300*
148 DNA 損傷の修復機構・・［松永　司］… *302*
149 DNA 損傷修復の制御機構・・・・・・・・・・・・・・・・・・・・・・・・・・・・・・・・・・・・・・・［菅澤　薫］… *304*
150 DNA 損傷応答シグナルトランスダクション・・・・・・・・・・・・・・・・・・・・・［竹内聖二］… *306*
151 細胞周期チェックポイント・・・・・・・・・・・・・・・・・・・・・・・・・・・・・・・・・・・・・・・［加藤晃弘］… *308*
152 光回復酵素：DNA 損傷修復と概日リズム・・・・・・・・・・・・・・・・・・・・・・・・［藤堂　剛］… *310*
153 植物の太陽紫外線防御機構・・・・・・・・・・・・・・・・・・・・・・・・・・・・・・・・・・・・・・［日出間純］… *312*
154 紫外線による突然変異誘発・・・・・・・・・・・・・・・・・・・・・・・・・・・・・・・・・・・・・・［池畑広伸］… *314*
155 光による急性障害・・・［上出良一］… *316*
156 光発がん・・［錦織千佳子］… *318*
157 光老化・・［船坂陽子］… *320*
158 光と免疫抑制・・［福永　淳］… *322*
159 光線過敏症・・［川原　繁］… *324*
160 可視光・紫外光による眼の障害・・・・・・・・・・・・・・・・・・・・・・・・・・・・・・・・・・［大平明弘］… *326*
161 光線防御・・［川田　暁］… *328*

第5章　光による生命現象の計測

162 いろいろな光源・・・［大内秋比古］… *332*
163 蛍光・リン光分光計・・・［田井中一貴］… *334*
164 蛍光寿命測定・・［西村賢宣］… *336*
165 円偏光二色性スペクトル，円偏光蛍光スペクトル，蛍光検出円偏光二色性
　　・・・［児玉高志］… *338*
166 光退色後蛍光回復法（FRAP）・・・・・・・・・・・・・・・・・・・・・・・・・・・・・・・・・・・・［中林孝和］… *340*
167 光検出器・・［岩田耕一］… *342*
168 過渡吸収測定・・［小林一雄］… *344*
169 低温紫外可視吸収スペクトル法・・・・・・・・・・・・・・・・・・・・・・・・・・・・・・・・・・［今元　泰］… *346*
170 赤外分光法・・［岩田達也］… *348*
171 共鳴ラマン分光法・・・［海野雅司］… *350*
172 X 線小角散乱・・・［上久保裕生］… *352*

173	中性子散乱	[片岡幹雄]	354
174	過渡回折格子法	[寺嶋正秀]	356
175	スピンラベル法	[佐々木純]	358
176	NMR 分光法	[内藤 晶]	360
177	高速原子間力顕微鏡	[内橋貴之]	362
178	遺伝子の蛍光ラベル化，蛍光標識	[川井清彦]	364
179	タンパク質の蛍光ラベル化	[石田 斉]	366
180	FRET（蛍光共鳴エネルギー移動）/BRET（生物発光共鳴エネルギー移動）	[崔 正權]	368
181	生物による発光分子の利用	[永井健治]	370
182	オプトジェネティクス	[須藤雄気]	372
183	放射光構造生物学，放射光生体イメージング	[田邉一仁]	374
184	生体光イメージングと分子イメージング	[吉原利忠]	376
185	一分子蛍光イメージング法	[立川貴士]	378
186	生物光学顕微鏡	[丑田公規]	380
187	共焦点顕微鏡，二光子励起蛍光顕微鏡	[小阪田泰子]	382
188	高分解能光学顕微鏡	[石川 満]	384

第6章　光による診断・治療

189	生体分光学	[石川大太郎]	388
190	光診断法	[神谷真子]	390
191	蛍光診断法	[岡本晃充]	392
192	術中光診断	[浦野泰照]	394
193	光殺菌作用	[平野 誉]	396
194	光線力学療法	[森脇真一]	398
195	放射光による医学診断・治療	[篠原邦夫]	400
196	紫外線療法	[森田明理]	402
197	光による眼の診断	[谷戸正樹]	404
198	光による眼の治療（前眼部）	[井上幸次]	406
199	光による眼の治療（後眼部）	[髙井保幸]	408
200	網膜再生	[万代道子]	410

索　引 ……… 413

第1章

光と生命の基礎

1
光 と は
What is light?

電磁波,光量子,光の二重性,光と電子の相互作用,偏光

　光は地球上の生命にとって,直接,または間接的なエネルギーの根源であり,一般に電磁波の中の波長1 nmから1 mmの領域にある紫外線,可視光線,赤外線をさす(図1).なお,図1における各電磁波の波長領域には任意性がある.

光の本質

　光の本質は長らく科学者の論争の的であったが,マクスウェルは電磁気学の基礎方程式を完成させ(1865年),実験から得られていた誘電率と透磁率を使って計算し,式に出てくる電磁波の速度定数cが光速の実験値と一致することから,光が電磁波の一種であることを示した.二十世紀初頭,アインシュタインは,光を吸収した固体が電子を放出する光電効果の現象の解釈から,光量子説を提唱した(1905年).彼は,光が離散的なエネルギーをもち,1個の光量子が1つの電子にエネルギーを与えると考え,ある振動数νより大きな値をもつ光のみが光電効果を引き起こすと提案した.光量子説は,すでにプランクが提案したエネルギー量子説(1900年),すなわち,加熱された物体内部の振動体から離散的な量のエネルギーをもつ光が放出されるという考えと共通する点があったが,光量子説は古典的な光の粒子説と同じであると受け止められ,すぐには理解されなかった.ボーアは,原子の中の電子の角運動量に離散的な量子化条件を仮定することで,水素原子の線スペクトルの規則性が導かれることを示し,許容される離散的な軌道間を電子が遷移するときに,電磁波を吸収・放出する考えを初めて示した.また,ド=ブロイは,粒子とみなされてきた電子が波動のように振る舞う"物質波"を考えれば,ボーアの量子条件が自然に導かれることを示した(1924年).このようにして,光や電子は,波動性と粒子性という相補的な性質を兼ね備えていることが理解され,この二重性は量子力学の本質的なものとなっている.光子の性質を表1に示す.

光と物質の相互作用

　光が物体と相互作用していない場合には波(図2A)として振る舞っているとし,物体と相互作用して吸収される場合などには光子として振る舞うと考えれば,光の二重性を理解しやすい(図2B).また,原子や分子内の定常状態にある電子は数学的波として記述でき,その境界条件から定常状態の波動関数が定義される.電子の励起エネルギー条件と合えば,1電子が1光子を吸収して高い軌道に励起される.この際に電子の波の形(波動関数)が変わる.ある閾値よりも高いエネルギーをもつ光子は,電子を原子や分子の外へ放出し,この閾値はイオン化ポテンシャルと呼ばれる.一般に,金属などからの電子放出現象を光電効

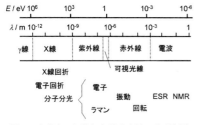

図1　電磁波の名称と各種分光法の波長領域
紫外線1～380 nm,可視光線380～780 nm,赤外線780 nm～1 mm.

表1　光子の性質

質量0,スピン1,電荷0,
電磁波エネルギー:$E = h\nu$
(hはプランクの定数,νは振動数)
運動量:$p = h\nu/c = h/\lambda$
($c = 2.99792458 \times 10^8$ ms^{-1}, λは波長)

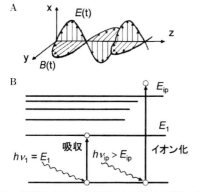

図2 電磁波（A）および光による電子の吸収・励起とイオン化（B）
AのE(t)は変動電場，B(t)は変動磁場を示す．

果と呼び，原子や分子については光イオン化と呼ぶ．

波の性質としては，電磁波（光）は横波である．横波とは一般には，媒質の揺れる方向が波の進行方向に対して直交していると定義されるが，電磁波では変動電場および変動磁場が進行方向に直交していることを意味している（図2A）．電磁波を発生する源は，電荷または電子の振動であり，これにより変動磁場が誘起され，誘起された変動磁場がさらに変動電場を誘起することを交互に繰り返しながら，真空中でも光速で空間を伝わってゆく．

電子の吸収や励起を伴う分子分光スペクトルにおいては，電磁波の電場成分 $E(t)$ が分子との相互作用に有効であるが，ESRやNMRのような磁気分光法では，磁気成分 $B(t)$ が相互作用に関与している．

一方，音波は縦波であり，音を伝える媒質に疎と密の部分ができ，粗密波ともいう．音波の伝達には媒質が必要である．

加熱物体から光が放出されるのは，物体内部での原子や分子の熱振動により軽い電子が振動しているためである．比較的温度が低いときには赤外線領域の発光が主であるが，高温になって振動エネルギーの増大が可視光や紫外線のような高エネルギーの領域の発光を引き起こす．燃焼の炎や太陽光では，さらに熱による電子励起状態からの電子遷移に伴う発光が加わる．

光と生物

ヒトの感覚の中で主要な情報源である視覚は，可視光線による網膜内の分子の励起により光の強度や色を検知している．昆虫の中には紫外線領域も利用している例があり，植物の花も，これに対応して紫外線領域でコントラストが強い色素の組み合わせで，昆虫を引きつける．

ミツバチの複眼は偏光を識別でき，方向検知に利用している．偏光とは，変動電場の方向が特定の方向に分布が偏っているもので，直線偏光または平面偏光ともいう．太陽からの白色光は変動電場の方向があらゆる方向に均一に分布しているが，大気中の分子（レイリー散乱）や塵（ミー散乱）により散乱されて，この分布に不均一性が生じることから偏光特性をもつ．また，水面などからの反射光は水平方向に偏光していることから，水面に産卵するために，偏光を目当てに水面に集まる昆虫がいる．

鏡像異性体分子や，鏡像関係にある分子配列をもつ結晶のような光学活性物質を光が通過すると，直線偏光に回転が生じる．時計方向に回転させるものを右旋性または正（d または $+$），反時計方向へのものを左旋性または負（l または $-$）という．また，ある種のコガネムシなどでは，体表面からの反射光に円偏光を示すものがある．円偏光は，偏光面が回転しながら進む．これらの虫の表面では分子の配向がらせん構造であるコレステリック液晶類似構造をとり，反射面に円偏光を生じるような周期的な立体構造ができている．　〔手老省三〕

2
光と色とスペクトル
Light, color, and spectrum

三原色,色の識別,加法混色,減法混色,色相環

　太陽が昇り夜の暗闇から解放され，豊かな色彩が周囲に展開されたとき，人は光の存在とありがたさを痛感する．光を認識するうえで色はきわめて重要だが，それが活用できるのは，われわれの眼に光の色を識別する仕組みがあるからでもある．

光と波長
　古典的には，光は振動する電場と磁場を伴った電磁波であり，互いは単に波長の異なった横波としてマクスウェルの方程式で記述される．光の干渉や回折，あるいは屈折はこの波動性によるものである．したがって，光は波長（λ）で区別され，光速（c），振動数（ν）とは $\lambda\nu = c$ で関係づけられる．また20世紀に入って，光は波動性だけではなく，粒子としての性質も有することが明らかにされている．すなわち，振動数 ν を有する光が伝搬するということは $h\nu$ なるエネルギー（h はプランク定数）を有する粒子が空間を飛んでいる，ということになる．

　われわれが光という場合は，波長がそれぞれ 10～380 nm，380～780 nm，780 nm～1 mm の領域にある紫外光，可視光，赤外光をさす場合が多いが，波長の短いガンマ線（0.01 nm 以下）やX線（0.01～10 nm），波長の長い電波（1 mm 以上）も波動性と粒子性を合わせもった電磁波である．ただし，それぞれの波長領域は厳密に区別されるわけではなく一応の目安である．可視光はさらに，紫（380～430 nm），藍（430～460 nm），青（460～500 nm），緑（500～570 nm），黄（570～590 nm），橙（590～610 nm），赤（610～780 nm）と色分けされる．視覚に関しては個人差があることは事実であり，可視光の波長領域の定義は生物によってまったく違ってくるはずである．

光と色の三原色
　色の異なる光は物質を透過する際の屈折性に違いがあること，そして太陽の光は屈折性の異なる射線からなることを示したのはニュートンである（口絵2参照）．太陽から届けられる白色光に多種類の単色光が混じっていることが示され，さらに単色光を混ぜると特定の色がつくれることをプリズムを使って示した．光（電磁波）の強度を色（波長）の関数として表したものをスペクトルと呼んでいる．表面温度が～6000 K の太陽からの黒体輻射により放射される電磁波のスペクトル分布によれば，可視光領域の光が一番強い．

　可視領域をすべてカバーする太陽光が白色光となるように，異なる波長の光を重ねると別の色となる．青，緑，赤が光の三原色とされ，これらの光の重ね合わせで別の色をつくることが可能となる（口絵5参照）．これを加法混色と呼ぶ．国際照明委員会では光の三原色を示す波長は 435.8 nm（青：B），546.1 nm（緑：G），700 nm（赤：R）と定義している．発光体からの光がどの色に見えるかは，この加法混色に基づく．テレビやディスプレイの場合も多くは，これら R, G, B の光を発光するように設計されており，加法混色により種々の色をつくることがなされている．

　対象物質が直接に光を発するわけではなく，光の反射や散乱により色を感じさせる場合は，どの光が間引かれるかで決まる．このような色の出し方を減法混色と呼ぶ．カラー写真，印刷，カラープリンタ，塗装などの原理である．色の三原色と呼ばれるのがシアン（青緑，C），マゼンタ（赤紫，M），イエロー（黄，Y）である．プリンターで使用されているこれら3つの色素の吸収スペクトルを図1に示す．C は赤を吸収

し，緑と青を通す．Mは緑を吸収し，赤と青を通す．Yは青を吸収し，赤と緑を通す．太陽が発する全体の波長をカバーする白色光から特定の波長範囲の光を吸収し，残りの波長の光を目にすることでそれぞれの色素の色を感じることになる．これらの色素を組み合わせることにより，透過する光の波長を限定することで種々の色を与えている．イエローとシアンを混ぜると緑が，イエローとマゼンタを混ぜると赤が，マゼンタとシアンを混ぜると青になる．全部を混ぜ合わせると，光はすべて吸収されてしまうので黒色となる．光合成が活発で，～450 nm，～660 nm に強い吸収ピークをもつクロロフィルが十分にある春先は，吸収された光の残りが反射されるせいで葉が緑となる．秋になるとクロロフィルが破壊され，共存していたキサントフィルやアントシアニンにより，赤，橙，黄色が発現するようになる．

加法混色では，BとGの混合でシアン，BとRの混合でマゼンタ，GとRの混合でイエロー，B, G, R すべてを混ぜると白色の光となる．色の三原色 C, M, Y は，白色光からそれぞれ R, G, B を除いた色である．互いを混ぜると白色光となり，白色光から一方の色を除くと他方となる．いわゆる補色の関係を示したものは色相環（カラーサークル）と呼ばれる．

色の識別

人間は波長の異なる光を色の違いとして識別する能力を有する．眼に入った光は角膜で屈折されて水晶体に達する．そこで再び屈折された光は，硝子体を通って網膜に像を結ぶ．この網膜に視細胞があり，そこから視神経が伸びて脳に情報を伝える．視細胞は棒状の桿体と円錐状の錐体の2種類からできており，先端の外節と呼ばれる部分で光を吸収する．ヒトの錐体には光の三原色，R, G, B に対応した吸収波長を有する視物質を含むものがあり，それぞれをL錐体，M錐体，S錐体と呼んでいる．それぞれの吸収のピーク波長は 560, 530, 420 nm となっている（口絵4参照）．三原色のR, G, B というよりはむしろ黄，黄緑，紫に対応するが，いずれにしてもヒトは三色型の色覚を示す．桿状細胞の外節部分（桿体）にはレチナールという分子を有するロドプシンという物質が存在する．レチナールに届いた光はシスからトランスへの構造変化（異性化）によりロドプシンタンパク質に光がきたことを知らせ，その色を錐体で認識する．色彩は光によってもたらされるが，光自体は色彩を有しているわけではなく，感覚器官に刺激を与えるにすぎない．

最後に，白黒模様のベンハムのコマにも触れておきたい．黒と白の模様だけからなるコマにもかかわらず，回すと青色や茶色に見える．図のパターンを変えたり，回る速度を変えると見える色も違ってくる．このように，光と色の関係は，物理的な関係だけではなく，脳の活動や生体機能の働きといった人間の活動一般とも密接に関係することも確かである．

〔太田信廣〕

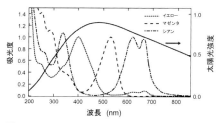

図1 カラープリンタに使用されているシアン，マゼンタ，イエローの吸収スペクトルと，太陽を 6000 K の黒体と仮定して得られる輻射光のスペクトル（口絵3参照）

3
動物の色感覚
Animal color vision

色の認識，三原色説，多様性

よく知られているように，光は電磁波の仲間でわれわれヒトが見える電磁波を光という．その波長領域は 380 〜 780 nm で，これよりも少し短い波長の電磁波を紫外線，少し長い波長の電磁波を赤外線という．動物には紫外線や赤外線を見ることができるものもいる．有名なのは鳥やチョウの仲間で，紫外線を見てオス・メスを区別している．身近なネズミが紫外線を見る能力をもつことは意外と知られていない．一方，淡水産の魚やカメなどは赤外線を見ているものがいる．動物が見る電磁波も光と呼ぶ場合，ヒトが見える光を可視光，紫外線・赤外線を紫外光・赤外光という．ヒトや動物が光を見ることができるのは，これらの動物の眼の中に光に感じるタンパク質（視物質，visual pigment）が含まれているからである．また，動物がどのような色感覚をもつかは，網膜の中に何種類の色を見る視物質があり，それぞれがどの波長の光を吸収しやすいかで決まる．以下では，なぜ色感覚が生じるのかを説明したあと，ヒトと他の脊椎動物との色感覚の違いを概説する．

色の識別と視物質

われわれは光に色がついていると感じる．ヒトが色を見るときには，色を三色に分解して見ている．いわゆるヤング-ヘルムホルツの三原色説である．実際，近くでカラーテレビの画面を見ると，画面が赤，緑，青の3つの点からできており，この3つの点の組み合わせで多くの色が再現される．ヒトの眼の中には赤，緑，青の3つの色を吸収しやすい視物質が含まれている（図1）．眼に入射された光はこれら3つの視物質に異なる割合で吸収され，この情報は後続の神経系で処理されて色の感覚が生じる．

異なる色を吸収する3つの視物質があると，色をきちんと区別することができる．なぜ3つ必要なのだろうか．ここでは，視物質を1つだけもつ動物から順番に考えていこう（図1）．

視物質がどの波長の光を吸収しやすいかは，吸収スペクトル（absorption spectrum）（図1右）を用いて表す．これは，横軸に光の波長の目盛り，縦軸に視物質がそれぞれの波長の光を吸収する効率を表した曲線のことである．いま，1つの視物質をもつ動物の眼の中に波長の異なる2つの光（λ_1 と λ_2）が入射したとする．視物質はこれらの光に対する吸収効率が違うので光は区別できそうである．しかし吸収効率の低い波長の光（λ_1）の強度を強くすれば吸収効率の高い波長の光と区別ができなくなる．つまり，視物質を1つしかもたないと，その動物の見る世界では光の波長は区別できず白黒（モノクロ）の世界となる．視物質が2つあれば，異なる波長の光はそれぞれの視物質に異なる吸収効率で吸収される．この違いはもう1つのパラメータとなり，違う色として識別することができる．

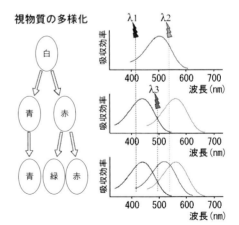

図1　色識別のメカニズム

しかし，ここで1つ困ったことが起きる．両視物質にちょうど同じ効率で吸収される波長の光（λ_3）はいわゆる白色光と区別しにくくなる．白色光というのはすべての波長の光を含む光のことで，この光は両視物質に同じ効率で吸収される．つまり，2つの視物質を含む場合，ある程度区別できる光の波長の中に白色光と区別できない波長領域が含まれることになる．しかし，3つ視物質があればこのような不都合は起こらず，すべての波長の光に対して色の識別ができるようになる．

以上のことから，色を区別するのに色の異なる3つの視物質があればよいことがわかる．しかし，外界の色を3色に分解して見ているのはわれわれヒトを含めた霊長類の一部だけである．実際，たとえばニワトリの眼の中には赤，緑，青，紫の4つの視物質が含まれており，ニワトリは外界の色を4つの色に分解して見ていることになる．ニワトリにとっては人がつくったカラーテレビの中の風景は，自身が見ている外の風景とは異なり，変な色に見えることだろう．

ヒトと他の脊椎動物の色感覚の違い

なぜヒトとニワトリでは色を見る視物質の数が違うのだろうか．これ理解するには動物の進化・多様化を考える必要がある．図2には動物の進化と色を見る視物質の数が示されている．図のように，キンギョなどの魚類，カメ・トカゲなどの爬虫類，また，ニワトリなどの鳥類は色を見る視物質を4つもっているものが多い．ところが，哺乳類はヒトやサルなどの霊長類を除いて色を見る視物質は2つしかもっていない．したがって，脊椎動物の祖先は4つの色を見る視物質をもっていたのが，哺乳類の進化の過程でそのうちの2つをなくしたことがわかる．なぜこのようなことが起こった

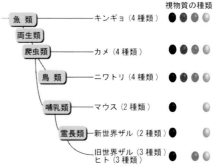

図2 動物の進化と色を見る視物質の変遷

のだろうか．それは哺乳類が進化の過程で一度夜行性（nocturnal）の時期を過ごしたからだと考えられている．哺乳類は恐竜の全盛時代に恐竜から逃れるために夜行性になり生きながらえてきた．そのため，夜行性では色を見るよりも薄暗がりで働く視物質（ロドプシン）を増やし，その結果として色を見る視物質をなくしたと考えられている．その後，ヒトの進化の過程で昼行性（diurnal）になり，まだ残っていた赤の視物質遺伝子を重複させて緑の視物質遺伝子をつくり，三原色的な色覚を取り戻したのだろう．

赤の視物質遺伝子の重複は新世界ザルと旧世界ザルとの分岐の時期に起こり，今から約3500万年前と考えられている．脊椎動物の誕生は数億年前なので，この遺伝子の重複はごく最近起こったことがわかる．そのため，ヒトは特別な色対比（chromatic contrast）のシステムをもっている．われわれが色を見るとき，赤と緑，黄と青はそれぞれ補色（厳密には反対色）の関係にあるが，このような色対比はニワトリやカメ，キンギョにはないことが考えられている．

〔七田芳則〕

4 太陽光
Sunlight

太陽光スペクトル，UVB，可視光線

太陽は直径約140万kmの巨大なガスの球体であるが，内部には高温・高圧の中心核がある．ここでは水素の熱核融合反応が起こり，ヘリウムの生成とともに膨大なエネルギーが発生している．このエネルギーの大部分はガンマ線に変わり，ガンマ線が周囲のプラズマ（電離気体）と衝突・吸収・再放射などの相互作用を起こしながらエネルギーの低い光に変換され，数十万年単位の長い時間をかけて太陽表面にまで達して，最終的に宇宙空間に放出されている．

太陽から1億5000万km離れた地球に到達した太陽光は，地球上で起こるすべての生命現象，水・大気の対流などの気象現象のエネルギー源となっている．また，石炭・石油・天然ガスなどの化石燃料も，古く植物が光合成によって太陽光エネルギーを蓄えた産物である．

太陽光スペクトル

太陽光には，波長の短いガンマ線から波長の長い電磁波までの波長の異なる光が含まれている．波長と光の名称の関係を表1に示す．

波長に対して光の強度をプロットしたものをスペクトルというが，太陽光スペクトル（Solar spectrum，図1）は，米国エネルギー省国立再生可能エネルギー研究所（NREL）のウェブサイトで公表されている．それによると，地球大気外で観測した太陽光スペクトル（図1A）は，可視光線領域の480 nmに極大値をもち，計算で求めた約6000 Kに熱せられた黒体からの放射スペクトルに近い形になっている．

また，地表で観測した太陽光スペクトル（図1B）では，700 nmより長波長側の赤

表1　光の分類

光の名称			波長
X線・ガンマ線			10 nm以下
紫外線	真空紫外線	VUV	10～200 nm
	短波長紫外線	UVC	200～280 nm
	中波長紫外線	UVB	280～315 nm
	長波長紫外線	UVA	315～380 nm
可視光線		VIS	380～780 nm
赤外線	近赤外線	NIR	0.78～2.5 μm
	中赤外線		2.5～4.0 μm
	遠赤外線	FIR	4.0 μm～1 mm
電波			1 mm以上

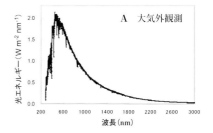

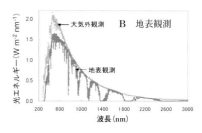

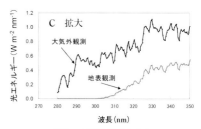

図1　太陽光スペクトル
地球大気外での観測（A），地表観測（B），紫外線領域の拡大（C，270～350 nm）．

外線領域のところどころにくぼみがみられる．さらに，270～350 nm の紫外線領域の拡大図（図1C）でわかるように，大気外観測のスペクトルに比べて，300 nm から 280 nm の間の紫外線の強度が減少しており，290 nm 以下の紫外線は地表には到達していないことがわかる．これらは，地球大気中のオゾン（O_3），水蒸気（H_2O），二酸化炭素（CO_2）などの吸収によるものである．

一般に，窒素・酸素などの二原子分子は，200～3000 nm の範囲にはほとんど吸収がないので，太陽光スペクトルに影響を与えない．一方，水・二酸化炭素・オゾンなどの三原子分子は，この範囲に吸収をもち，太陽光が大気を通過する際に，太陽光スペクトルに影響を与えている．

地球大気による紫外線の吸収

現在の地球大気には酸素が容積比で 21% 含まれているが，地球誕生の頃の大気には酸素が存在しなかったとされている．いまから 32 億年前頃に海中にラン藻類が誕生し，光合成（photosynthesis）によって水から酸素を生成しはじめ，大気中の酸素濃度が次第に増加して，今から 3～2 億年前に現在の大気組成になったといわれている．酸素の濃度の上昇で大気中にオゾンが生成し，地表に到達する紫外線量が低下したことによって，植物が陸上に進出できるようになったと考えられている．

大気による紫外線の吸収は次に示すチャップマン機構で説明される．大気に含まれる酸素が 240 nm 以下の短波長の紫外線を吸収して，2つの酸素原子に解離される．酸素原子が酸素分子と反応することでオゾンを生成する．これらの現象はおもに，酸素の濃度が高く，短い紫外線量の多い場所で起こり，高度 20～30 km 付近の成層圏にオゾン濃度の高いオゾン層（ozone layer）と呼ばれる層がある．オゾンは 256 nm に吸収極大波長をもっていて，200～300 nm の広範囲の紫外線を吸収することができる．このオゾンが太陽光紫外線を吸収することで，地表に降り注ぐ太陽光には 290 nm 以下の紫外線には，ほとんど含まれていない．

しかし，生成と同時に大気中のヒドロキシルラジカル，一酸化窒素，塩素ラジカルなどによってオゾンは分解され，オゾンは生成と分解のバランスで一定の濃度が保たれている．近年，フロンガスの放出によって大気中の塩素ラジカルの濃度が増加して，オゾン濃度の低下・UVB量の増加の傾向にある．オゾンの吸収スペクトルは，遺伝子 DNA の吸収スペクトルと重なることから，UVB量の増加が DNA の損傷を引き起こし，皮膚がんの増加が懸念されている．

太陽光と生命活動

地表の到達した太陽光中の可視光線（visible light）の割合が，エネルギー基準で 52% と高い．そのために，生物は，生命活動に可視光線を効率よく利用できるように進化してきたと思われる．光合成，発芽，視覚などは可視光によって誘起される現象であり，特に，植物は，光合成において可視光線をできるだけ多く捕集するために，数種の色素を組み合わせている．植物が光合成によってつくり出す酸素および炭水化物は，地球上のすべての生物の生命活動のエネルギー源となっている．

赤外線は，可視光線に次いで 42% と割合が高く，地球を温め，水の蒸発，海流，大気の対流などの気象に変化を引き起こし，地球環境に大きくかかわっている．

〔保田昌秀〕

5 生物による太陽光の利用
Utilization of sunlight by living organisms

ラン藻，光合成，紫外線，光シグナル，視覚

　生物は太陽光をエネルギーとして，また，環境情報として利用している．ここでは，生物の進化・多様化の視点も踏まえて，これらの利用について述べる．解説事項をまとめた図1も参照されたい．

エネルギーとしての利用

　地球に生命が誕生したのは今から38億年ほど前とされ，32億年前までには光合成をする細菌が誕生したとされている．光合成（photosynthesis）という代謝機能（光エネルギーを用いて，二酸化炭素から炭水化物を合成する機能）を獲得して，生物はその生命活動（成長，運動，増殖など）に必要なエネルギーを光から得ることができるようになった．最初に誕生した光合成生物は真正細菌から進化した光合成細菌（photosynthetic bacteria）で，硫化窒素などを光合成に必要な基質（水素と電子の供与体）として用いていた．それらの中から，地球に豊富にある水を基質とする真正細菌のラン藻（cyanobacteria）が誕生した．

　20億年前頃，古細菌から単細胞の真核生物が誕生し，次いで葉緑体（共生したラン藻が起源）をもつ単細胞藻類が誕生した．これが最初の植物である．単細胞藻類から，多細胞藻類，コケ植物，シダ植物，種子植物へと進化・多様化し，地球上の植物は，幾度かの絶滅の危機を乗り越えながら，バイオマスを増大していった．植物の繁栄に支えられ，植物を食べて生きる動物（また，その動物を食べて生きる動物）も進化・多様化していった．生命は太陽光の届かない海底火山の噴出孔付近で誕生したとされているが，その繁栄は太陽光をエネルギーとして利用することによりもたらされ

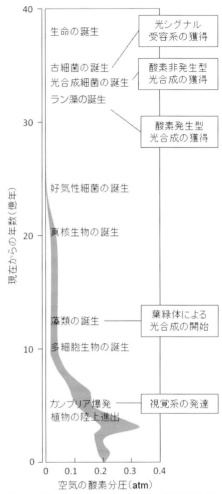

図1　生物による太陽光利用と空気の酸素濃度（推定幅）の変遷

たといえる．

光合成と地球環境

　生命が誕生した頃，空気には酸素が含まれていなかった．ラン藻の光合成により酸素が放出されるようになり，その繁栄は空気中における酸素の蓄積をもたらした．酸素は当時の細菌（嫌気性）にとって猛毒で

あったため，その多くが絶滅したと考えられている．これを克服して誕生したのが，酸素を呼吸に用いる好気性細菌である．この好気性細菌（真正細菌から進化）が単細胞の真核生物に共生してミトコンドリアになり，好気性真核生物が誕生した．植物も動物もこの好気性真核生物が起源になっている．

さて，植物が誕生して空気中の酸素濃度はますます増大し，その結果，大気圏にオゾン層（オゾンの濃度が高い層）が形成されることになった．大気圏中の酸素分子は太陽光の紫外線（< 240 nm）を吸収して酸素原子に分解し，それが酸素分子と結合してオゾン分子（O_3）になる．そのオゾン分子も紫外線（< 320 nm）を吸収して酸素分子と酸素原子に分解される．大気圏中のオゾンは，その生成と分解を含むこれらの反応により維持される．

酸素がなかった頃の地球の表面には太陽の可視光とともにその紫外線も降り注いでいた．この紫外線は生物に致命的な障害をもたらすため，陸上は生物が生息できる環境ではなかった．生物は長い間，紫外線が水に吸収されて届かない海中で生息していた．空気中の酸素濃度が上昇し，上述したように酸素分子とオゾン分子に紫外線が吸収されて，地上に到達する紫外線の量は減少していった．陸上は徐々に生物が生存できる環境になり，5億年前頃，植物は陸上への進出を果たした．それを追って動物も陸上に進出した．

このように，ラン藻と植物はその光合成活性により，生存する地球環境を自ら変化させてきた．そして，その変化に適応して，生物はさらなる進化と多様化を成し遂げた．

環境シグナルとしての利用

生物は，太陽光をエネルギーとして利用する一方，環境シグナル（environmental signal）としても利用している．生物はさまざまな環境要因をシグナルとして読み取り，環境への適応を果たしているが，光は特に重要なシグナルになってきた．

生物の光シグナル応答（光運動や光による代謝，成長，形態形成などの制御）に関与する光受容系は光合成と異なる起源をもち，関与する光受容体（photoreceptor，ほぼ例外なく，色素が結合したタンパク質）も多様である．フィトクロムなど高等植物で明らかにされた光受容体の起源は，光合成細菌やラン藻に見出すことができる．また，古細菌の走行性に関与する光受容体センサリーロドプシンは，真正細菌にも存在する．生物は，光合成機能を獲得する以前から，太陽光をシグナルとして利用してきたと考えられる．

視覚の獲得と動物の進化

人間は太陽光（または，それ以外の光）を利用して，ものを見ている．ものを見る感覚は視覚（vision）と呼ばれ，多細胞動物で発達した機能である．それにかかわる視覚系は光を受容する視覚器と視覚情報を処理する神経系により構成される．さまざまな動物の視覚器は，共通の光受容タンパク質としてオプシンをもつ．動物は，視覚機能を獲得し，発達させることにより，捕食と逃避のための情報処理能力を高めてきた．

明暗認識ができる程度の原始的な視覚系は先カンブリア紀に登場したとされているが，ものを見ることができる視覚系はカンブリア紀（5.4億〜4.8億年前）に急速に進化したことが化石の解析などから示されている．カンブリア爆発（Cambrian explosion）と呼ばれているように，カンブリア紀はさまざまな種類の動物が一気に登場した期間である．カンブリア爆発を視覚の獲得と関連づける学説もある．視覚系の発達は，動物の進化において重要な役割を果たしたと考えられる．

〔飯野盛利〕

6
光の屈折，反射，干渉，回折
Refraction, reflection, interference, and diffraction of light

波動，屈折，反射，干渉，回折

身近に観察されるさまざまな光学現象の多くは，光の波としての性質から説明できる．本説では，光の屈折，反射，干渉，回折に関する基礎事項について解説する．これらの現象は現在の生命科学の実験に不可欠な顕微鏡や分光器などの装置の基本原理である．

光の反射と屈折

媒質1を進む光（入射光）が媒質2の境界面に到達したとき，入射光の一部がその境界面で反射され再び媒質1を進行する現象を反射（reflection）という（図1）．境界面の法線と入射光の角度を入射角（θ_1），反射光の進行方向と法線がなす角度を反射角（θ_1'）といい，これらの角度は等しくなる（反射の法則）．

光が異なる媒質に入射したときに，その媒質の境界面で進行方向を変える現象を屈折（refraction）という（図2）．境界面に到達したときの入射光の波面をAB，屈折光（透過光）の波面をCDとし，媒質1と媒質2における光の速度をそれぞれv_1，v_2とする．入射光の波面ABが距離$\overline{BD}$($v_1\Delta t$)進む間に，Aに到達した光は距離$\overline{AC}$($v_2\Delta t$)を進みCに到達して波面CDを形成する．そのとき，

$$\overline{AC} = v_1\Delta t, \quad \overline{BD} = v_2\Delta t$$

∠BAD = θ_1，∠CDA = θ_2

となる．三角形ACDとABDは辺ADを共有しているので，

$$\overline{AD} = \frac{\overline{BD}}{\sin\theta_1} = \frac{\overline{AC}}{\sin\theta_2} = \frac{v_1\Delta t}{\sin\theta_1} = \frac{v_2\Delta t}{\sin\theta_2}$$

となる．したがって，入射角（θ_1）と屈折角（θ_2）の間には以下の関係が成り立ち，これを屈折の法則という．

$$\frac{\sin\theta_1}{\sin\theta_2} = \frac{v_1}{v_2} = n_{12} \quad (1)$$

n_{12}は媒質2の媒質1に対する相対屈折率である．真空中の光の速度cを基準として真空に対する媒質1の屈折率をn_1とし，これを絶対屈折率，あるいは単に屈折率という．

$$n_1 = \frac{c}{v_1}$$

これを用いると相対屈折率（n_{12}）は

$$n_{12} = \frac{n_2}{n_1}$$

となり，式(1)は

$$n_1\sin\theta_1 = n_2\sin\theta_2 \quad (2)$$

と表され，絶対屈折率を用いた式(2)をスネルの法則という．この関係式から，たとえば，光が屈折率の小さな空気（$n_1 = 1.0$）から屈折率の大きな水（$n_2 = 1.3$）へと進行する場合，屈折角（θ_2）は入射角（θ_1）よりも小さくなる．

$n_1 > n_2$のとき，たとえば入射光が石英ガラス（$n_1 = 1.46$）から空気へ向かうよう

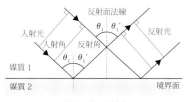

図1 光の反射

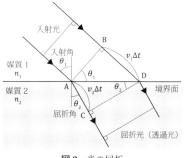

図2 光の屈折

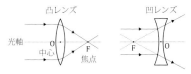

図3 凸レンズと凹レンズ

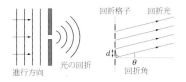

図5 光の回折と回折格子

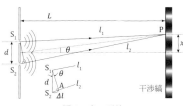

図4 光の干渉

な場合，入射角（θ_1）を大きくしつづけると屈折角（θ_2）が90度に達する状況になる．このときの入射角をθ_cとし，この角度より大きいときは屈折光が観測されず反射光が100％となる．この現象を全反射といい，θ_cを臨界角と呼ぶ．全反射条件時，媒質2（上記の例では空気）中に伝播する透過光は消失し，界面に対して平行に進む波動となる．この波をエバネッセント光という．

レンズ表面を通過するときの光の屈折現象を利用することで，光を収束あるいは発散させることができる（図3）．レンズ中央が周辺よりも厚いレンズを凸レンズ，中央が薄いレンズを凹レンズという．

光の干渉と回折

光の干渉（interference）は，複数の光の波がある空間で重なりあうことで現れる現象であり，それらの光の重なり方によって強めあったり弱めあったりする．水面の油膜やシャボン玉や水面の油膜が虹色に見える現象は，膜の表面と底で反射した2つの光が干渉を起こすことによる．2つのスリットを間隔dで配置したとき，これらのスリットから放射される2つの光から干渉縞が観察される（図4）．点Pの位置までの距離の差Δlは，

$$\Delta l = l_2 - l_1 = \overline{S_2 P} - \overline{S_1 P} \approx d \sin\theta$$

となる．スリットからスクリーンまでの距離Lがdに比べて十分大きいとき，$\sin\theta \approx \tan\theta$が成り立つので，

$$\Delta l \approx d \tan\theta = d\frac{x}{L}$$

となり，Δlが半波長の偶数倍のときに強め合う干渉となって明線が，半波長の奇数倍のときに弱め合う干渉となって暗線が現れる．明線間と暗線間の間隔はそれぞれ次の式で表される．
（明線となる条件）

$$x = m\frac{L\lambda}{d} \quad (m = 0, \pm 1, \pm 2, \cdots)$$

（暗線となる条件）

$$x = \left(m + \frac{1}{2}\right)\frac{L\lambda}{d} \quad (m = 0, \pm 1, \pm 2, \cdots)$$

光の進行が障害物によって遮られたときに，障害物の裏側に回りこんで進む現象を回折（diffraction）といい，光が波として伝播しているために起こる現象である（図5）．多数の平行スリットや溝を等間隔に配列させた構造体を回折格子と呼ぶ．格子間隔がd（格子定数）であるとき，波長λの回折光の位相差がそろうのは回折角θが次の条件を満たすときである．

$$d \sin\theta = m\lambda \quad (m = 0, 1, 2, \cdots)$$

これを回折条件と呼ぶ．波長の違いによって回折光が集中する回折角が異なることから，波長に対して連続的に強度分布する光である白色光から単色光を取り出すための分光器として応用することができる．

〔高田忠雄〕

7 生物の色
Color of organisms

吸収, 干渉, 構造色, 発光, 色素胞, 擬態

およそ38億年前に誕生した生物は, 現存する原核生物に似たものだったと考えられているが, その生物に「色」はなかった. 物理学的な光の波長が「色」としての意味をもつようになったのは, 波長が生存にかかわる信号として利用されるようになったからである. つまり「色」は生物の情報世界が作り出した生物の属性の1つである. 情報世界を構築しているのは動物だが, 食物網と呼ばれるエネルギー循環の中で動物とかかわりをもつすべての生物は色をもつことになる. 色は, 光の波長の違いを利用して異なる（あるいは, 区別できる）情報を生物が生み出したものともいえる.

ヒトの可視光の波長範囲は, 便宜上およそ400〜750 nm の範囲とし, それより短波長側の10〜400 nm の範囲を紫外光, 長波長側の750〜1000 nm を赤外光と呼んでいる. 可視光域は視物質が光反応できるか否かによって決まるので, 実際のヒトの視域は短波長側や長波長側でもう少し広い. また他の多くの動物（節足動物や脊椎動物）で, ヒトには受容不能な紫外部域の光を受容でき, 色として弁別できることが知られている.

構造色と色素色

生物表面に入射した光は, 物質との相互作用により, もととは異なる独自のスペクトル光として反射される. 俗に, 色素などの物質による吸収によって光のスペクトルが異なる場合は「化学的な色」, 特別な構造をした物質表面での反射・散乱によって光をスペクトルが異なる場合を「物理的な色」ということもある. 物理的な色は, その色の創出の仕方から「構造色」ともい

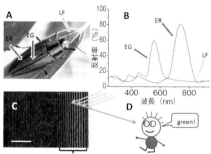

図1 色素による色と構造による色
光源から対象の生物に届いた光は, 葉の色素やタマムシの鞘翅の構造によって修飾を受けて反射し (A), Bのような反射スペクトルを示す. Cは鞘翅の透過型電子顕微鏡像であるが, その波長帯域は"|"で示した表角皮の多層膜干渉で決まり, 反射スペクトルはそれぞれの種の視覚情報処理系によって色として弁別される (D). ERはタマムシ鞘翅の赤いストライプ, EGは緑の部分, LFは葉.

う. 薄膜干渉・多層膜干渉・回折格子・フォトニック結晶・光散乱などの光学的現象のどれかや, これらの組み合わせによって色が創出される. たとえば, 法隆寺に保存されている玉虫厨子に, タマムシの鞘翅がもつ構造色が使われている. 3層からなるクチクラの最外層の表角皮 (epicuticle) に20層前後の多層構造があり, 多層膜干渉によって特定波長が反射される. そのために生物が死んだ後も長い年月の間, 輝きを失うことはない.

図1Cにみられるように, 構造色 (EG, ER) は色素色 (LF) に比べて反射率が高く半値幅も狭い. その上, 角度依存的な多層膜干渉による色の変化をする. 今でも奈良の各所で出土するタマムシの鞘翅は, いにしえの人々がその美しさに魅了されたことを物語っている. 実際には, 色素と構造が組み合わさって光を修飾していることも多く, 人はその多様なスペクトル構成に対して数多くの語句を用いて色を表現する.

「化学的な色」を創出する生物の色素は,

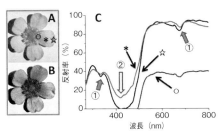

図2 ウマノアシガタの花の反射
花の各所（○，＊，☆）によって反射スペクトルが異なり（A, C），紫外線の反射を撮影すると，花の中央は暗くなる（B）．①はクロロフィル，②はカロチノイドの吸収による反射率の低下である．

カロチノイド，フラボノイド，プテリジン系色素，メラニン，インドール系色素，キノン系色素，オモクローム，パピリオクローム，テトラピロール系色素など多岐にわたる．植物がもつ色素に比べて，動物がもつ色素のほうが多様であるが，それは動物には，動物自身が体内で合成するものと，餌としての植物の色素を由来とするものの両者があるためである．

発光と色素胞

このように生物の色は一般に色素色と構造色に二分されるが，その他に動的な生物の色として，生物発光（bioluminescence）と色素胞を忘れてはならない．ホタルの発光で有名な発光は，生物が自ら発光する生物発光であり，蛍光やリン光，効率の高い反射をする生物とは異なる．生物発光は細胞内と細胞外の両方で起こり，ウミホタルなどでは口から体外に発光液が放出される．ホタルではその発光物質はルシフェリンと呼ばれ，ルシフェラーゼという酵素とATPが働くことで効率よく発光している．

色素胞は，多くの変温動物がもっている色素顆粒を含む細胞であり，一般に色素顆粒には運動性がある．魚類の色素胞は，黒色素胞，赤色素胞，黄色素胞，白色素胞，虹色素胞の5種に分類される．色素顆粒の凝縮と拡散によって体の反射スペクトルは変化する．色素胞の数量によって体色変化（形態的変化）し，色素顆粒の運動によっても体色変化する（生理的変化）．

コミュニケーションと擬態

動物同士のコミュニケーションでは，特徴的な顕示姿勢など動作も重要であるが，色そのものが種内および種間コミュニケーションに用いられることも多い．種内コミュニケーションの例として，親鳥のくちばしの特徴的な色の配色を雛が弁別し，餌を食べるために大きく広げた雛のくちばしの中央に親は餌を運んだり，産卵期のイトヨの雄の腹側が赤く染まることが縄張り行動を引き起こしたりすること，またタマムシの構造色が同種個体を誘引することなどが挙げられる．またホタルが発光して同種を誘引することなど枚挙に暇がない．種間コミュニケーションとしては，植物の花の紫外と可視光域の反射のコントラストが虫を誘引し，虫媒花としての機能を果たしている．また，ベイツ型やミュラー型擬態といわれる毒をもたない種が，毒をもつ種の配色に似せたり，毒をもつもの同士の配色を似せたりすることによって，警戒色を用いて異種の動物から捕食されないようにしている．このようなコントラストを強調する配色とは逆に，背景とのコントラストを減少させ色やその配色によって達成される保護色を用いるものもいる．色素胞は威嚇として使われたり保護色として機能したりすることがあり，魚やイカなどは敵から身を守るためのカウンターシェーディングとしての機能をもつ．

一方，色素による着色が，色としていつも生物の情報処理と関連を直接もつとは限らない．たとえば，血液の赤いヘモグロビンや淡青色のヘモシアニンなどは，生体内で酸素の運搬に関与する重要な色素であるが，生物にとっての色として機能することはない．

〔針山孝彦〕

8

直線偏光と円偏光
Linear polarized and circular polarized light

偏光板, ブリュースター角, キラル分子, 光学活性, 旋光性, 円二色性

電磁波である光は, 図1に示すように電場 E と磁場 H が直交して光の進行方向 z と垂直に振動しながら進む横波としての性質をもっている. 電場（および磁場）の振動方向が一定である場合を直線偏光という. 直線偏光の向きをいうとき, 通常は電場の向きをさす.

日光のような自然に降り注ぐ光では, その波のゆれは進行方向に向かって360度平均的に混合された振動方向をもつ無数の光から構成されている. そのような偏光していない自然光から直線偏光を作り出すものを偏光子といい, 簡単なものでは高分子フィルムに色素やヨウ素分子などをドープし配向させて特定方向の電場吸収が起きるようにした偏光板フィルムや方解石を切りだしてつくられた偏光板などがある.

ブリュースター角

屈折率の異なる2つの物質の界面にある角度 θ をもって光が入射するとき（図2）, 電場の振動方向が入射面に平行な偏光成分 p 偏光と, 垂直な偏光成分 s 偏光とでは, 反射率が異なる. 入射角を0度から徐々に増加していくと, p 偏光の反射率 R_p は最初減少し, ある角度で0となり, その後増加する. s 偏光の反射率 R_s は単調に増加する（図3）. このような反射率の偏光・入射角依存性は, フレネルの式で計算できる.

このp偏光の反射率が0となる入射角をブリュースター角（Brewster angle）θ_B といい, 次式のように2つの物質の屈折率から求めることができる.

$$\theta_B = \tan^{-1}\left(\frac{n_2}{n_1}\right)$$

ここで n_1 は入射側（媒質1）の屈折率, n_2 は透過側（媒質2）の屈折率である. たとえば, 屈折率1の空気中から屈折率が1.52のガラスに入射する光のブリュースター角は56.7度になる. 入射角がブリュースター角のとき, 透過光（屈折光）と反射光とのなす角は90度となる. ブリュースター角ではs偏光のみが反射されるので無偏光から偏光が得られる.

このように, 物体や海水面などから反射

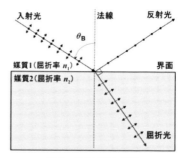

図2　光の反射と屈折

偏光方向（光の電場）は矢印が紙面内（p偏光）, 黒丸印が紙面に垂直（s偏光）であることを示す.

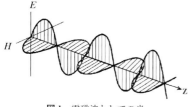

図1　電磁波としての光

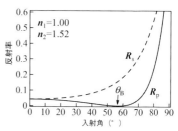

図3　空気からガラス（屈折率1.52）への光入射における偏光成分の反射率の角度依存性

する自然光には偏光成分が多く含まれることになるので，偏光メガネを使うと反射光が抑えられて見やすくなる．液晶ディスプレイにも偏光板が用いられている．

可視域に吸収を有する色素などπ電子系をもつ分子が光吸収あるいは発光するときは，その光電場は分子骨格に対し電子遷移モーメントに依存して一定の方向をもっている．したがって，規則的に分子の配向が固定された発色団を含む材料は偏光方向に対して二色性を有する．これをうまく利用したのが偏光板フィルムや液晶である．

キラル分子と光学活性，旋光性

分子をそれ自身の鏡像に重ね合わせることができないという性質をキラリティー（chirality，掌性）という．たとえば，炭素原子には4つの原子や置換基が共有結合できるが，これらが互いに異なる場合，無対称分子となりキラリティーが生じる．この炭素原子を不斉炭素原子（不斉中心）といい，そのような分子をキラル分子という．ちょうど右手と左手のように互いに鏡像である1対の立体異性体（enantiomer，鏡像異性体，エナンチオマー）が存在する．キラル分子や不斉原子を有する分子の場合，分子の電気双極子の構造が電磁波の偏光面を変える性質（旋光性）をもつ．このような場合，光学活性を示すという．波長λの光が濃度c[g/100 mL]の溶液中の光路長d[10 cm]を通ったときの旋光度をα[deg]とすると，比旋光度$[\alpha]_\lambda = \alpha/cd$は溶媒，温度と波長に依存した物質固有の値となる．比旋光度はキラル化合物の光学純度，果物の糖度評価など実用上重要である．

偏光面を，光の進行方向に向かって時計回りに回転させる鏡像異性体を右旋性，反時計回りに回転させる異性体を左旋性という．回転方向を表すために，右旋性のとき（＋），左旋性のとき（－）を化合物の前につける．キラル分子とその鏡像異性体の等量混合物は，右旋性と左旋性が相殺され，偏光面の回転は観測されない．このような混合物はラセミ体という．

円偏光と円二色性

電場（および磁場）の振動が伝播に伴って円を描く場合を円偏光という．回転方向によって，右円偏光と左円偏光がある．直線偏光は同じ強度の左円偏光と右円偏光を重ね合わせたものとみなすことができる．直線偏光がキラルで光学活性をもつ物質中を通過すると，旋光性により偏光の軸の回転が起こり，左右の円偏光に対する媒質の吸収係数に差があれば，その直線偏光を構成していた左円偏光と右円偏光に強度の差が生じるため楕円偏光に変化する．これを円（偏光）二色性（circular dichroism）という．旋光性が任意の波長で見られるのに対して，円二色性はその物質が光吸収する波長でしか見られない．

円二色性の大きさは，左円偏光に対する吸光度A_Lと右円偏光に対する吸光度A_Rの差である円二色性吸光度ΔAに反映され，ランバート－ベールの法則が成立する．それぞれのモル吸光係数の差$\Delta \varepsilon$[$M^{-1}cm^{-1}$]をモル円二色性といい，スペクトルとして示すときは強度を$\Delta \varepsilon$で表すことが多い．

アミノ酸や糖など生体分子の多くはキラルであり生体では原則として片方の異性体のみが存在する．このような状態をホモキラリティー（1対の鏡像異性体のうち一方が優先的に生成する系）ということがある．酵素反応などでも，片方の立体異性体しか認識しない．生体系がホモキラリティーになる理由は古くから興味がもたれているが，諸説がありまだよくわかっていない．一説には円偏光が原因で，片方のキラル分子の増幅が起こったとする考え方もある．

また，人間の眼は偏光をほとんど識別できないが，昆虫は複眼の中の視細胞の配列を利用して識別できるといわれている．

〔池田憲昭〕

9

生物の偏光利用
Polarized light as a visual cue

天空コンパス，偏光定位，物体認知，コミュニケーション

　自然界では，水や葉の表面，動物の体など，物体面で反射した光は多かれ少なかれ偏光している．空にも天体を中心とした偏光のパターンがある．したがって偏光は，動物にとってさまざまな行動の有効な情報となりうる．事実，昆虫・頭足類・魚類・鳥類が，定位行動・物体認知・コミュニケーションに偏光振動面を識別する偏光視（polarization vision）を用いている．

視細胞の偏光感度

　偏光視は，視細胞の形態によって生まれる偏光感度を基盤とした感覚で，特に昆虫をはじめとする無脊椎動物で発達している．

　無脊椎動物の視細胞は，微絨毛型の光受容部位をもつ（図1A左）．視細胞の微絨毛がまっすぐかつ平行に配列するとき，その視細胞は微絨毛の長軸方向と平行な振動面をもつ偏光に高い感度を示す（図1A右）．

　脊椎動物の視細胞（図1B左）では，光受容部位がディスク膜型であるため，偏光感度が生まれない（図1B右）．しかし，魚や鳥の網膜にある双錐体細胞（double cone）は，2つの細胞が並んだ長軸方向の偏光に感度が高くなると考えられている．

天空コンパスと偏光定位行動

　ハチやアリの帰巣やチョウ類の渡りは太陽を指標に，夜行性であるフンコロガシも月を指標に巣に戻る．これらの行動は，天空コンパス（celestial compass）による定位行動の一種である．天体からの光が大気で散乱されると，天空を中心として一義的に決まった偏光・波長・光強度のパターンが天空上に生まれる（図2A）．よって，空の一部が見えていれば，それらの情報から天体の位置を知ることができる．

　天空の偏光パターンは，複眼の背側辺縁領域（dorsal rim area；DRA）で受容される（図2B）．DRAの個眼では，互いに直交する偏光感度をもつ2種類の視細胞が偏光受容ユニットをつくる．各ユニットの偏光感度はDRA前方を中心に扇状に並び，天空の偏光パターンと一致する．DRA上

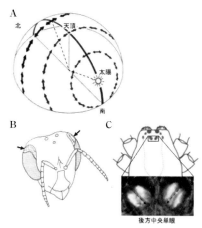

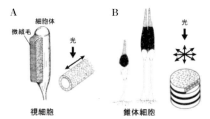

図1　微絨毛型視細胞（A）とディスク型視細胞（B）矢印は受容できる偏光の振動面．

図2　A　天空の偏光パターン：　変更の振動面（矢印）は，太陽を中心に同心円上に分布する．太陽の周辺では，長波長の光が多く，反対側では紫外線が増える．
B　ハチの背側辺縁領域（矢印）：　扇状の線は，紫外線細胞の配列を示す．
C　ワシグモ（*Gnaphosida*）の後方中央単眼：矢印は受容できる偏光の振動面．（M. Dacke et al., *Nature*, **401**, 470-473, 1999を改変）

で偏光板を回したとき，特定の偏光振動面を追うように体の向きを変える行動を偏光定位（polarotactic response）という．

朝夕に活動する徘徊性のクモも偏光定位を示し，天空の偏光パターンによって巣に帰ると考えられている．クモの視覚器である4対の単眼のうち後方中央にある楕円形をした1対は，特定の振動面の偏光受容に特化している．この単眼の偏光感度は互いに90〜110度開いており，クモが水平線にある太陽に定位すると偏光感度が天空の偏光パターンと一致する（図2C）．

偏光による物体や模様の認知

環境中の偏光は，色や明るさと同様，物体や模様のコントラストを生み出す．特に光強度や色の変化に富む環境では，偏光情報は有効な信号になる．たとえば，森の中に棲むドクチョウ（*Heliconius cydno*）は種によって羽の偏光反射特性が異なり，オスは羽の偏光情報によって同種のメスを見分けている（図3A）．

偏光振動面の違いは，色もしくは明るさとして知覚される．産卵行動中のメスアカモンキアゲハは地面に対し平行に振動する偏光（横偏光）を好み，一方で黄緑より緑を好む．ところが，黄緑色に横偏光の情報を加えると，緑より好まれるようになる．これは，横偏光によって黄緑が緑に，つまり偏光が擬似カラーに変換されたことを示す．一方，求蜜行動中のナミアゲハは，横偏光より縦偏光を好む．縦偏光が好まれるのは横偏光より明るく見えるためで，縦偏光の明るさが変わるとその嗜好性も変化する．偏光が色や明るさとして見えるのは，視細胞が分光感度と偏光感度を同時にもち，視覚機能ごとにかかわる視細胞の種類が異なるためと考えられている．

水生昆虫の行動には，水面の認知が重要である．水面から反射された光は，水面と平行に振動する偏光を多く含む．マツモムシは，この水面からの紫外線の偏光を指標に水に飛び込む．彼らは偏光を，色や明るさとは違うものとして感じることができる．

クチクラの反射が，円偏光になる生物がいる．シャコは特定の円偏光の学習弁別が可能で，コガネムシは右回りの円偏光に対してより強い走光性を示す．円偏光を弁別できるこれらの種では，円偏光は配偶行動や配偶者選択においてなにかしらの機能をもつと考えられている．

シャコの眼では，円偏光は直線偏光に変換されて受容される．シャコ複眼の中央帯には6つの個眼列があり，そのうち第5・6列が円偏光受容をする（図3C）．そこにある個眼に含まれる視細胞のうち，最も角膜寄りにあるものが，4分の1波長板として働く．円偏光がこの視細胞を通り抜けて直線偏光になり，特定の偏光に感度をもつ視細胞に受容される．円偏光を直接受容する視細胞の構造は未発見である．〔木下充代〕

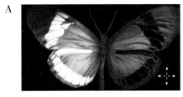

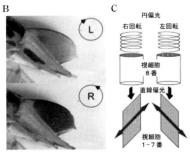

図3 A ドクチョウ：左羽は通常写真，右羽は偏光反射パターンを強調した写真．(A. Sweeny *et al., Nature*, **423**, 31-32, 2003 を改変)
B シャコの尾ひれの円偏光反射．
C 円偏光受容のしくみ：矢印は偏光の振動面．(T. H. Chiou *et al., Curr Biol*, **18**, 429–434, 2008 を改変)

10
光吸収による電子励起状態の生成
Generation of electronically excited states by absorption of light

励起状態, 電子遷移, スピン多重度, 選択則

　生体内では，光合成をはじめ，視覚，ビタミンDの活性化などさまざまな反応が光によって引き起こされる．このような生命にとって重要な光化学および光物理過程は，生体内の色素が光を吸収して電子的に励起されることにより初めて誘起される．本項では光が関与する生命活動の最初の過程として重要な光吸収について解説する．

　「分子に吸収された光子のみが化学変化を起こしうる」という光化学第一法則が基本原理となる．その際，ある物質の基底状態 (E_1) と励起状態 (E_2) のエネルギー準位の差 (ΔE) が光のエネルギーに一致する場合に光が吸収される (式 (1))．一般に電子励起状態の ΔE は紫外〜可視の領域にある．

$$\Delta E = E_2 - E_1 = h\nu \quad (1)$$

ここで，h はプランク定数，ν は光の振動数である．

基底状態と励起状態の電子配置

　図1に仮想的な6電子系の電子配置を示す．Ψ は分子軌道，矢印は電子を表し，矢印の向きはスピンを示す．最も安定な電子の配置 (A) は基底状態と呼ばれ，6個の電子は $\Psi_1 \sim \Psi_3$ まで詰まり (被占軌道)，$\Psi_4 \sim \Psi_6$ は空である (空軌道)．Ψ_3 は最高被占軌道 (highest occupied molecular orbital；HOMO)，Ψ_4 は最低空軌道 (lowest unoccupied molecular orbital；LUMO) と呼ばれる．電子がエネルギーの高い軌道に分布した状態 (B) 〜 (D) を電子的励起状態と呼ぶ．(A) 〜 (C) の状態は電子のスピンがすべて逆向きの対をなしており，これらを一重項状態 (singlet state) と呼びSで表す (エネルギーの低い状態から0, 1, 2の添え字をつける)．(D) では，Ψ_3, Ψ_4 にある電子スピンが同じで三重項状態 (triplet state) と呼ぶ (Tで表す)．一重項や三重項といったスピン状態の違いをスピン多重度という．励起一重項状態と励起三重項状態では反応性が異なることが多く，前者は協奏的あるいはイオン的，後者はラジカル的な反応を示す場合が多い．

吸収スペクトルの形

　基底状態 S_0 から第一励起状態 S_1 の遷移に伴う光吸収を図2に模式的に示す．S_0 と S_1 のエネルギー準位の差に等しい光が吸収される．このとき，電子の遷移が〜10^{-15} 秒の時間で起こるのに対して，原子の動きはそれに比べてはるかに遅いので，励起直後の核の位置は変わらない．これをフランク-コンドンの原理という．

　分子の振動準位を v で表すと (v' は励起状態の振動準位)，基底状態では Boltzmann 分布によりほとんどの分子は $v = 0$ の状態 (振動の基底状態) に分布する．この状態

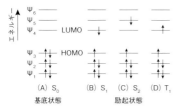

図1　基底状態と励起状態の電子配置

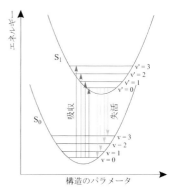

図2　電子と振動のエネルギー準位

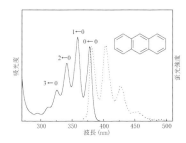

図3 アントラセンの吸収スペクトル（実線）と蛍光スペクトル（点線）

から光のエネルギーを吸収してS_1へ励起される．その際，S_1状態の高い振動準位へも励起されることができる．このため，吸収スペクトルは単一の吸収帯ではなく振動構造を示すことがある．

アントラセンは300〜370 nmに$S_1 \leftarrow S_0$の吸収帯をもち，振動構造を示す（図3実線）．S_0とS_1の振動の基底状態（$v, v' = 0$）間のエネルギー差が最小なので，この吸収が最も長波長に現れる（図3，$0 \leftarrow 0$）．この吸収帯は0-0遷移と呼ばれ，S_0とS_1のエネルギー準位の差を反映する．蛍光過程はS_1の$v' = 0$から起こるため，基底状態の振動準位により，蛍光スペクトルは吸収スペクトルの鏡像の形となる（図3点線）．

電子遷移のモードは，遷移に関与する分子軌道によって区別される．電子が光吸収によってπ軌道から空のπ^*軌道へ励起される遷移をπ,π^*遷移といい，他にn,π^*遷移，σ,σ^*遷移などがある．これらの遷移により生成するπ,π^*，n,π^*などの電子励起状態は電子配置を反映した特徴的な光物理，光化学過程を示す．

許容遷移と禁制遷移

光の吸収は式(1)で示されるエネルギー関係が成り立てば常に起こるというわけではない．電子の軌道とスピン，核の振動などの要因によって基底状態と励起状態間の遷移の確率が影響される．これらの因子により状態間の遷移（光吸収）が起こるときの規則を選択則（selection rule）という．

基底状態Ψ_iから励起状態Ψ_fへの遷移の確率は遷移モーメント（transition moment）mの2乗に比例する（式(2)，(3)）．$m \neq 0$の場合，遷移は許容となる．$m = 0$の場合遷移は禁制で吸収は起こらない．

$$遷移確率 \propto \left[\int \Psi_i(er) \Psi_f d\tau \right]^2 \quad (2)$$

$$m = \int \Psi_i(er) \Psi_f d\tau \quad (3)$$

遷移モーメントは電子スピン，電子の軌道，核振動の項を含んでいる．電子スピンの寄与としては，スピン多重度の同じ状態間の遷移は許容であるが（スピン許容），多重度が異なる状態間の遷移は禁制で，たとえば一重項と三重項間の遷移は起こらないか非常に効率が低い（スピン禁制）．

遷移モーメントは電子遷移に関与する分子軌道の対称性と空間的な重なりによって影響を受ける．例として，n,π^*遷移はn軌道とπ軌道が直交しているため禁制で，吸収強度は小さい．

また，基底状態と励起状態の核配置の違いによる振動波動関数の重なり（フランク-コンドン因子）によっても電子遷移が影響を受け，振動バンドの強度が変化する．

光吸収の強度

実験的には，吸収強度はランバート-ベールの法則により分子吸光係数εとして求められる（式(4)）．

$$A = \log(I_0/I) = \varepsilon c l \quad (4)$$

ここで，Aは吸光度，I_0，Iは入射光と透過光強度，cは濃度，lは光路長を表す．

振動する光の電場と分子中の電子系との相互作用の大きさは，振動子強度（f値，oscillator strength）により示される．振動子強度は，実験的に決まるεと式(5)により関係づけられる．

$$f \approx 4.3 \times 10^{-9} \int \varepsilon \, d\bar{\nu} \quad (5)$$

〔岡本秀毅〕

11

生物の光吸収物質
Chromophores of photoreceptor proteins

発色団,共役二重結合,π電子の非局在化

発色団の化学構造

光受容タンパク質中には発色団が存在し,これが400〜700 nm付近の光を吸収する.光受容タンパク質が色づいて見えるのは,発色団がその色の補色を吸収しているためである.

光受容タンパク質で使われている代表的発色団を図1に示す.Aはロドプシン(rhodopsin)ファミリーの発色団である.各二重結合に異性体が存在するが,この図に示す全トランス型のものはバクテリオロドプシンをはじめとする古細菌のロドプシンの暗状態に含まれている.動物の視物質は11シス型を含んでいる.B〜Fはそれぞれイエロータンパク質(photoactive yellow protein),クリプトクロム(cryptochrome),フォトトロピン(phototropin),緑色蛍光タンパク質(green fluorescent protein;GFP)およびフィトクロム(phytochrome)などの発色団である.

AやBは,特定のアミノ酸残基との共有結合を介してタンパク質に結合しているが,C,DあるいはFは結合を介さずにタンパク質中のポケットに埋め込まれている.ただし,フォトトロピン中のDは光反応中間体形成時に近傍のCys残基との間に共有結合を形成する.GFPの発色団Eはやや特殊で,タンパク質中のSer65,Tyr66,Gly67の3つのアミノ酸残基が環化・酸化を起こし,自発的に形成されたものである.

光受容タンパク質の吸収波長

発色団はいずれもその構造中に共役二重結合系をもっている.一般に,共役二重結合系のπ電子は非局在化しており,二重結合と単結合の結合交替が減少している.その結果,HOMOとLUMOのエネルギーギャップが小さくなり,前述した長波長領域の光を吸収できるようになる.

これら発色団は固有の吸収極大をもつが,

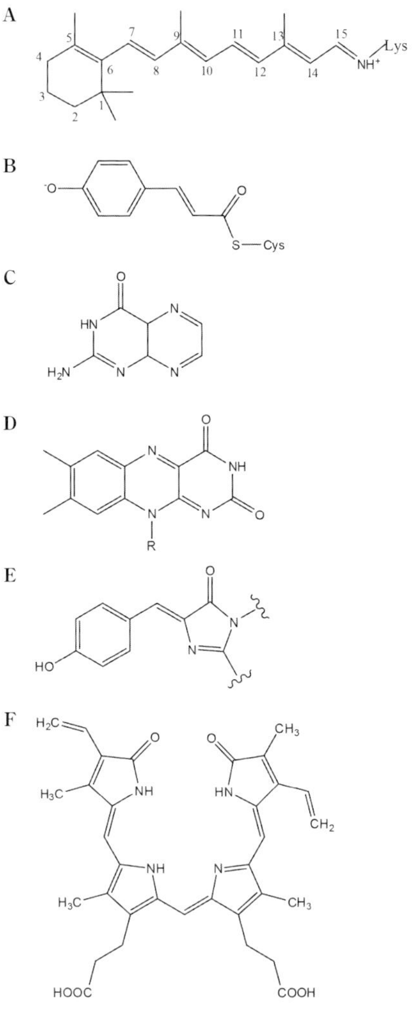

図1 代表的発色団の構造
A:プロトン化レチナールシッフ塩基,B:クマル酸チオエステル,C:プテリン,D:フラビン,E:p-ヒドロベンジリデンイミダゾリノン,F:ビリベルジン.

一般にタンパク質中での吸収極大はこれとは異なる．たとえば，A の気相中での吸収極大は 610 nm 付近にあるが，バクテリオロドプシン中では 568 nm，明暗視を司るロドプシン中では 498 nm である．また，色覚を司る錐体視物質には，560，530 および 420 nm に吸収極大をもつ 3 種のものが存在する．すなわち，生物は 1 つの発色団から色の異なる多彩なタンパク質をつくり上げている．ロドプシンファミリーの場合は，アポタンパク質部分をオプシンと呼ぶので，このようなタンパク質による吸収極大の違いをオプシンシフトと呼ぶ．なお，オプシンシフトは，長らく溶液中の A の塩酸塩の吸収極大（たとえばメタノール中の 440 nm）を基準に定義されていたが，これは対イオンの効果を含んでいるので適切とはいえなかった．前述したとおり，最近，A の気相中での実験結果が得られたため，オプシンシフトはこれを基準に定義されるようになった．

吸収波長の制御機構

A 以外の発色団でも同様に，タンパク質中への移行に伴って吸収極大のシフトが起こる．このような波長シフトは，タンパク質中における発色団と周囲のアミノ酸残基の相互作用によって生じる．光受容タンパク質の立体構造が X 線回折などにより次々と決定されるにつれ，この波長シフトを量子化学計算に基づいて説明しようとする研究が盛んになった．

このような量子化学計算で最もよく研究されているのはロドプシンファミリーであり，なかでもバクテリオロドプシンは最も頻繁に取り上げられている．それらの研究によると，このタンパク質のオプシンシフトのメカニズムは次のように考えられている．まず，シフトに最も大きく効く因子は対イオンである．バクテリオロドプシンの場合は Asp85 がこれに相当する．対イオンとシッフ塩基上の正電荷との間の強い引力

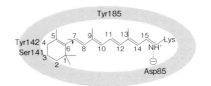

図 2　発色団とタンパク質の相互作用

相互作用のため，共役系の π 電子は気相中とは異なり局在化する．その結果，波長は 100 nm 以上も短波長シフトする．しかし，タンパク質中にはこの対イオンの効果を相殺するように働く因子がいくつかある．その 1 つとして，β-イオノン環付近に存在する Ser141 や Thr142 がある．これらの側鎖 OH 基の部分負電荷（δ-）はシッフ塩基上の正電荷をイオノン環側へ引きつけるので，それに伴って π 電子は非局在化する．このような静電的効果に加え，タンパク質の電子分極の効果が重要と考えられている．発色団 A が励起状態に遷移すると，シッフ塩基上の正電荷はイオノン環側に移動する．その結果，分子全体の双極子モーメントが大きく増大し，その電場が周囲のタンパク質を電子分極させる．そのとき励起状態は安定化され吸収極大は長波長シフトする．最近では，励起に伴って共役系の中央付近に存在する Tyr185 から発色団 A に向かって電子移動が起こり，これも長波長シフトに寄与することが見出されている．さらに，発色団 A のコンフォメーションが気相中とタンパク質中では異なることもシフトの原因となる．気相中では，C6–C7 の結合周りにねじれているが（図 2 矢印），タンパク質中では平面に近くなり，結果として共役系がみかけ上長くなり，長波長シフトが起こる．このように，光受容タンパク質における波長制御メカニズムは複雑である．

〔櫻井　実〕

12 電子励起状態の緩和現象
Relaxation of electronically excited state

高速現象, 振動緩和, 内部変換, 項間交差, エキシマー, エキシプレックス

物質（分子）に光が当たり, 分子がその光を吸収すると分子内の電子はエネルギーの高い励起状態となる. 電子は原子核よりもずっと軽いので, 電子の遷移は, 原子核が位置を変えるよりもはるかに速く起こる高速現象である. こうした電子励起状態には, 2つの軌道に1個ずつの不対電子をもつが, 2個の不対電子のスピンの方向が同じ状態の励起三重項状態（T_1）と, 互いにスピンが逆向きの励起一重項状態（S_1）が存在する. 一方, 基底状態の分子はすべての分子軌道を電子が2個ずつスピンを逆向きに占めた一重項状態（S_0）である（図1）.

電子励起現象は量子力学的に許容な同じ多重度間で起こりやすいため, 光吸収により励起された分子は, 基底一重項状態から励起一重項状態となる. ただし分子は振動状態によっても量子化されているため, 振動エネルギーの異なる励起一重項状態（S_n）に励起される. 励起された分子は大きなエネルギーをもち不安定であるため, そのエネルギーを光や熱, 化学反応に替え安定な基底状態へと戻る（緩和現象）.

緩和現象

励起一重項状態にある分子のうち振動エネルギーの高いものは（S_n）, 熱を発生して同じ多重度の低いエネルギー状態へと移る. この無放射過程を内部変換と呼ぶ. その結果生じた最低励起一重項状態（S_1）から, 同じ多重度の低いエネルギー状態（S_0）へ移るときの発光が蛍光である. また励起一重項状態（S_1）において, 励起された電子がスピンの向きを反転させ, 励起三重項状態（T_1）に変化する無放射過程を項間交差と呼び, 異なる多重度の状態間での遷移であるため, 原則的に禁制な遷移である. また励起三重項状態から基底一重項状態への緩和も異なる多重度間での遷移であるため禁制の過程であるが, リン光発光と熱的な無放射失活が起こる（図2）. 元来禁制である一重項と三重項の間の遷移であるリン光発光や項間交差は, 互いの波動関数の摂動を受ける結果起こる現象である. 基底一重項状態（S_0）から直接励起三重項状態（T_1）への電子励起（S → T 吸収）も同様の仕組みで起こる.

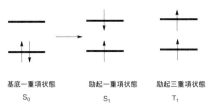

図1 基底一重項状態, 励起一重項状態, 励起三重項状態の模式図

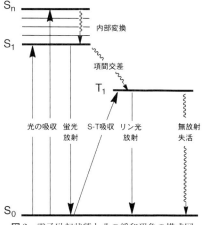

図2 電子励起状態とその緩和現象の模式図
太線は電子励起状態, 細線は振動状態を表す.

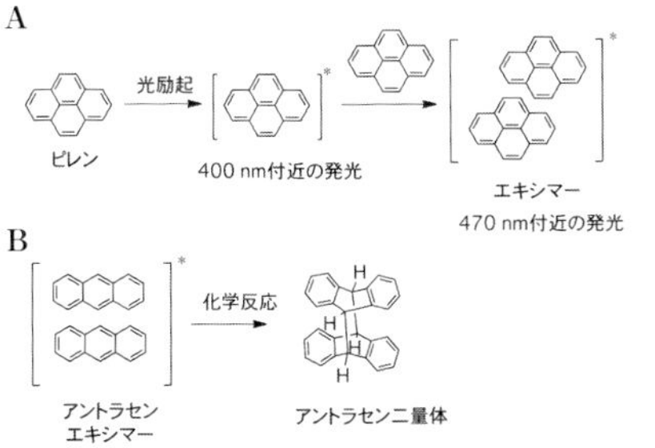

図3 エキシマーの生成例（A）とエキシマーからの化学反応例（B）

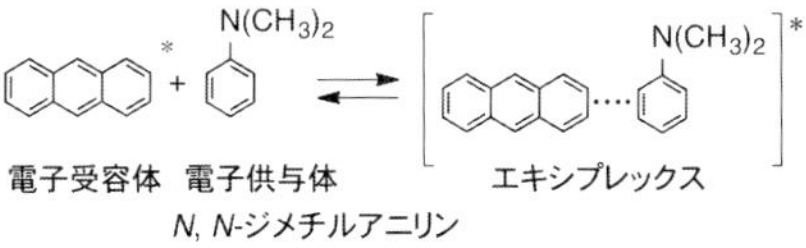

図4 エキシプレックスを形成する分子の例

励起錯体

励起状態の分子は，他の基底状態の分子と複合体を形成し，これを励起錯体と呼ぶ．さらに励起されている分子とパートナーである基底状態の分子が同種である場合，励起状態での複合体をエキシマーと呼び，異なる分子との複合体の場合はエキシプレックスと呼ぶ．エキシマーおよびエキシプレックスは，励起状態でのみ存在することができ，基底状態では複合体を形成せず，解離するのが特徴である．したがって励起錯体の形成は光反応の初期過程を示しているといえる．これらの励起錯体は固有の励起エネルギーと寿命を有しており，発光を示すものが多く知られている．

エキシマーを形成する分子としてピレンやアントラセンが挙げられる（図3）．ピレンでは，400 nm付近と470 nm付近に蛍光が観測される．高濃度条件では前者の蛍光が減少するのに対し，後者の長波長側の蛍光が増大する．このような蛍光の濃度依存性より，長波長側の蛍光は，エキシマー由来と帰属できる．またこうした励起錯体においては化学反応過程と発光過程が競争して起こるため，発光しないものもある．アントラセンでは77 Kではエキシマー由来の発光が観測されるが，常温では観測されず光反応が起こり，9,10位でつながった二量体が生成する．

またアントラセンは，N,N-ジメチルアニリンとの間でエキシプレックスを形成することが知られている（図4）．アントラセンの400 nm付近の蛍光はN,N-ジメチルアニリン存在下では減少し，代わりに500 nm付近に新たな発光が出現する．N,N-ジメチルアニリンの濃度に応じて増加することから，エキシプレックス由来と帰属できる．この場合は，励起状態のアントラセンが電子受容体となり基底状態のN,N-ジメチルアニリンが電子供与体となり，会合状態をつくり出す．

このように物質に光を当てて起こる現象は，物質の中に含まれている分子内の電子励起であり，分子は光を吸収することで高いエネルギー状態を獲得する．またその緩和現象は，獲得した光エネルギーがいかに使われるかを理解するうえで，きわめて重要である．たとえば光合成の初期過程では，光捕集器官を構成するクロロフィルにより吸収された光エネルギーが，近傍に位置するクロロフィルに伝達されることにより開始される．生命の源である光合成反応も，光と分子の相互作用を分子レベルで理解することで，その精巧な仕組みが解き明かされている．またDNAの光励起状態に伴う化学現象（光損傷，光回復，光励起エネルギー移動）も，核酸塩基分子の光反応により理解できる．したがって電子励起状態の緩和現象は，光と生命のかかわりを分子レベルで考察するうえで密接に関係してくる事柄である．

〔嵩越 恒〕

13

生物による電子励起状態の利用
Electronically excited states in biology

発光，光化学反応，無輻射遷移，円錐交差

タンパク質の発光と光化学反応

光がかかわる生体機能を担うタンパク質は，一般的に，発色団と呼ばれる光と強く相互作用する分子を結合している．光吸収や化学反応によって生成した生体分子中の発色団の電子励起状態は，基底状態に至るさまざまな物理化学的過程を経て，生体機能に用いられる．その代表的なものに，発光（luminescence）と光化学反応（photochemical reaction）が挙げられる．

発光は，電子励起状態から基底状態への光の輻射を伴う遷移によって引き起こされる．オワンクラゲやホタルなどの生物発光を行う生物には，発光を担うタンパク質が存在する（前者はイクオリン・緑色蛍光タンパク質（GFP），後者はホタルルシフェラーゼ）．これらのタンパク質は，遺伝子工学的な細胞への導入によるイメージングに広く用いられている．

一方，電子励起状態にある分子は化学的に不安定であるため，電子状態や分子構造の大きな変化，すなわち光化学反応を伴いながら基底状態に遷移することがある．この基底状態への遷移過程は，一般的には，光の輻射を伴わない無輻射遷移（non-radiative decay）となる．光合成反応中心においては，電子励起状態が光合成反応での酸化・還元反応に必要な電子移動などを引き起こす．また，発色団分子の異性化や付加反応などの化学結合の変化を伴う光化学反応は，それが結合しているタンパク質の構造変化を引き起こす．視覚や光センサーなどのシグナル伝達や光合成を担う光駆動イオンポンプなどは，そのような光化学反応により機能が活性化される．

これらの物理化学的過程は，励起状態緩和において，一緒に起こりうるため，競争過程となっており，それらの過程の速度が個々の生体分子機能の光効率を決める．その物理化学的過程の速度は，電子状態の性質とポテンシャルエネルギー曲面の形状によって決まる．前者は，振動子強度などの電子状態間の遷移確率などにかかわる．後者は，分子を構成する原子の座標の配置空間でのエネルギー地形を表し，反応経路や反応速度を決定する．通常は，簡単のために，反応に関連する少数の分子自由度（反応座標と呼ばれる）に関して考察される．

電子励起状態緩和の速度論

図1に，典型的な励起状態緩和過程のポテンシャルエネルギー曲面の概念図を示す．電子基底状態から光吸収により励起状態へ垂直励起した分子の量子力学的波束は，すぐさま近傍の準安定状態へと振動緩和する．その後，この準安定状態からさまざまな経路を通り基底状態へと緩和する．それらは，蛍光（速度定数：k_f），光化学反応（k_r），および光化学反応を伴わない高振動励起状態への無輻射遷移（k_v）である．この場合，準安定状態の減衰速度（k_d）は以下のように表される．

$$k_d = k_r + k_v + k_f$$

また，蛍光の量子収率は

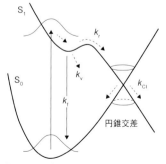

図1 典型的な励起状態緩和過程のポテンシャルエネルギー曲面の概念図

$$\Phi_{\mathrm{f}} = k_{\mathrm{f}}/k_{\mathrm{d}}$$

となる．他の過程の量子収率も同様に定義される．上式から明らかなように，生体分子機能に関連する過程の光効率を上げるためには，その過程の速度を最大化し，他の過程の速度を下げることが必要となる．

蛍光などの発光の場合，競争するおもな過程は光化学反応である．通常，光化学反応は大きな構造変化を伴うため，タンパク質環境での構造変化の抑制により，発光が促進される．たとえば，GFP の発色団の場合，溶液中では速い光化学反応により蛍光収率が非常に小さいが，タンパク質環境では，光化学反応経路の構造的な阻害により，強い蛍光が得られていると考えられている．

一方，光化学反応の場合には，蛍光と競争する．特に，光受容体の場合，強い光吸収を得るために，発色団の振動子強度が大きく，蛍光の速度も大きい．したがって，非常に速やかに化学反応を引き起こし，基底状態へ無輻射遷移をする必要がある．

電子状態間遷移速度は，状態間のエネルギー差に反比例するため，大きな速度を得るためには，状態のエネルギーが近づくことが必要となる．近年の研究により，円錐交差（conical intersection）と呼ばれるポテンシャルエネルギー面の接触（図1）が，非常に速い無輻射遷移を可能にしていることが明らかになっている．たとえば，DNAの塩基は，垂直励起近傍に存在する円錐交差を通る ps の時定数での無輻射遷移により，励起状態の寿命を短くし，光酸化損傷を減じていると考えられている．

光化学反応の時定数は円錐交差に至るまでの時定数（$1/k_{\mathrm{r}}$）と円錐交差における無輻射遷移のそれ（$1/k_{\mathrm{CI}}$）の和となるが，円錐交差では無輻射遷移が迅速に起こるため，

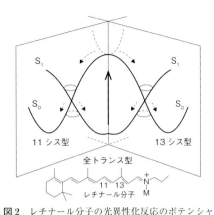

図2 レチナール分子の光異性化反応のポテンシャルエネルギー曲面の概念図
タンパク質（バクテリオロドプシン）中では 11 シス型の光生成物は生じない．

律速段階として光化学反応速度を決定しているのは円錐交差に至るまでの過程となる．

光化学反応の選択性

光化学反応では，複数の光生成物を与える場合もあり，機能の光効率を上げるために，機能と関連のない光反応生成物を抑制しなければならない．図2にロドプシンタンパク質の発色団であるレチナール分子の光異性化反応のポテンシャルエネルギー曲面の概念図を示す．レチナール分子はポリエン骨格を有し，溶液中では，異なる二重結合周りで異性化反応が起きた複数の光生成物が得られる．このような分岐は，垂直励起状態からそれらの光生成物への反応経路が開いているからである．一方，タンパク質中では，垂直励起状態近傍におけるタンパク質との相互作用により k_{r} が制御され，機能と関連しない光生成物への反応経路の阻害により，機能を与える光生成物が高収率で得られる．

〔林　重彦〕

14
励起エネルギーの移動・伝達・拡散
Transfer, migration, and diffusion of exitation energy

Förster 機構,共鳴,Dexter 機構,電子交換,励起子拡散

光エネルギーを吸収して励起状態にある分子が別の基底状態の分子と相互作用した結果,励起エネルギーが基底状態の分子へ移動する場合がある.励起エネルギーを与える分子をドナー (D),受け取る分子をアクセプター (A) とすると,励起状態にあるドナー (D^*) の励起エネルギーが近くに存在する基底状態のアクセプターへ空間的に移り,基底状態のドナーと励起状態のアクセプター (A^*) が生成する現象をエネルギー移動と呼ぶ (式(1)).

$$D^* + A \rightarrow D + A^* \quad (1)$$

このような励起エネルギーの移動が同じ分子 (M) の間で起こるような場合ではエネルギー伝達と呼ばれ,異なる分子間のエネルギー移動と区別される (式(2)).

$$M^* + M \rightarrow M + M^* \quad (2)$$

また,一方向に励起エネルギーが移る場合をエネルギー移動,伝達と呼ばれるのに対して,あらゆる方向に励起エネルギーが移る場合がエネルギー拡散である.

励起エネルギー移動の機構

(1) アクセプターによるドナー蛍光の吸収によるエネルギー移動: この機構は励起状態のドナーが発光を伴って基底状態へ失活する際にその発光をアクセプターが吸収して励起状態を生じる励起エネルギー移動である (式(3),(4)).

$$D^* \rightarrow D + h\nu (\text{エネルギー}) \quad (3)$$
$$h\nu + A \rightarrow A^* \quad (4)$$

ここで,h はプランク定数,ν は光の振動数である.

この機構のエネルギー移動の速度はドナーの発光量子収率,アクセプターの濃度および吸光度,ドナーの発光スペクトルとアクセプターの吸収スペクトルとの重なりに依存する.

(2) Förster 機構(共鳴機構): 励起状態にあるドナーと基底状態にあるアクセプターが双極子−双極子相互作用により共鳴して,アクセプターに光の吸収と同様なエネルギー吸収が起こってアクセプターの励起状態とドナーの基底状態が生じる(図1).

この機構は Förster 機構と呼ばれ,エネルギー移動の有効距離は 10 nm にまで及び,その移動速度はドナーとアクセプターの距離の 6 乗に反比例して減少する.Förster 機構ではドナーの発光は伴わないが,ドナーの発光スペクトルとアクセプターの吸収スペクトルの重なりが大きいほどエネルギー移動は起こりやすい.また,エネルギー移動が起こるには励起状態のドナーが基底状態に戻るときと基底状態のアクセプターが励起状態になるときの電子の遷移が許容でなければならないことから,励

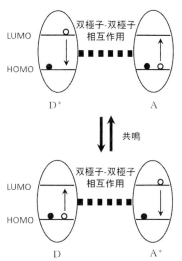

図1 Förster 機構(共鳴機構)による励起エネルギー移動
HOMO と LUMO は D または A の最高被占軌道と最低空軌道.○と●は電子を示す.

起一重項状態でのエネルギー移動がFörster機構で起こっている場合が多い.

光合成の集光部分は光化学系と呼ばれ,反応中心である特別な2分子のクロロフィル(特殊ペア)とそれを取り囲むようにアンテナの役割を果たす多数のクロロフィル分子を含んでいる.クロロフィルはその疎水性の側鎖により膜につなぎ止められ,親水性のポルフィリン環は膜タンパク質のアミノ酸側鎖と相互作用している.これらのクロロフィル分子は互いに接近して特異的に配向しているのでアンテナクロロフィルが吸収した励起エネルギーはアンテナクロロフィル間を効率よく移動(伝達)して特殊ペアに集められる.このアンテナクロロフィル間の励起エネルギー移動の形式はFörster機構であり,電子の移動は含まれない.

(3) Dexter機構(電子交換機構):

励起状態のドナーと基底状態のアクセプターの間で電子を交換し合うことで起きるエネルギー移動である.この機構のエネルギー移動の速度はドナーとアクセプターの距離の増加に対して指数関数的に減少するため,長距離でのエネルギー移動は起こらずドナーとアクセプターの衝突が必要になる(図2).この機構はDexter機構と呼ばれ,エネルギー移動の有効距離は0.3〜1 nmであり,エネルギー移動の前後で全スピン多重度の和が一致しなければならない.特に励起三重項状態は励起一重項状態と比較して長寿命なため電子交換の起こる確率が高く,三重項-三重項エネルギー移動は容易に起こる.

励起子拡散

励起子とは半導体または絶縁体のような固体中で光励起により電子が伝導帯へ遷移することで,価電子帯に生成した正孔と伝

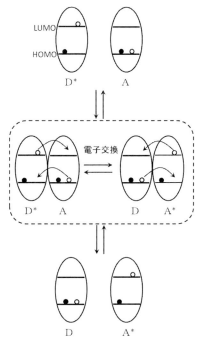

図2 Dexter機構(電子交換機構)による励起エネルギー移動

導帯の電子がクーロン力により束縛しあった電子-正孔対のことである.有機薄膜太陽電池のような有機半導体中では励起子は拡散運動によって周囲に拡散し,やがてp-n接合面に到達すると電子が引き抜かれ電子と正孔が分離する.有機半導体では励起子の寿命が短いことから,拡散できる距離は数nmとシリコン半導体に比べ短く,電荷分離が起こる領域はp-n接合面のごく近傍に限られる.そのため励起子の拡散距離を長くする,p-n接合面を広くすることが光電変換の効率を高めるための課題となっている. 〔中村光伸〕

15 蛍光とリン光
Fluorescence and phosphorescence

一重項,三重項,エネルギー移動

励起状態の性質と失活過程

分子による紫外光や可視光の吸収は光と電子の相互作用,すなわち電子遷移に伴って起こる.基底状態(S_0)の分子が光吸収に伴い新しく形成する電子状態を励起状態と呼ぶ.吸収される光のエネルギーは基底状態と励起状態のエネルギー差に等しい.基底状態の分子の電子スピンは一重項であり,スピン保存則に従い励起直後の励起状態の電子スピンは一重項であるため励起一重項状態(S_n)と呼ばれる.エネルギーを失い,より励起状態エネルギーの小さい電子状態へ戻る過程を緩和過程という.エネルギーの最も小さな励起一重項は最低励起一重項状態(S_1)と呼ばれている.S_1は不安定で,通常の有機分子ではナノ秒(10^{-9} s)程度の時間内に元のS_0に戻る.S_1の緩和過程には光の放射を伴いS_0へ戻る蛍光(fluorescence)過程が存在する.蛍光はスピン多重度が同じ電子状態間における輻射過程と定義される.中性ラジカル分子(基底状態は二重項)の励起二重項からの発光も蛍光である.蛍光の速度定数k_fはその分子の分子吸収係数に比例することが知られている(Strickler-Bergの式).アズレンのような特別な分子を除くと,通常の分子ではS_1からしか蛍光を放出しない(Kasha則).これはS_nからS_1への内部変換(internal conversion ; IC)と呼ばれる無放射(発光を伴わない)過程の速度定数k_{ic}がきわめて大きいことに基づく.蛍光過程と競合する緩和過程としてS_1からS_0への内部変換の他に励起三重項状態(T_n)の高い振動準位に無放射的に遷移する項間交差(intersystem crossing ; ISC,速度定数k_{isc})

が存在する.一般の分子では蛍光放射速度や項間交差速度と比べて内部変換速度は小さいが,生物を構成する分子には非常に速い内部変換を起こす分子,たとえばDNAに含まれる核酸塩基が知られている.それらは光を吸収してもほとんど蛍光を示さず,1ピコ秒(10^{-12} s)以内に直接S_0へ内部転換する.最新の研究では,ある特定の核配座配置の変形によりS_1とS_0のポテンシャル局面が円錐交差(conical intersection)するために,きわめて短い時間内に励起エネルギーを失活するためと解釈されている.これは遺伝子情報を司る核酸塩基が光エネルギーによる損傷を巧みに回避している自然界の知恵であろう.

電子のスピンの向きが反対であるS_1からの項間交差により生成するT_nでは,励起された電子のスピンが反転し,スピンの向きが同じになる.項間交差は電子の軌道運動とスピン間の相互作用(スピン-軌道相互作用)により起こるが,分子中に原子番号の大きい原子(重原子)が存在するとこの相互作用は増強され,結果として項間交差速度が増加する(重原子効果).三重項エネルギーの最も小さな最低励起三重項状態(T_1)からS_0への発光はリン光(phosphorescence)と呼ばれている.厳密にはスピン多重度が異なる電子状態間における輻射過程がリン光と定義される.リン光過程と競合する無輻射過程はS_0への項間交差(速度定数k'_{isc})である.この過程におけるスピン反転には時間がかかるため,T_1の寿命は室温溶液中で数ナノ秒から数秒に及ぶ.リン光の観測は通常,剛性溶媒を用いて低温(77 K以下)で行う.リン光放出の速度定数をk_pと表すと,分子の励起状態緩和過程はスピン多重度を考慮したエネルギー相関図(Jablonsky図)で表される(図1).T_1の濃度が大きい場合,三重項-三重項消滅により結果としてS_1が再生し,蛍光が観測される場合がある.この蛍光はいったん,

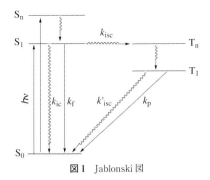

図1 Jablonski 図

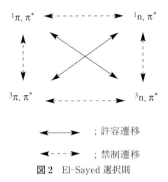

図2 El-Sayed 選択則

三重項状態を経由し時間的に発光が遅れるため，遅延蛍光と呼ばれている．

芳香族カルボニル化合物のようにπ,π^*性の電子構造に加えてn,π^*性の電子構造を励起状態に有する場合，項間交差に関する選択則（El-Sayed 則）が El-Sayed により提案されている．これは異なる電子構造かつ異なるスピン多重度をもつ励起状態間の遷移は許容であり，それ以外は禁制遷移となる選択則である．励起一重項の電子構造を$^1\pi,\pi^*$と$^1n,\pi^*$，三重項を$^3\pi,\pi^*$と$^3n,\pi^*$で表すとこの選択則は図2で示す関係となる．

S_1から蛍光，項間交差，内部変換によって失活する割合を，各過程の量子収率と呼び，それぞれΦ_f, Φ_{isc}, Φ_{ic}と表す．S_1で分解などの反応がない場合，式(1)が成り立つ．

$$\Phi_f + \Phi_{isc} + \Phi_{ic} = 1.0 \quad (1)$$

蛍光量子収率 Φ_f は

$$\Phi_f = k_f(k_f + k_{isc} + k_{ic})^{-1} = k_f\tau_f \quad (2)$$

で与えられる．ここでτ_fは蛍光寿命，すなわちS_1の寿命を表す．蛍光寿命，蛍光量子収率は実験的に決定できるので，式(2)を用いてk_fの値が決定できる．同様に項間交差の量子収率，内部変換の量子収率の値と蛍光寿命を用いてk_{isc}とk_{ic}の値をそれぞれ決定できる．これらの値に基づいて，分子の励起状態緩和過程を定量的に議論することが可能である．

励起光の波長を固定して発光の強度の波長依存性を記録したものを発光スペクトルと呼ぶ．図1の Jablonsky 図を見ると発光のエネルギーは吸収される光のエネルギーよりも小さいことがわかる．これは吸収される光の波長よりも発光のほうが長波長にシフトすることを意味しており，このシフトをストークスシフト（Stokes' shift）と呼ぶ．分子の振動構造が基底状態と励起状態であまり大きく変化しない場合，吸収と発光スペクトルの形が鏡を間においたときのように互いに対象になることが知られている．これは鏡像関係と呼ばれている．

励起分子が他の分子，原子，イオンとの二分子反応により失活する過程を消光と呼ぶ．消光により励起分子が失ったエネルギーを消光した分子が光の吸収や放出を伴わずに受け取る過程はエネルギー移動と呼ばれ，Förster（フェルスター）機構（FRET）や Dexter 機構で解釈される．FRET は分子生物学的に重要な分子を発光により可視化する手法として重要である．タンパクを蛍光性分子で修飾し，FRET によりタンパクの構造を解析する方法は一例である．一方，Dexter 機構による三重項から酸素へのエネルギー移動消光過程により発生する一重項酸素は，光線力学療法（photodynamic therapy；PDT）によるがん治療などに利用されている． 〔山路 稔〕

16

生物における発光
Bioluminescence

ホタル，ルシフェラーゼ，ルシフェリン，オワンクラゲ，GFP

さまざまな生物発光

生物発光現象は昆虫，魚類，甲殻類，菌茸類，バクテリアなどさまざまな生物においてみられる．その中でも最も身近なものは，ホタルと2008年に下村脩のノーベル賞で有名になったオワンクラゲであろう．オワンクラゲは青色と緑色の光を放っているがそれぞれ光り方が異なっている．緑色の光がノーベル賞の対象となった緑色蛍光タンパク質（GFP）からの蛍光である．βバレル構造でできたGFPの内部には3つのアミノ酸 Ser^{65}–Tyr^{66}–Gly^{67} によって形成されるクロモフォアがあり，青色の光（λ_{ex}^{max} = 395, 471 nm）を吸収して緑色（λ_{em}^{max} = 508 nm）の光を放出する．現在ではさまざまなGFP様タンパク質が単離されており，それぞれが異なる色の蛍光を発する．実際，サンゴからは赤色に光るDsRed（λ_{em}^{max} = 583 nm, λ_{em}^{max} = 558 nm），スナギンチャクからは黄色に光るzFP538（λ_{em}^{max} = 538 nm, λ_{em}^{max} = 494, 528 nm）が単離され，それぞれのクロモフォアの構造も明らかに

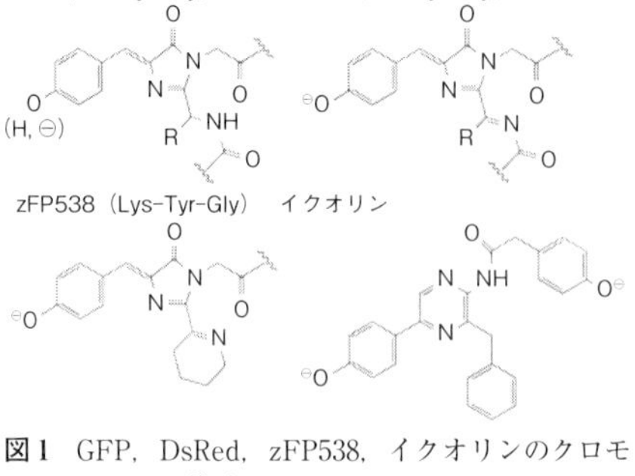

図1 GFP，DsRed，zFP538，イクオリンのクロモフォアの構造

されている（図1）．一方，青色の光（λ_{max} = 465 nm）はイクオリンというタンパク質を使った発光である．イクオリン中にはセレンテラジン過酸化物が結合しており，ここにカルシウムが結合すると構造変化を起こし，セレンテラジンが不安定化され，クロモフォアであるセレンテルアミドとアポイクオリンとなる．このときに青色に光る．アポイクオリンにセレンテラジンが酸化反応するとイクオリンに戻る．

ホタルの発光機構

ホタルの黄緑色の発光（λ_{max} = 560 nm）はルシフェリン-ルシフェラーゼ反応と呼ばれ，発光基質であるルシフェリンが酵素であるルシフェラーゼ中で酸化反応を伴って発光を生じる化学発光である．多くの場合生物種が異なっていても，ルシフェリン，ルシフェラーゼという名称を用いるが，それぞれの構造や反応機構は異なっている．ホタルの発光反応は以下に示す2段階で生じている．ルシフェリンがアデノシン三リン酸（ATP）の α 位を攻撃し，ルシフェリルAMP中間体をルシフェラーゼ中で形成する．その後，酸化反応により励起状態のオキシルシフェリンが生じる．これは非常に不安定でありすぐに黄緑色の光を放出して，基底状態のオキシルシフェリンになる．通常の発光反応は発熱を伴うが，ホタルの発光では発熱を伴わないため冷光と呼ばれている．これは量子収率が非常に高いことを示しており，1959年に初めて量子収率が計測されたときは88％とされていたが，現在では41％といわれている．

試験管内で精製したルシフェラーゼとルシフェリンを混ぜるとフラッシュ発光が観測される．すなわち，約1秒以内に最も強い発光が生じ，その後緩やかに減衰していく．これは反応により生成したオキシルシフェリンがルシフェラーゼから離れにくく，新たなルシフェリンとの結合を阻害するためと考えられている．ホタル自身では発光

する際，2〜4秒に1回の割合で明滅が繰り返されるが，これは細胞内で一酸化窒素が供給されシグナルの調節が行われるからである．オキシルシフェリンはルシフェリン再生酵素によってルシフェリンに変換され，ホタルは明滅を繰り返す．

ホタルルシフェラーゼの発光色制御

発光反応は通常 pH 7〜8 で行われるが，pH 6 のやや酸性の条件で反応を行うと発光色が赤色に変化する．このように発光色が変化することは古くから知られている．この原因はオキシルシフェリンの構造によると考えられ，さまざまな構造が提案されている．代表的なものとして，以下の3つ，①オキシルシフェリンのケト-エノール互変異性，② C2–C2′の結合回転，③共鳴に基づく電荷の偏り，が挙げられる（図2）．しかし依然として発光色に対応したオキシルシフェリンの構造は明らかになっていない．

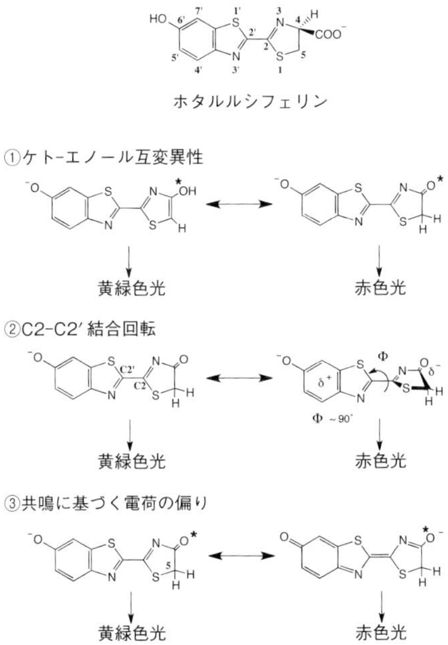

ホタルの発光において，タンパク質であるルシフェラーゼのアミノ酸のわずかな違いにより発光色が異なることも知られている．1989年にホタルの近縁のヒカリコメツキムシの体内において背中では黄緑色，腹部では黄色に光る4種類のルシフェラーゼのアミノ酸配列が調べられ，その相同性は95から99％と非常によく似ていることが判明した．さらに1991年にはゲンジボタルルシフェラーゼに対しランダムに変異を導入することにより，わずか1アミノ酸の変異で発光色が赤色に変化するルシフェラーゼもつくり出された．これらの発光はいずれも同じホタルルシフェリンを用いている．これらの結果は，わずかなタンパク質の変化がクロモフォアの発光色変化に大きな影響を与えていることを示している．

それではタンパク質の違いがどのように発光色を変化させているのであろうか．黄緑色に光る野生型と赤色に光る Ser286Asn 1アミノ酸変異体のルシフェラーゼの立体構造を発光反応にそって3段階の構造（発光前，発光直前，発光終了後）をみると，それぞれのルシフェラーゼ分子の立体構造変化がとらえられた．その結果，野生型の発光直前の構造では Ile288 が発光体のほうに近づき，反応が終了したときには戻っていたが，この動きは赤色発光変異体では観測されなかった．このことから緑色に光るには化学反応により得たエネルギーをロスすることがないようにルシフェラーゼがオキシルシフェリンをしっかりと抱え込み，余分な振動を起こさないようにしてエネルギーロスをなくすことでエネルギーの高い黄緑色の発光を実現していることが判明した．一方，赤色に光るときはこの動きがないため，オキシルシフェリンのとらえ方が緩くエネルギーロスを生じてしまうため，赤色に発光すると考えられている．

〔中津　亨〕

図2　ホタルルシフェリンとオキシルシフェリン励起状態オキシルシフェリンの構造の違いによる発光色の違い．

17 光化学反応
Photoreaction

電子励起状態物質の電子構造と反応性,光化学反応初期過程と二次反応,量子収率

レチナールは,眼の網膜の視細胞においてタンパク質と結合し,ロドプシンと呼ばれる視物質になる.ロドプシンに光が当たると,レチナール部位に存在するポリエンの構造変化(シス-トランス異性化反応)が起こり,その化学反応によって視神経に情報伝達が行われ,われわれは光を感知することができる.このように,光化学反応と生命科学は密接に関連している.

光化学反応は,分子・物質が光(光子)と相互作用して生じる高エネルギーの電子励起状態(開殻系電子配置をもつ化学種)によって引き起こされる化学反応である.物理的な光エネルギー($h\nu$)が物質の化学変換,つまり,化学結合の開裂と形成を伴う結合の組み替えに使用され,新たな物質合成と創出に利用される.光合成とDNAの光損傷も,生命と密接にかかわる光化学反応の代表例であり,第2章と第4章で解説されている.

光エネルギーを吸収して生じる電子励起状態が,必ず化学反応を引き起こすとは限らない.化学反応が起こるための条件が必要である.光反応では,電子励起状態から直接最終生成物を与える場合もあれば,電子励起状態から反応中間体と呼ばれる活性種が生じてその熱反応(二次反応と呼ばれる)によって生成物に至る場合もある.以下では,分子・物質が光エネルギーを吸収することにより生じる電子励起状態の分子の反応性を熱反応(振動励起状態からの反応)と比較することも交えて,光反応・電子励起状態の分子の反応の特徴を解説する.また,光化学反応の効率を定量的に評価することができる量子収率についても解説する.

電子励起状態の化学反応

物質中に多く存在するカルボニル官能基(C=O)の電子励起状態とその化学反応を,ベンゾフェノン(BP)とベンズヒドロール(BH)との光反応によるベンゾピナコール(BOH)の生成(図1)を例にして記し,光エネルギーの吸収による電子励起状態分子の性質,基底状態とその化学反応を概観する(図2).

基底状態BPのカルボニル基は,C^+-O^-の共鳴構造を有し,基底状態の電子構造が主役をなす熱反応では,酸素原子上が求核

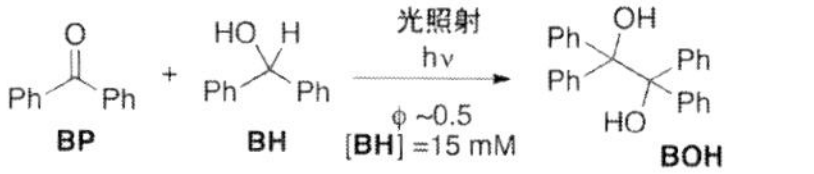

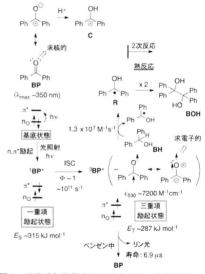

図1 ベンゾフェノン(BP)とベンズヒドロール(BH)の光反応によるベンゾピナコール(BOH)の生成反応

図2 電子励起状態分子の発生とその化学反応:ベンゾフェノン(BP)とベンズヒドロール(BH)との反応例

的に働き酸素上にプロトン化が起こりカチオンCを生じる．BPは350 nm付近に極大波長（λ_{max} = 350 nm）をもち，300 nm以上の光照射によって励起一重項状態（^{1}BP*，励起一重項状態エネルギー（E_S）=～315 kJ mol^{-1}）を発生する．酸素原子上には非共有電子対が存在するため，速い項間交差（ISC）速度（k_{ISC}）によって，励起三重項状態（^{3}BP*）が生じる．その項間交差速度定数（k_{ISC} ～ 10^{11} s^{-1}）は，分子の拡散速度定数（k_d < ～ 10^{10} s^{-1}）よりも大きいため，励起一重項状態（^{1}BP*）が分子間の化学反応に関与することはない．^{1}BP*から^{3}BP*への項間交差の起こりやすさ（量子収率，Φ_{ISC}）は約1であり，^{1}BP*のほとんどが蛍光を発することなく励起三重項状態^{3}BP*へと変換する．励起三重項エネルギー（E_T）は，液体窒素温度（～77 K）でのリン光の測定により287 kJ mol^{-1}と求められている．ベンゼン中，室温での過渡吸収スペクトルの測定（第5章を参照）から，^{3}BP*は530 nm付近に極大吸収をもち，寿命は6.9 μs（k_{ph} ～ 1.4 × 10^5 s^{-1}）であり，モル吸光係数（ε M^{-1} cm^{-1}）は7200程度であることが報告されている．^{3}BP*は，その共鳴構造から判断できるように，酸素原子上が求電子的な性質をもっており，基底状態のBPの酸素原子が求核的であることとは対照的である．

比較的長い励起三重項状態^{3}BP*のみが分子間での化学反応を起こすことが可能である．たとえば，BH（Ph$_2$CHOH）との反応では，C-H結合の水素原子が^{3}BP*によって引き抜かれケチルラジカルRが生じる．水素引き抜き速度定数は，約1.3 × 10^7 M^{-1} s^{-1}と求められている．ケチルラジカルRは，二量化反応によって，BOHを熱反応で生じる．この二量化反応には電子励起状態の分子は関与しないので，励起状態分子が関与する一次反応と区別するため，二次反応と呼ばれる．

量子収率

熱反応での反応の効率は，一般的に，化学収率（％）で定量的に表される．化学収率は，ある原料から生成物に至る際，用いた原料の物質量（mol）のうち何molが生成物に至ったかを％で表す．つまり，1 molの原料を用いて0.5 molの生成物が得られた場合には，その化学反応の化学収率は50％と表現される．

光エネルギー（光子）の吸収により発生する電子励起状態を経由する光反応では，励起種が吸収した光子数を基準に，二次反応を含む化学反応で生じる生成物の分子数を用いて反応の変換効率を表すことが一般的である．その変換効率は，通常，量子収率（Φ）と呼ばれ，

$$\Phi = \frac{生成分子数}{吸収された光子数}$$

で表現され，Φ = 1の場合，吸収された光子数がすべて化学反応に利用されたことを表している．このような表現を用いるのは，光反応では，光子を吸収した分子のみが反応に関与するためである．

BPとBHとの光反応で生じるBOHの量子収率は，［BH］ = 15 mMのとき，Φ = 0.5であることが求められている．つまり，光子を吸収した2個のBPから1個のBOHが生じていることになる．^{1}BP*から^{3}BP*への項間交差の量子収率が1であることがわかっているので，BOHの生成に対する量子収率が1にならない理由は，^{3}BP*がBHから水素を引き抜いて失活する過程以外にリン光を発してBPに戻る失活過程があるためである．

〔安倍 学〕

18 光化学反応の生物利用
Utilization of photochemical reaction in biological system

光反応と後続熱反応, エネルギー, 情報獲得, レチナール

光反応エネルギーと分子

生物の光利用には, 光をエネルギーとして獲得する場合（光合成）と光によって外界の情報を獲得する場合（視覚やセンサー）がある. いずれも光受容タンパク質を舞台とし, まず発色団と呼ばれる共役二重結合をもったレチナールやクマル酸, キノンなどの分子が光を吸収して電子励起状態になる. 発色団は, 基底状態と励起状態における電子密度の差から生じたクーロンエネルギーとして光エネルギーを蓄積し, 構造変化や反応の動力とする. 生物の光利用は, 光によるエネルギーゲインをいかに消費してタンパク質の構造変化・化学反応を引き出し, 最終的にエネルギー獲得や情報伝達のための機能を発現する中間体を生成するか, という問題に帰着できる.

タンパク質の運動はパラメータで記述される. タンパク質は複雑な立体構造をもち, その構造は水素結合などで保たれており生理的温度では柔らかく容易に変形する. 可動部分が多いので構造変化や運動を厳密に記述するには, 構成する原子数 N に対して $3 \times (N-1)$ 個のパラメータが必要である. さらにタンパク質を取り巻く水などの溶媒が, ダイナミクスに大きく影響することがわかっており, その効果を考慮すると原理的に膨大な数のパラメータが必要になる. タンパク質の詳細・正確な反応過程を知ることが難しい理由の1つである.

初期反応過程（発色団異性化）

初期過程（fs, ps）などの時間領域での反応過程）ではごく一部の原子の位置や結合が変化する場合が多い. 光による高い電子遷移エネルギーが発色団の近傍に局在し, そこで化学反応を引き起こすからである. この場合の記述は比較的に単純である. 反応に関与する原子が少なく, それらの原子に起こる変化が高エネルギーのためにそれ以外の原子が示す変化よりも大きくなることから, 近似的に他の原子の変化を無視できるからである.

レチナールタンパク質には, エネルギー獲得（バクテリオロドプシンなど）と情報獲得（ロドプシンなど）の両方のタイプがある. どちらも発色団レチナールが光励起状態から $C=C$ 二重結合の異性化によって変形し, それが周囲のタンパク質に伝播して分子全体の構造変化を引き起こし, 機能発現の中間体を生成する.

初期過程においてロドプシン（Rh）には, 発色団レチナールの光励起後, Photo（$\tau < 200$ fs）, ついで Batho（$\tau = 45$ ps）と呼ばれる中間体が順に現れる. レチナールの C11＝C12 二重結合部位を炭素結合で結んで異性化を阻害したアナログ分子に置換し, 光反応を調べると, 五員環を用いてリジッドに回転をロックした場合（Rh5）は励起状態が, 七員環でやや回転を可能にした場合（Rh7）は Photo 中間体が, そして八員環でさらに大きく回転を許容した場合（Rh8）には Photo 中間体と Batho 中間体が観測される. 二重結合の回転可能な角度に依存して中間体生成が選択されることから, 励起状態から初期中間体の遷移における反応座標は, 発色団レチナールの C11＝C12 二重結合の回転であるとわかる（図1）.

後期反応過程（タンパク質構造変化）

ロドプシンは Batho 生成後, Lumi, Meta I, Meta II という中間体が直列に生じる. 生理的温度ではそれぞれ, μs, ms, s のオーダーの崩壊時定数をもち, 低温における安定温度はそれぞれ 233, 258, 273 K である. これらの中間体の発色団構造は, Batho 中間体と同じトランス型である.

したがってこれら中間体間の反応座標はレチナールの異性化ではなく，タンパク質の緩和を代表する方向を示す（図1）．原子レベルでみるとBathoからLumiの遷移ではレチナールシッフ塩基とアミノ酸残基および水分子の間の水素結合の変化が起こる．それに対してLumiからMeta Iに関しては，さまざまな場所での水素結合の変化が報告されている．Meta IIでは，複数のアミノ酸残基と水分子の間の水素結合が変化し，7本ヘリックス構造の全体的な変化，ランダムコイルのαヘリックス化などの複数の現象が観測される．

初期過程において発色団で起きた変化は，時間を経て，発色団近傍から分子内の他の場所へ連鎖的に移動していく．一般的にタンパク質は構造変化において，アミノ酸およびタンパクに内含される水分子との水素結合の強度変化，それに伴う水素結合の組み替えと引き起こされるプロトンなどの電荷移動，残基およびタンパク質ドメインの移動と，それに呼応したバルク領域からの水分子侵入，引き続いてペプチド鎖のフォールディング・アンフォールディングなどが起こるが，それと矛盾しない．

目的の構造・機能を実現するしくみ

このようにμs秒以降の反応においては，初期反応の局所的な構造変化が，さまざまな形で分子の広い範囲に拡散していき，次の反応の起因となる．これから後期中間体間の遷移は，複数の局所的な素反応過程の合成と推察できる．反応動力学では，複数の素反応が常に同期して独立に起こる場合（並行反応）は，中間体間の単純な熱反応

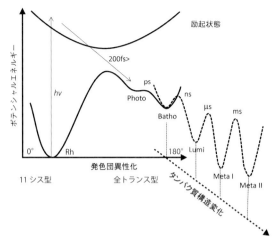

図1　ロドプシンの反応とポテンシャル

過程として扱うことが可能である．しかし，直列して起こる複数の素反応が含まれると，技術的な理由から全容を把握することが難しくなっていく．実際に中間体熱遷移の時間分解実験において大量データを用いて詳細な解析を行うと，熱遷移過程に含まれる複数の素反応の証拠が得られる．これはタンパク質の複雑な反応経路を示唆する．

タンパク質のフォールディングにおいては，複雑で多様な反応経路にもかかわらず，1個の終状態（フォルド状態）にたどりつく．ファネル理論は，その理由をエンタルピー，エントロピーおよび反応座標を軸とする相空間が，漏斗状に設計されていると説明する．最近，粗視化分子シミュレーションによって光受容体の中間体間の遷移がファネル性を示すことが報告された．光受容タンパク質の機能発現に向けての分子設計原理を解明することは大きな目標であるが，そのためには分子反応過程に対して詳細なだけではなくより統合的な視点が求められつつある．　　　　　〔水上　卓〕

19 光電子移動
Photoinduced electron transfer

光電子移動，Rehm-Weller 式，マーカス理論

　光電子移動とは，光照射によって生じた励起分子が他分子または同一分子内の他の基を酸化もしくは還元する過程である．光励起された分子は基底状態より高い酸化力または還元力を示す光増感剤であることから種々の反応を起こす．生物学においても，光合成反応中心での電荷分離過程や，DNAの損傷修復過程など生体の諸過程に含まれることから光電子移動は重要である．

　電子供与体を D，電子受容体を A とし，ともに閉殻分子であるとすると，光電子移動は以下のように記述でき，いずれの励起状態も電子移動の前駆体として考えることができる．

$$^{1,3}D^* + A \rightarrow {}^{1,3}(D^{\bullet +} + A^{\bullet -})$$
$$D + {}^{1,3}A^* \rightarrow {}^{1,3}(D^{\bullet +} + A^{\bullet -})$$

なお，前駆体と電子移動により生じるラジカルイオン対ではスピン多重度が保たれることは重要である．また逆過程は逆電子移動と呼ばれ，以下のように記述できる．

$$^{1}(D^{\bullet +} + A^{\bullet -}) \rightarrow D + A$$
$$^{3}(D^{\bullet +} + A^{\bullet -}) \rightarrow {}^{3}D^* + A \text{ or } D + {}^{3}A^*$$

電子供与体と電子受容体が共有結合などのスペーサーで結合されているときは，正過程が電荷分離，逆過程が電荷再結合と呼ばれる．再結合過程以外でも，電子移動で生じたラジカルイオン対は，付加反応，共増感など種々の反応の前駆体となる．

　エネルギー的側面から光電子移動を考えると，一電子移動の自由エネルギー変化（ΔG_{ET}（eV））は以下の Rehm-Weller の式で与えられる．

$$\Delta G_{ET} = E(D^+/D) - E(A/A^-) - \Delta G_{00} + w_p$$

ここで $E(D^+/D)$ と $E(A/A^-)$ は電子供与体と電子受容体の酸化電位と還元電位をそれぞれ示し，ΔG_{00}（eV）は増感剤の励起エネルギーである．w_p は中性状態からラジカルイオン対が生じた際のクーロンエネルギーで，ラジカルイオン間距離を r とすると次式で与えられる．

$$w_p = (z_{D+} z_{A-}) e^2 / r \varepsilon_s$$

この式で $z_{D+} e$ と $z_{A-} e$ は電子移動後の電子供与体と電子受容体の電荷，ε_s は溶媒の静的誘電定数である．一般に，中性分子からラジカルイオン対が生じる場合，w_p は負でその絶対値は極性溶媒中で 0.1 eV 以下である．また，逆電子移動の自由エネルギー変化（ΔG_{BET}）は次式で与えられる．

$$\Delta G_{BET} = -[E(D^+/D) - E(A/A^-) + w_p]$$

ΔG_{ET} と ΔG_{BET} のいずれにおいても自由エネルギー変化が負である場合に熱力学的に自発的な電子移動が期待できる．

　溶媒中で電子供与体と電子受容体が自由に運動し，衝突により電子移動が起こる場合には二次速式に従う．図1のスキームを考慮すると，二次速度定数（k_{ET2nd}）は次式で与えられる．

$$k_{ET2nd} = k_{diff}/[1 + (k_{-diff}/k_a) + (k_{-diff} k_{-a}/k_r k_a)]$$

ここで $k_a \gg k_{-a}$ かつ $k_{diff} = k_{-diff}$ であれば，

$$1/k_{ET2nd} = 1/k_a + 1/k_{diff}$$

となる．したがって，電子移動の自由エネルギー変化があまり発熱的でないとき，もしくは吸熱的であるとき k_{ET2nd} は k_a に等しくなり，一方，自由エネルギー変化が充分発熱的である場合には k_{diff} に等しくなる．k_{diff} は溶媒の粘度 η と気体定数 R を用いて $k_{diff} = 8RT/3000\eta$ で与えられる．

　電子供与体と電子受容体が固定された位

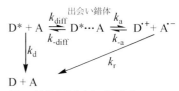

図1　拡散過程を含む電子移動スキーム

置関係にある場合，電子移動は一次速度式に従う．電子移動過程に関するポテンシャルエネルギー曲面（PE曲面）を図2に示す．光電子移動は励起PE曲面（D* + A）から電荷分離状態PE曲面（D·+ + A·−）への移動ととらえることができる．電子移動が起こるためには，エネルギー障壁（$\Delta G_{ET}^{\ddagger}$）を超える必要があり，電子供与体と電子受容体の相互作用が小さい場合（非断熱的または弱く断熱的な場合），マーカス理論によると$\Delta G_{ET}^{\ddagger}$は次式で表される．

$$\Delta G_{ET}^{\ddagger} = (\Delta G_{ET} + \lambda)^2/4\lambda$$

この式で，λは再配向エネルギーと呼ばれ，電子移動に伴う核配置の変化に要するエネルギー（内圏再配向エネルギー：λ_V）と溶媒配向の変化に要するエネルギー（外圏再配向エネルギー：λ_S）の和である．$\Delta G_{ET}^{\ddagger}$をフェルミ黄金則に適用することで，以下のマーカスの半古典式が得られる．

$$k_{ET} = (2\pi/h)V^2/(4\pi\lambda k_B T)^{1/2}$$
$$\times \exp[-(\Delta G_{ET} + \lambda)^2/4\lambda k_B T]$$

ここで，h，V，k_Bはプランク定数を2πで割ったもの，電子マトリックス要素，ボルツマン定数である．本式の特徴は，k_{ET}が$-\Delta G_{ET} = \lambda$のとき最大となり，$-\Delta G_{ET} < \lambda$の領域では$-\Delta G_{ET}$の増加とともにk_{ET}が増加するのに対し，$-\Delta G_{ET} > \lambda$の領域では$-\Delta G_{ET}$の増加とともにk_{ET}が減少することである（図2）．前者の領域は正常領域，後者の領域は逆転領域と呼ばれている．逆転領域の存在は実験的に確認されている．

また，マーカスの半古典式のVは電子供与体と電子受容体の距離（r）に対し，$V \propto \exp[-\beta(r-r_0)/2]$）（$r_0$はファンデルワールス接触時の距離）の関係にあることから，$k_{ET} \propto \exp[-\beta(r-r_0)]$の関係が成り立つ．ここで$\beta$は電子移動媒体の性能を表現するパラメータとして用いられる．

電子移動において，振動励起状態の寄与が重要になる場合には，次式で電子移動速

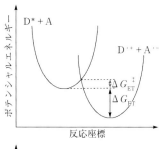

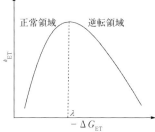

図2 非断熱的電子移動のポテンシャルエネルギー曲面および電子移動速度（k_{ET}）の自由エネルギー変化（ΔG_{ET}）依存性

度が与えられる．

$$k_{ET} = \sqrt{\frac{\pi}{h^2\lambda_S k_B T}}|V|^2$$
$$\times \sum_m (e^{-S}(S^m/m!))\exp\left(-\frac{(\lambda_S + \Delta G + mh\langle\omega\rangle)^2}{4\lambda_S k_B T}\right)$$
$$S = \lambda_V/h\langle\omega\rangle$$

この式で，$h\langle\omega\rangle$は平均振動数である．振動励起状態の寄与は特に電子移動が強く発熱的になる逆転領域において大きくなる．

また，電子移動が断熱的に起こる場合にはマーカスの式は適用できず，電子移動速度は次式で与えられる．

$$k_{ET} = (1/\tau_S)(\lambda_S/16\pi k_B T)^{1/2}\exp(-\Delta G_{ET}^{\ddagger}/k_B T)$$

ここで，τ_Sは溶媒緩和時間と呼ばれる値で，溶媒の誘電緩和を特徴づける値である．この場合，一般的な反応系でk_{ET}の上限値は$1/\tau_S$程度になる．

〔藤塚　守〕

20

光電子移動と生命現象
Photo-induced electron transfer and vital phenomena

光合成,光捕集系,光化学反応中心,初期電荷分離,クロロフィル

　紫外線や可視光線の吸収による光電子移動（光により駆動される分子間の電子移動）の結果，光を吸収した分子は酸化あるいは還元を受け，さまざまな反応が引き起こされる．地球上で営まれる生命現象のエネルギー的な基盤となっている光合成（photosynthesis）の初発電子移動においては，色素分子が酸化される形で反応が開始される．ただし，光合成の場合には，電子移動反応に先立って，太陽から到達する比較的低密度の光エネルギーが光捕集（アンテナ）系の色素により吸収され，濃縮される形で光化学反応中心（photochemical reaction center）（以下，反応中心と呼ぶ）に導かれる．光捕集系を構成する色素は，反応中心当たり数十から数百分子の単位でタンパク質複合体中に秩序よく配置されており，分子間のエネルギー移動は，電子の移動を伴わず，電子的励起エネルギーとして効率よく進行する（図1）．

　光合成生物は，効率よい光捕集を可能にするため多様な色素タンパク質複合体類を備えている．光捕集系は，反応中心に近接する中心集光装置（たとえば，後述の光化学系II（photosystem II（PS II））のCP-47やCP-43，緑色硫黄細菌のクロロソーム，紅色細菌のLH1など）と，その周辺に位置する周辺集光装置（たとえば，PS IIのLHC II（集光性クロロフィルa/bタンパク質）やフィコビリソーム，紅色細菌のLH2など）の二重構成になっている場合があるが，中心集光装置が反応中心と一体化している場合（たとえば，光化学系I（photosystem I（PS I））やヘリオバクテリアと緑色硫黄細菌の光化学系）もあり，その構成は多様である．光捕集系の多様性は生物の生息する光環境の多様さを反映するものであり，その構成と機能状態は光環境の変化に応じて動的に調節されている．

　光捕集系の場合とは対照的に，光電子移動の場となる反応中心は，後述のような「型」の差異はあるものの，基本構成において類似している．光合成の様式は，狭義の光合成細菌の営む酸素非発生型光合成（anoxygenic photosynthesis）とラン藻（シアノバクテリア）・藻類・陸上（高等）植物の営む酸素発生型光合成（oxygenic photosynthesis）に区別され，酸素非発生型光合成が1つの反応中心をもつのに対し，酸素発生型は直列的に機能する2つの光化学反応系（PS IとPS II）により駆動される．酸素非発生型と酸素発生型の間には進化的なつながりがあり，緑色硫黄細菌やヘリオバクテリアの反応中心は酸素発生型のPS Iと，紅色細菌の反応中心はPS IIと相同性が高い．なお，反応中心は，電子受容体側の特徴により，「FeS型またはPS I型」と「$Q_A Q_B$型またはPS II型」に区別される．

　光電子移動の場となる反応中心では，光捕集系の色素から励起エネルギーを受け取る（または直接光量子を吸収する）"特別な分子環境下"の色素分子が第一次電子供与体（D）として機能して，隣接する第一次電子受容体（A）に電子が渡され（図1），短寿命の「初期電荷分離状態（$D^+ A^-$）」が形成される．実際にDとして機能

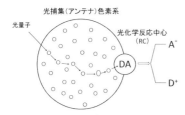

図1　光合成系のイメージ図

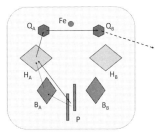

図2 紅色光合成細菌の反応中心における反応分子の配置と電子伝達経路（矢印）の概念図
P（スペシャルペア）は一次電子供与体（図1のD），B（B_AとB_B）はバクテリオクロロフィル，H_AとH_Bはともにバクテリオフェオフィチンで，H_Aが一次電子受容体として機能する．Q_AとQ_Bは二次および三次電子受容体として働くプラストキノン，Feは鉄原子．

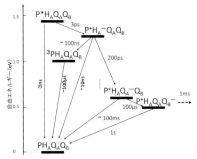

図3 反応中心における電子移動の速度
記号は図2に同じ．^3PH_Aは三重項励起状態を示す．

するのはクロロフィル（酸素発生型）やバクテリオクロロフィル（酸素非発生型）の二量体で，Aはフェオフィチン（PSⅡ）またはバクテリオフェオフィチン（紅色細菌や緑色糸状性細菌の営む酸素非発生型光合成），クロロフィル（PSⅠ）またはバクテリオクロロフィル（ヘリオバクテリアや緑色硫黄細菌の営む酸素非発生型光合成）である．なお，PSⅠのD（クロロフィルの二量体）はP-700，PSⅡのそれはP-680，紅色細菌ではP-870などと，電子移動（酸化還元）前後の吸収差スペクトルのピーク位置に基づいた名称が与えられている．

近接した分子間で生ずる電荷分離状態は電荷の再結合で消滅する可能性が高いが，実際の反応では還元側と酸化側で次々と別の電子の移動が起こり，生体膜を横断するベクトル的な電子移動が高効率で達成される．その結果，光合成電子伝達系鎖が機能し，有機物の合成に必要な還元力の発生や，ATPのリン酸結合としてのエネルギーの固定（安定化）が実現される．なお，酸素発生型光合成では，有機物合成に不可欠な電子が環境下に広く存在する水から供給され，副産物として「酸素呼吸」に必要な酸素が放出される．

紅色光合成細菌 *Rhodobactor sphaeroides* の反応中心（Q_AQ_B-PSⅡ型）の場合が例として図2に示されている．反応分子はL鎖とM鎖の2本のタンパク質を中心とする構造体上に固定されており，光（初発）電子移動はスペシャルペア（P）と呼ばれる二量体バクテリオクロロフィルとバクテリオフェオフィチン（H）の間で起こる．擬二回回転対称の位置に色素類が配置され，みかけ上は左右2組の電子伝達鎖の作動が期待されるが，実験結果によると実際に機能するのは一方側（図ではA（左側）ブランチ）のみで，電子移動の反応は $(P \to H_A \to Q_A \to Q_B)$ と進行する．

図3のように，電子移動速度ははじめの段階では非常に速いが，後段になるにつれ次第に遅くなり，また一方，電荷再結合反応などによるエネルギーの消失はどの反応段階においても確率的に起こりにくく，結果として正方向に進む生産的な電子移動が圧倒的に有利なように反応系が構築されている．　〔佐藤公行〕

21

光 異 性 化
Photoisomerization

シス-トランス光異性化, E-Z光異性化, 原子価異性, スチルベン, アゾベンゼン

光異性化は, IUPAC (国際純正応用化学連合) の化学用語の定義集である Gold Book によれば "光化学過程により引き起こされる結合の回転, 骨格の転位, または原子や原子団の移動によって基質が異性化すること" と定義される. 代表例としては, アルケンやポリエンのシス-トランス光異性化反応があり (図1A), 特徴としては, 熱反応や触媒を用いた方法に比べ, 熱力学的に生成が不利な異性体を多く与えることができるという利点がある. 視物質であるロドプシンでは (図1B), 発色団であるレチナールの11シス型が全トランス型に光異性化することが引き金となりタンパク質の構造変化を誘起し, 信号伝達される.

同様な光異性化はバクテリオロドプシンではエネルギー生産の役割を果たしている. 植物の花芽形成や光発芽にはフィトクロム発色団の異性化が関与している. 他にも光活性黄色タンパク質などの生物学的光受容体の発色団の主要な光化学反応は光異性化反応であり, 光異性化反応は光生物学的に特に重要な役割を果たしている.

シス-トランス光異性化: 幾何異性化と呼ばれているが, IUPACでは幾何異性化をやめシス-トランス光異性化と呼ぶことを推奨している (図1A).

E-Z光異性化: アルケンまたは, ヘテロ原子からなる二重結合以外のとき E-Z 光異性化と呼ぶことが多い. アゾベンゼンの E-Z 光異性化では, 双方向に光異性化できるが, 熱力学的に不安定な Z 体は熱反応ではより熱力学的に安定な E 体へ異性化するため, 光異性化によってのみ Z 体の存在比率を高めることができる (図1C).

光原子価異性: ベンゼンの原子価異性

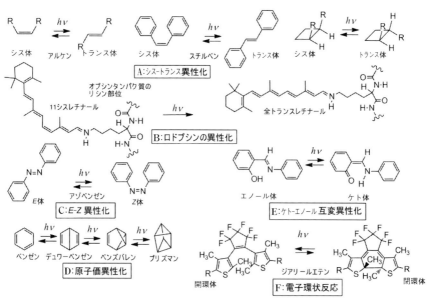

図1 光異性化反応の例

体である Dewar ベンゼン, ベンズバレンやプリズマンなど, ひずみエネルギーの大きな化合物も光により合成できる（図1D）.

光互変異性： ケト-エノール互変異性（図1E）.

光電子環状反応： ジアリールエテンの開環-閉環反応など（図1F）.

光異性化を理解するためにスチルベンのシス-トランス光異性化反応について詳しく説明する（図2）. シス体は立体障害があるため分子全体が平面になるπ共役性の高い構造がとれないため, トランス体に比べ5 kcal mol^{-1} ほど高いエネルギーとなっている. C=C 結合が回転し異性化するには 40 kcal mol^{-1} 以上の活性化エネルギーが必要で熱反応では困難である. 光反応では, シクロヘキサンに溶解し, スチルベンが吸収することができる紫外光（水銀灯の 313 nm 光など）を照射するか, ベンゾフェノン（BP）などの三重項増感剤存在下, スチルベンが直接光を吸収しない 366 nm 光を BP に光照射して行う.

あらかじめシス体とトランス体をカラムを用いて分離しておいた試料に光照射すると, 一定時間経過後にはシス体 100％に照射した場合でもトランス体 100％の場合でも（[シス体の濃度]/[トランス体の濃度]）$_{pss}$ 比（光定常状態 pss の異性体比）が一定になる. この比率は励起比と失活比によって決まる（[シス]/[トランス] = $k_t/k_c \cdot k_d^c/k_d^t$）. 右辺の第 1 項の励起比は, 直接照射の場合, 励起波長でのシス体とトランス体のモル吸光係数に比例し, 増感反応の場合には増感剤励起三重項状態からシス体およびトランス体へのエネルギー移動速度定数の比になるため, どちらの場合にも反応条件に依存する. 励起により生じた励起一重項状態は二重結合が回転したねじれ型励起一重項（$^1p^*$）状態を経由して基底状態に失活する. このとき, シス体を生成するかトランス体を生成するかの比率を失活比と呼

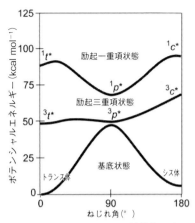

図2 スチルベンのシス-トランス異性化のポテンシャルエネルギー曲面

ぶ（右辺第 2 項）. 三重項増感異性化の場合には, ねじれ型励起三重項（$^3p^*$）状態からの失活比となり, どちらも反応基質に特有の値を示すが, スチルベンではおおよそ 0.5 となる. 熱力学的に生成不利なシス体は, トランス体が励起されやすいように, トランス体のモル吸光係数が大きな波長で励起することで多く得られる.

シス-トランス光異性化反応の機構に関しては, すべてのアルケンで, どんな条件下においても C=C 結合の回転が起こり, 結合がねじれた励起状態を経て基底状態へ失活する機構で起こるとは限らない. 最近の研究では, 共役ポリエンでは上述の一結合回転（one-bond-flip）機構に加え, 自転車ペダル（bicycle-pedal）機構（共役二重結合の複数の結合が協奏的に同時に異性化する）やフラダンス（hula-twist）機構（二重結合の異性化と隣接する単結合の回転異性化が協奏的に起こる）など, 異性化時の基質の体積変化を最小にする機構が提案されている. 生体内ではアルケンの構造変化でタンパク質の構造が変わり, また逆に, アルケンが置かれた環境により異性化反応機構が変わることが考えられる.〔唐津　孝〕

22

光異性化と生命現象
Photoisomerization and biology

超高速現象,共役二重結合系,反応効率

　光エネルギー変換や光情報変換を担う光受容タンパク質は,発色団（chromophore）と呼ばれる低分子を結合している.発色団分子が光を吸収すると特有の光化学反応がタンパク質内部で起こる結果,特有の機能が生じる.発色団分子の光化学反応は電子励起状態で起こるが,励起状態では蛍光など種々の緩和過程が存在するため,光化学反応はこれらの緩和より先に起こらないと効率的な反応が実現しない.ピコ（10^{-12}）秒（ps）やフェムト（10^{-15}）秒（fs）といった時間領域は生物の活動する時間とは縁遠いわけであるが,光化学初期過程がなぜ超高速現象となるかは反応効率とかかわるのである.

　生物の光化学反応として古くから知られているのが光異性化（photoisomerization）反応である.生物は青・緑・赤といった光を吸収するため,光による電子励起のエネルギーを可視光線の領域まで低減する必要があるが,二重結合と単結合が伸長した直鎖状ポリエン（linear polyene）は共役二重結合系におけるπ電子の非局在化により可視部の吸収が実現する.図1には動物,植物,細菌の発色団分子を示したが,これらはいずれも光異性化反応が初発反応である.これらの分子においては,単結合の周りの異性化は起こりやすいが二重結合の周りの異性化はエネルギー障壁が高すぎて起こらない.一方,電子励起状態においては,ボンド交替によって二重結合が単結合的になる結果,励起状態での異性化が実現する.ロドプシン（図1A,B）,フィトクロム（図1C）,PYP（図1D）はいずれもこのメカニズムによって最初に光異性化が

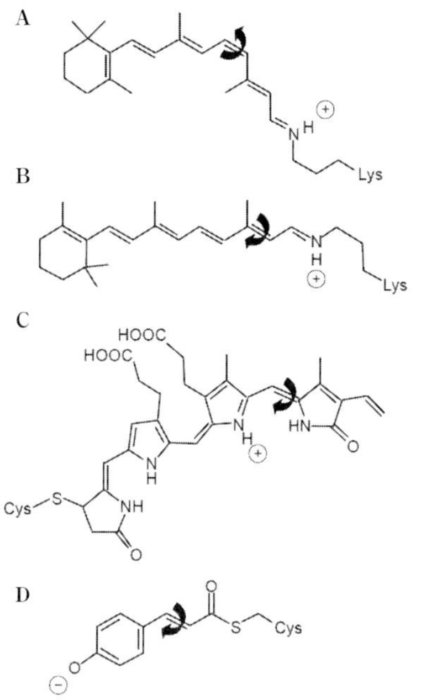

図1　生物の中で起こる光異性化反応
A：動物の視物質,B：微生物型ロドプシン,C：植物の赤色センサー・フィトクロム,D：細菌の走光性センサー・光感受性イエロータンパク質.

起こる.

　以下には動物の視物質ロドプシンを例としてもう少し詳しく説明しよう.視覚における光反応の研究が開始されたとき,多くの化学者の関心を集めたのはなぜロドプシンが11シス型のレチナール（図1A）を発色団とするかという問題であった.13位のメチル基と10位の水素原子が立体障害を起こす11シスレチナールは熱的に不安定であり,そのため市販されていない.われわれがロドプシンの実験をする場合は,市販の全トランスレチナールを光照射し,生成する異性体混合物から液体クロマトグラフで11シス型を分離しなければならない.ところが,タンパク質の内部では11シス型はきわめて安定である（不安定だと熱雑音が

増加する).一方,光を吸収すると収率よく(量子収率0.67)反応が起こり,光情報変換が実現する.

ロドプシンにおける高い量子収率の反応が,感度の高いわれわれの視覚の分子論的な基盤となっている.ロドプシンにおける特異な光反応の性質は低温分光法などさまざまな研究手法によって研究されてきたが,初期過程がどのような反応であり,どのような時間領域で起こっているのか,といった最も根元的な問いは超短パルスを用いた超高速分光によって明らかになった.特にfsレーザーパルスは,ロドプシンの電子励起状態における異性化反応過程を直接とらえることを可能にした.

図1Aでレチナール分子の11シス型構造をトランスに異性化させると,大きな体積変化が必要となる(まっすぐに伸びた図1Bの構造を参照).ロドプシンに対する超高速(ps)分光が最初に行われたとき,異性化というこんな大きな形の変化がpsで起こっていいのか,という疑問が呈せられた.200 fsという時間では,レチナールに結合した水素原子の平面外へのねじれ振動がわずか数回しか起こらず,電子励起状態で振動緩和や回転緩和が起こってから化学反応が起こるというこれまでの光化学反応の常識では説明できなかった.しかしながら,これまでの研究により,200 fsで最初に起こる現象は確かに11シス型からトランス型への異性化反応であり,しかしながらレチナールを結合する部位はほとんど形を変えないことが明らかになった.視物質の初期反応は4 Kという極低温でも起こる現象であるが,結合部位の構造を変化させずに起こるレチナールの異性化は,分子運動が極端に制限される極低温での反応をうまく説明する.さらに重要なことは,結合部位の形を変えずにレチナールを全トランス型に異性化させるには,レチナールの大きな構

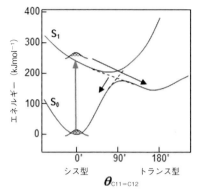

図2 視物質ロドプシンにおける光異性化の反応座標に対するエネルギー図

造歪みを伴ってしまう点である.その結果,図2に示すとおり,異性化の生成物は十分にエネルギー緩和せず,光エネルギー(240 kJ/mol)の6割以上のエネルギーを内部にとどめてしまう.このような高いエネルギー状態こそが光応答性タンパク質の機能発現にとって重要であり,このエネルギーを利用してタンパク質は構造を変化させ,それが機能の発現へとつながるのである.図2のポテンシャル図は同時に,熱異性化がきわめて起こりにくいことも示している.11シスレチナールの溶液中での不安定とタンパク質中での異常な安定さは好対照である.

全体の形を変えない超高速(fs)異性化反応とねじれた初期中間体の発色団構造は,図1に示すすべての系に共通である.現在はそれぞれの結晶構造や中間体の構造までもが明らかになっている.全体の形を変えない異性化反応を説明するため,自転車ペダルモデルやフラダンスモデルなど効率的な異性化機構が提唱され,理論家と実験家が切磋琢磨してこの興味深い問題に取り組んでいる.

〔神取秀樹〕

23 光化学反応による活性酸素の発生
Active oxygen by photochemical reactions

光増感剤,一重項酸素,光線力学療法（PDT）

酸素分子は生命現象において重要な働きをしている．なかでも，還元反応やエネルギー移動により生じる活性酸素は，生体反応の鍵となる．活性酸素は生命現象を阻害する要因でもあり，また代謝のための酸化反応に必須なものでもある．この活性酸素の生成と生体内での挙動を理解することは生命科学の基礎として大変重要である．

この活性酸素の発生に関係するのが光化学反応である．光化学反応は物質が光を吸収して化学反応を起こす現象である．たとえば，色素分子が光エネルギーを吸収し，励起された電子が飛び出して物質の酸化還元反応を引き起こす．光化学反応の著名な例に光合成がある．光合成では植物の葉緑素中に含まれる特定のクロロフィル分子が光を吸収して反応を起こし，還元物質NADPHやATPを合成している．

活性酸素は，大気中に含まれる酸素分子が反応性の高い物質に変化したものである．すなわち活性酸素は，原子状酸素，一重項酸素，スーパーオキシド，ヒドロキシルラジカル，過酸化水素などを含めた総称である．図1に示すように，酸素分子が一電子還元されるとスーパーオキシドが生成する．さらに一電子還元されると過酸化物イオンとなり，次にプロトンと反応して過酸化水素を発生する．過酸化水素が還元されるとヒドロキシルラジカルを生じる．ヒドロキシルラジカルは反応性の高いラジカルであり，活性酸素による生体損傷はヒドロキシルラジカルによるものとされている．過酸化水素は生体温度では比較的安定であるが，金属イオンや光により容易に分解してヒドロキシルラジカルを生成する．一方，図2

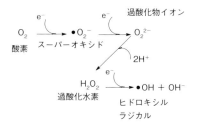

図1　酸素の還元による活性酸素の生成

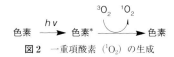

図2　一重項酸素（$^1O_2$）の生成

に示すようにポルフィリンのような生体色素が存在すると，光により色素が励起され，三重項状態の酸素分子（$^3O_2$）への光誘起エネルギー移動反応が起こり一重項酸素（$^1O_2$）を生成する．この$^1O_2$は，がん治療を目的とした光線力学療法（PDT）や汚水処理などに応用されており生物や生命と関連が深い．以下では光増感剤による$^1O_2$の生成について説明する．

光増感剤は光を吸収し，励起一重項状態（S_1）から項間交差を経て励起三重項状態（T_1）となり，$^3O_2$への光誘起エネルギー移動反応によって$^1O_2$を生成する（図3）．光増感剤による$^1O_2$の生成効率は量子収率（Φ_Δ）により表される．基底状態の酸素は三重項状態で存在しており，光増感剤からのエネルギー移動によって生成した$^1O_2$は空の軌道を有しているため求電子性に優れており酸化力が高い．

代表的な光増感剤を図4に，$^1O_2$発生量子収率（Φ_Δ）を表1に示す．光増感剤としては，ローズベンガル，メチレンブルー，エリスロシン，インディゴなどの有機色素がよく知られており，可視光領域に吸光係数の大きな吸収帯を有しており，$^1O_2$量子収率も高い．しかし，ポルフィリン誘導体に比べ耐久性の面では劣っている．近年ポ

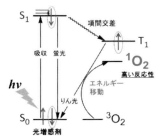

図3 光増感剤による一重項酸素の生成

表1 光増感剤の吸収と一重項酸素発生量子収率

光増感剤	$\varepsilon/M^{-1}cm^{-1}$	λ_{max}/nm	Φ_Δ (溶媒)
ローズベンガル	90000	560	0.86 (EtOH)
フルオレセイン	90000	500	0.03 (EtOH)
メチレンブルー	80000	660	0.52 (EtOH)
エリスロシン	100000	450	0.69 (EtOH)
ローダミン	85000	500	0.03 (EtOH)
インディゴ	4760	600	0.53 (MeOH)
ポルフィリン	18000	650	0.63 (C_6H_6)
フタロシアニン	200000	700	0.16 (CH_3OD)
ナフタロシアニン	350000	780	0.17 (CCl_4)
クロリン	40000	680	0.65 (EtOH)
バクテリオクロリン	150000	780	0.20 (有機溶媒)
C_{60}	幅広いピーク		0.96 (C_6H_6)
Ru(bpy)$_3$	14500	450	0.50 (H_2O)
ポルフィセン	50000	630	0.36 (C_6H_6)

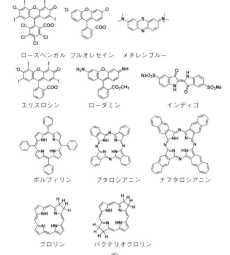

図4 代表的な光増感剤

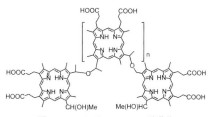

図5 ヘマトポルフィリン誘導体

ルフィリン誘導体へのハロゲン導入や金属錯体化による重原子効果により，$^1O_2$量子収率は1に近い値が得られている．

がん治療を目的とした光線力学療法（PDT）への応用が盛んであり，現在では種々のポルフィリン誘導体が医療現場で使用されている．光照射下で$^1O_2$を生成するポルフィリン光増感剤は，重篤な副作用がなく，部位選択的な治療を可能とすると期待されている．PDTの光増感剤として初めて用いられたのは，ポルフィリン類縁体であるヘマトポルフィリン誘導体（図5，HpD）である．HpDは1961年に合成され，がん診断の目的で使用された．その後，PDTの光増感剤として臨床応用され，現在に至るまでに早期肺がんや早期胃がん治療へ適用されている．しかし，HpDは組織透過性のよい長波長（> 600 nm）の吸光係数が小さく，深部がんに対する治療が困難である．そこで，可視光領域（600〜800 nm）に強い吸収をもつ第二世代光増感剤の開発が行われており，クロリン，フタロシアニン，ナフタロシアニンなどの化合物が検討されている．ポルフィリン異性体であるポルフィセンも，その優れた長波長光吸収能からPDTへの修飾ポルフィセンの応用が検討されている．　〔久枝良雄〕

24

活性酸素と生命現象
Reactive oxygen species and life

酸化ストレス,抗酸化防御,塩基除去修復

活性酸素種(reactive oxygen species)は,酸素が還元される過程で生じる反応性の高い分子種であり,酸素が一電子還元を受けながら,スーパーオキシド($O_2^{\cdot-}$),過酸化水素(H_2O_2),ヒドロキシルラジカル(•OH)に変わっていく.これらの活性酸素種は,好気的代謝の過程で細胞にとって逃れることのできない副産物として生じている.一重項酸素($^1O_2$)も活性酸素の一種である.

ミトコンドリアは真核生物におけるエネルギー生産工場であり,大量の活性酸素が発生する場所でもある.ミトコンドリア内膜に存在する電子伝達系から漏れだした電子が周囲の酸素を還元して活性酸素を発生させる.摂取した酸素の約2〜3%は生体内で活性酸素に転換されるという.好中球は,細菌などによって細胞膜に存在するNADHオキシダーゼが活性化されると$O_2^{\cdot-}$を産生する.また,活性酸素はさまざまな環境要因によっても生成する.それらには,大気汚染物質,放射線,紫外線,タバコなどがあり,こうした環境要因に接することにより活性酸素が生体内で発生することになる.

通常の細胞では,活性酸素は抗酸化機序によってすみやかに除去され,その生成と消去の間には均衡が保たれている.ところが,さまざまな要因によって活性酸素の生成と消去のバランスが崩れて活性酸素が蓄積するとタンパク質,DNA,脂質などの生体分子が非特異的に酸化されるようになる(酸化ストレス状態).生体分子の酸化障害は,老化現象の亢進,糖尿病,高血圧,動脈硬化などの生活習慣病をはじめとするさ

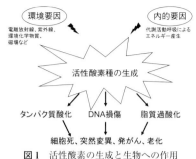

図1 活性酸素の生成と生物への作用

まざまな疾患の発症に深くかかわっている.

酸化防御と細胞応答

好気性生物の細胞は,活性酸素を消去する酵素として,スーパーオキシドジスムターゼ(SOD),カタラーゼ,ペルオキシダーゼなどの酵素を備えている.SODは$O_2^{\cdot-}$をH_2O_2に変換させ,カタラーゼはH_2O_2をさらに酸素と水に変える反応によって活性酸素の無毒化を行っている.これらの酵素は好気性生物に普遍的に存在しており,活性酸素による細胞成分の非特異的な酸化を未然に防いでいる.

酸化ストレスの抗酸化防御は生命維持にきわめて重要である.動物はさまざまな抗酸化物質を生体内で産生したり,食物から取り入れている.これらは,機能の面から,①活性酸素の捕捉,安定化,②適切な抗酸化物の誘導合成(必要な場に必要な量だけ),③障害を引き起こす酸化物の無毒化,排除および損傷の修復や再生,の3つに分類することができる.①ではビタミンEやビタミンCなどがその例である.

②の例として,細胞では活性酸素濃度の異常あるいは酸化状態を感知し,遺伝子発現調節機構が働き,必要な特定遺伝子の発現誘導を開始,防御系の増強を行う機構が存在している.これを細胞の酸化ストレス応答(oxidative stress response)と呼ぶ.たとえば,大腸菌では$O_2^{\cdot-}$の濃度が増大すると,Mn-SOD,フェレドキシン酸化還元

酵素などのタンパク質が誘導される．また，別のセンサー OxyR は，微量の H_2O_2 を感知し，カタラーゼを含む一群の防御酵素を誘導する．その後の強い酸化状態に遭遇しても細胞が生き残れる（適応応答）．

活性酸素とシグナル伝達

細胞はしたたかで，ヒト細胞でもその活性酸素濃度の異常を感知し，シグナルを核に伝達して必要な特定遺伝子の発現誘導を促し，防御系の増強を行う．さらに，活性酸素は，細胞のシグナル伝達物質としての機能をもっている．活性酸素のなかで，過酸化水素は比較的安定であるが，最近の研究により，過酸化水素が細胞内においてシグナル伝達物質として機能していることが明らかにされつつある．

DNA 塩基の酸化と塩基除去修復

活性酸素が DNA に反応すると強い酸化反応を引き起こす．・OH はプリンの C_8 に反応して 8-オキソグアニン（8-oxoG）やイミダゾール環の開裂したホルムアミドピリミジンを，ピリミジンの C_5–C_6 二重結合と反応してグリコールやピリミジン水化体を生じる．また，DNA の一重鎖切断を生じる．

DNA 塩基の中では，グアニンの 8 位の炭素 C が容易に酸化されやすい．生じた 8-oxoG は強い変異原性をもち，G→T の塩基置換を引き起こすが，このことは DNA 複製の際に 8-oxoG がアデニンと塩基対を形成する性質とよく一致している．

8-oxoG がさらに酸化を受けてイミダゾロン誘導体やオキサゾロン誘導体に変換されるが，これらが誘発する塩基置換は G→C の変異が多い．イミダゾロン誘導体はリボフラビン存在下での光酸化で 8-oxoG から生じる．グアニンと安定な塩基対を形成し，G→C への変異を起こす．

チミングリコール（Tg）では 5 位に生じた OH 基のためにメチル基の配位が変わ

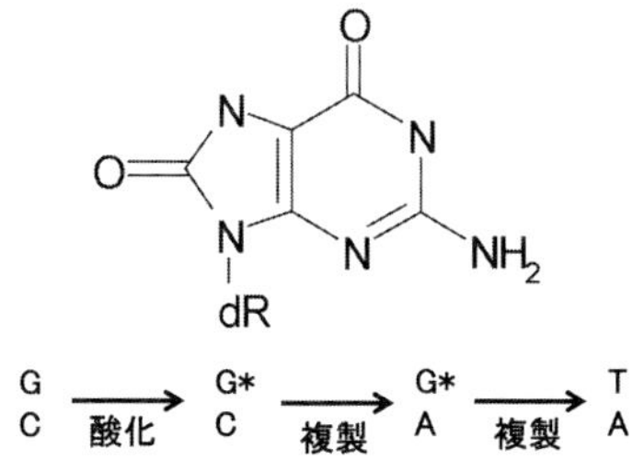

図 2 8-oxoG の構造式と突然変異の生成
G^* は 8-oxoG．

り，その結果，塩基対に歪みを起こす．そのため DNA 合成を強くブロックし，Tg の細胞死を招く原因になる．

DNA 修復はもう 1 つの重要な防御機構である．これまで知られている酸化損傷塩基は 20 種類以上もあり，それぞれの損傷の化学構造や生物作用は大きく異なっており，そのため損傷の多様さに対応して細胞には多数の修復酵素が存在している．

DNA 塩基の酸化体は，塩基除去修復（base excision repain；BER）と呼ばれる一連の酵素の働きによって修復される．BER 経路では，塩基とデオキシリボースの間の N–グリコシル結合を切断して損傷塩基を DNA から除去する DNA グリコシラーゼ，生じた脱塩基（AP）部位で DNA 鎖を切断する AP エンドヌクレアーゼ，そのギャップの穴埋めを行う DNA ポリメラーゼ，そして最終的に DNA 鎖を再結合する DNA リガーゼが順序よく働いて損傷 DNA を修復する．

真核生物において，DNA の酸化的損傷は核 DNA のみならず，ミトコンドリア DNA にも生じる．ミトコンドリア DNA は，代謝の副産物として生じた活性酸素による酸化的損傷の影響を受けやすい．また真核生物の修復酵素の中で，ミトコンドリアに局在するものが多数存在する．

〔秋山（張）秋梅〕

第2章

光の
エネルギー利用

25

生物による光エネルギーの利用
Harnessing light energy by photosynthesis

光合成, 光エネルギー変換, 電子伝達系, クロロフィル, ATP

表1　光合成の3つの型

光合成の種類	生物の種類	光吸収物質
光駆動プロトンポンプ型	古細菌の一部	レチナール
細菌型	光合成細菌	バクテリオクロロフィル
酸素発生型	植物・藻類・シアノバクテリア	クロロフィル

　地球に降り注ぐ太陽光のエネルギーは, いずれ熱となって赤外線の形で宇宙空間へと放散される. このエネルギーの流れの中にあって地球上の生態系はその秩序を維持しており, そのエネルギーの生態系への取り込み口となっているのが光合成（photosynthesis）の反応である. ここでは, 光合成を中心とした生物による光エネルギー利用を取り上げる.

光合成の反応

　光合成の反応は, 光のエネルギーを化学エネルギーに変換する反応であり, 植物は, 光合成により生じた化学エネルギーを, 体内のさまざまな化学反応を進め, 秩序を維持することに利用する. 動物の場合も, 摂取する食物は食物連鎖を通して最終的には光合成生物にたどりつくため, エネルギーを最終的に光合成に依存していることには変わりがない.

　光エネルギーの化学エネルギーへの変換は, 膜を隔てたプロトン（水素イオン）濃度の勾配の形成ステップと, そのプロトン濃度勾配を利用したATP合成ステップの2つからなる. プロトン濃度勾配の形成の方法は生物によって大きく異なり, 植物や藻類, シアノバクテリア, 光合成細菌では, 膜に埋め込まれた複数のタンパク質複合体の間で電子伝達系（electron transfer）と呼ばれる酸化還元反応が進むのに共役してプロトンが膜を横切って移動する. これに対して, 古細菌に属する高度好塩菌の一部などでは, 光駆動プロトンポンプにより, 光エネルギーで直接プロトンを輸送し, 膜内外にプロトン濃度勾配を形成する.

　プロトン濃度勾配を形成する2つの方法は別々の起源をもつと考えられ, 独立に進化したものと考えられる. 広い意味での光合成は, この両者をともに含むが, 電子伝達による光合成のみをさして光合成という場合も多い.

電子伝達型の光合成

　電子伝達型の光合成はさらに光合成細菌が行う細菌型光合成と, 陸上植物・藻類・シアノバクテリアが行う酸素発生型光合成に分けられる（表1）. 細菌型の光合成を行う生物には2種類ある. 1つは光エネルギー変換を担う光化学系反応中心として鉄硫黄クラスターを含むI型反応中心をもつ緑色硫黄細菌やヘリオバクテリアであり, もう1つはフェオフィチンを含むII型反応中心をもつ紅色光合成細菌や緑色糸状性細菌である.

　陸上植物などの酸素発生型光合成においては, 光化学系反応中心としてI型反応中心である光化学系IとII型反応中心である光化学系IIが協働して電子伝達を行っていることから, 陸上植物の酸素発生型光合成の起源は, 光合成細菌の細菌型光合成にあると考えられる.

　細菌型光合成から酸素発生型光合成への進化の過程はまだ明らかになっていない. 酸素発生型の光合成の出現過程では, ①2種類の光化学系が共同して働く, ②水が電子伝達の出発点となっており, 水を分解して酸素を発生する, ③光合成色素（photosynthetic pigments）としてバクテリオク

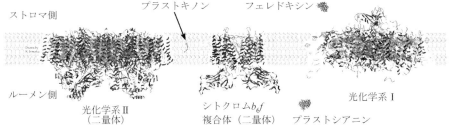

図1 酸素発生型の光合成の電子伝達にかかわる複合体と酸化還元成分

ロロフィル（bacteriochlorophyll）ではなくクロロフィル（chlorophyll）を用いる，という3つの大きな変化が起こっているが，これらの変化がどのような順番で，いかにして起こったのかは不明である．

光合成色素による光の吸収

　光エネルギーの利用の出発点は光エネルギーの吸収にある．光駆動プロトンポンプ型の光合成の場合は，バクテリオロドプシンなどが光エネルギーの吸収に働いている．バクテリオロドプシンは動物の視覚に働くロドプシンと同様に，タンパク質部分（バクテリオオプシン）に低分子有機化合物であるレチナールが結合したものである．光の吸収によるレチナールの構造変化はバクテリオオプシンの構造変化を引き起こし，これが直接プロトンの輸送を駆動する．

　一方，電子伝達型の光合成においては，バクテリオクロロフィルを含む広義のクロロフィルが光エネルギーを吸収し，そのエネルギーが光化学系反応中心における電荷分離（最初の酸化還元反応）を誘起する．引き続いて起こる電子伝達は，複数の膜に埋め込まれたタンパク質複合体および水溶性のタンパク質，さらには脂溶性のキノンが関与する複雑な反応であり（図1），光駆動プロトンポンプ型の反応とは大きく異なる．

　クロロフィルとバクテリオクロロフィルは，それぞれ吸収波長の異なる複数の分子種の総称であり，どの分子種をもつかは生物種によって異なる．光合成色素としてはこのほかに，カロテノイドやフィコビリンが存在し，光エネルギーの捕集や散逸，活性酸素種の消去などに働いている．

光合成による光エネルギーの利用量

　地表に入射する光エネルギーのうち，陸上の光合成生物によって固定される割合は，せいぜい0.1％程度といわれている．海洋における光合成によって固定されるエネルギーの総量の見積もりは，報告によって大きく異なるが，大きめの見積もりでは，陸上の光合成と同程度とされる．

　従来，これらのほとんどは酸素発生型の光合成によって占められていると考えられていた．これは，細菌型の光合成においては，電子伝達反応の出発点となる電子供与体として硫化水素や有機物が必要となり，地球上に豊富に存在する水を電子供与体とする酸素発生型の光合成と比べて分布が限られること，また，光駆動プロトンポンプ型の光合成を行う古細菌は，極限環境に生育するものも多く，やはり分布が限られることによっていた．しかし，近年，海洋細菌の一部が，プロテオロドプシンにより光駆動プロトンポンプ型の光合成を行っているという報告があり，光駆動プロトンポンプ型の光合成も，地球生態系の光合成にある程度の寄与をしている可能性がある．

〔園池公毅〕

26
バクテリオロドプシン
Bacteriorhodopsin

能動輸送,レチナール,プロトンポンプ,水素結合,内部結合水

現在,微生物型ロドプシンと総称される膜タンパク質の中で最初に発見されたのがバクテリオロドプシンである.バクテリオロドプシンは1971年,高度好塩菌の紫膜(purple membrane)に存在するレチナールを結合した膜タンパク質として見出され,光駆動の外向きプロトンポンプ(proton pump)として機能することが明らかになった.光エネルギーは,濃度勾配に逆らってプロトンを細胞から汲み出すために使われ,それがATP合成につながる電気化学エネルギーへと変換される.

能動輸送(active transport)によりイオンの濃度勾配を形成する種々の分子ポンプタンパク質は生命活動に不可欠な存在であるが,そのメカニズムは十分に理解されていない.このような現状の中で,バクテリオロドプシンは最も理解の進んだ分子ポンプということができる.実際に,バクテリオロドプシンは立体構造と輸送経路が確定した唯一のポンプタンパク質である.その研究の進展には,機能発現に光を利用できるという光受容タンパク質の特質が大きく寄与してきた.すなわち,ポンプの過程における中間状態を時間分解あるいは低温に冷却することでとらえ,その状態で起こる現象についての解析が進んだ.

バクテリオロドプシンの場合,光を吸収するとJ,K,L,M,N,Oと名づけられた色の異なる中間体(photointermediate)を経由する10ms(ミリ秒)程度の光反応サイクル(photocycle,図1)の間に,細胞質側から細胞外側にプロトンを能動輸送する.吸収波長の変化は,各中間体においてレチナール発色団とタンパク質部分との

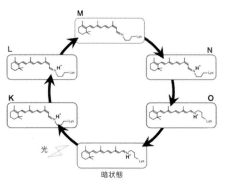

図1 バクテリオロドプシンの光反応

相互作用が異なることを示しているが,共鳴ラマン散乱により最初に全トランス型から13シス型への光異性化反応が起こり,O中間体の段階で全トランス型へと戻る熱異性化反応が起こることがわかった.一方,プロトン輸送経路の研究は,おもに赤外分光法によって研究された結果,中性付近では,図2の丸数字で示した順番に起こる,5回のプロトン移動によってポンプが実現することが明らかになった.特に大きな威力を発揮したのは,プロトン化カルボン酸(-COOH)のC=O伸縮振動の解析であり,同位体置換試料を用いて振動バンドが帰属され,変異タンパク質を利用して部位が同定された.

バクテリオロドプシンのプロトン輸送は時間的,空間的に精妙な制御によって起こるわけだが,変異タンパク質を用いた解析は意外な事実を浮き彫りにした.すなわちプロトン放出基を構成するGlu204,Glu194,プロトン取り込み基であるAsp96を非解離性残基に置換してもプロトンポンプ活性は保たれていた.この事実は,プロトン放出経路とプロトン取り込み経路にそれぞれ存在するプロトン結合基は,本質的にはポンプ能に必要ないことを示している.これらの残基は方向性を決定する「スイッ

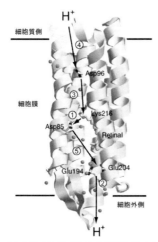

図2 バクテリオロドプシンの構造とプロトン輸送経路

チ」の構成部品ではない．ただし，これらの変異タンパク質の光反応サイクルは天然のものに比べて遅くなる．バクテリオロドプシンは1光子当たり1プロトンを輸送する効率のよいポンプだが，このような遅い反応サイクルでは光エネルギー変換の効率ははなはだ悪くなる．こうして，放出側と取り込み側のアミノ酸は細菌が光を利用して生きていくためには重要だが，ポンプという分子機械にとっては本質的ではないことが明らかになった．

一方，シッフ塩基の細胞外側よりに存在するAsp85とAsp212を非解離性残基に換えると，ポンプ活性は失われた．さらにAsp85を光駆動クロライドポンプ・ハロロドプシンにおいて対応するアミノ酸（Thr）に置換すると，高い塩濃度のもとではクロライドイオンをポンプすることがわかった．バクテリオロドプシンとハロロドプシンのアミノ酸の一致度は25％であり，基本的に異なるタンパク質である．にもかかわらず，バクテリオロドプシンが1アミノ酸残基の置換によりクロライドポンプに転換したという事実は，ポンプとしての方向性がレチナールシッフ塩基の部分（すなわちスイッチ）で決定されていることを強く示唆する．

バクテリオロドプシンのX線結晶構造解析は2000年前後に決定されたが，結晶に光を照射することで中間体の構造までもが次々と報告された．プロトンポンプのメカニズム解明のため中間体の構造解析は大いに期待されたが，プロトンそのものを観察することは困難であるうえに，結晶中では構造変化が制限される可能性があることから，現在は他の実験手法と組み合わせてプロトンポンプのメカニズムが議論されている．構造的に興味深いのは，レチナールシッフ塩基よりも細胞外側には水分子を含んだ水素結合ネットワークが張りめぐらされているのに対して，細胞質側にはプロトン経路が存在しない．バクテリオロドプシンにおけるプロトンポンプの一方向性は，最初に細胞外側でプロトンを放出した後，より遅い時間領域に細胞質側で膜貫通ヘリックスが外側に開いてプロトン取り込み経路が形成される結果，実現すると理解されている．細胞質側の構造変化は，スピン標識や高速原子間力顕微鏡などにより実証される一方，プロトン移動に重要な役割を担う内部結合水の役割は赤外分光によって明らかにされた．

このように最も理解の進んだポンプ分子であるが，真のエネルギー変換メカニズムは，まだ何もわかっていないといえるかもしれない．メカニズムの解明は，分子生物学者，生化学者から物理学者，化学者，生物物理学者の手にわたり，nmサイズでのメカニズム解析が今も続いている．

〔神取秀樹〕

27
ハロロドプシン
Halorhodopsin

微生物型ロドプシン，光駆動塩素イオンポンプ，オプトジェネティクス

ハロロドプシンの発見

1971年，高度好塩古細菌からレチナール膜タンパク質が発見されバクテリオロドプシン（bacteriorhodopsin；BR）と命名された．BRは光駆動型プロトンポンプで，細胞外へプロトンを排出する機能をもつ．一方1977年に，高度好塩古細菌R1mR株より第2番目のレチナールタンパク質が発見され，後にハロロドプシン（halorhodopsin；HR）と命名された．

高塩濃度（4〜4.3 M）に生育する高度好塩菌なので，当初HRの機能が光駆動Na^+ポンプかCl^-ポンプかという論争があったが，1982年，HRを多く含む変異株L33を使って，HRが光駆動Cl^-ポンプであることがわかった．後述のように，HRは光でハロゲンイオン（Fを除く，NO_3^-を輸送することもある）を細胞質側へ輸送する光アニオンポンプである．BRと類似の性質を多くもつにもかかわらず，輸送イオンの電荷が反対なら，その輸送方向も真逆のイオンポンプがHRである．

ハロロドプシンの結晶構造と三量体

高度好塩菌由来のHR（HsHR）の一次構造は1987年に決められた．最近では高度好塩好アルカリ性菌由来のHR（NpHR）が研究によく使用されている．HsHRとNpHRの一次構造相同性は84％（一致度55％）である．どちらも大腸菌大量発現系が構築されているが，NpHRのほうが安定で扱いやすい．

HsHRとNpHRの暗状態の結晶構造はそれぞれ2000年と2012年に発表された．どちらもホモ三量体を形成する．NpHR結晶化には天然脂質膜試料が用いられたので，

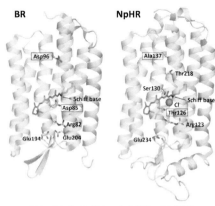

図1　BRとNpHRの立体構造（暗状態）
上部が細胞質側，下部が細胞外側に相当する．

NpHRホモ三量体中にバクテリオルベリン（カロテノイド）も含まれ，3：3複合体として観測されている．タンパク質立体構造ファミリーとしてHR全体構造はBR結晶構造とも高い類似性をもつ（図1）．BRとの大きな違いは，プロトン化シッフ塩基（PSB）からのプロトンアクセプターとして機能するBRのAsp85が，NpHRではThr126（HsHRのThr111）に置換されている点である．暗状態のHRはPSBの対イオンとしてこの位置にCl^-を結合しており，このCl^-が光反応サイクルの間に，細胞質側へ放出されると考えられている．

高度好塩菌のもつ4種類の微生物型ロドプシンのうち，BRとHRは膜中でいずれもホモ三量体形成能が高く，光駆動イオンポンプ効率にかかわる動的構造効果の研究も行われている．

ハロロドプシンNpHRの分子機構

暗状態のCl^-の結合に伴い，NpHRは約20 nmの短波長シフト（600→580 nm）を示す．このシフトを用いて求められたCl^-の解離定数は，数mM〜20 mM程度である．生理的環境（高塩濃度下）では，暗状態のHRはすべてCl^-を結合している．

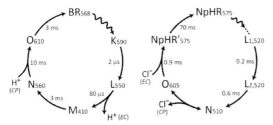

図2 BR（左）とNpHR（右）のフォトサイクル
中間体名の3桁の添え字は，吸収極大波長を表す．NpHRのNとO中間体は平衡状態として観測される．

Thr126に加えて，Ser130（HsHRのSer115），Arg123（HsHRのArg108）がCl⁻結合に寄与していることが，変異実験より明らかとなっている．なおHsHRには明暗順応があるがNpHRにはない．

HRは光励起された後，熱反応で種々の光化学中間体を経て基底状態に戻るフォトサイクル［$NpHR_{(575)}$ → (K) → $L_{1(520)}$ → $L_{2(520)}$ → $N_{(510)}$ ⇔ $O_{(605)}$ → $NpHR'_{(575)}$ → $NpHR$］を示す．図2にBRとNpHRの測定例を示す（NpHRにはK中間体があるが，測定装置の検出限界によっては確認できない場合もあるので図では省いてある）．HRのフォトサイクルの特徴は，BRに現れる中間体（M_{410}）が形成されないことである．

NpHRのOの崩壊はCl⁻濃度依存的に加速するので，Oの生成に伴ってCl⁻が細胞質側（CP）へ放出され，次いでNpHR'の生成時に，新たなCl⁻が細胞外側（EC）から取り込まれる．同様の結果は，HRが発生する光起電力の測定や，過渡回折格子法を用いた測定によっても得られている．

明状態でCl⁻がPBSを超えて細胞質側へ移動する駆動力については，L1とL2のPSBのN–H⁺の電荷の向きが変化すること，シッフ塩基とCl⁻近傍の水分子の水素結合の強化によってCl⁻近傍が疎水的となること，また細胞外側表面に位置するGlu234の過渡的な脱プロトン化などが関与していると考えられている．

明状態でCl⁻がPBSを超えた後，細胞質側へ移動・放出されるには，非常に疎水的な細胞質側領域を通り抜ける必要がある．これにはO中間体形成に伴う細胞質側の水分子の流入が必要であるが明確な報告はない．Thr218（HsHRのThr203）は，細胞質側に位置する数少ない親水性残基であり，Cl⁻の放出を促すチャネル形成に重要であると報告されている．

NpHRはCl⁻以外にも類縁のアニオンを輸送できる．それらの解離定数はBr⁻ > I⁻, Cl⁻ > SCN⁻ > NO₃⁻であり，水和半径の順と一致する．一方，λ_{max}はCl⁻ > Br⁻ > I⁻ > NO₃⁻ > SCN⁻であり，こちらは脱水和半径の順番であった．この結果は，水和状態でHRに結合していたアニオンが，光照射でいったん脱水和して輸送されることを示唆している．

応用技術と展望

脳・神経科学分野ではオプトジェネティクス（optogenetics，光遺伝学）技術としてNpHR導入による神経膜電位の光抑制ツールとして多用されている．速い細胞応答を引き起こすためには，速いフォトサイクルが有利で，これを加速するデザインができれば，より有効なツールとなるであろう．興味深い応用技術が進んできているものの，高度好塩菌におけるHRの生理的意義については現在でも不明である．最近，高度好塩菌以外の微生物ゲノムの解析から，HR様レチナールタンパク質が見つかってきており，微生物ロドプシンの進化の多様性研究からHRの今後の研究展開が期待できる．

〔出村　誠〕

28

プロテオロドプシン
Proteorhodopsin

環境ゲノミクス，海洋細菌，光駆動プロトンポンプ，光環境適応

　従来のタンパク質研究は，「興味深い自然現象の検出」→「これに関与するタンパク質の特定」という過程を経て進められてきた．そこでは，タンパク質の特定後に，その遺伝子の同定が行われてきた．近年の遺伝子解析技術の発展は，これとは逆の研究の流れ，すなわち，「注目すべき遺伝子の発見」→「それがコードするタンパク質の研究」を可能とした．この新しい流れによって，海洋細菌から発見されたタンパク質がプロテオロドプシン（proteorhodopsin；PR）である．

プロテオロドプシンの発見
　ロドプシンはレチナールを内包する光受容膜タンパク質である．微生物界では，高度好塩菌という古細菌のみが，ロドプシンをもつ特異な存在と考えられてきた．しかし，この考えは，1999年以降さまざまな微生物からロドプシン遺伝子が発見されたために，瞬く間に過去のものとなった．特に，2000年に発見されたPRは，それまでのロドプシン観に大きな驚きを与えた．
　海洋細菌は，数的にも生物量的にも，海洋に生息する他の微生物や動植物を圧倒しているが，そのほとんどは難培養性である．そのため，個々の細菌を選択的に増加させ，研究に用いることは難しい．そこで用いられるようになったのが，環境ゲノミクス（environmental genomics）という新しい手法である．この手法では，海水などの環境試料に含まれる微生物群集のDNA（deoxyribonucleic acid）を網羅的に解析し，微生物の群集構造の特定や未知遺伝子の検出などを行う．2000年に，この手法が米国の西海岸近海に生息する細菌に対して適用された際，難培養性のガンマプロテオバクテリア（gammaproteobacteria）のDNA断片から，ロドプシンに似た遺伝子が発見された．それがコードするタンパク質につけられた名前がPRである．PRを大腸菌に発現させると，レチナールを取り込むことで，525 nmに吸収極大を示す光受容タンパク質が生成し，光照射によって，古細菌のバクテリオロドプシン（BR）と同様の外向きプロトンポンプ活性を示した．BRは，細胞膜を隔てたプロトンの電気化学ポテンシャル勾配を形成することで，古細菌のATP合成に寄与することが知られている．翌2001年には，同じ海域から採取したバクテリアの細胞膜に，PRが高密度に発現していることが確認された．ガンマプロテオバクテリアは，世界中の海域に生息するありふれた細菌である．したがって，PRの発見は，海洋の広大な領域に，光エネルギーを生態系へ取り入れる新しい経路が存在することを示唆しており，地球規模のエネルギー循環の面からも注目を集めた．その後，PR遺伝子は沿岸海域，外洋域を問わず，世界のあらゆる海域に生息する細菌から見出され，海洋の有光層に普遍的に存在することが明らかとなった．海域と検出方法にも依存するが，海洋表層に生息する細菌のうち，実に15～70％がPR遺伝子を保持すると予想されている．

プロトンポンプ機構
　光を吸収したロドプシンは，複数の反応中間体を経由する光反応サイクルを回り，この間に機能を発現する．PRのサイクルは，大まかには，BRのそれと似ている．図1に，PRのサイクル中に起こるプロトン輸送の概要を示した．レチナールと231番目のリジン側鎖を結ぶシッフ塩基はプロトン化している．光吸収後，最初のプロトン移動は，シッフ塩基と近傍のアスパラギン酸残基（Asp97）の間で起こる（図1①）．BRでは，これと同期して，細胞外側

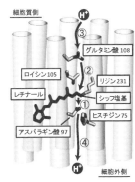

図1 PR (GPR) のプロトン移動反応

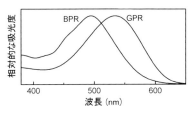

図2 GPR と BPR の吸収スペクトル

に位置するプロトン放出基複合体から溶媒へのプロトン放出が起こるが，PR ではこの複合体が保存されていないため，先に，細胞質側での2つのプロトン移動（②と③）が起こる．その後，Asp97 から細胞外側へのプロトン放出（④）が起こり，元の状態に復帰する．Asp97 の近傍には，BR では保存されていないヒスチジン残基が位置しており，間接的にプロトン移動反応にかかわると考えられている．

光環境適応

PR は，105番目のアミノ酸残基の違いによって，吸収波長が異なる2つのグループに大別される（図2）．この位置がロイシンあるいはメチオニンの PR は，緑色光をよく吸収するため，green-absorbing PR (GPR) と呼ばれており，グルタミンの場合には，青色光を吸収するため，blue-absorbing PR (BPR) と呼ばれている．GPR は沿岸海域のような富栄養な海域に多く，一方，BPR は貧栄養な外洋域に多く見出される傾向がある．富栄養な海域には，植物性プランクトンが多く生息するため，それらの光吸収によって，残存光には相対的に緑色光が強くなる．一方，水中成分の少ない外洋域では，水による赤色光の吸収のために，青色光が相対的に強く，この傾向は深度が増すほど顕著となる．そのため，吸収波長の違いは，光環境への適応によって生じたと考えられている．

ハワイの水深75 m の海域から見出された最初の BPR は，GPR よりも10倍遅い光反応サイクルを示したが，水深が浅く，より光量が多い海域からは，GPR と同程度に速いサイクルを示す BPR が見出されている．光量が多く，PR が連続的に光活性化される環境では，速いサイクルを回るほど，単位時間当たりのプロトン輸送量は大きくなる．一方，光量が少なく，断続的にしか光活性化されない環境では，速いサイクルを回る必要がない．そのため，サイクルの速さの違いは，生息環境の光強度への適応によって生じたと考えられている．

細胞における生理的役割

PR が細胞のエネルギー獲得に大きく貢献しているなら，光による増殖促進が観察されると予想される．しかし，そのような光効果が明確に観察されたのは，数例にとどまっている．一方，栄養成分が枯渇した飢餓状態では，生残に必要な代謝の維持に，PR が寄与しているという報告がある．この結果は，PR によって供給されるエネルギーが，細胞の代謝維持のためのエネルギーを上回れないという計算結果とも一致している．PR は，栄養状況がときに劣悪となる海洋環境を，細胞が生き抜くことに貢献しているのかもしれない．PR の細胞における生理的役割の確定と，海洋生態系への寄与の解明は，今後の検討課題である．

〔菊川峰志〕

29

キサントロドプシン
Xanthorodopsin

レチナール,カロテノイド,エネルギー移動

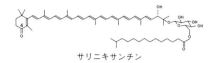
サリニキサンチン

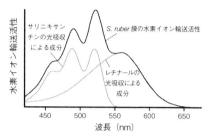

図1 サリニキサンチンの構造(上)と *S. ruber* 膜の水素イオン輸送活性の作用スペクトル
レチナールとサリニキサンチン,それぞれの光吸収による寄与を示す.

アンテナ色素をもつロドプシン

古細菌や真正細菌などの微生物はバクテリオロドプシンやプロテオロドプシンのように,光駆動型の水素イオン(H^+)ポンプとして働く微生物型のロドプシンをもつ.これらのロドプシンには色素としてレチナールのみが結合しており,これが可視光を吸収することで,そのエネルギーを使ってH^+が細胞の内から外へ輸送される.一方で植物や光合成細菌のもつ光合成系には反応中心へ光エネルギーを受け渡す光アンテナとして働くクロロフィルやカロテノイドが多数含まれている.これまで微生物型のロドプシンにおいてはこのようにアンテナとして働く色素は含まれていないと考えられてきた.しかし2005年,塩湖などに棲息する好塩性の細菌 *Salinibater ruber* から見つかった光駆動型H^+ポンプであるキサントロドプシン(xanthorodopsin;XR)にはサリニキサンチン(salinixanthin)(図1上)と呼ばれるカロテノイドが結合していることがわかった.これが光を吸収するとレチナールへエネルギー移動が起こり,レチナール自身が光を吸収したときと同様にH^+の輸送が行われる.

サリニキサンチンは *S. ruber* のもつカロテノイドの96%以上を占め,430〜550 nmに強い吸収を示す.図1には *S. ruber* の膜成分を試料にしたH^+輸送活性の作用スペクトルが示されている.図のように,作用スペクトルには560 nmより長波長側に現れるレチナールの吸収による成分に加えて,560 nm以下の短波長側に3つの特徴的な振動ピークを含むサリニキサンチンの光吸収による成分が現れる(図1下).

このスペクトルから,サリニキサンチンからレチナールへの光エネルギー移動が起こりH^+輸送活性が生じることがわかる.これまでの実験からサリニキサンチンが吸収した光エネルギーのうち約4割がレチナールへ移動すると考えられている.そしてこの結果 XR は他の微生物型ロドプシンよりも幅広い波長範囲の光を利用することができるのである.ちなみに遊離状態のサリニキサンチンは構造の自由度が高いため,その吸収スペクトルは XR 中のものよりも振動バンドが明瞭でなく,逆にタンパク質中ではその構造が非常に制限されていることがわかる.このことは XR に結合したサリニキサンチンは強い円二色性を示すことからも示唆される.

XR のエネルギー移動ダイナミクス

サリニキサンチンからの高いエネルギー移動効率が達成されるためには2つの色素は互いに近傍に存在する必要があると考えられる.実際,2008年に発表された XR のX線結晶構造はこのことを示している(図2).サリニキサンチンは膜の垂線方向に対

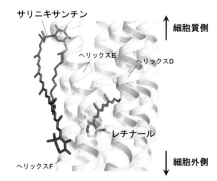

図2 XRの結晶構造(PDB code：3DDL) レチナールのβ-イオノン環とサリニキサンチンの4-ケト環は互いにファンデルワールス距離で接している．

して54度の角度をなして，XRの6番目のヘリックス(ヘリックスF)の外側に結合している．また，その先端にある4-ケト環はレチナールのβ-イオノン環にファンデルワールス距離で接している．このことから，2つの色素間で高効率のエネルギー移動が起こるのである．一方でレチナールとサリニキサンチンそれぞれの骨格に沿った軸は互いに46度の角度をなしている．もし2つの色素間のエネルギー移動の効率を最大化するのであれば両者は互いに平行に位置する必要がある．しかし，そのように配置すると吸収できる光の偏光が限定されるため，光吸収の効率が減少する．光吸収が最大になるのは互いの遷移双極子モーメントが直交する場合であるが，この場合にはエネルギー移動の効率が著しく低くなるため，その間をとって46度という角度を選んだと考えられている．また2つの色素間の位置を変化させた理論計算によっても実際の結晶構造中の配置が最も高いエネルギー移動の実現のために必須であることが示されており，進化の過程においてこれらの配置が選ばれたと考えられる．

レチナールは可視光を吸収すると最低励起状態(S_1)へ励起されるが，サリニキサンチンは，基底状態からS_1への励起は禁制であり，430〜550 nmの強い吸収は第二励起状態(S_2)への励起に対応する．一般にエネルギー移動はエネルギーの近い準位同士の間で起こる．サリニキサンチンのS_1はレチナールのS_1よりもかなり低いエネルギー状態である．そのため，サリニキサンチンの吸収した光エネルギーはS_2からレチナールのS_1へと移動する．その速度は66 fs程度である．励起エネルギー移動が起こるため，XR中のサリニキサンチンのS_2の寿命は遊離の分子の場合110 fsよりも短くなる．

XRの多様性

当初XRはS. ruberのものしか知られていなかった．その後メタゲノム解析により，アルファプロテオバクテリアやベータプロテオバクテリアなどの多くの真正細菌が同様の遺伝子をもつことが明らかになった．さらにこれらの遺伝子は進化的に，SubgroupⅠとⅡの2つのグループに分類される．S. ruberのもつXRはこのうちSubgroupⅠのものに属するが，このグループにおいてサリニキサンチンの結合に重要と思われる残基の多くがSubgroupⅡのXRでは失われている．したがってSubgroupⅠとⅡではサリニキサンチンの結合様式が異なっている可能性がある．またSubgroupⅡのXRをもつ遺伝子は南極の湖や氷河など，氷に覆われた環境で多く見つかっている．一方でS. ruberのXRの属するSubgroupⅠの遺伝子をもつ種は淡水や温泉などに多く見つかっている．それぞれのグループが分布する環境に大きな違いがみられるが，その理由の解明は今後の興味ある研究課題である．　〔井上圭一〕

30

光合成細菌
Photosynthetic bacteria

ラン藻（シアノバクテリア），紅色細菌，繊維状非酸素発生型光合成細菌，緑色硫黄細菌，ヘリオバクテリア，クロラシドバクテリア

光合成細菌とは光合成を行う真正細菌の総称であり，16S rRNAを用いた分子系統解析に基づき6つのグループに分類される．各グループは特徴的な光捕集系（light-harvesting）と光合成電子伝達系（photosynthetic electron transport）をもち，生体膜を介して形成されたプロトンの電気化学ポテンシャル差をATP合成や還元力（NADH）生成の駆動力に用いている．このうち酸素を発生しないで光合成を行う光合成細菌を非酸素発生型（anoxygenic）光合成細菌と呼び，その電子伝達系は1種類の反応中心（reaction center）のみで構成される．紅色細菌，繊維状非酸素発生型光合成細菌は光化学系II型反応中心を，緑色硫黄細菌，ヘリオバクテリア，クロラシドバクテリアは光化学系I型反応中心をもつ．一方，ラン藻（シアノバクテリア）は2種類の反応中心（光化学系IIおよびI）をもち，植物葉緑体と同じように酸素を発生する酸素発生型（oxygenic）光合成を行う．広義にはラン藻を光合成細菌に含めるが，通常，光合成細菌は非酸素発生型光合成細菌をさすことが多い．

非酸素発生型光合成細菌の光化学系I型反応中心はホモ二量体（homodimer）であり，二回軸に沿って対称な電子移動経路は同等に機能していると推測されている．残念ながら立体構造が未解明のため，二次電子受容体としてのキノン分子（メナキノン，MQ）の存在をはじめ反応機構の詳細は不明である．その他の反応中心はすべてヘテロ二量体（heterodimer）である．

ラン藻（シアノバクテリア）

チラコイド膜と呼ばれる発達した内膜系

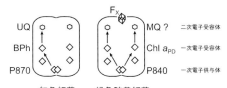

図1 反応中心の電子移動経路

に光合成系が存在し，膜表面には光捕集タンパク質複合体であるフィコビリソームが結合している．光捕集タンパクCP43/CP47は光化学系IIの構成サブユニットである．光化学系IIおよびI反応中心はシトクロムb_6f複合体を介して連結された直線的な電子伝達系を構成し，水を電子供与体とする酸素発生型光合成を行い，最終的にNADPHを生成する．カルビン-ベンソン回路（TCA回路）でCO_2を固定することができ，光独立栄養的に生育する．窒素固定を行うものも多く，いくつかの糸状性細菌ではヘテロシストと呼ばれる窒素固定のみを行う細胞に分化する．

紅色細菌

水素または硫化物を電子供与体として光独立栄養的に生育する紅色硫黄細菌と，コハク酸や乳酸などの有機酸を利用して光従属栄養的に生育する紅色非硫黄細菌がある．16S rRNAによる系統解析からプロテオバクテリア門に属し，紅色非硫黄細菌はαおよびβ綱に，紅色硫黄細菌はγ綱に属する．多様な代謝系をもつのが特徴で，好気呼吸，嫌気呼吸，発酵などで生育することも可能である．カルビン-ベンソン回路でCO_2を固定する．細胞膜の陥入によって形成されたクロマトフォアと呼ばれる内膜系が発達し，ここに光合成系が存在している．光捕集タンパク質複合体であるLH2およびLH1はリング構造を形成し，吸収された光エネルギーは光化学系IIの反応中心に伝

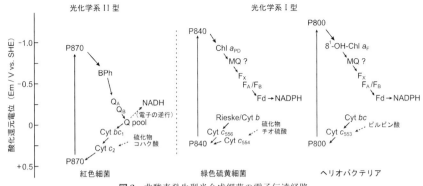

図2　非酸素発生型光合成細菌の電子伝達経路

達される．反応中心はシトクロム bc_1 複合体と循環的電子伝達経路を形成し，電子をエネルギー依存的に逆行させることによって還元力（NADH）を生成している．

繊維状非酸素発生型光合成細菌

16S rRNA による系統解析からは最も初期に分岐した光合成細菌と推測されていて，以前は「緑色糸状性細菌」または「緑色非硫黄細菌」とも呼ばれていた．光独立栄養，光従属栄養または好気呼吸で生育し，細胞膜に光合成系が存在する．細胞膜の細胞質側表面には，クロロソーム（chlorosome）と呼ばれる巨大な光捕集系が結合し，吸収された光エネルギーは光化学系Ⅱ型の反応中心に渡される．クロロソームは単層の脂質膜で覆われた小胞で，内部にはバクテリオクロロフィル c, d, あるいは e が自己会合体を構築している．3-ヒドロキシプロピオン酸回路で CO_2 を固定する．

緑色硫黄細菌

硫化物やチオ硫酸を電子供与体として用いる光独立栄養細菌である．クエン酸回路を逆回転させることで CO_2 を固定する（還元的 TCA 回路）．絶対嫌気性の細菌で，湖底や温泉など，嫌気的環境に生息している．緑色非硫黄細菌と同じようにクロロソームと呼ばれる光捕集系をもつが，反応中心は光化学系Ⅰ型である．またクロロソームと反応中心の間には，バクテリオクロロフィル a を結合する水溶性の三量体 FMO タンパクが存在している．

ヘリオバクテリア

光合成細菌の中では唯一のグラム陽性の絶対嫌気性細菌で，ピルビン酸や乳酸などの有機酸を利用して光従属栄養的に生育する．おもな生息域は水田や温泉などの土壌中やソーダ湖の嫌気的環境である．特別な光捕集系はもたず，反応中心は光化学系Ⅰ型である．クロストリジウムと似た TCA 回路が駆動し，主要な CO_2 の取り込み経路はピルビン酸カルボキシラーゼによるアナプレロティック反応であることが報告されている．本菌のこのような有機従属栄養性は，ゲノム解析からも強く支持される．

クロラシドバクテリア

メタゲノム解析によって見つかった光合成細菌で，純粋分離には至っていない．好気条件下において光従属栄養的に生育する．光捕集系としてクロロソームと三量体 FMO タンパク，反応中心として光化学系Ⅰ型をもつが，これら光合成系の分光特性は緑色硫黄細菌と異なる．　〔大岡宏造〕

31

光合成の電子伝達系
Photosynthetic electron transport

光化学系Ⅰ, 光化学系Ⅱ, シトクロム b_6f, ATP合成

植物やラン藻は, 酸素発生型光合成を行い, 太陽光エネルギーを化学エネルギーに変換する. その過程は, 光エネルギーを用いて, 還元力としてのNADPHおよび化学エネルギーとしてのATPを合成する光エネルギー変換過程と, それらを用いて二酸化炭素から糖を合成する炭酸固定に分けられる. 本項では, 前者の光エネルギー変換過程の概要を説明する. この過程は, おもに, チラコイド膜 (thylakoid membrane) 上に存在するタンパク質複合体, 光化学系Ⅰ (photosystem Ⅰ), 光化学系Ⅱ (photosystem Ⅱ), シトクロム b_6f, ATP合成酵素によって行われる (図1).

電子伝達鎖とNADPH生成

光合成電子伝達鎖の末端電子供与体は水分子であり, 光化学系Ⅱにおいて, 光エネルギーを用いた水からプラストキノン (PQ) への電子移動が起こる (図1). まず, アンテナ色素からの励起移動により, クロロフィルP680の励起一重項状態 (おもにChl_{D1}と二量体クロロフィルP680がカップルした励起状態) が生成し, そこから電荷分離 (charge separation) が起こる. 電子は, フェオフィチン, さらに, PQよりなる第一キノン電子受容体Q_Aおよび第二キノン電子受容体Q_Bへと渡る. Q_Bは二電子還元されると, プラストキノール (PQH_2) としてチラコイド膜中に遊離する. 一方, 電荷分離によって生成したP680$^+$はチロシンY_Zを介してMn_4Caクラスターから電子を引き抜く. Mn_4Caクラスターにおいて, 2分子の水が酸化され, 1分子の酸素と4つのH$^+$に分解される.

遊離したPQH_2分子は, チラコイド膜中を移動し, シトクロムb_6fのQ_o部位において2つの電子を放出する. それらの電子のうちの1つはRieske Fe-S中心, シトクロムfを介してプラストシアニンまたはシトクロムc_6に渡される. また, 別の1つはいわゆるQサイクルに回され, b_Lおよびb_Hヘムを経てQ$_i$部位に結合したPQを還元する. 二電子還元の後, PQはPQH_2として膜中に遊離する.

一方, 光化学系Ⅰでは, クロロフィル二量体P700の励起一重項状態より電荷分離が起こる. 生じたP700$^+$は, プラストシアニンまたはシトクロムc_6により再び還元される. 電子はクロロフィルA_0からフィロキノンA_1に渡され, 鉄-硫黄センターF_X, $F_{A/B}$を経由してフェレドキシンを還元し, フェレドキシン:NADP$^+$酸化還元酵素 (FNR) に渡される. ここでNADP$^+$の二電子還元によるNADPH生成が起こる.

こうした一連の電子移動反応の駆動力は, 光励起によるP680およびP700の酸化還元電位のジャンプである. それは, 各成分の酸化還元電位を電子移動の順に並べた, いわゆるZスキームで表される (図2). P680およびP700において, それらの励起状態形成により, 680〜700 nmの光子のエネルギーに相当する電位分 (およそ1.8 V) だけ負側に酸化還元電位がシフトし, 還元力の増加が起こる. 次いで電子は電位

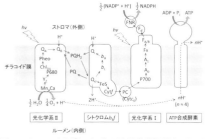

図1 チラコイド膜における電子移動経路とプロトン移動

の低いほうから高いほうへ順次移動していく．各成分の空間配置が酸化還元電位の順と対応することにより，この電子移動の連鎖が実現する．P680 と P700 の約 700 mV の電位ギャップにより，2 光子分のエネルギーを有効に用いて水の酸化と $NADP^+$ の還元を同時に行うことができる．

電子移動に共役したプロトン移動と ATP 合成

上記の電子移動には H^+ 移動が共役し，チラコイド膜の内外の H^+ 濃度差が形成される（図 1）．まず，光化学系 II における水の酸化分解により，4 電子当たり 4 つの H^+ がルーメンに生成する（図 1 では 1 電子当たりの H^+ 数を表示）．それに対応して光化学系 II の還元側では，Q_B が 2 つの H^+ をストロマから取り込み，PQH_2 としてチラコイド膜中を横断し，シトクロム b_6f の Q_o 部位においてそれらをルーメンに放出する．シトクロム b_6f では Q サイクルによってさらに 2 つの H^+ がストロマからルーメンに移動する．$NADP^+$ の二電子還元によって 1 つの H^+ が結合し，NADPH が生成する．結果的に，水から $NADH^+$ への 4 電子移動に共役して，ストロマから 10 個の H^+ と 2 つの $NADP^+$ が減り，代わりにルーメンでは 12 個の H^+ が増加する．こうして形成された，H^+ 濃度差と膜電位による電気化学ポテンシャル差を用いて，ATP 合成酵素において ADP から ATP が合成される．

光合成電子伝達系のエネルギー変換効率

こうした光合成電子伝達系の光エネルギー変換効率はどのくらいであろうか．まず，光合成反応の量子収率は非常に高く，条件がよければ 0.9 を超える．680〜700 nm (1.8 eV) の赤色光が量子収率 1 で無駄なく使われたと仮定して，エネルギー変換効率

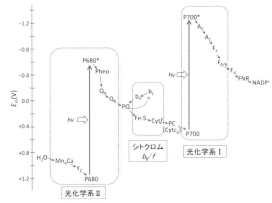

図 2 光合成電子伝達成分の酸化還元電位（Z スキーム）

は以下のように概算できる（簡単のため pH 7 を仮定）．

電子伝達によって遂行される水の酸化と $NADP^+$ の還元反応は以下の式で表される．

$2H_2O \rightarrow O_2 + 4H^+ + 4e^-$
$E = +0.82$ V vs. SHE
$NADP^+ + H^+ + 2e^- \rightarrow NADPH$
$E = -0.32$ V vs. SHE

4 電子当たり $+1.14$ eV $\times 4 = +4.6$ eV が酸化還元反応のエネルギーとして蓄積する．一方，ATP の合成は次式で表される．

$ADP + P_i \rightarrow ATP + H_2O$
$\Delta G^\circ = +30.5$ kJ/mol $= +0.32$ eV

1 分子の ATP 合成には 4 つの H^+ が必要であるとすると，4 電子当たりおよそ 3 分子の ATP が合成され，$+0.32 \times 4 = +0.96$ eV のエネルギーが得られる．NADPH のエネルギーを合わせると，$+5.6$ eV が出力エネルギーとなる．光化学系 I，II で 4 光子ずつの計 8 光子が吸収されるので，入力エネルギーは $1.8 \times 8 = +14.4$ eV である．よって，$+5.6/+14.4 = 0.38$ となり，約 40 ％の効率となる．これはもちろん上限値であり，太陽光のスペクトル分布などを考慮すると，10 ％程度のエネルギー変換効率となる．

〔野口 巧〕

32 光化学系 I
Photosystem I

光化学反応，電子伝達反応，電子伝達成分，アンテナ色素，サブユニット構造

酸素発生型光合成電子伝達系の光化学系 I は，光エネルギーを利用してプラストシアニン（Pc）（もしくはシトクロム c（Cyt c））を酸化し，フェレドキシン（Fd）を還元する反応を担う．光化学系 I は多数のサブユニットと補欠分子族から構成される PSI コア複合体（PSI core complex）を形成し，チラコイド膜に埋め込まれて存在する．シアノバクテリアでは PSI コア複合体は三量体を形成する．これに対して，植物や多くの藻類では単量体の PSI コア複合体にアンテナ複合体（LHCI）が結合した PSI-LHCI 超複合体（supercomplex）が存在する．本項では光化学系 I 複合体の機能と構造について解説する．

光化学系 I の電子伝達成分

アンテナ色素として PSI コア複合体はおよそ 100 分子のクロロフィル a（Chl a）と 22 分子のカロテンを結合し，電子伝達体として 1 つの電子供与体と 5 種の電子受容体を結合する（図1）．光エネルギーを吸収して励起状態となったアンテナ色素は，その励起エネルギーを初期電子供与体 P700 へ移動する．励起された P700（P700*）は初期電子受容体 A_0 へ電子を移動させ，電荷分離状態（P700$^+$ と A_0^-）を形成する．この電荷分離状態は不安定で，このままでは A_0^- から P700$^+$ へ電子が逆流し電荷再結合が起きてしまう．それを防ぐため，A_0^- は電子を次の電子受容体 A_1 へ，さらに A_1^- は電子を F_X，F_A，F_B へと移動し，電荷分離状態が安定化される．電荷分離状態が安定化されると P700$^+$ は Pc（もしくは Cyt c）から電子を受け取り，F_B^- は電子を Fd へ移動し，それぞれ元の状態へ戻る．

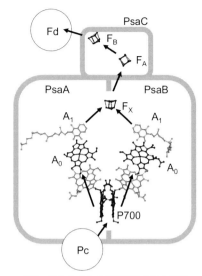

図1　光化学系 I の電子伝達成分の配置

表1　光化学系 I の電子伝達成分

成分	化学種	機能	サブユニット
P700	Chl a	供与体	PsaA/B
A_0	Chl a	受容体	PsaA/B
A_1	NQ	受容体	PsaA/B
F_X	4Fe-4S	受容体	PsaA/B
F_A	4Fe-4S	受容体	PsaC
F_B	4Fe-4S	受容体	PsaC

各電子伝達成分の化学種を表1にまとめた．P700 は Chl a の二量体で，一方の Chl a はエピマーである．A_0 は Chl a の単量体で，A_1 はナフトキノン（NQ）である．NQ は生物種によりフィロキノン，ヒドロキシフィロキノン，メナキノンの違いがある．A_0 と A_1 は P700 当たり 2 分子存在し，反応中心サブユニット上に対称的に配置されている．F_X，F_A，F_B は 4Fe-4S の鉄硫黄中心で，P700 当たり 1 分子ずつ存在する．励起された P700 から電子は 2 つの経路のいずれかを伝達され F_X を還元する．その後，電子は 1 つの経路を F_B まで

表2 PSIコア複合体のサブユニット組成

サブユニット	シアノバクテリア	藻類・植物
PsaA/B	+	+
PsaC/D/E	+	+
PsaF/J	+	+
PsaG/H	−	+
PsaI/L	+	+
PsaK	+	+
PsaM/X	+	−
PsaN/O	−	+

伝達される．その後，FdはフェレドキシンNADP還元酵素（FNR）を経てNADP$^+$を還元しNADPHを生成する．

光化学系Iのサブユニット構造

PSIコア複合体は10以上のサブユニットから構成される．原核生物のシアノバクテリアと真核生物の藻類・植物では，主要なサブユニットは共通に存在するが，一部のサブユニットで組成が異なる（表2）．また，真核生物では一部のサブユニットは葉緑体にコードされるが，他のサブユニットは核にコードされる．電子伝達成分のうち，P700からF$_X$までを大型（およそ80 kDa）で相同なサブユニットPsaAとPsaBが結合する．これらは反応中心サブユニットとも呼ばれ，膜を貫通するヘリックスをそれぞれ11もち，アンテナ色素のほとんどを結合する．F$_A$とF$_B$の2つの鉄硫黄中心は反応中心サブユニットのストロマ側に存在するPsaCに結合する．PSIコア複合体のストロマ側にはPsaCのほかにPsaDとPsaEが存在し，Fd結合部位を形成する．一方，PsaFのC末端領域には膜を貫通するヘリックスが存在し，N末端領域は反応中心サブユニットのルーメン側でPc（Cyt c）結合部位を形成する．藻類と植物のPsaKとPsaGはLHCIとの結合の安定化にかかわっている．PsaI/L/H/Oはクラスターを形成し，PsaF/Jとは反応中心に対して反対側に存在する．2つの光化学系への光エネルギーの分配が不均等な光条件下では，LHCIIの一部が2つの光化学系間を移動して光エネルギーを再分配する現象が知られている（ステート遷移）．PsaI/L/H/OクラスターはPSIコア複合体のLHCII結合部位であると考えられている．LHCIやLHCIIをもたないシアノバクテリアにはPsaG/H/N/Oが存在しないが，PsaM/Xが存在する．

光化学系Iのアンテナ複合体

植物と藻類ではPSIコア複合体はLHCIを結合してPSI–LHCI超複合体を形成し，大きなアンテナをもつ．植物ではPSIコア複合体のPsaFとPsaJが結合する側に4種のLHCI（Lhca1～Lhcf4）が1層のベルトを形成して結合する．LHCIには14～15分子のChl aとChl bが結合するが，各LHCIのChl a/b比は1.8～13と大きく異なる．一般的に藻類のPSI–LHCI超複合体には植物のPSI–LHCI超複合体より多くのLHCIを結合する．たとえば緑藻クラミドモナス（*Chlamydomonas reinhardtii*）では，9種のLHCI（Lhca1～Lhca9）が，2層のベルトを形成して存在する．

光化学系I複合体の生合成

複雑な構造をもつPSIコア複合体はどのように合成されるのであろうか．植物ではPsaA/B/C/I/Jサブユニットは葉緑体ゲノムにコードされ，葉緑体内で合成される．他のサブユニットは核ゲノムにコードされ，細胞質で合成され，葉緑体へ輸送される．各成分はチラコイド膜上で段階的に分子集合し機能的なPSIコア複合体を形成する．この分子集合過程を介添えする因子としてYcf3，Ycf4，Ycf37（植物ではPyg7と呼ばれる）が重要な役割を果たしている．しかし，多数のサブユニットとコファクターから構成されるPSIコア複合体の生合成は複雑で多段階な過程であるため，その分子機構には多くの不明な点が残されている．

〔高橋裕一郎〕

33

光化学系 II
Photosystem II

水分解,酸素発生,プラストキノン還元,反応中心,Mn_4CaO_5 クラスター

光化学系 II は酸素発生型光合成生物がもつ 2 つの光化学系のうちの 1 つで,PSII と略称される.各種酸素発生型生物のチラコイド膜上に存在し,生物種によって少しの違いはあるが,約 20 種のタンパク質サブユニットによって構成される.総分子量が 350 kDa になる膜タンパク質複合体である（図 1）.

PSII サブユニットのうち,D1,D2 は反応中心（reaction center）サブユニットで,それぞれ 5 回膜貫通ヘリックスをもち,PSII のすべての電子伝達成分を結合している.D1,D2 の両側を囲んでいるのが CP47,CP43 と呼ばれるクロロフィルタンパク質で,それぞれ 6 回膜貫通ヘリックスをもち,16,13 個のクロロフィル a を結合している（図 1）.さらに 1 回膜貫通ヘリックス（PsbZ のみが 2 回膜貫通ヘリックス）をもつ低分子量サブユニットが 12～13 種ある.また,膜のルーメン側に,水分解（water splitting）反応にかかわっている 3～5 種の表在性タンパク質が存在している.これらの表在性タンパク質は,原核生物のシアノバクテリアでは PsbO,PsbU,PsbV であるが,真核の紅藻では PsbO,PsbU,PsbV,PsbQ' であり,緑藻および高等植物では PsbO,PsbP,PsbQ となっている.1.9 Å 分解能で解析された好熱性シアノバクテリア *Thermosynechococcus vulcanus* の PSII では,ストロマ側およびルーメン側の膜表面領域に約 2,800 個の水分子が結合している（図 1）.

PSII において,入射される光は CP47,CP43 に結合しているアンテナクロロフィルに吸収され,D1,D2 サブユニットに結

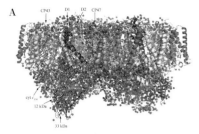

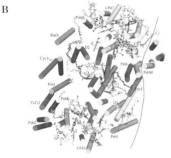

図 1 PSII 二量体の側面図（A）およびストロマ側からみた PSII の断面図（B）

合している反応中心クロロフィル二量体である P680 に伝達される.励起された P680 は電子をフェオフィチン分子（Pheo）に渡し,フェオフィチンは電子を順に D2 タンパク質に結合している Q_A,D1 に結合している Q_B という 2 つのプラストキノン（plastoquinone）受容体に渡すことになる（図 2）.Q_B は二電子受容体であり,2 電子を受け取ると,ストロマ側から 2 つのプロトンを取り入れ,プロトン化した形で結合部位から離れる.

一方,酸化された P680 は Y_Z と呼ばれる D1-Try161 残基から電子を受け取り,Y_Z は水分解の触媒中心である Mn_4CaO_5 クラスターから電子を受ける.Mn_4CaO_5 クラスターは 4 つの正電荷（プラスのホール）の蓄積器として働き,4 電子が引き抜かれると,2 分子の水を分解し,1 分子の酸素を放出する.PSII の酸化側と還元側における反応をそれぞれ次のように表すことがで

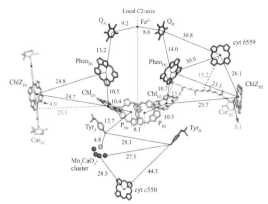

図2　PSIIにおける電子伝達鎖

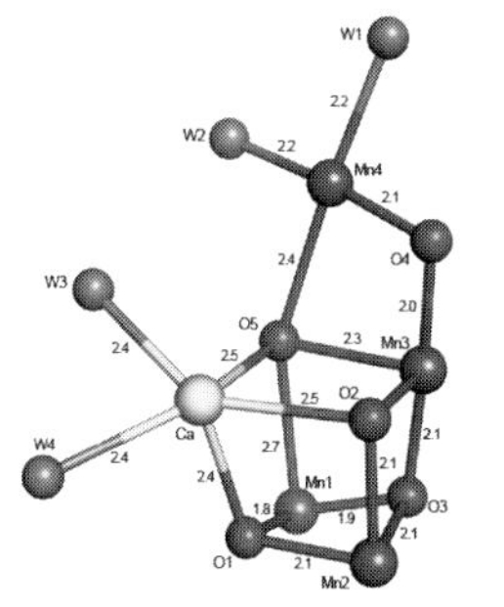

図3　Mn_4CaO_5クラスターの歪んだイス型構造

きる．

$$2H_2O \rightarrow O_2 + 4H^+ + 4e^- \quad (1)$$
$$Q_B + 2e^- + 2H^+ \rightarrow PQH_2 \quad (2)$$

したがって，PSIIは水-プラストキノンの酸化還元酵素とも呼ばれることになる．興味深いことに，Q_Bを還元するための電子は水を酸化するとき放出されたものであるが，プロトンはストロマ側から新たに取り入れたもので，それをシトクロム cyt b_6/f によってルーメン側に運ばれることによって，PSIIは水の分解とQ_Bのプロトン化という2か所でチラコイド膜を隔てたプロトン勾配をつくり，ATP合成酵素によるATPの合成に寄与している．

PSIIにおいて，水分解の直接の触媒中心であるMn_4CaO_5クラスターの構造は長い間不明であったが，2011年報告された1.9Å分解能の構造解析によって，その詳細な構造が明らかになった．それによると，Mn_4CaO_5クラスターは歪んだイス型となっており，そのうち，3つのMn，1つのCa，4つの酸素原子（O）がイスの座部に相当する歪んだキュバン構造をつくっており，4つ目のMn（Mn4）がキュバンの外側にあり，酸素原子を通してキュバンとつながっている．このMn4とCaに，それぞれ2つずつの水分子が結合している（図3）．

Mn_4CaO_5クラスターのイス型構造が歪んでいる原因はおもに2つあり，1つは，キュバンをつくっている4つの金属イオンが同じものではなく，3つがMn，1つがCaであり，Mn-Oの結合距離に比べ，Ca-Oの結合距離は明らかに長い．もう1つは，5つの酸素原子のうち，O1～O4の4つの酸素原子は，周りのMnとの結合距離が1.8～2.1Å程度であり，典型的なMn酸化物にみられるMn-O間の距離と類似しているが，O5がまわりのMnとの結合距離は2.4～2.6Åであり，典型的なMn-O距離より著しく長い．このことは，O5原子が周りとの結合が弱く，切断されやすい，いいかえれば，O5が高い反応性を有していることを示唆している．さらにO5の近傍には，Mn4に結合している水の1つW2と，Caに結合している水の1つW3があり，いずれもO5と水素結合している．さらにW2とW3も水素結合距離にある．これらのことは，O5-W2-W3を含む領域が水分解の反応部位であることを示唆している．しかし，この領域には3つの酸素原子が含まれており，どの2つの酸素原子が接近してO-O結合を形成し，酸素分子になるかはまだわかっていない．　〔沈　建仁〕

34 光リン酸化反応（ATP合成）
Photophosphorylation（ATP synthesis）

ATP合成酵素，チオール酵素，エネルギー，通貨，酸化還元調節，回転分子モーター

葉緑体で行われる光合成反応は，光エネルギーを化学エネルギーに変換する電子伝達過程と，二酸化炭素から糖を合成する生合成過程に大別される．このうち，前半の過程によってATPを合成する反応は，Arnonが光化学的酸素発生・光化学的炭酸同化とともに発見した（1954年）．この反応は，光によるADPのリン酸化という意味で，光リン酸化反応（photophosphorylation）と呼ばれる．一方，細胞呼吸の器官であるミトコンドリアで行われるATP合成反応は，NADHの酸化に共役したADPのリン酸化という意味で，酸化的リン酸化（oxidative phosphorylation）と呼ばれる．

ATP合成反応の概要

ATPの合成反応

$$ADP + Pi \rightarrow ATP$$

は，自由エネルギー変化が約 +40 kJ/mol の吸エルゴン反応である．逆に，ATPが加水分解されると，約 40 kJ/mol のエネルギーが放出される．生体内では，ATPの加水分解によって開放されるエネルギーを利用して，他のさまざまな吸エルゴン的な酵素反応が駆動される．このため，ATPは細胞内のエネルギーの通貨と呼ばれる．光合成反応では，ATPは3-ホスホグリセリン酸から1,3-ビスホスホグリセリン酸が生成する段階，および，リブロース5-リン酸からリブロース1,5-ビスリン酸が生成する段階に使われ，結果的に光エネルギーが糖分子の保持する化学エネルギーに変換されることになる．葉緑体では，ATP合成はチラコイド膜に結合したATP合成酵素によって行われる．この酵素は，光合成の電子伝達系が形成するチラコイド膜内外のプロトンの電気化学ポテンシャル差（プロトンの濃度勾配と膜電位の和）を駆動力として用い，ATPを合成している．

ATP合成酵素と回転分子機構

ATP合成酵素は，1960年代，アメリカのRackerらによってウシ心筋のミトコンドリアから単離・精製された．その後，Rackerらはホウレンソウ葉緑体からも同じ機能をもつ酵素を得ている．この酵素は，生体膜に埋め込まれてプロトンの通り道を提供しているF_0部分と，膜表在性でATP合成，および，ATP加水分解反応を触媒するF_1部分で構成され，細菌から高等動植物まで，その基本構造が保存されている（図1）．1980年代に，大腸菌のATP合成酵素について，複合体を構成する8種類のサブユニットのすべての遺伝子配列が解読された．さらに，1994年にはイギリスのWalkerらが，ウシのミトコンドリアのF_1の主要部分の立体構造を，X線結晶構造解析により解明した．

これまで，図1に示すような構造モデルが提示されてきたが，2015年にクライオ電子顕微鏡イメージングにより全体構造が明らかにされた．F_1部分は，$\alpha_3\beta_3\gamma_1\delta_1\varepsilon_1$というサブユニット組成で，このうち，3個の$\beta$サブユニットに触媒部位がある．1980年頃，この3個の触媒部位が協調的に順番に働く回転触媒仮説が提唱された．この仮説は，1997年に，一分子酵素観察によって検

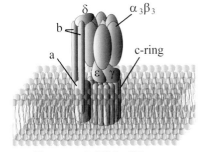

図1　ATP合成酵素の構造モデル

証され，ATPの加水分解に伴い，$\alpha_3\beta_3$の構成するリング構造の中でγサブユニットが一方向に連続的に回転することが確かめられた．

a，b，cの3種類のサブユニットで構成されるF_o部分は，プロトンの通過と共役して回転する分子モーターである．特に，膜内在性でヘアピン状に膜に埋め込まれているcサブユニットは，膜貫通ヘリックスの中間にアスパラギン酸あるいはグルタミン酸をもち，その側鎖のプロトン化／脱プロトン化がプロトン輸送に重要である．

ATP合成酵素は，生体膜を介したプロトンの移動に伴ってF_o部分のcリングが回転し，この回転を駆動力としてF_1部分のγサブユニットが回転することで，ATPを合成している．すなわち，水力発電所でタービンが水の力で回転して発電するのとよく似た機構といえる．

ATP合成酵素の調節機構

生体内では，ATPはエネルギー通貨として重要であり，ATP合成酵素の活性調節は厳密に行われている．特に，逆反応であるATP加水分解の阻害機構が発達している．まず，ATPの加水分解によって生じるADPは触媒部位に強固に結合してATPの加水分解を強力に阻害するが，ATP合成は阻害しない．回転軸のγサブユニットに結合しているεサブユニットは，N末端側のβサンドイッチ構造とC末端側の2本のαヘリックスで構成され，C末端側が大きく構造変化してγサブユニットに添って伸びあがったときにATP加水分解

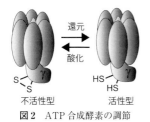

図2　ATP合成酵素の調節

を阻害する．さらに，緑藻より高等な光合成生物では，γサブユニットにジスルフィド結合を形成可能な2個のシステインを含む配列が挿入されていて，このシステインの酸化還元によって酵素活性の調節が行われる．すなわち，光合成の電子伝達系が駆動して，還元力が供給されるとγサブユニットのジスルフィド結合が還元され，酵素は活性型となる．一方，夜間はここにジスルフィド結合が形成され，ATP加水分解活性が阻害される．この機構は，ATP合成に必要なプロトン駆動力を供給できない暗所で，葉緑体内でATPを無駄に加水分解しないための逆流防止スイッチである．

光合成生物のATP合成酵素の分子進化

ATP合成酵素の保存された基本構造の中でも，触媒部位が存在するβ，およびβとともに六量体リングを構成するαサブユニットは，アミノ酸配列や立体構造がよく保存されている．一方，調節にかかわるγとεや，プロトン輸送にかかわるF_oのcサブユニットには，生物種で特徴的な多様性がみられる．酸素発生型光合成を行うシアノバクテリアの場合，γサブユニットの中央部にバクテリアやミトコンドリアのγサブユニットがもたない25アミノ酸長の挿入配列があり，この配列は，ADP阻害機能に重要である．緑藻および高等植物の葉緑体のγサブユニットでは，上記の挿入配列の中ほどにさらに9アミノ酸の挿入配列があり，ここに酸化還元調節にかかわる2個のシステイン残基がある．一方，F_oのcサブユニットは，ラン藻（シアノバクテリア）では14ないし15個でリング構造を形成するのに対し，高等植物は14個，大腸菌などプロテオバクテリアは10個，ウシのミトコンドリアでは8個など生物種間の多様性が大きい．このため，酵素が1回転してATP3分子を合成する際に必要なプロトン数を，現状では定数として求めることができない．

〔久堀　徹〕

35

光合成電子伝達系の調節
Regulation of photosynthetic electron flow

サイクリック電子伝達,水-水サイクル,PGR5
タンパク質,NDH複合体

酸素発生型の光合成において,光合成電子伝達は2つの光化学反応からATPとNADPHを産み出す過程である.一般的に,この過程は水からNADP$^+$への直線的な電子伝達(リニア電子伝達)で説明される.光化学系IIで水から引き抜かれた電子は,最終的にはNADPHの還元力として蓄えられる.一方,光化学系IIでの水の分解とシトクロム b_6f 複合体のQサイクルにより形成されるチラコイド膜を介した水素イオンの勾配(ΔpH)はATP合成に用いられる.これに加えてチラコイド膜を介した電位差($\Delta\Psi$)もプロトン駆動力(proton motive force ; pmf)に貢献している.葉緑体ではΔpHの貢献が大きいとされるが,研究が必要である.

電子伝達に伴うルーメンの酸性化は,ATPの合成のみならず,光合成の光エネルギーの利用効率の調整も行う.しかし,リニア電子伝達において,水分解による2電子の移動によりルーメンに放出される水素イオンの数は6つに固定されており,変動する光環境に対応するには何らかの制御が必要である.たとえば,光呼吸はカルビン-ベンソン回路に比べてATPをより多く必要とし,乾燥ストレス下などで気孔が閉鎖すれば,電子移動に伴う水素イオンの放出の割合を増加させねばならない.より根本的な疑問は,リニア電子伝達はカルビン-ベンソン回路の要求するATP/NADPH = 1.5を満たしているかである.1分子のATP合成に必要な水素イオンの数は,3〜4の間で議論されてきた.仮に4とすると,ATP/NADPH = 1.5となり光呼吸がまったく起きない場合の光合成とつり合う.しかし,プロトンチャネルであるATPaseのCF_0のリングを形成するcサブユニットの数が,葉緑体では14である.リングが360度回転することで3分子のATPが合成されるとすると,考えられていた以上のプロトンが必要である.チラコイド膜を用いた実測値との矛盾は今後の研究により説明が必要であるが,リニア電子伝達が光呼吸およびカルビン-ベンソン回路に必要なATPを充分供給しているかは疑問である.

PGR5タンパク質依存のサイクリック電子伝達

光合成電子伝達においてATP/NADPHを調節しうるのが,光化学系I周辺のサイクリック電子伝達と水-水サイクル(water-water cycle)である.サイクリック電子伝達は,フェレドキシンの還元力をプラストキノンに戻すことで,電子を循環的に移動させ,NADPHの蓄積なしにΔpHを形成するものである(図1).アーノン(Arnon)のグループは,1950年前後にこの電子伝達を発見している.しかしながら,サイクリック電子伝達が本当に存在するのか,存在するとしても生理的に重要なのかは,疑問視されてきた.問題は,電子伝達速度を特に葉で計測することが困難なことで,このことは現在も解決されてはいない.測定方法によって結論が異なり,異なる現象がサイクリック電子伝達と呼ばれて混乱

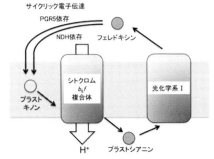

図1 サイクリック電子伝達

を招いている．このような状況で，分子遺伝学の導入はサイクリック電子伝達を欠く変異株の表現型を示し（図2），またその表現型の原因となる遺伝子を明らかにした．シロイヌナズナの pgr5 (proton gradient regulation 5) 変異株は，光化学系Ⅱのクロロフィルが吸収した過剰な光エネルギーを熱に換えて捨てることができない．またおそらく，ATP 合成がカルビン–ベンソン回路を律速することで，葉緑体内に還元力が異常に蓄積し，光化学系Ⅰの反応中心が光照射下で還元している．いずれの表現型もサイクリック電子伝達の欠損により，ΔpH 形成が不十分であることで説明できる．この電子伝達には PGR5 と PGRL1 の2 つのタンパク質がかかわっているが，電子がどのように移動するかは，充分理解されていない．アンチマイシン A がサイクリック電子伝達を阻害することが報告されているが，PGR5/PGRL1 タンパク質依存の電子伝達は，アンチマイシン A 感受性であり，同一の電子伝達を見ている可能性が高い．

葉緑体 NDH 複合体依存のサイクリック電子伝達

多くの植物で，葉緑体 NDH 複合体がもう 1 つのサイクリック電子伝達を触媒する．NDH 複合体の一部のサブユニットは，葉緑体ゲノムにコードされており，その存在は以前から知られていた．これらのタンパク質は，ミトコンドリアやバクテリアの NADH デヒドロゲナーゼのサブユニットと相同性を示す．しかしながら葉緑体では，NAD(P)H を酸化するサブユニットが存在せず，フェレドキシンから電子を受け取ると考えられている．また被子植物では，葉緑体 NDH は光化学系Ⅰと超複合体を形成する．葉緑体 NDH を欠損するシロイヌナズナ crr (chlororespiratory reduction) 変

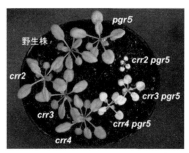

図2 シロイヌナズナのサイクリック電子伝達変異株の表現型

pgr5 変異株は PGR5 タンパク質依存，crr2〜4 変異株は NDH 複合体依存のサイクリック電子伝達を欠く．二重変異体は，両方のサイクリック電子伝達を欠く．

異株は，ストレス下などを除いて表現型を示さない．しかし，PGR5 依存経路と NDH を両方欠く二重変異体は，光合成と生育に強い異常を示す（図2）．葉での電子伝達速度など残された問題があるが，変異株の表現型からこれらの遺伝子の生理機能の重要性は明瞭である．2 つのサイクリック電子伝達の機能分担については，さらなる研究が必要である．

水–水サイクル

水–水サイクルでは，おそらくフェレドキシンから酸素に電子が渡され，スーパーオキシド (O_2^-) が生成する．生じた活性酸素は，SOD とアスコルビン酸ペルオキシダーゼにより，水まで無毒化される．水から引き抜かれた電子が酸素を水にするのに使われるので，水–水サイクルと呼ばれる．活性酸素が消去されていれば，NADPH の蓄積なしに ΔpH を形成できるので，ATP/NADPH 合成比の調節に機能しうる．サイクリック電子伝達同様，生理的な重要性については異なる意見がある． 〔鹿内利治〕

36

光合成による炭酸同化
Photosynthetic carbon assimilation

カルビン-ベンソン回路，ルビスコ，ショ糖・デンプン合成，光呼吸

カルビン-ベンソン回路

葉緑体ストロマにおいて，光化学系電子伝達反応によって生産されるATPのエネルギーとNADPHの還元力を利用してCO_2から炭水化物が生産される反応を炭酸同化（carbon assimilation）という．1950年，カルビンとベンソンは，$^{14}CO_2$を用いてクロレラにおけるCO_2同化初期産物を同定し，1954年，CO_2の受容体を発見した．このCO_2固定代謝回路はカルビン-ベンソン回路（Calvin-Benson Cycle）と呼ばれ，11種の酵素による13の反応からなる（図1）．CO_2の固定反応では，1分子のCO_2がCO_2受容体である1分子の五炭糖（C5），リブロース-1,5-ビスリン酸（RuBP）に付加され，六炭素化合物中間体分子が分割され2分子の三炭素化合物（C3）3-ホスホグリセリン酸（PGA）が生産される．この反応はRuBPカルボキシラーゼ・オキシゲナーゼ（ルビスコ，Rubisco）によって触媒される．ルビスコは52 kDaの分子量をもつ大サブユニット8個と14〜18 kDaの分子量をもつ小サブユニット8個からなる巨大タンパク質（ホロ酵素としての分子量は530 kDa）で，地球上で最も多く存在するタンパク質である．高等植物の場合，ルビスコは緑葉全タンパク質の20〜35％を占める．基質は溶存CO_2（気体）である．CO_2は外気から，気孔を経て，ストロマまで単純拡散される．ルビスコは，CO_2とMg^{2+}と結合することによって活性化される．この活性化反応は，別のストロマ酵素であるルビスコアクティベース（activase）が触媒する．さらに，このアクティベースの活性はストロマ内のATP/ADP比や光化学系Ⅰから電子を受け取るフェレドキシン（Fd）とストロマに存在するチオレドキシンを介したチオール基の酸化還元反応（Fd-チオレドキシンシステム）により調節されている．この調節は，電子伝達反応と炭酸固定反応のバランスを維持するのに重要な機能を果たしており，生葉では，光に依存したルビスコの活性化が観測される．ダイズ，イネ，タバコなどでは，暗所（夜間）でルビスコの活性を抑える阻害物質カルボキシアラビニトール1-リン酸（CA1P）を生産する機構をもつ．

CO_2受容体であるRuBPは，初期産物PGAからATPとNADPHを使って再生産される．この過程でいくつかの酵素は電子伝達系から活性調節を受けており，なかでもフルクトース-1,6-ビスリン酸ホスファターゼ（FBPase）とセドヘプツロース-1,7-ビスリン酸ホスファターゼ（SBPase）の活性制御が重要である（図1）．これらの酵素活性はいずれもFd-チオレドキシンシステムによって活性化調節され，生葉では酵素の活性化は光に依存する．

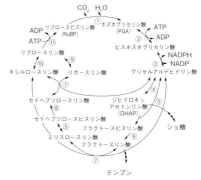

図1　カルビン-ベンソン回路
触媒する酵素：①ルビスコ，②PGAキナーゼ，③NADPHグリセルアルデヒドリン酸デヒドロゲナーゼ，④トリオースリン酸イソメラーゼ，⑤アルドラーゼ，⑥FBPase，⑦トランスケトラーゼ，⑧SBPase，⑨リブロースリン酸イソメラーゼ，⑩リブロースリン酸エピメラーゼ，⑪ホスホリブロキナーゼ．

ショ糖・デンプン合成反応

光合成の最終産物はショ糖とデンプンである。ショ糖は細胞質で合成され,デンプンはストロマ内でつくられる。ショ糖合成経路はカルビン回路の中間代謝産物であるトリオース(三炭糖)リン酸であるジヒドロキシアセトンリン酸(DHAP)を起点にカルビン-ベンソン回路から分岐し,デンプン合成経路はフルクトースリン酸から分岐する(図1)。いずれも脱リン化反応を含み,それにより生ずる無機リン酸は,電子伝達反応によるATP合成に再利用される。何らかのストレスで,ショ糖とデンプンの合成が滞るとリン酸の循環経路が回らずATP生産が止まり,光合成全体の反応が抑制される。

ショ糖の合成の出発物質となるDHAPは,葉緑体包膜に存在するリン酸トランスロケーターによって細胞質に輸送される。この輸送は無機リン酸との交換輸送である。細胞質に送り出されたDHAPは一連のショ糖合成経路を経て,ショ糖へと合成される。ショ糖合成は,細胞質型FBPase(葉緑体型とは異なる別種の酵素)やショ糖リン酸合成酵素(SPS)の酵素活性の調節により制御されている。

デンプン合成はフルクトースリン酸を起点にグルコース6リン酸,グルコース1リン酸に変換され,ADP-グルコースピロホスホリラーゼ(AGPase)によりADP-グルコースに変換される。このグルコース部分がデンプン側鎖の非還元末端部分に転移され,デンプン合成反応は進む。一般に,活発に光合成している葉では,単子葉類はショ糖を,双子葉類はデンプンを優先的に生産している。単子葉類でも,高CO_2や低温の条件では,デンプンを優先的に合成することもある。

光呼吸

ルビスコはオキシゲナーゼ活性も有していて,CO_2のみならずO_2も基質とする。O_2とCO_2は同一触媒部位に拮抗的に反応するため,両活性の比率はストロマ内でのCO_2とO_2の分圧比で決まる。現在の大気分圧条件での両活性の比は約4:1である。ルビスコはO_2とRuBPから1分子のPGAとホスホグリコール酸を生産する(図2)。PGAはカルビン回路へ流れる。ホスホグリコール酸は直ちにグリコール酸となり,ペルオキシソームに移行してグリシンとなる。このグリシンはミトコンドリアに運ばれ,脱炭酸反応と脱アミノ基反応を受けてセリンになる。セリンはペルオキシソームに戻り,グリセリン酸となる。グリセリン酸は葉緑体へ戻り,リン酸化されPGAとなりカルビン-ベンソン回路に戻る。ミトコンドリアの脱炭酸反応で発生したCO_2は,通常はルビスコによって再固定される。このようにO_2がルビスコによって取り込まれ,ミトコンドリアでCO_2が発生する代謝は,光呼吸(photorespiration)と呼ばれる。乾燥・高温ストレスで気孔が完全に閉じるとCO_2が供給されなくなり,葉内部のCO_2濃度が著しく下がるので,相対的に光呼吸が促進される。これにより,電子伝達反応で生じるO_2,ATPおよび還元力が消費されるので,酸素濃度の上昇や過剰の還元力の蓄積が抑制される。また,光呼吸でCO_2が発生するので,葉内のCO_2分圧はCO_2補償点以下にはならず,カルビン-ベンソン回路と光呼吸は同速で回転し,光阻害を防ぐことができる(図2)。

〔牧野 周〕

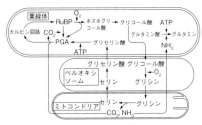

図2 光呼吸の経路

37

C_3 植物，C_4 植物，CAM 植物
C_3, C_4 and CAM plants

光合成炭素同化，環境変動，進化

植物の光合成炭素同化様式は，C_3 型，C_4 型，CAM 型の 3 種類に大別され，これらの様式で炭素同化を行う植物をそれぞれ C_3 植物，C_4 植物，CAM 植物と呼ぶ．C_4 植物と CAM 植物は，地球環境の変動に伴って C_3 植物から進化したと考えられている．

C_3 植物

還元的ペントースリン酸回路（カルビン回路）のみで炭素同化が行われる．最初の炭素同化産物が炭素数 3 の化合物であることからこう呼ばれる．カルビン回路の二酸化炭素（CO_2）固定酵素ルビスコ（Rubisco）は酸素とも反応するため，高い光呼吸を示す．カルビン回路は葉肉細胞葉緑体に存在し，単一細胞内で炭素同化反応が完結する．藻類と，イネ，ダイズ，コムギ，ホウレンソウなど陸上植物種の約 90％ が含まれる．

C_4 植物

最初の炭素同化反応を C_4 光合成回路（C_4 ジカルボン酸回路）で行う（図1A）．最終的な炭素同化は，維管束鞘細胞の葉緑体内のカルビン回路で行う．最初の炭素同化産物が炭素数 4 の化合物であることからこう呼ばれる．

C_4 光合成回路は葉肉細胞と維管束鞘細胞を一巡する回路で，葉肉細胞内で固定した CO_2 を維管束鞘細胞内で放出し，維管束鞘細胞内の CO_2 濃度を高める CO_2 ポンプとして働く．この働きにより，維管束鞘細胞葉緑体内のルビスコと酸素との反応が抑えられ光呼吸が抑制される．C_4 光合成回路ではまず葉肉細胞のホスホエノールピルビン酸カルボキシラーゼ（PEPC）が炭素水素イオン（HCO_3^-）を固定し C_4 化合物（C_4 ジカルボン酸）を生成する．C_4 化合物は維

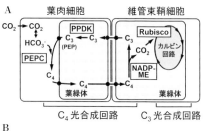

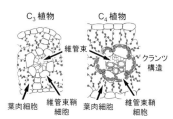

図1 C_4 型光合成
A：NADP-ME 型 C_4 植物の炭素同化経路の模式図．
B：C_3 植物と C_4 植物の葉内構造の比較．細胞内の顆粒は葉緑体を示す．NADP-ME 型 C_4 植物では，維管束鞘細胞の葉緑体は葉肉細胞側（維管束に対して遠心的）に配置している．

管束鞘細胞に輸送され，維管束鞘細胞内の酵素の働きで CO_2 と C_3 化合物に分解される（脱炭酸反応）．放出された CO_2 はルビスコで再固定される．C_3 化合物は葉肉細胞に戻り，ピルビン酸オルトリン酸ジキナーゼ（PPDK）の働きで PEPC の基質であるホスホエノールピルビン酸（PEP，C_3 化合物）が再生され，回路が一巡する．C_4 植物は脱炭酸反応を触媒する酵素の違いにより，NADP-リンゴ酸酵素（NADP-ME）型，NAD-リンゴ酸酵素（NAD-ME）型，ホスホエノールピルビン酸カルボキシキナーゼ（PEP-CK）型の 3 種類に大別される（C_4 型光合成のサブタイプ）．

葉内構造も C_3 植物と異なり，発達した葉緑体を多数もつ維管束鞘細胞が維管束を取り囲むように配置し，そのまわりを葉肉細胞が取り囲む構造（クランツ構造）をもつ（図1B）．NADP-ME 型 C_4 植物では，

維管束鞘細胞の葉緑体は光化学系IIを欠き，グラナ構造（チラコイド膜の積み重なり構造）をもたない．光呼吸が抑制されるためC_3植物に比べ光合成速度が高い．C_4植物の多くは，強い日射，高温，水分供給の少ない環境（現在のサバンナのような環境）に適応している．

C_4植物には，サトウキビ，トウモロコシ（ともにNADP-ME型），キビ（NAD-ME型），ギニアグラス（PEP-CK型）など熱帯・亜熱帯原産のイネ科を主に，カヤツリグサ科，ヒユ科（ハゲイトウなど），スベリヒユ科（マツバボタンなど），アカザ科（オカヒジキなど）など，19科7200種（被子植物種の約0.4％）が含まれる．大気CO_2濃度の低下に伴ってC_3植物から進化したと考えられており，微化石の解析などから約2900万年前には出現していたことがわかっている．

C_3型とC_4型の中間的な光合成を行う植物，クランツ構造をもたず単一細胞内でC_4型光合成を行う植物，生育環境条件によってC_3型からC_4型に変換する植物もある．

CAM植物

CAMはベンケイソウ型有機酸代謝（crassulacean acid metabolism）の略で，CAM型光合成はベンケイソウ科の多肉植物で初めて見つかったためこの名がついた．夜間に気孔を開き，取り込んだCO_2をPEPCで固定し，おもにリンゴ酸として液胞に蓄える（図2）．昼間は気孔を閉じ，NADP-MEあるいはPEP-CKでリンゴ酸を脱炭酸し，発生したCO_2をルビスコで再固定する．PEPCの基質であるPEPは昼間蓄えられた光合成産物，すなわち，デンプン（葉緑体内に蓄積）あるいは可溶性の糖（ヘキソース；液胞に蓄積）から供給される．C_4植物同様，脱炭酸酵素の違いによりNADP-ME型とPEP-CK型に，さらにPEPの供給源の違い（デンプンあるいはヘキソース）により4種類に大別される．C_4

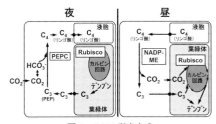

図2　CAM型光合成

NADP-MEデンプン型CAM植物の夜（暗黒下）と昼（光照射下）の炭素同化経路の模式図．

植物では付加的な炭素同化酵素（PEPC）とカルビン回路が空間的に分離されている（葉肉細胞と維管束鞘細胞）のに対し，CAM植物では時間的に分離されている（夜と昼）．

相対湿度の低い昼間に気孔を閉じたまま光合成を行うことができるため，蒸散による水分消失を低く抑えることができる．砂漠のような降雨量が極端に少なく強光に曝される環境に適応しているものが多い．C_3植物に比べ光合成速度はかなり低い．

ベンケイソウ科（ベンケイソウ，カランコエなど）以外にも，サボテン科，ラン科，パイナップル科，スベリヒユ科などの被子植物，シダ，裸子植物など45科に分布しており，推定種数は1万6000（維管束植物種の6％）に達する．気孔が閉鎖する乾燥した環境など，昼間のCO_2供給が制限される環境が進化の引き金になったと考えられている．また，その起源はC_4植物より古いとされている．

ベンケイソウ，パイナップルのように常にCAM型光合成を行う偏性（obligate）CAM植物と，アイスプラント（ハマミズナ科 *Mesembryanthemum crystallinum*）のように水分条件，塩ストレス，日長などの環境要因によりC_3型からCAM型に切り替わる通性（facultative）CAM植物がある．

〔宮尾光恵〕

38
クロロフィル
Chlorophyll

光合成, テトラピロール, 光捕集

クロロフィルは，中心にMgを配位した環状のテトラピロール（tetrapyrrole）に五員環が縮環した構造をもち，長波長側と短波長側にそれぞれQ帯とB帯（Soret帯）と呼ばれる吸収帯をもっている．クロロフィルは，光エネルギーの捕捉と伝達，電荷分離，電子伝達などに関与しており，光合成（photosynthesis）において中心的な役割を担っている．

クロロフィルの種類と構造

クロロフィルは，ポルフィリン（porphyrin），クロリン，バクテリオクロリン骨格のいずれかでつくられている．ポルフィリン骨格を有するクロロフィルとしては，クロロフィルc_1，クロロフィルc_2，クロロフィルc_3が知られている．クロロフィルcはC17位が2-カルボキシビニル基であり，他のクロロフィルと異なり，エステル体ではない．ポルフィリン骨格をもつクロロフィルは，Qy帯が小さい．C17-18位の二重結合が還元されたクロリン骨格をもつクロロフィルとしては，クロロフィルa, b, d, f, バクテリオクロロフィルc, d, e, f, がある．さらにC7-8位の二重結合が還元されたバクテリオクロリン骨格をもつものとして，バクテリオクロロフィルa, b, gがある．クロリン型，バクテリオクロリン型のクロロフィルは，ポルフィリン型のクロロフィルより，Qy帯が大きい．

これ以外にも，いくつかのクロロフィルが知られている．クロロフィル代謝中間体のジビニルプロトクロロフィリドaも光合成色素として使われているが，これはポルフィリン骨格を有する．また，ポルフィリン型で，C8位にビニル基をもつジビニルクロロフィルa, bが存在する．例外的に中心金属のマグネシウムが亜鉛に置換された亜鉛バクテリオクロロフィルaが知られている．クロロフィルの中心金属を失ったものは，フェオフィチンと呼ばれ，光化学系Ⅱやある種の光合成細菌で電子伝達にかかわっている．

クロロフィルaはおもに可視光を吸収し，有機溶媒中で662 nmと430 nmに吸収極大をもっている．クロロフィルaの7位のメチル基がフォルミル基に置換されたクロロフィルbは645 nmと460 nmに吸収極大をもっている．クロロフィルcは630〜635 nm近傍に小さなQy帯の吸収極大をもっているが，この領域の光を効率的に捕捉できず，おもにSoret帯の吸収によ

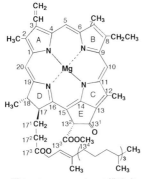

図1　クロロフィルaの構造式

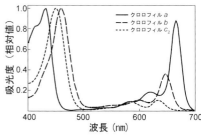

図2　クロロフィルの吸収スペクトル

り，青色光を効率的に捕捉する．バクテリオクロリン型のバクテリオクロロフィルの長波長吸収帯は，クロリン型に比べ，さらに長波長側に吸収極大をもっている．

クロロフィルの存在様式

ほとんどのクロロフィルは細胞内でタンパク質と会合し，クロロフィル-タンパク質複合体として存在する．複合体を形成することにより，クロロフィルの配置が制御され，クロロフィル間の効率的なエネルギー移動や電子伝達を可能にする．また，クロロフィル間，クロロフィルとアミノ酸残基との相互作用の違いで，同じクロロフィル分子でも異なった吸収スペクトルを示す．このことによって，有機溶媒中に比べ，幅広い波長の光を捕捉することができる．タンパク質との複合体をつくらない例外として，クロロソームが知られている．クロロソームでは，バクテリオクロロフィル c, d, e が自己会合し，巨大な構造をつくっている．この場合，クロロフィル同士の相互作用のため，吸収極大が長波長側にシフトしている．クロロソームのクロロフィルは，光エネルギーの捕捉と伝達だけで，電荷分離や電子伝達にはかかわらない．

クロロフィルの分布

光合成生物は大きく2つに分類される．1つは，光合成細菌で，光合成を行っても酸素を発生しない．光合成細菌はバクテリオクロロフィルを利用しているが，生物種によって利用するクロロフィルが異なる．紅色細菌ではバクテリオクロロフィル a, b が，緑色糸状性細菌はバクテリオクロロフィル a, c が，緑色硫黄細菌はバクテリオクロロフィル a, c, d, e が，ヘリオバクテリアにはバクテリオクロロフィル g が存在する．もう1つは酸素発生型光合成生物である．酸素発生型光合成生物のなかで，原核生物に属するラン藻（シアノバクテリア）は，クロリン骨格を有するクロロフィルを利用している．すべてのラン藻はクロロフィル a をもっているが，それ以外に，クロロフィル b, クロロフィル d, クロロフィル f をもつものが存在する．また，ラン藻に属するプロクロロコッカスは，ジビニルクロロフィル a, b を利用している．これらのクロロフィルは，生育する光環境に適した吸収スペクトルをもっていると考えられている．一次共生の真核型酸素発生光合成生物では，紅藻はクロロフィル a だけを利用しているが，緑藻や陸上植物はクロロフィル a, b をもっている．また，ある種の緑藻では，ジビニルプロトクロロフィリド a を，さらに，二次共生，三次共生で生まれた不等毛藻や渦鞭毛藻にはクロロフィル a 以外に，ポルフィリン骨格をもつクロロフィル c が存在する．

クロロフィルの合成と分解

ほとんどの光合成生物では，グルタミン酸から合成される5-アミノレブリン酸がクロロフィルの前駆体である．2分子の5-アミノレブリン酸がピロール環を形成し，4つのピロール環がつながり，閉環する．その後側鎖の修飾を受け，Mgが配位し，ジビニルプロトクロロフィリドが形成される．ジビニルプロトクロロフィリドのC17位のプロピオン酸がアクリル酸に転換されクロロフィル c が合成される．また，ジビニルプロトクロロフィリドのC17-18位の二重結合が還元されてクロリン型クロロフィルが合成され，さらにC7-8位の二重結合が還元されバクテリオクロリン型のクロロフィルが合成される．クロロフィルの分解に関しては，最初にクロロフィル a のMgが離脱し，さらにフィトール鎖が切断されフェオフォルビド a が形成される．フェオフォルビド a は酸化的に開環し，さらに修飾され安全な分子に転換される．クロロフィルの最終産物は開環テトラピロールであり，その窒素は再利用されないと考えられている．

〔田中　歩〕

39
カロテノイド
Carotenoid

カロテン，キサントフィル，光捕集，抗酸化

現在までに，天然から800種類近くのカロテノイドが単離され，分子構造が決められた（図1）．光合成における光捕集（light-harvesting）や光傷害防止や色素タンパク複合体の構造維持などの機能だけでなく，動物における視覚や抗酸化作用などの機能も知られている．

化学的性質，存在，生合成

イソプレン（C_5）を単位構造とし，多くは8個結合したC_{40}-カロテノイドである．一部の炭素が脱離したものや，イソプレンがさらに結合したC_{45}-，C_{50}-カロテノイドもある．ネオキサンチンなどにみられるアレン構造（C＝C＝C）は，天然物の中ではカロテノイドにしかみられない．炭素と水素のみからなるカロテン（carotene）と，酸素（水酸基，ケト基，エポキシ基など）をもつキサントフィル（xanthophyll）に分けられる．水に不溶，有機溶媒に可溶である．

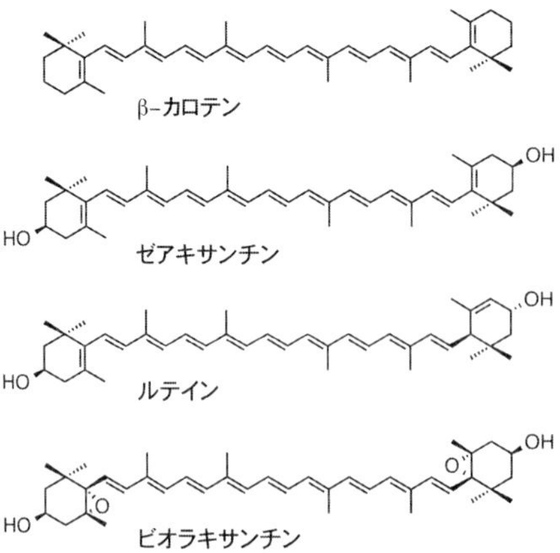

カロテノイドは広く生物界に存在している（表1）．光合成生物では（バクテリオ）クロロフィルとともに種々の色素タンパク質複合体を形成し，動物ではタンパク質や脂質ミセルに結合し，生体膜中に存在している．動物，菌類，細菌では生体膜の補強にも関与している．

光合成生物，細菌，菌類はカロテノイドを合成でき，藻類を除く光合成生物と一部の細菌や菌類の生合成経路が判明した．一方，動物は合成できないが食物から取り込み，種によっては酸化還元などの代謝をすることができる．

光合成における機能

光合成生物ではカロテノイドは（バクテリオ）クロロフィルとともに必須の色素で，ほぼすべての色素が色素タンパク質複合体に結合している．またこれらの複合体の構造維持にカロテノイドが関与している．

酸素発生型光合成生物の光化学系Ⅰ，Ⅱ反応中心複合体にはほとんどすべての種において$β$-カロテンが結合していて，反応中心クロロフィルを保護している．光化学系Ⅰアンテナ系には一部の例外を除き$β$-カロテン，光化学系Ⅱアンテナ系には分類群に特有な種々のキサントフィルが結合している．ケト基をもつフコキサンチン，ペリジニンなどからクロロフィルへの効率のよいエネルギー転移の機構が解明されつつある．アンテナ系複合体の量は光により制御されている．

アンテナ系のカロテノイドが吸収した光エネルギーは短時間の間に（バクテリオ）クロロフィルに渡され，反応中心に移動する（アンテナ機能）．強光下では励起した三重項クロロフィルが過剰量生産され，酸素が存在すると一重項酸素をつくってしまうが，カロテノイドがあるとカロテノイドがすばやく励起三重項状態になりクロロフィルは基底状態に戻る．その後，励起カロ

図1　カロテノイドの構造式の例

表1 生物におけるカロテノイドの分布と主要なカロテノイド種

生物	カロテノイドが存在する種	β-カロテンとその誘導体[*1]	α-カロテンとその誘導体[*2]	γ-カロテンとその誘導体[*3]	他のカロテノイド
古細菌	一部	+	−	−	C_{50}-カロテノイド
真正細菌	一部	+	−	+[*4]	C_{30}-, C_{50}-カロテノイド[*5]
紅色細菌	すべて	−[*5]	−	−	鎖状カロテノイド
緑色硫黄細菌	すべて	+	−	+	芳香環カロテノイド
緑色糸状細菌	すべて	+	−	+	
ヘリオバクテリア	すべて	−	−	+	
シアノバクテリア	すべて	+	−[*5]	+	C_{30}-カロテノイド
藻類	すべて	+	+[*4]		
陸上植物	すべて	+	+		
菌類	一部	+	−	+[*4]	
動物（無脊椎動物）	大部分	+	+[*4]	−	芳香環カロテノイド[*5]
（脊椎動物）	大部分	+	+[*4]		

[*1]：ゼアキサンチン，ノストキサンチン，カンタキサンチン，アスタキサンチン，ビオラキサンチン，ネオキサンチン，ジアジノキサンチン，フコキサンチン，ペリジニンなど．[*2]：ルテイン，シフォナキサンチンなど．[*3]：ミクソール配糖体，クロロバクテン，トルレンなど．[*4]：一部の種に分布．[*5]：ごく少数の種に分布．

テノイドは熱エネルギーを放出して基底状態に戻る（保護機能）．

陸上植物にはキサントフィルサイクル（xanthophyll cycle），一部の藻類にはジアジノキサンチンサイクルがある．弱光下では生合成経路によりエポキシ化してビオラキサンチンなどができる．強光下では脱エポキシ化酵素が活性化されてゼアキサンチンなどに変化し，過剰なクロロフィル励起状態からカロテノイドに励起状態が移り，熱エネルギーとして放出してクロロフィルを保護する．

緑色硫黄細菌と緑色糸状細菌にはクロロソームという集光装置があり，バクテリオクロロフィルの自己会合体により微弱光を吸収する．どちらにもカロテノイドが含まれているが存在状態や機能は不明である．

紅色細菌のなかで，独立栄養と従属栄養の両方で生育できる種は，光合成器官が光により誘導され酸素により抑制される．

動物における機能

動物に広く存在する視物質であるレチナール（retinal）など，生理活性をもつレチノイン酸などは，β-カロテンの中央がβ-カロテン-15,15′-モノオキシゲナーゼにより開裂したものである．

ヒトの眼の黄斑（macula）にはルテインとゼアキサンチンのみが特異的に蓄積しており，青色光に対する保護作用と抗酸化作用をしている．結合タンパクが同定された．

酸素の下，大気中で生活をするすべての生物は，生体膜や生体物質を破壊する一重項酸素や過酸化水素など種々の活性酸素種（reactive oxygen species）にさらされている．活性酸素種は紫外線などの外的要因や電子伝達系などの内的要因でつくられ，これらを消去するために抗酸化剤（antioxidant）としてカロテノイドやビタミンEなど生体物質，種々の酵素が働いている．

一部の藻類がもつ眼点にカロテノイドが存在している．一部の非光合成細菌や菌類ではカロテノイド合成が光により誘導されるが，強光からの保護作用に関与しているのであろう．

〔高市真一〕

補色順化
Complementary chromatic acclimation

フィコビリン，フィコビリソーム，シアノバクテリア，ラン藻，光合成色素，光質

光合成生物には，光の強度（光量）や光の波長分布（光質）に順応して光エネルギー変換効率を維持するための環境適応・応答能が備わっている．光質と光合成アンテナ色素の主要吸収帯の波長領域が一致する，すなわち補色関係になることで光を効率的に利用する現象，補色適応（complementary chromatic adaptation）や補色順化（complementary chromatic acclimation），が知られている．前者は遺伝的に固定された適応形質で多くの分類群にみられ，後者はシアノバクテリア（ラン藻）にだけみられる生理応答能である．

一方，光質による2つの光化学系の駆動バランスの偏りを解消する順応として光化学系I／光化学系II量比を調節する現象も知られている．この順応ではアンテナ色素も連動するが，補色順化とは逆向きの変化（inverse chromatic acclimation）である．

多様なアンテナ色素系

光化学系反応中心複合体はラン藻から陸上植物まで構造や機能の面で普遍的で，構成色素は（一部の例外を除き），クロロフィル a（Chl a）とその誘導体，および β-カロテンである．一方，アンテナ色素複合体は分類群間で構造・形態や局在部位（膜内在，膜表在）が異なり，また構成色素も多様である（植物・緑藻：Chl a/Chl b/ ルテイン，褐藻・ケイ藻：Chl a/Chl c/ フコキサンチン，紅藻：Chl a/ フィコエリスロビリン（PEB），フィコウロビリン（PUB），ラン藻：フィコシアノビリン（PCB）など）．

水中の光環境

太陽光が海や湖の中へ入ると，水面での反射，水による吸収，懸濁物による散乱などにより，光量は水深とともに急激に減衰し，光質も大きく変わる．補償深度（水面での光合成有効放射の 0.1～1％の光量が届く水深）付近の光質は，貧栄養の外洋域（100～150 m）では青緑色（480 nm）に，沿岸域（～30 m）では緑～橙色（510～580 nm）に偏る．

補色適応：アンテナ色素系の適応進化

海藻類の垂直分布は補色適応で説明されることがある（図1）．緑色光を吸収するPUB/PEB（吸収極大 500, 540, 560 nm）をもつ紅藻や，フコキサンチン（530 nm）をもつ褐藻は深い水深で生育可能である．一方，これらの色素をもたない緑藻類は浅瀬に生育する．しかし，シフォナキサンチン（530 nm）をもつ特定のアオサ藻やプラシノ藻は深い水深に適応している．

ラン藻は，アンテナ色素としてPCB（620 nm）を豊富にもつが，海洋のピコシアノバクテリアには PEB・PUB・ジビニル-Chl b（480 nm）などの特異な色素をもつ種が見つかっている（図2）．PCBだけをもつ種は水深 50 m までに，PEBやPUBをもつ種は水深 50～100 m 付近で，ジビニル-Chl b を豊富にもつ種は水深 100～150 m で優占種となっている．各水深での光質環境と補色関係になるよう，光合成色素が適応進化している．

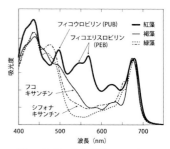

図1 海藻の生体吸収スペクトル
主要アンテナ色素の吸収帯を矢印で示す．

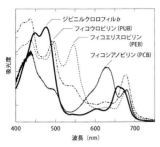

図2 ラン藻の生体吸収スペクトル
吸収特性が異なるさまざまなアンテナ色素をもつ.

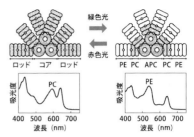

図3 フィコビリソームの補色順化
PBSロッドの構成（上）と生体吸収スペクトル（下）が光質環境に応じて可逆的に変化する.

フィコビリンとフィコビリソーム

　フィコビリンはラン藻・紅藻・クリプト藻特有の水溶性アンテナ色素タンパク質で，広い波長範囲（480〜660 nm）をカバーできる．その分光特性は発色団ビリンの共役二重結合の長さの違い（PCB, PEB, PUBなど），および発色団間やアポタンパク質との相互作用の違いで生じる.

　ラン藻と紅藻のフィコビリンは，リンカータンパク質の介在により複雑で巨大な会合体"フィコビリソーム（PBS）"を構築し，チラコイド膜表面に配置され光化学系反応中心IIに励起エネルギーを供給する．PBSのコアは最長波長の吸収帯をもつアロフィコシアニン（APC：650 nm）で構成される（図3）．ロッドは，藍色のラン藻ではフィコシアニン（PC：620〜640 nm）だけで構成されるが，紅藻や赤色のラン藻では少数のPC（基部側）に加え，豊富なフィコエリスリン（PE：540〜560 nm, 先端側）から構成される（図3）．図3では6本のロッドをもつ典型的な半円盤型PBSを描いたが，半楕円体型や円柱型などのタイプも報告されている.

補色順化：フィコビリソームの再編成

　補色順化は，PBSのロッドの成分や構造を光質環境に応じて再編成する可逆的光環境応答能で，ラン藻の一部にみられる．この現象は1883年に報告されて以来，最近まで補色適応と呼ばれていた．ある種のラン藻を赤色光（作用極大640 nm）下におくと，赤色光を吸収する青色のPCの合成が促進され，反対に緑色光（540 nm）下では緑色光を吸収する赤色のPEの合成が促進される．その結果，光質と補色関係にある色素タンパク質がロッドの主成分になり，細胞の色も大きく変わる（図3）.

　補色順化のパターンには多様性がみられる．緑色光下で誘導されたPEをロッド先端側の一部のPCと置換するタイプ（図3）では，PC合成が抑制され，ロッドのサイズは不変である．一方，既存のPCを残したままPEをロッド先端へ付加するタイプでは，ロッドが伸長しPBSが巨大化する．また，PBSを半円盤型から半楕円体型へ変換させる特異なタイプもみられる．緑色光下で倍増したロッドには多数のPEが組み込まれるため，集光能が高まる.

　フィコビリンの合成制御が伴う補色順化において，光質環境センサーとしてフィトクロム様の光受容体が有力候補となっていた．最近この光センサー分子（シアノバクテリオクロム）が特定され，赤色光／緑色光による吸収スペクトル変化，光情報感知機構，シグナル伝達機構などが明らかになってきた．PBSの構築過程や補色順化に伴うPBSの再編成機構などの解明は，今後の課題として残されている．　　　〔村上明男〕

41

光合成系の光環境変化への適応
Photoacclimation of the photosynthetic machinery

クエンチング，キサントフィルサイクル，ステート遷移，NPQ

光合成生物を取り巻く環境は時々刻々と変化する．効率のよい光合成を続けるため，あるいは光合成装置が壊れるのを防ぐために植物は新しい環境に適応しなければならない．その適応システムは，葉の向きや細胞内の葉緑体の位置を変えるマクロなレベルから，光合成反応を変えるようなミクロなレベルまでさまざまにみられる．ここでは，そのような光合成系の適応機構の中でも特に光合成装置が光環境変化へ適応する分子メカニズムについて述べる．

NPQ

光合成集光装置の本来の役割は，光を捕捉しそのエネルギーを反応中心に伝えることにあるが，受けたエネルギー量が過剰な場合，光化学系 II（PSII）反応中心が損傷することを防ぐためエネルギー伝達は行わない．このエネルギー伝達遮断は NPQ（non-photochemical quenching, 非光化学消光）として実験的に測定することができる．NPQ は，励起エネルギーが光化学反応に使われることによる蛍光収率低下（光化学消光）とは異なり，光化学反応に関係なく起こるため，飽和光を照射し光化学消光を起こせない状態にした PSII における最大蛍光収率の低下として測定する．NPQ を起こす分子メカニズムとしては，qE クエンチング（qE quenching），ステート遷移，光阻害の 3 つが知られている．

qE クエンチング

光合成電子伝達が過剰に起こらないよう PSII の励起を抑える負のフィードバック機構を qE クエンチング（エネルギー蓄積依存エネルギー消去）と呼ぶ．強光を浴びた植物や藻類では，光合成電子伝達活性が高

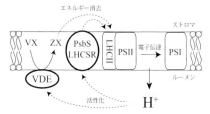

図 1 qE クエンチングの模式図
VX はビオラキサンチン，ZX はゼアキサンチン，VDE はビオラキサンチン脱エポキシ化酵素．

まることでチラコイド膜ルーメン区画が酸性化する（図 1）．チラコイド膜ルーメン区画の酸性化はビオラキサンチン脱エポキシ化酵素を活性化しキサントフィルサイクルを動かすとともに，qE クエンチングの必須因子（高等植物などでは PsbS，多くの藻類では LHCSR）の活性化を引き起こす．前者によりチラコイド膜上にはゼアキサンチン（zeaxanthin）が蓄積し，後者により PSII 超複合体の構造変化が起こる．これらは励起エネルギーを熱として排出する効果をもたらすため，結果として蛍光収率が低下し NPQ が観察される．

キサントフィルサイクル

キサントフィルの一種であるビオラキサンチン（violaxanthin）は，ゼアキサンチンをエポキシ化しアンテラキサンチン（antheraxanthin）を経て生合成される．強光があたる高等植物や緑藻では，チラコイド膜ルーメン区画の酸性化により逆の脱エポキシ化が進み，アンテラキサンチンからさらにはゼアキサンチンへと代謝される（図 2）．この 3 種のキサントフィル間の可逆的相互変換をキサントフィルサイクル（xanthophyll cycle）と呼ぶ．ゼアキサンチンの蓄積量は qE クエンチングの大きさと相関があるため，キサントフィルサイクルは光合成系の強光適応において重要である．このようなキサントフィルサイクルは緑色植物に限られるが，ケイ藻にはジアジノキサ

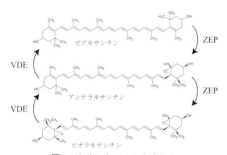

図2 キサントフィルサイクル
VDE はビオラキサンチン脱エポキシ化酵素，ZEP はゼアキサンチンエポキシ化酵素．

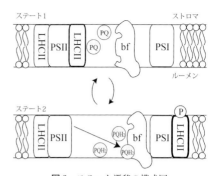

図3 ステート遷移の模式図
ステート1では PSII に結合していた LHCII の一部（黒枠）は，ステート2ではリン酸化を受けて PSII から脱離し PSI へと移る．bf はシトクロム bf 複合体，PQ は酸化型プラストキノン，PQH_2 は還元型プラストキノン．

ンチン（diadinoxanthin）-ジアトキサンチン（diatoxanthin）が相互変換されるジアジノキサンチンサイクル（diadinoxanthin cycle）がある．

ステート遷移

光合成のために集められた光エネルギーは，直列に並ぶ2つの光化学系にて電気化学エネルギーへと変換される．この反応を効率よく行うためには，2つの光化学系がバランスよく駆動される必要があるが，PSII がクロロフィル b を多く含むのに比べ，PSI はクロロフィル a を多く含むなど2つの光化学系の性質には違いがある．このため，同じスペクトルの光の下であっても，PSI と PSII の励起の程度は異なる場合がある．このような場合でも，植物は2つの光化学系の励起のバランスを取り戻す仕組みを備えている．アンバランスな状態が長期にわたる場合は，遺伝子の発現が調節され PSI と PSII の存在量が調整されるが，アンバランスな状態が短期的である場合は，2つの光化学系のアンテナの大きさを調整する反応が起こる．このときにみられる光合成装置の状態変化をステート遷移（state transition）と呼ぶ．

PSI と比べて PSII がより励起される場合は，PSII の下流のプラストキノンプール（plastoquinone pool）が還元され，還元型のプラストキノンがシトクロム bf 複合体に結合する（図3）．この結合により LHCII キナーゼが活性化され PSII に結合している LHCII がリン酸化を受ける．リン酸化された LHCII は PSII から脱離してチラコイド膜上を移動し，PSI と再結合する．こうして PSII の集光アンテナはより小さく，その分 PSI の集光アンテナはより大きくなる（ステート2）．逆に PSI をより励起すると LHCII の脱リン酸化が起こるため，LHCII は，PSI から脱離し PSII と再結合する．このとき，PSI の集光アンテナはより小さく，その分 PSII の集光アンテナはより大きくなる（ステート1）．

ステート遷移は緑色植物全般にみられるが，特に緑藻のステート遷移能力は高いことが知られている．　〔皆川　純〕

葉の光合成系の光順化
Photosynthetic light acclimation in leaves

陰葉, 陽葉, 光合成能力, 可塑性

光に限らず，多くの環境要因はさまざまな時間スケールで植物に影響を与える．秒〜時間といった短期的な光環境変化への応答としては光合成速度や気孔コンダクタンスの変化が挙げられ，日〜月といった長期的な応答としてはさまざまな形態・生理的性質の変化を示す．長期応答の多くは，その生育環境変化において高いパフォーマンスを実現するため，つまり個体の適応度を高めるために何らかの貢献があると考えられており，環境変化への適応的順応という意味をこめて順化（馴化，acclimation）と呼ばれる．

葉の形態と生理特性は特に生育光環境に敏感であり，同一の遺伝子をもつ植物であっても生育光環境に依存して大きく変化する．弱光・強光に順化した葉はそれぞれ陰葉・陽葉と呼ばれる．表1に維管束植物の陰葉と陽葉の代表的な違いを示す．

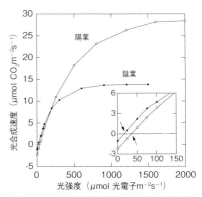

図1 シロザの陰葉と陽葉の光-光合成曲線 挿入図は弱光部分を拡大したもの.

生理的な変化

陰葉・陽葉間で特に異なるのが光-光合成曲線のかたちで，陽葉では光飽和時の最大光合成速度（光合成能力）や暗呼吸速度が高い（図1）．光-光合成曲線の初期勾配（弱光部分における曲線の傾き）は陰葉・陽葉間の違いは小さい．呼吸速度の違いを反映し，みかけの光合成速度が0になる光補償点は陰葉のほうが低い．

光合成能力の違いをもたらす原因は，光合成系タンパク質の含量が異なることである．陰葉・陽葉の光合成能力はルビスコやチトクロムfなどの含量と高い相関を示す．また，光合成系のタンパク質は葉の窒素の大半を占めるため，光合成能力と葉の窒素含量の間にも強い相関がみられる．

陰葉と陽葉は光合成系タンパク質組成にも違いがある．ルビスコやチトクロムfの含量は陽葉が多いが，クロロフィル含量には大きな違いがないことが多い．これは，ルビスコやチトクロムfは強光での光合成速度を高めるために必要である一方，弱光では光を集めるために集光色素クロロフィルの重要性が相対的に高いことを反映しているためだと考えられている．同様の分配変化は光化学系IIの中でもみられ，光化学

表1 光順化における葉特性の違い

	陰葉	陽葉
光合成能力		<
呼吸速度		<
光補償点		<
窒素含量		<
ルビスコ含量		<
クロロフィル含量		≧
クロロフィルa/b比		<
光化学系I含量		=
光化学系II含量		<
チトクロムf含量		<
グラナスタッキング数		>
葉の厚さ		<
柵状組織の層数		<
最大気孔コンダクタンス		<
葉重／葉面積比		<

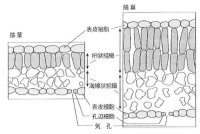

図2　陰葉と陽葉の断面の模式図

系IIの反応中心は陽葉で相対的に多く，アンテナクロロフィルは陰葉で相対的に多い．アンテナクロロフィルはクロロフィルbの割合が多いため，陰葉のクロロフィルa/b比は陽葉に比べて低くなる．また，葉緑体の構造にも違いが認められ，陰葉ほどチラコイド膜のグラナスタッキングの数が多い．

葉緑体の性質の違いは同一葉内でもみられる．強い光を受ける表側に近い葉緑体ほどクロロフィルa/b比やルビスコ／クロロフィル比が高く，グラナスタッキング数が少ない．

陰葉と陽葉の呼吸速度の違いをもたらす原因は解明されているわけではないが，関連する要因として，陽葉では成長速度が高いためにさまざまな物質の合成速度が高く，それに必要なエネルギーが多いこと，光合成系などのタンパク質量が多いためこれらを維持するためのコスト（おもに分解と再合成）が多いこと，葉緑体などの膜構造が多いため膜間の物質勾配を維持するためのコストが多いことなどが示唆されている．

陰葉と陽葉では光阻害に対する耐性も大きく異なり，陽葉の光阻害耐性は高い．これは失活した光化学系IIの修復速度が高いこと，過剰な光エネルギーを散逸させる能力が高いことなど，さまざまな性質の違いによると考えられている．

形態的な変化

陰葉と陽葉では葉の厚さも異なる（図2）．陽葉は高い光合成能力を実現するためルビスコなどの含量が高いが，ルビスコを多く収容するためには多数の葉緑体が必要である．葉緑体はCO_2を効率よく吸収するために柵状組織・海綿状組織細胞の細胞表面付近に配列されている．したがって，陽葉が多数の葉緑体を収容するためには葉を厚くして収容スペースを確保する必要がある．

葉の形態は光環境によって大きく変化するが，いったん展開が終了すると，形態が大きく変化することはない（ただし若干の例外がある）．一方，生理的な性質には大きな可塑性がみられ，多くの種では，陰葉を強光環境に移すと数日～数週間で光合成能力が増加するなどの順化が起こる．一部の植物の陰葉はあらかじめ葉緑体が配列されていない「すきま」を空けておき，強光に移ったときに葉緑体容積を増加させてルビスコ含量を増やし，光合成能力を増やすことが知られている．

生態学的意義

陰葉と陽葉の違いの生態学的意義はさまざまな面から議論されている．古くは，その生育環境で炭素収支を最大にするように変化していると考えられていたが，定性的にはともかく定量的には性質の変化を説明できていない．一方，葉に投資される窒素をコスト，光合成量をベネフィットと考えるコスト－ベネフィット理論に基づいた最適化モデルは定量的にも妥当な予測を与えるという報告が多い．

〔彦坂幸毅〕

43

光合成における強光阻害
High light inhibition of photosynthesis

光阻害,活性酸素,光阻害回避機構,光防御

光は植物に欠くことのできないエネルギー源であるが，そのエネルギーゆえに，光合成器官に損傷をもたらす．この損傷による光合成効率の低下，もしくは損傷を防ぐための植物の応答がもたらす光合成効率の低下は光阻害（光傷害）と呼ばれる．

光阻害にはいくつかの段階があり，まず光化学系の活性低下が起こり，次に光化学系反応中心の損傷が起こり，この状態が続くと，葉緑体や細胞に不可逆的な傷害が起こると考えられている．それぞれ，動的な光阻害（dynamic photoinhibition），慢性的光阻害（chronic photoinhibition，狭義の光阻害），不可逆的傷害と呼ばれている（図1）．

光阻害は強光ほど起こりやすく，高／低温・乾燥といったストレスにより増大する．損傷自体は恒常的に起きているが，植物には損傷を修復する能力があるため（後節で詳述する），修復によって光阻害がみられない状態が多く存在する．また，陽生植物や陽葉に比べ，陰生植物や陰葉は光阻害を受けやすい．活性低下や反応中心の損傷はおもに光化学系IIで起こるが，一部の植物では低温下などのストレス環境で光化学系Iも損傷を受けることが報告されている．

光阻害のメカニズム

動的な光阻害はおもにキサントフィルサイクルによる熱放散が原因と考えられている．光化学系に存在するビオラキサンチンは強光ストレス下でゼアキサンチンとアンテラキサンチンへと可逆的に脱エポキシ化される．脱エポキシ化によりクロロフィルが吸光したエネルギーを熱として放散するようになるため，光合成効率は下がるが，過剰なエネルギーによる損傷を防ぐ役割をもつ．

狭義の光阻害のメカニズムには論争が続いており，今後の研究が期待される．光化学系IIの光阻害機構の仮説は，大きく2つに分けられる．1つ目は，葉が受けた光エネルギーのうち光合成や熱放散などで消費しきれない余剰な光エネルギーが損傷を引き起こすとし，excess energy仮説と呼ばれる．2つ目は，光化学系IIの酸素発生複合体に存在するマンガンが光によって励起されることで遊離し，酸素発生複合体が機能を失った状態で，光化学系IIの反応中心が励起されることがダメージを引き起こすというもので，Mn仮説もしくはtwo-step仮説と呼ばれる．複数の機構が同時に起きている可能性も提唱されている．

活性酸素の発生

光化学系（電子伝達系）における活性酸

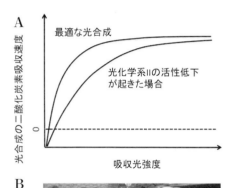

図1 光阻害による光合成の低下（A）とその後の可視的症状（B）

素の発生は光阻害の発生メカニズムおよび光阻害の修復メカニズムと強く関連する．

光化学系IIでは強光条件で電子の受容体であるプラストキノンの還元が進むと，光化学系IIからの電子の受け取りが滞るようになり，電荷再結合（charge recombination）と呼ばれる反応中心クロロフィルへの電子の再結合が起こり，三重項クロロフィルが発生する．三重項クロロフィルが酸素と反応すると，一重項酸素（$^1O_2$）が発生する．

また，光化学系Iでは通常$NADP^+$に電子を渡すことでNADPHを生成するが，強光条件のようにNADPHが蓄積するような条件では電子が酸素に渡ってしまい，スーパーオキシド（O_2^-）が発生する．O_2^-はスーパーオキシドジスムターゼにより過酸化水素（H_2O_2）に変換され，さらに光化学系Iと反応してヒドロキシルラジカル（$\cdot OH$）を生成する場合もある．

これらの活性酸素種（reactive oxygen speciesの略でROSと呼ばれる），特に$^1O_2$と$\cdot OH$は反応性が非常に強く，生体に強い毒性をもつ．植物は水–水サイクルと呼ばれる活性酸素消去系によってこの活性酸素種を除去するが，除去しきれないものが慢性的な光阻害や不可逆的傷害を引き起こしているものと考えられている．

光阻害の回避機構

動くことのできない植物は，光阻害を回避または修復するためのさまざまな機構を進化させてきた（表1）．

動的な光阻害の原因である熱放散は，回避機構とも考えられるが，弱光下でキサントフィルサイクルのエポキシ化が進んで熱放散の緩和が起こると，動的な光阻害から回復したとみなされる．

光化学系IIの修復メカニズムも完全な解明には至っていないが，以下のような機構が提唱されている．葉緑体内のチラコイド膜にはグラナと呼ばれる膜が折り重なる部

表1 光阻害回避機構

葉の傾き	葉を傾けて入射角を下げ，吸光量を減らす．
表皮による吸光	表皮に色素を貯めて，余分な光や紫外線を吸収する．
葉緑体移動	葉緑体が移動して縦に並ぶことで，吸光量を減らす．
熱放散（キサントフィルサイクル）	クロロフィルが吸収した光エネルギーを熱として放散する．
水–水サイクル	光化学系Iから発生する活性酸素種を水に還元して無毒化する．
光化学系II修復	反応中心損傷を修復する．

ほかに，ステート遷移，光化学系I循環的電子伝達，光呼吸を回避機構に含む考え方もある．

分と，ストロマチラコイドと呼ばれるストロマに突き出した部分が存在する．光化学系IIはほとんどがグラナに存在するが，光阻害を受けると，グラナからストロマチラコイドに移動する．これは，壊れた反応中心タンパク質（D1）を分解する酵素がグラナの内部には入れないためと考えられている．そして，壊れたD1タンパク質だけが分解された後，新しいD1タンパク質が合成され，光化学系IIに挿入されて，グラナへと戻される．この過程には弱い光が必要である．また，活性酸素がこのD1タンパク質の合成を阻害することが近年明らかにされてきており，光合成が使いきれない過剰な光エネルギーを受けてしまうと，活性酸素が多量に発生し，D1タンパク質の合成が阻害され，光化学系IIの修復ができなくなることが示唆されている．強光で受光量当たりの光阻害が強くなる原因は，受光量当たりの光化学系IIの損傷速度が速くなるからではなく，この修復速度が遅くなることがおもな原因だとする説が提唱され，Mn仮説を支持している． 〔小口理一〕

44

葉の構造と光合成
Leaf anatomy and photosynthesis

葉肉組織,細胞間隙,緑色光,ルビスコ

葉の形態と解剖学

多くの双子葉植物は,表裏がはっきりした両面葉(bifacial leaf)をもつ.ユーカリ属の懸垂葉やマツの葉など,表裏の区別のつきにくい葉を等面葉(equifacial leaf)と呼ぶ.葉の横断切片で葉脈を観察すれば,木部が葉の表側向き(向軸側),篩部が裏側向き(背軸側)にあるので,表裏の区別が可能である.アヤメやタマネギは単面葉(unifacial leaf)をもつ.基部の若い葉を囲んでいる部分が表側で,その他大部分は葉の裏側にあたる.

両面葉では葉の表側には柵状組織,背軸側には海綿状組織が分化する.ユーカリの懸垂葉では葉の両面の明るい部分に柵状組織が発達し,海綿状組織は内部にできる.イネなどの葉肉組織には,有腕細胞と呼ばれる突起のある細胞がある.細胞膜に沿って葉緑体が隙間なく配置され,ミトコンドリアなどのオルガネラはすべて葉緑体層の内側に配置している.これは,光呼吸や呼吸によって発生するCO_2の再固定に有効な配置であり,事実イネのCO_2補償点は低いことが知られている.

陽葉はなぜ陰葉よりも厚いか

ルビスコのCO_2固定の最大速度は遅く,しかも,現在のCO_2濃度では最大速度の半分程度しか出ない.また,CO_2固定反応はO_2によって拮抗的に阻害されるので,大気中のO_2もCO_2固定速度低下の要因である.したがって,強い光の下で高い光合成速度を実現するためには,葉は大量のルビスコをもつ必要がある.

O_2添加反応の産物であるホスホグリコール酸はカルビン-ベンソン回路の阻害剤なので,速やかに代謝されなければならない.また,これに含まれる炭素が回収されなければ,CO_2固定に費やしたエネルギーが無駄になる.このホスホグリコール酸の代謝と,炭素の回収が,光呼吸経路の役割である.しかし,光呼吸経路自体も大量のATPとNADPHを消費する経路なので,この経路がなるべく働かないようにするにこしたことはない.

光合成活性を上昇させると同時に,エネルギー消費経路である光呼吸を抑制するには,葉緑体ストロマ中のCO_2濃度を高めるのがよい.細胞間隙に面した細胞膜部分に葉緑体が並ぶのはこのためであろう.このような葉緑体配置が可能な細胞表面積を大きくするためには,葉は厚くなる必要がある.これが,陽葉が厚い理由である.

陽葉が厚くなるメカニズムは,よくわか

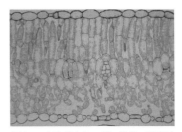

図1 一年生草本シロザの陽葉の断面図
厚さは280μmである(矢野覚士氏原図).

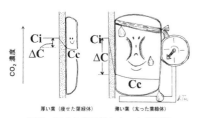

図2 痩せた葉緑体と太った葉緑体
C_iとC_cは細胞間隙内と葉緑体内のCO_2濃度,ΔCはその差を表す.太った葉緑体に大量のルビスコを詰め込むと葉緑体内のCO_2濃度の低下が著しい.

っていないが，発生中の若い葉の環境だけではなく，成熟葉の環境や機能が影響していることが知られている．

葉はなぜ緑色なのだろうか

葉は光のもつ物理エネルギーを，ATPやNADPH，そして最終的には，糖のもつ化学エネルギーに変換する．光をよく吸収する物体は黒色に見えるはずなのに，なぜ，葉は緑色なのだろうか．葉において光を吸収するのは，葉緑体チラコイド膜の光化学系ⅠおよびⅡのタンパク質複合体に組み込まれたクロロフィルなどの光合成色素である．クロロフィルは赤色光や青色光をよく吸収するが，緑色光をあまり吸収しない．しかし，まったく吸収しないわけではない．

光が葉の表面で反射されるのであれば，葉は白色に見えるはずである．葉が緑色に見えるのは，葉にいったん入射した光が，屈折率の異なる細胞と空気の界面で屈折し，葉の内部を行き来しているうちに葉緑体に出会った後に，葉から出てくるためである．葉緑体に遭遇すると，クロロフィルにより赤色光や青色光が優先的に吸収される．吸収されにくい緑色光のかなりの部分は葉緑体を透過し，葉の内部で行き来を続ける．このように，一度葉緑体に出会うとそのほとんどが吸収される赤色光や青色光は，葉の表面近くでそのほとんどが吸収されてしまう．一方，緑色光は吸収されにくいからこそ，葉の内部に透過する．海綿状組織の細胞は不定形をしているので光をよく散乱する．緑色光は，ここでさらに何度も葉緑体に出会い，やがてはその大部分が吸収される．たとえば，赤色光や青色光の光吸収率90％程度のときに，緑色光は75％程度も吸収される．緑の濃い葉では緑色光の吸収率が90％を超えることもある．そして，吸収された緑色光は光合成に役立つ．

葉の内部には表側が明るく，裏側が暗いという光環境勾配がある．柵状組織は光を内部に透過させやすく，海綿状組織は光を

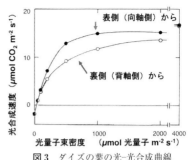

図3 ダイズの葉の光-光合成曲線
裏側照射時には，海綿状組織で多くの光が吸収され，柵状組織の陽葉緑体が光飽和しにくい．表側照射だとシャープな曲線が得られる．

散乱させるので，海綿状組織に到達した緑色光はよく吸収される．こうして，葉の内部では，光吸収量の勾配はやや緩和されている．それでも存在する光吸収量の勾配に対応して，葉緑体も陽葉緑体から陰葉緑体へと徐々に変わる．これらは，葉に表側から光を照射した際，光合成の効率を上昇させるのに貢献している（図3）．しかし，このような調整は完全ではない．葉に照射する光強度を徐々に上昇させると，やはり，葉の表側に近い葉緑体のほうが深い場所にある葉緑体よりも先に光飽和に達する傾向にある．このような状態で，さらに照射光を強めた場合，それに含まれる青色光や赤色光は葉の表面付近で吸収され，熱となって散逸される．一方，緑色光は吸収されにくいからこそ葉の奥深くに達し，そこで光飽和に達していない葉緑体の光合成を駆動することができる．葉が緑色なのは，吸収されにくい緑色光をうまく利用するための必要悪なのである．

葉肉細胞の表面にびっしり並んだ葉緑体にまんべんなく光を吸収させるためには，緑色光が有効である．緑色光の吸収率の上昇には，海綿状組織の光を散乱させやすい形態が鍵となっている． 〔寺島一郎〕

45

人工光合成
Artificial photosynthesis

ポルフィリン，キノン，フラーレン，励起エネルギー移動，電子移動，マーカス理論

人工光合成は，狭義では，植物や光合成細菌の生体膜中にある光合成反応中心で進行する光合成明反応を化学合成したモデル分子で再現することをいう．光反応による水の水素と酸素への分解反応や，二酸化炭素の還元反応など，光合成の重要な過程を人工系で再現することを人工光合成と呼ぶこともある．太陽光を利用した有用物質の合成も人工光合成と呼ばれる．もっと広義に，太陽光発電全般をいう場合もある．

光合成細菌のエネルギー獲得過程は，比較的に単純である（図1）．まず光合成反応中心が光励起されると電子移動 (electron transfer) が起こり，ラジカルカチオンとラジカルアニオンが生成する．ラジカルアニオンの電子は，近接した数個の光合成色素に伝搬され，ある程度の長い寿命をもつ電荷分離状態が生成する．この電荷分離状態を利用して，生体膜を介したプロトンの能動輸送が行われて，エネルギーを蓄積する．プロトンが濃度勾配に沿って，ATPaseを通過すると，ATPaseが回転し，ADPから高エネルギー物質であるATPが生産される．

光合成細菌の光合成反応中心

1884年に光合成バクテリアの反応中心の結晶構造が明らかにされた（図2）．バクテリオクロロフィル二量体（P），バクテリオクロロフィル（B），バクテリオフェオフィチン（H），メナキノン（Q）などが対称性の高い構造に配置されていることがわかった．この構造により，光合成反応中心のさまざまな性質を説明できることがわかり，最初の論文発表からわずか4年でノーベル化学賞に選ばれた（Huber, Deisenhofer, Michel）．最初の電子移動は，PからH_Aに3 psで進行する．B_Aが最初の電子アクセプターであるとする研究者も多い．H_Aにある電子は，Q_Aに，そしてQ_Bへと移動する．Q_Bは2電子を受け取ってプロトン化され，ヒドロキノンQ_BH_2となって，中性のキノンQ_Bと交換される．こうして，電荷分離状態が生成される．H_Aに渡された電子が，Pのカチオンラジカルに戻る逆電子移動が起きると電荷分離の効率が低下するが，この逆電子移動は，Q_Aへの電子移動よりもはるかに遅いために，進行しない．この発熱性の高い逆電子移動が抑制されることを，マーカスの電子移動理論（1992年ノーベル化学賞）で説明できる．その後，植物の光化学系IIの反応中心も同様な構造と機能をもっていることがわかった．

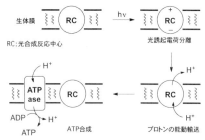

図1　光合成細菌におけるエネルギー獲得の概念図

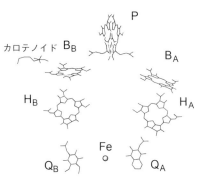

図2　光合成細菌の光合成反応中心

人工光合成モデル

光合成反応中心の構造決定以前から，クロロフィルやポルフィリン（porphyrin）を電子ドナーとし，キノン（quinone）やジイミドを電子アクセプターとして共有結合で繋いだ分子が，人工光合成モデルとして広範に研究された．代表的なポルフィリン-キノン結合分子では，多くの場合，光励起ポルフィリンからキノンへの分子内電子移動が進行し，ポルフィリンカチオンラジカルとキノンアニオンラジカルが生成するが，その後逆電子移動により，原系に戻る．これでは，エネルギー獲得にはつながらない．マーカス理論（Marcus theory）によれば，電子移動速度は，電子的カップリングの大きさと電子移動に伴う自由エネルギー変化と電子移動の再配向エネルギーの兼ね合いで決まる．数多くの実験により，マーカス理論の妥当性が支持され，確立されるに至っている．ポルフィリン-キノンの光合成モデルの発展形として，3成分以上のモデル分子も数多く合成され，より長い寿命をもつ電荷分離状態を発生しうる分子への設計指針が確立された．キノンに比較してフラーレンは，電子移動に伴う再配向エネルギーが小さいために，逆電子移動を抑制することができる．このため，寿命の長い電荷分離状態の生成にはフラーレンを電子アクセプターとした分子が有利である．

Gustらにより開発された最も天然に近い光合成モデル分子系を図3に示す．カロテノイド（C）-ポルフィリン（Por）-ナフトキノン（NQ）の3成分が連結した分子を人工ベシクル中に異方的に配置し，膜内を移動できるシャトル型キノン分子（Q_s）を加える．これを光照射すると電荷分離状態が生成し，続いてQ_sに電子が移動し，Q_sのアニオンラジカルが生成する．Q_sのアニオンラジカルは，プロトンのシャトル移動を媒介し，人工膜を介したプロトンの能動輸送を達成する．さらに同じベシクル中で

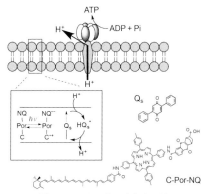

図3 Gustらの人工光合成の例

ATP合成ユニットであるATPaseを導入すると，ATPが生成する．

アンテナと呼ばれる光捕集部位をモデル化する研究も広範に行われている．太陽光のさまざまな波長の光を異なる色素で吸収し，その励起エネルギーを数少ない反応中心に伝搬するには，効率の高い励起エネルギーネットワークが重要である．バクテリオクロロフィルが環状に配置された光捕集タンパク質LH1やLH2で環状に速い励起エネルギーが達成されている．ほかに，タンパク質のない光合成色素の固まりともいうべきクロロソームと呼ばれる光捕集タンパク質も知られている．いずれの場合も，構造や機能を模倣した人工光合成型アンテナ分子系が開発されている．光励起エネルギー移動は，機構的には双極子-双極子相互作用で進行するFörster機構と電子交換相互作用で進行するDexter機構が知られている．前者では，比較的遠距離でも励起エネルギー移動が進むのに対し，後者では近距離でしか励起エネルギー移動は進まない．数多くの光合成モデルが合成され，研究されたことにより，こうした励起エネルギー移動の機構的研究も進展した．

〔大須賀篤弘〕

第 3 章

光の情報利用

3.1　光環境応答
3.2　視覚

46

光と菌類の生活史
Light and fungal life history

光屈性，光形態形成，概日時計

菌類（fungi）は，光をエネルギー源として利用する独立栄養生物ではない．しかし，生存競争で生き残るために重要な環境シグナルの1つとして光を受容し応答する仕組みを備えている．

菌類の光応答

菌類の繁殖は，細胞分裂，菌糸の栄養成長，無性胞子および有性胞子の散布により行われ，それらの過程の多くに光がかかわる．以下に，菌類における光応答の代表的な例を紹介する．

多くの子嚢菌（カビの仲間）の無性胞子（分生子）は，風による散布のため，菌糸が大気中に出てから形成される．また，多くの子嚢菌において，光が分生子の形成を促進することが知られている．これらの菌は，菌糸が土の中など胞子が飛散しにくい基質内にいるのか大気中に出ているのかを知る手がかりの1つとして光を利用しているものと考えられている．

子嚢菌類では，有性生殖が光により促進される種と抑制される種が知られている．一方，担子菌類（キノコの仲間）では，ほとんど例外なく有性生殖が青色光により誘導される．

無性，有性の胞子が，より広い空間に飛散するように，胞子を形成する構造体が光シグナルに応答して向きを変える場合が知られている．無性胞子を形成する構造体の光応答の例としては，下等菌類の一種ヒゲカビ（*Phycomyces blakesleeanus*）の胞子嚢柄の屈光性（phototropism）がよく知られている（図1）．この菌の胞子嚢柄は，頂部に胞子嚢をもつ長さが10 cm以上にも達する巨大単細胞であり，正の光屈性を示す．

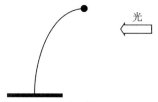

図1　ヒゲカビ胞子嚢柄の正の光屈性

その光屈性は広範囲の光強度（$10^{-9} \sim 10$ W/m^2）で起こるが，それは異なる光強度で働く2つの光受容・応答系の存在により可能となっている．また，順応機構により，明るさが刻々変化する環境においても胞子嚢柄が光に向かうように反応することができる．このような正の光屈性には青色光が最も有効である．

有性生殖の過程で形成される子実体あるいは子実体原基が光応答を示す例としては，子嚢菌アカパンカビ（*Neurospora crassa*）の子実体である子嚢殻の頂部にある頸部（beak）と呼ばれる胞子を放出する構造が正の光屈性を示すことがよく知られている．また，担子菌ウシグソヒトヨタケ（*Coprinopsis cinerea*）などの子実体原基は光形態形成（photomorphogenesis）により胞子散布の効率化を図ることが知られている（図2）．子実体原基は，将来傘と柄になる菌糸組織をもつ頂部とそれを支える基部からなる．原基は，形成直後は高さが1 mmほどと小さいが，牛糞や堆肥の中など薄暗い場所で形成された場合には，成長するにつれ，基部が負の重力屈性と正の光屈性を示しながら徒長し，頂部が糞などの表面近くに達すると，光が頂部発生の引き金を引く．発生過程では，まず傘において有性胞子（担子胞子）が形成され，次に胞子をより効率よく散布するために強い負の重力屈性を示す柄が垂直に10 cmほど伸びて傘を持ち上げ，最後に傘が展開する．

1日の特定の時間帯に胞子を形成することにより胞子の散布効率や生存率の向上が

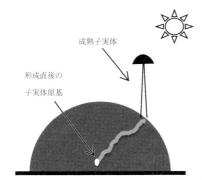

図2 ウシグソヒトヨタケ子実体原基の光形態形成

図られる場合が知られている．たとえば，上記のウシグソヒトヨタケの例では，傘は真夜中に開く．また，アカパンカビでは，分生子の形成は暗くなってから始まるが，それは概日時計によるものであり，時計の同調（entrainment）に青色光がかかわっていることが示されている（下記参照）．

　光は，繁殖の効率化だけでなく，光の有害な影響を減ずるために，カロテノイドなどの色素の生合成を活性化する．また，カビ毒などの二次代謝産物の合成に光がかかわっている場合がある．たとえば，子嚢菌コウジカビの一種 *Aspergillus nidulans* では，光はカビ毒ステリグマトキシンの合成を抑制する．

菌類が受容する光の波長および光受容のメカニズム

　菌類は近紫外から遠赤外にわたる広範囲の波長域の光を受容するが，菌類の生活史に最も大きく関与するのは青色光である．

　青色光受容の分子機構は，アカパンカビの青色光受容にかかわる2つの突然変異遺伝子 *wc-1*，*wc-2* の解析を通して解明された．*wc-1* 遺伝子の産物 WC-1 は，ジンクフィンガー DNA 結合ドメイン，タンパク質相互作用にかかわる PAS ドメイン，転写活性化ドメイン，核移行シグナル，および発色団を結合する LOV ドメインをもつ．

　wc-2 遺伝子の産物 WC-2 は，ジンクフィンガードメイン，PAS ドメインおよび核移行シグナルをもつ．WC-1 と WC-2 は PAS ドメインを介して複合体（WCC）を形成する．青色光照射を受けると，フラビン発色団（FAD）が LOV ドメインのシステイン残基に共有結合し，タンパク質の構造変化を引き起こし，WCC は光応答遺伝子のプロモーターに結合して転写を活性化する．このように，菌類の青色光受容体は転写因子の機能ももっている．アカパンカビでは WCC は光応答開始の役目だけでなく，概日時計の中心的構成要素として働くこともわかっている．さらに，アカパンカビでは，LOV ドメインをもつもう1つの青色光受容体 VVD が知られており，これは光順応に関与する．WCC による青色光受容系は，菌類で広く保存されている．今後，さまざまな菌が示す光応答について WCC 下流の経路の解明が期待される．なお，上記の *A. nidulans* における光応答の例では，WCC に加えて赤色光を受容するフィトクロムも関与していることが示されている．

　菌類は，上記の WC-1，WC-2，VVD，フィトクロムの遺伝子のほかに，それぞれ近紫外・青色光および緑色光を受容する受容体候補タンパク質としてクリプトクロムおよびオプシンをコードする遺伝子をもつものがある．しかし現在のところ，それらの働きについては明らかでない．

〔鎌田　堯〕

47

光と藻類の生活史
Light and algal life history

チャネルロドプシン，フォトトロピン，PAC，オーレオクロム，藻類

　藻類（algae）とは主として水中で光合成をして生活している多様な真核生物をさす．シアノバクテリア（ラン藻）は原核細胞なので，現在は藻類には含めない．
　図1に示すように，緑色植物はクラミドモナスや，アオサなどのいわゆる緑藻と，陸上植物にシャジクモや接合藻を加えたストレプト植物に大別される．一方，黄色植物やクリプト藻，ハプト藻，渦鞭毛藻，ユーグレナなどの，二次細胞内共生藻類は，緑色植物とは系統を異にし，多くは二次，あるいは三次細胞内共生によってできた葉緑体をもっている．
　これら大系統群はそれぞれ，独自に進化した共通の光受容体をもつようである．たとえば，ストレプト植物はフォトトロピン（以下，photと略）やフィトクロム（phy）を共通にもつが，緑藻類はphyをもたない．黄色植物は別の青色光受容体オーレオクロム（aureochrome；aureo）を共通にもつが，photもphyももたない．一方，チャネルロドプシン（channelrhodopsin；chr）などのロドプシン類が緑藻，クリプト藻，渦鞭毛藻に分布し，青緑色光のセンシングに働いているという興味深い共通性もみられる．青色光で活性化するアデニルシクラーゼPACはミドリムシの光走性を制御しているが，他の藻類には見つかっていない．
　生物は太古に海中で生まれた．水は長波長の光を吸収するため，深海中には青緑色光（450〜500 nm）しか届かない．そのためであろうが，ほとんどの生物が青色光を用いた生活史制御系を維持している．
　藻類は植物なので，光合成に有効な光が必要なのは当然であるが，成長，運動，形態形成，有性生殖といった生活史の各局面も光により制御されている（図2，3）．それらの反応に有効な光と関与する受容体を表1に示す．
　これまでに同定された藻類の光受容体の構造を図4に示す．緑藻ではロドプシン類が緑色光受容体として光走性を，photが青色光を受容して配偶子形成や接合子の発芽を制御している．藻類のクリプトクロムやDNA修復酵素についての研究例はまだ決

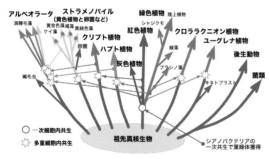

図1　藻類の系統
緑色植物（緑藻とシャジクモ類を含むストレプト植物）と紅色植物（紅藻），灰色植物（灰色藻）の葉緑体はシアノバクテリアの一次細胞内共生に起源するが，褐藻，ケイ藻など黄色植物の葉緑体は紅藻類の二次細胞内共生に起源する．

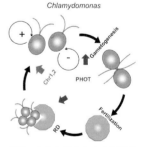

図2　クラミドモナスの生活史と光
光走性は緑色光，配偶子形成と接合子との発芽には青色光が働く．

朝倉書店〈生物科学関連書〉ご案内

植物ウイルス大事典
日比忠明・大木 理監修
B5判 944頁 定価（本体32000円+税）（42040-1）

現代の植物ウイルス学の発展は目覚ましく，主要な植物ウイルスはほぼすべてでゲノムの全塩基配列が明らかにされ，分子系統学的な分類体系が確立されている。本書はこうした状況を受け，わが国に発生する植物ウイルスについてまとめた待望の大事典である。第一線の研究者の編纂・執筆により，国際ウイルス分類委員会によるウイルス分類に基づいた最新の情報を盛り込んだ，実際の診断・同定はもとより今後のウイルス研究の発展のために必須の知識を得られる基礎資料。

オックスフォード 生物学辞典
E.マーティン・R.S.ハイン編　大島泰郎・鵜澤武俊監訳
A5判 600頁 定価（本体12000円+税）（17135-8）

定評あるオックスフォード大学出版局の辞典シリーズの一冊"A Dictionary of Biology"（第5版）の翻訳。分子生物学，生化学，生理学，細胞生物学，発生生物学，動物行動学，生態学，微生物学など生物学に関連する5000以上の重要な用語を選定して解説し，五十音順に配列した。生物学とその周辺分野の学生，研究者，技術者にとって必携の辞典。〔内容〕アミノ酸／細胞間結合／触覚／生物多様性／胚胞／バイオインフォマティクス／バイオテクノロジー／被子植物／ビオトープ／他

環境と微生物の事典
日本微生物生態学会編
A5判 448頁 定価（本体9500円+税）（17158-7）

生命の進化の歴史の中で最も古い生命体であり，人間活動にとって欠かせない存在でありながら，微小ゆえに一般の人々からは気にかけられることの少ない存在「微生物」について，近年の分析技術の急激な進歩をふまえ，最新の科学的知見を集めて「環境」をテーマに解説した事典。水圏，土壌，極限環境，動植物，食品，医療など8つの大テーマにそって，1項目2～4頁程度の読みやすい長さで微生物のユニークな生き様と，環境とのダイナミックなかかわりを語る。

日本産アリ類図鑑
寺山 守・久保田敏・江口克之著
B5判 336頁 定価（本体9200円+税）（17156-3）

もっとも身近な昆虫であると同時に，きわめて興味深い生態を持つ社会昆虫であるアリ類。本書は日本産アリ類10亜科59属295種すべてを，多数の標本写真と生態写真をもとに詳細に解説したアリ図鑑の決定版である。前半にカラー写真（全属の標本写真，および大部分の生態写真）を掲載，後半でそれぞれの分類，生態，分布，研究法，飼育法などを解説。また，同定のための検索表も付属する。昆虫，とりわけアリに関心を持つ学生，研究者，一般読者必携の書。

菌類の事典
日本菌学会編
B5判 736頁 定価（本体23000円+税）（17147-1）

菌類（キノコ，カビ，酵母，地衣類等）は生態系内で大きな役割を担う生物であり，その研究は生物学の発展に不可欠である。本書は基礎・応用分野から菌類にまつわる社会文化まで，菌類に関する幅広い分野を解説した初の総合事典。〔内容〕基礎編：系統・分類・生活史／細胞の構造と生長・分化／代謝／生長・形態形成と環境情報／ゲノム・遺伝子／生態，人間社会編：資源・利用（食品，産業，指標生物，モデル生物）／有害性（病気，劣化，物質）／文化（伝承・民話，食文化等）

図説生物学30講
楽しく学ぶ生物学の入門書

〈動物編〉1 生命のしくみ30講
石原勝敏著
B5判 184頁 定価（本体3300円+税）（17701-5）

生物のからだの仕組みに関する30の事項を，図を豊富に用いて解説。細胞レベルから組織・器官レベルの話題までをとりあげる。章末のTea Timeの欄で興味深いトピックを紹介。〔内容〕酵素の発見／細胞の極性／上皮組織／生殖器官／他

〈動物編〉2 動物分類学30講
馬渡峻輔著
B5判 192頁 定価（本体3400円+税）（17702-2）

動物がどのように分類され，学名が付けられるのかを，具体的な事例を交えながらわかりやすく解説する。〔目次〕生物の世界を概観する／生物の普遍性・多様性／分類学の位置づけ／研究の実例／国際命名規約／種とは何か／種と分類の問題点／他

〈動物編〉3 発生の生物学30講
石原勝敏著
B5判 216頁 定価（本体4300円+税）（17703-9）

「生物のからだは，どのようにできていくのか」という発生生物学の基礎知識を，図を用いて楽しく解説。各章末にコラムあり。〔内容〕発生の基本原理／卵割と分子制御／細胞接着と細胞間結合／からだづくりの細胞死／老化と寿命／他

〈植物編〉1 植物と菌類30講
岩槻邦男著
B5判 168頁 定価（本体2900円+税）（17711-4）

植物または菌類とは何かという基本定義から，各々が現在の姿になった過程，今みられる植物や菌類たちの様子など，様々な話題をやさしく解説。〔内容〕藻類の系統と進化／種子植物の起源／陸上生物相の進化／シダ類の多様性／担子菌類／他

〈植物編〉2 植物の利用30講
岩槻邦男著
B5判 208頁 定価（本体3500円+税）（17712-1）

人と植物の関わり，植物の利用などについて，その歴史・文化から科学技術の応用までを楽しく解説。〔内容〕役に立つ植物，立たない植物／農業の起源／栽培植物の起源／遺伝学と育種／民俗植物学／薬用植物と科学的創薬／果物と果樹／他

〈植物編〉3 植物の栄養30講
平澤栄次著
B5判 192頁 定価（本体3500円+税）（17713-8）

植物の栄養（肥料を含む）の種類や，その摂取・同化のしくみ等を解説する，植物栄養学のテキスト。〔内容〕土と土壌／窒素同化／炭素と同化産物の転流／カリウム／微量必須元素／有害元素／遺伝子組換え／有機肥料／家庭園芸用肥料／他

〈植物編〉4 光合成と呼吸30講
大森正之著
B5判 152頁 定価（本体2900円+税）（17714-5）

生物のエネルギー供給システムとして重要な「光合成」と「呼吸」について，様々な話題をやさしく解説。〔内容〕エネルギーと植物／葉緑体の光合成光化学反応／藍藻の出現／光合成色素／光呼吸と酸素阻害／呼吸系の調節／光環境応答／他

〈植物編〉5 代謝と生合成30講
芦原 坦・加藤美砂子著
B5判 176頁 定価（本体3400円+税）（17715-2）

植物は，光エネルギーにより無機物質を有機化合物に変換し，様々な物質を生み出すことによって，生命を維持している。本書は，その複雑な仕組みを図を用いて平易に解説。〔内容〕植物の代謝／植物細胞／酵素／遺伝子発現／代謝調節／他

〈環境編〉1 環境と植生30講
服部 保著
B5判 168頁 定価（本体3500円+税）（17721-3）

植生（生物集団）は環境条件の指標としてよく用いられる。本書では，里山林・照葉樹林・湿原・草原などの現状，環境保全等を具体事例を掲げ，興味深く解説。〔内容〕植生／照葉樹林／照葉樹林構成種／神社に残された森／里山林／群落／他

〈環境編〉2 系統と進化30講
岩槻邦男著
B5判 216頁 定価（本体3500円+税）（17722-0）

多様に分化して地球表層に適応した生物相をつくっている現生生物が，歴史的にどのように発展してきたかを平易に俯瞰的に解説。〔内容〕地球の誕生と生命の起源／原核生物の進化と系統／酸素発生型光合成の起源／真核生物の起源／他

〈環境編〉3 動物の多様性30講
馬渡峻輔著
B5判 192頁 定価（本体3400円+税）（17723-7）

本書では，動物界の多様性の全貌を把握するために，より理解が深められるよう，従来の一般的に教科書とは構成を逆にして，ヒトが属する脊椎動物から海綿・平板動物へと解説した。豊富なイラストを駆使して，視覚的にもわかるよう配慮。

知られざる動物の世界〈全14巻〉
貴重な生態写真と解説で "知られざる動物" の世界を活写

1. 食虫動物・コウモリのなかま
前田喜四雄監訳
A4変判 120頁 定価（本体3400円+税）（17761-9）

哺乳類の中でも特徴的な性質を持つ食虫動物のなかま（モグラ・ハリネズミなどの食虫目、およびアリクイ・アルマジロ・センザンコウ）、最も繁栄している哺乳類の一つでありながら人目に触れることの少ないコウモリ類を美しい写真で紹介。

2. 原始的な魚のなかま
中坊徹次監訳
A4変判 120頁 定価（本体3400円+税）（17762-6）

魚類の中でも原始的な特徴をもつ数種を一冊にまとめて紹介。バタフライフィッシュ、アフリカンナイフ、ヌタウナギ、ヤツメウナギ、ハイギョ、シーラカンス、ビキール、エビ腹、チョウザメ、ガー、アロワナ、ピラルク、サラトガなどを収載。

3. エイ・ギンザメ・ウナギのなかま
中坊徹次監訳
A4変判 128頁 定価（本体3400円+税）（17763-3）

軟骨魚綱からエイ・ギンザメ類、硬骨魚綱から独特の生態を持つことで知られるウナギ類を美しい写真で紹介。ノコギリエイ、シビレエイ、ゾウギンザメ、ヨーロッパウナギ、ハリガネウミヘビ、アナゴ、ターポン、デンキウナギなどを収載。

4. サンショウウオ・イモリ・アシナシイモリのなかま
松井正文監訳
A4変判 130頁 定価（本体3400円+税）（17764-0）

独特の生態をもつ両生類の中から、サンショウウオ、イモリ、アシナシイモリの仲間を紹介。オオサンショウウオ、トラフサンショウウオ、マッドパピー、ホライモリ、アホロートル、アカハライモリ、マダラサラマンドラなどを収載。

5. 単細胞生物・クラゲ・サンゴ・ゴカイのなかま
林 勇夫監訳
A4変判 130頁 定価（本体3400円+税）（17765-7）

水中に暮らす原始的な生物を、微小なものから大きなものまでまとめて美しい写真で紹介。アメーバ、ゾウリムシに始まりカイメン、クラゲ、ヒドロ虫、イソギンチャク、サンゴ、プラナリア、ヒモムシ、ゴカイ、ミミズ、ヒルなどを収載。

6. エビ・カニのなかま
青木淳一監訳
A4変判 128頁 定価（本体3400円+税）（17766-4）

無脊椎動物の中から、海中・陸上の様々な場所に棲み45000種以上が知られる甲殻類の代表的なものを美しい写真で紹介。フジツボ類、シャコ類、アミ類、ダンゴムシ類、エビ類、ザリガニ類、ヤドカリ類、カニ類、クーマ類などを収載。

7. クモ・ダニ・サソリのなかま
青木淳一監訳
A4変判 128頁 定価（本体3400円+税）（17767-1）

節足動物の中でも独特の形態をそなえる鋏角類（クモ、ダニ、サソリ、カブトガニ等）・ウミグモ類のさまざまな種を美しい写真で紹介。ウミグモ、カブトガニ、ダイオウサソリ、ウデムシ、ダニ類、タランチュラ、トタテグモなどを収載。

8. 小型肉食獣のなかま
本川雅治訳
A4変判 120頁 定価（本体3400円+税）（17768-8）

興味深い生態を持つ優れたハンターでありながら図鑑などで大きく取り上げられることの少ない小型の肉食獣を紹介。アライグマ、レッサーパンダ、イタチ、カワウソ、アナグマ、クズリ、ジャコウネコ、マングース、ミーアキャットなどを収載。

9. 地上を走る鳥のなかま
樋口広芳監訳
A4変判 128頁 定価（本体3400円+税）（17762-6）

鳥の中でも独特の特徴を持つグループ「飛ばない鳥」を紹介。ダチョウ、エミュー、ヒクイドリ、レア、キーウィ、クジャク、シチメンチョウ、キジ、オライチョウ、セキショクヤケイ、ノガン、ミフウズラ、スナバシリ、コトドリなどを収載。

10. 毒ヘビのなかま
疋田 努監訳
A4変判 120頁 定価（本体3400円+税）（17770-1）

魅力的でありながらも恐ろしい毒ヘビの生態や行動を紹介。キングコブラ、アオマダラウミヘビ、タイガースネーク、パフアダー、ガボンバイパー、ラッセルクサリヘビ、マツゲハブ、マレーマムシ、ヨコバイガラガラヘビ、マサソーガなどを収載。

11. サメのなかま
山口敦子監訳
A4変判 128頁 定価（本体3400円+税）（17771-8）

狩猟と殺戮に特化した恐ろしい海のハンター、サメ類の興味深い生態の数々を紹介。ネコザメ、テンジクザメ、ナースシャーク、ジンベエザメ、メジロザメ、シュモクザメ、メガマウス、ネムリブカ、ホホジロザメ、ノコギリザメなどを紹介。

12. ナマズのなかま
松浦啓一訳
A4変判 120頁 定価（本体3400円+税）（17772-5）

世界中の淡水に分布し、特徴的な姿で観賞魚としても人気のあるナマズ類を紹介。ギギ、ヒレナマズ、デンキナマズ、シートフィッシュ、シャーク・キャットフィッシュ、ゴンズイ、サカサナマズ、アーマード・キャットフィッシュなどを紹介。

13. 甲虫のなかま
青木淳一監訳
A4変判 128頁 定価（本体3400円+税）（17773-2）

種数にして全動物の三分の一を占め、地球上で最も繁栄している動物群の一つである甲虫類を紹介。オサムシ、ハンミョウ、ゲンゴロウ、ジョウカイボン、テントウムシ、カブトムシ、クワガタムシ、フンコロガシ、カミキリムシなどを収載。

14. セミ・カメムシのなかま
友国雅章訳
A4変判 128頁 定価（本体3400円+税）（17774-9）

「バグ」という英語が本来示すのは半翅目すなわちセミ・カメムシのなかまのことである。人間社会に深い関わりを持つ彼らの中からカメムシ、セミ、アメンボ、トコジラミ、サシガメ、ウンカ、ヨコバイ、アブラムシ、カイガラムシなどを紹介。

シリーズ〈生命機能〉1 生物ナノフォトニクス —構造色入門—

木下修一著
A5判 288頁 定価(本体3800円+税)(17741-1)

ナノ構造と光の相互作用である"構造色"(発色現象)を中心に,その基礎となる光学現象について詳述。〔内容〕構造色とは／光と色／薄膜干渉と多層膜干渉／回折と回折格子／フォトニック結晶／光散乱／構造色研究の現状と応用／他

シリーズ〈生命機能〉2 視覚の光生物学

河村 悟著
A5判 212頁 定価(本体3000円+税)(17742-8)

光を検出する視細胞に焦点をあて,物の見える仕組みを解説／網膜／視細胞の光応答発生メカニズム／視細胞の順応メカニズム／桿体と錐体／桿体と錐体の光応答の性質の違いを生みだす分子基盤／網膜内および視覚中枢での視覚情報処理

シリーズ〈生命機能〉3 記憶の細胞生物学

小倉明彦・冨永恵子著
A5判 212頁 定価(本体3200円+税)(17743-5)

記憶の仕組みに関わる神経現象を刺激的な文章で解説。〔内容〕記憶とは何か／ニューロン生物学概説／記憶の生物学的研究小史／ヘッブの仮説／無脊椎動物・哺乳類での可塑性研究のパラダイム転換をめざして／記憶の障害

シリーズ〈生命機能〉4 物理学入門 —自然・生命現象の基本法則—

渡辺純二著
A5判 180頁 定価(本体2900円+税)(17744-2)

ダイナミックな生命システムを理解するために必要な物理の世界をエッセンシャルに解説。〔内容〕マクロな世界の法則：力学および電磁気学／ミクロな世界の法則：量子力学／ミクロとマクロをつなぐ法則：統計物理学／ゆらぎと緩和過程

図説 日本の樹木

鈴木和夫・福田健二編著
B5判 208頁 定価(本体4800円+税)(17149-5)

カラー写真を豊富に用い,日本に自生する樹木を平易に解説。〔内容〕概論(日本の林相・植物の分類)／各論(10科—マツ科・ブナ科ほか,55属—ヒノキ属・サクラ属ほか,100種—イチョウ・マンサク・モウソウチクほか,きのこ類)

図説 無脊椎動物学

R.S.K.バーンズ他著 本川達雄監訳
B5判 592頁 定価(本体22000円+税)(17132-7)

無脊椎動物の定評ある解説書The Invertebrate—a synthesis—(第3版)の翻訳版。豊富な図版を駆使し,無脊椎動物のめくるめく多様性と,その奥にひそむ普遍性《生命と進化の基本原理》が,一冊にして理解できるよう工夫のこらされた力作

新しい遺伝子工学

半田 宏編著
A5判 200頁 定価(本体3100円+税)(17160-0)

遺伝子工学分野の学生や研究者に加え,入門者や他分野の研究者をも広く対象としている教科書。〔目次〕遺伝学から遺伝子工学／遺伝子をクローニングする／遺伝子の構造を調べる／遺伝子の機能を調べる／遺伝子を利用する

生物多様性と生態学 —遺伝子・種・生態系—

宮下 直・井鷺裕司・千葉 聡著
A5判 184頁 定価(本体2800円+税)(17150-1)

遺伝子・種・生態系の三部構成で生物多様性を解説した教科書。〔内容〕遺伝的多様性の成因と測り方／遺伝的多様性の保全と機能／種の創出機構／種多様性の維持機構とパターン／種の多様性と生態系の機能／生態系の構造／生態系多様性の意味

3Dで探る 生命の形と機能

綜合画像研究支援編
B5判 120頁 定価(本体3200円+税)(17157-0)

バイオイメージングにより生命機能の理解は長足の進歩を遂げた。本書は豊富な図・写真を活用して詳述。〔内容〕3D再構築法と可視化の基礎／3Dイメージング／胚や組織の3D再構築法／電子線トモグラフィ法／各種顕微鏡による3D再構築法。

ISBNは978-4-254-を省略

(表示価格は2015年11月現在)

朝倉書店
〒162-8707 東京都新宿区新小川町6-29
電話 直通(03)3260-7631 FAX(03)3260-0180
http://www.asakura.co.jp eigyo@asakura.co.jp

表 1 藻類の光反応と光受容体
青は 450 nm，緑は 500 nm 近辺の光をさすものとする．光受容体の略称は図 4 を参照．"?" は予測光受容体，"??" は光受容体が未確定であることを示す．

属名	反応	光質	光受容体
紅藻			
Bangia	胞子発芽	緑	?
緑藻			
Chlamydomonas	光走性	緑	chr
Chlamydomonas	Chl. 形成	青	phot ?
Chlamydomonas	有性生殖接合子発芽	青	phot ?
Volvox	光走性	緑	chr
Acetabularia	毛形成	青	? ?
Acetabularia カサノリ	笠発生/光電位反応	青，緑	chr ?
Osterococcus	上下運動？	緑	chr ?
Ulva アオサ	配偶子形成	青	? ?
Bryopsis ハネモ	有性，光屈性	青	? ?
ストレプト植物			
Spirogyra アオミドロ	仮根形成	赤/遠赤	phy
Mougeotia ヒザオリ	葉緑体運動	赤，青	neo, phot
Mesotaenium	葉緑体運動	赤，青	neo, phot
Chara シャジクモ	成長	青，赤/遠赤	phot phy
黄色植物			
Vaucheria フシナシミドロ	分枝，有性生殖	青	aureo
Fucus (褐藻) ヒバマタ	受精卵の発芽極性	青	? ?
Laminaria (褐藻) コンブ	成長，配偶子形成	青	? ?
Ectocarpus (褐藻)	光走性，成長	青	? ?
Scytosiphon (褐藻) カヤモノリ	成長，配偶子形成	青	? ?
Sargassum (褐藻) ホンダワラ	形態形成	青	? ?
Phaeodactyrum (ケイ藻)	細胞周期制御 (G1 → S)	青	aureo
ミドリムシ			
Euglena	光鷲動反応	青	pac
クリプト藻			
Guillardia	光走性	青緑	chr ?
渦鞭毛藻			
Gonyaulax	光走性？	青緑	chr ?
Scrippsiella	胞子発芽	青緑	chr ?

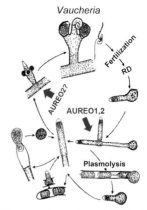

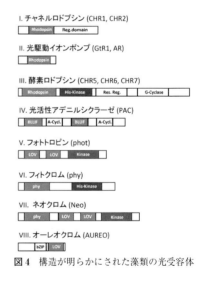

図 3 フシナシミドロの生活史と光
光屈性や分枝誘導，生殖器官の形成には青色光だけが有効．

図 4 構造が明らかにされた藻類の光受容体

定的に欠けている．AUREO は黄色植物専用の青色光受容体で，褐藻にもケイ藻にも保存されている．これが褐藻ヒバマタ卵の発芽極性決定を制御している証拠はまだ得られていないが，ケイ藻の細胞周期を制御していることが 2013 年に報告された．一方，黄色植物は広く陸上植物や緑藻がもつ phot をもたない． 〔片岡博尚〕

光とコケ・シダ植物の生活史
Light and life histories of mosses and ferns

コケ植物，シダ植物，フィトクロム，クリプトクロム，フォトトロピン，光合成

　動物は減数分裂により直接配偶子（卵と精子）を形成する．一方，植物は減数分裂後に配偶子を分化させる前に，多細胞からなる配偶体（gametophyte）を形成する．被子植物の配偶体（胚のうと花粉管）は，光合成を行わず胞子体（sporophyte）に栄養的に従属している．一方，コケ・シダ植物の配偶体は光合成を行い独立して生活し，コケ植物に至っては生活史のほとんどを単相世代（n）の配偶体で生活する．コケ・シダ植物の配偶体発生過程において，光はエネルギー源および環境情報源として，重要な役割を果たす．本節では，コケ・シダ植物の生活史における光反応（図1）について解説する．

胞子の発芽
　コケ植物では，苔類・蘚類・ツノゴケ類のいずれにおいても光に依存した胞子（spore）発芽が知られている．蘚類のヒョウタンゴケ，ヤノウエノアカゴケ，ヒメツリガネゴケ，ツノゴケ類のミヤベツノゴケでは，胞子発芽は赤色光・遠赤色光受容体であるフィトクロム（phytochrome）に調節される．苔類のゼニゴケでは，光による波長依存性はみられず光合成が発芽に関与している．シダ植物のモエジマシダ，カニクサ，ホウライシダ，ミズワラビでは，胞子発芽はフィトクロムに調節される．また，ホウライシダにおける赤色光による発芽促進効果は青色光によって打ち消される．

配偶体の栄養成長
　コケ・シダ植物は，胞子発芽後に原糸体と呼ばれる糸状の構造を形成する．その後，細胞分裂を繰り返してコケ植物苔類では葉状体に，コケ植物蘚類では茎葉体に発達し，シダ植物では前葉体に発達する．この過程においてもさまざまな光応答が知られている．

　コケ植物蘚類ヒメツリガネゴケでは，クリプトクロム（cryptochrome）がオーキシンへの感受性を低下させオーキシンシグナルを抑制し，原糸体から茎葉体への分化を調節している．また，原糸体の光屈性，クロロフィルの蓄積はフィトクロムに調節される．分枝誘導はフィトクロムとクリプトクロムが関与する．また，分枝位置の決定，葉緑体光定位運動はフィトクロムおよび青色光受容体フォトトロピン（phototropin）に調節される．

　シダ植物ホウライシダでは胞子発芽後に生じる原糸体の伸長成長は赤色光により誘導される．また，青色光は胞子発芽を抑制するが，原糸体の細胞分裂を誘導し前葉体の発達を促進する．さらに，被子植物では光屈性，葉緑体光定位運動は青色光受容体のフォトトロピンに調節されるが，ホウライシダなど一部のシダ植物とヒザオリなどの一部

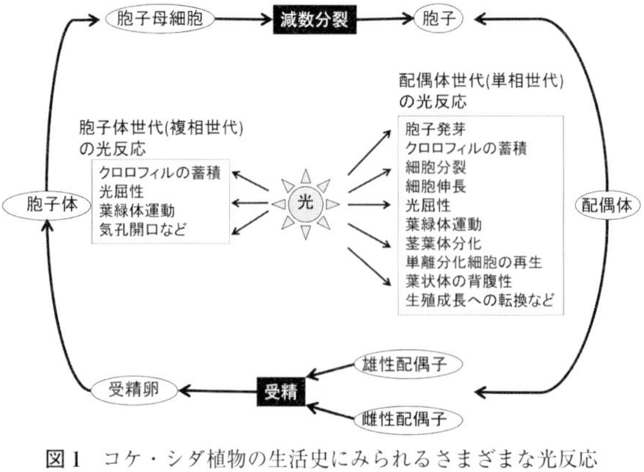

図1　コケ・シダ植物の生活史にみられるさまざまな光反応

の藻類ではフィトクロムの光受容ドメインとフォトトロピンを併せもつネオクロムという光受容体が存在するため，光屈性および葉緑体光定位運動は青色光に加えて赤色光でも誘導される．一方，ヒメツリガネゴケの葉緑体光定位運動は青色光だけでなく赤色光でも誘導されるものの，ヒメツリガネゴケのゲノムにネオクロム様遺伝子は存在しない．ヒメツリガネゴケの赤色光による葉緑体運動は，フィトクロムとフォトトロピンの相互作用により誘導されることが示唆されている．

配偶体の生殖成長への移行

ゼニゴケは長日条件で配偶体の栄養成長から生殖成長への転換が促進されることが知られている．さらに，通常の白色蛍光灯に遠赤色光を加えると，配偶体が栄養成長から生殖成長へ移行するため，活性型フィトクロム（Pfr型）は配偶体の栄養成長から生殖成長への移行を抑制していると考えられている．一方，ヒメツリガネゴケは短日条件低温下で生殖成長が促進される．また，シダ植物リチャードミズワラビでは雄性化ホルモンであるアンセリジオーゲン存在下で青色光が造精器形成を促進し赤色光はこれを抑制する効果をもつことが知られ，光は生殖器官誘導にも深くかかわっている．

単離分化細胞からの再生

コケ・シダ植物の配偶体は再生能力が高く，配偶体から単離したプロトプラストは再び配偶体を再生する．また，配偶体を構成する分化細胞を単離した際にも，白色光条件下で培養するだけで，植物ホルモンを含まない通常の培地上で再び幹細胞を作り正常な植物体を再生させる．これらの再生過程にも光が必要であることがわかっている．

胞子体の光反応

コケ植物の胞子体に対する光の効果はあまりよくわかっていないが，胞子嚢の発達に光が重要であることが知られている．また，苔類の胞子体は短命であるが，蘚類やツノゴケ類の胞子体は数か月以上生存し，光合成を行い，気孔を備えている．薄嚢シダであるホウライシダの胞子体では，光屈性が青色光に加えて赤色光でも誘導される．この赤色光による反応は単一の原糸体細胞の光屈性を制御する光受容体と同じネオクロムに調節される．また，シロイヌナズナなどの被子植物では気孔の開口がフォトトロピンを介して青色光によって誘導されるが，ホウライシダをはじめフォトトロピンをもつ複数の薄嚢シダにおいて，気孔の開口は青色光で誘導されないため，薄嚢シダの気孔開口にはフォトトロピンは関与しないと考えられている．また，ホウライシダの気孔開口は赤色光で誘導されるもののネオクロム遺伝子欠失株でも誘導されるため，気孔開口にはネオクロムも関与せず光合成が関与した反応であると考えられている．

ゲノム比較からみた光応答

ゲノム情報を用いた系統解析によると，光形態形成にかかわるほとんどの遺伝子は，陸上植物全体に保存されているため，光形態形成の基本的なメカニズムは共通していると考えられる．一方，フィトクロム，クリプトクロム，フォトトロピンは，系統ごとに独自に遺伝子数が増加しているため，遺伝子機能に多様性がみられる可能性が考えられる．たとえば，フィトクロムAタイプが裸子植物と被子植物にはみられるがコケ・シダ植物にはみられないこと，光による気孔開口制御が被子植物とシダ植物とで異なることなどは，各系統の光環境に対する光受容体の機能多様性を反映している例と考えられる．

〔佐藤良勝〕

49

光と種子植物の生活史
Light and seed-plant life history

光合成，光発芽，光形態形成，光周性，光屈性，葉緑体光定位

種子植物の生活史における光の役割は非常に大きい．ここでは，種子植物で行われているおもだった太陽光を利用した反応を概説する（図1）．種子植物の光反応は，色素／発色団と呼ばれる比較的低分子量の有機化合物がタンパク質と共有結合することで，光受容体を構成し，受容体ごとに異なる光吸収特性により信号伝達などを行うことに特徴がある（図2）．

光合成

経口で取り込んだ物質を消化することで生命活動エネルギーを獲得している動物と異なり，種子植物ではおもに葉器官の葉肉細胞（C_4植物では，維管束鞘細胞も）に葉緑体が分化し，その葉内器官で光合成をすることで，生命活動エネルギーを獲得している．葉緑体のチラコイド膜では，クロロフィル色素を利用したアンテナタンパク質複合体で太陽光を受け，その励起エネルギーを使って，水を分解し，プロトン（H^+）と酸素分子（O_2），そして電子（e^-）がつくられる．この電子によってNADP＋（酸化型）からNADPH（還元型）がつくられ，一方，チラコイド膜内外のプロトン濃度勾配を利用して，ATP合成酵素によってアデノシン三リン酸（ATP）がつくられる（明反応）．次にチラコイド膜の外側にあるストロマ（葉緑体基質）で，上記のNADPHとATPを使って，ルビスコにより二酸化炭素を固定し，ブドウ糖を合成する．この一連の反応がカルビン回路（暗反応）である．光合成速度は，光の強さはもちろんCO_2濃度や温度などの外的要因を強く受ける．光合成速度は，これらの要因のうち，最も少ないものによって決定されて

図1　植物の生活史と光信号が関与する現象

いる．光をそれ以上強くしても光合成速度が増加しなくなる光の強さを，光飽和点と呼ぶが，光の強さ・温度・二酸化炭素濃度のどれもが限定要因になりうる．光合成産物であるブドウ糖は，有機酸に変換され，アミノ酸代謝にも貢献する．つまり，光合成は，種子植物の生命活動のベースとなるシステムである．（休眠中の種子は，生命活動の低下により，また，発芽直後の幼苗は，種子中に蓄積した糖の利用で，光合成を必ずしも必要としない．）

光合成におけるエネルギー源としての光利用以外に，種子植物にとって光は重要な外的環境を伝える信号としての役割も果たしている．

葉緑体光定位

葉肉細胞中の葉緑体は，植物を取り巻く光環境で細胞内局在が変わることが知られている．光傷害を受けるほどの強光下では，葉緑体は細胞の側壁に移動し（逃避運動），光が弱ければ，細胞の表面上に移動（集合運動）して，活発に光合成を行う．この現象を葉緑体光定位（chloroplast photorelocation）運動といい，フォトトロピン光受容体制御である．

気孔の開閉

光合成能と深く関係のある光応答反応として，気孔の開閉（stomatal movement）が光の影響を受けることもよく知られている．この反応も，光受容体フォトトロピン

を介して起こる反応である.

光発芽

多くの植物は，種子の発芽に光を要求する．この反応は，光受容体フィトクロムによる制御が大きな貢献をしている．光の量や質に問題がある条件下では発芽をせずに休眠状態にとどまり，光が十分にあたる条件でのみ発芽する．植物が発芽に適した条件を知るための反応と考えられている．

同様な反応に，光形態形成と総称される，脱黄色化や避陰反応や光屈性がある．これらは植物にとって，最適の環境での成長を可能にするための形態形成反応である．

脱黄化

暗い場所で発芽した芽ばえは，栄養が十分でも，黄化状態，つまり，モヤシの形態をとる．植物は暗所では積極的に葉の展開を抑制し，茎を伸長させることで一刻も早く明るい環境に到達しようとするのである．そして，光を受けた黄化芽ばえは速やかに形態を変化させるとともに葉緑体を発達させ光合成を始める．これを脱黄化（de-etiolation）と呼ぶ.

光屈性

地面に根を張る植物は，移動ができない．そこで，細胞の膨圧や細胞伸長速度のバランスを変化させることで急激に形態を変える能力をもつことがある．光の方向に茎をまげる光屈性（phototropism）はその典型的な例である．この現象もフォトトロピン光受容体制御である．

避陰反応

森の高木の根元のように，他の植物がつくる日陰状態においては，光合成に適した赤色光成分が減少する．高所の葉のクロロフィルは可視光領域の光，特に青色光や赤色光を良く吸収するが，遠赤色光は吸収しない．そこで，植物は，フィトクロム光受容体を介し，赤色光と遠赤色光の比率をモニターし，他の植物の陰では，茎を伸ばすなどの応答を示してよりよい光環境を得よ

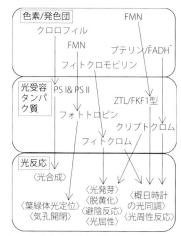

図2　植物光受容体と光信号が関与する現象

うと形態を変化させる．これを避陰反応（shade-avoidance response）と呼ぶ．

光周性

植物の生活史において，開花する時期の決定は，結実の成否にかかわるので，栽培域の決定に大きな役割を果たす．この開花期制御にも光応答が重要な役割をしていて，光信号を使って，日長の変化を認識し，季節変化を予期することで，開花期を決定する性質がある．この反応を光周性（photoperiodism）と呼び，フィトクロム，クリプトクロム，ZTL/FKF1型といった各種光受容体を介した光信号伝達と概日時計が決定する位相信号の相互作用により日長認識をしている．

概日時計の光同調

光周性に重要な働きをしている概日時計（circadian clock）も，その名前の由来にあるように，1周期が正確に24時間でないことから，太陽光の24時間周期信号による同調を受けている．また，非常に多くの生理反応が，概日時計による影響を受けていて，間接的にではあるが，光信号の影響を受けている．

〔井澤　毅〕

光と昆虫の生活史
Light and life history of insects

光周性，休眠，概年リズム

　昆虫は節足動物門の1つの綱を形成する動物グループである．すでに100万種に近い昆虫が記載されているが，実際の種数がどれほどにのぼるのか，わかっていない．ちなみに，ヒトが属する脊椎動物門の哺乳綱は4500種に満たない．昆虫の祖先は，多様な生活史形質を生み出すことにより，陸上環境にうまく適応してきた．その結果，光周期を手がかりに季節を知り，生活史を調節することで陸地のあらゆる地域に生息するようになった．

昆虫の生活史と休眠

　昆虫は変温動物であるため，環境温度の影響を大きく受け，ある温度範囲内でしか成長・活動することができない．低温側の発育限界温度は，種によって異なるがだいたい10℃付近である．図1にチョウ目ヤマ マユガ科に属する4種の成長・生存に適した温度範囲を示す．これらのガは，通常の状態（非休眠）では10℃以下や30℃を超えた気温が続くと生理活動に支障をきたし，死に至る．しかし，地球上には寒い季節に10℃を下る地域が多くあり（図2），そのような地域にも多くの昆虫が生息している．

　このような環境を生き抜くために，昆虫は休眠という生活史形質を進化させてきた．休眠とは，成長のあるステージで成長を一時的に停止させることである．昆虫の場合，卵，幼虫，蛹あるいは成虫のいずれかのステージで休眠に入り，いったん休眠に入ると次の齢に脱皮しない．成虫の場合，生殖活動を停止することで次世代をつくらない．そして，休眠中にあるプロセスが進み，温暖な季節がやってくると成長や生殖が再開する．休眠は単に発育を停止させるだけではなく，生理状態を大きく変化させる．休眠に入ると，生存に適した温度範囲が非休眠状態よりも低くなる（図1）．*Saturnia pavonia* では，非休眠と休眠の適温の差は28℃にもなる．休眠中は低温や凍結による障害が起こらないような生理状態をつくり出す．そして，冬がくる前にあらかじめ休眠状態に入ることにより，低温などの厳しい環境をやりすごすことができる．また，休眠には，個体間の成長速度のばらつきに

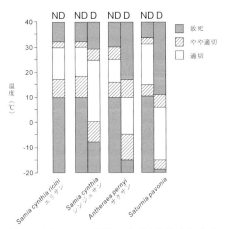

図1 ガ（ヤママユガ科）における休眠（D）と非休眠（ND）状態の適温の比較（A. D. Lees, *The Physiology of Diapause in Arthropods*, Cambridge University Press, 1955）

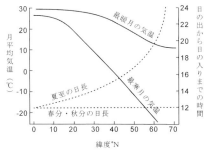

図2 緯度による気温と日長の違い（正木進三, 昆虫の生活史と進化, 中央公論新社, 1974）

よって起こる，生活史のずれを解消する役割もある．

光周期を手がかりとした生活史の調節

昆虫は，温度や乾燥など，成長や生殖に厳しい季節がくる前に休眠に入る必要がある．季節の到来を告げる最も信頼のおける信号が光周期である．温度は年によってある程度変わるが，日長は変わらない．植物と同じく昆虫も，光周性により成長，生殖，休眠を調節している．

たとえば，日本に広く生息するバッタ目ヒバリモドキ科のマダラスズ *Dianemobius nigrofasciatus* は，卵の細胞性胚盤葉という非常に早いステージで休眠に入る．この休眠は，成虫が感受する光周期によって調節される．メス成虫は，長日条件では休眠しない卵を産み，短日条件では休眠卵を産む．大阪に生息するマダラスズの場合，卵休眠を調節する光周性の臨界日長は 13.5 時間であり（図3），薄明薄暮の時間を考慮すると9月のはじめにあたる．これよりも前のメス成虫は休眠しない卵を多く産み，これよりも後には休眠する卵を多く産む．

その結果，8月までに産まれた卵の多くは休眠せず1齢幼虫へと孵化し，冬がくる前に成虫になり，休眠卵を産む．9月以降に生まれた卵は休眠に入って越冬する．越冬を経験した世代は次の春になると孵化し，夏に成虫になって休眠しない次世代の卵を産む．このようにして，マダラスズは光周期を頼りに，毎年，年二化の生活史を季節に合わせて繰り返している．

1年の日長変化は緯度により異なる（図2）．そのため，同じ日長の時期を比べると緯度によって異なる．マダラスズの臨界日長 13.5 時間（薄明薄暮を含める）は，大阪（34°50′N）では9月はじめであるが，高緯度にいくともっと遅くなる．もし大阪のマダラスズが高緯度地方に置かれると，寒い季節まで非休眠卵を産んでしまい，世代を継ぐことができなくなるだろう．しかし実際には，マダラスズの臨界日長には地理的変異がみられ，北にいくほど長くなっている．つまり，その地域に適した時期に休眠に入るよう，昆虫は光周性の臨界日長を変えることにより，生活史をうまく季節に合わせ，生息範囲を拡大してきた．

また，1年を超える長い寿命をもつ昆虫では，およそ1年周期の概年リズムによって生活史を調節しているものが知られている．ヒメマルカツオブシムシ *Anthrenus verbasci*（コウチュウ目カツオブシムシ科）は，1年に1度春にいっせいに蛹になる．ヒメマルカツオブシムシの幼虫集団を，実験室内で一定の光周期条件で飼育すると約40週の周期で蛹化が起こる．このことから，ヒメマルカツオブシムシは1年にある程度近い周期の内因性のリズムをもつことがわかる．そして，この虫は秋の長日から短日への日長変化を読みとり，リズムの位相を変化させる．これにより，ヒメマルカツオブシムシは自然の日長変化に同調し，その約半年後の春に蛹化がそろって起こると考えられている．

〔志賀向子〕

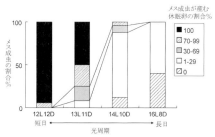

図3 大阪（34°50′N, 135°28′E）に生息するマダラスズの光周反応

51

光と脊椎動物の生活史
Light and life history of vertebrates

光周性，季節，生殖，体色調節，概日リズム

　脊椎動物は，生育場所の光環境に適応しながら，さまざまな生理機能や行動を変化させて，それぞれ独自の生活史を形づくっている．野外で生物が受け取る光情報は，日周性（日光）や年周性（日照時間，日長），月周性（月光）などの周期性をもっている．これらの周期的な光情報の変化に応じて生物が示す現象を光周性という．本項では，光周性を中心に，光にかかわる脊椎生物の生活史を概説する．また，深海や洞窟など光の届きにくい場所で生育する脊椎動物もいる．そのような動物の生活と光とのかかわりについても紹介する．

昼行性と夜行性
　動物は，採餌や生殖などの活動を1日のうちのどの時間に行うかによって，昼行性あるいは夜行性と呼ばれる．多くの哺乳類や鳥類は昼行性である．一方で，夜行性の動物には，ネズミやコウモリ，フクロウ，ヤモリ，ヒキガエル，スズキなど，さまざまな動物種がいる．ネズミやフクロウの網膜は，薄暗い中で明暗を感知する桿体細胞によってほとんど占められている．また，コウモリの超音波による反響定位にみられるように，夜行性の動物には視覚以外の感覚を発達させているものもいる．

季節繁殖と繁殖リズム
　脊椎動物の生理機能や行動の中で，光情報が強く影響するものの1つは生殖である．特に，1年のうちのある決まった時期に繁殖期をもつような季節繁殖動物は，季節に応じて変化する日照時間（日長）を光情報として読み取って季節を感知している．季節繁殖動物には，日長が短くなる秋に生殖機能が活発になる短日繁殖動物と，日長が

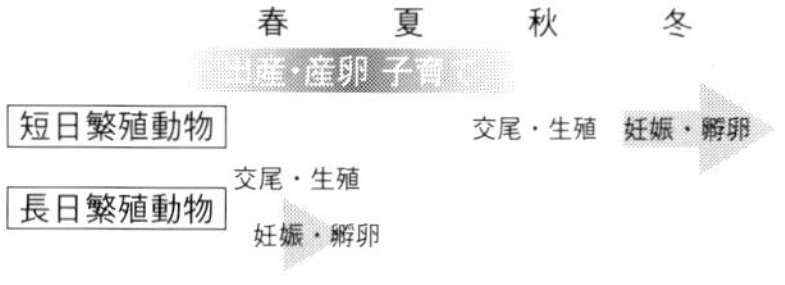

図1　季節繁殖動物の生活史

長くなる春に生殖機能が活発になる長日繁殖動物がいる．前者の例として，サルやヒツジ，アユなど，後者の例として，ハムスターなどの齧歯類やウマ，鳥類，メダカなどがある．一方で，ヒトや実験室で飼育しているラットなどは一年中繁殖可能であり，周年繁殖動物と呼ばれる．

　脊椎動物の繁殖期はこのようにバラエティがあるが，いずれもエサが豊富な春に次世代が生まれるようになっている（図1）．たとえば，短日繁殖動物のニホンザルやヒツジの妊娠期間は5～6か月で，秋に交尾して春に仔が誕生する．一方，長日繁殖動物のハムスターや鳥類は妊娠や孵卵の期間が2週間～1か月で，春に交尾してその春のうちに出産，産卵する．長日繁殖動物のウマは妊娠期間が約11か月であり，春に交尾をして翌年の春に出産する．すなわち季節繁殖動物では，春に次世代が誕生するように，その動物の妊娠や孵卵の期間に合わせて繁殖期が調節されているといえる．

　脊椎動物の中でも魚類は種の数が多く，その繁殖リズムも多様である．多くは1年に1回あるいは2回の繁殖期をもつ季節繁殖魚であるが，熱帯魚のように一年中繁殖するものもいる．また，繁殖期内で1回しか産卵しないものもいれば，繰り返し産卵するものもいる．シロザケやカラフトマスなどは生涯の最後に1回産卵して死んでしまう．このような多様な繁殖リズムを成り立たせているおもな環境要因は日照時間と水温であるが，魚種によってそのかかわりの程度は異なっている．

　潮間帯やサンゴ礁などの水深の浅い場所

図2　クサフグの集団産卵
大潮の日の満潮前に海岸に集まって産卵する.

で生育する魚類には，月齢に同調した繁殖リズムをもつものがいる．クサフグは春から夏にかけて，大潮の日，すなわち新月と満月の日に2週間ごとに，海岸に集まって産卵する（図2）．カンモンハタは満月前後に，生息場所であるサンゴ礁池から外洋へ移動して産卵する．また，上弦の月前後に産卵するゴマアイゴでは，夜の月光の変化を感知して月周産卵リズムがつくられていると考えられている．

　日照時間や月光などの光情報による生殖機能の調節のしくみはまだ不明な点が多いが，松果体から分泌されるメラトニンと呼ばれるホルモンや，脳の視床下部（哺乳類の場合）あるいは網膜や松果体（哺乳類以外の脊椎動物の場合）にある中枢概日時計，さらに脳深部でつくられる甲状腺ホルモンなどによって，生殖機能を調節するさまざまな神経ペプチドや神経ホルモン（視床下部でつくられて，下垂体のホルモンの分泌を調節する）の働きが周期的に調節されることによると考えられている．月齢に合わせて2週間の周期で産卵するクサフグの視床下部では，生殖腺刺激ホルモン放出ホルモンや生殖腺刺激ホルモン放出抑制ホルモン，キスペプチンなどの神経ホルモンの合成が，日周変動したり，月齢に伴って変化したりすることがわかっている．

体色調節

　動物の色や模様は，生活に重要な役割をもっている．たとえば，自分と同じ種の個体とそうでない個体との区別に使われたり，捕食者の認識に使われたりする．また，繁殖期にみられる婚姻色は，異性に対しては配偶行動を誘発し，同性に対しては攻撃行動を誘発する．イトヨでは繁殖期の雄は腹が赤くなるが，この赤色がなわばりを守るための攻撃行動を誘発する信号刺激となる．

　動物の色や模様の中でも背景色に対する適応である保護色は，ホッキョクグマやエチゴウサギ，ライチョウ，カメレオン，ヒラメ，タツノオトシゴなど，多くの脊椎動物にみられる．保護色は，捕食者から逃れるための隠蔽色として役立つ場合が多い．

　動物の生理状態や興奮の度合いによって起こる体色の変化は，表皮にある色素胞細胞内の色素顆粒の凝集と拡散によって起こり，自律神経系や脳下垂体中葉から分泌される黒色素胞刺激ホルモン，メラニン凝集ホルモンによって調節される．また，動物の成長や季節，光環境に伴う体色の変化は，色素胞細胞の数や細胞内の色素量の増減によって起こり，上記のホルモンが関与する．

光の届きにくい場所で生育する動物

　深海や洞窟の中など光のほとんど届かない環境で生育している動物では眼が退化，もしくは消失しているものが多く，その生活史も謎が多い．100 m以深の海底に生息しているクロヌタウナギは，眼は退化して皮膚に埋没しているが，明暗条件下で飼育すると暗期に活動する．恒暗条件下で概日リズムを示すが，その周期は不安定である．また，洞窟内の暗黒の環境に適応した洞窟魚は眼が退化し，視覚を失ったものが多いが，一方で，側線や化学受容器など体表の感覚器官を発達させている．ソマリア洞窟魚は，光に反応しないが，末梢組織には約47時間周期の生物時計があり，この生物時計は採餌のリズムに同調できる．〔安東宏徳〕

52

光 走 性
Phototaxis

光驚動反応, 光走速反応, 偏光走性, 光運動反応, PAC（光活性化アデニル酸シクラーゼ）, チャネルロドプシン, 眼点

ミドリムシ植物門のミドリムシや緑色植物門のクラミドモナスなどの単細胞鞭毛藻類（図1）が光刺激の方向を認識して光源に近づくように，あるいは光源から遠ざかるように指向性をもって（舵取り的に）遊泳する行動反応は，光走性と呼ばれる．単細胞レベルでの光方向認識と鞭毛運動の舵取りがきわめて迅速に行われている興味深い反応であり，1世紀以上の研究の歴史があるが，刺激-応答の定量的関係を解析するいわゆる生理学的・現象論的解析にとどまっていた．これらの知見と新たな分子生物学的手法の結合によって，21世紀初頭にミドリムシとクラミドモナスのそれぞれの光センサー分子の実体とそれらの意外な機能が報告された．これらは広範な生命現象の光による操作の可能性をも拓きつつあるなど，驚くべき展開をみせている．

光運動反応

光走性のほかに，細胞個体が空間的に明→暗や暗→明の境界にさしかかったときに遊泳方向を逆転させたり，一時停止したりする反応や，時間的に刺激光強度が急に減少，あるいは増加するときに同様な運動変化が認められ，これらをステップダウンやステップアップの光驚動反応（photophobic response）と呼んでいる．前者は明所への集合（光集合反応）の，また後者は明所からの逃避（光逃避反応）をもたらし，細胞内光感受部位レベルでみれば正および負の光走性の素反応と考えられる．また，光照射によって細胞の運動速度が変わる場合があり，光走速反応（photokinesis）と呼んでいる．ミドリムシでは刺激光の電気ベクトルに対して一定の方向に整列する偏光走性（polarotaxis）も報告されている．これらの，光刺激に対する運動反応を総称して光運動反応（photomovement）と呼んでいる．

測定法

光走性の符号や光驚動反応のステップダウン，ステップアップは温度・背景光・酸化還元状態・培養液のイオン組成などの要因で逆転する例が知られている．これらの機構解明や刺激光の有効波長（作用スペクトル）の決定のために，微生物の応答を定量的に測定することが重要である．

理想的には光運動反応の測定は細胞個体の運動速度ベクトルや鞭毛運動と光条件との相関関係を，安全な観察光として赤外線を用いて顕微鏡高速度ビデオカメラとコンピュータを組み合わせた画像解析システムでとらえるのが基本であるが，簡易化しても目的しだいで十分に最先端の役に立つ．

光センサー分子

光走性の作用スペクトル（図2）はその光センサー分子系が光合成色素系とはまったく別物であることを示している．ミドリムシの光運動反応（厳密にはステップアップ光驚動反応）の光センサー分子であるPAC（photoactivated adenylyl cyclase, 光活性化アデニル酸シクラーゼ）の同定は，

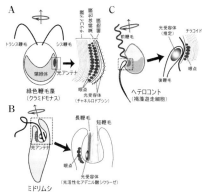

図1　鞭毛藻類の細胞構造

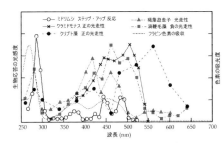

図2 鞭毛藻類の光運動反応についての作用スペクトル

作用スペクトル（図2）により示唆されるフラビンタンパク質とつじつまのあう緑色蛍光が局在している副鞭毛体の単離精製に成功した日本のグループにより行われた．これは青色光などによりcAMPを産生する一人二役のフラビンタンパク質酵素であり，近年は他種生物の細胞内での機能発現により多様な生物活性の制御に応用されつつある．

クラミドモナスの光走性の光センサー分子は，その作用スペクトル（図からカロチノイド系かと示唆されてきたが，カロチノイド欠損–光走性欠損株にレチナールあるいはその種々の構造のアナログを添加して光走性反応を再構成する実験により，全トランス型から13シス型へ光異性化するレチナールを発色団とする古細菌型のロドプシンであることが示されたのち，かずさDNAのクラミドモナスESTデータベースからそのような実体が3グループにより同時に発見・報告され，チャネルロドプシン（ChR），クラミドモナスセンサリーロドプシン（CSR），古細菌型クラミドモナスロドプシン（Acop）と名づけられた．この分子は単独で光で開く陽イオンチャネルであり，近年神経細胞に機能発現させて光によって刺激するツールとして爆発的に応用が広がっている．

細胞内光感受部位と眼点と鞭毛

図1のいずれの細胞も光センサー部位には歴史的に眼点（eyespot）と呼ばれるカロチノイドからなる光遮蔽板が隣接し光センサーに指向性を付与している．またいずれの細胞も毎秒0.5〜2回程度自転しながら遊泳するので，光センサー＋遮蔽板（光アンテナ）は細胞の赤道面で回転しながら周囲の光強度をレーダーのごとくスキャンする．たとえば遊泳方向と垂直な光入射があれば光センサーは周期的な増減を感じるが，遊泳方向と光入射が平行ならば細胞1回転の中で光センサーが感じる光は一定である．自転周期による光の増減で光の入射方向を判断する機構は遮蔽仮説と呼ばれ，藻類走光性の基本機構と考えられている．

光アンテナが感知した信号はおもに舵取りを行う鞭毛に伝達される．クラミドモナス（図1A）では光信号は膜電位の形で鞭毛に伝播されることがパッチクランプ実験で確かめられており，光アンテナに近いシス鞭毛と遠いトランス鞭毛との波動周期に差をつけることで舵取りされる．ミドリムシ（図1B）では遊泳の推進力と舵取りは1本の鞭毛（長鞭毛）が担うが，光アンテナは長鞭毛の基部に存在し光量に応じたcAMP合成を行う．このcAMP信号がどのような形で鞭毛の波動調節に結びつくのかはこれから解明すべき課題である．ヘテロコント藻類（図1C）では2本の鞭毛に推進力発生（前鞭毛）と舵取り（後鞭毛）の役割分担がある．光アンテナは舵取りを担う後鞭毛に隣接しており，やはり直接のシグナル伝達が想定される構造となっている．

将来の問題

単細胞鞭毛藻類は8門ともいわれる多様な生物群であり，光センサー分子・舵取り機構・符号の制御などにまだまだ未知の宝石が潜んでいる．また，ラン藻やケイ藻などの滑走性の単細胞藻類の謎はより深い．

〔渡辺正勝〕

53 光形態形成
Photomorphogenesis

植物の光受容体，フィトクロム，クリプトクロム，フォトトロピン，遺伝子発現

　植物における発生・分化の過程は，光環境に顕著な影響を受ける．これは，光合成系とは独立した光受容系の働きによる．このような現象を光形態形成と呼ぶ．光形態形成反応は，植物の生活環のおよそすべての過程でみられ，植物の生存にとって重要な意味をもつ．光形態形成は藻類や菌類などでもみられるが，本項では種子植物に絞って解説する．

典型的な光形態形成反応

　多くの植物種の種子は，光刺激を受けて初めて発芽する．このような現象を光発芽と呼ぶ．この応答により，植物は種子が都合の悪い環境で発芽することを防いでいる．

　暗所で発芽した植物は，徒長した茎で特徴づけられる黄化芽生えの形態をとる．ここに光刺激が加わると，芽生えは茎の伸長を抑制し，葉を展開させ，細胞内ではエチオプラストを葉緑体へと転換する．この切り換えにより，種子に蓄えた栄養を効率的に利用することが可能となる．

　植物は，茎を曲げることで，葉や花を光の入射方向に向けることが可能である．このような応答を光屈性という．この応答により，植物は光捕集効率を増加させる．

　他の植物の陰に入った植物や，近傍の植物からの反射光を受けた植物は，よりよい光環境を求め，避陰応答を示す．避陰応答には，茎や葉柄の伸長促進，枝分かれの抑制，花芽形成の制御などが含まれる．これらの応答は，植物の主要な光受容体であるフィトクロム（phytochrome）のPr型（不活性型）とPfr型（活性型）の間の光平衡が，植物に入射する光の赤／遠赤色光比に応じて変化することで起こる．

植物も，日長の変化を指標に季節の変化を感知する．この性質を光周性と呼ぶ．特に光周性と花芽形成に関して詳しく研究されている．

　以上に加えて，およそすべての成長・生理の過程が何らかの光の影響を受けている．また，光受容体による光ストレス防御反応の誘導や代謝制御なども，広義の光形態形成反応と考えることができる．

光形態形成の光受容体

　植物の光形態形成反応は，光環境変化に伴う代謝の変化や光によるダメージが引き金になって起こる反応ではなく，光受容体の働きによる積極的な応答である．

　フィトクロムは水溶性色素タンパク質で，開環テトラピロール型の発色団を共有結合する．不活性型である赤色光吸収型（Pr型）フィトクロムが赤色光を吸収すると，活性化型であるPfr型に変換され，Pfrは遠赤色光領域の光を吸収してPrに戻る．この性質により，フィトクロムは明暗の変化のみならず光質の変化を感知する．

　クリプトクロム（cryptochrome）は，光回復酵素に相同性を示す青色光受容体で，まず植物で発見されたが，後に動物にも存在することがわかった．植物においては，フィトクロムの働きを補完する光受容体として働いており，その生理作用はフィトクロムと重なる部分が多い．

　フォトトロピン（phototropin）は，光屈性，葉緑体定位運動，気孔開口などの青色光応答を制御する光受容体である．N末端側には，発色団を結合したLOVドメインが2つ連なり，C末端側はセリン／トレオニン・キナーゼドメインよりなる光依存性のタンパク質キナーゼである．

　種子植物においては，以上3種の光受容体に加えて紫外線B（UVB）の光受容体，光周性に関わる青色光受容体などが知られている．

光形態形成の細胞内シグナル伝達

フィトクロムとクリプトクロムはともに，核内で特定の転写因子と直接相互作用し，遺伝子発現を制御することで光形態形成応答を引き起こす．一方，フォトトロピンはおもに細胞膜に局在し，ターゲットタンパク質をリン酸化することでシグナルを伝える（signal transduction）．

フィトクロムの主要なシグナル伝達経路は，PIF と呼ばれる bHLH 型の転写因子を介した遺伝子発現制御である．PIF は，フィトクロムによる光応答を負に制御する転写因子で，常に核内に存在し，Pfr 型フィトクロムと物理的に相互作用することによってユビキチン化を受け分解される．

クリプトクロムは，PIF とは別の経路で遺伝子発現を制御する．COP1 はユビキチン化酵素活性をもつ核タンパク質で，HY5 に代表される光形態形成を正に制御する転写因子の分解を促進する．光活性化されたクリプトクロムは C 末端側のドメインを通じて COP1 の活性を抑制し，光形態形成を進める．加えて，クリプトクロムは転写因子 CIB1 を直接活性化して花芽形成を促進する．

フォトトロピンのシグナル伝達では，C 末端側に存在するキナーゼが下流因子をリン酸化することによりシグナルを伝達する．孔辺細胞においては，フォトトロピンが新奇のキナーゼ BLUS1 を直接リン酸化することにより気孔が開口することが示された．

おもに変異体を用いた解析から，上記以外にも数多くの因子が光形態形成にかかわることが示されている．さらに，これらの因子が光以外のシグナルの伝達因子と複雑に相互作用することも明らかにされつつある．

光形態形成と転写制御ネットワーク

分子遺伝学的研究の発展により遺伝子発現の網羅的な解析が可能となり，さまざま

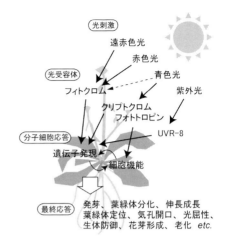

図1　植物の光形態形成の概略

な光形態形成応答と，全般的遺伝子発現パターンを対応づけることが可能となった．一方，フィトクロムやクリプトクロムの応答について，比較的少数の鍵となる転写因子が明らかにされ，その制御機構や直接のターゲット遺伝子の解析も進んだ．

フィトクロムと PIF による遺伝子発現制御を例にとると，PIF に依存して光照射に素早く応答する遺伝子の数は 120 程度であり，それらの中には，転写因子，ホルモン関連因子などの遺伝子が多数含まれる．これらの発現により，最終的には全ゲノム遺伝子の約 1 割の発現が影響を受けると考えられている．

さらに，網羅的な解析により，たとえば光応答における植物ホルモンの関与を分子レベルで解析することが可能となった．また，さまざまな刺激応答の比較解析にも応用され，たとえば，高温処理に対する応答が，PIF を介して，避陰応答によく似た応答を引き起こすことが明らかにされた．

〔長谷あきら〕

54
種子発芽の光調節
Photoinduction of seed germination

フィトクロム，極微弱光反応，微弱光反応，ジベレリン，アブシジン酸

ある特定の色の光が種子の発芽を促したり，反対に発芽を抑えたりする現象は，19世紀にはすでに文献に記載されている．発芽が光の影響を受けるのは小さい種子をつくる野生の植物種が多い．小さな種子は蓄えている栄養が少ないので，発芽したらすぐに光合成を始めなければ生き残れない．つまり，種子発芽の光調節は，種子のおかれた環境が生育に適した光環境にあるかどうかをあらかじめ感知し，生育に適さないときは休眠状態の種子で過ごし，よりよい環境になったときに発芽するという生存戦略のための機構であると考えられている．

種子発芽の光調節研究の歴史

1935年にFlintとMacAlisterは，スミソニアン研究所に世界で最初につくられたスペクトログラフを用い，比較的長時間の光照射の実験を行い，どの波長の光がレタスの種子発芽に影響を与えるかを調べた．その結果，520～700 nmの光は発芽を誘導し，740～800 nmの遠赤色光は発芽を抑制することを報告した．

続いて1952年にBorthwickらは，より強力な光源をもつスペクトログラフを用いてGrand Rapidsという品種のレタスの種子発芽を調べた．この実験では，比較的短時間の光照射の実験が可能になったため，レタスの種子に赤色光と遠赤色光とを交互に照射して発芽への効果を調べ，「赤・遠赤色光可逆的調節」を発見した．同じ論文においてBorthwickらは，レタスの種子発芽の光要求性を定量的に調べて作用スペクトル（action spectrum）を示した．この作用スペクトルは，別の生育時期にある茎の伸長抑制や花芽形成などの光調節の作用スペクトルとほぼ一致することがわかり，種子発芽が赤・遠赤色光可逆的な光調節を示すことの発見と合わせ，後の光受容体フィトクロム（phytochrome）の発見へと導く重要な布石となった．

このように，植物による遠赤色光の光受容の発見も，赤・遠赤色光可逆性の発見も，種子発芽の光調節の実験が発端となった．

種子発芽の光調節様式の多様性

種子の光発芽誘導に必要な赤色光の光エネルギー量を詳細に調べると，赤・遠赤色光可逆性を示す典型的なフィトクロム応答（微弱光反応，low fluence response）と，その約1万分の1というわずかな赤色光が当たっただけで誘導される応答（極微弱光反応，very low fluence response）とが識別される．この極微弱光反応は，作用スペクトルがフィトクロムのPfr型の吸収スペクトルと一致しているにもかかわらず，赤色光に続いて遠赤色光を照射しても反応を打ち消すことができない，すなわち光可逆性を示さないとう特徴がある．さらに，典型的なフィトクロム応答では発芽を抑制するはずの遠赤色光の照射により発芽が促進される場合があることも見出されていた．これらの種子発芽の光調節は，さまざまな傍証からフィトクロムが関与しているとの仮説が立てられていたが，フィトクロムが調節する応答に光可逆性がみられないことの合理的な説明は長年の謎であった．

関与するフィトクロム分子種

フィトクロム遺伝子は複数のファミリーを構成していることが明らかになり，シロイヌナズナのフィトクロム遺伝子を欠損する突然変異株を材料に用い，種子の光発芽にかかわる分子種が明らかになった（表1）．まず，典型的な赤・遠赤色光可逆的な種子発芽の光調節はフィトクロムBがおもな光受容体であること，赤色光の極微弱光反応や遠赤色光による発芽の誘導にはフィ

表1 シロイヌナズナの種子発芽にかかわるフィトクロム分子種（相互相反作用を除く）

応答の種類	光可逆性	作用スペクトルのピーク	光受容体
極微弱光反応	なし	青，赤	phyA,
微弱光反応	あり	赤，遠赤色	phyB, phyD, phyE
FR-HIR	なし	遠赤色	phyA, phyE

トクロムAがおもな光受容体として働くことがわかった．フィトクロムBは，シロイヌナズナの乾燥種子の中に蓄積されたまま保存されており，水を吸わせた直後から光を受容して発芽を誘導する．一方，フィトクロムAは，水を吸わせてから約2日の間に種子の中で生合成される．基礎生物学研究所の大型スペクトログラフを用いた実験から，これらのフィトクロム分子種に特異的な作用スペクトルが得られている．これによれば，フィトクロムAは紫外から遠赤色光までのすべての波長域の光を受容して発芽を誘導すること，および，赤色光照射の場合，フィトクロムAはフィトクロムBの約1万分の1の光量の照射を受容して発芽を誘導することがわかる．これにより，光可逆性を示さない極微弱光反応による発芽誘導も遠赤色光照射による発芽誘導も，いずれもフィトクロム分子種の一員であるフィトクロムAが関与していることが明らかになった．

フィトクロム分子種の二重，三重突然変異体を用いた実験から，乾燥種子を高温（31℃）で吸水させた場合にフィトクロムDが種子発芽を光誘導すること，フィトクロムEは低温（4℃）で一定時間給水させる処理を行った場合に，赤・遠赤色光可逆的な種子発芽の光調節および長時間の遠赤色照射（FR-HIR）による発芽誘導に一定の寄与をすることが示された．すべてのフィトクロム分子種を欠損した五重変異体の種子は，光による発芽誘導がまったくみられなくなったと報告されている．

種子発芽調節におけるフィトクロム分子種相互の相反作用も報告されており，フィトクロムBなどを介する光発芽誘導はフィトクロムAおよびフィトクロムDの存在により抑制されること，FR-HIRによるフィトクロムAを介する発芽誘導は，フィトクロムBとフィトクロムDにより抑制されると考えられている．

光受容から種子発芽までの過程

種子の休眠には植物ホルモンのアブシジン酸が，発芽促進にはジベレリンが関与している．シロイヌナズナのフィトクロム欠損突然変異体を用いた実験から，フィトクロムを介する光受容により，アブシジン酸およびジベレリンの生合成量が種子において調節されていること，およびジベレリン・シグナル伝達経路にかかわる *DELLA* 遺伝子などの関与を介してジベレリンに対する種子の感受性が高くなることが示されている．フィトクロムAおよびフィトクロムBは光受容によりPfr型に光変換されるとPIL5というフィトクロム結合因子と結合し，PIL5は転写因子としてSOMという核局在因子のプロモーターに結合することがわかっている．SOMは直接に，あるいは間接的にアブシジン酸およびジベレリンの生合成量を調節することが，シロイヌナズナの種子発芽において示されている．

これらの光シグナル伝達と植物ホルモン・シグナル伝達の相互作用の解明は，種子発芽にかかわる温度や湿度や無機塩濃度などの多様で複雑な因子がどのように光シグナルとかかわるかを示す先駆的モデルを提供している．　〔篠村知子〕

脱黄化反応
De-etiolation

エチオプラスト，プロラメラボディ，クロロフィル，フィトクロム，クリプトクロム

脱黄化反応は，暗所で黄化した植物が再び明条件において緑化を開始する際にみられる応答の総称である．本項では，おもに被子植物でみられる脱黄化反応について解説する．

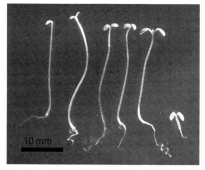

図1 シロイヌナズナ黄化芽ばえ，脱黄化芽ばえの例
左から，4日間暗所，4日間暗所で生育させた後12時間・24時間・48時間・72時間白色光を照射した芽ばえ．一番右は，白色光で4日間生育させた芽ばえ．

脱黄化反応の形態的特徴

被子植物および一部の裸子植物においては，土中(暗所)で発芽した芽ばえは，光がある地上にいち早く達するために，胚軸の先端を折り曲げ(フックと呼ぶ)，子葉を小さくたたみ，盛んに胚軸を伸ばして地上をめざす(いわゆるモヤシとなる)．この現象は原始時代から人類が目にしてきた現象であり，植物のこうした性質を利用した農作物が多数生産されている．黄化は暗形態形成(skotomorphogenesis)とも呼ばれ，上で述べた胚軸の伸長促進，フックの形成，子葉展開の抑制のほかに，"黄化"の言葉のとおりクロロフィル合成の抑制，根の伸長抑制が典型的な形態的特徴である．黄化芽ばえが土から顔を出して光にさらされると，上記の反応がすべて逆転する．すなわち，胚軸の伸長が抑制され，フックが解消して子葉が展開し，クロロフィル合成が促進され，根の伸長が盛んになる．これら脱黄化反応は赤色光受容体フィトクロムと青色光受容体クリプトクロムが光を受容し，下流で働く光形態形成にかかわる遺伝子群の転写調節と，それに続く植物ホルモンの量や植物体内の分布変化によって引き起こされる．

脱黄化とクロロフィル合成の調節，色素体分化

脱黄化反応において最も顕著な変化の1つであるクロロフィル合成と色素体分化について少し詳しく述べる．クロロフィルは色素体内で15段階の反応を経て厳密な調節を受けて合成される．クロロフィル合成において最も重要な調節点は，アミノレブリン酸，MgプロトポルフィリンIXおよびプロトクロロフィリド(Pchl)からクロロフィリドが合成される段階である．被子植物および一部の裸子植物の黄化芽ばえでは，クロロフィル合成は全体に低く抑えられているが，クロロフィル合成の最終前駆体であるPchlが大量に蓄積している．これは，Pchlを還元するNADPH：プロトクロリフィリド還元酵素(POR)がその反応に光を必要とするためである．(光合成細菌，ラン藻，緑藻，裸子植物の多くには，光非依存性Pchl還元酵素が存在するため，暗所でもクロロフィル合成ができる．)一方，色素体は葉緑体ではなくエチオプラストに分化する．エチオプラスト内には，プロラメラボディと呼ばれる管状に並んだ半結晶状格子構造が形成されているが，これは前述した大量のPchlとPORを含んでいる．光が当たると，PchlはPORによってクロロフィリドに変換され，それに続く反応を

経てクロロフィルとなる．これと並行して，プロラメラボディは数分以内に消失してチラコイドとストロマラメラに変わる．植物がPchlとPORをプロラメラボディという形でエチオプラスト内に保持しているのは，光環境に達したときいち早くクロロフィルを合成して光合成を開始するためであると考えてもよい．この後，暗所で抑制されていた新規のクロロフィル合成が活性化されるとともに，細胞核ゲノムにコードされた光合成タンパク質の発現が上昇し，それらは細胞質から葉緑体内に運ばれてクロロフィルおよび葉緑体コードの光合成タンパク質と光合成装置を構築する．脱黄化の際に，もし何らかの理由でPchlが速やかにクロロフィリドに変換されなかったり，暗所で通常より大過剰のPchlが蓄積すると，光を受けたPchlが活性酸素を発生して植物は死んでしまう．PchlとPORの蓄積量を適切に調節することはきわめて重要であるため，次で述べるように，黄化・脱黄化に伴うクロロフィル合成は転写やタンパク質レベルで厳密な調節を受けている．

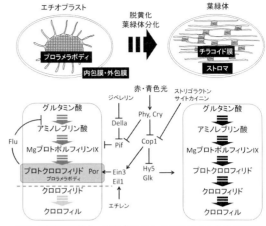

図2 脱黄化に伴う，葉緑体分化とクロロフィル合成の調節

脱黄化に伴うクロロフィル合成にかかわる遺伝子の発現調節

上記のクロロフィル合成にかかわる酵素遺伝子はすべて核ゲノムにコードされており，光形態形成にかかわる他の遺伝子と同様に，フィトクロムとクリプトクロムが受容した光情報に基づき，PIFやCOP1による発現調節を受ける．暗所では，フィトクロムを介した転写抑制因子PIFタンパク質の分解が起こらず，またジベレリンがDELLAの分解を促進するため，DELLAによるPIFの抑制が起こらない．結果的にPIFがクロロフィル合成にかかわる一連の遺伝子群の発現を抑制する．一方，エチレンシグナルを介してEIN3/EIL1が活性化し，POR A/Bの発現は上昇している．暗所におけるPchlレベルはFLUがモニターしており，ALA合成の上流グルタミルtRNA還元酵素の活性を抑制することで，過剰なPchlの蓄積を防いでいる．明所ではフィトクロムを介したPIFの分解，ジベレリン作用の低下によるDELLAを介したPIF活性の抑制が起こるとともに，COP1の不活性化，転写活性化因子HY5およびGLKの発現上昇によって，クロロフィル合成にかかわる遺伝子の発現が上昇する．このほかに，サイトカイニンやストリゴラクトンも明所においてCOP1を介したクロロフィル合成の調節にかかわることが示されている（図2）．

クロロフィル合成や他の脱黄化反応にかかわる遺伝子が次々に明らかになっているが，依然として色素体（葉緑体）の分化を制御する仕組みは謎のままで，今後の研究課題である．

〔望月伸悦〕

避陰応答
Shade avoidance response

日陰，フィトクロム，形態形成，植物ホルモン，End of day far-red

　植物は密集すると，光の獲得をめぐって競合する．他の植物の日陰に覆われると，光合成活性が減少して生存競争の不利になるためである．このような日陰環境に対して一般的に2通りの適応方法がある．日陰を避ける方法と，日陰に耐える方法である．被子植物には日陰を避けるための高い能力があり，この機能の獲得は今日における被子植物の繁栄を築いた一因となったと考えられている．この日陰を感知して，日陰から脱出するための応答が避陰応答（shade avoidance response）である．

日向・日陰を識別する

　植物の日陰では，光量が減少するだけでなく，光質も大きく変化する．光量は，天気や季節などによって変動するため，日陰のみを識別する指標にならない．一方，太陽光は葉を透過すると青色光や赤色光の量は減少し，相対的に近赤外光が上昇するため（図1），日陰の光質は特徴的である．太陽光中の青色や赤色の波長光は光合成色素によって吸収されるが，近赤外光は吸収されないためである．植物は，この日向・日陰で変化する赤／近赤外光の比率を，植物特有の光受容体フィトクロム（phytochrome）によってモニターしている．フィトクロムは，赤色光を吸収すると活性型に，近赤外光を吸収すると不活性型に変換される．したがって，日陰では植物体内のフィトクロム活性が減少して，植物は日陰に覆われたことを感知する．

　実際に，フィトクロム機能を欠損した変異体では，日向条件でも恒常的に避陰応答が誘導される．同様な変異体の表現型はさまざまな植物種で報告されており，なかでもモデル植物シロイヌナズナでは解析が最も進んでいる．シロイヌナズナにはフィトクロムがphyAからphyEまでの5分子種あり，避陰応答はおもにphyBによって制御される．また，phyDとphyEはphyBの補佐的な役割を担っており，phyAはphyB機能に対して拮抗的に働いている．活性型フィトクロムと結合して分解されるbHLH型転写因子PIFは，フィトクロムが不活性化すると避陰応答制御遺伝子の発現を促進する．PIFの下流では，オーキシン・ジベレリン・ブラシノステロイド・アブシジン酸などのさまざまな植物ホルモンの調節を介して避陰応答は制御されている．

　また，明所で活性化されたフィトクロムは，暗所において時間をかけてゆっくりと不活性型に変換される．そのため，日中に上昇したフィトクロム活性は夜になってもしばらくの時間は保たれている．ところが，日没時に夕焼けが生じると，夕焼けは大気による光の散乱の影響で近赤外光の比率が増加しているため，フィトクロム活性は急速に減衰される．この夕焼け効果によって，植物はEnd of day far-redと呼ばれる避陰応答と同様の応答を示す．長日条件より短日条件において，高いEnd of day far-red

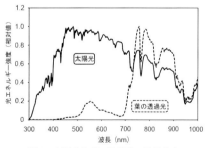

図1　太陽光と葉の透過光の波長分布
太陽光（実線）と葉の透過光（破線）のスペクトルを示す．太陽光は葉を通過すると，比率として赤色光（650 nm付近）が減少し，近赤外光（700 nm以上）が上昇する．

図2　シロイヌナズナの避陰応答
シロイヌナズナは避陰応答を誘導すると，誘導していない個体（左）に比べて葉が上方を向いており，葉柄の伸長と花成の誘導が促進される（右）．右図の矢印は花芽を示す．

応答が示される．

日陰を避ける伸長応答

固着生活を営む植物は，他の植物の日陰から逃れるため，発芽・生長・花成・老化といったライフサイクル全般にわたって形態的変化を伴ったさまざまな応答を示す．避陰応答とはこれらの応答の総称である．特に，若い葉を日陰から日向へ移動させるための，節間の伸長促進は最も顕著な応答である．種によっては日陰を感知してからわずか数十分で伸長促進が誘導される．図2に示されるように，節間がほとんど伸長しないシロイヌナズナのようなロゼット型植物では，葉柄の伸長が促進される．また，葉柄の基部を支点として，葉全体を垂直方向に高く挙げる．頂芽優勢も促進されており，脇芽の発達が抑制される．

一方，葉身は日陰を感知する光受容部位として機能しており，日陰によって葉身のフィトクロムが不活性化すると，葉身からのシグナル伝達によって節間や葉柄へ伸長が促進される．また，葉身の形態は偏平化して薄くなり，面積は一般的に小型化する傾向にあるが，まれに大きくなる種もある．葉肉細胞内の葉緑体数やクロロフィル量は減少する．

このように，光合成活性が低い日陰環境では葉身の生長抑制によって栄養資源を節約し，それらの資源を用いて節間や葉柄の伸長を促進させる．葉身を日陰から光合成に適した位置まで移動させるための，効率的な資源の分配と考えられる．

花成誘導の促進

浅い日陰であれば，節間を伸ばすことによって日向に出られる可能性がある．しかし，深い日陰となると延々と伸長を続けても光を獲得できるかどうかは難しい．そこで，そのような資源の無駄使いをやめて，花成誘導の促進によって急いで種子を形成し，世代交代による光環境の改善を図る．しかし，果実の形成不全が生じるなどして，つくられる種子数は日向条件より減少し，種子の発芽率も低下する傾向がある．

発芽の抑制

発芽してから光合成を行うまでの期間，植物は種子に貯蔵された栄養物質のみで生活しなければならない．そのため，光量の低い日陰で発芽すると，十分な光合成産物が獲得できなくなり，生存が難しくなる．特に，栄養の貯蔵量が少ない小型種子を形成する草本植物はその危険性が高いため，日陰では発芽せずに休眠に入る．また，パイオニア性の高い木本植物の中には，休眠打破のために連続した強い光の照射が必要な種もある．一方，大型種子を形成するマメ科植物や，熱帯多雨林性の極相型樹種の種子は暗所でも正常に発芽して，発芽後の生長は大量の貯蔵された栄養物質によって支えられている．

避陰応答しない林床の植物

明るい光環境を好む陽性植物は避陰応答示すが，普段から暗い林床を住処とする陰性植物は示さない．むしろ，光合成の光補償点を低くすることによって耐陰性を獲得している．コケ植物やシダ植物だけでなく，被子植物の中にも林床に適応進化した種があるが，その進化の過程はほとんど解明されていない．

〔小塚俊明〕

植物の紫外線 B 応答
Plant responses to ultraviolet-B (UVB) radiation

フラボノイド，遺伝子発現，UVR8, COP1

植物は，紫外線を含む太陽光下で光合成を行い，生命を営んでいる．植物生体内のDNA，タンパク質，脂質などの多くの物質は，紫外線C（UVC, 200～280 nm）から紫外線B（UVB, 280～315 nm）領域の光を吸収し，損傷を受ける．植物はこれらの損傷を回避し，修復する機構を有している．本項では，地上に到達する太陽光に含まれるUVBに対する植物の応答について，受容体を含めて概説する．

UVB 応答と DNA 修復

UVBに対する植物の応答は，植物の種類や品種，成長段階によって異なり，さらにはUVBの波長や照射線量によっても異なるが，大きく回避応答と修復応答に分けられる．植物は，UVB照射により，葉を厚くしたり，葉の表面にワックス状の物質を蓄積させたり，紫外線吸収物質であるアントシアニンを含むフラボノイド類を表皮細胞の液胞に蓄積させたりする．これらの応答は，細胞内に到達する紫外線量を減少させることで紫外線による障害を回避するためである．これらの応答は葉においてのみみられる現象ではなく，ナスやリンゴなどの果実着色も，UVBによるアントシアニン合成誘導によるものである．

また UVB 照射により，核の倍数性が変化する現象も報告されている．この応答は，遺伝子のコピー数を増やすことにより，生育に必要な遺伝子に損傷が生じるリスクを分散させるためと考えられており，一種の回避応答といえる．実際に，葉の細胞核の倍数性が上昇したシロイヌナズナでは，UVB耐性となる．

また一方，修復応答の代表として，UVBによって生じたDNA損傷の修復酵素が挙げられる．DNA修復酵素の中でも光回復酵素は，UVBによって生じた損傷に特異的に結合し，紫外線A（UVA, 315～400 nm）から青色光の領域の光を利用し，損傷を修復する．

このように植物は，UVBに対して回避と修復の応答を示すことで，UVBが含まれる環境下に適応し成育している．しかしながら，回避や修復が十分でない場合には，葉や植物体の成長が阻害されたり，葉の一部が白化したりといった障害が生じる．

以上のような応答は，多くは遺伝子の転写誘導による発現量の変化を伴った現象である．短波長または高線量のUVBは，一般的なストレスや障害に対する応答と共通した遺伝子の転写が上昇するが，これはUVBにより生じた障害に対する応答である．一方，長波長または低線量のUVBは，フラボノイド合成遺伝子など，UVB防御や障害回復に機能する遺伝子の転写が促進されるが，これは近年見出されたUVBの光受容体が関与する応答である．

UVR8 の機能

植物のUVB光受容体の存在は，長年にわたって議論されてきたが，近年UVBに高感受性となるシロイヌナズナ変異体の変異原因因子としてUVR8（UV resistance locus 8）が同定され，UVB光受容体としての機能が明らかにされつつある．UVR8

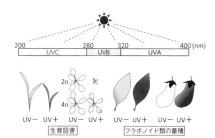

図1 植物の UVB 応答

は，コケや藻類を含め植物に広く保存されたタンパク質である．シロイヌナズナでは440アミノ酸からなり，βシートから構成された羽根状の構造が円錐状に並んだ7枚羽根βプロペラ構造をとる．光受容体は一般的に光を受容する補因子を有しているが，UVR8においてはタンパク質内部のトリプトファン残基がUVBを吸収し，活性型となることが示唆されている．また，UVR8の活性化は，損傷を起こさないレベルとされる低線量UVB（$0.1～3\,\mu mol\,m^{-2}\,s^{-1}$）によって起こることが示されている．

UVR8は，UVB非照射下においては，不活性型のホモ二量体を形成している．UVBを吸収すると，分子内のカチオンπ相互作用が不安定化され，分子内水素結合が崩壊し，単量体化することで活性化する．UVR8が光受容体であるためには，不活性化し基底状態に戻ることが非常に重要な要素である．UVR8は，単量体のプールからホモ二量体化されることで不活性化されるが，この反応は，それ自身の転写がUVR8によって誘導されるRUP（Repressor of UVB photomorphogenesis）1とRUP2によって促進される．

UVR8は，UVB非照射下においては，一部は核に局在しているが，大部分は細胞質に局在している．しかしUVBが照射されると，UVR8の一部がすばやく核へと移行する．UVR8には明確な核移行シグナルは認められないが，N末端の23アミノ酸を欠くとUVB照射による核への集積は認められないことから，この部位が核移行にかかわると考えられる．

単量体化し核に移行したUVR8が相互作用するタンパク質の1つとしてCOP1（constitutive photomorphogenesis 1）が見出されている．COP1は，可視光の光シグナル伝達系においても中心的な役割を担うタンパク質であり，E3ユビキチンリガーゼとして機能し，結合したタンパク質をユビキチン化することで分解へと導く．暗黒下では，多くの光シグナル関連タンパク質，たとえば転写因子のHY5は，COP1と結合することで常に分解されている．UVR8は，C末端の27アミノ酸でCOP1と相互作用し，COP1の機能を阻害することで転写因子などを安定化する．UVR8自身は，COP1によるユビキチン化を受けず，分解もされない．このようにUVR8に受容されたUVBは，転写因子の安定化につながり，その結果，さまざまな遺伝子の転写を促進することで，UVB応答を引き起こす．

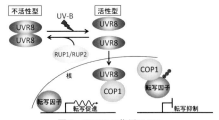

図2　UVR8の作用モデル

その他のUVB光受容体

植物にはUVR8以外のUVB光受容体は存在しないのであろうか？ UVR8とCOP1の変異体シロイヌナズナにおいても，UVB応答は起こることから，植物のUVB光受容経路は複数存在することが示唆されている．しかしながら現在のところ，UVB光受容体として機能するタンパク質，もしくは非タンパク質性の因子は明らかにされていない．1つの可能性として，UVB照射によってDNAに生じた損傷であるピリミジン二量体が，MAP（mitogen-activated protein）kinaseシグナル経路を活性化することが示されていることから，DNAそのものがUVB光受容体とも考えられる．

〔寺西美佳〕

光形態形成と細胞骨格
Photomorphogenesis and cytoskeleton

アクチンフィラメント，微小管，ミクロフィブリル

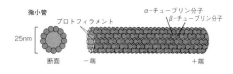

図1 微小管とアクチンフィラメント

　植物の成長は光の影響を強く受け，光形態形成と呼ばれるさまざまな反応を示す．これらの反応はフィトクロム，クリプトクロム，フォトトロピンをおもな光受容体として用いており，種子発芽から花芽形成に至る生活史の全般において認められる．シロイヌナズナを代表とする被子植物を使った分子生物学的研究から，光形態形成反応には遺伝子発現の変化や植物ホルモンの作用が重要な役割をもつことが明らかにされてきた．光形態形成が実際には個体を構成する個々の細胞の成長現象であることから，細胞成長を直接的に調節する因子として，細胞骨格構造の変化も重要な視点となる．

植物の細胞骨格

　細胞骨格は微小管（microtuble）とアクチンフィラメント（actin filament）からなる細胞内の"糸"である（細胞骨格には中間径フィラメントも含まれるが，植物細胞の中間径フィラメントについては未解明であり，ここではふれない）．微小管は，それぞれ分子量約5万のα-チューブリン，β-チューブリンのヘテロ二量体が1つのサブユニットとなり，これが重合してできた直径約25 nmの中空の繊維構造である．構造上，方向性があり，サブユニットの重合しやすい＋端と脱重合しやすい－端をもつ．アクチンフィラメントは分子量約4万のアクチン分子が重合してできた直径約5〜9 nmの繊維で，やはり方向性があり，アクチン分子の重合しやすい＋端と脱重合しやすい－端をもつ（図1）．

　植物細胞の成長方向は細胞壁の力学的性質に依存するが，細胞壁の主成分であるセルロースはミクロフィブリル（microfibril）と呼ばれる繊維構造をとる．ミクロフィブリルは繊維の方向には伸びにくいため，細胞はミクロフィブリルと垂直な方向に伸長することになる．実際，胚軸の伸長領域の細胞では伸長軸と垂直な方向（横方向）にミクロフィブリルが並んでおり，個々の細胞がこれと垂直な方向に伸長するため，胚軸は成長軸に沿って縦方向に伸長する．セルロースミクロフィブリルは細胞膜上のロゼットと呼ばれるセルロース合成酵素複合体でつくられ，細胞壁側に押し出されるが，このとき，ロゼットは細胞膜の直下にある表層微小管に沿って動くことが示されている．微小管に沿って動くことで，微小管と同じ並びが細胞膜を挟んで外側のセルロースミクロフィブリルの配向として写しとられる．したがって，細胞は表層微小管の配向を調節することでミクロフィブリルの配向を決め，その力学的性質を利用して，成長方向を決めている．

　アクチンフィラメントは原形質流動をはじめとする細胞内の運動現象の基盤となる細胞骨格であり，フォトトロピンに調節される葉緑体光定位運動ではアクチンフィラメントの構造変化が運動の原動力になっていることが示唆されている．アクチンフィラメントは，また，微小管との相互作用も知られており，下記のように，成長現象にも関与する．

シダ原糸体の細胞骨格

　シダ植物（fern）の配偶世代細胞はフィ

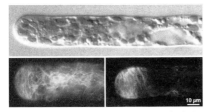

図2 伸長するホウライシダ原糸体細胞（上）とアクチンフィラメント（下左）および微小管の先端部リング状構造（下右）

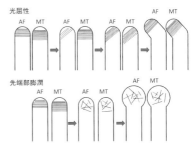

図3 シダ原糸体先端部の細胞光形態形成に伴うアクチンフィラメント（AF）と微小管（MT）の変化

トクロムなどの光受容体による成長調節が顕著で，細胞レベルでの観察も容易であることから，細胞レベルにおける光形態形成を扱うためのよい材料となる．糸状の原糸体（protonema）は先端部のみで成長する先端成長（tip growth）を示す．先端部の表層には微小管のリング状構造が存在し，ミクロフィブリルの配向を決めることで成長領域，成長方向を規定している（図2）．面白いことにアクチンフィラメントも同じ部位で同様のリング状構造をしており（図2），アクチン構造を薬剤で壊すと微小管のリング状構造も消失することから，微小管構造がアクチン構造に依存していることがわかる．

光による細胞骨格の変化

原糸体は側方から赤色光を照射すると正の光屈性を示して屈曲し，先端成長の方向を変える．変異体解析から，この光反応の受容体はネオクロム1（neochrome 1，フィトクロムとフォトトロピンのキメラ光受容体）であり，細胞膜に存在することがわかっている．屈曲を起こす際の微小管，アクチンフィラメントを観察すると，実際に先端部が屈曲する以前に，両者とも構造の再構築が起こり，リング状構造が屈曲方向に傾くことで先端成長の方向が変わっていることがわかる．この際，アクチンフィラメントの変化がまず起こり，次に微小管の変化が起こる（図3）．細胞膜上のネオクロム1は近傍のアクチンフィラメントを制御し，アクチンフィラメントは微小管を制御して，両者のリング状構造が傾き，細胞壁ミクロフィブリルの配向が変わることで細胞の成長方向が変化すると考えられる．

同様の細胞骨格による細胞成長の調節は原糸体先端部の膨潤現象でも認められる．連続青色光照射下で，原糸体は成長が抑制され，先端部が球状に膨潤する．光受容体は未同定であるが，細胞膜上に存在する青色光受容体であることから，フォトトロピンが有力である．この場合，アクチンフィラメントも微小管もほぼ同時に変化するが，先端部の膨潤が起こる前にリング状構造は消失し，ランダムな配向の細胞骨格のみとなる．ミクロフィブリルの向きをランダムにすることで，先端部の成長領域を広げ，球状の成長を誘導していると考えられる．このようにシダ原糸体では光受容体がアクチンフィラメントに依存した微小管配向を制御することで，細胞壁ミクロフィブリルの配向を決め，先端成長を制御している．

現在，さまざまな植物材料において，蛍光タンパク質によって細胞骨格をラベルし，生細胞内で細胞骨格のダイナミックな変化が解析されている．光形態形成に伴う細胞骨格の役割についても大いに研究が進むと考えられる．

〔門田明雄〕

動物の光周性
Photoperiodism in animals

メラトニン，甲状腺刺激ホルモン，甲状腺ホルモン，視床下部内側基底部，下垂体隆起葉

生物が日照時間（日長）の変化を手がかりにして，さまざまな生理機能を変化させる現象を光周性と呼ぶ．本項では，近年の研究によって情報伝達経路が明らかになってきた鳥類，哺乳類の光周性の制御機構について概説する．

脊椎動物においては，代謝活動，換毛，渡り行動，繁殖活動などに光周性がみられる．なかでも繁殖の季節性，すなわち季節繁殖に関する研究が盛んに行われてきた．脊椎動物の中でも，鳥類は特に洗練された光周反応を示す．これは鳥類が空を飛ぶための適応戦略であると考えられている．つまり鳥類は空を飛ぶために，可能な限り身体を軽くしており，生殖腺も非繁殖期には性成熟前の未分化な状態にまで退縮させている．しかし，ひとたび繁殖期を迎えるとたった2週間で重量にして100倍以上も発達させる．また生殖腺を制御する性腺刺激ホルモン（gonadotropin）の分泌も，短日条件下では低く保たれているが，長日条件に移すと長日1日目の終わりには上昇する．鳥類の中でも特にウズラが光周性研究のモデル動物として盛んに研究されてきた（図1）．1960年代に行われたウズラの脳の破壊実験により，視床下部内側基底部（mediobasal hypothalamus：MBH）が光周性の制御に重要であることが示された．脊椎動物の性腺は視床下部–下垂体–性腺軸によって制御されており，視床下部から分泌される性腺刺激ホルモン放出ホルモン（gonadotropin-releasing hormone：GnRH）が，下垂体前葉の性腺刺激ホルモンの分泌を促し，精巣，卵巣が発達する（図2）．季節繁殖動物が特定の季節に性腺の発達，退

図1　ウズラとその精巣の季節変化

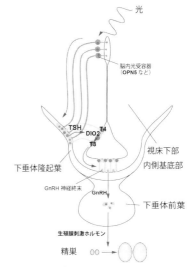

図2　鳥類の光周性の制御機構

縮を繰り返すのはGnRHの分泌に季節性があるためである．

鳥類の光周性の制御機構

光周性の制御機構の解明を目指し，ウズラのMBHで長日刺激によって発現変動する遺伝子が探索され，甲状腺ホルモン活性化酵素（type 2 deiodinase：DIO2）の光誘導と不活性酵素（type 3 deiodinase：DIO3）の光抑制が明らかにされた．DIO2は甲状腺ホルモンのサイロキシン（T_4）（前駆体）を活性型のトリヨードサイロニン（T_3）に変換するのに対して，DIO3はT_4，

T_3 をともに不活性化する．つまり短日条件下ではMBHの甲状腺ホルモンがDIO3によって代謝されるのに対して，長日条件下ではDIO2によって活性化されることで，MBH内で T_3 の濃度が緻密に制御されている．長日刺激によってMBHで局所的に合成された T_3 はGnRHニューロンの神経終末とグリア細胞の形態変化を促すことでGnRHの季節性分泌を制御していると考えられている．

春告げホルモンTSH

ウズラにおける網羅的遺伝子発現解析により，日長が12時間を超えると，下垂体の付け根に位置する下垂体隆起葉（pars tuberalis）において，甲状腺刺激ホルモン（thyroid-stimulating hormone；TSH）が産生されることが明らかになった．TSHは古くから知られている下垂体前葉ホルモンで，その名が示すとおり甲状腺を刺激するホルモンであるが，下垂体隆起葉において長日刺激によって産生される場合はMBHのDIO2の発現を誘導し，生殖腺の発達を制御する光周性のマスターコントロール因子として働くことが明らかにされた（図2）．

哺乳類において，眼が唯一の光受容器官であるが，哺乳類以外の脊椎動物においては，眼のほかにも松果体や脳深部に光受容器が存在する．鳥類においては眼球除去と松果体除去を施しても光周性が失われない．一方，頭皮の下に墨汁を注入し，脳内への光の透過を遮断すると光周反応が消失することから，脳内光受容器で季節を感知している．光周性を制御する脳内光受容器の候補としては，OPN5，メラノプシン，VAオプシンなどが挙げられている．

哺乳類の光周性を制御するメラトニン

哺乳類の光周性の制御機構の解明は，顕著な光周反応を示すハムスターやヒツジの研究によって進展してきた．哺乳類においては眼球を除去すると，光周性が完全に失われるため，光周性を制御する光受容器は眼に存在している．眼で受容された光情報は網膜−視床下部路を経て概日時計が存在する視交叉上核（suprachiasmatic nucleus；SCN）へと伝えられる．SCNからは室傍核，上頸神経節を経由し，交感神経によって松果体へ入力する．松果体からは夜間，メラトニンが分泌されるが，その分泌持続時間は夜の長さを反映するため，メラトニンは全身に暗期の長さの情報を伝えている．メラトニンは哺乳類の光周性を制御するうえで，必須な役割を果たしているため，松果体を除去すると光周性は消失し，メラトニンの代償投与によって光周性を人為的に制御できる．哺乳類では松果体のメラトニンリズムはSCNからの入力によって制御されているため，SCNの破壊も光周性を阻害する．鳥類においてもメラトニンは夜間分泌され，概日リズムやさえずりを制御しているが，松果体除去およびメラトニン投与は鳥類の季節繁殖の制御には影響しない．

哺乳類の光周性の制御機構

哺乳類においてはメラトニンが光周性を制御することが知られていたが，その作用機序は不明であった．鳥類の光周性の制御機構の解明が契機となり，哺乳類の光周性の制御機構も解明された．すなわち，メラトニンが下垂体隆起葉のTSH産生細胞に存在するメラトニン受容体に作用すると，TSHの合成，分泌が抑制され，MBHのDIO2の発現抑制とDIO3の発現誘導が起こる．従来，哺乳類と鳥類の光周性の制御機構はまったく異なると考えられていたが，鳥類においては脳内光受容器を介している一方で，哺乳類では眼で受容された明暗の情報がメラトニンという液性の情報に変換される．このように，光の情報の変換過程が異なるだけで，下垂体隆起葉のTSH以降の仕組みは共通していると考えられている．

〔吉村　崇〕

60

植物の光運動
Photomovement in plants

青色光，光受容体，細胞伸長，膨圧，細胞骨格

光運動とはいささか難解だが，英語のphotomovementの直訳であり，光で誘導される植物の運動である．ここでいう植物の運動は，移動を伴う動物の速い運動とは異なる．地に根を張る植物は移動できない．風に揺れる枝や葉の動きは，手足のような運動でもない．しかし買ってきて窓辺においた鉢植えの植物が翌日には外を向いていることから，ゆっくりではあるが運動をしたことがわかる．

運動の種類と類別

植物の光運動に含まれるものには，光屈性，光傾性，向日性，就眠運動，葉枕運動，葉緑体光定位運動，核光定位運動，気孔開口などがある（表1）．これらを運動機構の観点から大別すると，成長によるもの，細胞の膨圧と収縮によるもの，細胞骨格によるものに類別できる．運動する場で類別すると，組織の運動，細胞の運動，細胞内の細胞小器官の運動に分けられる．さらに光の照射方向と現象の方向性から，光照射方向に依存した現象と光照射方向とは無関係の現象に類別できる．たとえば茎が光の方向に曲がることや，葉を光の方向に展開する光屈性は前者，光の方向とは関係なく植物の構造に依存して一定の方向に動く，葉の上下運動など光傾性は後者である．光条件による分類もできる．光の波長に依存するもの，光の方向に依存するもの，光の強弱に依存するもの，光の明暗周期に依存するものである（表2）．

運動のメカニズム

植物の運動で最も速く，目に見えて明らかなものは，ハエトリグサの捕虫葉やオジギソウの小葉の動きである．オジギソウを含むマメ科やカタバミ科植物の葉柄基部には柔組織でできた「葉枕」があり，接触刺激や熱刺激に敏感に反応して，その上側と下側の細胞群の間で急速なイオン分布の変化を生じ，下側の細胞では膨圧が下がり，上側の細胞では膨圧が上がる結果，葉が下に押し下げられる．オジギソウや類縁のネムノキの葉は昼夜を認識し，夜間は葉枕の作用によって就眠運動をするが，小葉が下がる速度は接触刺激による動きほど速くはない．ハエトリグサの運動は光には無関係

表1　光運動の種類とその様式

運動の種類	運動様式	例
光屈性	光の方向に依存した組織や細胞の屈曲	芽ばえ，茎，花茎，葉柄，シダ・コケの原糸体と仮根
光傾性	光の明暗に伴う組織の構造に依存した動き	葉の上下運動，花弁の開閉
向日性	太陽の移動に伴う日を追跡する動き	ヒマワリの葉と花，スピナスの葉
就眠運動	夜間にみられる，あたかも眠るような動き	若い葉や花が閉じる，葉を下げる，花序が垂れ下がる
葉枕運動	葉枕内のイオン移動による膨潤を伴う動き	マメやカタバミは葉枕の膨圧を制御して葉を上下動させる
葉緑体光定位運動	光合成効率最適化のための葉緑体の移動	弱光に集合し，強光から逃避する．アクチン繊維による動き
核光定位運動	紫外線を避けるような細胞側壁への移動	シダ前葉体やシロイヌナズナの表皮・柵状組織でみられる
気孔開口	孔辺細胞の膨潤に伴う気孔の開き	CO_2の取り込みと蒸散のために気孔を開く

表2　光運動の類別の仕方

類別法と 運動の種類	例
運動機構	
細胞成長	光屈性，光傾性，向日性，就眠運動の一部
細胞膨潤	気孔開口，葉枕を使用した就眠運動の一部
細胞骨格	葉緑体光定位運動，核光定位運動
運動の場	
組織	光屈性，光傾性，向日性，就眠運動の一部
細胞	気孔開口，葉枕を使用した就眠運動の一部
オルガネラ	葉緑体光定位運動，核光定位運動
光の方向性	
光方向依存	光屈性，向日性，葉緑体光定位運動，核光定位運動
光方向不依存	光傾性，気孔開口，すべての就眠運動

である．光運動反応はどれも目に見えるほど速い運動ではない．数分間隔で写真を撮り，早回しで時間を短縮してみると初めてそのダイナミックな動きが見えてくる．

　茎の光側と陰側，葉や花弁の向軸側（上面側）と背軸側（下面側）の細胞の成長速度の差が光条件と植物の構造的原因によって微妙に制御されたのが葉枕をもたない植物の就眠運動や，屈性，傾性，向日性の本質である．気孔の開口や葉枕をもつ植物の傾性や就眠運動は細胞の膨圧調節によって起こる運動である．葉緑体と核が弱光に向かって移動し，強光から逃避する運動は，細胞骨格の中でもおもにアクチン繊維に依存した運動である．

光受容と信号伝達

　植物のみならず菌類でも光運動反応は一般的に青色光で誘導される．赤色光は現象の誘導には直接の効果はないが，多くの現象で青色光の効果を増強するのに働く．シダ・コケ・藻類では青色光に加えて赤色光が光運動に有効な場合が多い．

　光反応には光を感じるための色素タンパク質，いわゆる光受容体が必須である．植物の生理現象を仲介する青色光受容体にはフォトトロピン（phototropin）やクリプトクロム（cryptochrome）などがある．青色光より波長の短い紫外線（UVA）の光受容体はUVR8（UV Resistance locus 8）である．光運動のおもな受容体はフォトトロピンであるが，クリプトクロムが気孔の開口に働くという報告もある．葉緑体運動と光屈性に赤色光が有効なシダ植物には赤色光受容体であるフィトクロムの光受容ドメインとフォトトロピンが融合したネオクロム（neochrome）があり，赤色光と青色光を同時に受容できる．藻類の一種ヒザオリにも起源が異なるネオクロムが存在する．一方，ヒメツリガネゴケでは，フィトクロムで受容された赤色光の情報がフォトトロピンに伝達される．

　シロイヌナズナのフォトトロピンにはphot1，phot2の2つがある．光感受性に差があるが両者とも光屈性，葉緑体運動，気孔の開口，葉の展開，葉の柵状組織の発達などを制御する．1種類のフォトトロピン分子がどのようにして異なる生理反応を誘導しうるのかはわかっていない．第一の可能性は，各現象が異なる組織や細胞で起こること，すなわち，光屈性は茎や葉柄で，葉緑体運動は葉肉細胞で，気孔の開口は孔辺細胞で，葉の展開は葉の表皮細胞で制御された現象である．ただし柵状組織の発達と葉緑体運動は同じ葉肉細胞で起こる．フォトトロピンのN末端側が青色光を受容すると，C末端側のリン酸化酵素が活性化され，フォトトロピン結合タンパク質（基質）がリン酸化される．そこで，各生理現象によって基質に特異性があるかフォトトロピンの細胞内分布が異なることで，それぞれの信号伝達系が個別に制御されている，というのが別の可能性である． 〔和田正三〕

61

菌類の光屈性
Phototropism of fungi

青色光，作用スペクトル，突然変異体，胞子嚢柄，レンズ効果，wc-1 ホモログ

菌類は，よく知られる生存場所から類推すると，植物と違ってその生活に光は必要ないと思われがちであるが，環境シグナルの1つとして光を受容し応答する仕組みを備えている．胞子から発芽により生じた菌糸は同心円状に伸長成長するが，光がその方向に影響を与える場合がある．植物病原菌のいくつかの種では，菌糸が光のくる方向と逆方向へ成長（負の光屈性）することで宿主植物内への侵入の一助にしているといわれる．一方，アオカビやクモノスカビの仲間などでは菌糸は光の方向に成長（正の光屈性）する．菌糸の光屈性（phototropism）は，菌糸間の融合や統制のとれた構造をつくるための成長の方向づけに利用されているのかもしれない．本項では，研究例の多いケカビ亜門の糞生菌ヒゲカビ (Phycomyces blakesleeanus) を中心に，菌糸層から空中に向かって形成される構造体が示す光屈性について解説する．

ヒゲカビの光屈性の研究

ヒゲカビは光感受性が非常に鋭敏であり，1950年代半ばから M. Delbrück によりシグナル受容・応答のしくみを研究するためのモデルとして採用された菌類である．菌糸層を構成する菌糸の肥大部分から空中に向かって形成される構造体である胞子嚢柄 (sporangiophore) は，回転しながら成長する巨大な単細胞であり青色光および近紫外光に対して正の光屈性を示す（図1A）．光刺激を受けてから数分以内に屈曲は開始する．屈曲は毎分約3度の速度で進み最終的に約75度で停止する．

ヒゲカビの光屈性は今から140年ほど前から知られるが，その研究は3つの節目となる研究から進展している．1つ目は，レンズ効果により屈曲を説明した1910年代の研究である．胞子嚢柄は細長い円柱とみなすことができ，一方向から光が入射すると集光レンズとして働くことにより，反光源側において光源側より光強度が高くなる．より強い光を受けた側の成長が促進されると正の光屈性が説明される．この効果は理論的および実験的に確認されているが，特に胞子嚢の直下が肥大するミズタマカビ型突然変異体（図1B）を用いた1980年代の一連の研究により，光屈性の方向と屈曲角度の決定にはレンズ効果が決定要因になることが確定した．光による成長の促進は，細胞壁の繊維成分であるキチンの合成活性の増大によると考えられる．2つ目は，1959年に始まる作用スペクトルの作成である．この研究が契機となり菌類の光受容体に関する議論が活発化した．光受容色素と

図1 左方向からの光に対して正の光屈性を示す野生株（A）と負の光屈性を示すミズタマカビ型突然変異体（B）
A, Bの右図はそれぞれ1日後の様子を示す．

してカロテン，フラビン，およびプテリンが候補として挙がったが，光屈性突然変異株を活用した研究によりフラビンが光屈性にかかわる光受容色素であると2006年に断定された．3つ目は，Delbrückやその一派により進められた，突然変異体を利用した研究である．1970年代になり胞子嚢柄の"接ぎ木法"を使った相補性試験が開発されて遺伝子（座）の特定が行われ，光屈性では *madA* から *madJ* までの10遺伝子（座）が認識された．上述のように *madA* および *madB* 突然変異体は光受容体の決定に利用された．

屈曲開始までに光刺激の変換や伝達が起こると想定されるが，いまだ限られた報告にとどまっており新たな情報が望まれる．

光受容体の同定

2006年になり初めて，菌類の光屈性の光受容体をコードする遺伝子としてヒゲカビ *madA* 遺伝子が同定された．この成果には，全ゲノム情報を納めたデータベース（DB）の貢献が大きい．ゲノムDBの整備は菌類では子嚢菌アカパンカビで最初に完了し，ヒゲカビでは2007年2月にバージョン1が公開された．現在ではバージョン2にアップしている．

青色光を受容できないアカパンカビの2つの突然変異体 *wc-1* と *wc-2* の解析から，その遺伝子産物であるWC-1タンパク質はフラビンを結合するLOVドメインをもつ光受容体であり，WC-2タンパク質とヘテロ二量体を形成して転写因子として作用する．WCタンパク質は担子菌ウシグソヒトヨタケやクリプトコッカスでも同定されており青色光反応に関係している．ヒゲカビは系統進化的にこれらの菌類より前に分岐したと考えられることから，ヒゲカビにおける光屈性の光受容体をコードする遺伝子の有力候補として *wc-1* ホモログがゲノムDBから見つけ出された．そして光屈性変異体の単離から半世紀以上の時を経て，ヒゲカビ *wc-1* ホモログは仮説どおり *madA* 遺伝子であることが証明された．同様に *wc-2* ホモログが *madB* 遺伝子と判明し，両者はヘテロ二量体を形成する．面白いことに，アカパンカビや担子菌と違って，ヒゲカビや仲間のカビであるミズタマカビやクモノスカビなどからは *wc* ホモログが複数個見つかっており，このグループでは *wc* 遺伝子の重複化が起こっている．光屈性とは違う青色光反応にかかわることが予想される．

胞子嚢柄は遠紫外線に対して負の光屈性を示すことから，*madA, B* とは違う光受容体の存在が示唆されている．

その他の菌類における光屈性

有効な波長はヒゲカビと同じく青色光であり正の光屈性を示す．糞生菌ミズタマカビは，種により数mmから3cmほどに成長する胞子嚢柄が光屈性を示す．膨らんだ部位に発生する膨圧を使って種により5cmから3mまで胞子嚢を吹き飛ばし胞子を糞からできるだけ遠くに運ぶ．

子嚢菌アカパンカビなどが形成する"トックリ型"子実体（子嚢殻）の先端部分（beakと呼ばれる），またオオチャワンタケなどが形成する子実体（子嚢盤）の内側に多数つくられる子嚢が光屈性を示す．後者の例は子嚢盤から子嚢胞子を効率的に放出するために役立っている．また，キノコを生ずるアミガサタケの柄は光屈性を示す．

担子菌ハラタケの柄は光屈性を示さないが，他のキノコの柄が光屈性を示すことが知られる．側方からの光によるオツネンタケモドキの光屈性は傘が開いてくると弱まるが，これは光が傘により遮られて成長部位に届かなくなり重力屈性が優勢になるためである．ツクリタケやエノキタケの傘（ヒダ）に柄の成長を促進する物質の存在が示されているが同定は行われていない．

〔宮嵜　厚〕

植物の光屈性
Phototropism of plants

正と負の光屈性，側面光屈性，胚軸，幼葉鞘，オーキシン，フォトトロピン

光に応答した植物の屈曲運動のうち，屈曲の方向が光の方向に依存するものを光屈性（phototropism）と呼ぶ．屈曲が形態的に定まった方向に起こるものは光傾性と呼び区別する．本項では高等植物にみられる光屈性について解説する．

多様な光屈性

円柱状の器官が明るいほう（光が入射する方向）に屈曲する反応は典型的な光屈性で，これを正の光屈性（positive phototropism）と呼ぶ．一方，暗いほうに屈曲する場合を負の光屈性（negative phototropism）と呼ぶ．正の光屈性は，芽ばえの胚軸や幼葉鞘（図1），伸長中の茎などが，負の光屈性は芽ばえの幼根などが示す．茎が負の光屈性を示す例外もある．被子植物には花茎が正の光屈性を示す植物も多い．

正・負では説明できない光屈性もある．双子葉植物には，葉柄や葉身の屈曲とねじれにより，葉の表面を明るいほうに（光の入射方向と垂直になるように）向けるものがある．これを側面光屈性（diaphototropism）と呼ぶ（図2）．また，花茎のねじれにより花を明るいほうに向ける被子植物もある．

環境適応戦略としての光屈性

光屈性の多くは葉の光補集効率（光合成活性）に関係する．双子葉植物の芽ばえは，胚軸の光屈性で子葉の表面と頂芽を明るいほうに向け，これにより子葉の光補集効率を高めるとともに，葉と茎を明るいほうに成長させることができる．イネ科植物の芽ばえは，幼葉鞘の光屈性により，幼葉鞘から出てくる葉を明るいほうに展開することができる．栄養成長期においては，茎の正の光屈性と葉の側面光屈性（その片方，あるいは両者）により，葉の光補集効率を上げる．

芽ばえは直射日光よりも数桁弱い光で強い光屈性を示し，直射日光レベルの光はむしろ光屈性に阻害的である．また，屋外において，光屈性で屈曲した植物をよく観察できるのは，南側が他の植物や塀で遮られた環境である．このように，光屈性は一般に光が不足した環境において強く発現することから，"向日" よりも "避陰" がその一般的な役割であると考えられる．例外として，直射日光レベルの光で強い光屈性を示すヒマワリ（茎の正の光屈性）やルピナ

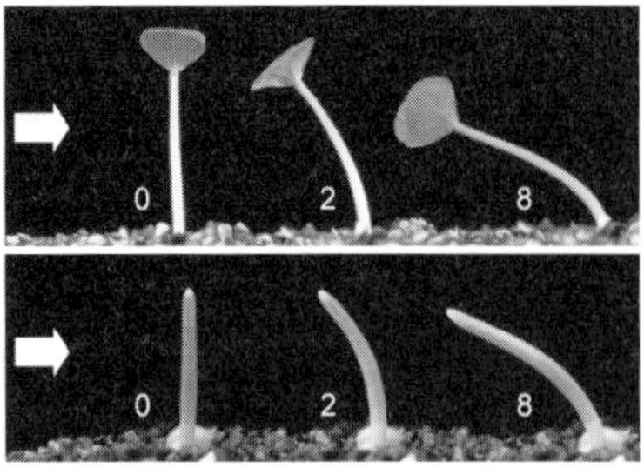

図1 芽ばえの光屈性
キュウリ（上）とトウモロコシ（下）の芽ばえを片側（写真の左側）から白色光で照射して光屈性を誘導．図内の数字は照射開始からの時間を示す．

図2 葉の側面光屈性
ハマビワの葉が明るいほう（写真の左上）を向いて側面光屈性を示している様子を示す．

ス（葉の側面光屈性）がある．これらの植物は，茎頂や葉で太陽を追うことができる．

花茎の屈曲やねじれによる花の光屈性は虫媒花の植物で広く観察され，送粉者の視覚的誘引がその一般的な役割であると考えられる．高山の寒冷地に育つ植物には花で太陽を追うものがある．この場合，太陽光で花の内部を温めることにより，昆虫を誘い，また花粉や種子の発育を促していると考えられている．

地中で育つ根がどうして光屈性を示すかはよくわかっていない．幼根で観察される負の光屈性は，その重力屈性とともに，地上で発芽した種子の根を土の方向に成長させるのに役立っているかもしれない．

光屈性機構の研究

光屈性の機構は芽ばえの胚軸や幼葉鞘で研究されてきた．以下，その歴史をたどってみる．

光屈性には青色光が有効で，赤色光は効果をもたないことが，すでに19世紀に近代植物生理学の祖とされるドイツのザックスにより示された．20世紀になって光屈性の詳細な作用スペクトルがオートムギ幼葉鞘で求められ，光受容色素の研究が行われた．ようやく1990年代になり，双子葉植物シロイヌナズナから分離した突然変異体の分子生物学的解析から，フラビン色素のフラビンモノヌクレオチドを色素団としてもつタンパク質フォトトロピン1（phototropin 1）が光屈性の光受容体として同定された（アメリカのBriggsら）．また，同様の手法により，光シグナルの伝達に関与するNPH3などのタンパク質も明らかにされた．

『種の起源』で知られるダーウィンは，晩年，植物の運動の分野でも先駆的な研究を行った．とりわけ，カナリアソウの幼葉鞘を用いた実験から，光はその先端部で受容され，何らかの"影響"が下部に伝達して屈曲を引き起こすという結論を導き（1875年の著書），その後の光屈性研究に大きく貢献した．20世紀になり，植物の光屈性は不均等な成長による運動（成長運動）であることが明確にされる一方，ダーウィンが示した"伝達する影響"の研究がオートムギ幼葉鞘を用いて進められ，それは成長を促進する化学物質であることが示唆された．結局，この物質は1936年にオランダのウェントにより分離され，これが植物ホルモンとして最初に発見されたオーキシン（auxin，インドール酢酸）である．

重力・光屈性は，オーキシンが組織内を横に移動することにより生じるという仮説が，当時ロシアで重力屈性を研究していたコロドニーと，オーキシンの発見者であるウェントにより独立に提唱され，これはコロドニー-ウェント説として知られるようになった．光屈性刺激によりオーキシン濃度が不均等になることはその後の研究で明らかにされたが，それが横移動により達成されるかは明確になっていない．

植物は光の方向を直接感知しているのではなく，組織内に生じる光の不均等な分布から間接的に明るいほうを感知していることが20世紀中頃までの研究で示された．このような知見から，フォトトロピン1による光化学反応が組織内で不均等に起こり，その結果，オーキシンの横方向への移動が調節されて，その不均等分配が生じると考えられる．今後の研究の進展が待たれる．

近年の分子レベルの研究は，シロイヌナズナ胚軸とイネ幼葉鞘にほぼ限定されているが，系統的に隔たった両植物の起源も異なる器官において同じ光受容体（フォトトロピン1）とシグナル因子が関与するなど共通点が多いことから，高等植物の光屈性には普遍的な機構が働いていると考えられる．しかし，葉の側面光屈性などでは，光の方向をどのように感知しているかを含め，まったくわかっていない．多様な光屈性の機構を探る研究が待たれる． 〔飯野盛利〕

63
光屈性における光シグナル伝達
Light signaling in phototropism

光受容体, シグナル伝達因子, オーキシン

光屈性誘導に働く青色光受容体フォトトロピン（phototropin, 以下 phot と略）が, どのような光シグナル伝達経路を介してオーキシン（auxin）不均等分布を形成し, 光屈性を誘導するのかについては未解明な部分が多い. モデル植物シロイヌナズナの光シグナル伝達について, 現在までに明らかになっている知見を概説する.

phot 複合体

phot は, NPH3/RPT2-like（NRL）ファミリーに属する NPH3, RPT2 タンパク質それぞれと, さらに phytochrome kinase substrate（PKS）ファミリータンパク質と複合体を形成し, 光屈性誘導に働く. NRL ファミリーは N 末端側に BTB ドメイン, C 末端側にコイルドコイルドメイン, それぞれタンパク質相互作用に関与する 2 つのドメインをもつ. BTB ドメインはユビキチン E3 リガーゼ複合体として機能するタンパク質によく含まれることから, NPH3 および RPT2 も E3 リガーゼとしてタンパク質のユビキチン化および分解に関与する可能性がある. 実際, NPH3 はシロイヌナズナに 2 分子種存在する phot の 1 つ, phot1 のモノユビキチン化, ポリユビキチン化に関与し, phot1 の細胞内局在およびタンパク質安定化調節を行っていることが報告されている. その生理的意義や phot による NPH3 の E3 リガーゼ活性調節機構については謎も多く, 今後のさらなる解析が期待される. また最近, RPT2 は phot1 と結合し, その光感受性を下げることによって, 明るい環境下での光屈性誘導に働くことが示唆されている.

PKS ファミリーは PKS1 〜 PKS4 の 4 分子種が機能重複して働く. PKS ファミリータンパク質は特徴的な構造をもたず, 生化学的機能はよくわかっていない. 最近, PKS1 がオーキシン輸送体 PIN1 およびカルシウムシグナリングに関与するカルモジュリンタンパク質と結合することが報告された. phot によるオーキシン輸送調節および細胞内カルシウムイオン濃度調節に関与する可能性がある.

phot-NRL-PKS 複合体が細胞のどこでどのような生化学的機能を果たし, オーキシン不均等勾配を形成させるのかよくわかっていない. phot は通常, 細胞膜表面内側に局在するが, 青色光照射によってその局在は変化する. phot1 は光照射後一部が細胞質に遊離する. phot2 は一部がゴルジ体に移動する. 細胞膜上でのオーキシン輸送体機能の調節や, ゴルジ体における小胞輸送を介した膜タンパク質機能制御などが phot-NRL-PKS 複合体の機能と予想されており, 今後の検証が待たれる.

オーキシン輸送体機能とその制御機構

PIN-FORMED（PIN）オーキシン排出体および ATP 結合カセット B 型（ABCB）輸送体ファミリーは, 光屈性時におけるオーキシン不均等勾配形成に重要な役割を果

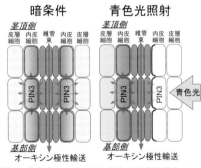

図1　青色光による PIN3 細胞内局在調節とオーキシン輸送方向の変化
光照射側の内皮細胞における PIN3 が維管束側へ偏る. 矢印がオーキシンの流れ.

たしている．PINはN末端側とC末端側の両側に複数回の膜貫通ドメインをもち，中央部分に細胞質側に長く飛び出した親水性ループドメインをもつタイプと，もたないタイプが存在するオーキシン排出体である．PIN1，PIN2，PIN3，PIN4，PIN7は長い親水性ループドメインをもつタイプに属し，それぞれ光屈性に正の働きを示すことが報告されている．そのうちPIN3は，胚軸においておもに維管束を取り囲む内皮細胞で発現し，一方向からの青色光照射によってphot依存的に細胞内局在を変化させる（図1）．この細胞内局在の変化が，維管束から光照射側・陰側組織へのオーキシン輸送活性を変化させ，オーキシン不均等勾配形成に働くことが示唆されている．他のPINについても同様の機能調節が行われているかどうかは明らかになっていない．

phot はどのように PIN3 細胞内局在を調節しているのだろうか（図2）．現在予想されている作業仮説を紹介する．PIN の細胞内局在は，親水性ループドメインのリン酸化状態によって変化する．phot はそのタンパク質キナーゼ活性によって PIN3 を直接リン酸化し，細胞内局在を調節しているのかもしれない．PINOID や D6 PROTEIN KINASE といった AGCVIII Ser/Thr 型タンパク質キナーゼファミリーの一部の酵素は PIN のリン酸化を，type6-protein phosphatase（PP6）タンパク質ホスファターゼは脱リン酸化を，それぞれ行う．phot による AGCVIII もしくは PP6 の機能調節が，間接的に PIN のリン酸化を調節している可能性も考えられる．膜タンパク質の小胞輸送を調節する ADP ribosylation factor（ARF）によっても PIN の細胞内局在は制御されている．また phot が ARF と直接結合する能力があることが報告されている．ARF を介して phot は PIN 細胞内局在を調節しているのかもしれない．

ABCB19 は PIN 同様，細胞質側から細胞外へのオーキシン排出活性を示すオーキシン輸送体である．個体においては茎頂から基部への縦方向のオーキシン極性輸送に働く．phot は ABCB19 を直接リン酸化し，そのオーキシン輸送活性を抑制する．これが茎頂に近い組織でのオーキシン蓄積と未同定のオーキシン輸送体による横輸送を促進し，間接的に光屈性促進に働く可能性が指摘されている．ただし *abcb19* 機能欠失型突然変異体は光屈性促進の表現型を示すことから，phot による ABCB19 の機能調節が光屈性反応に必須の分子機構ではないと思われる．また ABCB19 が PIN オーキシン輸送体と結合し，その膜局在の安定化に働くことから，phot が ABCB19 を介して PIN の機能調節を行っている可能性も考えられている．

具体的な分子機構は報告されていないものの，オーキシン輸送調節以外のオーキシン不均等分布形成機構や，オーキシン不均等分布によらない光屈性誘導機構の存在も検討の余地が残されていることを付記する．

〔酒井達也〕

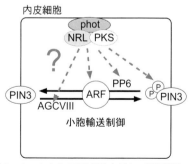

図2　photによるPIN3細胞内局在の制御機構の仮説モデル

葉緑体の光定位運動
Chloroplast photorelocation movement

集合運動，逃避運動，フォトトロピン

光環境に応答して葉緑体が位置を変える運動を，光定位運動（photorelocation）と呼ぶ．一般的に，入射光に対して集まってくる運動を集合運動（accumulation movement），逃げる運動を逃避運動（avoidance movement）と呼ぶ（図1）．暗所でも種に依存した運動が知られている．本現象は19世紀には知られており，1908年にはオーストリアの研究者グスタフ・ゼン（Gustav Senn）によりまとめられている．本項ではこれらの光定位運動について解説する．

多様な葉緑体光定位運動

主として青色光により誘導される葉緑体光定位運動は，緑色植物（ヒザオリ，アオサ，ヒメツリガネゴケ，ホウライシダ，シロイヌナズナ，オオセキショウモ）において，よく研究されている．集合運動では，葉緑体がいない場所に光を一時的に照射しても，光を当てた場所に向かって移動してくる．つまり，①光を受容しその場所を記憶し，②葉緑体まで情報を伝達し，③葉緑体が移動する．概念的に3つの素過程の組み合わせと考えることができる．

コケ・シダ・シロイヌナズナなどの突然変異体の解析から，フォトトロピン（phototropin）が青色光受容体として機能している．シロイヌナズナでは，逃避運動ではフォトトロピン2，集合反応ではフォトトロピン1と2が，光受容体として機能している．

ヒザオリやホウライシダでは，赤色光でもその運動が誘導され，フィトクロム（phytochrome）の光受容部位とフォトトロピンのキメラタンパク質のネオクロム（neochrome）が光受容体として機能している．しかし，ヒメツリガネゴケでも赤色光で誘導されるが，ネオクロム遺伝子は見つかっていない．フィトクロムが光受容しフォトトロピンを介して情報を伝達しているようである．オオセキショウモの表皮細胞では，光合成により原形質流動が誘発されその流れに乗って葉緑体は移動している．赤色光下ではフィトクロムが細胞内カルシウム濃度を変化させ，原形質流動の速度が落ち葉緑体が沈滞し，集合する．青色光により誘導される集合運動とは異なる方式で集合する．

ケイ藻の *Pleurosira laevis* では，暗順応した細胞はランダムに葉緑体が分散しており，緑色光に反応し細胞表面に葉緑体が分散したり，青色光照射では細胞の中央に位置する核に向かって集合する反応が認められる．隔壁をもたない多核の黄金植物フシナシミドロでは，葉緑体や核のオルガネラが原形質流動とともに移動している．光を受けた場所で原形質流動の速度が落ちて，オルガネラがとどまるようになる．これら以外のヒバマタ（褐色植物），カラフトコンブ（紅藻植物）でも，葉緑体運動が観察されている．これらの植物ではフォトトロピンはこれまで見つかっていない．

光受容体の特性

葉緑体光定位運動は，ヒザオリやホウライシダ配偶世代を使い，偏光や微光束照射装置を用いた生理学的解析が盛んに行われ，

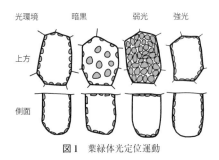

図1 葉緑体光定位運動

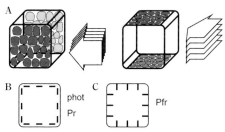

図2　偏光照射による光受容体配向
A：　照射された偏光照射と葉緑体の関係．B，C：　光受容体の光吸収面と細胞膜との関連．フォトトロピンとネオクロム Pr 型は細胞膜に平行（B）で，ネオクロム Pfr 型は垂直（C）に配向する．

細胞内での光受容体の特性が調べられた．ヒザオリの細胞当たり1つの巨大葉緑体は入射光に対して垂直にできるだけ光を受容する位置にいる．偏光の赤色光を照射すると偏光面に依存して葉緑体はねじれる．細胞の一部分に偏光の赤色光や遠赤色光を照射する実験から，赤色光は細胞膜に平行の振動面をもつとき，遠赤色光は細胞膜に垂直な振動面をもつ光照射が最も効果が認められた．ホウライシダ配偶世代でも赤色光の効果は認められ，葉緑体運動を制御するネオクロムは細胞膜上またはその近傍に存在し，Pr 型は細胞膜に平行に，Pfr 型は細胞膜に垂直の光振動吸収面をもつ．

また，青色偏光を照射すると偏光面と平行な細胞膜に沿った位置に葉緑体は配向する（図2）．この結果から，フォトトロピンは，細胞膜上またはその近傍に存在して，細胞膜に平行な吸収面をもっていることが示唆されている．

環境適応戦略としての役割

野生型のシロイヌナズナで生存できる程度の強光下でも，動けない突然変異体やフォトトロピン2が欠損し逃避運動が起きない変異体では生存できないことがある．つまり逃避運動は強光ストレス耐性に重要であると示された．しかしながら，すべての植物で逃避運動が強光ストレス耐性に重要であるわけではない．イネの葉身は逃避運動が観察されないが，強光下でも生育する．ある種の植物では，強光ストレス耐性と逃避運動の速度には相関は認められていない．

一方で，集合運動は弱光下での光合成を最適化するのに，役立っていると考えられる．シダ植物のうちネオクロムをもっている種は木陰の弱光条件下でも生育している．ネオクロムを獲得したことで，赤色光により誘導される光屈性のみならず葉緑体光集合運動も高感度になり，木陰というニッチで生育可能となったことのではないかということが提唱されている．

暗黒下での葉緑体定位に移動する運動の役割はまったくわかっていない．

葉緑体光定位運動機構の研究

シロイヌナズナを使った遺伝学的な研究が進み，光受容体以外でも葉緑体光定位運動にかかわる因子が明らかにされてきている．JAC1，PMI1，PMI2 といった因子が，情報を伝達に関与していると思われる．

葉緑体が移動するときには，CHUP1タンパク質が関与し，葉緑体上のアクチン繊維（CP-actin）の重合を調節し葉緑体が移動する．

〔加川貴俊〕

65

葉緑体光定位運動における光シグナル伝達

Signal transduction for chloroplast photorelocation movement

フォトトロピン,シロイヌナズナ,葉緑体

葉緑体光定位運動は藻類や陸上植物でみられる普遍的な現象である.本項では,葉緑体運動を制御する光受容体と光シグナル伝達について解説する.

葉緑体光定位運動の光受容体

一般的に葉緑体光定位運動は青色光により誘導される.モデル植物シロイヌナズナ (*Arabidopsis thaliana*) を用いた研究によって,光屈性や気孔開口などの光受容体として機能する青色光受容体フォトトロピン (phototropin) が葉緑体光定位運動を制御することが示された.シロイヌナズナは2つのフォトトロピン (phot1 と phot2) をもち,集合反応は phot1 と phot2 両方に制御され,逃避反応はおもに phot2 により制御される(図1).シダ植物のホウライシダ (*Adiantum capillus-veneris*) もフォトトロピンを2つもち (*Ac*phot1 と *Ac*phot2),おもに *Ac*phot2 が逃避反応を制御する(図1).コケ植物のヒメツリガネゴケ (*Physcomitrella patens*) は2グループ7種類のフォトトロピンをもち (*Pp*photA と *Pp*photB),AタイプとBタイプともに集合反応と逃避反応を制御する(図1).緑藻類のヒザオリ (*Mougeotia scalaris*) も2つのフォトトロピン (*Ms*photA と *Ms*photB) をもつが,いまだ機能はわかっていない(図1).

多くの現生シダ植物,ヒメツリガネゴケ,ヒザオリでは青色光だけでなく赤色光によっても葉緑体運動が誘導され,赤色光/遠赤色光可逆性を示すことから,フィトクロムの関与が示唆されていた.シダ植物とヒザオリにはフィトクロムとフォトトロピンの結合したキメラ光受容体ネオクロム (neochrome) があり,少なくともホウライシダでは,ネオクロムが赤色光による光屈性と葉緑体運動の光受容体である(図1).ヒメツリガネゴケにはネオクロムはないが,赤色光による葉緑体運動にはフィトクロムとフォトトロピンがともに必須であり,フィトクロムとフォトトロピンは結合して葉緑体運動を制御することが示唆されている(図1).

葉緑体光定位運動のシグナル伝達

陸上植物の葉緑体運動はアクチン繊維に依存している.フォトトロピンは細胞膜に局在するので,何らかのシグナルが細胞膜から葉緑体に伝わり,アクチン繊維が制御されると予想される.カルシウムイオンなどの関与が示唆されているが,いまだシグナルの実体はわかっていない.また,シロイヌナズナの葉緑体運動変異体の解析から,シグナル伝達への関与が示唆されるタンパク質が多数同定されているが,その機能は明らかではない.

葉緑体運動にかかわるアクチン繊維の光制御

細胞質全体に分布するアクチン繊維束と葉緑体との結合が複数の植物で観察されて

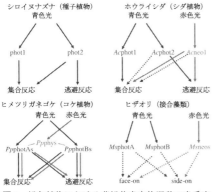

図1 緑色植物における葉緑体光定位運動の光受容体シグナリング
破線部は実証されていない.黒線は *Pp*phy と *Pp*phot の結合を示す.

いたため，葉緑体運動はモーター分子ミオシンに依存したアクチン繊維束に沿った運動であると考えられていた．しかしながら，葉緑体運動におけるミオシンの関与は実証されておらず，葉緑体定位運動に伴う細胞質のアクチン繊維束の動態変化も観察されていない．アクチン繊維を可視化したシロイヌナズナ形質転換体を用いた観察から，従来知られていた細胞質のアクチン繊維束でなく，葉緑体と細胞膜の間に存在する細かいアクチン繊維構造が葉緑体光定位運動に必須であることが最近明らかとなった．この構造は葉緑体アクチン繊維（cp-アクチン繊維）と名づけられた．静止している葉緑体ではcp-アクチン繊維は葉緑体周縁部全体に存在する．強い青色光照射後により逃避反応を誘導すると，cp-アクチン繊維は一過性に消失し，逃避する方向の前端側で再重合が起こる．cp-アクチン繊維が重合され，量が増えると葉緑体は動き出し光から逃避する（図2A）．光強度の低い青色光照射ではcp-アクチン繊維の消失は起こらないが，逃避反応時同様に移動方向前端側で重合が起こり，弱い光に向かって移動する（図2B）．葉緑体の移動速度はcp-アクチン繊維の後端側に対する前端側の量比が大きいほど速い．逃避反応時には強光によってcp-アクチン繊維がいったん消失するため，葉緑体前後cp-アクチン繊維の量の差が大きくなり，光強度が強くなるほど移動速度も上がる．cp-アクチン繊維は細胞膜との接着にもかかわっており，光で制御されている．強い青色光によりcp-アクチン繊維が消失すると葉緑体は細胞膜から離れ，葉緑体の動きは促進される．一方弱い青色光はcp-アクチン繊維の量を増加促進するため細胞膜への接着が強まり動きにくくなる．

フォトトロピンはcp-アクチン繊維の光制御を介して葉緑体の運動と細胞膜への接着を制御している．強い青色光によるcp-アクチン繊維の消失はphot2により制御され，弱い青色光によるcp-アクチン繊維の増加と運動時におけるcp-アクチン繊維の前端側での増加はphot1とphot2により制御されている．葉緑体運動に関連したcp-アクチン繊維の制御には多くのタンパク質の関与が示されたが，その制御機構は明らかになっていない．

cp-アクチン繊維はシロイヌナズナのみならず，ホウライシダやヒメツリガネゴケの葉緑体光定位運動時にも関与している．さらにcp-アクチン繊維の制御にかかわる因子のいくつかは陸上植物内で保存されているので，cp-アクチン繊維による葉緑体光定位運動のメカニズムの獲得が，陸上植物が陸上の変動する過酷な光環境で爆発的な進化を遂げた一助になったと考えられる．

〔末次憲之〕

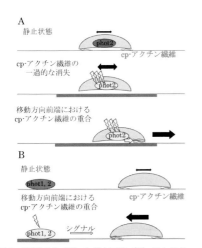

図2 逃避反応（A）と集合反応（B）におけるcp-アクチン繊維による葉緑体運動メカニズム
葉緑体は半月状，細胞膜は黒線で示されている．太線は光照射部位を示す．黒矢印は葉緑体の運動方向を示す．

66

核の光定位運動
Light-induced relocation movement of nucleus

アクチン細胞骨格，核，シロイヌナズナ，ネオクロム，フォトトロピン，ホウライシダ

発生・成長現象に伴う核の定位運動

　細胞内における核の存在場所は厳密に制御されている．動物，植物，菌類などのさまざまな生物種において，細胞周期の進行，細胞分裂，細胞の移動，細胞伸長などに伴って，核が存在場所を変える現象が報告されている．動物の卵が受精すると，雌雄の前核は受精卵の中央で融合し，引き続いて第一卵割である等分裂が起こる．動植物の発生過程でしばしばみられる不等分裂においても，分裂に先立ち，核は将来の分裂面へ移動する．フィブロブラストなどの細胞が移動するときには，核は多くの場合，細胞の前後軸上の後方に位置を保つ．陸上植物の根毛，シダ・コケ類の原糸体など，先端成長を示す細胞では，核は常に先端から一定の距離に位置を保つ．

環境刺激に依存した核の定位運動

　植物では，外界からの刺激によって核の移動が誘導される．植物の組織が傷を受けると，細胞死が起こった周囲の細胞の核が移動し，傷を修復するための細胞分裂に備える．細胞死を起こさない接触刺激によっても，接触した場所への核の移動を繰り返し誘導できることが報告されている．
　光刺激によって誘導される核の移動は，ホウライシダ前葉体において最初に報告された．暗黒下では細胞側面（垂層壁に沿う細胞質）に位置する核が，弱光下では上面（同じく外側並層壁）に，強光下では再び側面に位置するようになる．これらの運動は，青色光，赤色光によって繰り返し誘導することができる．核光定位運動は種子植物であるシロイヌナズナの葉の表皮細胞，葉肉細胞でもみられる（図1）．シロイヌナ

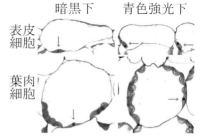

図1　シロイヌナズナ葉細胞の横断面図
核（矢印で示す）は，暗黒下では細胞底面に，青色強光下では細胞側面に位置する．

ズナの場合，暗黒下および弱光下で核は細胞底面（同じく内側並層壁）の中央付近に位置している．弱光下での位置は暗黒位ではなく，弱光位であると考えられる．強光下では，核は細胞の重心から最も近い側面に移動する．運動は強い青色光によって繰り返し誘導することができる．強光位をとると核の受光面積が小さくなること，紫外線Bによって引き起こされるDNA損傷および細胞死が減少することから，核光定位運動は，植物が獲得した紫外線防御機構の1つであると推察される．
　一方，シダ・コケ類では，光照射下での低温処理によって核が細胞側面へ移動することが知られており，光と温度は複合的に核定位運動を制御していると考えられる．

核光定位運動の光受容体

　ホウライシダ前葉体では，フォトトロピン（phototropin）とネオクロム1（neochrome 1）とが，シロイヌナズナ葉細胞ではフォトトロピン2が，核光定位運動の光受容体として働いている．ホウライシダにおける反応が偏光作用二色性を示すことから，光受容体は細胞膜近傍に光吸収軸をそろえて局在していると予想される．また，ホウライシダ前葉体とシロイヌナズナ葉肉細胞では，核の暗黒位の制御にフォトトロピン2が関与するが，シロイヌナズナ葉表

皮細胞では関与しない.

核の運動に関与する細胞骨格

糸状菌の菌糸細胞の中で核が特定の位置を保つ現象について，1970年代から突然変異体を用いた遺伝学的解析が進められ，核の定位が微小管とモータータンパク質であるダイニンおよびキネシンに依存し，ダイナクチンによって制御されることが明らかとなった．動植物における発生・成長現象に伴う核の定位については，微小管およびアクチン細胞骨格（actin cytoskeleton）が単独あるいは協調して関与することが報告されている．

シロイヌナズナ葉細胞における核光定位運動はアクチン細胞骨格に依存する（図2）．核の暗黒位の制御には植物特異的なモータータンパク質であるミオシン XI-i が関与する．一方，強光による核の細胞側面への移動には色素体（葉緑体）が重要な役割を果たす．表皮細胞の核は複数の色素体と常に相互作用しており，色素体に従属的に動く．葉肉細胞の核も葉緑体とともに動く．

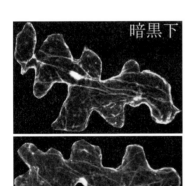

図2 シロイヌナズナ葉表皮細胞のアクチン細胞骨格
葉表皮細胞のアクチンを間接蛍光抗体法，核を蛍光色素により可視化した．核は常にアクチン繊維束と相互作用しているようにみえる．

色素体（葉緑体）の運動はアクチン細胞骨格に依存しており，核は色素体（葉緑体）を運動装置として利用している可能性がある．核が色素体（葉緑体）と相互作用する仕組みの解明が今後の重要課題の1つである．

核の形態制御との関連

1980年代に行われたセンチュウの胚発生時期における核の移動に関する遺伝学的解析が端緒となって，動物細胞の核膜には複合体が存在し，核膜を裏打ちする核ラミナと細胞骨格とをつなぐ役割を果たしており，核の運動を制御することが明らかとなった．核膜の複合体は，核ラミナ構成タンパク質（ラミン），核内膜タンパク質（SUN），核外膜タンパク質（KASH）からなり，核外膜タンパク質が細胞骨格と相互作用することにより，核の形態制御にも寄与している．これらタンパク質因子の欠損は，発生の異常やラミノパシーなどの病気の原因となっている．

植物においても核ラミナ様の構造が電子顕微鏡観察などによって報告され，構成タンパク質の解析が進行している．ただし，動物のラミンと相同な遺伝子はシロイヌナズナのゲノムには存在せず，ラミンと同じくコイルドコイルドメインを多くもつタンパク質（CRWN）がラミンと似た働きをしている可能性が指摘されている．SUN については動物のものと相同な遺伝子が報告され，KASH については，相同な遺伝子は存在しないが，核外膜タンパク質である WIP が SUN と相互作用することにより，植物特異的な SUN-KASH ブリッジを形成することが報告されている．これらの遺伝子を欠損すると核の形態が異常になる．今後，植物の SUN-KASH ブリッジが核ラミナや細胞骨格と相互作用するのか，核の運動に寄与するのか，どのような制御機構が働いているのかなどを検証する必要がある．

〔髙木慎吾〕

67

気孔の光開口運動
Stomatal opening by light

孔辺細胞, K⁺チャネル, 青色光, プロトンポンプ

光による気孔開口

気孔開口は，光合成に必要なCO_2取り込みを可能にするのみならず，多種類の無機イオンを含む導管液を植物組織に分配するのに必須の働きをもつ．1898年にフランシス・ダーウィンは気孔が光によって開口することを発見し，1943年に京都大学の今村駿一郎は気孔開口にカリウムイオン（K^+）が必須であることを示した．その後，弱い青色光（blue light）がカリウムの取り込みを促進し気孔開口を誘発すること，赤色光存在下で青色光による気孔開口が大きくなることなどが報告され，光による気孔開口とK^+の取り込みの密接な関係が知られるようになった．図1は生葉の光による気孔開口である．強い赤色光により気孔はゆっくりと開口し，これに加えて弱い青色光を当てると気孔は大きくかつ速く開口する．自然光は赤と青の光を含むので，自然条件では赤と青を照射したときの光開口が起きると考えられる（図1）．

膨圧による気孔開口

気孔開口は浸透物質の蓄積に駆動される膨圧運動である．孔辺細胞（guard cell）にK^+と対イオンとして働くリンゴ酸や塩素イオンなどが蓄積することによって，水ポテンシャルが低下する．それに伴い，水が流入し膨圧増大によって気孔が開口する．この気孔開口には，細胞壁の不均一な厚さとセルロース微繊維（ミクロフィブリル）の配向が重要な役割を果たしている．ソラマメやツユクサなどの腎臓型孔辺細胞（図2A）は気孔側に厚い細胞壁を有し，外側の細胞壁は薄く柔らかい．膨圧増大によってセルロース微繊維と直角方向に外側細胞壁が伸び，隣接する表皮細胞側へ湾曲する．この形態変化により厚い細胞壁は互いに離れるように引っ張られ気孔が開く．トウモロコシやサトウキビなどの鉄亜鈴型の孔辺細胞は気孔を挟んで両端部を接し（図2B），細胞の長軸に沿って点線で示すセルロース微繊維と並行する太線の固い細胞壁を有す．膨圧増大によりセルロース微繊維と直角方向に膨らみ，孔辺細胞同士が隣接部で反発してスリット状の気孔が開く．鉄アレイ型の孔辺細胞を有する気孔は腎臓型のものに比べて効果的に開閉運動ができる進化した気孔といえる（図2）．

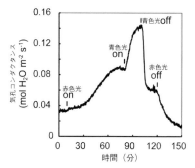

図1 光による気孔開口（A. Takemiya *et al.*, *Nat Comm*, **4**, 2094, 2013, doi: 10.1038/ncomms3094）
赤色光（600 μmol m⁻² s⁻¹），青色光（5 μmol m⁻² s⁻¹）．

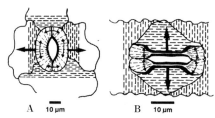

図2 ミクロフィブリルの配向と細胞壁の厚さにより制御される気孔開口（J. D. B. Weyers and H. Meidner, *Methods in Stomatal Research*, Longman Group UK, 1990）

イオン輸送と気孔開口

孔辺細胞のK$^+$含量は，開口時には閉鎖時の数倍から10倍になる．通常，気孔閉鎖時には50〜200 mMであり開口時には400〜600 mMに達する．このK$^+$は細胞質を経て液胞に蓄積すると考えられ，その大部分は孔辺細胞に隣接する副細胞や表皮細胞に，一部は孔辺細胞周囲のアポプラストに由来する．いずれにしろ，周囲のK$^+$濃度は孔辺細胞内に比べてずっと低いので（〜数mM）濃度勾配に逆らったK$^+$の取り込みが必要である．

それではK$^+$はどのようにして孔辺細胞に取り込まれるのであろうか．パッチクランプ法により孔辺細胞細胞膜にはK$^+$選択性のチャネルが存在することが証明された．図3は横軸に膜電位を，縦軸に細胞膜を横切る電流値を示す．孔辺細胞の膜電位が−100 mVから−40 mV付近ではK$^+$電流は認められない．膜電位が−120 mV以下ではK$^+$流入による下向きの電流が増大する．一方，膜電位が−40 mV以上になるとK$^+$の流出に伴う上向きの電流が現れる．K$^+$を細胞内に取り込むチャネルを内向き整流性K$^+$チャネル，流出させるものを外向き整流性K$^+$チャネルといい，それぞれ気孔開口と気孔閉鎖時に機能する．この2つのチャネルは別の遺伝子にコードされている（図3）．

青色光による気孔開口の分子機構

青色光は光スイッチとして気孔開口を引き起こす．青色光は孔辺細胞のプロトンポンプ（proton pump）を活性化し，電位差を形成するH$^+$放出を誘発し，−120 mV付近の膜電位を−160 mV以下にまで過分極（細胞質がよりマイナスへ）させる．過分極に応答して細胞膜上の内向き整流性K$^+$チャネルが活性化され（図3），濃度勾配に逆らったK$^+$取り込みが起こる．

プロトンポンプは細胞膜H$^+$−ATPaseである．青色光の受容に始まる情報伝達を経て，末端の細胞膜H$^+$−ATPaseがリン酸化により活性化される．青色光受容体は光屈性の受容体として同定されたフォトトロピン（phototropin；phot1，phot2）である．フォトトロピンは光受容体型のキナーゼで，フラビンモノヌクレオチドが発色団である．

その他の光による気孔開口

赤色光による気孔開口は生葉でみられるものの表皮ではみられないことが多く，その開口の機構については不明の点が多い．気孔は高濃度CO$_2$により閉鎖し，低濃度CO$_2$で開口する．したがって，生葉では光合成により葉内のCO$_2$濃度が低下し，気孔が開口するとする説が有力である．一方，葉肉細胞に生成した未同定の物質が孔辺細胞に到達し，気孔開口を誘発するとする説もある．また，気孔開口に浸透物質としてショ糖が関与するとする報告がある．午前中はK$^+$が浸透物質として働き，午後からはショ糖に置き換わるとする説である．さらに，気孔開口の光受容体としてクリプトクロムやフィトクロムBなどの関与が報告されている．これらは遺伝子の発現を通して，植物ホルモン，情報伝達体，輸送体の発現量の変化をきたした結果で，光による直接の応答とは考えにくい．　〔島崎研一郎〕

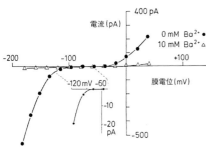

図3　気孔孔辺細胞におけるK$^+$チャネルの電流／電位曲線（J. I. Schroeder *et al.*, *Proc Natl Acad Sci USA*, **84**, 4108-4112, 1987）
Ba^{2+}はK$^+$チャネル阻害剤．

68

気孔の光開口運動における光シグナル伝達
Signal transduction pathway for light-induced stomatal opening

気孔孔辺細胞,青色光,フォトトロピン,細胞膜 H^+-ATPase,BLUS1

植物の表皮に存在する気孔は,1対の孔辺細胞により構成され,孔辺細胞の体積の変動により気孔の開度が制御されている.気孔は植物が光合成を盛んに行う太陽光下に開口し,光合成に必要な二酸化炭素の取り込み,蒸散や酸素の放出など,植物と大気間のガス交換を行っている.本項では,光に応答した気孔開口運動の光シグナル伝達について解説する.

光による気孔開口

気孔開口には赤色と青色光域の光が有効である.赤色光は,葉の葉肉細胞または孔辺細胞の葉緑体に吸収され,光合成を介して気孔開口を促進すると考えられている.一方で,青色光はシグナルとして孔辺細胞に発現する青色光受容体フォトトロピン(phototropin)に受容され,細胞膜 H^+-ATPase を活性化することで,気孔開口を特異的に促進する(図1).剥離表皮を用いた実験では,青色光は赤色光よりも大きな気孔開口を誘導する.

また,青色光や赤色光のように数時間で気孔開口を誘導する短期的な光の作用に加えて,光周性経路(日長)によって,長期的に気孔の開き具合が制御されることも示されている.

青色光受容体フォトトロピン

モデル植物シロイヌナズナには,フォトトロピン1(phot1)とフォトトロピン2(phot2)が存在する.青色光による気孔開口には,phot1 と phot2 が重複して機能しており,フォトトロピン二重変異体(*phot1 phot2*)では青色光による細胞膜 H^+-ATPase の活性化と気孔開口がまったくみられない.フォトトロピンは,N末端側に発色団(FMN)と結合する2つの LOV ドメインを,C末端領域に典型的なセリン・トレオニンキナーゼドメインをもつ.フォトトロピンは,青色光を受容すると自己リン酸化する.フォトトロピンの自己リン酸化部位としては,フォトトロピン分子全体にわたって8か所以上存在するが,その中でもキナーゼドメイン中のアクチベーション・ループの自己リン酸化がフォトトロピンを介した応答に必須であることが示されている.フォトトロピンにリン酸化される孔辺細胞内の基質タンパク質としては,後述するBLUE LIGHT-SIGNALING1(BLUS1)が同定されている.

青色光による細胞膜 H^+-ATPase の活性化

青色光を受容したフォトトロピンは,細胞内シグナル伝達を経て,細胞膜 H^+-ATPase を活性化し,孔辺細胞からの H^+ 放出を誘導し,膜電位を過分極させる.気孔開口は最終的に孔辺細胞の体積が増加することにより引き起こされるが,これには

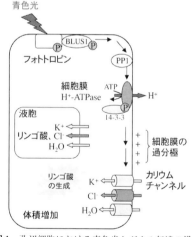

図1 孔辺細胞における青色光シグナル伝達の模式図
矢印はシグナルの流れを示す.Pはリン酸化,14-3-3は14-3-3タンパク質.

K^+, Cl^-, リンゴ酸などさまざまな物質輸送が伴う（図1）.

細胞膜H^+-ATPaseはP型ATPaseの一種であり，ATPの加水分解のエネルギーを利用して細胞膜を介したH^+の能動輸送を行う．H^+-ATPaseは10個の膜貫通領域をもち，N末端，C末端と触媒ドメインが細胞質側に存在している．C末端領域には約110アミノ酸からなる自己阻害ドメインをもつ．自己阻害ドメインを人為的に切断すると顕著に活性が上昇することから，通常は触媒ドメインに対し阻害的な作用をもつと考えられている．青色光によるH^+-ATPaseの活性化には，自己阻害ドメインのC末端から2番目のトレオニンのリン酸化が必須であると考えられている．リン酸化された自己阻害ドメインには，14-3-3タンパク質が特異的に結合し，H^+-ATPaseが活性化される．

H^+-ATPaseのC末端から2番目のトレオニンのリン酸化にかかわるプロテインキナーゼは，細胞膜に存在することが示唆されているが，その実体は同定されていない．また，脱リン酸化にかかわるホスファターゼは，細胞質に存在するタイプ2Aホスファターゼと細胞膜に存在するタイプ2Cホスファターゼが示唆されている．

シロイヌナズナでは細胞膜H^+-ATPaseをコードする遺伝子は11個（AHA1-AHA11）あり，これらのアイソフォームの一次構造に特別な違いはみられない．孔辺細胞では11個すべてのアイソフォームが発現しており，孔辺細胞における細胞膜H^+-ATPaseの重要性がうかがわれる．

青色光シグナル伝達にかかわる因子

青色光受容体フォトトロピンから細胞膜H^+-ATPaseの活性化に至るシグナル伝達については未解明の部分が多いが，これまでにタイプ1プロテインホスファターゼ

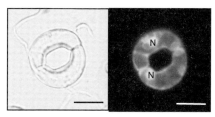

図2　FT-GFPの過剰発現による気孔開口誘導
明視野像（左）と蛍光像（右）．Nは核．バーは5
μmを示す．

(PP1) の関与が示唆されている．最近，青色光による気孔開口が損なわれた突然変異体blus1の解析により，フォトトロピンとPP1の間で働くセリン／スレオニン・プロテインキナーゼBLUS1が同定された（図1）．BLUS1は青色光に依存してフォトトロピンにより孔辺細胞内でリン酸化され，そのリン酸化が青色光による気孔開口に必要であることから，孔辺細胞の青色光シグナル伝達に必須のシグナル因子と考えられる．

光周性経路による気孔開度制御

近年，フロリゲンとして知られるFlowering Locus T（FT）や青色光受容体クリプトクロムなど光周性花成誘導にかかわる一連の因子が孔辺細胞にも発現し，気孔開口を間接的に促進することが示された．実際，シロイヌナズナのFTやクリプトクロム過剰発現体では顕著に気孔が開口した表現型を示す（図2）．生理的意義としては，花成が始まった（生殖成長の）植物において，気孔開口が促進されることで光合成活性が高まり，花成や種子成熟に必要なエネルギーの供給に役立つと考えられている．光周性経路がどのようにして気孔開口に影響を与えているのか，その分子機構の解明は今後の課題である．　　　〔木下俊則〕

69

微生物の光受容体
Photoreceptors in microbes

多様性，光質センサー，強光センサー，キメラセンサー

　微生物は多様な光受容体の宝庫である．光合成をする微生物に光受容体は多いが，非光合成微生物にも幅広く分布する．微生物には培養できないものが多く，メタゲノム解析から光受容体の遺伝子が見つかることもよくある．ゲノム解析から推定される光受容体には，発色団結合ドメインや出力ドメインを複合的にもつキメラ型も多数見つかっており，その多様性や多機能性も微生物の特徴である．一般に，明暗や光強度のセンサーが多いが，ラン藻（シアノバクテリア）には光質のセンサーも多数見つかっている．

　フィトクロム：古典的なフィトクロムは植物に分布するが，発色団やタンパク質のドメイン構成に違いのあるものが真正細菌，ラン藻，藻類，菌類などに多数見つかっている．タンパク質はPASドメイン-GAFドメイン-PHYドメインからなる．発色団はビリベルジン，フィコシアノビリン，フィトクロモビリンなどの開環テトラピロールでシステイン残基に共有結合している．

　シアノバクテリオクロム：これまでのところ，ラン藻にのみ確認されている．フィトクロムに似たGAFドメインのみに，発色団として開環テトラピロール（フィコシアノビリンやフィコビオロビリン）を共有結合し，赤／緑，緑／赤，緑／シアン，緑／青，緑／近紫外など幅広い可逆的光変換を示す．特異な例として，これらの異なる光変換を示すGAFドメインを多重にもつものもある．また，光質を感知して応答を調節するものが多い．

　LOV タンパク質：多くはFMNが発色団としてLOVドメインに結合し，光励起されたフラビンのイソアロキサジン環に近傍のシステイン残基が共有結合し，暗所で解離し，基底状態に戻る．この暗回復の速いものは，強光センサー，遅いものは明暗センサーとして働く．

　BLUF タンパク質：BLUFドメインにFADを非共有結合する．真正細菌，ラン藻，ミドリムシなどに分布する．

　バクテリオロドプシン／プロテオロドプシン類：古細菌，真正細菌，菌類，藻類に広く分布し，レチナールを発色団とする．イオンチャネル型とセンサー型がある．

　イエロータンパク質：複数の真正細菌のグループにまたがって分布．p-クマル酸をPASドメインに共有結合する．バクテリオフィトクロムとキメラタンパク質を形成するものもある．

　クリプトクロム：FADを非共有結合する．微生物のものはDASH型とプロテオバクテリア型に分けられる．

　コバラミン：粘液細菌 *Myxococcus* や放線菌などは光に応答して防御物質であるカロテノイドを合成する．この応答にかかわる光受容体は，*Myxococcus* ではプロトポルフィリン（protoporphyrin）IXとコバラミン（cobalamin，ビタミンB_{12}）である．コバラミンはコバルト原子と炭素との結合がUVから緑色光で励起切断されることで，リプレッサーCarHの活性を抑制し，遺伝子発現を誘導することが2011年に示された．

　プロトポルフィリンIX：大腸菌の鞭毛運動の負の走光性や *Myxococcus* のカロテノイド合成の誘導には，青色光が作用する．この光は，膜内に存在するプロトポルフィリンIXが吸収し，生じる一重項酸素（$^1O_2$）のシグナルとして変換され，その受容体を介して応答を引き起こす．このプロトポルフィリンIXは膜内に存在し，タンパク質と結合することなく作用すると考え

表1 代表的な微生物の光受容体とその特徴・機能

名称	カテゴリ	生物	色素	出力	機能	結晶構造
Cph1	フィトクロム	Synechocystis sp.	PCB	ヒスチジンキナーゼ	?	あり
BphP	フィトクロム	Deinococcus radiodurans	BV	ヒスチジンキナーゼ	カロテノイド合成の誘導	あり
BphP1	フィトクロム	Rhodopseudomonas palustris	BV	タンパク質相互作用	光合成反応中心, アンテナ LH1 発現誘導	あり
BphP4	フィトクロム	Rhodopseudomonas palustris	BV	ヒスチジンキナーゼ	光合成アンテナ LH4 発現誘導	
FphA	フィトクロム	Aspergillus nidulans	BV	ヒスチジンキナーゼ	有性生殖の抑制	
SyPixJ1	シアノバクテリオクロム	Synechocystis sp.	PVB	タンパク質相互作用	走光性切り替え	あり＊
SyPixA/UirS	シアノバクテリオクロム	Synechocystis sp.	PVB	タンパク質相互作用	走光性発現制御	
SyCcaS	シアノバクテリオクロム	Synechocystis sp.	PCB	ヒスチジンキナーゼ	フィコビリソーム構築 (リンカーの発現誘導)	
NpCcaS	シアノバクテリオクロム	Nostoc punctiforme	PCB	ヒスチジンキナーゼ	補色順化 (フィコエリスリンの発現誘導)	
FdRcaE	シアノバクテリオクロム	Fremyella diplosiphon	PCB	ヒスチジンキナーゼ	補色順化 (フィコシアニンの発現誘導)	
WC-1	LOV	Neurospora crassa	FAD	転写因子, タンパク質相互作用	子実体形成, カロテノイド合成誘導	
AUREO1	LOV	Vaucheria frigida	FMN	転写因子	細胞体の分枝	あり
YtvA	LOV	Bacillus subtilis	FMN	?	胞子形成の抑制	あり
Lovk	LOV	Caulobacter crescentus	FMN	ヒスチジンキナーゼ	細胞付着, ストレス応答	
AppA	BLUF	Rhodobacter sphaeroides	FAD	タンパク質相互作用	光合成遺伝子の発現抑制	あり
PAC	BLUF	Euglena gracilis	FAD	アデニル酸シクラーゼ	光鷲動反応	
PixD	BLUF	Synechocystis sp.	FAD	タンパク質相互作用	走光性切り替え	あり
YcgF	BLUF	Escherichia coli	FAD	アンチリプレッサー	バイオフィルム形成	
CryB	クリプトクロム	Rhodobacter sphaeroides	FAD	タンパク質相互作用	光合成遺伝子の発現抑制	あり
SRI, SRII	微生物ロドプシン	Halobacterium salinarum	レチナール	タンパク質相互作用	走光性切り替え	
CSRA, CSRB	微生物ロドプシン	Chlamydomonas reinhardtii	レチナール	Ca^{2+} チャネル	走光性切り替え	
CarH	コバラミン	Myxococcus xanthus	コバラミン類	リプレッサー	カロテノイド合成の誘導	
OCP	OCP	Synechocystis sp.	ヒドロキシエキネノン	タンパク質相互作用	フィコビリソームの熱散逸	あり

RC は反応中心タンパク質, LH1 と LH4 は光捕集アンテナタンパク質. ＊はホモログの結晶構造の決定.

られている.

オレンジカロテノイドタンパク質: オレンジカロテノイドタンパク質 (orange carotenoid protein; OCP) は, 多くのラン藻に分布し, 光合成のアンテナ装置 (フィコビリソーム) に結合し, 光エネルギーを熱に散逸する. カロテノイドの一種のヒドロキシエキネノンを非共有結合し, 光励起されるとその吸収は長波長シフトし, 暗所で元に戻る. この長波長吸収型がエネルギー散逸の活性型である. 暗所で再び不活性型へ回復するが, FRP というタンパク質との相互作用によって暗回復は促進される.

OCP はフィコビリソーム当たり1～2個存在するだけで, 巨大フィコビリソームの吸収した光エネルギーを熱に変えて解消 (熱散逸) する. 変異体の解析から, エキネノンを結合するものも活性をもつが, ゼアキサンチンを結合しても, 熱散逸効果や長波長シフトを示さないことから, カロテノイドのカルボニル基の関与が提唱されている. つまり, 発色団のカロテノイドは過剰光の感知と, 自らの発色団でフィコビリソームが吸収した励起エネルギーを熱散逸するという2つの異なる役割をもつ. 〔池内昌彦〕

70

植物の光受容体
Photoreceptors in plants

フィトクロム，クリプトクロム，フォトトロピン，UVB受容体

生物は光を光合成などのエネルギー源としてだけではなく，情報としても利用している．植物は固着生活を行うので，さまざまな外部環境の変化を的確に感知し，それらに応答して発芽，成長，開花を行い，生存を図らなければならない．光合成を行う植物にとって，光は重要な環境要因の1つであり，これらすべての生理応答反応に光による制御機構が関与している．植物は光環境情報受容のために進化の過程で，赤色光領域に主要な吸収をもつフィトクロム（phytochrome），青色光-UVA領域に吸収をもつクリプトクロム（cryptochrome）やフォトトロピン（phototropin）などの複数の青色光受容体，さらにUVB受容体であるUVR8などを獲得した．これらの植物光受容体を吸収極大波長が長波長順になるように，表1にまとめる．また同じ光受容体のなかでも，双子葉植物，単子葉植物，シダ植物などの代表的なホモログ光受容体

表1 植物光受容体一覧

光受容体		植物	型	吸収波長域	発色団	シグナル伝達
フィトクロム phy		At	A, B, C, D, E	遠赤色，赤，青	PΦB	PIFと相互作用（他）
		Os	A, B, C	遠赤色，赤，青	PΦB	PIFと相互作用（他）
		Cp	1, (2, 3, 4)	遠赤色，赤，青	PΦB	Tyrキナーゼ（他）
ネオクロム Neo		Ac	= phy3	遠赤色，赤，青-UVA	PΦB, FMN	Ser/Thrキナーゼ
		Ms	1, 2	遠赤色，赤，青-UVA	PΦB, FMN	Ser/Thrキナーゼ
クリプトクロム cry		At	1, 2, 3 (DASH)	青-UVA（橙?）	FAD, MTHF	?
		Os	1 (1a), 2 (1b)	青-UVA	FAD, MTHF	?
LOV 光受容体	フォトトロピン phot	At	1(nph1), 2(npl1)	青-UVA	FMN	Ser/Thrキナーゼ
		Os	1a, 1b, 2	青-UVA	FMN	Ser/Thrキナーゼ
		Ac	1, 2	青-UVA	FMN	Ser/Thrキナーゼ
		Cr	—	青-UVA	FMN	Ser/Thrキナーゼ（他）
	LOV-F-ボックス-ケルチリピート	At	ZTL	青-UVA	FMN	タンパク質分解因子
			FKF1	青-UVA	FMN	タンパク質分解因子
			LKP	青-UVA	FMN	タンパク質分解因子?
	LLP[1]	At	—	青-UVA	FMN	
	AUREO[2]	Vf	1, 2	青-UVA	FMN	bZIP型遺伝子転写因子
PAC[3]		Eg	1, 2	青-UVA	FAD	アデニル酸シクラーゼ
UVR8[4]		At	—	UVB	Trp-pyramid	二量体→単量体

光受容体名． [1]LOV (PAS)/LOV Protein，[2]AUREOCHROME：オーレオクロム，[3]Photoactivated Adenylyl Cyclase：光活性化アデニル酸シクラーゼ，[4]UV RESISTANCE LOCUS 8．**発色団名．** FAD：フラビンアデニンジヌクレオチド，FMN：フラビンモノヌクレオチド，MTHF：メテニルテトラヒドロ葉酸，PΦB：フィトクロモビリン．**植物名．** Ac；Adiantum capillus-veneris, At；Arabidopsis thaliana, Cr；Chlamydomonas reinhardtii, Eg；Euglena gracilis, Ms；Mougeotia scalaris, Cp；Ceratodon purpureus, Os；Oryza sativa, Vf；Vaucheria frigida.

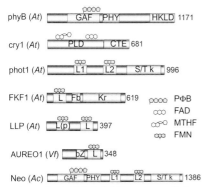

図1 主要な植物光受容体のドメイン構造
GAF；cGMP-specific phosphodiesterases, adenylyl cyclases and FhlA, PHY；phytochrome, HKLD；histidine kinase-like domain, PLD；photolyase-like domain, CTE；C-terminal extension, L；LOV；light-oxygen-voltage sensing, S/T k；Serine/Threonine kinase, Fb；F-box, Kr；kelch-repeat, p；PAS, bZ；bZIP.

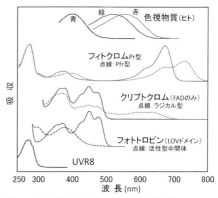

図2 主要な植物光受容体の紫外-可視吸収スペクトル

を示す．

　図1に主要な光受容体のドメイン構造を，図2には紫外-可視吸収スペクトルを示す．参考のためにヒトの3種類の色視物質の吸収スペクトルも載せる．

　フィトクロムは開環テトラピロールの一種であるPΦBを発色団としてGAFドメイン（図1）に結合しており，よく知られている赤・遠赤色光だけでなく，青-UVA領域に第二吸収帯をもち（図2），青色光受容体としても機能することが知られている．青色光反応がフィトクロムによるかどうかは，同反応が遠赤色光可逆的であるかどうかで判断できる．

　クリプトクロムのN末端はフォトリアーゼ（光修復酵素）と相同で（図1），両者でスーパーファミリーを構成している．両者の区別はDNAの光修復活性があるかどうかで判断されていたが，近年cry-DASHと呼ばれる中間型のクリプトクロム（表1）も見つかっている．クリプトクロムはFADを主要な発色団としてPLDドメインに非共有的に結合し（図1），青色光-UVA光受容体として知られているが，最近シロイヌナズナで橙色光の効果が報告され，光反応中間体であるラジカル型（図2）がシグナル伝達活性型であるとする報告もある．

　フォトトロピンをはじめとするLOV光受容体（表1）はLOVドメインにFMNを発色団として非共有的に結合している．フォトトロピンおよび，フォトトロピンとフィトクロム光センサードメインとのキメラ光受容体であるネオクロム（表1）はLOV1とLOV2の2つLOVドメインをもつが，それ以外のFKF1などのLOV光受容体はLOVドメインを1つもつ（図1）．

　植物がUVBに感受性をもつことが知られていたが，ごく最近その光受容体UVR8が同定され，結晶構造が明らかになった．興味深いことに特別な発色団はもたずに，二量体の会合面において3つのTrpが形成するTrp-ピラミッドと呼ばれる構造が発色団として機能する．

　図2から，植物が遠赤色光からUVBまで広い領域の光受容を行うことがわかる．

〔徳富　哲〕

71

イエロータンパク質
Phoyoactive yellow protein

光反応サイクル，PAS ドメイン，異性化，光走性

イエロータンパク質（Photoactive yellow protein；PYP）は，紅色光合成細菌 *Halorhodospira halophila* で最初に発見された水溶性の黄色い色素タンパク質で，青色光からの負の光走性のためのセンサータンパク質であると考えられている．熱や光に非常に安定なことから，さまざまな実験手法によって光反応や構造変化のメカニズムが解析されている．

PYP の構造

H. halophila 由来の PYP は 125 アミノ酸残基からなり，中心部の β シートと短い α ヘリックスをもつ．PYP の構造は，さまざまな生物のセンサータンパク質や制御タンパク質に広くみられる PAS ドメインの原型であると考えられている．発色団は *p*-クマル酸（4-ヒドロキシ桂皮酸）で，そのカルボン酸部分が Cys69 とチオエステル結合している（図1）．実験的には，大腸菌に発現させたアポ PYP に *p*-クマル酸無水物を添加することでチオエステルを合成できる．生合成過程では，*p*-クマル酸はチロシンからアミノ基を除くことで合成され，補酵素 A を介して Cys69 にチオエステル結合する．そのため，大腸菌でチロシンアンモニアリアーゼとリガーゼを PYP と共発現すると，黄色い大腸菌を作成することが可能である．天然構造にある PYP では，発色団のチオエステル結合は水溶液中でもきわめて安定であるが，高濃度のジチオスレイトールやヒドロキシルアミンによって分解される．

PYP の発色団は，Phe62 や Phe96 からなる疎水ポケットに埋め込まれているが，その水酸基は，近傍の Glu46，Tyr42 と水

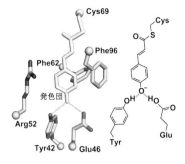

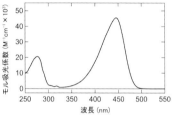

図1　PYP の発色団と吸収スペクトル

素結合している（図1）．その結果，発色団の水酸基は脱プロトン化し，π 電子が非局在化することで可視光を吸収することが可能になる．中性子結晶構造解析では，Glu46 の酸素原子と発色団の酸素原子のほぼ中間にプロトンがみられたことから，この水素結合は低障壁水素結合と呼ばれる特殊なものであると考えられている．しかし，理論研究や分光実験では，脱プロトン化した発色団とプロトン化した Glu46 の間の通常の水素結合と考えても矛盾はなく，このような特殊な結合の役割は議論の対象となっている．

PYP の光反応サイクル

PYP を光照射すると，過渡的に吸収スペクトルが変化する．PYP のこのような光活性は時分割分光測定や低温スペクトル法によって詳細に解析され，反応中間体が同定された（図2）．さらに，赤外分光法などによって分子内の反応が解析されている．

p-クマル酸の二重結合は，光吸収によりトランス型からシス型に異性化する．光異

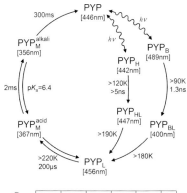

図3 構造変化の伝搬（立体視）
発色団（HC4）からN末端部（Phe6）までつながる相互作用.

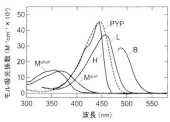

図2 PYPの光反応サイクル
反応中間体の生成経路（上）と，おもな中間体の吸収スペクトル（下）.

性化後，PYP$_L$まではタンパク質部分の構造は暗状態からあまり変化していないが，発色団は非常にねじれたシス型になっている．その後，数百μsの時間領域でPYP$_M$が生成する．PYP$_M$ではGlu46のプロトンが発色団に移動するため，吸収スペクトルは近紫外部に移動する．

PYP$_M$にはpH平衡にある2つの状態，PYP$_M^{acid}$とPYP$_M^{alkali}$がある．PYP$_M^{acid}$と比較すると，PYP$_M^{alkali}$のほうがやや短波長側に吸収極大波長をもち，タンパク質部分は暗状態から大きく構造変化している．このような大きな構造変化は結晶中では起こらないので，時分割結晶構造解析で観測されるタンパク質部分の構造変化は，水溶液中で本来起こる変化よりも小さいと考えられている．そのため，生理的条件での構造変化は，溶液試料を用いることができるX線小角散乱やNMRで解析されている．

PYPの構造変化

PYPの発色団とN末端ループは，βシートのそれぞれ反対側に位置している．PYP$_M$ではN末端部の大きな構造変化が起こっているので，光で誘起される構造変化はβシートの反対側まで伝播することになる．この伝播経路にはGlu46, Lys123, Phe6などが含まれる（図3）．特にPhe6の芳香環とLys123の側鎖のアルキル鎖間の疎水的相互作用（CH/π水素結合）はPYPの安定性に重要であり，この相互作用が失われると熱安定性や光反応サイクルの速度が大きく低下する．

オプトジェネティクスへの応用

PYPは光で構造変化を起こすため，PYPと他の酵素の遺伝子を連結してフュージョンタンパク質をつくると，その酵素の構造を光で制御できる可能性がある．これを利用して，PYPをオプトジェネティクスの新しいツールとして活用することが試みられている．これまでにDNA結合タンパク質の結合活性を光で制御できることが報告されている．

〔今元　泰〕

72 PAS ドメイン
PAS domain

タンパク質間相互作用,補欠分子,マルチドメインタンパク質,二成分情報伝達

PAS ドメインの多様性

PAS ドメインとは,100 残基程度からなるタンパク質の機能性ドメインの 1 つである.PAS という名称は,ショウジョウバエ時計遺伝子産物 PER とダイオキシン受容体の核内移行に伴う転写因子 ARNT,ショウジョウバエ転写因子の SIM の頭文字をとって命名された.PAS ドメインをもつタンパク質の立体構造は,*Halorhodospira halophila* 由来のイエロータンパク質(PYP)を試料として最初に決定された.PAS ドメインは当初 50 残基程度からなる機能性ドメインと考えられていたが,現在では,当初のものよりも長い 100 残基程度の領域をさして PAS ドメインと呼ばれている.ゲノム解析の進展に伴い,2013 年現在,2 万を超えるタンパク質中に 4 万を超える PAS ドメインが同定されている.また,細菌,古細菌から真核生物のヒトに至るすべての生物界に広く分布している.そのうち 80% 以上が細菌に由来するものとして報告され,平均して 18 個ほどの PAS ドメインが 1 つの細菌種に存在している.PAS ドメイン間のアミノ酸残基の一次配列は,相同性が低く平均して 20% 以下ほどの一致度しか示さない.通常の相同検索では判別の難しい一致度であるが,現在までに構造が決定された PAS ドメインの骨格構造はいずれもよく似ている.細菌に由来する PAS ドメインの立体構造の相同性を用いた解析では,細胞質内に存在する PAS ドメイン同士では,タンパク質骨格構造間の平均二乗偏差が 1.9 ± 0.6 Å とよく一致する.クエン酸受容体(CitA)などの細胞質外に存在する PAS ドメインの場合,細胞質内に存在する PAS ドメイン骨格との間で平均二乗偏差が 2.1 ± 0.5 Å となり若干異なるが,それぞれの構造のおもな違いは構造骨格を形成する β シート構造以外の α ヘリックス部位に見出されている.

PAS ドメインの機能

PAS ドメインの機能に関しては,当初,DNA 結合ドメインをもつ転写因子に見出されたことなどの類推から,二量体化にかかわるドメインであると想定された.実際,二量体化の分子インターフェースを構成していることが示された.しかし,その後の相同ドメインの解析から,上記以外の機能として,各種のシグナルを受容するセンサードメインとしても機能していることが明らかにされてきた.PAS ドメイン自体がタンデムに配置しているものも存在し,多くの場合はエフェクタードメインと呼ばれる機能性ドメインがつながったマルチドメインタンパク質として存在する.PAS ドメインを含めた,マルチドメインタンパク質内でのドメイン配置の変化が機能制御の機構に関連すると考えられている.細菌における PAS ドメインをもつタンパク質中では,二成分情報伝達系に関与するヒスチジンキナーゼを含むものが最も多く知られている.また,シグナルの受容体や情報伝達の制御をしているものも多い.真核生物では,セリン-スレオニンキナーゼなどと結合してこれらの制御を行っているものも知られている.

PAS ドメインの骨格構造の特徴は,5 本の β ストランドからなる β シート構造で(図 1),$\beta2$ と $\beta3$ の間に α ヘリックスを含む接続領域が存在する.この β シート構造の N 末端側,C 末端側に接続する領域は,PAS ドメインを含むタンパク質によりさまざまなものが知られている.PYP などは N 末端側に α ヘリックスが存在し,FixL などでは C 末端側に α ヘリックスが続く.このような両末端の性質の違いが,各タンパ

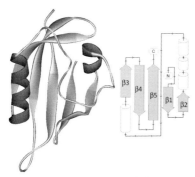

図1 PASドメインの骨格構造

表1 PASドメインタンパク質の例

タンパク質	生物種	補欠分子
PYP	*Halorhodospira halophila*	p-クマル酸
Photo1	*Arabidopsis thaliana*	FMN
YtvA	*Bacillus subtilis*	FMN
Vivid	*Neurospora crassa*	FAD
NifL	*Azotobacter vinelandii*	ヘム
FixL	*Bradyrhizobium japonicum*	ヘム
GSU0935	*Geobacter sulfurreducens*	ヘム
DctB	*Sinorhizobium meliloti*	C_3, C_4 糖
CitA	*Klebsiella pneumoniae*	クエン酸
PhoQ	*Escherichia coli*	$Metal^{2+}$
ARNT	*Homo sapiens*	
PASキナーゼ	*Homo sapiens*	
Per	*Drosophila melanogaster*	
HERG	*Homo sapiens*	
LuxQ	*Vibrio harveyi*	
TyrR	*Escherichia coli*	

ク質の機能制御に影響している.

多様な補欠分子

PASドメインは多様な物理的,化学的な環境刺激を受容するセンサー部位として働くため,多様な補欠分子との結合が知られている.その中には,根粒菌の酸素センサーFixLでのヘム b,青色光受容体のPYPでのp-クマル酸などがある.これらのタンパク質は,補欠分子を利用して酸素や光の受容を行う.また,環境の栄養状態などのセンサーでは,クエン酸やC_3, C_4糖などもリガンドとして働くことが知られている(表1).

多くの場合,補欠分子はβシート構造と,$\beta 2$と3を接続する領域で囲まれる部位に結合している.多くは非共有結合的に結合しているが,PYPにおいてはシステインと共有結合して結合している.*Geobacter sulfurreducens* 由来のMCP(GSU0935)は細胞質外にPASドメインをもつタンパク質であり,補欠分子団の heme c が二量体を形成しているPASドメインの間に結合している.今後の構造解析などの進展によって補欠分子の結合多様性も理解されると期待される.

すでに述べたように,PASドメインは二量体化の相互作用部位として機能している場合も多い.PASドメインの結晶構造などでは,C末端側のβシート部位で二量体化している例がみられる.二量体の相対配置は平行,逆平行またはその中間状態などさまざまな様式がある.*Bradyrhizobium japonicum* 由来FixLのPAS Bや *Bacillus subtilis* 由来KinAのPAS Aなどでは,条件によって異なる相対配置をとる構造がある.このことから,PASドメイン間の相互作用は比較的自由な相対配置をとりうる可能性がある.つまり,マルチドメインタンパク質のドメイン配置の変化という高次の構造変化を,PASドメイン間の相対配置を変えることによって制御している可能性がある.

〔山﨑洋一〕

73

チャネルロドプシン
Channelrhodopsin

クラミドモナス，構造と機能，フォトサイクルモデル，オプトジェネティクス

　単細胞緑藻類の一種クラミドモナス（*Chlamydomonas reinhardtii*）は淡水湖沼に生息する植物性プランクトンである．2本の鞭毛と眼点と呼ばれる光受容器をもち，光合成のために必要な光に集まる光走性や，急激な光強度の変化を避ける光驚動性を示す．クラミドモナスに光を照射すると，眼点上の形質膜において脱分極が生じ，電位依存性カルシウムチャネルが開口してカルシウムイオンが細胞内に流入する．この反応により，鞭毛運動が光情報で制御されることで，光走性や光驚動性などの光依存的な行動が引き起こされると考えられている．このときの光受容体は動物と同じロドプシン類であると考えられていたが，長い間その実態の同定には至らなかった．しかし，2000年にかずさDNA研究所からクラミドモナスのEST（expressed sequence tag）データベースが公開されると，複数のグループがほぼ同時に2種類の微生物型ロドプシン関連遺伝子配列を同定した．なかでも，P. Hegemannらのグループは，それ自体が光受容イオンチャネルとして機能することを発見し，チャネルロドプシン（ChR）-1，-2と命名した．現在ではこれらの名称が広く用いられている．

チャネルロドプシンの構造と機能

　ChRは，チャネルオプシン（Chop）と呼ばれるタンパク質部分（アポタンパク質）と発色団としてレチナールを含有するレチナールタンパク質である．Chop1は712アミノ酸残基，Chop2は737アミノ酸残基で構成され，N末端側約300アミノ酸残基からなる部分にロドプシンタンパク質ファミリーに共通して認められる7回膜貫通ヘリックス構造（7TM）が含まれている．第7膜貫通ヘリックス（TM7）領域に保存されているリジン残基とレチナールがシッフ塩基を形成して共有結合することで，H^+，Na^+，K^+，Ca^{2+}などのさまざまな陽イオンを通す陽イオン非選択的な光受容イオンチャネルとして機能する．分子の残り半分以上にわたるC末端側配列はChRの局在にかかわっていると考えられているが，その詳細は明らかになっていない．また，このC末端側配列はChRの光受容イオンチャネルの機能には影響しないことが知られている．そのため，ChRの構造－機能解析や結晶構造解析，後に述べるオプトジェネティクスツールとしての利用では，全長ではなくN末端領域のみの構造が用いられている．

　ChR2のクライオ電子顕微鏡解析およびChR1とChR2のキメラを用いた詳細な結晶構造解析から，ChRは二量体を形成すると考えられる．イオンの通り道であるチャネルポアは，二量体の対合面で形成される間隙ではなく，プロトマーのTM1, 2, 3, 7で囲まれる間隙に形成され，特にその中でもTM2を構成するグルタミン酸残基がイオンの流れやすさ（コンダクタンス）や透過イオン選択性において重要な役割を果たしていると考えられている．

ChRのフォトサイクルモデル

　ChRに共有結合したレチナールは，もとの状態では全トランス型の構造をとっているが，光を吸収すると13シス型に光異性化する．これが引き金となって，ChRは分光学的に同定されるいくつかの中間体を経て活性状態（*O*）に変化する．もとの状態ではイオンを透過しないが，活性状態ではイオンを透過するようになる．レチナールが全トランス型に再異性化することで再びもとの状態に戻る．この一連の反応をフォトサイクルと呼ぶ．光が当たりつづけている間，ChR分子はこのサイクルを繰り返

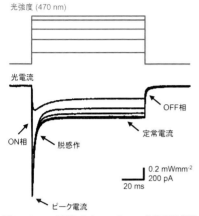

図1 ChR2光電流キネティクスの光強度依存性

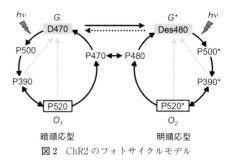

図2 ChR2のフォトサイクルモデル

す．この間に細胞膜を介した陽イオンの移動によって，ChR2では図1のような特徴的な内向きの電流（光電流）が生じる．光電流の大きさは，光の波長とその強さに依存する．また，光電流キネティクスとしてON相，ピーク電流，脱感作，定常電流，OFF相が認められる．

ピーク電流の出現と脱感作のプロセスは，上記のフォトサイクルの記述だけでは説明できない．そこで，ChRには暗順応型と明順応型の2つのコンフォメーションがあり，それぞれが独立にフォトサイクルを回っているとの考え方がある（2サイクルモデル，図2）．暗順応型が光を吸収すると，イオンチャネルが同期して開口し，大きな光電流が流れる．その後，ChRは確率的に明順応型のフォトサイクルに遷移する．明順応型の単一チャネルコンダクタンスは暗順応型のものより小さく，また，明順応型から暗順応型への遷移は比較的遅いため，定常状態ではほとんどの分子が明順応型になる．このモデルにより，ピーク電流や脱感作などの現象も説明できるようになるが，ChR2のフォトサイクルモデルは諸説提案されており，未だ確定していない．

オプトジェネティクスへの応用

本来は光感受能をもたないニューロンにChR2を発現させて青色光で刺激すると，細胞膜が脱分極し，閾値を超えれば活動電位を発生させることができる．これにより，脳の中で複雑な神経回路網を形成している特定のニューロン（あるいはニューロンの集団）のみにChR2を発現させて，光を用いて刺激することで，低侵襲的かつ優れた時空間分解能で神経回路網の構築や機能を解析することが可能になった．このような光感受性タンパク質を応用した技術は，光学（オプティクス）と遺伝学（ジェネティクス）を組み合わせた技術として，光遺伝学（オプトジェネティクス）と呼ばれ，脳・神経科学研究における革新的技術として注目されている．

現在までにさまざまな生物からChRに類似した光受容イオンチャネルが得られている．また，それらを組み合わせたキメラ分子や点変異体がつくられ，吸収波長特性，光感度，光電流キネティクス，コンダクタンス，イオン選択性などにおいて多様なChR分子がつくり出されている．ChRの構造—機能解析や構造生物学的研究の進展に伴って，今後もさまざまな特性を有するChR分子の開発・創出とオプトジェネティクスへの応用が見込まれる．　〔石塚　徹〕

シアノバクテリオクロム
Cyanobacteriochrome

光受容体, フィトクロム, ラン藻

1996年に, 原核光合成生物であるラン藻の補色馴化適応にかかわる因子としてRcaEが同定された（表1のFdRcaE）. RcaEは植物フィトクロム（phytochrome）が発色団と結合するGAFドメインをもつことからフィトクロム様光受容体であると考えられていたが, 実際に緑／赤色光による可逆的光変換が示されたのは2013年のことである. 1997年にラン藻で同定されたCph1は, 植物フィトクロムに似た赤／遠赤色光変換を示すタンパク質が原核生物で見出された初めての例である（表1のSyCph1）. 植物フィトクロムに似た遺伝子は, 非光合成型原核生物やカビのゲノムからも見つかったが, 古細菌からは見出されないことから, 真正細菌が共通祖先生物から古細菌と分かれた後にフィトクロムを獲得したと考えられている.

一方, ラン藻のゲノムは多数のGAFタンパク質をコードしている. 2004年にSyPixJ1の青吸収型（Pb）／緑吸収型（Pg）変換が示されたのをはじめ（図1）, これまでに吸収波長領域が近紫外から赤にわたる多くのGAFタンパク質が見出されている. フィトクロムとバクテリオフィトクロムの発色団結合と光変換にはPAS-GAF-PHYドメインが必要であるのに対して, これらはGAFドメインのみで発色団を結合して新奇の光化学特性を示し, 多様な出力ドメインをもつ. これらはすべてラン藻から見出されることから, シアノバクテリオクロムと呼ばれる.

発色団および光変換様式
シアノバクテリオクロムの発色団は, フ

表1 シアノバクテリオクロムの吸収特性とドメイン構造の多様性

分子名*	吸収波長領域 (基底状態／励起状態)	ドメイン構造**
フィトクロム		
AtPhyA	赤／遠赤	PAS-GAF-PHY-PAS-PAS-HK
SyCph1	赤／遠赤	PAS-GAF-PHY-HK
バクテリオフィトクロム		
DrBphP	赤／遠赤	PAS-GAF-PHY-HK
シアノバクテリオクロム		
FdRcaE	緑／赤	GAF-PAS-HK
SyCcaS	緑／赤	GAF-PAS-PAS-HK
AnPixJ	赤／緑 (GAF2)	GAF-GAF-GAF-GAF-HAMP-MCP
SyCikA	スミレ／黄	GAF-HK-RR
SyPixJ1	青／緑 (GAF2)	transmembrane-GAF-GAF2-HAMP-MCP
TePixJ	青／緑	GAF-HAMP-MCP
SyPixA/UirS	スミレ／緑	PAS-PAS-GAF-HK
Tll1999	青／青緑	GAF-GGDEF-EAL
NpF2164	近紫外／青 (GAF2) スミレ／橙 (GAF3)	GAF-GAF2-GAF3-GAF-GAF-GAF-HAMP-MCP

* An：*Anabaena* sp. PCC 7120, At：*Arabidopsis thaliana*, Dr：*Deinococcus radiodurans*, Fd：*Fremyella diplosiphon*, Np：*Nostoc punctiforme* ATCC 29133, Sy：*Synechocystis* sp. PCC 6803, Te：*Thermosynechococcus elongatus* BP-1.

** c：開環テトラピロールA環に結合するシステイン残基, c'：吸収波長の短波長シフトにかかわる2つ目のシステイン残基.

ィコビリソームの発色団として大量に合成されるフィコシアノビリン（PCB）や，その異性体であるフィコビオロビリン（PVB）である（図1B）．これらの開環テトラピロールは，A環の$-CH=CH_2$側鎖がCys残基（表1C）に結合しており，C–D環をつなぐ二重結合の$Z \leftrightarrow E$変換によって吸収変換を示す．これまでに知られているシアノバクテリオクロムは，発色団の変換と吸収極大との関係から，おおまかに次の4種類に分けられる．PCBを結合し，赤吸収型（Pr）とPgの変換を示すものは，①PgがZ型，PrがE型となるもの（SyCcaS，FdRcaEなど）と，②PrがZ型，PgがE型となるもの（AnPixJなど）がある．また，2つ目のCys残基が発色団と可逆的に結合することによって共役系が切断され，吸収帯の大きな短波長移動を引き起こすものとして，③PCBを結合するもの（SyCikAなど）と④PVBを結合するもの（SyPixJ1やTePixJなど）がある．④は，PbがZ型，PgがE型である．発色の多様性の一端として，FdRcaEの吸収極大は，C–D環間の$Z \leftrightarrow E$変換に続くH^+の脱着によって決定されている（プロトン発色光変換）．一方，②のグループの発色機構は明らかにされていない．

生理学的機能

同定されたシアノバクテリオクロムは，大腸菌を用いたアポタンパク質と発色団の共発現系から同定されたものが多く，生体における発色団結合や機能が明らかになっているものは限られる．

ラン藻の*Synechocystis*は線毛の引き込みにより細胞運動し，光源へ向かう正の走光性と遠ざかる負の走光性を示す．この応答には少なくとも2つのシアノバクテリオクロム，SyPixJ1とSyPixA/UirSが関与している．SyPixJ1はMCPドメインをもつことから，べん毛モーター制御に似た機構によって走光性を制御しており，SyPixAはヒスチジンキナーゼ様出力ドメインをもち，レスポンスレギュレーター様転写因子を介して走光性制御に必要な因子の発現を制御すると考えられる．

緑／赤色光によりフィコビリソームの構成成分比を変化させる補色順化適応は，SyCcaSやFdRcaEによって調節されている．これらはヒスチジンキナーゼであるが，SyCcaSは緑色光で活性化し，FdRcaEは赤色光で活性化する．どちらもリン酸化の下流には転写因子があり，SyCcaSはフィコエリスリン合成，FdRcaEはフィコシアニン合成にかかわる遺伝子の転写を誘導する．さらに標的遺伝子には，フィコビリソーム構築の特殊なリンカータンパク質をコードするものがあり，光化学系ⅠとⅡの励起バランスを調節すると考えられる．その意味で，これらの応答は，「光質順化」という概念でとらえるべきである．

〔吉原静恵〕

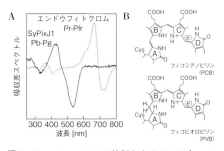

図1 *Synechocystis*から精製したSyPixJ1と，エンドウ黄化芽ばえから精製したフィトクロムの吸収差スペクトル（A）およびGAFドメインのシステイン残基に結合した発色団の構造（B）

菌類のロドプシン
Fungal rhodopsins

アカパンカビ，プロトンポンプ，センサー機能

　ロドプシンは，われわれの視覚などで働き，Gタンパク質共役型受容体でもある2型ロドプシンと，高度好塩菌に存在するイオンポンプや光センサーとして働く1型ロドプシンがある．ゲノムプロジェクトの進展により，1999年頃から1型ロドプシンは古細菌だけでなく，海洋性細菌やラン藻，さらには菌類からも見つかってきた．特に菌類には，1型ロドプシンだけでなく，それに類似しているがレチナール結合部位として重要なリジン残基を欠失したオプシン類似タンパク質（opsin-related protein；ORP）も見つかってきている．

菌類のロドプシンの生理機能

　これらの多くのロドプシン類の生理的な機能は未知であることが多く，子嚢菌類（Ascomycetes）のアカパンカビ（Neurospora crassa）由来のnop-1遺伝子は，最初に見つかった菌類ロドプシンであるが，遺伝子を欠失させても表現形がはっきりとは現れにくい．また，ミトコンドリアでのATP合成が阻害された際に光存在下での成長阻害があることや，カロテノイド生合成に必要な遺伝子の転写調節に働いているなどの報告があるが，はっきりとした役割はわかっていない．同じく子嚢菌類であり，イネばか苗病菌としても知られるFusarium fujikuroiのopsA遺伝子の変異は，成長や形態には影響を与えないが，カロテノイド生合成に必要な遺伝子発現に影響を与えるという報告もある．

　また，ツボカビ類（Chytrids）のAllomyces reticulatusの光走性においては，レチナールの誘導体の存在下で生育させると作用スペクトルが通常の緑色応答からシフトすることが報告されており，ロドプシンの関与が示唆されている．しかしながら，類縁のAllomyces macrogynusのゲノムには，1型ロドプシンがなく，むしろ2型ロドプシンの候補配列が見つかっている．2型ロドプシンは他の菌類からは見つかっておらず，光走性との関連も含めて，注目を集めている．ただし，Rhyzophydium littoreumでは青色応答の光走性が確認されており，より普遍的に菌類に存在する，フラビンを発色団とするWhite collar 1（WC-1）が光センサーとして機能している可能性もある．

　菌類においてオプシン関連遺伝子は幅広く確認されており（表1），共通の祖先遺伝子が水平伝播によって広がったと考えられ

表1　菌類のオプシン類の遺伝子数（RD，ロドプシン，ORP，オプシン様タンパク質）

子嚢菌類（Ascomycetes）	RD	ORP
Neurospora crassa	1	1
Fusarium oxysporum	3	2
Aspergillus nidulans		1
Magnaporthe oryzae		1
Coccidioides immitis		1
Paracoccidioides brasiliensis		1
Histoplasma capsulatum		1
Blastomyces dermatitidis		1
Trichophyton rubrum		2
Microsporum gypseum		2
Trichoderma atroviride		1
Sclerotinia sclerotiorum	2	
Stagonospora nodorum	2	
Botrytis cinerea	2	
Candida albicans		2
Saccharomyces cerevisiae		3
Schizosaccharomyces pombe		1
担子菌類（Basidiomycetes）		
Cryptococcus neoformans	1	
Ustilago maydis	2	1
Puccinia graminis		1
Sporobolomyces roseus	2	
Phanerochaete chrysosporium		5

ている．

　また，遺伝子の重複も確認され，複数の菌類ロドプシンおよびオプシン類似タンパク質がそれぞれどのような機能を担っているのか注目を集めている．通常，光応答が確認されない出芽酵母（*Saccharomyces cerevisiae*）や分裂酵母（*Schizosaccharomyces pombe*）にも，それぞれ3つおよび1つの ORP 遺伝子が存在する．これらの中にはヒートショック遺伝子 HSP30 も含まれ，ATP 駆動型プロトンポンプの調節にかかわっていると考えられているものもある．また，YRO2 はプロトン駆動力に依存したシャペロンとして働くとも考えられている．ORP については機能未知な点が多く，レチナールを結合しているのかどうかも含めて，今後の研究が待たれる．

菌類のロドプシンの光反応機構

　生理的な機能解析が遅れている一方で，菌類ロドプシンをメタノール資化酵母 *Pichia pastoris* に異所的発現し，その光化学反応を分光学的手法により解析する研究が進められている．

　アカパンカビ由来の nop-1 遺伝子からは *Neurospora* rhodopsin（NR），セイヨウアブラナの根朽病の原因菌でもある *Leptosphaeria maculans* 由来のロドプシン *Leptosphaeria* rhodopsin（LR），コムギふ枯病の原因菌である *Phaeosphaeria nodorum* 由来の *Phaeosphaeria* rhodopsin 1（PhaeoRD1）および *Phaeosphaeria* rhodopsin 2（RhaeoRD2）の研究が進んでいる．このうち，LRとPhaeoRD1は類似しており（RhaeoRD1はLRとの相同性79％），PhaeoRD2はLRやNRとは異なる新しいサブグループ（auxiliary group）に所属する（PhaeoRD2はLRとの相同性35％）．

　NRとLRは，古細菌由来のプロトンポンプタンパク質であるバクテリオロドプシン（BR）と類似しており，プロトン輸送に重要と考えられているアミノ酸残基がほとんど保存されている．特に，BRにおいてレチナールへのプロトン供与基として働くAsp96は，NRにおいてはGlu194であり，LRではAsp150である．両者ともカルボン酸を含み，プロトン供与基として働くことが期待されるが，NRでは機能せず，光反応サイクルもポンプとして機能するには遅いことが明らかにされている．一方，LRにおいては約10 ms程度での光反応サイクルが実現され，Asp150もプロトン供与基として機能することが明らかにされている．興味深いことに，LRのAsp150をGluに置換すると，プロトン供与能が阻害され，NRに似た光反応を示す．

　PhaeoRD1はLRとの相同性が高いことから期待されるようにLRに類似した光反応を示すことが明らかにされている．一方，PhaeoRD2はプロトンポンプ機能に重要なアミノ酸残基は保存されている一方で，ヘリックスDの中央付近（BRのAsp115の隣）にGlu残基が存在するなどの特徴があり，情報伝達タンパク質との相互作用部位になっているのかもしれない．光反応はLRとは若干異なるものの，約10 ms程度の速い光反応サイクルを示し，レチナールへのプロトン供与基も機能している．

オプトジェネティクスへの適用

　菌類にはさまざまなロドプシンが存在することがゲノム解析によりわかってきているが，生理的な機能はほとんど解明されていない．そのような中で，光遺伝学（オプトジェネティクス）のツールとして活用される例が報告されている．LRについては青色光による神経細胞の抑制が可能であることが知られている．真核生物由来のロドプシンは，古細菌由来のものと比べて，高等生物への遺伝子導入後の発現効率が高いと考えられ，今後ますます活用される可能性を秘めている．

〔古谷祐詞〕

オーレオクロム
Aureochrome

黄色植物，フシナシミドロ，転写因子

オーレオクロムの発見

青色光は，概日リズム，屈性や葉緑体定位運動などを起こし，植物が生き抜くために不可欠な波長である．近年，さまざまな植物で青色光受容体が単離され，その機能が理解されるようになってきた．本項では進化・生態的特徴から注目を集めている黄色植物（photosynthetic stramenopiles）で発見された青色光受容体オーレオクロム（aureochrome）について説明する．

オーレオクロムは，2007年に黄色植物に属する黄緑藻フシナシミドロ（*Vaucheria*）から発見された青色光受容体である．オーレオクロムが発見された黄色植物は，水産学的にも非常に重要な分類群で，日本人の食生活に欠かせない昆布やワカメなどの褐藻，赤潮の一部原因となっているラフィド藻また海域の一次生産者であるケイ藻などを含んでいる．オーレオクロムの単離に成功したフシナシミドロは，聞きなれない材料かもしれないが，欧米では比較的有名な材料である．20世紀初頭にSennが記した葉緑体定位運動の教科書にも記載されている．またフォトトロピンを発見したBriggsらも研究材料として使っており，光生物学（植物）のモデルといえる材料である．

フシナシミドロは管状の多核細胞でできた藻類で，淡水から海水域まで分布し，花粉管や菌糸と同様に先端成長を行いマット状に成育する．局所的な青色光によって，光屈性，葉緑体光定位運動や非成長域からの新規成長点の形成が観察される．青色光による新規成長点の形成には，細胞内へのイオンの流入，葉緑体と核の集積が先行し，それら細胞器官の運動には細胞骨格（アク

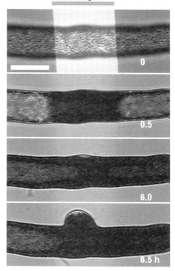

図1 フシナシミドロ光形態形成（髙橋文雄原図）
フシナシミドロの非成長域に局所的に青色光を照射すると葉緑体と他の細胞小器官が集積（照射域で影が多くなっている部分）し，最終的に照射域から成長点が形成される．バーは50 μm．h は時間．

チン繊維や微小管）のダイナミクスが必須であることもわかっている．そして，同時に新たな遺伝子群の発現が重要であることが解析されている（図1）．

1990年代後半から，緑色植物（特にシロイヌナズナ）の突然変異体を用いた解析によって，長い間未解決であった青色光受容体（フォトトロピン，クリプトクロムなど）が見つけられてきた．しかし，緑色植物とは系統が異なる黄色植物ではその実態は不明のままであった．

オーレオクロムの構造はN末端側に転写因子によくみられるbZip（basic leucine zipper）ドメインを，C末端側に光受容するLOV（light-oxygen-voltage）ドメインをもつ転写因子型の青色光受容体である．フシナシミドロにおいて青色光によって誘導される成長点の形成をオーレオクロムの

dsRNAを注入しRNAi効果によって抑制できたことから，光受容体であることが認められた．また，フシナシミドロで同時に単離された別のオーレオクロムは，生殖器官形成の負の制御因子として働いていることも報告されている．

オーレオクロムの系統分布

オーレオクロムの系統分布を調べると非常に興味深い事実が明らかになった．黄色植物は光合成しないストラメノパイル（stramenopiles）が紅藻を捕食し成り立ったグループである．そこで，紅藻起源の葉緑体をもつクリプト藻やハプト藻さらに卵菌類にまで遺伝子探索をひろげていったところ，オーレオクロムは黄色植物のみに存在することがわかった．さらに，真核植物の主要な青色光受容ドメインであるLOV領域で系統樹を作製すると，オーレオクロムのLOVは緑色植物のフォトトロピンのLOV2と近縁になることがわかった．このことから，真核生物のLOVは，進化系統を超えて安定的に保持（保存）される青色光受容ドメインであることがわかった．

オーレオクロムの生化学・生理学的解析

オーレオクロムは光受容能をもった転写因子なので，その作用として新たな遺伝子の発現を誘導するはずである．最近，遺伝子発現を誘導するための光依存的なオーレオクロムタンパク質の構造変化を調べるための生物物理的な解析や，他の分類群（珪藻や褐藻）での遺伝子発現（トランスクリプトーム）解析が盛んに行われている．生物物理的解析は，過渡回折格子法や円偏光スペクトルを用いた解析によって，青色光がLOV内のヘリックス構造を減少させ，bZip内のヘリックス構造が増大させることによりDNAへの結合能が高まっている可能性が示唆された（図2）．またLOV断片のみの結晶構造も解析され，今後オーレオクロム全長の結晶構造解析が期待される．

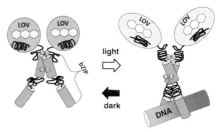

図2 オーレオクロムの光による構造変化（O. Hisatomi et al., Plant Cell Physiol. 54 (1), 93-106, 2013, Figure 9 より転載）
オーレオクロムタンパク質に，青色光を照射するとLOV内のヘリックスがほどけ，またbZip内のヘリックスが縮むことによりDNAに結合する．

他の黄色植物でのオーレオクロムの機能解析についても，2013年，ケイ藻を用いた解析によって，核分裂周期のG1/S移行期（DNA複製）に重要なサイクリン遺伝子の発現を誘導することが報告された．

黄色植物における光生物学の展開

黄色植物の青色光受容機構はまだ研究が始まったばかりである．興味深い分類群が含まれているだけでなく，褐藻ヒバマタ（Fucus）の仮根形成や赤潮シャットネラ（Chattonella）の日周鉛直運動も青色光反応なので，オーレオクロムが関与しているかもしれず，今後の研究の進展が待たれる．またオーレオクロムだけでは説明できない青色光反応もある．黄緑藻や一部のケイ藻で観察される葉緑体定位運動である．葉緑体運動は青色光が照射されて，すぐに反応を開始するので，オーレオクロム以外の光受容体の存在が考えられる．また，緑色植物の葉緑体定位運動の光受容体であるフォトトロピンは黄色植物には存在しない（黄色植物のゲノムが数種公開されたことにより）．今後オーレオクロムの信号系の解析や黄色植物の葉緑体光定位運動を制御する青色光受容体の単離が望まれる． 〔髙橋文雄〕

77 フィトクロム
Phytochrome

Pr型, Pfr型, 赤・遠赤色光可逆性, 光応答

フィトクロム（phytochrome）は，すべての植物に存在する赤・遠赤色光の受容体であり，植物の主要な光受容体としてさまざまな光応答において中心的な役割を果たしている．フィトクロムの最大の特徴は，不活性型である赤色光吸収型（Pr型）と活性型である遠赤色光吸収型（Pfr型）の2つの立体構造をとり，赤色光を吸収するとPfr型へ，逆に遠赤色光を吸収するとPr型へと可逆的に変換されるという点である（図1）．このユニークな性質に加え，暗所で非常に高レベルで蓄積することなどが幸いして，フィトクロムは，レタス種子が示す赤・遠赤色光可逆的な光発芽の光受容体として，1959年という非常に早い時期に米国のBorthwickらによって発見された．

植物はその生活環を通して，実にさまざまな光応答を示すが，フィトクロムはそのほとんどすべてに関与し，なかでも，種子の光発芽，芽ばえの脱黄化，避陰反応，花芽形成の光周性などは，フィトクロムにより制御される光応答の代表例である．その多くにおいて，赤色光と遠赤色光が可逆的な効果を示すが，それはフィトクロム分子がもつ上記の光可逆的立体構造変換という性質に基づいている．

しかし自然条件では，赤・遠赤色の単色光は存在せず，それらが環境によりさまざまな比で混合された光が照射される．そしてフィトクロムのPr型とPfr型の間で起こる逆方向の変換反応は同時に起こるため，赤色光と遠赤色光の強度の比に応じて一定の平衡状態が生じ，その時のPfr型の割合によってフィトクロムの活性量が決まる．たとえば他の植物の葉の陰では，葉に存在

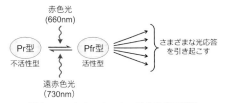

図1　フィトクロムの赤・遠赤色光可逆性

するクロロフィルによって赤色光は吸収されるが，遠赤色光はほとんど吸収されずに透過するため，遠赤色光に対する赤色光の比が低下し，フィトクロムの活性が低下することで，避陰反応などの応答が引き起こされる．このように植物は，フィトクロムの働きにより，光の強度に左右されることなく，赤・遠赤色光の量比を感知し，周辺環境を把握していると考えられる．

フィトクロムの起源は，原核生物における2成分制御系のヒスチジンキナーゼであり，これら原核生物型のフィトクロムを，バクテリオフィトクロム（bacteriophytochrome）と呼ぶ．バクテリオフィトクロムは，ラン藻などの光合成細菌だけではなく，非光合成細菌にも存在し，光環境適応に働くと考えられている．

フィトクロム分子の性質と機能

フィトクロム分子は，単量体分子量約12万の水溶性色素タンパク質で，生理条件では常に二量体を形成する．光を吸収するための発色団として，開環テトラピロールの一種であるフィトクロモビリン（phytochromobilin）を，単量体当たり1分子共有結合する．フィトクロム分子は，発色団を結合し光受容に働くN末端側半分と，二量体化や核移行に働くC末端側半分の，2つの領域に大きく分けられる．C末端側半分にはさらに，キナーゼ様ドメインが見出されるため，C末端側半分のキナーゼ活性がフィトクロムによるシグナル伝達の実体であると長い間信じられてきた．しかし現在では，フィトクロムのシグナル発信ドメインは，

C末端側半分ではなくN末端側半分であることが示されており、フィトクロムのキナーゼ活性の生理学的意義は不明である。そもそも、フィトクロムがキナーゼ活性を有するのか否かについても、実験の再現性などに問題があり、定かではない。

最近になって、フィトクロム分子N末端側半分の主要部分について結晶構造が解かれ、それによると、N末端側半分は、N末端突出、PASドメイン、GAFドメイン、PHYドメインの4つのドメインから構成されており、発色団はGAFドメイン内に埋め込まれている。さらに、PASドメインとGAFドメインの間には、特異な"結び目"構造がみられ、フィトクロムの点変異体を用いた順遺伝学的解析により、この結び目構造がシグナル伝達に直接関与することが示唆されている。

フィトクロムは分子ファミリーを形成し、モデル植物のシロイヌナズナではphyAからphyEの5つの分子種が存在するが、中でも生理学的に主要な役割を担うのがphyAとphyBである。phyBは光に対して安定で、明暗にかかわらず一定レベル存在し、典型的な赤・遠赤色光可逆的な光応答を制御する。一方phyAは、光に対して不安定で、暗所で高レベルに蓄積するが、光を受容してPfr型に変換すると分解されてしまう。またphyAは、典型的な赤・遠赤色光可逆的な反応に加えて、さまざまな波長のきわめて微弱な光に対する応答や、連続遠赤色光に対する応答なども引き起こす。

フィトクロムのシグナル伝達機構

フィトクロムは合成時にはPr型として存在し、おもに細胞質に局在するが、赤色光を受容してPfr型になると、細胞質から核内へと移行する。フィトクロムがシグナルを伝達するおもな細胞内区画は核内である

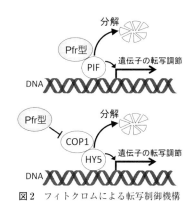

図2　フィトクロムによる転写制御機構

が、細胞質などそれ以外の区画でも作用し、特定の光応答を引き起こすと考えられている。

フィトクロムは核内において、PIF経路とCOP1経路の、おもに2つの経路を介してシグナルを伝達し、さまざまな標的遺伝子の転写調節をゲノム規模で行うことにより、光応答を引き起こすと考えられている（図2）。まず、PIF経路では、赤色光を受容したPfr型フィトクロムが、PIFと呼ばれるbHLH型転写因子と直接相互作用し、PIFをタンパク分解へと導くことで、その標的遺伝子の転写量を変化させる。一方、COP1経路においては、Pfr型フィトクロムが、HY5と呼ばれるbZIP型転写因子などのタンパク分解にかかわるCOP1を阻害することで、HY5タンパクが蓄積し、その標的遺伝子の転写量が変化する。

最近、フィトクロムが転写制御に加えて、選択的スプライシングや翻訳など、遺伝子発現のその他の過程も同時に直接制御することが示された。よってフィトクロムは、細胞内の異なる区画で、異なる因子と相互作用することで、遺伝子発現の異なる過程を制御し、シグナルを伝達していると考えられる。

〔松下智直〕

クリプトクロム
Cryptochrome

青色光受容体，フラビンアデニンジヌクレオチド，光形態形成，体内時計，磁場センサー

クリプトクロム（cryptochrome，以下CRY）は青色光受容体タンパク質の1つである．ギリシャ語で「隠れた色素」（κρυπτοσ χρομοσ）という意味であり，元来は植物にあると想定された青色光受容体をさした．現在では特定の一群のタンパク質の名称で，バクテリアから植物・動物まで，ヒトも含むすべての生物界に存在する．1993年にシロイヌナズナから植物型CRY，1996年に遺伝子データベースから動物型CRY，2004年にCRY-DASHが同定された．

構造・光反応
CRYは，光をエネルギー源としてDNA修復を行う光回復酵素（photolyase）と高いアミノ酸配列相同性をもつが，DNA修復活性をもたない．進化的にはこれに由来すると考えられているが，ほとんどのCRY分子は光回復酵素に比較してC末端側に延長領域が存在する．CRYと光回復酵素との相同領域は，PHR（photolyase homology region）と呼ばれN末端側約500アミノ酸である．PHRはフラビンアデニンジヌクレオチド（FAD）とメテニルテトラヒドロ葉酸（MTHF）の2つの発色団を非共有的に結合している．MTHFはFADに光エネルギーを伝達する集光アンテナの役割をし，FADの光反応がCRYの活性を担うと考えられている．

FADはおもに，酸化型（FAD_{OX}），ラジカル型（$FADH^{\cdot}$, $FAD^{\cdot -}$），完全還元型（$FADH^{-}$）の3つの酸化還元状態があり，それぞれは吸収スペクトルで判別することが可能である．CRYのFADは暗所で酸化状態をとる．青色光を受容すると，ラジカル型を形成する．このラジカル型がさらに光を吸収すると完全還元型を形成する．ラジカル型も完全還元型も熱的に酸化型へと回帰し，次の光情報の受容に備える．

光情報伝達
CRYはラジカル型が光情報を下流因子へ伝達するための，生理活性状態であると考えられている．青色光領域に吸収をもつ酸化型FADが光を吸収するか，近紫外領域に吸収をもつMTHFが光を吸収してFADにエネルギー移動をすると，1電子を受容することによりラジカル型へ変化する．その際，PHR領域のアミノ酸とFADとの電子的相互作用が変化し，タンパク質が構造変化する引き金となる．結果，CRY分子のPHRよりC末端側に存在する延長領域が構造変化する．この構造変化により，リン酸化およびタンパク質間相互作用の変化を生じる．CRYでは光反応に伴うターゲット因子へ相互作用が，光情報伝達の起点となることが多い．また，リン酸化後のユビキチン化によるCRYそのものの分解が，シグナルとなる場合もある．

分類・機能
光回復酵素の生理機能はもっぱら光依存的DNA修復であるのに対し，CRYは植物型（Plant-CRY），動物型（Animal-

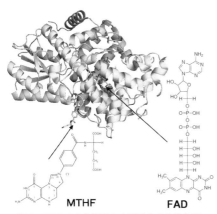

図1　PHRの立体構造および結合する発色団

CRY),そしてCRY-DASHの3つのサブファミリーに分類され,生理機能は以下に示すようにさまざまである.

(1) **植物型CRY**: 植物に分布し,他タイプのCRYと比べて長いC末端の一次構造をとる.光形態形成や光周性花芽誘導にかかわる青色光受容体として機能する.高等植物では,おもに*CRY1*と*CRY2*の2つの遺伝子が存在する.それらの産物である*CRY1*は光形態形成などにかかわる.*CRY2*は花芽形成の促進などにかかわる.

(2) **動物型CRY**: 体内時計に関与しており,光受容体として機能するものと,そうでないものとの2つに分かれる.

昆虫型CRYは,キイロショウジョウバエで初めて同定されたため,Drosophilaタイプとも呼ばれる.概日時計遺伝子のリセットに必要な,光同調因子として機能する青色光受容体である.

脊椎動物型CRYは,体内時計の中心的役割を担っており,ヒトに存在する*cry*遺伝子はこのタイプである.体内時計の因子であるPERIODタンパク質とともに時計遺伝子複合体を形成し,*CRY1/PERIOD*遺伝子の転写活性因子であるBMAL,CLOCKというPASドメイン(タンパク間相互作用に関与するモチーフ)をもつ一群の転写因子に直接結合・活性抑制する.このフィードバックループ機構により,CRYとPERIODは約24時間周期でリズムを刻む.

(3) **CRY-DASH**: バクテリアから動物・植物に至るまで全生物界に分布するが,ヒトをはじめとする哺乳類には存在しない.生理機能は,未知の部分も多いが,一本鎖DNAのシクロピリミジン二量体(CPD)損傷を光修復する活性をもっていることが報告されている.

磁場センサーとしてのクリプトクロム

渡り鳥や一部の昆虫(オオカバマダラチョウ)など,長距離移動をする生物は,体内に地球磁場を認識するためのセンサーが存在するといわれており,近年,その磁場センサーの1つとして,CRYが候補に挙がっている.CRYの磁場認識メカニズムとして提唱されているのが,ラジカル対機構(radical pair mechanism;RPM)である.CRY分子中の酸化型FADが青色光により励起されると,近傍にある保存されたトリプトファン残基から1電子を受け取る.これによりFADとトリプトファンはともにラジカル状態となり,互いの不対電子はスピン-スピン相互作用によりRPM状態を形成する.RPM由来の生成物は外部磁場との相互作用により種類や形成割合が変化する.理論的にはRPMを利用することで,磁場の強度や方向を検知できるため,CRYは生体内磁場センサーの有力候補の1つに挙げられている.また最近,CRYのラジカル状態と活性酸素の一種スーパーオキシド($O_2^{\cdot -}$)との相互作用がCRYの磁気センサー機能を生む,という説も提唱された.しかし,RPMを利用し磁場センサーとしてCRYが機能する場合にはFADの光照射が必須条件と考えられるため,CRYが長距離移動する生物の磁場センサーなのかは,現時点で議論の的となっている. 〔直原一徳〕

表1 クリプトクロム・光回復酵素ファミリーの分類および機能

ファミリー	遺伝子		生理機能
光修復酵素	CPD-光回復酵素		光依存的DNA修復
	(6-4)-光回復酵素		
クリプトクロム	植物型CRY		光形態形成・花芽形成
	動物型CRY	昆虫型	概日時計遺伝子の光同調
		脊椎動物型	概日時計因子(光非依存的)
	CRY-DASH		光依存的DNA修復(特に一本鎖CPD損傷?)

79

フォトトロピン
phototropin

青色光受容体, キナーゼ

光屈性（フォトトロピズム）を示さない植物の変異体の解析から同定された青色光受容体がフォトトロピン（phototropin：phot）である．その後 phot が光屈性だけでなく葉緑体光定位運動，気孔開口，葉の伸展などの青色光応答現象にもかかわっていることがわかってきた（図1）．これらは効率のよい光合成を行うための応答であり，植物にとって重要であると考えられる．ここでは，環境からのシグナルである青色光を細胞で利用できるシグナルに変換する phot の分子機構について話を進める．

phot のドメイン構造と機能

遺伝子データベースを探索すると phot は単細胞性藻類から高等植物まで広く分布している．約1000アミノ酸残基からできているタンパク質で3つのドメインをもつ（図2）．光受容を担う LOV ドメインを2つ（LOV1，LOV2 と呼ばれる）とアウトプットを担う Ser/Thr キナーゼドメインである．

LOV はバクテリアや菌類などにもみられる光やレドックスのセンサーとして働くドメインである．分子内のポケットに酸化型の FMN（フラビンモノヌクレオチド）を発色団として保持している．そのため，精製したタンパク質は黄色を示す．暗状態の LOV（D450 と呼ばれる）に青色光を照射すると，FMN と Cys 残基との間で共有結合が形成される（S390 中間体と呼ばれる．黄色は退色する）．この結合は暗所で熱的に元の状態（D450）に戻るが，戻るために要する時間は数秒～数分と分子種により異なる．このような光反応サイクルは吸収スペクトルの変化として測定することができる．

phot のキナーゼドメインは AGCVIII と呼ばれるグループに分類され，動物のプロテインキナーゼA（PKA）と高い相同性がある．変異導入されたタンパク質を発現する植物や，昆虫細胞，大腸菌で発現・精製したタンパク質を用いた解析から，おもに LOV2 が活性制御を行っていることがわかっている．D450 ではキナーゼ活性は抑制されており，青色光により S390 が生じると活性化される（図3）．

活性化した phot は自己リン酸化を示す．シロイヌナズナ phot では，複数の Ser，Thr 残基が自己リン酸化されることがわかっている．特にキナーゼドメイン内のリン酸化が下流へのシグナル伝達に重要である．

図1　フォトトロピンの制御する青色光応答の例

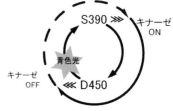

図3　LOV2の光反応サイクルとキナーゼ活性
内側の円は LOV2 の光反応サイクル，外側の円はキナーゼ活性を示す．

図2　フォトトロピン（phot）のドメイン構造

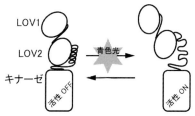

図4 クラミドモナスphotの構造変化のモデル

光誘起構造変化とキナーゼ活性

オートムギphot-LOV2の構造解析から，LOV2のC末端側にヘリックス構造があり（Jαヘリックスと呼ばれる），LOV2の表面にくっついていることがわかった．光照射によりS390が生じるとJαヘリックスがLOV2から解離し，ヘリックスがほどけることがNMR（核磁気共鳴）の解析から示されている．同様なLOV2の構造変化はFT-IR（フーリエ変換赤外分光法）やCD（円偏光二色性），TG（過渡回折法）でも測定されている．

一方，緑藻クラミドモナスphotの全長のX線小角散乱による溶液中での低分解能の構造解析によると，円筒形をした分子であり，LOV1，LOV2，キナーゼは一列に並んでいる（図4）．さらに，光照射によって分子が長軸方向に伸びることも示唆されている．光によって引き起こされる一連の構造変化がキナーゼ活性をONにすると考えられる．詳細な構造変化についてはphot全長での結晶構造解析やそれに基づくシミュレーションの結果を待たなければならない．

光感度の調節機構

シロイヌナズナには2つのphotがある（phot1，phot2と呼ばれる）．phot1は弱光から強光まで幅広く働くのに対して，phot2は強光下で働くことが知られている．このような光感度が異なる要因としてLOV2の光反応サイクルの速さの違いが考えられる．phot1とphot2のLOV2のS390の半減期は，phot2（約5秒）のほうがphot1（約60秒）よりもおよそ10分の1短い．LOV2がS390のときにキナーゼをONにしているのでS390の長さに応じて下流に伝わるシグナルの量が決まる．つまりS390の寿命が短い場合，光感受性は低く，長い場合は高くなる．phot分子はLOV2の性質によりある程度の感度調節が可能であると考えられ，進化の過程で生育環境に適した光感受性を獲得してきたと考えられる．

植物はphotをさまざまな青色光応答に利用している．そこにはそれぞれの応答に対応するシグナル経路の選択機構が存在すると思われる．これまでにphotと相互作用するタンパク質が複数見つかっている．最近，シロイヌナズナphotのリン酸化基質が複数見つかった．これらがシグナル伝達にどのように協調・関与しているかはまだ不明であるが，今後，分子レベルでの解析が進むことでphotシグナル伝達の全貌が明らかになるであろう． 〔岡島公司〕

ネオクロム
Neochrome

フィトクロム, フォトトロピン, シダ植物, 光屈性, 葉緑体光定位運動

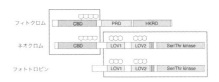

図1 ネオクロムの構造

ネオクロムは1998年にシダ植物で報告された植物光受容体で,赤色光受容体フィトクロム(phytochrome)と青色光受容体フォトトロピン(phototropin)の機能を併せもつ光受容体である.本項ではネオクロム発見の経緯,分子的性質と機能,およびそれが関与する生理反応について解説する.

ネオクロム発見の経緯

ホウライシダの配偶体細胞では,光屈性(phototropism)と葉緑体光定位運動(chloroplast photorelocation movement)が青色光だけでなく赤色光により誘導されることが知られており,この赤色光反応は遠赤色光照射により打ち消されることからフィトクロム反応であることが示されていた.また偏光照射実験により,これらの反応を制御するフィトクロムは膜系の構造に配向して存在している可能性が生理学的に示唆されていた.一方,多くの植物でこれらの光反応は青色光でのみ誘導されることが知られており,また既知のフィトクロムは細胞質/核に局在することが報告されていた.

これらの知見から,シダ植物(fern)には赤色光依存の光屈性と葉緑体光定位運動を制御する特別なフィトクロムが存在する,あるいは特別なシグナル伝達経路をもつ可能性が考えられていた.

ホウライシダのゲノムライブラリーを用いてフィトクロム遺伝子の網羅的単離・解析を行った結果,4種の異なるゲノム断片領域が単離され,その中に既知のフィトクロム遺伝子とはコードするタンパク質の構造を異にする遺伝子が同定された.この遺伝子の推定アミノ酸配列により,N末端側にフィトクロムの色素団結合部位をもち,C末端側には2つのLOV(Light, Oxygen, or Voltage)ドメインとセリン・トレオニンタンパク質キナーゼ領域からなる全長のフォトトロピン構造をもつタンパク質をコードしていることが明らかになった(図1).ホウライシダ・フィトクロム3(PHY3)と呼ばれているこの遺伝子は,後年和田らによりネオクロムという呼称が提唱された.なお,本項で取り上げているネオクロムは,カロテノイドの一種であるネオクロムとは異なるものである.

ネオクロムの分子的性質と機能

酵母・大腸菌で発現させたネオクロム組換えタンパク質が,フィコシアノビリンと結合してフィトクロム分子特有の差スペクトルをとること,LOVドメインでフォトトロピンの色素団であるフラビンモノヌクレオチド(FMN)と結合し青色光吸収スペクトルをとることから,ネオクロム分子はフィトクロムとフォトトロピン両方の光化学的特性を有していることが示された.同様の組換えタンパク質を用いた解析より,ネオクロムのC末端部位に位置するタンパク質キナーゼ領域が自己リン酸化活性をもつことが示された.

ネオクロムが制御する生理反応

ネオクロムのドメイン構成から,ネオクロムはフォトトロピンの制御する反応を赤色光で制御できる光受容体であると考えられる.ホウライシダでは赤色光依存の光屈性反応を失った変異体が複数系統単離されており,これらの変異体では赤色光依存の葉緑体光定位運動も起こらないことが示されていた.これら変異体群のネオクロム遺

伝子の塩基配列を決定したところ，独立の10系統の変異体においてネオクロム遺伝子上に変異があることが判明した．これら変異体にネオクロム遺伝子を一過的に導入・発現させることで赤色光依存の葉緑体集合反応が回復したことから，ネオクロムが赤色光依存の葉緑体光定位運動（集合反応）を制御する赤色光受容体であることが証明された．

シロイヌナズナのフォトトロピン欠失変異体でネオクロムを発現・表現型を解析することで，ネオクロムの分子機能にさらなる知見が得られている．シロイヌナズナは元来赤色光依存の光屈性反応を示さず，青色光でのみ光屈性が誘導される．この青色光反応の光受容体であるフォトトロピンを欠損した変異体（*phot1 phot2*）では青色光による光屈性反応も失われている．この変異体にネオクロム遺伝子を導入し胚軸の光屈性反応を調べた結果，ネオクロムを導入したシロイヌナズナでは赤色光による光屈性を示し，ネオクロムが赤色光依存の光屈性反応の光受容体として機能しうることが明らかになった．また，青色光依存の光屈性反応を調べた結果，胚軸は青色光の入射方向に屈曲することが示され，赤色光だけでなく青色光でも光屈性を誘導することができた．このことから，ネオクロムは赤色光受容体としてだけではなくフォトトロピンとして青色光反応を制御していることが明らかになり，一分子で赤色光受容体フィトクロムと青色光受容体フォトトロピンとして働く二重機能性の光受容体であることが判明した．

さらに，単独では光屈性を誘導できない弱い赤色光と青色光を同時に照射すると，光屈性が誘導されることが判明した．この結果から，赤色光情報と青色光情報がネオクロム分子内で相乗効果を生み，光感度が上昇することで非常に弱い光に応答できることが明らかとなった．

ネオクロムの進化的位置づけ

ホウライシダで単離されたネオクロム遺伝子はイントロンをもたない．ネオクロムのドメインを構成するフィトクロム遺伝子やフォトトロピン遺伝子は，一般的に複数のイントロンを含んでいる．ホウライシダから単離されたフィトクロム遺伝子とフォトトロピン遺伝子もエキソン／イントロン構造をとっていることを考えると，ネオクロム遺伝子はレトロトランスポジションなどによって，進化の途上で偶発的に誕生したと推測することができる．ネオクロム遺伝子は，オシダ，コウヤワラビ，イワヒメワラビなどのシダ植物でも単離されており，これらの遺伝子もホウライシダ・ネオクロム遺伝子同様にイントロンレスであることから，シダ植物の進化の途上で生まれた共通の祖先遺伝子を起源にもつと考えられる．イントロンレスのネオクロム遺伝子はツノゴケに存在することが明らかになり，さらにイントロンレスのフォトトロピン遺伝子も発見されたことから，ツノゴケで生じたレトロトランスポジションによりネオクロム遺伝子が誕生し，それがシダ植物に水平伝播したと考えられる．

ネオクロム遺伝子は緑藻でも発見されている．緑藻のヒザオリはホウライシダと同様に赤色光依存の葉緑体光定位運動をすることが知られており，そのネオクロム遺伝子解析の結果ホウライシダ・ネオクロム遺伝子とは異なり26のイントロンを有することが明らかになった．この遺伝子構造の違いから，シダ植物のネオクロム遺伝子と緑藻のネオクロム遺伝子は進化の過程で独立に生じたと考えられる．起源が別でありながら同じドメイン構造／機能をもつタンパク質が進化の途上で誕生したとすれば，ネオクロムはそれぞれの植物の環境適応進化の過程において非常に重要な役割を果たした光受容体であることが想像される．

〔鐘ヶ江健〕

BLUF ドメインをもつ光受容体
BLUF photoreceptors

微生物の光受容体,フラビン,ミドリムシ,バイオフィルム

BLUF(blue light using flavin)は,青色光受容体の機能を有する約100アミノ酸からなるタンパク質ドメインである.フラビン(flavin)を発色団として一分子結合している.BLUFドメインを含むタンパク質は,ゲノム塩基配列が決定された約10%の細菌から見つかり,光合成やバイオフィルム(biofilm)形成など,さまざまな生理機能を光依存的に制御する.古細菌とミドリムシ(*Euglena*)以外の真核生物からは見つけられていない.本項では,BLUFドメインの発見,生理機能,分子的性質について概説する.

BLUFドメインの発見

BLUFドメインは,新規の青色光受容体として,2002年に紅色細菌とミドリムシから同定された.その経緯を以下に記す.

紅色細菌の光合成器官の合成は,高酸素分圧と強光によって抑制を受ける.これは活性酸素の生成を抑えるための防御機構と考えられている.1995年,その形質をコントロールする因子としてAppAタンパク質が同定された.AppAは,N末端にフラビンを結合していたが,その色素は当時,レドックスに応答するための補酵素と考えられていた.2002年になり,AppAは,光合成遺伝子特異的な転写リプレッサーPpsRと青色光依存的に複合体を形成することで,遺伝子発現調節をすることがわかった.これにより,AppAのN末端ドメインが青色光受容体として機能することが判明し,このドメインはBLUFと名づけられた.

同時期に,ミドリムシの光驚動反応に関与する光活性化型アデニル酸シクラーゼPACが同定された.PACの活性化には青色光の照射が必要であった.PACのフラビン結合ドメインは,AppAのそれと相同性があったことから,BLUFドメインが青色光受容体として機能することが決定的となった.

BLUFドメインが関与する生理反応

図1にBLUFドメインを含有するいくつかのタンパク質の一次構造の模式図を示す.BLUFドメインはさまざまなドメインと融合しており,多様なタンパク質機能を制御することがわかる.

AppA,PAC以外のBLUF含有タンパク質の中で,ラン藻のPixD/Slr1694,大腸菌のYcgF/BluF,日和見感染症原因菌*Acinetobacter*のBlsAの生理機能がよく研究されている.

PixDはラン藻の光走性を制御する.野生型のラン藻は,赤色光に向かってプレート上を移動する正の光走性を示す.一方PixD変異体は,赤色光から遠ざかる負の光走性を示す.生化学的な解析により,PixDは転写因子様タンパク質PixEと暗所で複合体を形成することがわかっている.青色光照射により,PixD–PixE複合体形成は損なわれることから,PixD–PixEの相互作用は,赤色光による光走性を青色光依存的に制御すると考えられる.

YcgFは,大腸菌のバイオフィルム形成

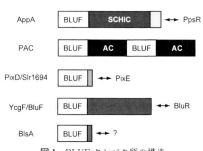

図1 BLUFタンパク質の構造
SCHICはヘム結合ドメイン,ACはアデニル酸シクラーゼ触媒領域.

を制御する転写因子BluRと暗所で複合体を形成し，BluRのDNA結合を阻害する．光照射により，この複合体形成はみられなくなることから，YcgFは青色光依存的な大腸菌のバイオフィルム形成に関与すると考えられる．

*Acinetobacter*は，光・乾燥・温度といったさまざまな環境要因によって運動性を変化させる．この高い環境適応能力が，院内感染の原因に深くかかわるとされる．野生型の*Acinetobacter*は，青色光照射によりその運動性が減少する．一方BlsA変異体はその運動性の低下がみられない．このことから，BlsAはこの菌の青色光依存的な運動性の制御にかかわると考えられる．BlsAの下流で働く因子は未だ不明である．

BLUFドメインの分子的性質

図2にBLUFドメインの吸収スペクトルを示す．300〜500 nmの吸収は，BLUFドメインに非共有結合しているフラビン分子の吸収である．暗状態のスペクトルに比べ，光活性化状態の吸収スペクトルは10 nmほど長波長シフトすることがわかる．これはフラビンが光励起状態になった際，フラビン結合部位近傍に形成される水素結合ネットワークが変化することに起因する．

この構造変化の引き金となるのは，保存

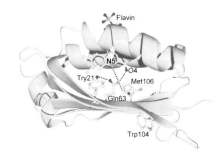

図3 AppAのBLUFドメインの構造
Try21, Gln63, Met106, Trp104はBLUFドメインに保存されている（PDB code 2IYG）．点線は水素結合．

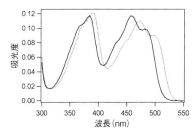

図2 BLUFドメインの吸収スペクトル
実線は暗状態，破線は光活性化状態．

されたチロシン（図3のTry21）から光励起状態にあるフラビンへの電子移動である．この一過的な電子移動の間に，フラビンと近傍のアミノ酸との水素結合ネットワークが変化し，最終的な光活性化状態へと移行すると考えられている．すなわち，BLUFの光反応では，色素の光異性化やアミノ酸との共有結合形成を伴わない．これは他の光受容体にはみられない特異な性質である．この光活性化状態は，光照射後10^{-6}秒以内に形成され，数分〜数秒かけて暗状態に戻る．

光励起によるフラビン結合領域の水素結合ネットワークの変化は，保存されたメチオニン（図3のMet106）が位置するβシートを経由して下流へ伝わると考えられている．現在までに数種のBLUFタンパク質の結晶構造が明らかにされているが，このβシートと相互作用するαヘリックスの構造にはさまざまなバリエーションがある．このコンフォメーションの多様性が，さまざまな生理活性をBLUFドメインが制御できる一因と考察されている．〔増田真二〕

ZTL/LKP2/FKF1 光受容体
ZTL/LKP2/FKF1 photoreceptors

青色光受容体，LOV ドメイン，SCF 複合体，概日リズム，光周性花成

ZTL（ZEITLUPE），LKP（LOV KELCH PROTEIN）2，FKF（FLAVIN BINDING, KELCH REPEAT, F-BOX）1 は，約 600 アミノ酸残基からなるシロイヌナズナの青色光受容タンパク質で，長周期概日リズム変異体や花成遅延変異体の原因遺伝子がコードするタンパク質として，また，ゲノム解析によって LOV ドメインをもつタンパク質として報告された．シロイヌナズナ以外の陸上植物にもオーソログが存在する．ZTL, LKP2, FKF1 のアミノ酸配列は互いによく似ており（ZTL と LKP2 は 75 %，ZTL と FKF1 は 66 %，LKP2 と FKF1 は 62 % の Identity），それぞれが N 末端から LOV（Light, Oxygen, or Voltage）ドメイン，F-box モチーフ，Kelch モチーフを 1 つずつもっている（図 1）．ZTL, LKP2, FKF1 の LOV ドメインは，フォトトロピンやオーレオクロムの LOV ドメインと同様に青色光受容を担っており，4 つの α ヘリックスと 5 つの β シートをコアにもち，フラビン-チオール付加物形成に必須なシステイン残基，フラビンとの結合に関与するアミノ酸残基などが保存されている．3 つ目の α ヘリックス（Eα）と 4 つ目の α ヘリックス（Fα）の間に，フォトトロピンの LOV ドメインにはない 9 アミノ酸残基の挿入があり，これが ZTL, LKP2, FKF1 の LOV ドメインとフォトトロピンの LOV ドメインとの光化学的特性の違いの原因の 1 つとなっている．ZTL, LKP2, FKF1 の LOV ドメインは，二量体形成や他のタンパク質との相互作用にかかわる領域でもある．F-box モチーフは，SCF 複合体（Skp, Cullin, F-box containing complex）形成にかかわり，ASK（*Arabidopsis*-SKP1-like）タンパク質と結合する領域である．Kelch モチーフは，ユビキチン化する標的タンパク質の認識にかかわる基質認識領域であり，6 個のリピートからなる β プロペラ構造をとる．ZTL, LKP2, FKF1 は，それぞれが SCF 複合体を形成して E3 リガーゼとして働き，青色光に応じた標的タンパク質のユビキチン化を行うことで，26S プロテアソームによる ATP 依存的な標的タンパク質の分解を引き起こし，概日リズム（circadian rhythm）や光周性花成（photoperiodic flowering）を制御している．

ZTL
ztl 変異体は長周期の概日リズムを示し，*ZTL* 過剰発現体は短周期の概日リズムを示す（強い過剰発現体では概日リズムが消失する）．ZTL は，概日時計の中心振動体タンパク質である TOC（TIMING OF CAB EXPRESSION）1, PRR（PSEUDO-RESPONSE REGULATOR）5 のユビキチン化にかかわっている．ZTL の mRNA 量は概日時計による制御を受けず一定だが，タンパク質量は夕方にピークを示す概日リズムを示す．この ZTL の蓄積リズムには GI（GIGANTEA）関与する．ZTL と GI は青色光依存的に複合体を形成して互いに安定化することが示されている．ZTL は HSP（HEAT-SHOCK PROTEIN）90 と複合体を形成することで安定化し，ポリユビキチン化を介した 26S プロテアソームによる TOC1, PRR5 の分解に働くと考えられている．

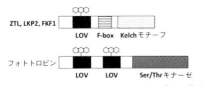

図 1　ZTL, LKP2, FKF1, フォトトロピンの構造

シロイヌナズナは，許容的な長日植物で，長日条件で花成が促進され，短日条件では長日条件に比べて遅咲きとなる．*ztl* 変異体は短日条件で弱い早咲きで，*ZTL* 過剰発現体は長日条件で著しい花成遅延を示す．ZTL による花成時期の制御は，*CO/FT* (*CONSTANS/FLOWERING LOCUS T*) 調節モジュールを介して行われている．ZTL による標的タンパク質の分解や花成時期制御タンパク質との相互作用は *FT* の転写に影響を及ぼす．

LKP2

LKP2 と *ZTL* のアミノ酸配列と遺伝子発現パターンはよく似ており，*LKP2* 過剰発現体でも，ZTL 過剰発現体と同じく，概日リズムが消失し，長日条件での花成が著しく遅延する．また，*ZTL* プロモーターで駆動された *LKP2* は *ztl* 変異体の概日リズム異常をレスキューすることができる．したがって，LKP2 の機能はかなりの部分で ZTL の機能と重複していると考えられている．しかし，*lkp2* 変異体の概日リズムと花成時期は，*ztl* 変異体と異なり，野生型のそれらと大きな差がない．これは，*LKP2* の発現レベルが *ZTL* に比べてかなり低いことが原因と考えられている．*lkp2 ztl* 二重変異体は，短日条件で，早咲きである *ztl* 変異体よりもより早咲きとなるので，LKP2 と ZTL は，協調して働いて，短日条件での好ましくない早咲きを防いでいると考えられている．

一方，LKP2 と ZTL は，FKF1 と協調的に機能して，*CO* と *FT* の転写抑制因子である CDF (CYCLING DOF FACTOR) 1 や CDF1 と同じタンパク質ファミリーの CDF2 の分解を促進することで，*CO* の転写抑制を解除して花成促進に働くという報告もある．LKP2 と ZTL は，FKF1 と相互作用して FKF1 の細胞内局在を変化させることも報告されている．

FKF1

fkf1 変異体の概日リズムは，野生型のそれと差がない．したがって，FKF1 の概日リズム制御における貢献度は ZTL と比べると低い．しかし，*ztl fkf1* 二重変異体は *ztl* 変異体よりも長周期となることや，*ztl lkp2 fkf1* 三重変異体では TOC1, PRR5 タンパク質の安定化が起こり，時計遺伝子 *LHY* (*LATE ELONGATED HYPOCOTYL*)，*PRR9* の発現が減少することから，FKF1 も TOC1, PRR5 のポリユビキチン化による分解を介した概日リズム制御にかかわっていると考えられている．

fkf1 変異体の花成は，長日条件で著しく遅延する．FKF1 は *CO/FT* 調節モジュールに複数の作用点で働いて光周性花成を制御している．FKF1 は青色光依存的に GI と複合体を形成するが，この複合体形成は CDF1 と FKF1 の Kelch モチーフとの結合を促進する．FKF1–GI 複合体と結合した CDF1 は，ポリユビキチン化されて，26S プロテアソームにより分解されると考えられている．CDF1 の分解は *CO* の転写活性化を引き起こし，CO タンパク質がつくられる．CO は FKF1 の LOV ドメインと結合することで安定化し，この結合は青色光によって強まる．安定化した CO は *FT* の転写を活性化し，花成ホルモンである FT がつくられることで花成が促進される．長日条件ではこれらの反応は昼〜夕方に行われるが，短日条件では FKF1 と GI の蓄積が夕方〜夜にピークとなるので，十分な FKF1–GI 複合体形成が起こらず，CDF1 による *CO* と *FT* の転写抑制が解除されないため，花成誘導が起こらないと考えられている．

〔清末知宏〕

ピノプシン
Pinopsin

松果体, オプシン, 青色光, メラトニン

ピノプシンは, 網膜外に発現するオプシン (opsin) としてニワトリ松果体 (pineal body あるいは pineal gland) より最初に遺伝子が単離・同定された青色光受容分子である. 両生類・爬虫類・鳥類にはニワトリピノプシンのオルソログ（アミノ酸相同性があり, 遺伝子重複ではなく種分岐によって同一の祖先から受け継がれたと推定される遺伝子）が存在し, それらはすべてピノプシンと呼ばれる（図1）. 異なる種のピノプシン間では, 60％以上のアミノ酸一致度を示す. 視細胞に発現し視覚に関与するロドプシンや錐体オプシンとのアミノ酸一致度は 40〜50％ と低く, 松果体独自の機能に特化して進化したオプシンと推定される.

光受容能および情報伝達経路

ニワトリ松果体には, 網膜の桿体と同一のGタンパク質（Gt_1, 桿体トランスデューシン）が発現しており, 組織化学的解析よりピノプシンと同一の細胞に発現していることが示されている. このことと, 生化学的解析の結果を併せ, 光受容したピノプシンは Gt_1 を活性化すると推定されている.

ヒト由来の培養細胞を用いて発現させたピノプシンのアポタンパク質は, 11 シスレチナールと結合し 468 nm の青色光に最も高い感受性を示す. このタンパク質を用いた紫外-可視分光解析から, Gタンパク質を活性化する活性中間体メタピノプシンIIの性質が調べられ, 生成速度は, 錐体視物質に近い速さをもつ一方, 分解速度はロドプシンと同程度に遅いことが示されている.

生理機能

ニワトリ松果体細胞は, 光受容能と概日時計機構ならびにメラトニン合成能をもつ.

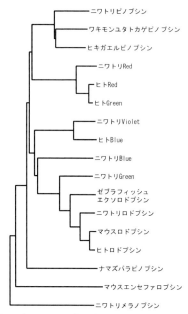

図1 ピノプシンを含む脊椎動物の主要なオプシンの分子系統樹 (NJ 法による)

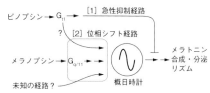

図2 ニワトリ松果体細胞における光情報伝達経路・概日時計・メラトニン合成系の関係

メラトニンの合成と分泌は概日時計によって制御されており, 明暗サイクル・恒暗条件いずれにおいても明瞭な概日リズムを刻む. 培養した松果体細胞に種々の薬剤を投与した実験などから, 松果体細胞には, 光シグナルによってメラトニン合成を直接抑制する急性抑制経路（図2の[1]）と, 概日時計に入力して時計の時刻を変化させ, 間接的にメラトニン合成リズムの位相を前後させる位相シフト経路（図2の[2]）の

2つが存在することが明らかにされている．ニワトリ松果体細胞にはピノプシンに加え，赤錐体オプシン（ニワトリ赤，もしくはアイオドプシンとも呼ばれる），$G_{q/11}$共役型のメラノプシン，さらには光情報伝達経路が未解明のクリプトクロム4といった複数の光受容分子が発現している．これらの光受容体が図2［1］，［2］の光情報伝達経路にどう関与しているのかは完全に解明されていない．しかしながら，Gt経路を遮断する百日咳毒素を投与することによって［1］の急性抑制経路がブロックされることから，ピノプシンは少なくとも急性抑制経路に関与していると考えられる（図2）．［2］の経路には，ピノプシンとは異なる青色感受性のメラノプシンが関与するが，これに加えて，ピノプシンが［2］の位相シフト経路にも関与するかどうかは不明である（図2）．

動物種間における分布とピノプシン遺伝子の進化

松果体は魚類から哺乳類まで脊椎動物の種を超えて保存されているのに対して，爬虫類・両生類・魚類には，松果体と発生学的起源が類似し，併せて松果体複合体を構成する器官としてそれぞれ頭頂眼・前頭器官・副松果体がある．ピノプシンは，鳥類では松果体特異的に発現しているが，他の動物では発現部位が多様である．

爬虫類（トカゲ）においては，松果体および頭頂眼（parietal eye）にピノプシンが発現しており，特に頭頂眼では，単一の細胞内に，青色感受性をもつピノプシンと，ピノプシンとは異なる緑色感受性オプシン（パリエトプシン，parietopsin）が共発現している．両者は，それぞれ異なる波長の光に応答して細胞の過分極と脱分極に働くと考えられている．また，昼行性ヤモリでは網膜の一部の錐体にもピノプシンが発現している．

両生類（ヒキガエル）においては，脳深部の脳脊髄液接触ニューロンと呼ばれる細胞にピノプシンが発現しており，季節の感知や内分泌系の制御にかかわる可能性がある．カエルの松果体および前頭器官ではピノプシンは検出されておらず，他のタイプのオプシンが存在すると考えられる．

魚類においては，ピノプシンの明確なオルソログと推定できる遺伝子が同定されていない．このことはピノプシン遺伝子の進化を推察するうえで重要な手がかりとなる．すなわち，脊椎動物の進化の過程で，魚類の一部から魚類以外の脊椎動物の祖先が分岐した前後に，ピノプシン遺伝子が他のオプシン遺伝子より遺伝子重複によって生じた可能性がある．あるいは現存する魚類の祖先においてピノプシンの遺伝子が失われた可能性も考えられる．

魚類の松果体や副松果体においては，ピノプシンが存在しない代わりに，エクソロドプシンやパラピノプシンあるいは赤錐体オプシンなどが発現している．エクソロドプシンは桿体視物質であるロドプシンとアミノ酸一致度が高く（＞70％），ピノプシンとの一致度は50％に満たない．

ピノプシン以外のオプシン

ピノプシンが発見された1994年以降これまでに，上に述べた以外にも，メラノプシンをはじめ，VAオプシン，Opn5，TMTオプシンなど，視細胞以外の網膜の細胞や網膜外の細胞に発現する多様なオプシンが発見されている．ヒトの光感覚は視覚が中心であるが，他の生物では，視覚に加えて多くの部位が光受容にかかわっており，多様なオプシンによって光受容が行われていると考えられる．

〔岡野俊行〕

84
メラノプシン
Melanopsin

網膜神経節細胞, 非イメージ形成視覚機能, 視交叉上核, 視蓋前域オリーブ核

メラノプシンの分子生物学

メラノプシン（Opn4）は，当初両生類の黒色素胞の研究の過程で見出された感光色素（photopigment）である．メラノプシンは7回膜貫通ドメインとリジン残基を有し，リジン残基は発色団（chromophore）とのシッフ塩基結合の部位となっていると考えられている．また，メラノプシンのアミノ酸配列解析の結果，哺乳動物の視細胞（photoreceptor）すなわち桿体（rod）および錐体（cone）のオプシン（opsin）よりむしろ無脊椎動物のオプシンに近いことがわかっている．たとえば，メラノプシンのアミノ酸配列は，タコのロドプシン（rhodopsin）との間には39%の相同性を有しているのに対し，脊椎動物の他のオプシンとの間では30%である．なお，メラノプシンの相同遺伝子は，最も原始的な脊索動物に近いとされるナメクジウオ（amphioxus）をはじめほぼすべての脊椎動物で確認されている．

哺乳動物網膜におけるメラノプシンの発現

哺乳動物の網膜では，一部の網膜神経節細胞（retinal ganglion cell）の細胞体および樹状突起にメラノプシンの発現が認められている．網膜神経節細胞は，脊椎動物の網膜において最終的な情報処理を担う細胞であり，軸索が視神経となって脳の視覚神経核に投射している．メラノプシンを発現する網膜神経節細胞は，ヒトを含む霊長類の全網膜神経節細胞のうち0.2%を占める（片眼でおよそ300個）．

この一群の網膜神経節細胞は，単離しても光に対し脱分極することから，光受容体であることが確認されており，機能的に内

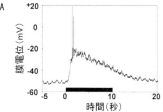

図1 内因性光感受性網膜神経節細胞の脱分極性の光反応（A）とメラノプシンの発現（B）

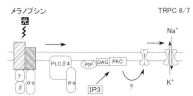

図2 哺乳動物網膜における光伝達メカニズムの想定図

因性光感受性網膜神経節細胞（intrinsically photosensitive retinal ganglion cell；ipRGC）と名づけられている（図1）．ipRGC内における光伝達（phototransduction）メカニズムはまだ不明な点が多いものの，これまでの報告から次のように想定されている（図2）．すなわち，メラノプシンの光による活性化には，Gαq/11サブユニットがかかわっており，フォスフォリパーゼCβ4（phospholipase Cβ4；PLCβ4），ジアシルグリセロール（diacylglycerol；DAG）およびプロテインキナーゼC（protein kinase C；PKC）が活性化する．イノシトール3リン酸（inositol triphosphates；IP3）の役割の詳細は不明なものの，最近の研究で，一過性受容器電位チャネル（transient receptor potential channel；TRPC）のサブユニットであるTRPC6およびTRPC7のヘテロマーがイオンチャネルを形成していることが示唆されている．

　発色団の再生に網膜色素上皮における酵素反応を必要とする脊椎動物と違い，無脊椎動物の発色団は長波長の光を吸収することにより再生が可能である（二状態安定色素，bistable pigment）．これまでメラノプシンは二状態安定色素であるとする研究報告が複数ある一方で，否定する研究もある．メラノプシンが二状態安定色素であるのか否かに関しては，今後の研究の進展が待たれる．

　これまでの電気生理学的研究から，ipRGCの光応答特性は下記のように報告されている．①無脊椎動物の視細胞同様，ipRGCは光に対して脱分極するとともに発火する．光に対し過分極する脊椎動物の視細胞と対照的である．②光に対する脱分極および再分極の過程は秒単位で生じ，脊椎動物の視細胞に比べはるかに緩徐である．③光に対する感度は視細胞に比べて10,000倍低い．④480 nm程度の波長（青色）に最も高い感度を示す．

　ipRGCは，現在のところ形態学的特徴からM1からM5までの5つのサブタイプに分類されている．M1からM3はipRGCの大部分を占める．一方，M4およびM5は細胞数が少なく，しかもメラノプシンは通常の免疫染色では検出できないほど発現量が少ない．

　M1はメラノプシンの発現量が最も多いとともに，強い光反応を生じ，光の感度も高い．また，M2とM3はメラノプシンの発現量は中程度で，M1に比べ光反応も強くない．M4およびM5は上述のようにメラノプシンの発現量はきわめて少なく，非常に弱い光反応しか生じない．

メラノプシンと視覚機能のかかわり

　ipRGCは，概日リズムの発振と光同調（photoentrainment）にかかわる視交叉上核（suprachiasmatic nucleus），同神経核に投射することにより光同調に間接的にかかわる膝状体間小葉（intergeniculate leaflet），光瞳孔反射にかかわる視蓋前域オリーブ核（olivopretectum）などの視覚神経核に投射している．なお，概日リズムの光同調や光瞳孔反射は，具体的な視覚イメージを形成しない視覚機能であることから，非イメージ形成視覚（non-image-forming vision）と呼ばれている．

　非イメージ形成視覚は，視細胞あるいはipRGCのどちらか一方を欠失させても残存する．一方で，視細胞とipRGCの双方を欠失するとこれらの視覚機能は消失することから，ipRGCは内因性の光反応に加え，双極細胞（bipolar cell）やアマクリン細胞（amacrine cell）を介して視細胞からシグナル入力を受け取ることにより，非イメージ形成視覚を支えていることが明らかになっている．

　なお，視交叉上核に投射するipRGCの80％がM1であるのに対し，視蓋前域オリーブ核に投射するM1とM2の割合は半々である．視蓋前域オリーブ核の外殻部（shell）にはM1が，中心部（core）にはM2がおもに投射している．これらの機能的意義は未だ不明である．

　ipRGCは外側膝状体背側核（dorsal lateral geniculate nucleus）および上丘（superior colliculus）にも投射していることが報告されている．これらの視覚神経核は，大脳皮質視覚野（visual cortex）に投射してイメージ形成視覚（image-forming vision）にかかわっている．実際，ipRGCだけでも視覚パターン弁別が可能であるという実験報告がなされているものの，イメージ形成視覚の関与に関して結論は出ていない．今後の研究が待たれる．　　〔髙雄元晴〕

レチノクロム
Retinochrome

レチナール，光異性化，視物質，RGR，レチナール結合タンパク質，レチノイドサイクル

動物の光感覚は，光受容細胞に存在する視物質（ロドプシン）が光を吸収し，その構造が変化することから始まる．視物質は，ビタミンAのアルデヒド型であるレチナール（retinal，図1）と，オプシンと総称されるタンパク質が結合してできた感光性色素タンパク質で，レチナールの種類およびオプシンの一次構造の違いにより，近紫外光から近赤外光までの種々の波長の光を吸収することができる．すべての視物質のレチナールは，11シス型の異性体構造をもっており，これが光を吸収すると全トランス型に異性化するとともに，オプシンの構造変化が起こって視細胞内の信号変換系が活性化され，細胞電位の変化が引き起こされる．したがって，視細胞の光吸収・信号変換機能を維持するためには，11シスレチナールを結合した視物質を，常に高レベルで維持することが必要となる．多くの動物の網膜において，この11シスレチナールを供給し，視物質を合成・再生するための経路（レチノイドサイクル）が存在することが知られており，その中心的な役割を担うのがレチナールを全トランス型から11シス型へ異性化するタンパク質である．

レチノクロムの分布と局在

レチノクロムは，スルメイカ網膜から，視物質とは異なる性質をもつ感光性色素タンパク質として1965年に発見され，11シスレチナールの生成に寄与するレチナール光異性化タンパク質（retinal photoisomerase）であることが明らかにされた．その後の研究から，スルメイカのみならずタコやオウムガイなどの他の頭足類，また，マガキガイやナメクジ，イソアワモチなどの

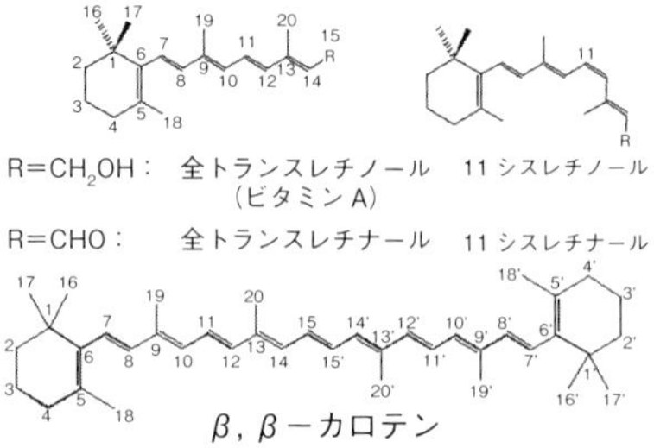

図1　レチノイドとカロテノイド

腹足類にも存在が確認され，軟体動物の網膜に広く分布することが示された．さらに分子系統学的研究により，retinal G protein-coupled receptor（RGR）と呼ばれるレチノクロムのホモログが脊椎動物網膜の色素上皮細胞やミュラー細胞中に存在することも確認されている．軟体動物の網膜内では，レチノクロムは視細胞の細胞体部分を中心に存在し，頭足類ではミエロイド小体，腹足類ではphotic vesicleと呼ばれる小胞に局在していることが知られている．以下，最もよく研究されているスルメイカのレチノクロムを中心に，その特性や機能について概説する．

レチノクロムの分子特性

レチノクロムは，視物質と同様，発色団レチナールとタンパク質のリジン残基がプロトン化シッフ塩基結合により結ばれた感光性色素タンパク質であり，そのタンパク質は，7回膜貫通型のGタンパク質共役受容体（GPCR）の一種であるロドプシンファミリーに属する．全トランスレチナールを結合したレチノクロムの吸収極大波長は495 nmにあり，光照射により発色団は11シス型に異性化して，470 nmに吸収極大をもつメタレチノクロムに変化する．プロトン化シッフベースの対イオンは，脊椎動物のロドプシンとは異なり，第4と第5のαヘリックスをつなぐ細胞外ループに位置するグルタミン酸である．レチノクロムの

シッフ塩基結合は，ロドプシンに比べてヒドロキシルアミンや水素化ホウ素ナトリウムの作用を受けやすく，溶媒に添加されたこれらの試薬により容易にレチナール・オキシムやN-レチニルタンパク質の形成が起こる．特にメタレチノクロムの反応性は高く，水素化ホウ素ナトリウムによってシッフ塩基結合が分解され，レチノールが生成される．メタレチノクロムに全トランスレチナールを加えると，レチナールの交換反応が起こり，レチノクロムが容易に再生する．FTIRによる研究から，メタレチノクロムのシッフ塩基結合部分は，より溶媒に露出していることが示唆されており，それが試薬に対する高い反応性や早い発色団の交換反応の原因となっていると考えられる．

レチノイドサイクルとレチノクロム

レチノイドサイクルにおけるレチノイドの全トランス型から11シス型への異性化には，明（光）反応と暗反応の2つの経路が存在する．脊椎動物の網膜では主として暗反応経路が機能しており，色素上皮細胞においてレチノールと脂肪酸のエステルが分解される際に11シス型への異性化が起こり，その後レチナールへの酸化過程を経て視細胞へと供給されることが知られている．また，昆虫では明暗両反応経路が存在し，暗反応ではカロテノイドから2分子のレチナールが生成される際に，1分子の異性化が起こる．一方，明反応にはレチナールの11シス型への光異性化が含まれると考えられているが，関与するタンパク質は，まだ同定されていない．

レチノクロムは，レチノイドサイクルでの光異性化酵素としての役割が，唯一明らかになっているタンパク質である．軟体動物の視細胞では，ロドプシンは細胞膜の光受容部に，レチノクロムは細胞内膜系の小胞上に存在するため，レチノクロムの光反

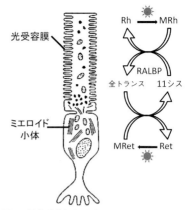

図2 軟体動物視細胞内のレチノイドサイクル
Rhはロドプシン，MRhはメタロドプシン，Retはレチノクロム，MRetはメタレチノクロム．

応により生成した11シスレチナールを直接オプシンに供給することはできない．この両者の間でレチナールを運搬するシャトルの役割を担っているのがレチナール結合タンパク質（retinal-binding protein; RALBP）で，1987年にスルメイカ網膜の水溶性画分に発見された．レチノクロムの光反応により生じた11シスレチナールは，RALBPと結合して細胞質中を光受容膜まで運ばれる．受容膜において，視物質の光産物であるメタロドプシンはRALBPから11シスレチナールを受け取ってロドプシンへと再生するとともに，RALBPに全トランスレチナールを引き渡す．RALBPはこのレチナールを再び細胞質中のミエロイド小体やphotic vesicleまで届け，メタレチノクロムに引き渡してレチノクロムを再生する（図2）．このように，軟体動物の視細胞には，RALBPを介したロドプシンとレチノクロム間でのレチナールリサイクル系が存在し，活性のある視物質の維持に貢献している．

〔尾崎浩一〕

86 無脊椎動物オプシン
Invertebrate opsins

レチナール，Gタンパク質，GPCR

脊椎動物と同様に，多くの無脊椎動物は，外界の光情報を感知して行動や生理活動などを調節する．すなわち無脊椎動物には視細胞などの光受容細胞が存在し，それぞれの光受容細胞には光を受容し細胞内に伝達する役割を果たすタンパク質が機能している．本項では，無脊椎動物の光受容細胞で機能する光受容タンパク質オプシンやその類似タンパク質を"無脊椎動物オプシン"と総称する．はじめに無脊椎動物オプシンの中で最も研究が進んでいるGq共役型の無脊椎動物オプシンがもつ特徴を概説し，続いてGq以外のGタンパク質と共役する無脊椎動物オプシンを紹介するとともに，ヒトなど脊椎動物において働く無脊椎動物オプシンに似た光受容タンパク質について述べる．

無脊椎動物オプシンと脊椎動物オプシンとの類似点と相違点

無脊椎動物オプシンは，視物質などの脊椎動物のオプシンと相同性のあるアミノ酸配列をもち，共通の祖先型のタンパク質から分子進化してできたと考えられる．そのため，無脊椎動物オプシンも，脊椎動物オプシンと同様に，7回膜貫通αヘリックス構造をもつタンパク質に，発色団11シスレチナールを結合することで光受容能を実現している（図1）．なお，ショウジョウバエなどの昆虫においては，レチナールに化学修飾が加わっている場合があるが，異性体型は11シス型で共通している．また，無脊椎動物オプシンと脊椎動物オプシンの膜貫通部位の立体構造はきわめて類似しており（図1），この構造はオプシンのみならず，アドレナリン受容体などGタンパク質

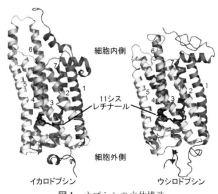

図1　オプシンの立体構造
無脊椎動物オプシンの例としてイカロドプシン，脊椎動物オプシンの例としてウシロドプシンの結晶構造を示した．

共役型受容体（G protein-coupled receptor；GPCR）全般に保存されている．

無脊椎動物オプシンが光を受容すると，脊椎動物オプシンと同じく，発色団レチナールが11シス型から全トランス型に異性化することによってタンパク質が構造変化し，細胞内の三量体Gタンパク質を活性化するようになる．このようなプロセスを経て，外界の光情報を細胞内に伝達する．

一方で，無脊椎動物オプシンには脊椎動物オプシンとは異なる機能・性質も存在する．脊椎動物の視物質は，トランスデューシン（Gt）というGタンパク質と共役するが，昆虫やイカ・タコの視細胞で機能するオプシンはGqタイプのGタンパク質と共役する．そして活性化するGタンパク質が異なることが，それぞれのオプシンが駆動する細胞内シグナル伝達系の違いを生じ，脊椎動物の視細胞と無脊椎動物の視細胞との細胞応答の違いを生み出している．また，光を受容したあと生じる，Gタンパク質を活性化する状態（活性状態）の生化学的性質も，Gq共役型無脊椎動物オプシンと脊椎動物オプシンとの間には違いがある．脊椎動物の視物質の活性状態（メタIIと呼ば

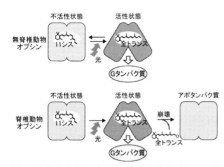

図2　無脊椎動物オプシンと脊椎動物オプシンの光反応の違い

れる）は，熱的に不安定であり，自発的に発色団レチナールを放出し，リガンドが結合していないアポタンパク質になるが，無脊椎動物オプシンの活性状態は安定である（図2）．また，メタⅡに光を照射してもレチナールが11シス型には戻らないが，無脊椎動物オプシンの活性状態が光を受容すると，11シスレチナールを結合した光受容前の状態に戻る（この現象は光再生と呼ばれる）．これらの特徴から，無脊椎動物オプシンは，二状態安定型（bistable）オプシンとも呼ばれる．このように，昆虫やイカ・タコなどの視覚を担うオプシンの特徴は，Gqとの共役と，二状態安定型の光反応にまとめられる．

Gq以外のGタンパク質と共役する無脊椎動物オプシン

無脊椎動物がもつ多様な光受容細胞には，Gqとは異なるGタンパク質と共役するオプシンが機能している場合がある．以下にいくつか具体例を紹介する．

ホタテガイには，光受容に伴い脱分極応答を示す光受容細胞と過分極応答を示す細胞がある．脱分極応答を示す光受容細胞にはGqと共役するオプシンが機能し，過分極応答を示す細胞ではGoタイプのGタンパク質と共役する別のオプシンが働いている．このGo共役型オプシンのホモログが頭索動物ナメクジウオから見出されており，このホモログの解析から，Go共役型オプシンについても，二状態安定型の光反応を示すことがわかっている．

クラゲなど刺胞動物の光受容細胞には，GsタイプのGタンパク質と共役するオプシンが存在する．このオプシンは光依存的に細胞内cAMP濃度を上昇させるため，オプトジェネティクスのツールとしても注目されている．

脊椎動物に存在する無脊椎動物型オプシン

上述したように，Gqとの共役や二状態安定型の光反応は，無脊椎動物オプシンの特徴としてとらえられてきた．ところが近年の研究から，脊椎動物にもGq共役型オプシンと近縁なオプシンや二状態安定型のオプシンが存在することがわかってきた．以下，脊椎動物に存在する，無脊椎動物型のオプシンを紹介する．

哺乳類の網膜神経節細胞の中には，光受容能をもつものが存在し，これらの光感受性神経節細胞が受容した光情報は体内時計や瞳孔径の調節に用いられる．この光感受性神経節細胞では，メラノプシン（Opn4）というオプシンが光を受容する．メラノプシンはGq共役型の無脊椎動物オプシンと近縁であり，光を受容するとGqを活性化する．また，ヒトやマウスにはOpn3，Opn5という生理機能が不明なオプシンが存在するが，Opn5は二状態安定型の光反応を示し，Opn3についてもフグやカから見出されたホモログが二状態安定型の光反応を示す．このように，無脊椎動物オプシンの機能や性質を理解することは，無脊椎動物の光受容のみならず脊椎動物の光受容機能を理解するためにも重要である．

〔塚本寿夫〕

アナベナセンサリーロドプシン
Anabaena sensory rhodopsin (ASR)

フォトクロミズム，光情報変換，転写制御

ラン藻（Anabaena PCC7120）の遺伝子から2003年に発見されたアナベナセンサリーロドプシン（Anabaena sensory rhodopsin；ASR）は，数多く存在する古細菌型ロドプシンの中でも，そのアミノ酸配列，光反応，機能において異彩を放っている．この興味深いタンパク質の性質について，これまでの研究で明らかとなってきたことを解説する．

Anabaena PCC7120
淡水に生息する真正細菌であるAnabaena PCC7120は，植物同様の酸素発生型の光合成を行い，窒素固定を行うこともできる．

幅広い波長の光を光合成に利用するためにフィコビリソーム（図2）と呼ばれる光捕集システムをもっており，そのアンテナを構成する2種類のタンパク質（フィコシアニン：青色，フィコエリスリン：赤色）の発現量が，環境光に依存して変化することが古くから知られていた．しかし，それらを制御するセンサーは長らく不明であった（補色馴化という）．

アミノ酸配列と構造
Anabaena PCC7120は全遺伝子が解析されており（かずさDNA研究所ウェブサイトにて公開されている），その遺伝子中にロドプシン様タンパク質として発見されたのがASRである．アミノ酸の一致度はどの古細菌型ロドプシンと比較しても20%～30%程度で，類似度は60%程度である．

アミノ酸配列を比較するとこのロドプシンの特異性がわかる．レチナールシッフ塩基のカウンターイオンの1つである212番目のアスパラギン酸（バクテリオロドプシ

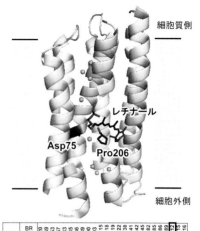

図1　ASRのX線結晶構造とレチナール近傍のアミノ酸配列比較

ンにおける番号）が疎水性残基であるプロリン（ASRでは206番）に置換されているのである（図1）．配列から考えると，膜タンパク質のほぼ中央にプロリンが位置するため構造が大きく変化または不安定化しているのではないかと考えられたが，実際にはきわめて安定なタンパク質であった．2005年にはX線結晶構造が解かれ（PDBコード：1XIO），既知の古細菌型ロドプシンとほぼ同様の7回膜貫通ヘリックス構造であることが判明した（図1）．

フォトクロミズム
古細菌型ロドプシンは通常，光反応後に同じ基底状態に戻るフォトサイクルを示すのだが，ASRでは2種類の基底状態が存在し（レチナールの状態が全トランスと13シス），光反応後にもう一方の基底状態へと転換するフォトクロミズム（光互変異性）であった（図2）．これら2つの基底状態で

は効率よく吸収できる光の波長が異なるので，結果的に光の波長に依存して両者の比率が変化する．このような特異な性質が発現するのは，前述のタンパク質中央に存在するプロリンが影響していると考えられるが，詳細は不明のままであり今後の研究が待たれる．

プロトン輸送

発見当時にプロトン輸送活性がないと報告されていたASRだが，光反応過程でレチナールシッフ塩基からプロトンが解離するM中間体が存在する．この際のプロトン移動方向について，時間分解赤外分光法，光誘起電流計測のそれぞれで異なる報告がなされていた．このようにプロトン移動についての知見が混乱していた中で，2009年に弱い内向きのプロトン輸送活性（細胞外→細胞質）が存在すること，細胞質側に変異を導入することでその活性が大幅に上昇することが見出された．この際のM中間体の低温赤外分光計測によるとASR野生型では細胞質側へのプロトン移動がわずかに観測された一方で，変異を導入することで多くのプロトン移動が起こることが確認された．つまり，ASRはもともとM中間体でのプロトン移動に際してはっきりとした方向性をもっておらず，変異の導入により一方向性が強くなったために輸送活性が上昇したと考えられる．

光情報変換・転写制御

光情報変換を担う古細菌型ロドプシン（たとえばセンサリーロドプシンI，II）は2回膜貫通ヘリックス構造のトランスデューサーを利用して情報を伝達している．一方で，ASRにはオペロンを構成している14kDaの水溶性タンパク質（*Anabaena sensory rhodopsin transducer*；ASRT）が存在しており，ASRと相互作用していることも報告されていた．つまり，ASRは他の古細菌型ロドプシンとは異なり，水溶性

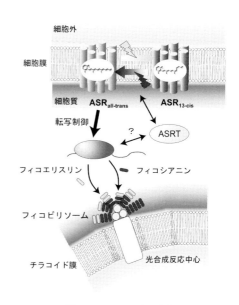

図2　ASRによる転写制御

タンパク質を介した情報伝達系を構築し，補色馴化を制御していることが予想された．しかし，*Anabaena* PCC7120を用いた実験系では複雑になりすぎるため，真の機能は不明であった．

そんな中，2012年にASRやASRTを大腸菌に発現させ，同時にフィコシアニンのプロモーター配列が組み込まれたレポータープラスミドを導入することで機能を明らかにする研究が行われた．その結果，暗状態でASRがASRTを介さずにプロモーターに作用して転写を抑制し，光活性化状態になると抑制が外れ転写が行われることが明らかとなった．一方で，フィコエリスリンのプロモーターでは光活性化状態において逆に抑制が起こることが判明した．これらの証拠からASRは*Anabaena* PCC7120で光捕集システムの最適化を行うセンサーの役割を果たすことが強く示唆された．

〔川鍋　陽〕

脳内光受容体
Encephalic photoreceptors

視床下部, 終脳外側中隔, 光周性, オプシン, 脳脊髄液接触ニューロン

　脳内光受容体は, 視床下部光受容体, 脳深部光受容体とも呼ばれ, おもに哺乳類以外の動物の脳に存在する光受容体のことである. 分子種として, ロドプシン, メラノプシン, オプシン5 (opsin 5), VA (vertebrate ancient) オプシン, TMT (teleost multiple tissue) オプシンなどが知られる. これらは, 11シスレチナールと結合したGタンパク質共役型受容体, いわゆるオプシン類である. ロドプシン以外は (表1), 脊椎動物の視覚を司る古典的オプシン類と分子特性が異なり, 全トランスレチナール結合型でも安定で, この状態で光を受容すると再びレチナールを異性化してもとの光受容体に戻る. 脳内光受容体には, 季節性の日長を感受し (光周性), 下垂体神経内分泌系に作用して生殖腺の成長と発達を促す機能がある. また, 動物の体色変化に関与することもある.

脳のどこに存在するか

　動物の光受容体は, 通常, 眼の網膜にあり, 哺乳類以外では松果体にも存在する. 1911年にvon Frischが, コイの一種であるミノウ (*Phoxinus laevis*) の体色変化が, 両眼と松果体を除去してもみられることを発見した. 動物の中には, 日長を感受して生殖腺を成長させ, 効率よく季節繁殖を行うものがある. Benoitらは, 頭を黒帽で覆ったアヒル (*Anas platyrhynchos*) は, 長日に反応できなくなるが, 間脳視床下部を直接光照射すると, 再び長日性の精巣肥大を起こすことを示した. 同様な季節繁殖は, ウズラやニワトリなど他の鳥類でもみられる. さらに鳥類では, 終脳の外側中隔 lateral septal organ も長日性の光受容に関与している.

脳脊髄液接触ニューロン

　最初, ロドプシン (網膜桿体オプシン, rod opsin/rhodopsin) に対する抗体 (RET-P1) の交叉反応性を利用して, ハト (ring dove) の脳内に光受容体があることが示唆された. 鳥類の視床下部漏斗部や外側中隔には, 脳脊髄液接触ニューロン (cerebrospinal fluid (CSF)-contacting neuron) と呼ばれる双極ニューロンが存在する. この細胞は, 発生途上の網膜や松果体のニューロンと形態が類似しており, 脳内光受容ニューロンと考えられた. その形態とは, ドアノブ様の樹状突起を脳室へ伸ばし, 突起の末端に線毛をもつ. ウズラやカナヘビで, 視床下部内側基底部にある室傍器官 (paraventricular organ ; PVO) のCSF接触ニューロンが, トランスデューシンαサブユニット (Gt型Gタンパク質) に対する抗体で染色され, Gtは網膜の古典的視細胞に存在していることなどから, PVOは鳥類以下の脳内光受容器官であると考えられた.

非視覚オプシンの脳内分布

　1998年に両生類の皮膚メラノフォアに存在するオプシン類として, メラノプシンが発見された. メラノプシンは, 霊長類・哺乳類の網膜神経節細胞の一部に存在し, 脳に直接投射して体内時計の光同調や瞳孔反射を司る. ニワトリではメラノプシン発現細胞が脳内, すなわち視床や視床下部の神

表1　脳内光受容体

脳内光受容体	最大光吸収波長 (nm)
メラノプシン	476〜484 [*1] 青
オプシン5	360 [*2] 紫外
VAオプシン	501 [*3] 緑
TMTオプシン	460 [*4] 青

最大光吸収波長は動物種により若干の違いがある.
[*1]: ニワトリ, [*2]: ニワトリ, [*3]: *X. tropicalis*, [*4]: Takifugu.

経核，外側中隔や手綱核にも存在する．一方，ニワトリ視床下部には，VAオプシンも存在する．また，魚類において，脳を含む多くの組織に存在するオプシン類としてTMTオプシンが発見された．哺乳類では，エンセファロプシンというTMTオプシンに似た分子が，大脳皮質，視床下部，小脳に存在する．これらのオプシン類は，培養細胞強制発現系で青～緑色光を吸収して（表1），Gタンパク質を活性化するが，脳内局在の生物学的意義についてはよくわかっていない．

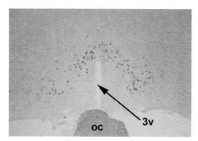

図1 脳内光受容体オプシン5mRNAの局在 マウス視床下部前部に存在する．ocは視交叉，3vは第三脳室．

オプシン5と脳内光受容

オプシン5は，分子相同性に基づくゲノムマイニングによって単離された．神経系に存在するオプシンとして，ニューロプシンと呼ばれたが，現在はオプシン5（略称はOpn5）に名称が統一されている．分子系統樹からGタンパク質共役型受容体か，異性化酵素であるか不明であったが，2010年，紫外光を吸収してGi型Gタンパク質を活性化する新規なオプシンであることが明らかにされた．胎盤をもつ哺乳類では1つの遺伝子にコードされているが，単孔類では2遺伝子，鳥類以下では3遺伝子以上のオプシン5遺伝子類をもつ．一方，オプシン類の中で，唯一，トリの脳内光受容器官PVOに局在するものとして，哺乳類型オプシン5（Opn5m）が同定された．PVOのOpn5m陽性ニューロンは，セロトニン陽性で形態学的にCSF接触ニューロンである．ウズラPVOのOpn5m陽性ニューロンに光照射し，全細胞パッチクランプ法にて電位測定する実験が行われ，脱分極を起こして活動電位を発生する本質的な光受容細胞であることが示されている．

視床下部での光受容から精巣肥大まで

ウズラに，紫外線B（UVB，280～315 nm）から青色光（450～495 nm）を照射すると，精巣が肥大する．PVOでの光受容から精巣肥大までの過程は以下のようである．PVOのOpn5m陽性CSF接触ニューロンは，下垂体結節部へ投射している．紫外光～短波長光を受容すると，下垂体結節部より，甲状腺刺激ホルモン（TSH）が産生される．TSHは第三脳室腹外側壁の上衣細胞に存在するTSH受容体に結合し，2型脱ヨウ素酵素（Dio2）の産生を促す．Dio2の作用で甲状腺ホルモンT4が，より活性の高いT3（トリヨードチロニン）へ変換される．T3は，視床下部正中隆起に存在する生殖腺刺激ホルモン放出ホルモン（gonadotropin releasing hormone：GnRH）ニューロンを活性化して，軸索末端からのGnRH放出を促す．GnRHは下垂体前葉に作用して生殖腺刺激ホルモンの放出を促す．放出された生殖腺刺激ホルモン（LH，FSH）は血流に乗って精巣に作用し，テストステロンの産生などを促して，精巣が肥大する．

哺乳類の脳内光受容体

オプシン5陽性ニューロンは，霊長類や哺乳類の脳，視床下部前部の正中視索前核，内側視索前野にも存在する（図1）．哺乳類は，眼の網膜でのみ光を受容できると考えられており，脳に存在するオプシン5やエンセファロプシンが光受容体として機能しているかどうかは明らかでない．〔大内淑代〕

光シグナル伝達と PIF タンパク質
PIF proteins and light signaling

フィトクロム,遺伝子発現制御,細胞内シグナル伝達,転写因子,タンパク質分解

　本項ではフィトクロム（phytochrome）による遺伝子発現制御において中心的な役割を果たす PIF（phytochrome interacting factor）タンパク質について解説する．

PIF タンパク質の特性と細胞内挙動

　PIF タンパク質はフィトクロムと光可逆的に結合する bHLH（basic Helix-Loop-Helix）型の転写因子（transcription factor）であり，PIF3 がフィトクロムに光可逆的に結合するタンパク質として初めて発見された．モデル植物であるシロイヌナズナでは，PIF3 以外に PIF1，PIF4，PIF5，PIF6，PIF7 がフィトクロムと光可逆的に結合することが証明されている．これらすべての PIF タンパク質は DNA 結合に働く bHLH ドメインのほかに，N 末端側に保存領域を有しており，この保存領域がフィトクロムとの結合に必要十分であることが明らかになっている．

　PIF1，PIF3，PIF4，PIF5，PIF7 は，多くの光応答性遺伝子のプロモーター領域に存在する G-box モチーフ（CACGTG）と配列特異的に結合することが試験管レベルの実験で証明された．また，これらの PIF タンパク質は植物細胞内で転写活性化能を有する．これらのことから光により活性化されたフィトクロムが PIF タンパク質を介して直接的に標的遺伝子の発現を調節していることが示唆される．

　PIF タンパク質は暗所では核内に一様に広がるが，赤色光に応答して核内スペックルと呼ばれる顆粒状の構造体を形成する．この構造体の役割は明らかになっていないが，PIF3 とフィトクロムは核内スペックルに共局在することが示されている．また，PIF7 を除くすべての PIF タンパク質に関して，核内スペックルは赤色光照射後数分以内に消滅する．この観察と一致して，これら PIF タンパク質は，赤色光により活性化されたフィトクロムと結合するとユビキチン-プロテアソーム系と呼ばれるタンパク質分解機構により速やかに分解される．

光形態形成の制御

　赤色光下で育てた植物はフィトクロムの働きにより光形態形成反応（photomorphogenesis）を示す．しかし，PIF1，PIF3，PIF4，PIF5 遺伝子すべてを欠くシロイヌナズナの四重変異体（pifQ 変異体）は暗所においても光形態形成反応を示す．つまり，PIF1，PIF3，PIF4，PIF5 は暗所において光形態形成を抑制していると考えられる．このことと，PIF タンパク質が赤色光により速やかに分解されることを考え合わせると，赤色光下で活性化されたフィトクロムはこれら PIF タンパク質の分解を促進して，PIF タンパク質による抑制効果を解除することにより光形態形成反応を誘導していると考えられる（図1）．

　フィトクロムによる光形態形成反応の制御は数多くの遺伝子の発現制御を介して行われており，ゲノムワイドな遺伝子発現解析により，シロイヌナズナの全遺伝子の約15％がフィトクロムによる発現調節を受けることが明らかになっている．これらの遺伝子発現制御において PIF タンパク質は重要な役割を担っており，暗所で育てた pifQ

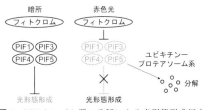

図1　PIF タンパク質の分解による光形態形成反応の抑制解除モデル

変異体は赤色光下で育てた野生型と同様の遺伝子発現パターンを示す．また，PIFタンパク質はシロイヌナズナの染色体上の1000個以上の部位に結合していることが明らかになっている．しかしながら，フィトクロムが制御するすべての遺伝子のプロモーター上にPIFタンパク質の結合部位は存在しておらず，必ずしもこれらすべての遺伝子の発現にPIFタンパク質が直接的にかかわっているわけではないと考えられる．一方で，PIFタンパク質が実際に制御する初期応答遺伝子の多くは転写因子であることから，フィトクロムによる光調節を受ける数多くの遺伝子の発現は，PIFタンパク質が他の転写因子の発現を制御し，それら転写因子が他の遺伝子の発現を制御する階層的な転写ネットワークにより調節されていると考えられる．

光発芽の制御

多くの光発芽種子（photoblastic seed）において，種子発芽は活性型のフィトクロムにより誘導される．種子発芽は発芽促進に働くジベレリンと発芽抑制に働くアブシジン酸の2つの植物ホルモンの内生量により決定される．PIFタンパク質の中でもPIF1は暗所で種子発芽を抑制している．PIF1は活性型ジベレリン合成酵素遺伝子（*GA3ox1*，*GA3ox2*）の発現を抑制し，活性型ジベレリン分解酵素遺伝子（*GA2ox2*）の発現を促進することでジベレリン量を減少させる（図2）．さらに，PIF1はアブシジン酸合成酵素遺伝子（*ABA1*，*NCED6*，*NCED9*）の発現を促進し，アブシジン酸分解酵素遺伝子（*CYP707A2*）の発現を抑制することでアブシジン酸の量を増加させている．これに加えて，PIF1はジベレリン情報伝達の抑制遺伝子である*GAI*や*RGA*遺伝子の発現を促進してジベレリンに対する感受性を低下させる．また，PIF1は植物細胞内において*GAI*や*RGA*遺伝子

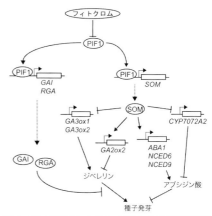

図2　光発芽反応におけるPIF1による遺伝子発現制御

のプロモーターと結合してこれら遺伝子の発現を直接的に調節することが明らかになっている．一方，ジベレリンやアブシジン酸の生合成系遺伝子に関しては，PIF1は*SOM*などの発芽制御にかかわる転写因子の直接的な発現制御を介して，間接的に発現を調節している．

PIFタンパク質の多様な機能

PIFタンパク質はフィトクロムの結合因子として見つかり，光形態形成反応や光発芽などフィトクロムが制御する光応答において中心的な働きをすることが明らかになった．一方，PIFタンパク質の活躍の場はフィトクロムの情報伝達のみにとどまらず，最近の研究ではPIFタンパク質が植物の温度応答，乾燥応答，植物ホルモンの情報伝達，気孔の形成などにおいても重要な役割を担うことが明らかになってきた．このようにPIFタンパク質は植物のさまざまな情報伝達を統合し，転写ネットワークを介して多くの生長や分化の過程を調節していると考えられる．今後PIFタンパク質の研究を通して，植物の生きる仕組みが浮き彫りになっていくと期待される．　　　〔岡　義人〕

光シグナル伝達と COP タンパク質
COP protein and light signaling

光形態形成，タンパク質分解制御，転写制御

高等植物の芽ばえには，明所と暗所で異なる形態を示すものが多い．この異なる形態形成過程を制御する分子機構を理解するために，暗所で明所の形態を示す変異体群が単離された（図1）．その原因遺伝子の解析を通じて，10個の *COP/DET/FUS*（*COP*）遺伝子座が同定された．*COP* 遺伝子群がコードするタンパク質は，異なる3つのタンパク質複合体の構成因子であり，いずれもタンパク質分解系の制御を中心としたシグナル伝達制御系にかかわる．また，当初 *COP* 遺伝子群は，暗所における光形態形成（photomorphogenesis）にかかわるシグナル伝達経路を制御すると考えられていたが，現在では広範なシグナル伝達経路で機能することが判明している．

COP9 シグナロソーム

COP 遺伝子群にコードされるタンパク質のうちの6つは，核においてCOP9シグナロソーム（COP9 signalosome：CSN）タンパク質複合体の構成因子であり，光受容体の下流で光シグナル伝達を制御する．シロイヌナズナにおける *CSN* の機能欠損変異体では，明暗にかかわらず光形態形成が進行するので CSN は暗所で光形態形成を抑制していると考えられる（図1）．その後，CSN が植物だけでなく，ヒト，線虫，酵母などさまざまな生物に保存された複合体であることがわかり，その普遍的な役割が明らかになった．

CSN は，その分子量の順に CSN1～8 と名づけられた8つのサブユニットで構成される．これらのうち，CSN5 と CSN6 は N 末端領域に MPN ドメインを，残り6つのサブユニットは C 末端領域に PCI ドメインを保有する．PCI ドメインは，複合体を形成する足場として機能していると考えられるが，DNA と結合するモデルも提唱されている．一方，CSN5 の MPN ドメインはイソペプチダーゼ活性を内包しており，次に述べる CSN の重要な機能の1つを担っている．

生体内で不要となったタンパク質の中には，ユビキチン-プロテアソーム系（ubiquitin-proteasome system）により分解を受けるものがある．標的タンパク質は，ユビキチンの活性化酵素（E1），結合酵素（E2），リガーゼ（E3）による一連の酵素反応を介して，ポリユビキチン化修飾を受け，26S プロテアソームにより分解される（図2）．その基質の特異性は，E3 にある認識部位に依存する．CSN5 は E3 に結合する Rub1 を脱修飾して E3 の活性を調整し

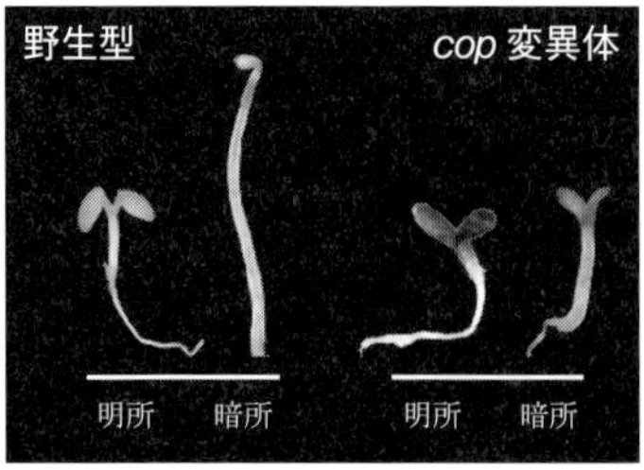

図1　野生型のシロイヌナズナ（左）と *cop* 変異体（右：*cop11* を示す）

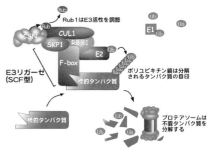

図2　CSN によるユビキチン-プロテアソーム系タンパク質分解系の制御

ている.

　光を受容した植物では，光シグナル伝達にかかわるさまざまな制御因子や遺伝子発現にかかわる転写因子が，タンパク質レベルで制御される．CSN はユビキチン-プロテアソーム系タンパク質分解を調節して，シグナル伝達を制御する．

　近年，CSN がタンパク質分解調節に加え，転写調節にも関与することが判明した．さらに，CSN1 が RNA のプロセシングに関連する因子群と結合することが明らかになり，CSN の新たな機能が示唆されている．一方，動物の CSN は，MAP キナーゼシグナル伝達制御，細胞周期制御，がん化制御，DNA 修復制御などにかかわることが知られている．

COP1-SPA タンパク質複合体

　COP 遺伝子群にコードされる COP1 は，暗所ではおもに核，明所ではおもに細胞質に局在する．COP1 は暗所で光形態形成にかかわる下流の転写因子群（HY5, HYH, HFR1, LAF1, CO, GI など）と結合し，ポリユビキチン鎖を付加し，その分解を促進する．一方，明所で COP1 は，光受容体（phyA, phyB, cry1, cry2, UVR8）と結合して光シグナルを受け取り，局在の変化などにより転写因子群の機能を調節する．このタンパク質分解を介した遺伝子発現制御が光形態形成に重要であると考えられている．さらに，COP1 は花成誘導，概日周期，UVB シグナル伝達，気孔開口，避陰反応，耐病性などの重要な反応に直接かかわることが判明してきた．

　COP1 は，RING ドメイン，coiled-coil ドメイン，WD-40 repeat ドメインを有する 1 分子からなる E3 である．RING ドメインは E2 との結合に重要であり，coiled-coil ドメインは COP1 の二量体形成や SPA 群と結合するのに不可欠である．シロイヌナズナにある 4 つの SPA はいずれも COP1 と結合して COP1-SPA 複合体を構成する．cry シグナル伝達制御に代表されるように，COP1-SPA 群が構成する複合体が機能単位となるが，COP1-SPA 群が CUL4-DDB1 と結合し，さらに大きい E3, CUL4-DDB1$^{COP1-SPA}$ を構成する例もある．

CDD-CUL4 タンパク質複合体

　COP 遺伝子群にコードされる COP10 と DET1 は，DDB1 とともに CDD 複合体を形成する．COP10 は E2-variant であり，COP1, CSN, プロテアソームと結合する．E2-variant は，ユビキチン化をはじめとする特殊な修飾にかかわることが知られ，CDD は *in vitro* で E2 活性を促進する．また，DET1 はヒストン H2B と結合してクロマチンのリモデリングを介した遺伝子発現制御を行い，DDB1 は核内で DNA 損傷の修復にかかわる．DET1 と DDB1 は，核局在の配列をもつことから，ともに CDD の局在などにかかわると考えられる．したがって，COP10 が E2 の活性を促進し，DET1 と DDB1 が基質特異性などを調節することで，CDD は CSN や COP1 とともに光シグナル伝達にかかわる転写因子群の制御を行うと考えられる．

　最近，CDD が DDB1 を介して CUL4 と結合し CUL4-CDD E3 を構成することや，DET1 が CCA1 や LHY と結合して TOC1 の転写調節を行うことが判明し，CDD の新たな役割が示唆された．

　CDD は植物に固有のタンパク質複合体であり，動物では DDB1 と DET1 が複合体を形成し，COP10 の相同因子にあたるものは同定されていない．植物と動物では，共通のメカニズムを異なる情報伝達制御に利用している可能性が考えられ，今後，生物種間の COP10 機能の差異が注目される．一方，ヒトの DDB1 と DET1 は，cullin 4A, Roc1, COP1 とともに DCX$^{DET1-COP1}$ と呼ばれる E3 を形成するが，植物にも類似の複合体が存在するかもしれない．

〔柘植知彦〕

光シグナル伝達と PKS タンパク質
PKS proteins and light signaling

フィトクロム，フォトトロピン，光屈性

植物は複数の光受容体をもち，光条件に応じてさまざまな生理応答を示す．本項ではフィトクロム（phytochrome；phy）とフォトトロピン（phototropin；phot）の両光受容体が関与する光屈性（phototropism）とそのシグナル伝達因子と予想されているPKSタンパク質について解説する．

黄化芽ばえの光屈性

植物の発芽時期において光と重力は重要な外的環境要素となる．シロイヌナズナの芽ばえは暗所で重力を認識して地面に垂直に成長するが，光を受けると速やかに屈性を示す．この応答は波長によって異なり，青色光ではphot依存の光屈性を示し，赤色光ではphy依存の応答（重力屈性阻害）によってランダムに倒れる反応が観察される（図1A）．また青色光の前に赤色光を照射すると強い光屈性を示すことから，phyは重力屈性阻害によって光屈性を促進する役割をもつ．

近年，重力屈性阻害は赤色光だけでなく青色光照射の場合でもphy（おもにphyA）やクリプトクロムによって起こることが示された（図1B）．phyはおもに赤／遠赤色光受容体として知られているが，厳密には青色光にも応答する．これは発色団であるフィトクロモビリンの吸収波長特性によるもので第一吸収ピークに660 nm（赤色光），第二吸収ピークに420 nm（青色光）を示すためである．特に黄化芽ばえは強光によって分解されやすいphyAを多量に蓄積することから，低青色光（約0.1 μmol m^{-2} s^{-1}）の光屈性でよりphyAの影響を観察することができる．

光受容体の細胞内局在とシグナル伝達

光シグナル伝達において，光受容体やシグナル伝達因子の細胞内局在を知ることは重要である．たとえば，phot1は暗所で細胞膜に局在し，青色光受容後は細胞膜と細胞質に局在する．このことから，phot1のシグナル伝達の場は細胞膜または細胞質と予想されている．一方，phyは暗所で細胞質に局在し，光を受けると多くが核へ移行する．phyの細胞内局在とシグナル伝達についてはさまざまな報告がある．

近年，phyAの光屈性促進には核でのシグナル伝達が関与することが示された．しかし一方で，phyAを核へ運ぶタンパク質をもたないシロイヌナズナ変異体も不完全ではあるが光屈性を示すことが知られている．また後述するPKSタンパク質（以下PKS）は，細胞膜付近に局在し，phyおよびphotと相互作用することから，細胞質シグナル伝達も光屈性に関与すると考えられている．

PKS タンパク質の役割

PKSは phytochrome kinase substrate

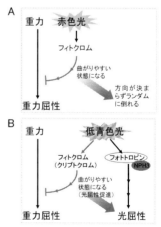

図1 芽ばえにおける屈折応答モデル図
暗所で育てた発芽2日目の芽ばえに赤色光（A）と低青色光（B）を照射したときの応答．

表1 *pks* 変異体の表現型

	暗所での応答	フォトトロピン応答	フィトクロム応答
*pks*1		根の屈性（青色光に負の屈性）異常	根の屈性（赤色光に正の屈性）異常
*pks*2		葉柄の位置（角度）異常	
*pks*4		光屈性異常	赤および遠赤色光による重力阻害，子葉展開異常
*pks*1,2		光屈性，葉柄の位置（角度），葉の展開異常	
*pks*1,4		光屈性，葉柄の位置（角度）異常	赤および遠赤色光による重力阻害，赤色光による子葉展開異常
*pks*2,4		光屈性異常	赤および遠赤色光による重力阻害，子葉展開異常
*pks*1,2,4	重力屈性異常	光屈性，葉柄の位置（角度）異常	赤色光による重力阻害異常

の略称で，シロイヌナズナでは4つの分子種（PKS1〜4）が存在する．各PKS遺伝子にコードされているアミノ酸配列には保存性の高いドメイン様領域がいくつか存在するが，その機能は不明である．そして他の高等植物（イネ，トマトなど）にもPKS様タンパク質をコードする遺伝子のが存在が明らかとなっている．

PKSの研究は，PKS1に関する報告が最も多い．まずPKS1が1999年，アメリカのFankhauserらによって酵母のtwo-hybrid法を用い，phyの相互作用因子として単離された．この研究から，PKS1は，①アミノ酸配列から可溶性タンパク質であると予想される，②光受容によって活性化されたphyAとphyBと結合，リン酸化される，③シロイヌナズナに恒常的に発現させるとphy依存の応答に異常を示す，ことがわかった．これらの結果よりPKS1はphyの光受容によって活性化された後すぐに結合する初発応答に関与すると予想された．そしてPKS1は細胞膜付近に存在することからphyと細胞質内でのシグナル伝達因子であると考えられた．その後，PKS1,PKS2,PKS4について機能解析が進められた．興味深いことに，PKS1〜4遺伝子を欠損したシロイヌナズナ変異体（*pks*変異体）の黄化芽ばえを調べると，phy依存の応答のみならず光屈性をはじめとするphot依存の応答に異常を示した（表1）．特に，PKS1,PKS4は黄化芽ばえの胚軸伸長領域（屈曲する部分）で強く発現していることから光屈性調節に関与する因子と予想された．そこで詳細な解析を行ったところ，PKSはphotやphotシグナル伝達に重要なNPH3とも相互作用することがわかった（図1B）．

近年，PKS4は，活性化されたphot1からもリン酸化されることが明らかとなった．このphotによるリン酸化レベルは青色光の強さと照射時間に依存して増大し，リン酸化によって不活性化されていると予想されている．さらにリン酸化されたPKS4はタイプIIの脱リン酸化酵素によって脱リン酸化され，そしてこの脱リン酸化調節にphyが関与していることが報告された．このように，現在はまだ断片的な研究報告のみで，PKSの本質的な機能については未だに解明されていない．しかし*pks*変異体が異常を示す重力屈性/屈性阻害および光屈性はオーキシン応答へと統合されていることから，PKSは光受容体からのシグナルを受けてオーキシン応答を調節している可能性が高い．今後のPKS3を含む詳細なPKSの機能解析により光屈性の複合シグナル経路が解明されることが期待される．〔嘉美千歳〕

光シグナル伝達と植物ホルモン
Plant hormones and light signaling

オーキシン，ブラシノステロイド，ジベレリン

器官から細胞レベルで起こる植物の現象には植物ホルモンがかかわっていることが多いので，光が引き起こす反応も，多くの場合その下流では植物ホルモンが働いている．実際，屈光性を引き起こす物質の研究から，代表的な植物ホルモンであるオーキシン（auxin）が20世紀初頭に発見された．植物ホルモンはオーキシンを含めて10種類近くあるが，その中で特にオーキシンとジベレリン（gibberellin；GA）とブラシノステロイド（brassinosteroid；BR）（図1）が植物の光調節現象に深く関与している．オーキシンやGAを過剰に生産させた植物は，植物を遠赤色光に富んだ光環境で栽培し避陰反応を起こさせた植物に似て，茎や葉柄が徒長し，葉の緑色が薄くなる．また，BRを生産できない突然変異体やBR由来の信号が遮断された変異体は，暗所でも光形態形成反応を起こし，茎は伸長が抑制され，双葉も展開してある程度成長する．これら変異体はまた，GAを生産できない変異体やGA由来の信号が遮断された変異体にも形態が似ている．これらの知見は，この3つのホルモンが光の作用と密接にかかわっていることを示している．

光と植物ホルモンの関係は2つのレベルに分けられる（図2）．1つは，ホルモンの細胞内濃度が光の調節を受けていることである．ホルモンの生合成や分解は光によって調節され，オーキシンの場合は，オーキシン専用の輸送系も光により調節される．もう1つの調節レベルは，光信号伝達系の構成因子がホルモン信号伝達系の構成因子と反応しあうことによって生ずる．

ホルモン濃度の調節

光応答が低下しているときはオーキシンの生合成が促進される．PIFはフィトクロムの直下で働く転写調節因子で，低光信号下ではさまざまな標的遺伝子のプロモーターに結合して，その転写を促進している．その標的遺伝子の1つがトリプトファンからオーキシンを合成する生合成系の鍵酵素の遺伝子YUCなので，低光信号下ではオーキシンのレベルが上昇する．

GA濃度はGA合成酵素と分解酵素の相対的な活性によって調節されているが，これら酵素のレベルも光の影響を受ける．低光信号下では合成酵素遺伝子（GA5）の発現が促進され，分解酵素遺伝子（GA2ox）の発現が抑制されて，GA濃度が上昇する．

オーキシンは茎頂付近の若い葉で合成され根に向かって茎の中を輸送される（オーキシンの極性輸送）．この輸送方向をおもに決めているのはオーキシンを細胞内から外に輸送する細胞膜上の輸送体PINである．茎で働いている代表的なPINはPIN1と3だが，PIN1が構成的に発現していて，細胞膜の根の方向（下側）に局在するのに対し，PIN3はその転写がオーキシン誘導性であるばかりでなく，比較的細胞の側面の細胞膜上に局在する．その結果，PIN3の発現が増加すると，オーキシンは茎の周辺部に輸送されやすくなり，それが茎の伸長を促進すると考えられている．

信号伝達系因子間の相互作用

フィトクロム信号伝達系で最も重要な役割を演じているのが上述のPIFである．PIFはGA信号伝達系で働く転写調節因子，DELLAタンパク質や，BR信号伝達

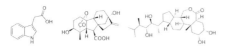

図1 オーキシン（インドール酢酸），ジベレリン（GA1），ブラシノステロイド（ブラシノライド）の化学構造

系で働く転写調節因子BZRと直接結合することによって，光シグナルと植物ホルモンのシグナルを橋渡ししている（図2）．

　GA信号系で働くDELLAは植物特有のタンパク質群で，転写調節因子に結合して転写を抑制する．細胞核に存在するGA受容体はGAに結合するとDELLAに結合しやすくなり，GA受容体-GA-DELLA複合体を形成する．この複合体形成がDELLAをプロテアソームによるタンパク質分解に導くので，細胞がGAを受容するとDELLAの濃度が減少し，それまで抑制されていた転写が抑制から解放され，GA作用で働く遺伝子群の転写が起こる．

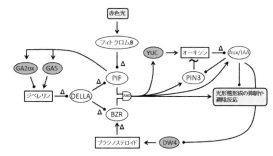

図2　光信号と植物ホルモン信号の統合
灰色の楕円で囲んだタンパク質は，ホルモン生合成または分解酵素．矢印は促進，丸矢印は抑制を表す．Δが付された矢印はタンパク質レベルの調節（分解，修飾，結合）を示し，それ以外は転写レベルの調節である．「オーキシン」に付された波矢印は，PIN3によるオーキシン分布の調節を示す．

　一方，BRは細胞膜に存在する受容体キナーゼによって認識される．細胞外ドメインでBRと結合すると細胞内ドメインでリン酸化活性が促進され，それが数段階の信号伝達系を介して，最終的にBR作用で働く遺伝子群の転写を引き起こす．この転写を調節しているのが転写調節因子BZRである．BZRも植物特有の転写因子で，BR信号がこないときにはリン酸化を受けてプロテアソームによって分解され，BR信号がくると脱リン酸化を受けて細胞核に移行し，転写を引き起こす．

　PIFが転写調節時に結合するプロモーター上のシス因子はGボックス（CACGTG）だが，この因子はBR応答因子（CGTG）を順方向と逆方向に1コピーずつ含んでいて，BZRの結合サイトでもある．実際，PIFとBZRはヘテロ二量体としてGボックスに結合し，転写を調節する．その結果，明所のようにPIF濃度が低い条件ではBRは効果が低下するし，逆にBR濃度が低い場合には低光信号下でも光応答が抑制されにくくなる．つまり，PIFとBZRは光応答の抑制を出力と考えると，ANDの論理回路を形成している（図2）．一方，DELLAはPIFとBZRの両者とそれぞれ複合体を形成することができて，その複合体はシス因子に結合することができない．その結果，PIFもBZRも転写因子として機能することができなくなる．GAは上述のようにDELLAを分解させるので，結果的に光応答の抑制を強化する効果をもつ．PIFとBZRは別の転写因子と組んで転写調節を行うこともできるので，それぞれ互いに依存しない独自の機能ももっている．

　PIF/BZRはオーキシン信号系構成因子Aux/IAAの発現も促進する．Aux/IAAも植物特有のタンパク質群で，オーキシン応答因子に結合してその転写調節活性を抑制する．そして，オーキシン受容体とともにオーキシンに結合するとプロテアソームによって分解され，その結果，転写抑制が解除されてオーキシン応答性遺伝子群の発現が起こる．PIFはYUCとAux/IAAの両者の発現を促進することによって，オーキシン応答の応答幅を広げていると考えられる．

〔山本興太朗〕

植物の光受容体遺伝子にみられる自然変異
Natural variation in plant photoreceptors

フィトクロム, 自然選択, 適応進化

　動物のような移動能力をもたない植物にとって，生育環境に適した生活史を営むことは生きるうえで重要な課題である．フィトクロムやクリプトクロムといった光受容体は，植物の発芽や開花の制御にかかわる．こうした光受容体の機能は，植物が周囲の光環境を感知し，環境に適応した生活史を営むうえで大きな役割を果たす．このような光受容体がもつ植物の環境適応に対する重要性を考えると，その機能は"保存的"であることが予想される．そのため，光受容体に生じた変異は強い機能的な制約のために，自然選択（purifying selection，安定化選択）によって除去される傾向にあり，光受容体が自然変異をもつことはまれであると考えるのが自然である．ところが，近年の遺伝学的な解析から，同一の植物種の中でさえもフィトクロムに自然変異がみられるだけでなく，それらの変異が地域環境への適応にかかわる可能性が指摘されている．この項ではフィトクロムの自然変異に関する研究を取り上げ，植物の進化における光受容体の役割について考える．

フィトクロムの自然変異と緯度の相関

　モデル植物であるシロイヌナズナの研究では，世界中に分布する野生系統がもつ自然変異（natural variation）を扱った研究も進められている．こうした自然変異の研究から，シロイヌナズナがもつ5つのフィトクロムのうち PHYC が開花時期に関連することが明らかにされている．この例では，シロイヌナズナの PHYC は数多くの自然変異をもち，2つの系統に分かれる対立遺伝子をもつことがわかっている．そのうえで，PHYC 対立遺伝子の系統の違いが開花時期に差をもたらすだけでなく，対立遺伝子の出現頻度が緯度に相関をもつことが示されている．こうした結果は，PHYC の自然変異が緯度に応じて変化する環境に対して適応した開花時期を与えることにかかわることを示唆している．

　また，ポプラ属のヤマナラシ（Populus tremula）においても，フィトクロムの自然変異が表現型を介した地域適応にかかわることが示唆されている．この例では，ヤマナラシがもつ3つのフィトクロム（PHYA, PHYB1, PHYB2）のうち PHYB2 がアミノ酸置換により区別される対立遺伝子をもち，それらの出現頻度が緯度に相関をもつことが明らかにされている．そのうえで，高緯度地域の系統ほど冬芽形成に要する時間が短く，PHYB2 のアミノ酸置換の一部がこの冬芽形成の表現型に相関をもつことが示されている．

　こうしたフィトクロムにおける自然変異と，それらの地域適応への関連は南北に連なる日本列島の植物でも報告されている．アブラナ科のミヤマタネツケバナ（Cardamine nipponica）では，4つのフィトクロム遺伝子の多型解析から，PHYE の対立遺伝子が自然選択を受けて大きく2つの系統に分けられることが明らかにされている（図1）．両系統は12個のアミノ酸置換によって区別されるだけでなく，地理的に特徴のある分布をもち，中部地方と東北・北海道から見つかった対立遺伝子がそれぞれ異なる系統に属する（南タイプ・北タイプ，図1）．また，フィトクロムの暗反転（dark reversion，赤色光を受けて活性型となったフィトクロムが暗期に自律的に不活性型へと変化する現象）に関連する PHY ドメインに地域間の変異が集中しており，暗反転の性質が地域適応にかかわる可能性が考えられている．

　ほかにも日本列島に分布するツツジ科のコメバツガザクラ（Arcterica nana）から

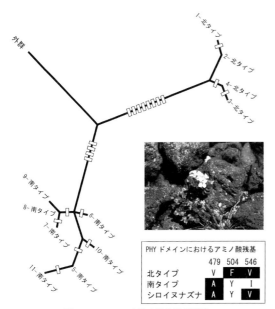

図1 *PHYE* の自然変異と地理構造
ミヤマタネツケバナ(右中写真)の *PHYE* における対立遺伝子は北タイプと南タイプの間でアミノ酸置換(白抜きバー)を伴って大きく異なる配列をもつ.特に,PHY ドメインに固定した変異がみられる(右下枠内).

も *PHYE* が自然選択を受けていることが報告されている.この例では,*PHYE* のアミノ酸置換を伴う変異の出現頻度が緯度に相関して変化することが示されている.

植物の適応進化における光受容体の役割

これまでに見つかってきたフィトクロムの自然変異には大きく分けて2つの特徴がある.1つは対立遺伝子の分布が緯度に相関をもつことであり,もう1つは複数種あるフィトクロムの1種の自然変異に限って報告されていることである.

一般に,高緯度地域ほど夏の日長が長いため,緯度の違いは植物の生育期間の日長に大きな差をもたらす.植物は開花に必要な日長条件から短日植物,長日植物と区別されるように,日長は植物の開花を介して生活史に大きく関連している.フィトクロムの自然変異が緯度に相関した分布をもつことは,それらが日長に対する適応に関連していることを意味しているのかもしれない.

だが,保存的な機能を保つと期待されるフィトクロムが,地域的に異なる環境におかれた際に改変された機能をもつことは容易に起こりうるのだろうか.この矛盾を考えるうえで,植物が複数のフィトクロムをもつことは示唆に富む.シロイヌナズナでは複数あるフィトクロムが,ある程度の重複した働きをもつ.そのため,一部のフィトクロムが生活史を制御するための基幹となる機能を保つ一方で,残りのフィトクロムは地域環境に対してより適応的な生活史を生み出すための微調整をする機能をもつことが許されるのかもしれない.シロイヌナズナの *PHYC* や *PHYE* は *PHYB* と比べると表現型への効果が弱いことを踏まえると,シロイヌナズナでは *PHYB* が植物の生存に重要な役割を果たす一方で,*PHYC*・*PHYE* では機能的な制約が抑えられ,自然変異が蓄積することで,地域ごとに異なる環境に対してより適応的な生活史を営むための役割をもつのかもしれない.フィトクロムがもつ自然変異は植物の地域レベルでの環境適応を理解するうえで非常に興味深く,今後の研究の進展が待たれる.

〔池田 啓〕

コケ植物の光受容体と光応答
Photoreceptors and light responses in bryophyte

基部陸上植物，コケ植物，植物進化，フィトクロム，陸上化

　光合成によりエネルギーを獲得する植物は光環境を精確に識別するため多様な光受容システムを発達させた．光受容システムの進化的変遷を理解するうえで，植物の陸上進出に注目することは有効である．コケ植物は，陸上植物進化の基部に位置する．実験によく用いられるゼニゴケ（*Marchantia polymorpha*）は苔類，ヒメツリガネゴケ（*Physcomitrella patens*）は蘚類に属する．これまでの多角的な解析によって，苔類，蘚類，ツノゴケ類に分類されるコケ植物のなかで，苔類が最も基部に位置することが示唆されている．コケ植物には生活環の大半が配偶体世代（単相）であるといった利点がある．次世代シーケンサーに代表される技術革新と遺伝子導入法などの研究技術基盤の整備によって分子レベルの研究対象となる植物が広がりをみせている．コケ植物の解析によって植物の光応答の普遍性と多様性の理解が急速に進むと期待される．

コケ植物の光受容体
　コケ植物は，赤色光受容体フィトクロム（phytochrome），青色光受容体クリプトクロム（cryptochrome），フォトトロピン（phototropin），ZTL/FKF/LKP2ファミリー，紫外線B受容体UVR8ファミリーといった被子植物で知られる光受容体を基本的にすべてもつ．これらはいずれも被子植物のものと構造的に一致しており，信号伝達系も類似していると考えられる．コケの植物種によって，各遺伝子のコピー数は異なるが，シロイヌナズナの研究を中心として明らかにされた光受容体分子種の機能分担（たとえばphyAとphyB，phot1やphot2といった機能分担）は被子植物への進化の過程で獲得されたものであり，植物が陸上化した時点を表しているコケ植物では機能分担は対応しない．苔類ゼニゴケでは，各光受容体遺伝子が単一コピー遺伝子としてゲノムに存在し，光受容体と信号伝達の祖先的機能を知るうえで貴重なモデルとなることが期待されている．

フィトクロム
　植物のフィトクロムは開環状テトラピロールであるフィトクロモビリンを発色団とする光受容体であり，部分的な構造の類似性から原核生物に存在するバクテリオフィトクロムとの関連が推定されている．しかし，原核生物型と真核生物型で信号伝達機構は異なっており，その起源は不明である．クラミドモナスやオステレオコッカスなどの単細胞緑藻にはフィトクロムは見出されておらず，多細胞藻類であるホシミドロ目やコレオカエテ目で存在が確認されている．コケ植物のゲノム上には，ゼニゴケでは1コピー，ヒメツリガネゴケでは7コピー存在する．コケ植物のフィトクロムは，陸上植物フィトクロムの祖先的な分子と考えられている．ゼニゴケのフィトクロム（Mpphy）は，被子植物のフィトクロムがもつGAF，PHY，PAS，HKRDといったドメイン構造が高度に保存されており，発色団結合に必要なシステインや光可逆性に重要なチロシンも保存されている．ゲノム上のエクソン・イントロン構造も被子植物のものと完全に一致している．大腸菌における発色団生合成遺伝子との共発現系を用いて精製したMpphyは，分光学的に赤色光と遠赤色光による光可逆的な性質を示した．シロイヌナズナphyBの276番目のチロシン残基をヒスチジン残基に置換すると恒常的にフィトクロム活性をもつことが知られている．同様の置換をMp phyに導入すると（Y241H），光非依存的に活性を示すことから，フィトクロム分子の基本的な作用

メカニズムは保存されていると考えられる.

ゼニゴケフィトクロムタンパク質は光に対してきわめて安定な性質を示し,II型フィトクロムに似た性質をもつ.細胞内では暗所条件では細胞質に局在するが,光照射によって核内へ移動し,顆粒状の構造体を形成した.核移行には,赤色光だけでなく遠赤色光も有効であった.この点ではI型フィトクロムと似ている.このように,ゼニゴケフィトクロムをI型-II型に分類することは困難である.分子系統解析からも,被子植物のI型フィトクロム(光不安定型,シロイヌナズナではphyA)とII型フィトクロム(光安定型,シロイヌナズナではphyBからphyE)が分岐するよりも基部に位置することが示されている(図1).

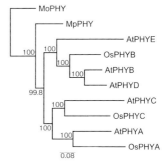

図1 フィトクロムの分子系統樹
MUSCLEにより配列を比較し,近隣結合法により系統樹を作成した.ホシミドロ(*Mougeotia scalaris*)のフィトクロムを外群とした.
Atはシロイヌナズナ,Mpはゼニゴケ,Osはイネ.

フィトクロムの信号伝達には,タンパク質相互作用を介した転写因子の機能制御が重要な役割を果たしている.シロイヌナズナにおいて,フィトクロムが赤色光依存的にbHLH型転写因子のサブグループ15に属するタンパク質PIFs(phytochrome interacting factors)と相互作用し,転写因子としての機能を抑制する.シロイヌナズナでは,複数のPIFsが光形態形成の負の因子として遺伝的に冗長に機能することが示されている.一方,ゼニゴケにはPIF様タンパク質をコードする遺伝子がゲノム上に1コピーであり,その遺伝子破壊株はシロイヌナズナ同様に赤色光信号伝達を負に制御する因子であることがわかった.つまり,bHLH型転写因子による転写制御を介するフィトクロム信号伝達は少なくとも植物が陸上化した時点で成立していたことが示された.

また,コケ植物のフィトクロム研究から細胞質におけるフィトクロムの働きが明らかにされた.フィロクロムの応答の中には数秒から数分以内に生じるものや光の受容部位が細胞質のものがあり,遺伝子発現制御を介するものとは考えられないものがある.たとえば,シダ植物や蘚類において原糸体の先端は赤色光に対する屈性を示し,その作用は遠赤色光照射によって打ち消される.また,これらの植物では,葉緑体光定位運動も赤色光と遠赤色光の光可逆的制御が知られている.これらの応答の特徴は,赤色光のみならず青色光が有効であることである.ホウライシダの研究から,フィトクロムの光受容ドメインが青色光受容体フォトトロピンと融合したネオクロム(neochrome)の存在が明らかにされた.また,ネオクロムをもたない蘚類においては,フィトクロムがフォトトロピンと細胞膜において複合体を形成することが示され,フィトクロムとフォトトロピンを介する細胞質の光信号伝達の重要性が発見された.今後,陸上植物の進化に沿った比較解析の進展が待たれる.

〔河内孝之〕

非視覚系の波長識別
Non-visual wavelength discrimination

松果体, 頭頂眼, 神経節細胞, オプシン, パラピノプシン

多くの脊椎動物は, 光を物の形や色を認識する視覚で利用するのに加え, 生体リズムの制御などのさまざまな"視覚以外"（非視覚）の生理機能にも利用している. 哺乳類を除く多くの脊椎動物において, 非視覚の光受容には, 脳内などに存在する眼以外の光受容器官の関与が広く知られている. 興味深いことに, 眼がかかわる色覚に加えて, 非視覚系においても波長（色）を識別するメカニズムが存在する. 具体的には, 非視覚系の波長識別とは, 入射光中の紫外光（短波長光）と可視光（長波長光）の比率を検出する神経性の光応答をさし, それを担う代表的な器官として, 円口類, 魚類, 両生類, 爬虫類の松果体やその関連器官が挙げられる. 鳥類の松果体は光受容能をもつが, 波長識別能を有するかは明確でない.

松果体とその波長識別

松果体は, 脊椎動物の間脳背側にある内分泌器官として広く知られているが, 哺乳類以外の脊椎動物の松果体は, 光を直接キャッチできる細胞（松果体光受容細胞）を含み, 光受容器官としての機能も有する. 多くの脊椎動物の松果体は, 頭蓋骨の直下に位置しており, 光を受容するのに適した配置をしている. たとえば, 最も下等な脊椎動物の一種である円口類ヤツメウナギの頭頂部には, 楕円形で色素の薄くなった, 松果体窓と呼ばれる部位があり（図1）, 主にそこから入射した光を, その直下に位置する松果体が受容する. 一方で, ヒトでは, 松果体は光受容能をもたず, 脳中央部に位置している.

光受容能をもつ多くの松果体では, 光受

図1 ヤツメウナギ頭頂部の松果体窓（左写真矢尻）とイグアナの頭頂眼（右写真矢尻）

容細胞において光情報が電気信号に変換され, 二次ニューロンである神経節細胞においてその神経情報が統合され, 中枢へと伝達される神経性の光応答がみられる. 神経節細胞で検出される光応答の特徴から, 松果体の光応答は, 明暗応答と波長識別応答の2種類に分類される. 明暗応答にかかわる神経節細胞では, 暗状態で継続してみられる神経発火が, 紫外光と可視光のいずれの照射においても, 一過性に抑制される光反応を示す（図2）. それに対して, 波長識別応答にかかわる神経節細胞では, 暗状態で記録される神経発火が, 可視光の照射で増大し, 紫外光の照射で抑制される（図2）. この波長依存的な拮抗的応答により, 松果体は光の波長, すなわち色の情報をモニターしていると考えられている.

松果体の波長識別応答は, 古くより電気生理学的にその存在が知られていたが, それにかかわる光受容タンパク質は長年の謎であった. ヤツメウナギの松果体において, パラピノプシンと呼ばれる非視覚オプシンが波長識別の紫外光受容を担うことが示された. すなわち, パラピノプシンを含む松果体光受容細胞は, 電気生理学的に380 nmの紫外光で最大感度を示し, この波長感受性が波長識別の紫外光応答の波長感受性と一致したことから, パラピノプシンが波長識別の分子基盤であることが証明され

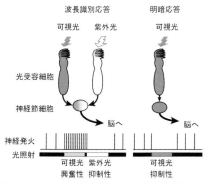

図2 ヤツメウナギ松果体の波長識別応答（左）と明暗応答（右）の模式図

た．

さらに，ヤツメウナギ松果体では，紫外光受容細胞と可視光受容細胞からの2種類の光情報が神経節細胞で拮抗的に統合されることで，波長識別が行われることが示唆された（図2）．一方で，ヤツメウナギや硬骨魚類などの波長識別を行う松果体には，ロドプシンやエクソロドプシンなどのいくつかの可視光受容タンパク質の存在が報告されているが，波長識別応答の可視光受容を担うオプシンに関しては，未だ同定されていない．

松果体関連器官における波長識別

松果体に加えて，副松果体（円口類・魚類）や，前頭器官（両生類のカエル），頭頂眼（爬虫類のトカゲ，図1）などの松果体と非常に類似した松果体関連器官の存在も知られている．その中でも，前頭器官と頭頂眼において波長識別が報告されている．トカゲの頭頂眼では，上述のヤツメウナギ松果体の波長識別のメカニズムとは異なり，1種類の光受容細胞により波長識別が行われている．具体的には，頭頂眼の光受容細胞は，青色光の照射で過分極し，緑色光の照射で脱分極する光応答を示し，照射光の波長により光受容細胞の膜電位が変化することが電気生理学的に記録された．このような単一の光受容細胞の拮抗的な光応答は，眼の視細胞ではみられず，そのメカニズムがたいへん注目されてきた．2006年に，ユタトカゲ（*Uta stansburiana*）の頭頂眼において，青色光感受性のピノプシンと緑色光感受性のパリエトプシンの2種類の非視覚オプシンが単一の光受容細胞に共存し，拮抗的な光応答を引き起こすという新規のメカニズムが示された．また，紫外光に対する応答がみられるイグアナ（*Iguana iguana*）の頭頂眼では，ピノプシンの代わりにパラピノプシンが，パリエトプシンと光受容細胞に共存している．つまり，頭頂眼の波長識別の分子基盤は種によって多様化しているのかもしれない．

両生類（カエル）の前頭器官においても，電気生理学的に波長識別応答を示す神経節細胞の存在が示唆され，また前頭器官を含む組織からパラピノプシンが単離されている．これらを考え合わせると，パラピノプシンが，非視覚の波長識別における紫外光受容の共通の分子基盤であると考えられる．

非視覚系における波長識別は，円口類から爬虫類までのさまざまな下等脊椎動物がもつ重要な機能である．しかし，その生理機能については，夜明けや夕暮れ時の環境光の波長成分の変化をモニターするなど，さまざまな予想がなされているものの，詳細は未だ不明である．動物が，視覚だけでなく，非視覚で受容した色情報をどのように利用しているかはたいへん興味深く，これらの生物学的意義を理解するための今後の研究が必要である． 〔山下（川野）絵美〕

96 概日リズム
Circadian rhythm

概日時計,分子メカニズム,時計遺伝子

　生物は約35億年前に誕生してから地球の自然環境に適応することで繁栄を遂げてきた．その過程で，地球の自転により生ずる昼夜のサイクルを正確に予測するシステムとして，概日時計が生み出された．

　バクテリアからヒトを含む哺乳類，あるいは高等植物に至るまで，地球上のほとんどの生物に概日時計が備わっており，さまざまな生理機能に約24時間周期のリズムである概日リズムを発現させている．概日時計には種を超えて普遍的な，自律性，同調性，温度補償性，および遺伝性，という性質がある．

概日リズム研究の歴史

　概日リズムに関する最初の記述は植物の葉の就眠運動である．紀元前325年，アレキサンダー大王の時代のギリシャ人提督アンドロステネスはペルシャ遠征でバーレーン島を訪れたとき，ネムノキに近いタマリンドという植物の葉が夕方になると閉じて垂れ下がるのを見て，植物も眠るのだと感じて非常に驚いたとの記述が残っている．

　その後，1729年フランスの天文学者のde Mairanが，オジギソウの葉の就眠運動が屋外に限らず，暗い場所に入れつづけても同様に，昼には葉が開いて夕方には再びきちんと葉や茎をたたむ．この植物は，太陽にさらされなくても太陽を感知する，との記録がある．その約30年後，同じフランス人のDuhamelによってこの現象が再確認された．

　また，19世紀前半のスイスの植物学者de Candolleは，逆に恒常明条件下でオジギソウの日周運動は減衰することなく継続し，奇妙なことにその周期が24時間ではなく約22時間であることにも気づいた．いわゆるフリーランの最初の発見である．

　そして，1930年代になり，ドイツの植物生理学者であるBünningによる一連の研究によって，現在につながる普遍的な概日リズムの概念が提唱されていった．その1つが，個々の細胞に時計があり，それらが同期することで葉の日周運動が可能になっているというものである．これは，現在，哺乳類を含む多細胞生物に普遍的な現象として正しいことが証明されている．さらにBünningは，概日リズムの遺伝性についても証明を試みている．2週間で次の世代を得られるショウジョウバエを用いて羽化リズムの観察を行った．その結果，定常条件下（一定温度・薄光）で15世代にわたって正常な概日羽化リズムが継続することを確かめた．

　1950年代になり，AschoffおよびPittendrighという2人の巨人により，概日リズム研究が学問体系として成立していく．Aschoffは隔離実験施設を用いてヒトの睡眠および体温リズムを観察し，その生物学的特徴を記載した．Pittendrighは昆虫や哺乳類を用いて系統的な行動リズム解析を行い，振動体の性質や同調機構など現在の概日リズム研究を支える概念の多くを構築し，学問体系を成立させた．

　一方，概日リズムの第4の定義ともいえる遺伝性の証拠となる概日リズムを司る遺伝子の探索は分子遺伝学の発展を待たなくてはならなかった．1971年，Benzerは，当時大学院生であったKonopkaとともに，ショウジョウバエの羽化の概日リズムが単一の遺伝子座の変異で異常になることを発見した．しかもそのリズム異常の形質は継代しても引き継がれていった．つまり，ここに初めて，概日リズムが遺伝子によって規定されていることが証明された．これは，行動の遺伝子を同定した最初の研究でもある．

その後,アカパンカビやシアノバクテリアなどのモデル生物で次々に時計遺伝子が単離されていった.しかし,哺乳類では時計遺伝子の発見は非常に遅れて,1994年に初めて Joseph S. Takahashi が ENU 変異導入法により概日リズムを司る Clock 遺伝子座の同定に成功した.そして,1997年,哺乳類の初めての時計遺伝子として Clock 遺伝子およびショウジョウバエ Period 遺伝子のホモログである mPer1 遺伝子が単離された.その後,1〜2年の間に mPer2, mPer3, mCry1, mCry2, Bmal1 など多くの時計遺伝子が哺乳類で単離された.驚くべきことに,そのほとんどがショウジョウバエから保存されており,動物界において種を超えた普遍性が概日リズムの遺伝子にみられることが明らかとなった.

概日時計の分子機構

下図に概日リズムの概念図を示す.この中で,振動体が概日時計形成の基盤である.

概日時計振動体の分子機構については,シアノバクテリアやアカパンカビからショウジョウバエ,さらに哺乳類に至るまでそれぞれの時計遺伝子が,転写–翻訳フィードバックループ(TTFL)を構成し,遺伝子発現の日周変動を生み出していることがわかっている.哺乳類を例に挙げて概説する.

bHLH(Basic Helix-loop-helix)型転写因子である CLOCK と BMAL1 がヘテロ二量体を形成し,*mPer* や *mCry* などネガティブ因子と呼ばれる遺伝子のプロモーター領域にある E-box と呼ばれる CACGTG 配列に結合することで,これらの遺伝子発現を正に調節する.発現した PER タンパク質と CRY タンパク質は BMAL1/CLOCK によって活性化された *Per* および *Cry* 遺伝子の発現を抑制する.これらの時計遺伝子が構成するフィードバックループを特にコアループと呼ぶこともある.

現在の時計研究の全体像

現在,概日リズム研究の方向性は多様になっている.特に最近,ヒトにおいて概日リズム障害がさまざまな疾患のリスク因子となるという報告が相次いでおり,ヒトの疾患と概日リズムの関連についての研究は注目度を上げている.たとえば,代謝疾患,認知症,がん,循環器疾患,それに自閉症など発達障害との関連などが特に重要と考えられている.医学分野のみならず,概日リズムの応用分野は幅広く,畜産や野菜工場など農業分野や食品化学,さらには労務管理など,社会の隅々にまでかかわる裾野の広い研究分野となっている.

一方で,概日時計の原理を理解するための基礎研究は,その重要性が減ずることはなくさらに増しているといっても過言ではない.シアノバクテリアでは時計タンパク質 KaiC だけで24時間周期を生み出すメカニズムが発見されており,正確な24時間を生み出す未知の化学振動体が他の生物にもみられるのか,という点はきわめて重要な課題である.

また,概日リズムの定義の1つである「温度補償性」のメカニズムは未だに不明である.他の生命現象にはみられない,通常の生物化学反応では説明できないような現象であり,その解明は生命科学の普遍的な新しい概念を提供する可能性もある.

〔八木田和弘〕

図1 概日リズムの概念図
入力系,振動体,出力系からなる.

哺乳類の生物時計
Circadian clocks in mammals

時計遺伝子,中枢時計,末梢時計,視交叉上核,細胞時計,同期

哺乳類の時計機構:中枢時計と末梢時計

哺乳類の場合,生体リズム機能の中枢は視交叉上核(suprachiasmatic nucleus;SCN)と呼ばれる脳内の視床下部にある微小な神経核に存在し,SCNから発信される周期的なシグナルが神経伝達やホルモンを介して末梢組織に伝達されることで,全身の多様な生理機能が一定の周期性をもって規則正しく調律される(図1).末梢組織にも自律的に振動を形成する機構は備わっているが,末梢組織には外界の光環境に応じて位相を合わせる同調機能がない.眼の網膜で受容された光情報はSCNに伝えられ,そこで最初に位相合わせが行われた後に,SCNがその下流の末梢組織の位相を調整する.すなわち,哺乳類の時計システムは,光情報の入力点を中枢のSCNに集約し,そのSCNを頂点とする階層的な多振動体構造をとっている(図1).

振動の基本素子:時計遺伝子と細胞時計

振動を生み出す能力は全身のほぼすべての細胞に備わる基本形質であり,一群の時計遺伝子による転写・翻訳を介した自己制御型フィードバック機構により生み出される(図2).なかでも*Per*を振動子とするコアループが最も重要とされる.このループでは転写因子であるCLOCKとBMAL1のヘテロ複合体が*Per*遺伝子(*Per1*,*Per2*)のプロモーター上のE-box配列に結合し転写を促進するところから始まる.ここで新たに合成されたPERタンパク質が細胞質内に蓄積されてくると,今度は転写の抑制因子であるCRYタンパク質(CRY1,CRY2)と結合し核内へと移行し,そこで自身の転写に抑制をかける.これでいったんループは閉じるが,PERとCRYのタンパク質の寿命はリン酸化とそれに続くユビキチンプロテアソーム系による分解によって厳密にコントロールされているため,PER/CRYの消失を機に再び*Per*の転写がCLOCK/BMAL1によって促進される.この転写のON/OFFの繰り返しが概日リズムの生成に必須であり,このコアループを構成する時計遺伝子を欠損させると細胞の振動は障害される.このほか,コアループに連結して*Per*の発現を直接かあるいは間接的に制御する因子としてROR,REV-ERB,DBP,E4BP4,DECなどの転写制御因子が存在する.

また上述の時計遺伝子とは別に,転写を介さない振動体の存在が最近示された.無核であって,したがって転写のないヒト赤血球細胞において,ペルオキシレドキシンタンパク質の酸化還元状態の変化に概日性の自律変動が認められた.ペルオキシレドキシンの振動は哺乳類以外の生物にも広くみられる.

中枢時計の強靭性:細胞間同期

中枢時計は,振動の強靭性に特徴がある.SCNは脳内から取り出し生体外で長期に培養しても非常に強靭で安定したリズムを維持することができる.これはSCNのニューロン群が強固なネットワークを形成し,整然とした時間順序で互いに同期することによって,組織全体としてより安定なリズムを形成するからである(図2).SCNの細胞を個々に分散して培養すると,それぞれの周期はばらつくほか,なかにはリズムを維持できない細胞もある.したがって,

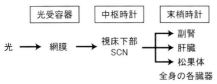

図1 哺乳類の概日時計システム

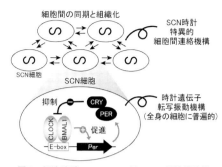

図2 細胞時計のコアループとSCN細胞間連絡

SCNのリズム維持機構においては細胞間の相互作用が非常に重要な役割を担う．最近ではさらに，時計遺伝子である*Per1*や*Cry1*，また*Bmal1*を欠損させたマウスを用いて，個々の時計細胞の機能を著しく低下させた状態においてもSCNの細胞間の相互作用が保たれたスライス培養下ではSCNのリズムが継続することが示された．つまり，振動の基本素子である時計遺伝子や細胞時計の大きな障害を代償するほどの重要な役割が細胞間の相互作用機構には備わるのである．その分子機構については，ニューロン間の電気的な信号のやりとりや，神経ペプチドVIPとその受容体VPAC2を介した細胞間連絡が関与すると現在考えられているが詳細についてはまだ不明な点が多い．

時計遺伝子からの出力

DNAマイクロアレイ解析の結果，視交叉上核や肝臓などの各臓器において発現する遺伝子群のうち5～10％にあたる数百の遺伝子群がmRNAレベルにおいて周期的な変動を示すことが示された．これら時計機能の下流に位置する遺伝子群のことを総じてclock-controlled genes（Ccg）と呼ぶ．その中には2通りのものがある．1つは，時計遺伝子と同じようにプロモーター上にE-boxやD-box配列をもち，発現のタイミングが当該臓器のもつ局所時計によって制御されるものである．もう1つは，他の臓器からのホルモンや神経連絡を介した制御や個体の活動・摂食・体温変化などに応じて二次的に制御されるものである．

Ccgと呼ばれる遺伝子の種類は臓器ごとに異なる．また，それぞれの臓器に特徴的な生理機能の重要な律速ステップがCcgによって制御される場合が多い．したがって，Ccgは全体の10％程度であってもその生理機能への影響はもっと甚大で効果的であるといえる．Ccgの重要性は，ひとたび時計機能が破綻するとCcgの発現の乱れを伴ってさまざまな疾病が引き起こされることからも明らかである．

時計遺伝子の異常と疾患

ヒトの時計遺伝子である*PER2*と*CK1δ*の遺伝子変異は家族性睡眠位相前進症候群の原因となる．また*PER2*の発現制御を担う*DEC2*の遺伝子多型もヒトの睡眠時間の長さを決める要因となる．

また，これまでは生体リズムの異常というと，上述の睡眠覚醒障害やそれに伴う精神疾患との関連がおもに指摘されてきたが，時計遺伝子の発見以降，時計遺伝子を欠失させることで遺伝学的に生体リズムを失わせたマウスが誕生し，それがきっかけで病態検索が進んだ結果，いまや生体リズムの異常は睡眠障害や精神疾患のみならず，そこから一歩進んで糖尿病，肥満，発がん，高血圧症などの多くの生活習慣病の発症や進行に深く関与することがわかってきている．

*Clock*変異マウスがメタボリック症候群を示すことや，*Cry1*と*Cry2*の二重欠損マウスが高アルドステロン血症による食塩感受性高血圧となること，また，膵臓特異的に*Bmal1*を欠損させると膵β細胞からのインスリン分泌が低下し糖尿病が発症することなどが報告されている．　　〔土居雅夫〕

昆虫の生物時計
Circadian clock in insects

ショウジョウバエ，時計突然変異体，時計遺伝子，フィードバックループ，光同調

本項では，昆虫の中で最も概日時計機構の解析が進展しているキイロショウジョウバエ（*Drosophila melanogaster*）の分子メカニズムを中心に解説する．

時計遺伝子の発見

概日時計機構の遺伝学的解析のさきがけは1971年のKonopkaとBenzerによる時計突然変異体の分離である．彼らは，通常は24時間の自由継続周期が，19時間，30時間，または無周期に変化した3系統を分離した．これらは単一の遺伝子座に生じた突然変異であり，原因遺伝子は*per*（*period*）と名づけられた．その後も同様の突然変異スクリーニングが行われ，多数の時計遺伝子が分離されてきた．それらの多くはmRNAやタンパク質の量，リン酸化の度合いに概日振動を示す．これを制御するのが，時計遺伝子自身による転写翻訳のフィードバックループ（feedback loop）である．

時計遺伝子の自己フィードバック制御

概日時計は中枢にも末梢にも存在するが，中枢の時計細胞内では少なくとも3つのフィードバックループが連動している（図1）．

*per*をはじめ多くの時計遺伝子の上流にはE-boxというDNA配列がある．E-boxに時計タンパク質CLK（clock）とCYC（cycle）の二量体が結合すると，それらの時計遺伝子の転写が活性化される．転写のピークは夕方の位相にある．転写翻訳されたPERは単量体では分解されやすいが，TIM（timeless）と細胞質で二量体を形成することで安定化され，徐々に細胞質に蓄積される．PER/TIMは真夜中の位相で細胞質濃度のピークを迎え，一挙に核移行する．核移行したPERはCLK/CYCの転写活性化作用を抑制する．これにより，E-boxをもつ時計遺伝子の転写量は明け方にかけて次第に減少する．一方で，細胞質でも核内でもPERやTIMは徐々にリン酸化される．PERもTIMもリン酸化が進むほど分解されやすくなり，明け方〜昼にはほぼ分解されつくす．

2つ目のループは*Clk*の周期的発現を制御する．E-boxをもつ時計遺伝子*vri*（*vrille*）と*Pdp1ε*（*PAR domain protein 1ε*）は*per*や*tim*と同位相で転写が活性化される．翻訳後，VRIは直ちに核移行し，*Clk*遺伝子上流のV/P-boxに結合して*Clk*転写を抑制する．よって，夜間のCLK量は減少する．VRIから数時間遅れて翻訳されたPDP1εは夜半〜明け方にピークを迎え，VRIと拮抗的にV/P-boxに結合することで*Clk*転写を活性化する．翻訳後，CLKの転写活性化能はPERやTIMとは逆位相でピークを迎える．なおCYCには概日振動はない．

第3のループには*cwo*（*clockwork orange*）が関与する．*cwo*も上流にE-boxをもち，転写に周期性がある．E-box結合能を有し，CLK/CYCとの拮抗作用によって，概日振動の振幅調節に働く．

時計細胞の脳内分布と機能分担

概日時計の中枢はゴキブリやコオロギな

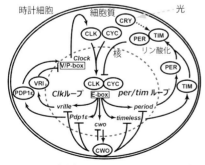

図1　時計遺伝子のフィードバックループ

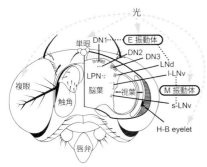

図2　ショウジョウバエの時計細胞群

どの不完全変態昆虫では脳内の視葉にあるが，完全変態昆虫のガやハエでは脳葉にある．ショウジョウバエでは約150個の細胞が時計の中枢として同定され，大きく7つの細胞群に分類されている（図2）．なかでも重要なのは脳葉の側端に位置するLNs（lateral neurons）で，背側のLNd群と腹側のLNv群に分かれる．LNvは細胞体の大きさで，さらにlarge（l-LNv）とsmall（s-LNv）に分かれる．脳葉背側部にはDN（dorsal neurons）1～3の3群がある．

ショウジョウバエの示す朝夕二峰性の活動のうち，LNvは朝の，LNdとDN1は夕方の活動に関与し，それぞれM（morning）振動体，E（evening）振動体とも呼ばれる．このほかに，温度サイクルへの同調に関与するLPN（lateral posterior neurons）がある．

光同調メカニズム

光はショウジョウバエに対する最も強い同調因子（zeitgeber）である．成虫の光受容器官には単眼，複眼，幼虫単眼由来のH-B（Hofbauer-Buchner）eyelet（図2）があるが，さらに中枢および末梢の時計細胞では青色光受容体CRY（cryptochrome）が細胞質や核で光を直接受容する．よって，単眼や複眼を欠く突然変異体や単離培養した末梢の時計組織でも光同調は成立する．

恒暗条件下で，概日時計の各位相で光パルスを照射すると，主観的昼にはほとんど位相変化せず，主観的夜の前半では位相後退が，後半では位相前進が誘導される．これは per/tim ループに関連したCRYの光受容メカニズムで説明される（図1）．

光を受けたCRYはTIMに結合し，急激な分解に導くが，主観的昼のTIM量はもともと少なく位相は変化しない．夜間の光照射もCRYを介したTIMの分解を誘導するが，夜の前半では tim の転写翻訳が盛んなためPER/TIMの再形成が起きる．復元に要する時間が概日時計の遅れ（位相後退）となる．夜の後半にはPER/TIMは核内に存在する．光照射でTIMが分解されても核内のTIMは補充されない．単量体のPERは分解されやすく，細胞内はPERやTIMの少ない昼の状態になる．つまり位相は前進する．夜の前半および後半の光照射は，自然界での日長変化に対応する．中枢時計では再同調は比較的迅速に起きるが，末梢組織まで効果が波及するには，1日から数日の移行期を要する．

これからの課題

末梢の時計細胞も時計遺伝子の概日振動や自律的な光同調能を示すが，分子メカニズムは中枢時計とは若干異なる．たとえば触角ではCRYが自律振動の形成に不可欠であるし，昆虫の外骨格であるクチクラの形成リズムに per は必須でない．中枢と末梢での時計の分子メカニズムの共通点と相違点の解析，また，単眼や複眼を介した光同調機構の詳細や時計細胞からの時刻情報の出力系の解析が課題として残されている．

昆虫の形態・生理・行動などは多様性に富んでおり，ショウジョウバエでの知見の普遍性は未だ明らかではない．一方で，ショウジョウバエでの知見に基づき，光周性や太陽コンパスと時計遺伝子の関係性など，生物時計の適応的な意義を分子レベルで解明する研究が始まっている．　　〔松本　顕〕

バクテリアの生物時計
Circadian clock in bacteria

タンパク質振動子, 酸化還元状態, 遺伝子発現

酸素発生型の光合成を行うバクテリアであるラン藻（藍色細菌, シアノバクテリア）は, 周期的に変動する昼夜変化に適応するために生物時計（概日時計）をもつことが観察された唯一の原核生物である. ラン藻は多様性に富んでおり, さまざまな形態, 代謝, 生態を示すが, そのいくつかにおいて光合成や細胞分裂, アミノ酸の細胞内への取り込み, 窒素固定などに概日リズムが観察されている. その分子メカニズムの解析は, おもに単細胞ラン藻 Synechococcus elongatus PCC 7942 を用いて行われてきた. 分子遺伝学的な解析によって, 概日リズムを発振する中心振動体, 環境周期への同調機構, 時間情報を生命機能に反映させる出力機構にかかわる遺伝子が同定されている.

概日リズムの発振機構

ラン藻の概日時計機構においては, kaiA, kaiB, kaiC という3つの遺伝子が24時間周期のリズム形成をつかさどっている. kaiA, kaiB, kaiC は真核生物の時計遺伝子とは相同性をもたない, バクテリアの特有の時計遺伝子である. いずれの遺伝子の破壊によっても概日リズムは失われる. KaiC は RecA/DnaB superfamily に分類される六量体型 ATPase であり, 自己リン酸化, 自己脱リン酸化活性をもち, 隣接した2か所のアミノ酸（431番目のセリンと432番目のトレオニン）がリン酸化される. KaiA と KaiB は KaiC に直接結合しており, KaiA は KaiC のリン酸化と ATPase 活性を促進し, KaiB は抑制的に働く.

KaiA, KaiB, KaiC の組換えタンパク質を試験管内において ATP とともに混合すると, KaiC のリン酸化状態が24時間周期で変動することから, ラン藻の概日時計は KaiA, KaiB, KaiC の3つのタンパク質のみで構成されることがわかっている. つまり, 細胞内での転写翻訳がなくても, 時計タンパク質の活性の変化によって生物は時間を測ることができる. 詳細な分子メカニズムは未解明な点もあるが, 2か所のリン酸化部位のリン酸化状態, および KaiC のリン酸化状態に依存した KaiA と KaiB の KaiC への結合を介して, KaiC の自己リン酸化活性と自己脱リン酸化活性が周期的に変換されることによって KaiC のリン酸化状態のリズムが発振すると考えられている.

また, KaiC のもつ ATPase 活性は, 温度変化に対して安定であり, さらにリズムの周期長と相関しているため, ATPase 活性制御機構が, リン酸化制御機構と相互作用することによって, 概日時計の基本的性質である, 温度補償された24時間という周期のリズムが形成されると考えられる（図1）.

ラン藻の概日時計機構は試験管内で再構成できる唯一の概日時計であり, この系を用いた概日時計の原理の解明が期待される.

光による同調機構

外部環境周期に生物体内のリズムを同調するにあたって, 光は主要な同調因子である. ラン藻の場合には, 真核生物で知られているような, 特定の光受容体が概日時計

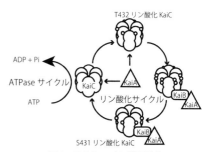

図1 Kai タンパク質振動体

の同調に働くという事例は発見されていない.むしろ細胞が光によってこうむる代謝の変化が時計を同調させていると考えられる.

光による概日時計の同調機構に働く因子は,Pex,CikA,LdpAという3種類が同定されている.LdpAは酸化還元状態のセンサーであり,光強度に応答してリズム周期を調節している.ヒスチジンキナーゼであるCikAはGAFドメインをもつことから発見当初は光受容体ではないかと考えられた.しかし,GAFドメインに保存されているシステインがなく,ビリンの結合も確認できなかった.そのため,現在は光受容体としてではなく,KaiCのリン酸化に影響を与え,Kai振動体を調節していると考えられている.Pexは暗所で蓄積するタンパク質であり,*kaiA*のプロモーターに結合することでその転写を抑制する.このPexの働きによって,KaiCのリン酸化を促進するKaiAの量が明暗に依存して調節され,結果としてKai振動体が調節され,外部環境周期に内在のリズムを同調する.

Pexを介した*kaiA*転写量の調節に加えて,KaiAはLdpAおよびCikAと細胞内で複合体をつくっており,KaiAはこれらの光入力因子が環境からの受容した情報をKai振動体に伝える役割ももつと考えられている.

また,光合成によって細胞内のATPとADPの比率が変わることが,KaiCの自己リン酸化活性および自己脱リン酸化活性に直接影響することで,概日時計が明暗環境

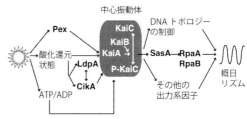

図2　光入力と出力系を含めたラン藻の概日時計機構

に同調する仕組みの存在も示されている.

出力機構

概日時計によってつくられる時刻情報は,多くの場合,遺伝子発現制御系を経てさまざまな生理活性リズムとして出力される.リズム変異体の解析から複数の出力系遺伝子が同定されている.そのなかで,ヒスチジンキナーゼSasAはKai振動体から直接シグナルを受ける主要因子である.SasAの下流には転写因子であるRpaAとそのオーソログRpaBが存在し,ターゲット遺伝子の発現を制御している.

ラン藻の多くの遺伝子は概日リズムをもって発現しており,概日時計は遺伝子発現をゲノムワイドに制御している.ゲノムワイドな概日遺伝子発現制御機構としては,概日時計が転写の基本機構を調節している可能性や,染色体のトポロジーを調節することによってリズミックな転写をもたらすことが考えられている.しかし,SasAの経路を通って,どのようにゲノムワイドに遺伝子発現が制御されるのかは,未解明な点も残されている.　　　　〔北山陽子〕

植物の生物時計と光応答
Circadian clock and light responses in plants

生物時計，生物時計の同調，ゲーティング機構

図1　インゲンマメの芽ばえの葉の就眠運動

植物を含む多くの生物は，地球の自転に伴う24時間周期の環境変動に順応するため生物時計（circadian clock，概日時計とも呼ばれる）を進化上獲得してきた．植物でも生物時計が多くの生理現象のタイミングを制御することが知られている．本項では高等植物における生物時計の現時点での概要および光応答にかかわる生物時計の役割を概説する．

生物時計

生物時計のおもな特徴は振動の周期がほぼ24時間であることと，24時間の明暗周期条件下に限らず，連続明期もしくは連続暗期の条件下においても自律振動することである．また生物時計は基本的な化学反応速度の温度依存性とは相まって，外界の広範囲の温度変化にかかわらず一定のリズムを刻む．この特質を生物時計の温度補償性と呼ぶ．このように生物時計は一見外界の諸条件に影響されず時を刻めるのだが，より正確に外界の環境変化に適応するためには，生物時計と外界の時間変化の若干のずれを補正する必要がある．植物は日の出，日の入りに起こる光および温度条件の変化を感知し，生物時計の時間を補正する．これを生物時計の同調と呼ぶ．

植物の生物時計依存の生理現象の科学的な記述は18世紀初めの連続暗所においても起こる葉の就眠運動の記述まで遡る（図1）．その後もチャールズ・ダーウィンを含め多くの生物学者によって生理学的に研究され記述された．ちなみに動物で生物時計依存の現象が記述されたのは20世紀に入ってからである．

近年，おもにシロイヌナズナ（Arabidopsis thaliana）を用いた分子遺伝学的解析によって高等植物の生物時計の実体が分子レベルで明らかになりつつある．1992年に生物時計制御の光合成関連遺伝子（CAB2遺伝子，LHCB遺伝子とも呼ばれる）のプロモーターにホタルのルシフェラーゼ遺伝子をつないだコンストラクトを導入した植物体の生物発光のリズムが概日周期を示すことが発表された．また，この実験系を用いて，1日の生物発光のリズムが24時間より短周期である個体や，また長周期である個体など，植物で初めての概日リズムに変化を来した突然変異体が単離された．現在までにそれらの多くの突然変異体の原因遺伝子が同定され，それらの遺伝子のほとんどは，植物の時計制御因子をコードする遺伝子であることが明らかにされた．加えて逆遺伝学的解析によって，現在のところ30を超える遺伝子産物が生物時計の構成要素もしくは時計機構に関与すると考えられている．これら時計関連遺伝子の多くはそれ自身の発現も生物時計で制御されており，1日のうちで異なる時間帯（phase，位相と呼ばれる）にピークを刻む．ここではそれらの遺伝子の詳細な機能などは省略するが，それらの時計構成要素がどのように相互作用しリズムを刻むのに関与するかについても近年精力的に解析が進んでおり日進月歩で時計の構成機構の模式図が改正されている状況である．

現時点で明らかなのは，シロイヌナズナの生物時計は当初考えられていたような単

純な転写翻訳のネガティブフィードバックによるループからなるのではなく，複雑につながる多数のポジティブもしくはネガティブループで構成されていることである．また時計構成タンパク質のリン酸下などによる翻訳後修飾やタンパク質の分解などが時計とペースの決定，もしくは温度補償性の寄与に重要役割を担うことがわかりつつある．

シロイヌナズナにおいて生物時計の光信号による同調には，フィトクロム，クリプトクロム，およびZTL/LKP2/FKF1光受容体が関与することがわかっている．植物の生物時計はほぼすべての細胞に存在すると考えられており，それらの時計は細胞自律的に機能することがわかっているが，ショ糖などの光合成同化産物を介して葉の時計と根の時計が連動することも報告されている．近年植物時計の構成要素も動物の場合と同じく，組織特異性がみられるといった報告もまだごく少数であるが見受けられるようになった．

また植物は24時間周期の時計をもつことが24時間の日周変化に適応するためにも重要であることが，20時間の短周期，もしくは28時間の長周期をもつシロイヌナズナの突然変異体を用いた解析より明らかになった．

さらにシロイヌナズナで明らかになった生物時計を構成するネットワークは，コケ植物においてもすでに大半ができあがっていたと考えられる．コケ植物であるヒメツリガネゴケではシロイヌナズナと同様に夜明けに発現のピークが起こる時計遺伝子であるmyb様転写因子（*CCA1*, *LHY*）や午後におもに発現する擬似レスポンスレギュレーター（*PRRs*, *TOC1*）の相同遺伝子などがすでに存在し，さらに相同組換え法を駆使した逆遺伝学的機能解析より，植物の生物時計がどのように進化してきたか

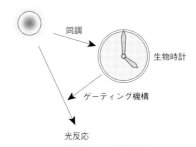

図2　光反応に影響を与える生物時計のゲーティング機構

が推測されつつある．

ゲーティング機構

植物の生物時計の機能は光応答と密接な関係をもつ．植物に限らず生物時計の重要な役割の1つはゲーティング機構と呼ばれるものである．ゲーティング機構とは，生物時計が環境応答の感受性もしくは反応の度合いを1日のうちに変化させることである．植物においては光感受性もしくは光信号伝達系はゲーティング機構の重要な対象である（図2）．

たとえば，前述の*CAB2*遺伝子の発現は，生物時計のみならず，光により誘導されるが同じ光量の光を植物に与えても，1日のうちでいつ光が与えられたかによって，遺伝子の発現量が変化する．*CAB2*遺伝子の誘導に関しては夜間に比べて午前中のほうが光に対する感受性が高い．

ここでは，*CAB2*遺伝子の例を紹介したが，植物はいつでも午前中の光に対する感受性が高いわけではなく，生物時計によるゲーティングはその対象になる光信号伝達系ごとにその感受性もしくは反応性のピークのタイミングが異なる．このように生物時計はゲーティング機構によって植物がある特定の光情報（波長，光強度など）を1日の限られた時間に感受し応答するために重要な役割を担っている．　　〔**今泉貴登**〕

101

概潮汐，概半月，概月，概年リズム
Circatidal, circasemilunar, circalunar and circannual rhythms

同調因子，潮汐環境，季節変化

これまで生物リズムの研究は概日リズムを中心に発展してきた．生物にはそれ以外の周期をもつリズムも存在する．地球物理学的要因がもたらす，潮汐周期（12.4時間），大潮小潮の半月周期（14.8日），月周期（29.6日），年周期（1年）に対応して，それぞれの周期に近い内因性の周期をもつ概潮汐リズム，概半月リズム，概月リズム，概年リズムが存在する．概日リズムが自然条件では正確に24時間周期の明暗のサイクルに同調しているのと同様，これらのリズムも自然状態では環境の周期に同調している．その同調をもたらす環境要因を同調因子（zeitgeber）と呼ぶ．

概潮汐リズム
潮汐の影響のある場所にすむ生物は，潮汐と密接に関係した生活をおくる．これらのうち軟体動物，甲殻類，昆虫，硬骨魚類などで概潮汐リズムが知られている．たとえば，沖縄のマングローブ林に生息するコオロギ，マングローブスズは干潮時には潮が引いた林床を活発に歩き回り，満潮時には海水につからない場所で休息する．この活動は概潮汐リズムがもたらし，一定条件では平均12.6時間周期で活動と休息を繰り返す．この概潮汐リズムの同調因子は水と直接触れることであり，光は概潮汐リズムに影響しないが，夜の干潮時の活動は昼の干潮時よりも活発である（図1）．この昼夜の違いは，光による直接の活動制御，マスキング（masking）ではなく明暗サイクルに同調した概日リズムによるものである．

また，海産甲殻類のトウヨウサザナミクーマは，夜の満潮時に遊泳し，それ以外の時間は海底で休息する．この活動も概潮汐

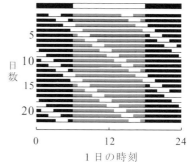

図1　マングローブスズの概潮汐活動リズム
明暗12：12のもとでの歩行活動量を示す．

リズムが調節しており，その同調因子は潮の満ち引きに対応する水圧の変化である．しかし，マングローブスズとは異なり，昼の満潮時に遊泳しないのは光によるマスキングのためである．

概半月リズム・概月リズム
潮の満ち引きには12.4時間周期の変化以外に，満月と新月のときに大潮となる14.8日周期の変化がみられる．後者に対応するしくみとして，褐藻類，多毛類，甲殻類，昆虫などで概半月リズムあるいは概月リズムが報告されている．大潮の前後数日間の干潮時にのみ水面が海底ぎりぎりになるようなところの土の中にすむウミユスリカの一種 *Clunio marinus* の幼虫は，この限られた時間帯に羽化して交尾，産卵を行う．羽化する日を決めているのは概半月リズムもしくは概月リズムであり，自然条件ではこれらのリズムはそれぞれ大潮小潮の半月周期と月周期に同調している．フランスのノルマンジーやバスクの個体群は，満月前後の夜の薄明かりを使ってこのリズムを同調させている．ただし，ノルマンジーのものは新月と満月の干潮時に羽化する概半月リズムを，バスクのものは新月の干潮時にのみ羽化する概月リズムを示す点で異なる．一方，高緯度地方の夏の夜は月が出ていなくてもある程度明るいために月の光を使っ

て同調することは難しい．ドイツ北部のヘルゴランド島の個体群は波の物理的刺激や水温の変化を使ってリズムを同調させている．このように，*C. marinus* は概半月リズムや概月リズムによって大潮の日に羽化するが，1日の中で引き潮の時刻に羽化することを決めているのは，概潮汐リズムではなく明暗のサイクルに同調した概日リズムである．それぞれの地域において大潮前後数日間の干潮時刻はほぼ一定であるので不都合はないのであろう．さらに，この虫が月の光を認識するには深夜の時間帯に光が当たることが重要であり，それを決めているのも概日リズムらしい．

概年リズム

季節変化に対応する際に，多くの生物は日長に直接応答しているが，一部の生物はおよそ1年の周期をもつ内因性のリズム，概年リズムを使っている．これまでに単細胞の渦鞭毛藻，多細胞の藻類や顕花植物，刺胞動物から哺乳類にいたるさまざまな動物で概年リズムの存在が報告されている．昆虫ではヒメマルカツオブシムシが概年リズムを示す．この虫は毎年春に蛹になる（蛹化する）が，幼虫期間は1～数年と長く，蛹化する時期を決めるのに概年リズム

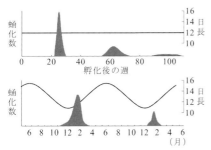

図2　ヒメマルカツオブシムシの蛹化にみられる概年リズム

が使われている．幼虫を一定温度，一定光周期のもとで飼育すると，およそ40週ごとに蛹化する集団がみられる（図2上）．この結果は，蛹化を許すゲート（gate）が，変化しない環境のもとで決まった周期で開閉すると考えることで説明できる．この1年（52週）よりもかなり短い周期をもつヒメマルカツオブシムシの概年リズムを，自然条件のもとで1年に同調させているのは日長の変化である．温度を一定にして日長のみ自然の変化を与えると周期はちょうど1年になる（図2下）．

このように，概年リズムの代表的な同調因子は日長の変化であり，ニホンジカやホシムクドリでもそれを支持する実験結果が得られている．しかし，概年リズムを示す生物には赤道直下に生息しているものが含まれ，日長が一年中変化しないそのような場所でこそ光周性と比べて概年リズムが好都合である．最近，ケニアの赤道直下に生息するアフリカノビタキにおいて，概年リズムを1年周期に同調させているのは日の出，日の入りの時刻であることが報告された．地球の自転軸と公転軸が傾いており，公転軌道が円ではなく楕円であるため，赤道直下でも日の出，日の入りの時刻は変動している．この鳥を，生息地と同じ日長で，点灯消灯の時刻も一定にした条件で3年間飼育すると少しずつ換羽（molting）の時期がずれて，個体ごとにばらばらになっていった．一方，日長は一定のままで生息地の日の出，日の入り時刻の変動をまねた条件では，3年間ずっと同じ季節に換羽がみられた．このように，アフリカノビタキは，年間で約30分しか違いがない日の出，日の入り時刻の変化を概年リズムの同調因子として使っている．　　〔沼田英治〕

体色変化
Light-induced body color change in animals

背地適応，色素胞，色素顆粒

動物の体表はさまざまな色・模様（体色）を呈する．硬骨魚類などの変温脊椎動物や，甲殻類・頭足類はさまざまな環境刺激に応答して体色を素早く変化させる．たとえばヒラメやカメレオンは体色を背景そっくりに変化させることにより，捕食者や被食者から自己を隠蔽（カモフラージュ）する．このような体色変化を，背地適応（background adaptation，図1）と呼ぶ．体色変化は隠蔽以外にも，婚姻色に代表される同種異個体間でのコミュニケーション，有害な紫外線の遮断，赤外線の吸収による体温維持などに重要な役割を果たすと考えられている．

体色変化は，そのメカニズムから大きく2種類に分類される．1つは「形態学的」体色変化と呼ばれ，色素細胞の増殖・分化・アポトーシスなどを介して，組織内の色素細胞密度や色素沈着量の変化により，比較的長期にわたり進行する反応である．ヒトの日焼けはその一例であり，メラノサイト（melanocyte）の増殖や，メラノサイトから表皮へ分泌される色素顆粒の増加により，引き起こされる．もう1つが本項目で詳述する「生理学的」な体色変化であり，色素細胞中での色素運動により，秒・分スケールの比較的速いスピードで起こる．前述のヒラメやカメレオンの例がこれに相当する．

図1　背地適応の例
背景の明るさや色調に合わせて体色が変化する．

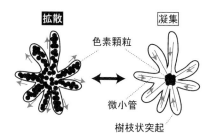

図2　色素胞における色素顆粒の運動

動物の皮膚には色素細胞（色素胞，chromatophore）が散在し，これら色素胞の状態変化が，個体レベルでは体色変化として観察される．変温脊椎動物の生理学的な体色変化の場合，色素胞の細胞形態（輪郭）が変化するのではなく，細胞内の色素顆粒が移動することにより，色素胞の色調変化が起こる（図2）．色素胞は通常，皮膚表面に平行に樹枝状突起を伸展させた，平たい細胞形態をもつ．色素胞の中心部から周辺部へは多数の微小管が放射状に伸びており，色素顆粒はこの微小管に沿って中心部と末端とを行き来する．すなわち，色素顆粒が細胞の中心部に凝集すると色素の占有面積が減少し，逆に色素顆粒が細胞全体に拡散すると色素の占有面積が増大する．これにより細胞全体の色調が変化する．たとえば黒色素胞（melanophore）において，メラニンを含む黒色素顆粒（melanosome）が細胞内を拡散すると細胞の黒化度が増し，体色が黒く変化する（図2）．これとは異なる反応様式により色調変化を起こす例（虹色素胞の反射小板など）も知られている．

動物の体色，すなわち色素細胞の色調はさまざまな環境因子により影響を受けるが，その中でも光は最も主要な因子の1つである．変温脊椎動物の体色変化において最も重要な光受容器官は眼球であるが，松果体などの脳内光受容体や色素胞自体の光感受性の寄与も知られている（図3）．ここでは硬骨魚類など変温脊椎動物の生理学的な体

色変化に焦点を絞り，どのような光受容体により体色が制御されているか，また，どのような経路で光情報が色素胞に伝達されるかについて，概説する．

眼球の光受容による体色の制御

体色の背地適応（図1）は，前述したヒラメやカメレオンをはじめ，さまざまな動物種において観察される．これらの生物において背地適応を制御する光受容体は，眼球（網膜）に存在する．網膜には視覚の光受容細胞である視細胞が存在することから，上記の背地適応を光制御するのは視細胞であると考えられてきた．しかし近年の研究から，背地適応に視細胞は必要でなく，視細胞以外の網膜ニューロンが体色変化を光制御することが示唆されている．実際，水平細胞や神経節細胞などにオプシン型の光受容分子が発現する例が知られている．これらを総合して考えると，網膜の高次ニューロンに発現するオプシンが体色変化の光受容体の分子実体である可能性が高い（図3）．

眼球から色素細胞への光情報の伝達は，神経系や内分泌系を介して行われる．硬骨魚類においては主として神経系を利用し，爬虫類や両生類では内分泌を介する例がよく知られている．

脳内光受容体の寄与

これまでの研究から，少なくとも硬骨魚類においては，眼球に加えて松果体や脳深部（図3）にも体色の光受容体が存在すると考えられる．硬骨魚類を含む種々の脊椎動物において，視物質と類似したオプシン型光受容分子が松果体や脳深部に発現することが確認されている．これらの脳内光受容分子も体色変化に関与する可能性がある．

色素胞の光感受性

色素胞（図2）に光感受性が内在する例が，さまざまな動物において報告されている．このような色素胞の中には，光依存的に色素が凝集するものと拡散するものの両方があり，いずれの光応答性を示すかは動物種や色素胞の種類により異なる．

これらの色素胞の光感受性の分子実体の候補として，ロドプシンやメラノプシンなどのオプシン型の光受容分子が挙げられている．

これらの光感受性色素胞ではどのようなシグナル分子が光応答に関与しているのだろうか．一般に色素胞における凝集・拡散応答では（図2），サイクリックAMP (cAMP) がおもな二次メッセンジャーであり，細胞内cAMP濃度の上昇により拡散応答が，逆にcAMP濃度の低下により凝集応答が引き起こされる．また細胞内Ca^{2+}濃度の変化が色素運動にかかわることもある．「光感受性」色素胞の場合も同様に，細胞内のcAMPやCa^{2+}の濃度変化が光シグナル伝達に関与する例が知られている．

〔小島大輔〕

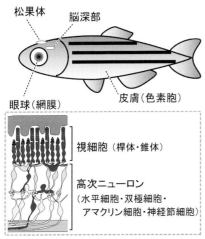

図3　体色変化を制御する光受容体の分布

概日リズムのリセット機構
Resetting mechanism of circadian rhythm

中枢時計，末梢時計

地球の自転と公転は24時間周期の大きな環境変動を生み出す．この変動に適応するため，さまざまな生物は概日リズム（circadian rhythm）と呼ばれる約一日周期の生物リズムを獲得している．概日リズムは，細胞自律的な内因性の計時機構である概日時計（circadian clock）に制御されており，生物が1日を通して一定の環境（恒常環境）におかれても継続する．しかし，概日時計の周期は正確な24時間ではないため，自由継続した概日リズムの位相（時刻）は外界の1日から少しずつずれてゆく．このずれを解消するために，生物は外界の環境シグナル（同調因子）を利用して概日時計の時刻を合わせる（位相調節）．すべての生物の概日時計に共通で重要な同調因子は昼夜の明暗サイクルをもたらす光シグナルであり，光シグナルを利用した位相調節は特に光同調と呼ばれる．本項では，おもに哺乳類の概日時計の光同調について解説する．

位相依存的位相シフト

概日時計の光同調は，光刺激に対して位相が前進もしくは後退するという正反対の応答を使い分けて達成される．位相シフトの向きは，概日時計が光刺激を受ける時刻で決まる．すなわち，暗期（もしくは主観的夜）の前半に光を受けた場合には，時計の位相は後退する．これは，夜だと（主観的に）感じていたが光刺激を受けたことで「まだ夕暮れ」であると判断して時計の針を遅らせることに対応する（図1上段，位相後退）．これとは対照的に，（主観的）夜の後半に光を受けた場合は，「もう夜明け」であると判断して時計の針を進める（図1

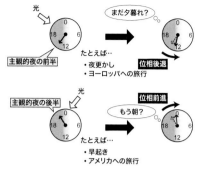

図1　位相依存的な位相シフト

下段，位相前進）．一方，主観的昼に光刺激を受けても概日時計の位相はほとんど変わらない．このように，刺激を受けた時刻に依存して位相シフトの向きや大きさが変わる現象は位相依存的位相シフトと呼ばれ，すべての生物種の概日時計に共通した特徴である．

中枢時計と末梢時計

概日時計の発振は，時計遺伝子と呼ばれる一群の遺伝子の周期的な発現により制御されている．哺乳類の多くの組織では，個々の細胞に概日時計が存在し，生体から取り出して培養しても時計遺伝子の発現リズムが持続する．これら個々の細胞の時計は末梢時計と呼ばれ，各組織において固有の位相の概日リズムを生み出す．一方，個体レベルのリズム形成には，視床下部に存在する，左右1対の神経核である視交叉上核（suprachiasmatic nucleus；SCN）が主要な役割を果たしており，中枢時計と呼ばれる．SCNは強い振動体を有し，個体から単離して分散培養しても，神経発火頻度のリズムや時計遺伝子の発現リズムが何日間にもわたって持続する．

中枢時計は，液性因子や神経連絡によって末梢時計の位相を制御する．哺乳類の概日時計システムが光同調するときは，光シグナルはSCNの中枢時計に作用して位相

調節を行い,続いて全身の末梢時計が中枢時計に位相調節される.光による時計の位相制御は,末梢時計にはみられない中枢時計の特徴の1つである.

中枢時計の光リセット

概日時計を制御する光シグナルの受容系は概日光受容(circadian photoreception)と呼ばれ,画像として認知される視覚とは(部分的に)異なる光受容細胞と神経回路が用いられている.

哺乳類においては,視覚の光受容と概日光受容はどちらも眼球の網膜で行われる.桿体と錐体という2種類の視細胞には,それぞれロドプシンと錐体オプシンが発現しており,光受容分子として機能する(図2).視細胞において受容された光シグナルは,双極細胞などの二次ニューロンにより光情報が統合・修飾された後,神経節細胞から最終的に視覚野に投射し,視覚を形成する.一方,網膜神経節細胞の一部(約1〜2%)には,オプシンの一種であるメラノプシン(OPN4)が発現している.そのため,他の神経節細胞とは異なり,自身が光感受性を示すことから光感受性神経節細胞(intrinsically photosensitive retinal ganglion cell:ipRGC)と呼ばれる(図2).ipRGCは桿体・錐体において受容された光シグナルを受け取るとともに,自身も光シグナルを受容し,網膜-視床下部路(retinohypothalamic tract:RHT)を介してSCNに明暗情報を伝達する.

RHTからSCNへの伝達には,神経伝達物質としてグルタミン酸が中心的な役割を担っている.SCNの培養スライスにグルタミン酸を投与すると,神経発火頻度のリズムが位相シフトする.この位相シフトは,光刺激による行動リズムの位相シフトの場合と同様,刺激の時刻に応じて位相シフトの方向(前進か後退)とその大きさが変化することから,グルタミン酸は網膜からの光刺激情報を強く担っているといえる.

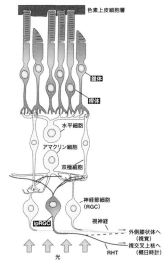

図2 網膜における光情報の伝達

他の動物における概日時計の同調

哺乳類以外の脊椎動物に関しては,鳥類(ニワトリ)と硬骨魚類(ゼブラフィッシュ)において研究が進んでいる.これらの動物においては,中枢時計と末梢時計の階層性が明確ではなく,たとえば鳥類においては,視床下部・松果体・網膜という3つの組織が相互作用しながら中枢時計の役割を果たしている.このうち網膜と松果体は,培養条件下において光により内在性の概日時計の位相がシフトする.また,ゼブラフィッシュにおいては,個体から取り出した心臓や腎臓などの末梢器官においても,時計遺伝子の発現リズムが明暗サイクルに同調する.このことから,鳥類の松果体やゼブラフィッシュの末梢組織は,哺乳類とは異なり概日時計の光入力系をもつことがわかる.無脊椎動物のモデル生物であるショウジョウバエにおいても,単離培養したさまざまな末梢器官の概日時計が同調することが知られている.

〔鳥居雅樹〕

松果体の光受容
Pineal photoreception

ピノプシン，メラノプシン，メラトニン

松果体は脊椎動物に存在する内分泌器官の1つであり，メラトニンを分泌することが主要な役割である．メラトニンは，夜間に合成・分泌され，概日時計（体内時計）の出力ホルモンの代表例としてよく知られている．メラトニン分泌の概日リズムは，哺乳類においては概日時計の中枢である視交叉上核（SCN）からの神経支配を受けて生み出されている．夜間に浴びる光はこの分泌リズムの位相を変位（シフト）させる作用を示すが，これは網膜で受容された光情報がSCNの時計に作用する結果であり，松果体が光受容能をもっているわけではない．一方，哺乳類以外の脊椎動物においては，松果体が光受容器官としても働くことが知られている．ヒトを含む多くの哺乳類では松果体は脳の中央部に存在するが，哺乳類以外の脊椎動物では頭蓋骨の直下に存在し（骨に小孔が開いている場合もある），頭蓋骨を透過した光が届きやすい場所に松果体は位置する．眼球以外の器官から発見された初めてのオプシンであるピノプシン（pinopsin）がニワトリ松果体から遺伝子クローニングされたことに象徴されるように，鳥類の松果体は代表的な眼外光受容器官の1つとして多くの研究が進められた．

光受容器官としての松果体

鳥類の松果体細胞には概日時計の発振系が存在し，メラトニンの分泌リズムが自律的に形成される．培養したニワトリ松果体に光を照射すると，メラトニンの合成・分泌に対して2種類の効果がみられる．1つは，光シグナルが概日時計の発振系を経由せずにメラトニンの合成・分泌系に直接作用して急性抑制を受ける効果である．もう

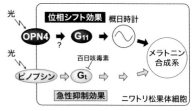

図1　ニワトリ松果体の光シグナリング

1つはメラトニンの分泌リズムの位相がシフトする効果である．Gi/GoサブタイプのGタンパク質の阻害剤である百日咳毒素の投与，もしくは，オプシンの発色団の前駆体であるビタミンAの枯渇により，急性抑制効果が大きく阻害される一方，位相シフト効果はどちらによってもほとんど影響を受けないことから，松果体に照射された光がもたらす2つの効果は，互いに異なる光受容分子と細胞内シグナリングを介していることがわかる（図1）．

ピノプシンとトランスデューシン

ニワトリ松果体には，オプシン型の光受容分子ピノプシンが発現している．ピノプシンは，視物質と同様，発色団として11シス型のレチナールと結合し，青色感受性（吸収極大波長468 nm）の色素を生成する．またニワトリ松果体には，桿体に存在するGタンパク質トランスデューシン（Gt）が発現しており，松果体の光受容細胞においてGtはピノプシンと共局在する．さらに，ピノプシンは光依存的にGtを活性化することから，光→ピノプシン→Gtという光シグナリング経路が松果体細胞で機能していると推定される（図1，下段の経路）．先に挙げた百日咳毒素は，Gtを介したシグナル伝達を遮断するので，この経路はおもにメラトニン合成・分泌の急性抑制を制御していると考えられる．

メラノプシンとG11

ニワトリ松果体の概日時計の位相を制御する光シグナル伝達には，百日咳毒素に非

感受性のGタンパク質が介在すると考えられる．ニワトリ松果体には百日咳毒素に非感受性のGqクラスGタンパク質の1つであるG11が発現している．G11を活性化できるムスカリン性アセチルコリン受容体のm1サブタイプを培養松果体細胞に異所発現させ，そのアゴニストであるカルバコール刺激でG11経路を特異的に活性化したところ，光刺激と同様の概日時計の位相シフトが引き起こされたことから，G11シグナリングの光活性化が時計の位相制御の中心に位置すると考えられている．

ニワトリ松果体に発現するオプシン型光受容分子の中で，G11を活性化する光受容体の有力候補はメラノプシン（melanopsinもしくはOPN4）である．オプシンのアミノ酸配列の類似性をもとに計算された分子系統樹から，メラノプシンの祖先型は軟体動物や節足動物などの無脊椎動物の視物質と同じ起源をもつことがわかる．これら無脊椎動物の視物質は光を受容するとGqを活性化するので，メラノプシンもGqやG11と共役すると予測される．実際，脊椎動物に最も近縁な頭索動物に属するナメクジウオのメラノプシンは，軟体動物の視物質と類似した分光学的・生化学的な性質を示すことから，ニワトリ松果体においても，光→メラノプシン→G11という光シグナリング経路が概日時計の位相シフトに働くと推定される（図1，上段の経路）．

神経ステロイドを介した概日時計の出力

ニワトリの松果体は概日時計の発振系とその位相を制御する光入力系が同一の細胞に存在する．この特徴を生かし，概日時計の光位相調節メカニズムを解析する目的で，松果体において夜の前半（日暮れ後）あるいは後半（夜明け前）の光で活性化される遺伝子が網羅的に探索された．その結果，日暮れ後の光刺激によりコレステロールの生合成経路に関与する一群の遺伝子の転写が活性化されることがわかった．この遺伝子群の発現は，転写因子SREBPにより活性化することが知られている．肝臓などにおいてSREBPは小胞体に存在するが，血中コレステロールの枯渇が刺激となってSREBPは分子内のペプチド切断を受けて核移行し，標的遺伝子の発現を活性化する．松果体では，日暮れ後の光が刺激となって，これと同じ反応が起こる（図2）．また，このようなSREBPの光活性化により，時計の位相後退に重要な *E4bp4* 遺伝子の転写も活性化されることがわかった．*E4bp4* は，時計遺伝子 *Per2* の転写を抑制して時計の位相後退を導く．興味深いことに，日暮れ後の光によりコレステロール生合成系が活性化される結果として，コレステロールから合成される神経ステロイドの1つである7α-ヒドロキシプレグネノロンの合成が促進される．日暮れ後にヒヨコから松果体を取り出して光刺激を与えると7α-ヒドロキシプレグネノロンの分泌量が上昇すること，またヒヨコ脳室内に7α-ヒドロキシプレグネノロンを投与すると行動量が大きく上昇することなどから，日暮れ後の光によって松果体から7α-ヒドロキシプレグネノロンが分泌され，個体の活動を活性化すると考えられる．この応答は，睡眠を誘導するメラトニンの分泌が，光刺激を受けると抑制されることと対照的である．　〔深田吉孝〕

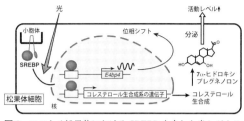

図2　ニワトリ松果体におけるSREBPを介した光シグナル応答

網膜−視床下部の光応答
Circadian photoentrainment

概日時計, メラノプシン, 視交叉上核, ipRGC

　概日リズムは，シアノバクテリアからヒトまで，ほぼすべての生物が示す基本的な生命現象であり，概日リズムを制御する体内の自己発振システムを概日時計という．生物は外界の明暗周期，すなわち光を利用して概日時計の時刻合わせを行う．本項では哺乳類の概日時計が光によって調節される仕組みを概説する．

概日時計と光入力

　哺乳類は全身のほぼすべての細胞に概日時計が備わっている．なかでも行動リズムを支配する概日時計は視床下部の視交叉上核（suprachiasmatic nucleus；SCN）に存在し，中枢時計と呼ばれる．網膜の神経節細胞（retinal ganglion cell；RGC）のごく一部が軸索を視交叉上核に投射して明暗情報を中枢時計に伝達する．

網膜における光情報伝達と光受容体メラノプシン

　哺乳類の唯一の光受容感覚器である眼の網膜において，光情報は電気信号に変換され，脳へと伝達される．網膜の細胞は秩序だった層構造を形成し，視細胞層の桿体・錐体が受け取った光情報は，双極細胞や水平細胞などを経て網膜神経節細胞に伝わり，視神経を経て大脳視覚中枢に伝達され，視覚応答が起こる（図1）．
　130年以上にわたり，桿体・錐体が唯一の光受容細胞だと考えられてきたが，数％の網膜神経節細胞にメラノプシン（melanopsin）という光受容タンパク質が発現していることが2000年に見出された．この網膜神経節細胞は内因性光感受性網膜神経節細胞（ipRGC）と呼ばれ，第三の光受容細胞として機能する．ipRGCのおもな投射先

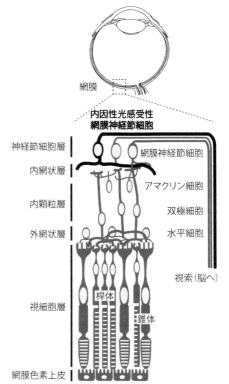

図1　哺乳類の3種の光受容細胞
視覚応答を担う桿体・錐体に加え，第三の光受容細胞であるメラノプシン発現網膜神経節細胞が存在し，おもに非視覚応答を担っている．

は視交叉上核であり，概日時計の位相調節を担う．さらに外側膝状体や上丘などにも投射し，瞳孔反射や光による片頭痛の悪化などの視覚以外の光応答（非視覚応答）を制御する．
　桿体・錐体を失ったマウスでも概日時計の光同調は正常であるが，桿体・錐体の欠失に加えメラノプシンを遺伝子破壊したマウスは光同調が不可能であることから，メラノプシン遺伝子は光同調に必須であることがわかる．しかしながらメラノプシン遺伝子破壊マウスにおいては光同調が完全に

消滅するわけではなく，光感度が減少するのみであり，ipRGCから生じる樹状突起の形態および視交叉上核への投射も正常である．

ipRGCを後天的に失う遺伝子改変マウスでは網膜から視交叉上核への投射がほぼすべて消失する．この結果と一致して，概日時計の位相は明暗周期に同調されなくなり，さらに瞳孔反射や光による行動抑制などの非視覚応答も完全に失う．つまりipRGCは自身で光を感じると同時に桿体・錐体からの投射も受け，網膜内の膨大な情報がipRGCに集約され，非視覚応答が制御されている．

視交叉上核と時計遺伝子

視交叉上核は視交叉の直上に存在する小さな神経核であり，たとえばマウスでは直径1mmにも満たない左右1対の領域に約20,000個のニューロンが含まれている（図2）．視交叉上核の細胞を分散培養しても自律的な神経発火リズムを示すことから，個々の細胞に時計発振機構が備わっていることが明らかになった．組織においてはそれぞれのニューロンが互いに協調することによって，動物の行動リズムを支配するほどの強力なリズムを生み出している．

哺乳類の時計発振系を構成するのが時計遺伝子の転写・翻訳を介したフィードバックループである．転写因子であるCLOCKとBMAL1の二量体が*Period*（*Per*）や*Cryptochrome*（*Cry*）遺伝子のプロモーターに存在するE box配列に結合して転写を活性化し，その翻訳産物PERおよびCRYタンパク質がCLOCK-BMAL1の活性化作用を抑制する，というループが約1日周期のリズムを生み出す．

視交叉上核における光応答

ipRGCの軸索は網膜視床下部路を形成して視交叉上核に投射する（図1）．網膜視床下部路終末においてグルタミン酸や脳下垂

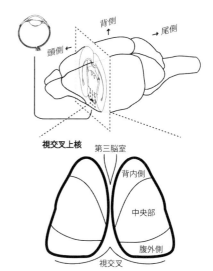

図2　哺乳類概日時計の光入力系
ipRGC（図1参照）からの軸索は視交叉上核に投射する．ここではマウスの脳神経系を図解した．

体アデニル酸シクラーゼ活性化ポリペプチドが放出され，視交叉上核ニューロンに光シグナルが伝達される．視交叉上核の領域の中でも腹外側領域が網膜からの投射を受ける（図2）．

生物が主観的に昼と感じている時間帯を主観的昼，夜と感じている時間帯を主観的夜と呼ぶ．主観的夜の光刺激によって概日時計の位相は後退もしくは前進するが，主観的昼の光刺激は位相変化には影響を及ぼさない．視交叉上核において，主観的夜の光刺激によって時計遺伝子である*Per1*と*Per2*のmRNA量が急激に上昇する．このような遺伝子の発現量の上昇は，主観的昼に光刺激を受けても観察されない．そのため*Per*遺伝子のmRNA量の上昇が光位相シフトに重要な役割を果たすと考えられており，細胞内のシグナル伝達機構が研究されている．

〔羽鳥　恵〕

106

光応答と視交叉上核
Suprachiasmatic nucleus and photic entrainment

概日リズム，リズム中枢，網膜視床下部路

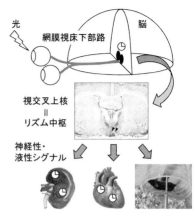

図1　視交叉上核の機能

単細胞生物からヒトに至るまで多くの生物の生理機能には地球環境の24時間周期に合わせた内因性の変動が観察される．この変動すなわち概日リズムは，個々の細胞内における遺伝子やタンパク質の量や機能のリズムによりつくられる．全身に存在する細胞はそれぞれ固有のリズムをもつが，ホルモンや神経などさまざまな伝達手段により他の細胞と互いに連絡し，組織，臓器，個体のそれぞれのレベルで適切かつ統合されたリズムを発振する．哺乳類において個体レベルでリズムの統合を行う中枢は視床下部に存在する視交叉上核（suprachiasmatic nucleus；SCN）である．視交叉上核は網膜からの明暗情報を得て，概日リズムを環境に合わせて調節する．

視交叉上核の解剖学的特徴

視交叉上核は視床下部の前腹側，第三脳室を挟んで左右に存在する1対の神経核であり，齧歯類では網膜から伸びる視神経が交差する視交叉の直上に位置する（図1）．マウス視交叉上核は片側に約10000個のニューロンが高密度に存在し，組織として統合された，昼に高く夜に低い発火頻度の概日リズムを示す．視交叉上核ニューロンは発現しているペプチドにより腹外側部と背内側部の2領域に分けられる．腹外側部は血管作動性腸管ペプチド（vasoactive intestinal peptide；VIP）を発現し，網膜視床下部路（retinohypothalamic truct；RHT）を介して網膜から直接神経連絡を受ける．背内側部はバゾプレッシンを発現し腹外側部からの連絡を受ける．視交叉上核内にはこのほかにガストリン放出ペプチドやカルレチニンなどを発現するニューロン

がある．視交叉上核ニューロンからの出力は室傍核下部領域や視床下部背内側核を経由し，行動や体温のリズムを形成する．

リズム中枢としての視交叉上核

視交叉上核が哺乳類のリズムを統合する中枢であることは以下のような実験により証明された．齧歯類の視交叉上核を電気的に破壊すると行動やホルモン分泌にみられる概日リズムが消失する．次に視交叉上核破壊動物に，胎児視交叉上核を移植すると概日リズムが回復する．このときドナーにリズム周期異常を示す遺伝子変異動物を用いると，レシピエントではなくドナーの周期でリズムが回復する．

視交叉上核はニューロン間のシナプスを介した相互作用により強固なリズムを形成しており外的刺激による影響を受けにくい．ニューロン間の電気的なつながりをナトリウムチャネル阻害剤で抑制するとリズムは外的刺激に対して影響されやすくなる．

視交叉上核の役割は外界の昼夜変化に合わせ，全身の組織に存在する末梢のリズムを調節することにある．視交叉上核を破壊すると肝臓や腎臓などのリズムは脱同調，すなわちそれぞれの器官内の細胞の時刻が

ばらばらになり,器官全体としてのリズムが減弱する.視交叉上核は自律神経を介した神経性の調節,およびホルモンなど液性の調節により末梢器官のリズムを制御する.

視交叉上核の光応答

網膜が光刺激を受けると,数分以内に視交叉上核ニューロン内にc-fosなどのimmediate early geneや時計遺伝子Period1の発現が上昇する.これらの発現上昇には時刻依存性があり,夜間の光刺激は遺伝子発現を誘導するが昼間の光では誘導されない.光刺激により活性化した網膜神経節細胞(retinal ganglion cell)の軸索は網膜視床下部路を通り,グルタミン酸を伝達物質として視交叉上核腹外側ニューロンに情報を伝える.グルタミン酸が受容体に結合しニューロンの膜電位が脱分極すると,複数の細胞内シグナル伝達経路が活性化し,Period1上流のcAMP応答配列(CRE)に転写因子が結合し転写が促進される.膜電位あるいは時計遺伝子発現量の変化は視交叉上核ニューロンが示す時刻を変化させる.

光応答の発達

齧歯類視交叉上核は胎生後期に発生し,胎児期にすでに時計遺伝子や代謝のリズムが認められる.胎児のリズムは母親のリズムに同調しており(母子同調),この同調は出生後数日にわたり継続する.出生後母子同調は徐々に消失し,周囲の明暗環境に対する同調,すなわち光同調に置き換わる.ラットでは網膜から視交叉上核への投射は出生直後から形成され,生後10日程度まで増加する.光刺激による視交叉上核内c-fos上昇は生後1日目から観察される.出生後も視交叉上核内シナプスや液性の連絡の増加によるニューロン間相互作用は発達する.新生児期は外的刺激に対する視交叉上核リズムの反応性が高く,リズムは攪乱されやすい.

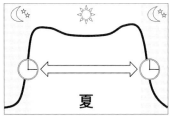
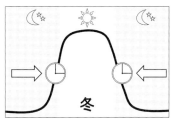

図2 季節変化への適応

環境変化への適応

海外旅行時に経験される時差ぼけは環境の明暗周期の急激な変化により引き起こされる.これは視交叉上核は早期に新しい明暗周期に同調するのに対し,末梢器官は遅れて同調するため,体内で一過性に同調関係が崩れるために起こると考えられる.視交叉上核の概日リズムは季節性の日長変化に対する適応も司る.昼が長い条件下で飼育されたハムスターの視交叉上核は発火頻度の高い時間帯が長い,あるいは二峰性のピークを示す.その機序として朝の光に応答するニューロンと夕方の光に応答するニューロンが視交叉上核内に存在し,それらの活動する時刻が日長変化により移動することが考えられている(図2).

視交叉上核はその形態的特徴により強力なリズムを発振し全身のリズムを統合する機能をもつ.また,網膜と直接連絡していることから,外界の光環境への同調を可能にしている.

〔西出真也〕

哺乳類の光環境応答-行動リズム
Light responses in mammalian circadian rhythms-behavioral rhythms

概日リズム，輪回し行動，マウス

哺乳類の行動は「昼と夜」を1サイクルとする明瞭な日内リズムを示す．行動リズム周期は総じて平均すると光環境の変化を引き起こす地球の自転周期（24時間：1日）となる．概日周期の内因性自律振動体が，光環境リズムの外因性周期に引き込まれ，行動をはじめとするダイナミックな生体機能を制御することが，概日システムの基盤となる．

哺乳類の行動リズム

哺乳類の概日行動リズムの解析は，齧歯類を用いた輪回し行動測定によって多くの知見が明らかにされてきた．輪回し行動測定は動物飼育箱に運動用回転輪を設置し個別飼育することで，対象動物が自発的に輪回しを行った回転数を経時的に記録する（図1）．測定中，エサ・水の補給は常時可能とし，温度・湿度は一定に保つ．行動リズムにおいて光環境は最も重要な要素であるため，測定は外部の光環境から遮断された光環境箱内で行う必要があり，人工照明により昼（明期）と夜（暗期）を厳密にコントロールする．光環境箱は，恒常暗や恒常明の定常光環境を維持することができ，さらに照度・波長などのパラメータを変えた光パルスを付与することも可能である．実験用マウス（Mus musculus）は夜行性であり，夜間（暗期）に活発に輪を回す．24時間サイクル光環境（12h明／12h暗）で輪回し行動測定を行った場合，マウスは消灯直後数分内に輪回し行動を開始する．実際のマウス行動を観察すると，あたかも照明が消える時刻を予測するかのように消灯数分前に目覚め，摂食・飲水行動を行い，輪回し開始に備えている様子がわかる．

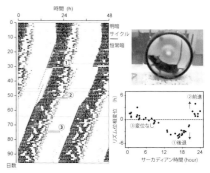

図1　マウス輪回し行動リズムの6時間光パルス（灰色四角）に対する位相反応

一方，光環境を一定とし環境からの時間的手がかりをなくす恒常暗環境を維持した場合，マウス輪回し行動開始時刻は毎日十数分早くなる．行動リズム周期自体は24時間より短いが，リズムの安定性・正確性はきわめて高い．あらゆる外因環境条件が一定のなかでも継続する行動リズムは，生体内に存在する概日時計機構に駆動される内因性リズムであり，自由継続リズムと呼ぶ．自由継続周期は厳密に24時間ではないが，光環境サイクルに引き込まれ微調整される性質をもち，これを同調と呼ぶ．自由継続と同調は振動現象として理解される概日行動リズムの二大要素であり，光は概日リズムの最も強力な同調因子である．

位相反応曲線

概日行動リズムが光環境サイクルに同調できるのは，光に対する反応性が周期的に変化するためである（図1）．恒常暗環境下で自由継続しているマウスの活動期（主観的夜；マウス活動期は「暗期」に相当するが，常に暗環境下で自由継続しているため"主観的夜"と呼ぶ）前半に光パルスを与えると，翌日の輪回し行動開始時刻は大きく遅れる．一方，活動期（主観的夜）後半に光パルスを与えると，以降の活動開始時刻は自由継続周期以上に早くなる．活動休

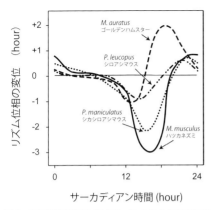

図2 夜行性齧歯類の15分光パルスによる位相反応曲線（Pittendrigh & Daan 1976 より改変）

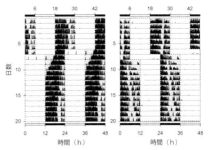

図3 マウス輪回し行動リズムの明暗サイクル6時間変位（前進・後退）に対する再同調

止期（主観的昼）に同様の光パルスを与えても，行動リズムは変化しない．概日リズムを振動現象ととらえることでタイミングの変化は位相変位と表され，光が当たるリズム位相に依存して位相変位の大きさや方向が異なる．光パルス位相とリズム位相変位の関係をグラフ化したものが位相反応曲線である（図1, 2）．位相反応曲線のかたちは入力する光パルスの照度・波長・持続時間に依存して異なるが，位相前進相，位相後退相，無反応相の3つの部分からなる基本構造は夜行性，昼行性を問わず種を超えてヒトでも保存されている．一方，夜行性齧歯類に限った場合にも種によって特性が異なることは，行動リズムの光反応性は遺伝的に規約されることを示している（図2）．

概日リズムの光同調

恒常暗環境下における自由継続周期が23.8時間であるマウスが24時間の光環境に同調するには，1サイクルごとに0.2時間の微調整が必要になる．この同調機序は光パルスが引き起こす位相反応曲線に基づいて説明される．明暗12hごとの24時間光環境サイクルに同調する場合，明期は行動リズムの位相前進相に始まり，位相後退相に終わる．ここで，明暗サイクルには点灯時の暗→明変化，消灯時の明→暗変化と2度の照度変化がある．それぞれの照度変化が光パルスと同等に位相反応を引き起こすと仮定すると，｜点灯時位相前進量｜－｜消灯時位相後退量｜＝－0.2時間　となるリズム位相で光環境サイクルに固定されることで周期の補正が達成される．また，明暗サイクルの位相を変位させると行動リズムは新しい明暗サイクルに再同調する．輪回し行動の開始時刻を指標にリズム同調を評価すると，完全に再同調するまでには数サイクルの移行期間が必要である．移行期間は明暗サイクルを早めた場合と遅らせた場合では異なり，一般に行動リズムを前進させて再同調する場合多くの日数を必要とする（図3）．

この再同調過程を説明するうえでも位相反応曲線は有効である．位相反応曲線における後退相の範囲が大きいこと・後退変位の変位量が大きいことから，後退移行のほうが速やかに完了することは予測できる．明暗サイクルの位相変位は時差ぼけ（ジェットラグ）のシミュレーションととらえることができ，前進変位は東回り飛行，後退変位は西回り飛行を模す．時差ぼけは東回り飛行のほうがシビアであるのは，光環境と生体リズムとが乖離状態となる移行期間が長いことが要因かもしれない．〔中村　渉〕

メラトニン
Melatonin

松果体，網膜，生物時計，光環境

ウシ松果体抽出物がカエルや魚類の体色を明化させることが1917年に報告された．この物質は単離されてメラトニン（melatonin）と命名され，構造が N-acetyl-5-methoxytryptamine と決定された．本項では，光と生物時計によるメラトニンの合成制御機構，メラトニン受容体を介した生理作用を解説する．

メラトニン生合成系

メラトニンは脊椎動物の松果体や網膜でおもに合成される．無脊椎動物や植物にもメラトニンが存在するという報告もある．脊椎動物において，メラトニンは必須アミノ酸であるトリプトファンから4段階の酵素反応で合成される（図1）．

トリプトファンは，トリプトファンヒドロキシラーゼ，ドーパデカルボキシラーゼ（芳香族アミノ酸デカルボキシラーゼ）によりセロトニン（serotonin）に転換される．セロトニンからアリルアルキルアミン N-アセチルトランスフェラーゼ（AANAT：セロトニン N-アセチルトランスフェラーゼ），アセチルセロトニン-O-メチルトランスフェラーゼ（ヒドロキシインドール-O-メチルトランスフェラーゼ）によりメラトニンが産生される．メラトニン合成の律速段階は多くの場合，AANAT活性である．

松果体や網膜のメラトニン含量は，明暗条件下では明期に低く暗期に高い日周リズムを示す．暗期の長さが長くなるとメラトニン分泌亢進時間の長さも長くなる（図2A）ことから，メラトニンは明暗情報のみならず日長の季節変化を体内に伝達するホ

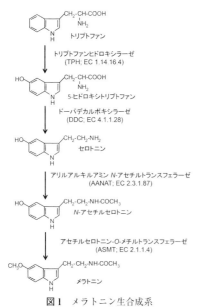

図1　メラトニン生合成系

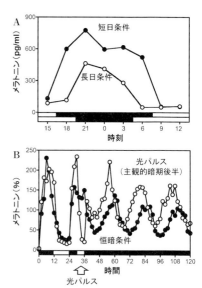

図2　メラトニンの日周リズムと概日リズム
A：サクラマス血中メラトニン濃度に及ぼす日長の影響．B：アユ培養松果体からのメラトニン分泌の概日リズム，および光パルスによるメラトニン分泌抑制と概日リズムの位相変異．

ルモンであると考えられる．このリズムは，恒暗条件下でも存続し概日リズムを示す（図2B）が，恒明条件下では消失する．また，暗期における急性光照射もメラトニン含量を急激に低下させる．光照射は時刻に応じて生物時計の位相変位を引き起こす．すなわち，メラトニン合成の制御には環境の光条件と生物時計が関与する．

　メラトニン合成を制御する光受容部位と生物時計の局在は進化の過程で大きく変遷した．哺乳類では，光情報は網膜で受容され，視交叉上核に存在する生物時計を同調し，視交叉上核からの神経情報が室旁核，上頸神経節などを経て松果体に交感神経として入力し，メラトニン合成が制御される．一方，光感受性松果体をもつ魚類などの場合には，光受容能，生物時計，メラトニン合成能の三者を併せもつ光受容細胞自身の中でメラトニンの合成制御は完結する．鳥類は哺乳類と魚類のメラトニン合成制御系を併せもつという．

　ラットやニワトリ松果体のAANAT mRNA量のリズムは転写レベルで制御されており，ラットでは昼夜で200倍くらい以上変動するが，ヒツジでは2倍程度で，転写レベルでのメラトニン合成の制御機構には種差がある．これに対して，暗期の光照射はただちにメラトニン合成を抑制するが，この光抑制はAANATタンパク質がプロテアソームにより分解されるためである．

メラトニンの生理作用

　メラトニンはメラトニン受容体（melatonin receptor）を介して生用する．メラトニン受容体特異的高親和性リガンド2-[^{125}I] ヨードメラトニンを用いたラジオレセプターアッセイや *in vitro* オートラジオグラフィにより，脳（おもに視交叉上核），網膜，下垂体隆起葉などにおけるメラトニン受容体の分布や性状が明らかにされた．その後，メラトニン受容体遺伝子がクローニングされ，Gタンパク質共役型受容体であることがわかった．メラトニン受容体はおもにGiと共役し，アデニル酸シクラーゼ活性を抑制しサイクリックAMP産生を抑制する．高親和性のメラトニン受容体は，MT1（MEL1a），MT2（MEL1b），MEL1c（哺乳類には存在しない）の3サブタイプに分類されている．メラトニン受容体サブタイプそれぞれに特異的なアゴニスト，アンタゴニストはまだ開発されていない．メラトニンの生理作用を以下に示す．

魚類や両生類の体色変化：　メラトニン発見のきっかけとなった生理作用であり，古くはメラトニン測定のバイオアッセイとして利用された．皮膚に存在する黒色素胞のメラノソームの凝集反応をメラトニンは誘導し，体色を明化させる．

光周情報（昼夜と日長）の伝達：　松果体は暗期の長さをメラトニン分泌亢進時間の長さに変換する．このメラトニン分泌亢進時間は下垂体隆起葉のメラトニン受容体により受容され，甲状腺刺激ホルモン分泌を介して脳室上衣細胞に発現する甲状腺ホルモンの活性化酵素Dio2の発現が制御され，季節繁殖が制御されていることが近年明らかになった．

生物時計の同調：　視交叉上核に存在するメラトニン受容体は生物時計の同調に関与する．メラトニンの定時投与を繰り返すとフリーランしている動物の行動の概日リズムを24時間周期に同調できる．また，主観的明期（昼間に相当する時間帯）後半のメラトニン投与は位相前進を引き起こす．

網膜機能の制御：　網膜で合成されるメラトニンは網膜内のメラトニン受容体に作用すると考えられる．視感度，眼圧，網膜運動反応，桿体外節の脱落リズム，ドーパミンのリズムなどの制御に関与する．

睡眠の制御：　メラトニンはヒトの睡眠を誘導する．また，深部体温を下降させることも知られている．
〔飯郷雅之〕

睡眠の制御機構
Regulation of sleep/wakefulness

睡眠中枢,覚醒中枢,視床下部,オレキシン

われわれは1日に1回ないし数回,睡眠という形で生理的に意識を失い,そして睡眠後は自然と意識が戻り覚醒する.ずっと起きつづけていると自然と眠気が生じて脳は眠りに入ろうとする.頑張って断眠(徹夜)すると,起きつづけることはできるが,思考,記憶,判断力といった脳の高次機能は著しく低下する.また,一晩や二晩程度の断眠は可能でも,まったく眠らずに活動を続けることは不可能である.動物実験では,長時間断眠させると絶食させたときよりも短い時間で死に至ることが知られている.これらのことから,睡眠は脳が脳自身のために行っており,正常な脳機能を維持するために必要な生理現象あることがわかる.1日(24時間)のうち8時間眠るとすると,人生の1/3もの時間を睡眠に費やすことになる.にもかかわらず,睡眠覚醒がどのように調節されているのかについては未だによくわかっていない.

われわれの睡眠覚醒状態は以下の3つに大別することができる.すなわち,覚醒,ノンレム睡眠,レム睡眠である.覚醒時には大脳皮質の活動が高くなっており,意識が生じて,思考などの高次脳機能を発揮できるだけでなく,自らの意思で自由に体を動かすことが可能である.睡眠はノンレム睡眠とレム睡眠に分かれており,必ずノンレム睡眠が先行する.ノンレム睡眠が開始されると,大脳皮質の活動は低下し意識が消失する.筋肉の緊張が低下し,呼吸のリズムは一定となる.ノンレム睡眠の深度が一度深くなった後,一転して浅くなるとレム睡眠が開始される.レム睡眠時には大脳皮質の活動が再び活発になり,このときに夢を見ていると考えられている.また,レム睡眠時には呼吸リズムが乱れ,筋肉は完全に脱力する.レム睡眠後は再びノンレム睡眠に戻るかレム睡眠から覚醒する.このように通常は覚醒から直接レム睡眠に移行することはない.これらの状態変化は神経によって調節されている.特に視床下部前方部の視索前野は睡眠中枢(sleep center)として知られている.この部位のGABA作動性神経は睡眠時に活動が高くなっており,睡眠の開始と維持に重要な働きを担っているとされる.一方,視床下部後部や中脳上部のモノアミン作動性神経群(ノルアドレナリン神経,セロトニン神経,ヒスタミン神経)は覚醒中枢(wake center)として知られており,覚醒時に活動が高くなっている.これら2つの中枢は互いに抑制し合う相互抑制の関係にあるとされる(図1).睡眠中枢から覚醒中枢への抑制が強くなると,覚醒中枢から睡眠中枢への抑制が外れ,睡眠が開始される.覚醒が生じる場合はこの逆が起きる.このような関係によって睡眠と覚醒が調節されている.

オレキシン(orexin)は1998年にオーファンGタンパク質共役型受容体に対する内因性リガンドとして同定された神経ペプチドである.オレキシンを産生する神経,すなわちオレキシン神経は,本能行動や恒常性機能の中枢として知られる視床下部のみに存在し,そこから小脳を除く脳のほとんどの領域に軸索を投射している.特に睡

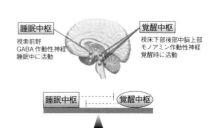

図1　睡眠中枢と覚醒中枢の相互抑制

眠覚醒調節に重要とされるモノアミン作動性神経（ノルアドレナリン神経，セロトニン神経，ヒスタミン神経）の起始核（青斑核，縫線核，結節乳頭体核）やアセチルコリン作動性神経の起始核（小脳脚橋被蓋核）などに密な投射が認められる．オレキシンにはオレキシンAとオレキシンBが知られており，共通の前駆体であるプレプロオレキシンから産生される．オレキシンAとオレキシンBは2つのGタンパク質共役型受容体であるOX1RとOX2Rに作用する．OX1RはオレキシンAに対して高い親和性を示すが，OX2RはオレキシンAとBに対して等しい親和性を示す．脳内におけるOX1RとOX2Rの分布のパターンは異なっている．たとえば，青斑核にはおもにOX1Rが，結節乳頭体核にはおもにOX2Rが発現している．一方，縫線核にはOX1RとOX2Rの両方が発現している．オレキシン受容体はいずれもGqタンパク質と共役しており，神経細胞を活性化させる．

プレプロオレキシン遺伝子欠損マウスの行動解析から，オレキシンが睡眠覚醒調節に重要な役割を担っていることが明らかになってきた．プレプロオレキシン，OX2R遺伝子を欠損した動物，もしくは，オレキシン神経を脱落させた動物がいずれも睡眠覚醒を頻繁に繰り返し，突然脱力して動けなくなる発作を起こした．これらの症状はいずれも，睡眠障害として知られるナルコレプシー（narcolepsy）において認められる症状に酷似していた．ナルコレプシーの主症状は，日中の耐え難い眠気，入眠時幻覚，情動脱力発作である．ナルコレプシー患者は普通では眠らないような状況でも寝入ってしまい，また，覚醒から直接レム睡眠に入るため，寝入りばなに現実と区別できないような夢を見てしまう．また，笑う

図2 オレキシン神経による覚醒状態の安定化（左）と，オレキシン神経の脱落による睡眠覚醒状態の不安定化（右）

などポジティブな感情の変化によって脱力して倒れてしまう発作を呈する．実際にナルコレプシー患者の脳では脳脊髄液中のオレキシン濃度が検出限界以下に低下しており，死後脳の解析からもオレキシン神経だけがなくなっていることが明らかになった．このオレキシン神経特異的な脱落の原因は十分解明されていないが，自己免疫疾患の可能性が高いと考えられている．これらのことから，オレキシン神経特異的な脱落がナルコレプシーの原因であることが判明し，オレキシン神経が睡眠覚醒調節において重要な役割を担っていることが明らかとなった．オレキシン神経は覚醒中枢に投射し，これを活性化させることから，睡眠中枢と覚醒中枢との間の相互抑制関係を安定化し，覚醒状態を維持するのに重要な役割を担っていると考えられる（図2）．

睡眠覚醒はすべての神経回路が保存された動物個体でのみ発揮される生理現象である．これまで技術的な問題から神経活動と睡眠覚醒状態変化をつなげるような研究を行うことが難しかった．しかし，近年開発されて急速に発展している光遺伝学「オプトジェネティクス（optogenetics）」を用いることによって，神経活動と行動発現との因果関係について個体を用いて直接解析することが可能となり，その調節の仕組みの一部が解明されつつある．〔山中章弘〕

ヒトの生物時計制御と光環境
Circadian clock and light conditions

フリーランリズム，同調因子，高照度光，位相反応曲線，季節変動

ヒトの生理機能を長期間にわたり測定すると明瞭な約24時間リズム（概日リズム）がみられる．生理機能にみられる概日リズムは外界の昼夜変化や時刻情報によりつくられる外因性のリズムではなく，生体内のリズム発振機構である生物時計により駆動される内因性のリズムである．外界の時刻情報や昼夜変化を取り除いた恒常環境下では，24時間よりも長いリズム周期を示す．本項ではヒト生物時計のリズム同調機序と季節変動に伴う日長変化が生物時計のリズム同調に与える影響について解説する．

フリーランリズム

ヒトの生理機能には，明瞭な約24時間リズムが観察され，昼行性動物であるヒトが昼間に活動し，夜間に睡眠をとるのに最適な体内環境となるように各リズムの位相関係が維持されている．環境の昼夜変化や時刻情報から隔絶された環境においても生理機能の周期性は持続し，フリーランリズムと呼ばれる．恒常条件下で測定されたフリーラン周期は，約25.0時間であることが報告されている．また，フリーラン周期には性差があり，女性（24.8時間）が男性（25.4時間）に比較して短いフリーラン周期を示す．しかし，フリーラン周期は測定する実験条件により異なることが報告されている．脱同調パラダイムと呼ばれる20時間周期あるいは28時間周期の生活スケジュール下で測定されたフリーラン周期は，古典的なフリーラン実験に比べて短い24.2時間となる．脱同調パラダイムは，睡眠と覚醒，覚醒時の光の影響を平均化することで真のフリーラン周期を測定できると推測される．しかし，強制的なスケジュールに伴う不眠やストレスなどが生物時計に影響している可能性もあるため，ヒトのフリーラン周期については依然として議論がある．

リズム同調

ヒトのフリーラン周期は約25時間であるため，24時間の環境周期に同調させるには毎日生物時計の内因性周期を24時間に補正する必要がある．生物時計の周期や位相を調節する環境因子を同調因子と呼び，ヒトの生物時計にとって最も強力な同調因子は外界の昼夜変化（高照度光）である．フリーラン周期を環境周期に補正することをリズム同調と呼ぶ．リズム同調は，周期調節（パラメトリック同調）と位相調節（ノンパラメトリック同調）により行われる．ヒトの生物時計のリズム同調は，高照度光に対する位相反応曲線（ノンパラメトリック同調）でよく説明されている．

高照度光に対する位相反応曲線

リズム同調に必要な位相変化量は，生物時計のフリーラン周期（τ）と同調因子（昼夜変化）の周期（T）との周期差（$\Delta\varphi$）で表される（$\Delta\varphi = \tau - T$）．

図1は，恒常環境下で概日リズムがフリ

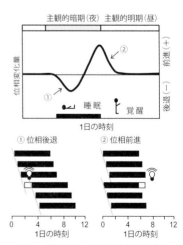

図1 高照度光に対する位相反応曲線

ーランしている被験者に高照度光（約5,000ルクス，3時間）をさまざまなリズム位相に照射して作成した位相反応曲線（phase response curve；PRC）の模式図である．光に対する位相反応曲線の形は生物種間で共通であり，主観的暗期の前半（夜間）の光照射はリズムを位相後退させ，主観的暗期の後半から主観的明期の前半（朝方）の光照射はリズムを位相前進させ，主観的明期の後半の光照射はほとんど位相変化を起こさない．つまり，普段の生活環境では，ヒトは起床後，朝方に太陽光を浴びることで生物時計を位相前進させ，24時間の昼夜変化への同調を達成している（光同調）．

ヒトの生物時計の光同調に必要な光情報は，網膜神経節細胞に含まれるメラノプシンと呼ばれる光受容体で感受され，網膜視床下部路を経由して哺乳類の生物時計中枢が存在する視床下部視交叉上核に伝達される．そのため，形態視が障害された全盲患者であっても眼球が保存されている場合は生物時計の光同調が可能な場合がある．

生物時計の光に対する反応性は，光の照度，光の照射時間により変化し，光照度が高ければより大きな位相反応が生じる．ヒトの生物時計の光同調には数キロルクスで数時間の高照度光が必要である．ちなみに晴天時の太陽光は約100,000ルクス，曇天時で約5,000ルクスであり，自然光は生物時計の同調には十分な照度がある．また，光波長も位相反応に影響し，メラノプシンの最大吸収波長である470〜520 nmの短波長光（青色光）が最も影響する．

季節変動

自然環境には，地球の公転による日長（日の出・日の入時刻）と光照度の季節変動がみられる．夏季は冬季に比べて，日の出時刻が早く，日の入時刻が遅くなり，日長時間が長くなる．光照度は，夏季に高く，冬季に低い．日長変化や光照度にみら

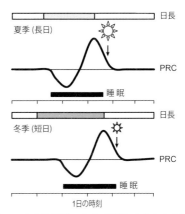

図2　ヒト生物時計のリズム同調にみられる季節変動の機序

れる季節変動は，ヒトの生物時計の光同調に影響する．健康人を対象に恒常環境下で睡眠時間，深部体温リズム，メラトニンリズムの季節変動を測定した実験では，メラトニンリズム，深部体温リズムは夏季に前進，冬季に後退した．また，起床時刻も夏季に前進，冬季に後退し，睡眠時間が夏季に比べ冬季で長くなった．この結果は，高照度光に対する位相反応曲線におけるリズム同調を達成する時刻が季節によって変化することで説明される．ヒトの生物時計のリズム同調に必要な朝方の光は，夏季では冬季に比較し早い時刻に強い光を浴びるため概日リズムが位相前進する（図2）．

ヒトの生物時計は，地球の自転および公転により生じる昼夜変化・日長変化を同調因子として生理機能の概日リズムを制御する．しかし，人工照明が発展し，24時間化した現代社会では，交代勤務や深夜残業など生物時計に逆らった生活を送る機会も少なくない．その結果，睡眠時間が不足し，慢性的な睡眠不足状態になる社会的時差ぼけ（Social Jet-lag）が近年問題視されている．

〔山仲勇二郎〕

ヒトの交代制勤務と光環境
Shift work and light environment

夜間光刺激，生活習慣病，がん

ヒトには概日周期と呼ばれる生体リズムが生来，備わっており，このリズムの最も強い調節因子は光である．朝，起床時に光を浴びることは概日周期の調整に役立つが，夜間の光刺激は概日周期の乱れ（体内時計の位相の遅れ）の原因となる．

夜間光刺激（light at night）による曝露を慢性的に受けているのが交代制勤務者である．交代制勤務（shift work）は日中に加えて，本来は休息をとるべき夜間にも及ぶ，長時間の連続操業を必要とする産業労働現場で広く導入されている．厚生労働省が実施した労働者健康状況調査（平成24年）によれば，わが国の労働者の21.8%，実に5人に1人は深夜業（午後10時から午前5時までの時間帯の業務）に従事しており，推計深夜業労働者数は1200万人にのぼる．

夜間光刺激による慢性曝露を受ける交代制勤務者はさまざまな健康リスクにさらされていることが明らかになっている．図1は日本の製造業企業の労働者約1万人を28年にわたって追跡した大規模コホート研究の結果である．実線で表された日勤者と比較して，破線で表された交代制勤務者は生存曲線がより早く低下しており，多くの労働者がより早期から肥満に陥っていることが視覚的に示されている．この研究では交代制勤務者の体重増加傾向は就業開始後数年間は顕著ではないが，30歳を過ぎた頃から顕著となり，勤務開始（追跡開始）から10年を過ぎた頃から肥満リスク（肥満判定基準はBMI 25.0 kg/m² 以上）として顕在化することが指摘されている．

交代制勤務者はこのほかにも睡眠障害や

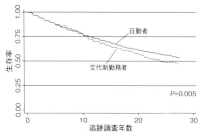

図1　交代制勤務者の肥満リスク

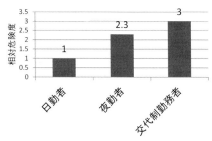

図2　交代制勤務者の前立腺がんリスク

胃腸障害などの早期影響から，糖尿病，高血圧症などの中期影響，そして晩期影響としては虚血性心疾患や脳卒中などの循環器疾患に加え，近年では前立腺がんや乳がんなどの悪性腫瘍リスクが上昇すると報告されている．また女性特有のリスクとして月経周期の乱れ，月経痛，低妊娠率，流早産，胎児の成長不全（低体重児出産）などの報告がある．

図2は文部科学省の補助によって日本人を対象に実施された大規模コホート研究JACC Studyからの報告で，約14,000人の男性勤労者を対象に勤務時間ごとの前立腺がんリスクを検討した結果である．この研究では，働く時間が昼夜決まっていない交代制勤務者は仕事の時間が昼間に限られる日勤者と比べて前立腺がんにかかるリスクが3.0倍有意に高いことが観察された．なお仕事の時間が夜間のみの夜勤者（夜間固定勤務者）は日勤者と比べて2.3倍のリス

ク上昇という結果であったが，この結果については統計学的有意差は検出されなかった．夜間光刺激（夜間労働時間）の総量がより多いと思われる夜間固定勤務者よりも，昼間も働くために夜間光刺激が相対的に少ない交代制勤務者のほうがリスクが高かったという結果については，夜間光刺激の総量よりも，昼夜かまわず不規則な光刺激を受けることよって引き起こされる概日周期の乱れのほうがより強固な健康規程要因であることを示唆する所見として認識されている．

概日周期の乱れに伴って悪性腫瘍が発生するメカニズムとしては，メラトニンを軸とした体内ホルモン環境の変化や免疫機能の抑制，発がん遺伝子の発現異常など複数のメカニズムが指摘されている．最近の研究では乳がんリスク上昇は夜型よりも朝型の女性労働者でより顕著であることなどが報告されている．なお世界保健機関WHOの下部機関で発がん性に関する権威ある科学的分類を発表している国際がん研究機関International Agency for Research on Cancerは，交代制勤務による発がんリスクに関するエビデンス（科学的証拠）の蓄積を受けて"交代制勤務（概日周期の乱れを含む）"による発がん性をGroup2A（おそらくヒトに対して発がん性がある）に分類するとする最終報告書を2010年に発表している．これを受けてデンマークでは20年以上の交代制勤務従事の後に乳がんに罹患した女性労働者に対して同国の労働者災害補償保険による保償が給付される状況に至っている．

交代制勤務による健康影響を最適化するための光環境の調整については未だ結論は得られていない．職場での光環境管理として，夜間光刺激を弱めることは概日周期の乱れという観点からは健康にとってポジティブな影響を及ぼすと考えられる．一方で暗い職場環境は眠気を誘発する可能性があり，労働災害事故などの安全上のリスクが高まってしまう可能性がある．逆に夜間の職場照明を明るくすれば眠気を抑制し安全リスクは低下するが健康上のリスクが上昇してしまう可能性が指摘されている．

概日周期の調整についても結論は出ておらず，日勤や夜勤などの勤務シフトごとに生体リズムを移行させていく（対処例：夜勤明けに帰宅する際にはサングラスをかけて朝の光刺激を避けリズムを夜型に合わせようとする）という考え方と，日勤からできるだけズレないようにする（対処例：連続する夜勤数を減らして夜勤への適応を避け，夜勤時も極力，日勤生活リズムを維持する）という考え方がある．以前は前者が主流だったが最近は後者を支持する知見が増えてきている．これらについて科学的結論が導かれていないのは，光環境変化による生体影響ないし概日周期の乱れをヒトにおいて測定する方法が未だ十分には確立されていないことが主たる原因である．

重要なことにたとえ危険性が明らかであっても交代制勤務を社会からなくすことはできない．実際の労働現場では，企業で労働者の健康にあたる医師（産業医）などが，病気にならない（一次予防）ために普段から生活習慣指導などを行い，いざ病気にかかった際の早期発見早期治療（二次予防）のために定期健康診断を実施し，社会復帰促進（三次予防）のために通院時間を確保しながら働きつづけられる職場環境調整を行うなど，複数の予防策を組み合わせてこの避けられないリスクに対処している．

健康の観点からの職場光環境管理は現状では照度維持など一部の分野に限られているが，早晩，各労働者固有の生体リズム（朝型・夜型など）や勤務スケジュールに応じて光環境を調整する時代が訪れるだろう．

〔久保達彦〕

認知症と光環境
Dementia and light environment

光環境，認知症，概日リズム，睡眠

高齢者と光環境

　環境光は人の生物時計の最も強力な同調因子である．網膜から入射した光には，後頭葉の一次視覚野を介した「物を見る」視覚作用のほかに，網膜-視交叉-視交叉上核（網膜視床下部路）を介した生物時計の調節，室傍核を介した交感神経刺激と覚醒作用，縫線核を介した気分調節など多様な非視覚作用を有する（図1）．

　全盲，極地圏，宇宙空間などの特殊条件下を除けば，生物時計の24時間同調を含めた非視覚性作用を維持するのに十分な生活環境光を享受していると思いがちだが，高齢者，特に認知症高齢者に関してはその認識は正しくない．自然光（高照度光）への曝露機会の減少，不適切な時間帯における光への過剰曝露，日照量や日長時間の季節変動などが原因となって生じる睡眠・覚醒リズム障害（概日リズム睡眠・覚醒障害）や抑うつ状態が生じることが知られている．

認知症と概日リズム障害

　アルツハイマー病やレビー小体型認知症などの認知症に罹患した高齢者では，夜間不眠と日中の傾眠が目立ち，睡眠時間が昼夜に分断して睡眠リズムが不規則になることが多い．これは概日リズム睡眠障害（不規則睡眠・覚醒型）と呼ばれる睡眠障害の一型である．夜間徘徊などの異常行動や生活機能障害をしばしば随伴するため，在宅介護が困難になり施設に入所する原因になることも多い．認知症では生物時計の首座である視床下部の視交叉上核とその投射路に器質的および機能的障害が生じるため，睡眠のみならず，自律神経系，内分泌系，循環器系機能など広範な生体リズム（概日リズム）に異常が認められ，病期の進行とともに重症化する．

概日リズム障害の原因

　認知症で概日リズム障害が増加する要因は大きく3つに分けられる．第一は視交叉上核とその神経連絡路の異常，第二は生物時計の同調異常，第三は大脳皮質など睡眠・覚醒を形成する臓器・器官の障害である（図2）．第一の要因として，アミロイド

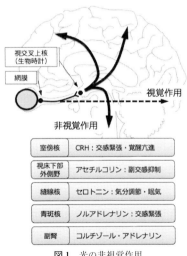

図1　光の非視覚作用

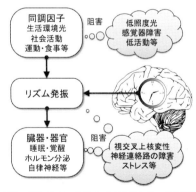

図2　認知症での生物リズム異常とその背景要因

βタンパク質の沈着などによる視交叉上核細胞の変性や脱落，リズム周期に影響を与えるアセチルコリン作動性神経の機能異常などが知られている．第二の要因で最も重要なのが光同調機能の減弱であり，主として高齢者が低照度環境光の下で生活していることに起因する．またアルツハイマー病では黄斑変性症や視神経萎縮の頻度が高く，光受容・光位相反応が低下している可能性も指摘されている．加えて，第三の要因である高次脳機能障害による時刻認知の不能，社会的孤立，感覚受容器の機能低下などからリズム同調能力はさらに低下する．

認知症高齢者を取り巻く光環境

高齢者，特に認知症高齢者は身体的ハンディキャップや精神症状のために外出して自然光を浴びる機会が少なくなる．ましてや不眠があると午睡（閉眼）が増加するためさらに網膜への入射光量は減少する．結果的に網膜メラノプシン細胞-網膜視床下部路を介した光同調能が減弱する．施設入所中の高齢者が浴びる眼球部位での光照度は日中でも平均で300〜500ルクス程度であるとの報告もある．これは一般的な家庭の夜間照明を下回り，人の概日リズム同調にとって不十分である．採光を工夫した施設でも輝度を上げる視覚的な効果はあるものの，リズム同調に効果的な数千ルクスレベルの照度光が得られるのは窓辺の近くのごく限られたスペースのみである場合が多い．

日照曝露のタイミング

高照度光には概日リズム位相を変位（シフト）させる効果がある．午前0時〜7時に睡眠をとる標準生活者を例にとれば，早朝から正午過ぎにかけて浴びる光は翌日の生物時計を前進（朝型化）させ，夕方から深夜の光は後退（夜型化）させる．高齢者

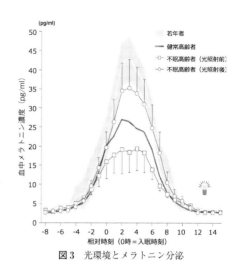

図3　光環境とメラトニン分泌

は消灯時刻が早く，早朝覚醒のため朝日を浴びることが多いため，相対的に位相前進に傾きやすいとされる．

対　策

不足している光量を補充的に照射することで高齢者の睡眠，内分泌，体温，行動などさまざまな概日リズム障害が改善することが数多くの臨床研究で示されている．照射時刻や光照度は治療目的によって異なる．

たとえば，高齢者では夜間メラトニン分泌量が低下するが，その原因の一部が低照度光環境に起因することが明らかになっている．光曝露量の減少している施設入所中の高齢者に人工光照射室を用いて若年者と同程度の光環境の下で4週間過ごしてもらうと，メラトニン分泌量や睡眠の持続性が顕著に改善する（図3）．これらの知見は生活環境光が高齢者，認知症高齢者の生物時計機能の維持にきわめて重要であることを示唆している．

〔三島和夫〕

新生児・乳児期と光環境
Developing humans and light environment

光受容体，メラノプシン，満期産児，早産児

赤ちゃんの視覚に対する理解は，メラノプシンと呼ばれる新しい光受容体の発見により大きく変わろうとしている．光受容体とは，光（光子）をつかまえるタンパク質のことで，おもに眼の網膜に存在する．メラノプシンは近年の「生物時計」の研究を通して発見され，メラノプシンが存在する神経節細胞は，哺乳類では桿体・錐体細胞に次ぐ第三の光センサーであることが明らかになった．

赤ちゃんはいつから光を感じるのか？

ヒトの眼球網膜には，光感受性の神経節細胞（メラノプシン）・桿体細胞（ロドプシン）・錐体細胞（錐体オプシン）という3つの光センサーが存在する（カッコ内は光受容タンパク質）．ロドプシンとオプシンはともに，形の情報をとらえる光受容体として働き，特にオプシンは色の情報も処理する．加えて，明暗情報のみを伝えるメラノプシンは出生前から働きはじめる．メラノプシンがとらえた光信号は視神経を介し，視交叉上核に到達する．視交叉上核はわれわれの頭のほぼ中心に位置し「生物時計」として睡眠覚醒を調節すると同時に，各臓器に昼・夜の24時間周期の情報を神経連絡・ホルモンを介して伝達する．これまでの研究から，光受容体の機能はメラノプシン，ロドプシン，錐体オプシンの順に発達することが明らかになった．またこれらの光受容体は，桿体・錐体が双極細胞を介してメラノプシン発現神経節細胞とシナプスをつくり，メラノプシン発現神経節細胞が視蓋前域オリーブ核に投射している．つまり，対光反射により光受容体が機能しているかどうかを簡単に確かめることができる．

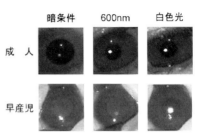

図1　ヒト早産児の対光反射（妊娠33週相当）

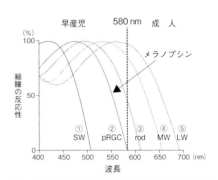

図2　対光反射を指標としたヒト光受容体の光反応曲線
①SWは短波長型錐体細胞，②pRGCは光感受性網膜神経節細胞，③rodは桿体細胞，④MWは中波長型錐体細胞，⑤LWは長波長型錐体細胞．

ヒト早産児では，白色光に対する対光反射が妊娠30週前後から確認できる．興味深いことに妊娠33週相当の早産児では，波長600 nmの赤色光源に対して対光反射が確認されない（図1）．この現象は600 nmの光を感知できるロドプシン・オプシンが機能していないことを意味する．一方，600 nm以下の波長を含む白色光に対しては対光反射が確認されることから，580 nm以下の波長を感知できるメラノプシンはこの時期に機能していることがわかる（図2）．

桿体細胞（ロドプシン）は，ヒト早産児において妊娠35週前後から機能を開始する．妊娠33週相当の早産児では，600 nm

の赤色光源に対して対光反射を認めないが，妊娠35週相当では，対光反射を認めるようになる．これは，妊娠35週の時点では，少なくとも610 nm 以下の波長を感知できるロドプシンが機能を開始したことを意味する．これまで満期産児では，ロドプシンが働きはじめるのは早くとも生後2日目以降とされていた．この報告の違いは，早期に外部光環境に曝露された早産児では，満期産児に比べ視覚の発達が早く進む可能性を示唆している．

錐体細胞（錐体オプシン）の発達は，以前より発達心理学的手法（選好注視法）で綿密に確かめられている．赤ちゃんの色知覚を検討したところ，緑・赤の区別ができるのは生後2か月頃からで，生後1か月未満の新生児は色の識別が不完全なため白黒の世界に住んでいることがわかっている．

光環境は赤ちゃんの睡眠・身体発達にどのように影響するのか？

昼と夜の区別のある明暗環境で保育された早産児は，恒明環境（24時間明るい環境）あるいは恒暗環境（24時間暗い環境）で保育された早産児より睡眠覚醒リズムの発達が早く進む．また遺伝子操作動物の研究からも，生後の恒明環境が発達期における脳時計「視交叉上核」の機能と睡眠覚醒リズムを乱すことが確認されている．しかし，新生児集中治療室では，早産児に適切と考えられる明暗環境を実現することは難しい．実際に夜間赤ちゃんが暗いと認識するレベルまで照度を落とすと，赤ちゃんを観察することができないため，医療行為に障害が生じてしまう．このジレンマを解決するため，おもにメラノプシン・ロドプシンが知覚する波長610 nm 以下の光情報を遮断し早産児が真っ暗と感じる一方で，成人である医療従事者は，残りの光受容体「錐体オプシン」を使って赤ちゃんを観察できる光フィルターが開発された（図3）．この光フィルターを用いて保育器内に人工昼

図3　光フィルターを使用した保育器

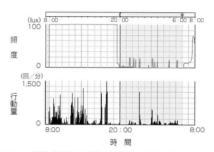

図4　満期（妊娠40週）相当における光フィルター使用した早産児で確立した睡眠覚醒リズム

夜を導入すると，早産児に大人と同様の睡眠パターンが妊娠38週相当以降に確立することが明らかになった（図4）．これは従来の報告に比べ，1〜4か月ほど早く24時間の睡眠覚醒リズムができたことを意味する．また人工昼夜を導入した早産児では，生後3か月相当の時点で体重が有意に増えていた．

これまでの知見から，神経節細胞（メラノプシン）・桿体細胞（ロドプシン）・錐体細胞（錐体オプシン）を光センサーとする生物時計は，神経伝達・ホルモンを介し，光情報を体全体の器官に伝達できる唯一のシステムである．この体全体に張りめぐらされた「光生体回路」が制御する成長メカニズムの詳細を明らかにし，最適な視覚環境を見つけることが乳幼児の適切な発達をサポートするうえで重要だろう．〔太田英伸〕

視　覚
Vision

明所視，暗所視，偏光視，色覚，奥行き知覚

視覚は，光刺激により生じる感覚で，おもな感覚器は眼である．動物が遠く離れた所の情報を得るのに重要な感覚であり，ヒトにおいては，いわゆる五感の1つである．一般に，眼点などの未発達な光受容器や眼のほかに存在する光受容器により生じる感覚は，視覚には含めず，光感覚と呼ぶ．

視覚は，光が眼の網膜に存在する光受容細胞（視細胞）を刺激することにより生じる．視細胞の中には，光を受容するための特殊なタンパク質である視物質（光受容タンパク質）が存在する．視物質は，オプシンというタンパク質部分と発色団（ビタミンA誘導体）からなり，光を受容すると，結果として視細胞の膜電位が変化し，神経情報がシナプスを介して，後続の神経細胞に伝えられる．脊椎動物では，視細胞が受けた光情報は網膜において複数の神経細胞を経ることにより符号化され，神経節細胞から網膜外へと送られる．ヒトでは，その信号は，外側膝状体（LGN）を経て大脳皮質において処理される．一方，多くの昆虫や頭足類では，視細胞が受けた光情報は，他の神経細胞により処理されることなく脳へ直接送られる．

視覚は，形態視（対象物の形の識別），運動視（対象物の動きを識別），色覚（色の識別），明暗視（明暗の検出），奥行き知覚（対象物との距離を識別）など，さまざまな光刺激により生じる感覚の総称である．以下に，代表的な視覚機能について概説する．

暗所視と明所視

桿体と錐体の2種類の視細胞をもつ脊椎

図1　ヒトの視覚と明るさの関係

動物の視覚の特徴を図1に示す．暗所視（scotopic vision）は，光量の少ない環境での視覚であり桿体の働きによる．明所視（phototic vision）は，光量の多い環境で，錐体の働きによる視覚をさす．それらの中間の明るさの環境での視覚は，桿体と錐体の両方が働き，中間視あるいは薄明視（mesopic vision）と呼ばれる．また，明所視は昼間視（daylight vision）とも呼ばれ，色覚を伴う．昼間視に対しては，薄明視（twilight vision）が用いられる．これは上述の薄明視と同じ呼称であるが，慣例的には暗所視に近い意味で使われるので，注意が必要である．異なる光強度の環境下で機能するこれら2種類の視細胞により，10^{10}倍以上異なる光強度の下で，正常に働くヒトの視覚が実現されている．昆虫などの無脊椎動物は，機能する光強度については1種類の視細胞しかもたないので，脊椎動物の視覚と比較すると，一般に視覚が機能できる光強度の幅は狭いと考えられる．

色　覚

効率よく反応する光の波長（色）が異なる視細胞が複数種類存在するとき，それぞ

れの視細胞の光に対する反応の程度を神経細胞に統合・比較することにより，光に含まれる波長の構成比率が検出され，その情報が脳に送られ，色として知覚される．ヒトでは，感度よく感じる波長が異なる3種類視細胞により光をとらえ，眼に入る光を青，緑，赤の3つの色の比率として検出する．また，昆虫は紫外光も見えるので，ヒトとは異なる色覚をもつ．アゲハチョウは，波長感受性の異なる6種類の視細胞をもち，紫外光から赤色までの間の波長をとらえる発達した色覚をもつ．

偏光視

ミツバチやコオロギなどは，太陽光の偏光を感知して，太陽が見えない状態でも太陽の位置を認識する．光は電磁波であるので，光の進行方向に対して垂直の方向に振動する横波の性質をもつ．横波が垂直方向のどちらかの方向にそろった光を偏光という．昆虫の偏光視は，視細胞の形態に基づく．昆虫の視細胞には微絨毛と呼ばれる細い筒状の管が（図2），方向が揃って存在し，その管の膜中に，視物質（光受容タンパク質，図中グレーたまご型）が，膜を貫通して多数存在している．視物質は，発色団レチナールの向きとかかわって，たまご型の視物質分子の長軸を含む面を偏光面とする光しか吸収できない．したがって，微絨毛に届く光に対して，微絨毛断面の0°（12時）と180°（6時）の位置に存在する視物質はaとbのどちらの偏光面をもつ光でも吸収できるが，90°と270°の位置の視物質はa方向の偏光しか吸収できない．すべての位置に存在する視物質が吸収できる偏光を，三角関数などにより算出すると，a：b＝2：1となる．すなわち，多数の円柱状の微絨毛が向きを揃えて存在することにより，視細胞はa方向の偏光をb方向の偏光より2倍感じやすい．

奥行き知覚

動物はさまざまな方法で，対象物までの距離，すなわち奥行きを知覚する．ヒトは，両眼の見え方のわずかな違い（両眼視差）により奥行きを知覚する．カマキリなどは，体を左右に振り，近くの対象物ほど早く（大きく）動き，遠くの対象物ほど動きが遅い（小さい）こと（運動視差）を用いる．また，カメレオンは，焦点を合わせるためにレンズの厚みを変えることで，対象物までの距離を測定する．また，ハエトリグモでは網膜に生じるピンぼけ像により，奥行きを知覚するなど，おもな奥行き知覚の方法は，動物により多様である．

非形態視覚

哺乳類では，瞳孔反射や概日リズムの光リセットなどの光情報も網膜から得られる．このような光情報は「見える」という感覚とは関係しないが，眼を受容器とする光感覚であることから，形態視を中心とする視覚と対比して，非形態視覚（non-image forming vision）と呼ばれる．非形態視覚には，視細胞に加えて光感受性の網膜神経節細胞も光受容細胞として機能する．

〔寺北明久〕

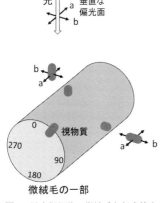

図2　昆虫視細胞の微絨毛と偏光検出

視覚の二元説
Duplicity theory

明所視, 暗所視, 桿体, 錐体, 視感度, 暗順応

視覚の二元説とは, われわれの視覚が2つの要素から成り立っていることを言い表した説である. 暗闇と昼間とでは物の見え方が違うことから想起された考え方であり, 古代ギリシャの時代にすでにその原型がみられるという. 2つの要素とは何かについては, 1866年にSchultzeが顕微鏡観察により, 桿体と錐体の2種類の視細胞があることを発見したことにより説明が可能になった. Schultzeは, 夜行性動物と昼行性動物での桿体と錐体の形態学的な差異から, 桿体は夜の暗闇で, 錐体は明るい昼間働くと考察した. その後の研究により, 現在では桿体と錐体とでは表1のような違いがあることが明らかになっている. これらの違いによって, 桿体の働く暗所と錐体の働く明所とで物の見え方が異なっている.

桿体は光感度が高く, 1光量子でも検出でき, $10^{-6}\,\mathrm{cd/m^2}$ の明るさから働きはじめるといわれている. 錐体の光感度は低く, $10^{-2}\,\mathrm{cd/m^2}$ の明るさから働きはじめるといわれている. 桿体だけが働くときの視覚は暗所視と呼ばれ, 錐体だけが働くときの視覚は明所視と呼ばれる. 暗所視と明所視とは明るさに応じて突然変わるものではなく, 両者が混在する光の明るさがある. このような明るさ ($10^{-2} \sim 1\,\mathrm{cd/m^2}$ 程度) での視覚は薄明視と呼ばれる.

視覚の二元説が想起されるに至った, 明所と暗所での見え方の違いと, それらがどのような桿体と錐体の性質の違い (表1) に基づくのかを以下で示す. 参考のため, コイ桿体と錐体の光に対する電気的な応答の測定例を図1に示した.

表1 ヒトの桿体と錐体の違い

	桿体	錐体
光感度	高い	低い
種類	1種類 (緑)	3種類 (青・緑・赤)
時間分解能	低い	高い
暗順応	遅い	早い
網膜内分布	周辺部	中心部

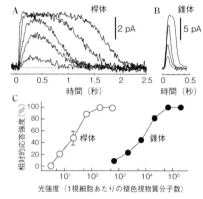

図1 写真のフラッシュ光に対するコイ桿体 (A) と赤錐体 (B) の光応答と刺激強度-応答曲線 (C) (河村 悟, 視覚の光生物学, 朝倉書店, 2010)

色覚の有無

ヒトは暗所では色を認識できず, 明所ではできる. それは, 暗所で働く桿体には緑色に感度の高い1種類しかなく, 明所で働く錐体には大まかに, 青, 緑, 赤のそれぞれの色に感度の高い3種類があるからである (表1). 桿体も錐体も光が当たると光応答を発生する (図1). 1つの桿体, また1つの錐体について考えると, ある波長の光 (ある色の光) が当たったとき, 発生する光応答の大きさは, その細胞がその波長の光に対してどれだけの感度があるのか, つまり応答のしやすさと, どれだけの強さの光であったかによって決まる. ごく単純化

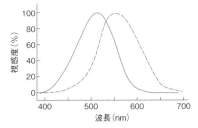

図2 明所（破線）と暗所（実線）での視感度曲線

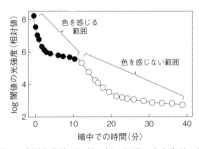

図3 暗順応曲線（河村 悟，視覚の光生物学，朝倉書店，2010）

して考えると，最大の感度を示す波長の光が1の強さで当たったときと，10分の1の感度しかない波長の光が10の強さで当たったときの応答の大きさは同じである．つまり，1つの桿体，または1つの錐体では，波長の情報（色の情報）と光の強さの情報とを区別することはできない．これが1種類しかない桿体が働く暗所では色を認識できない理由である．錐体のように，最大感度波長の異なる3種類の細胞があれば，ある任意の波長の光に対する応答の大きさは，2種類で同じ光感度を示す波長を除いて，一般的には3種類の間で異なる．3種類での応答の大きさを比べれば，どの波長の光であるかを同定できる，つまり，波長を弁別できる．これが錐体の働く明所で色を認識できる理由である．

プルキンエシフト

暗所と明所とではヒトの一番感度の高い色（光の波長）が異なっている．暗所では緑の光（507 nm）に感度が高く，明所ではより長波長の光（555 nm）に感度が高い（図2）．このような，明所と暗所とで最大視感度を与える波長が移動する現象をプルキンエシフトと呼ぶ．このような現象が起こるのは，暗所では桿体しか働かないので，桿体の最大感度の波長が視感度に反映されているのに対して，明所では桿体よりもより長波長側に最大感度をもつ錐体（赤に感度が高い錐体）が存在し（表1），それが視覚に寄与しているためである．

暗順応過程の違い

明るい部屋から真っ暗な部屋へ入ったとき，視覚の閾値は時間とともに低下し，光感度が上がり，暗闇に慣れてくる．このとき，網膜の広い範囲を対象として閾値の時間変化を測定すると二相性になる．一方，網膜中心部（中心窩）でのみ測定すると早い相のみしか観察されず，かつ，この過程は色覚を伴う．網膜の広い範囲を対象としたときに測定される遅い相では色覚を伴わない（図3）．これらは，桿体に比べて錐体のほうで暗順応が早いこと，網膜中心部である中心窩には錐体しか存在しないこと，網膜周辺部には錐体は少なく，桿体が圧倒的に多いこと（表1），に理由がある．

視力の違い

われわれがものを注視したとき，外界の像は中心窩に結ばれる．ヒトの場合，①中心窩では錐体が密に存在し（表1），また，1つの錐体は限られた数の網膜神経節細胞としかつながっていないので位置情報が拡散せず，解像力（視力）が高い，加えて，②錐体は光刺激のON-OFFによく追随し（図1），時間分解能がよいので物体の動きに追随できる．したがって，中心窩は錐体の働く明所で物が一番よく見える場所である．一方，暗所では中心窩に像を結んでも暗すぎて錐体が働かず，むしろ，桿体の多い網膜周辺部でのほうが（視線を外したほうが）物はよく見える．

〔河村 悟〕

薄明視（暗所視）
Mesopic vision, scotopic vision

桿体視細胞，一光子応答

桿体細胞の関与

　薄明視（mesopic vision）・暗所視（scotopic vision）は，しばしば同義的に使用されることがあるが，正確には意味の異なる用語である．広義では，両者はともに光量の少ない環境下で機能する視覚を意味する．しかし，厳密には「薄明」と「暗所」の名前の意味するとおり，両者は視覚が機能する周辺光の輝度で区別される（図1）．周辺光の輝度で分類した場合，一般的に，薄明視は $10^{-3} \sim 1 \, \mathrm{cd/m^2}$ で機能する視覚で，暗所視は $10^{-6} \sim 10^{-3} \, \mathrm{cd/m^2}$ で機能する視覚のことをさす．脊椎動物の網膜には桿体視と錐体視の2つの異なる視覚が存在するが，薄明視は，桿体視と錐体視の両者がともに働く視覚であるのに対して，暗所視は桿体視のみが働く視覚である．桿体視は桿体視細胞しか機能していないため，色の弁別能はなく，その視感度曲線は桿体視細胞の光受容体であるロドプシンの吸収曲線によく一致する．それに対して，薄明視は，桿体視と錐体視の両者が機能するため，色覚を伴う．われわれが日常経験する例で述べると，星空に瞬く星の中でも比較的暗い星は（実際はさまざまな色を発しているが）網膜に到達する光子の数が少なく，桿体視でしか認識できないため，白い色としか認識できない．それに対し，比較的明るい星は，錐体視で認識できるため赤や黄，青色といった色情報を伴う知覚となる．

　ヒトの網膜には桿体・錐体あわせて約1億個の視細胞が存在するが，そのうち90～95％が桿体で錐体は5～10％しかない．錐体は網膜中心部，特に中心窩（fovea）から10°以内に集中しているのに対し，桿体は中心窩には存在せずおもに網膜周辺部にみられる．また，網膜中心部では比較的少数の視細胞が1個の神経節細胞に情報を伝達するのに対して，網膜周辺部では複数の視細胞が1個の神経節細胞に情報を供給する．このため網膜中心部は解像度・時間分解能に優れるのに対して，網膜周辺部は弱い光の検出能に優れている．したがって，われわれが速く動く物体を捕捉したり，小さなものを判別したりするときに，対象を視野の中心におく必要があるのは，網膜中心部に錐体視細胞が分布しているためである．一方，比較的暗い星を視野の中心で注視するよりも視点を少しずらして観察した場合のほうが観察しやすいのは，桿体視細胞が網膜の中心窩よりもその周辺部に多く存在しているためである．

微弱光を検出する仕組み

　桿体視には弱い光を検出するのに特化したいくつかの重要な特性が備わっている．まず，光子1個の検出能が挙げられる．網膜に到達する光子が非常に少ない暗所視の条件下において，桿体視細胞当たり2つ以上の光子が吸収されるケースは確率的に非常にまれなできごとである．このような環境下で光を知覚するために，眼に入射したわずか1個の光子の微弱なエネルギーの信号を検出し，その情報を脳に伝達するための仕組みが，桿体視細胞と網膜神経回路の両方に備わってい

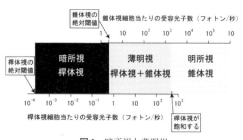

図1　暗所視と薄明視

る.

　桿体視細胞の高い光受容能は，視細胞の構造とシグナル伝達カスケードの高い増幅能により実現されている．霊長類の場合，桿体視細胞の外節は直径約$2\mu m$，長さ$25\mu m$の円筒状の形状をしており，そこに約1.4×10^8個のロドプシン分子が高密度に存在している．この桿体視細胞の1つのロドプシンが1光子をキャッチした後，視細胞内のシグナル伝達カスケードで信号の増幅が起こり，暗状態で開いていた桿体外節にある約1万のチャネルのうち約5％が閉じる．その結果，約1mVの過分極応答が起こる．1光子の吸収により発生するこの細胞応答は一光子応答と呼ばれる．

　桿体視細胞は，最小で1光子の受容で応答が出はじめるが，約100個の光子の受容で応答は飽和するため，それ以上の強度の光受容ができなくなる．つまり，桿体視細胞のダイナミックレンジ（最大の応答と最小の応答を与えるシグナル強度の比率）は約100倍と限られた範囲である．それに対し，桿体視は最も弱い光で，1つの桿体視細胞が5,000秒間に1度だけ光を受容する条件下で知覚が始まり，毎秒約500個の光子が1つの桿体視細胞に受容される条件で飽和に達する．したがって，桿体視のダイナミックレンジは2,500,000倍にも及ぶ．これは，桿体視細胞で検出された光シグナルが中枢神経へ伝えられる際，複数の異なる網膜神経回路を利用することで可能となる．

　温血動物の網膜では桿体視細胞のシグナルは，3つの異なる経路を介して脳に伝えられる．第一の経路は，桿体視細胞→桿体双極細胞→AIIアマクリン細胞→錐体双極細胞→神経節細胞という経路を介して中枢神経に情報伝達される．第二の経路は，桿体と錐体視細胞間に存在するギャップ結合を介して，桿体視細胞のシグナルが錐体視細胞に入力される．その後は，錐体視の経路を利用して中枢へシグナルが伝えられる．第三の経路は，桿体視細胞から化学シナプスを介してOFF型双極細胞に入力する経路である．OFF型双極細胞に入力されたシグナルは，OFF型神経節細胞へ伝達され中枢へと運ばれる．これら3つの経路は，第一経路から第二，第三経路の順に，より暗い光環境下で機能する．これらの経路が互いに異なる周辺光で機能することによって，桿体視は10^6倍にも及ぶ広いダイナミックレンジを実現している．

　桿体視では視細胞と網膜神経回路を介してシグナルの増幅と収斂が行われ，広いダイナミックレンジが実現されている．では，桿体視の検出限界である絶対閾値には何が関与しているのだろうか？ ヒトを対象とした心理物理学的実験から，「見えた」という知覚が生ずるためには，約500個の桿体視細胞で形成される受容野に少なくとも5～7個の光子の入射が必要だとされている．完全暗条件下においてマカクザルの桿体視細胞の電気的な応答を測定すると，光がまったくない条件にもかかわらず，光子を受容した際に発生する光応答と同様の応答が，約160秒に1回の頻度で自発的に発生するのが観察される．この擬陽性応答の発生頻度は温度依存的に増加することから，この応答は桿体外節のロドプシンが熱エネルギーによって活性化されたことに起因すると考えられている．桿体視細胞には1.4×10^8個のロドプシンが存在していることから，1つのロドプシンが，熱エネルギーによって自発的に活性化する頻度は，平均710年（2.3×10^{10}秒）に1回の割合で，きわめて安定的である．しかし，この擬陽性の応答は，光が完全にない環境下で，あたかも網膜に光が入射しているかのような錯覚を起こさせる．この錯覚は，暗所閃光（dark light）と呼ばれる現象として知られ，桿体視における絶対閾値を決める要因と考えられている．

〔櫻井啓輔〕

昼間視（明所視）
Daylight vision, photopic vision

錐体，中心窩

　薄明視と対比される昼間視は，おもに錐体系によって担われている．この光強度では桿体視細胞の光受容による細胞応答は飽和している（光が当たってロドプシンが反応しても，後続の分子群が反応しているため細胞の過分極応答を示すことができない）ため，ほとんど働いていない．したがって，錐体視細胞とその後続の錐体接続型ON-OFF両双極細胞，水平細胞などの細胞群を用いて光情報を処理している．

網膜レベルの特性
　昼間視では，虹彩での絞りなどにより網膜に届く光の量を制限している．そのため，光がおもに届くのは網膜の中心部である．ヒトを含む霊長類では中心部（中心窩）と周辺部で桿体と錐体の分布は異なる．明るい光を受けて働く錐体（特に赤緑感受性錐体）は中心窩に多く存在しており，その密度は中心窩から離れると速やかに減少する．中心窩は高密度の錐体の存在と同時に，それらの錐体での視覚情報の統合をあまり行わずに個別の視神経へ出力することによって，脳へ伝えられる画像の分解能が最も高くなっている．一方，桿体は中心窩を取り巻くように網膜周辺部に多く存在し，暗い場所で働き，薄明視を司る．同じ哺乳類でもネズミなどの夜行性の動物は桿体の割合が網膜全体でも大部分を占め，中心窩も存在しない．

　錐体や桿体に写った像を脳が見る際，錐体や桿体と脳をつなぐのが視神経である．眼底の中心部分にある錐体は視力（高度な視覚）に関係するので，前述のように錐体と視神経線維とは双極細胞を介してほぼ1対1でつながれている．一方で桿体は，暗いところで働く細胞なので，光を多く集めるために，視神経線維1本と数十～数百個の桿体とが双極細胞を介してつながっている．錐体に接続する水平細胞は多く，また，錐体の情報を受け取る双極細胞にはON型とOFF型がある．これは，側抑制によりコントラストをはっきりさせる役割や色覚のために錐体同士の信号の演算を行う役割があると考えられている．

視細胞レベルの特性
　錐体の内部の光情報伝達にかかわる分子群は，桿体とほぼ同じ機能のものが含まれている．それにもかかわらず，錐体と桿体は光を受けたときの応答特性が異なっている．たとえば，光に対する応答感度は錐体が桿体よりも低いため，錐体は強い光の下でも飽和せずに昼間視の情報を伝えることができる．また，錐体は応答の回復が早いため，連続して光がくるような昼間視の条件でも2つの情報を分離して処理することができる．錐体と桿体の細胞同士の特性が異なる原因として，細胞の形態以外に情報伝達にかかわる分子の特性が異なることが考えられている．

　まず視物質については，タンパク質の中でのレチナールの11シス型から全トランス型への光異性化そのものの光感度は波長特性を除いて大きく変わらない．視物質は光反応するとレチナールの異性化に誘起されたタンパク質の構造変化が起こり，Gタンパク質（トランスデューシン）を活性化する（メタ）中間体が生成するが，この中間体のGタンパク質を活性化する効率は桿体

表1　昼間視と暗所視の違い

	昼間視	暗所視
視細胞	錐体	桿体
光感度	低い	高い
応答回復	速い	遅い
網膜内分布	中心	周辺
空間分解能	高い	低い

が高く，錐体は桿体よりも低い．また，この中間体の寿命も桿体のほうが長く，錐体のほうが短いことから，桿体ではより光の情報を増幅する方向に，錐体ではより短期的に伝達するようになっていると考えられる．光を受容した後レチナールがいったんタンパク質から分離して，再度供給された11シスレチナールが結合することによって，光受容能を回復するが，この速度も桿体が遅く，錐体が速いことがわかっている．レチナールそのものの代謝も錐体系で供給される11シス型のほうが桿体系で供給されるものよりも速いことが報告されているため，錐体（昼間視）系で必要とされる速やかに光情報を伝達・終止させる条件に適している．

昼間視のような次々に光反応が起こる条件では，光によって活性化された視細胞内の分子群は，素早く不活性化されなければならない．視物質の不活性化はキナーゼによるリン酸化とそれに続くアレスチンの結合，全トランスレチナールの解離によって達成される．全トランスレチナールの解離も錐体のほうが速いが，それに先立つ不活性化反応（錐体型キナーゼと桿体型キナーゼが視物質をリン酸化する反応）も，錐体のほうが効率がよいことが報告されている．しかし，動物種によって発現しているキナーゼの種類が異なるため，注意が必要である．

視物質だけでなく，トランスデューシンの不活性化も必要である．活性化したトランスデューシン（GTP結合型）は自身がもつGTP分解活性により不活性化（GDP結合型）されるが，この反応を促進するRGSという酵素も視細胞内に存在する．その量が，錐体と桿体で異なる（錐体のほうが多い）ことが報告されているため，トランスデューシンのレベルでも不活性化が錐体で早い傾向があるらしい．

PDEによって分解されたcGMPの濃度も回復しなければならない．cGMPはグアニル酸シクラーゼ（GC）によって合成されるが，GCやその活性を増幅するGCAPの活性も，錐体が高く桿体が低いことが報告されている．

以上のように，昼間視に必要な条件は錐体で整っているが，桿体ではより光情報を増幅する方向に分子の特性が偏っている．まったくの暗闇でも桿体は光子が1つ到達すれば反応することができるし，逆に光が到達しなければ反応しない（暗ノイズがほとんどない）．一方で，錐体は暗ノイズが桿体よりも大きく，また，光反応するために必要な光量も桿体よりも格段に大きい．このようなS/Nの違いも昼間視（明所視）と薄明視（暗所視）の違いとして，視細胞レベルで観察されている．暗ノイズが大きいということは，擬似的に光がきて明順応状態になっていると考えられるため，錐体の感度が低い原因として細胞内の状態が明順応状態であり光応答を減少させる機構も示唆されている．この原因としては視物質レベルで暗ノイズ（光がこなくてもトランスデューシンを活性化する）が生じる可能性が示されており，錐体ではより感度が低く応答が速くなるように分子群が進化しているようである．

霊長類の中心窩や，リスなどの他の昼行性の動物では，より錐体を使用する方向に細胞も分化し，網膜のシステムとして昼間視の基盤ができあがっている．たとえばヒトの中心窩は直径1mm程度であるが，その周辺には血管も存在しないので，より高い空間分解能が実現できる．中心窩があるのは霊長類の中では真猿亜目に限られているが，魚類や爬虫類，鳥類にもあるという報告があり，特にヒトを含む霊長類だけで発達したわけではない．その進化的な背景や形態形成メカニズムはよくわかっていない．

〔今井啓雄〕

色覚
Color vision

三色説,反対色説,段階説,色覚異常

「光線に色はついていない.光線はさまざまな色の感覚を起こす力ないし傾向をもつにすぎない.」はニュートンが著した"*Opticks*"(1704年)の一節である.青空や草花,紅葉などの美しい色は頭の中でつくられた感覚である.光線のスペクトルの違いを色の違いに変換する過程はどのようなものであろうか.

三色説

たとえば赤の単色光(単色光は一定の波長成分のみを含む光)と緑の単色光を混合すると黄色に見える.さまざまな波長の光にそれぞれ対応する感覚神経があるとするとこの現象は説明できない.このような混色の事実をもとに三色説(trichromatic theory)を提唱したのがヤングである(1801年).

三色説は,赤,緑,青の単色光のそれぞれに最もよく対応する3種の神経が存在し,すべての色はこれらの神経の興奮程度の違いで説明できるとしたものである.たとえば黄色の単色光は赤神経と緑神経の両方を同程度興奮させると考えれば,前段の混色は赤と緑の2つの単色光を用いてこれと同じ状況をつくったものと解釈できる.この説は発表後半世紀以上経ってからヘルムホルツにより広く紹介され,ヤング-ヘルムホルツの三色説として知られるようになった.

3種の神経の実体解明に関しては,まずコイの網膜において極大スペクトル応答の波長が異なる3種の錐体が見出された.次いで,ヒト網膜の各錐体の分光感度が明らかにされた(図1).

その後,それぞれの錐体で働く視物質(visual pigment)の遺伝子が1986年に単

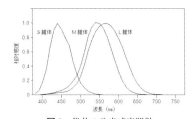

図1 錐体の分光感度関数
それぞれ最大値が1になるよう正規化してある.各錐体は波長の頭文字をつけて区別する(Lはlong,Mはmiddle,Sはshort).

離された.また,cDNAを用いた視物質再構成実験により,ヒトでは,L視物質は560 nm,M視物質は530 nm,S視物質は420 nm付近にそれぞれ極大吸収をもつことがわかった.

反対色説

たとえばオレンジ色は黄と赤の混合色である.つまり,黄と赤は同時に(重なって)知覚される.しかし赤と緑は同時には知覚されない.同様に黄と青も同時には知覚されない.これらの事実を三色説は説明することができない.また,互いに波長が異なる2つの単色光を適当な比で混ぜたときに,なぜ色み(彩度)のない「白」となってしまう場合があるのか(これらの光は補色関係にあるという),の疑問にも三色説はうまく答えられない.

このような色の見えに関する経験をもとにヘリングは反対色説(opponent-color theory)を提唱した(1872年).赤と緑,黄と青,白と黒をそれぞれ反対色ととらえ(三色説の三原色に黄色を原色として加えた).網膜には「赤-緑」物質,「黄-青」物質,「白-黒」物質が存在し,これらが異化あるいは同化を受ける程度によりさまざまな色感覚が生じるとした.この説は赤と緑,黄と青が同時には知覚されないことをうまく説明する.また,「白」の場合は,「赤-緑」物質と「黄-青」物質のそれぞれにおける同化と異化がつり合っており,「白-

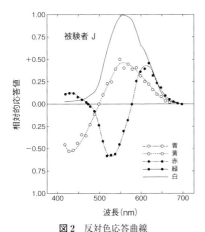

図2　反対色応答曲線
(D. Jameson and L. M. Hurvich, *J Opt Soc Am*, **45**, 546-552, 1955)

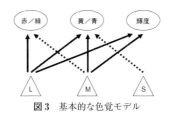

図3　基本的な色覚モデル

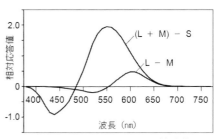

図4　シミュレーションした反対色応答

「黒」物質の異化だけが進むと考える．

　JamesonとHurvichは，打ち消し法を用いて反対色応答を定量化した．これは，たとえば490 nmの提示光（青緑色）に，「青でも黄色でもない」と判断できるまで580 nmの打ち消し光（黄色）を加えてその量を記録する，といったやり方で提示光中の青成分を測定するものである．提示光の波長を10 nmずつ変え同様の操作を行う．打ち消し光としてさらに3波長（475，500，700 nm）を用い，図2に示すような反対色応答曲線を作成した．この図ではわかりやすくするため，青の成分と緑の成分を負の側に記してある．どの波長で赤–緑や黄–青の感覚が切り替わるかなど，反対色応答の様子がよくわかる．

段階説

　現在では色覚の段階説（stage theory）が支持されている．これは，網膜錐体の段階で三色説，それ以降の情報処理段階で反対色説を採用するものである．反対色物質の同化・異化に対応する過程の本体が不明なことなど，錐体応答を反対色応答へと変換する過程の詳細は未だ明らかではないが，基本的な機構は図3に示すとおりであろう．正の入力を実線，負の入力を破線で示しており（逆でもかまわない），このモデルではLとMとの差で赤か緑かとその程度を，「L足すM」とSとの差で黄か青かとその程度を，「L足すM」の大きさで輝度を見ていることになる．

　図4は，図1の各錐体分光感度をそのままL，M，S錐体からの情報量と仮定して図3のモデルに当てはめて作成したものである．細かな点に違いはあるが，実際のデータ（図2）とよく似た波形であり，上記モデルのある程度の妥当性が確認できる．

色覚異常

　色覚異常は日本人男性では4.5%の頻度で存在する．M錐体に欠陥がある2型色覚が最も多く，L錐体に欠陥がある1型色覚が次いで多い（S錐体に欠陥がある3型色覚はまれ）．それぞれ2色覚（dichromacy）と3色覚（trichromacy）とがあり，2色覚では2種の錐体しか機能していない．図1の錐体の分光感度は2色覚の方々の協力で得られたものである．　　　　〔上山久雄〕

119

視感度曲線
Luminosity function

明所視感度，暗所視感度，プルキンエ現象

人間の眼は光の波長によって明るさを感じる度合いが違う．たとえば400 nm や 700 nm の光は非常に強い光強度でも明るいと感じないが，550 nm 付近の光は比較的弱い光強度でも明るいと感じる．視感度（あるいは分光視感効率）とは人間の眼が視覚できる光の波長感度を示したものである．したがって視感度は物理的に測ることのできる光の放射量に対して，その光が人間の視覚に与える影響（測光量あるいは心理物理量）を表していると考えることができる．視感度関数（あるいは視感度曲線）は，このように物理的な放射量を人間の分光感度特性で重みづけし評価するために使われている．たとえば $P(\lambda)$ の分光分布をもつ光の放射束 Φ_{energy} ［単位：ワット（W）］は次のように表される．

$$\Phi_{\text{energy}} = \int P(\lambda) d\lambda$$

一方で，人間が感じる光束（明るさ） Φ_{vision} ［単位：ルーメン（lm）］は，$P(\lambda)$ を視感度関数 $V(\lambda)$ で重みづけして次のように計算することができる（可視光域 380 nm $< \lambda <$ 780 nm）．

$$\Phi_{\text{vision}} = K_m \int_{380}^{780} P(\lambda) V(\lambda) d\lambda$$

K_m は最大視感効果度と呼ばれる定数で，図1にみられるように555 nm で 683 lm/W となるように明所視 $K_m = 683$ lm/W，そして暗所視 $K'_m = 1700$ lm/W と定義されている．683 という値は単位立体角当たりの光の明るさを表す測光量で，SI 基本単位の1つである光度［単位：カンデラ（cd）］の定義に由来する．

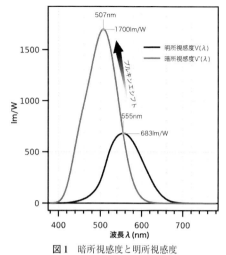

図1　暗所視感度と明所視感度

標準観測者・視感度の測定
個人の分光感度にはばらつきがあるため，視感度は複数の被験者の実験から導きだされたデータの平均より計算され，標準観測者（standard observer）と呼ばれる仮想的な観測者の視感度として得られる．視感度の測定方法はいくつかあるが，一般的には波長の異なる2つの光を交互に点滅させて，一方の光強度を固定したまま他方の光強度を被験者に調節させる．このとき被験者が感じるちらつきが最小になる光強度，つまり2つの光が同じように感じる光強度の割合を求める．このような測定を各波長（通常 10 nm 間隔）で行い，ピーク値を1に正規化したものを視感度と呼んでいる．

明所視感度と暗所視感度
網膜には暗所と明所での光受容に特化した視細胞があり，われわれの眼は薄暗がりから昼間の太陽のもとまでさまざまな光強度で見ることができる．暗所で機能する視細胞が1種（桿体視細胞）であるのに対して，明所では波長感度の異なる3種の錐体視細胞が光受容をしている．このため明所と暗所での視感度は大きく異なる．

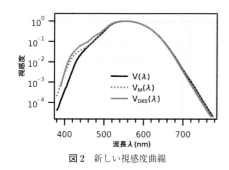

図2　新しい視感度曲線

視感度曲線は国際照明委員会（CIE）が国際標準を定めている．CIEが1924年に採用した明所視感度$V(\lambda)$，そして1951年の暗所視感度$V'(\lambda)$は現在に至るまで一般に広く利用されている．しかしこれらのCIE標準はさまざまな手法で得られた複数の研究グループのデータを統合したものであり，実験・解析にいくつかの問題点が指摘されている．特に明所視感度$V(\lambda)$は短波長側の視感度が過小評価されていることが知られている．そのため短波長の視感度に補正を加えた視感度曲線$V_M(\lambda)$が提唱されたが，この$V_M(\lambda)$も通常ではありえない黄斑色素密度を要する人為的なものである．また背景光の分光分布によって各錐体視細胞の寄与が変化し視感度が変化することが知られている．そのためStockmanとSharpe（2008, 2011）は，ある分光分布μの背景光の効果を考慮した新たな視感度関数$V_\mu(\lambda)$を提唱している．図2に$V(\lambda)$・$V_M(\lambda)$そして標準光源D65（昼間の太陽光）を用いた場合の$V_\mu(\lambda) = V_{D65}(\lambda)$を図示している．このようにより正確な視感度曲線がたびたび提示されているが，実用的には長年使われてきたCIEの基準が今でも使われることが多い．

プルキンエ現象

プルキンエ現象とは光強度によって視感度が変化する現象である．これは明所視と暗所視の中間の明るさ，いわゆる「薄明視」では桿体・錐体視細胞の両方が働いているために起こる現象である．薄暗くなるに従って桿体視細胞の働きが強く，一方で錐体視細胞の働きは鈍くなり，視感度のピークも明所視感度の555 nmから暗所視感度の507 nmに遷移する（図1のプルキンエシフト）．このため明るいところでは長波長の赤が明るく鮮やかに見えるが，暗いところではくすんで感じられる．一方で短波長の青は薄暗い環境で明るく感じられるようになる．

視感度に影響する要素

基本的に視覚の分光感度を規定するのは視物質の分光感度（吸収スペクトル）である．実際に，暗所視感度は桿体視物質の分光感度と似ている．しかし精度よく視感度曲線を再現するには，視物質の分光感度に加えて眼球内の網膜に至るまでの水晶体（短波長光〜UV光をカット）や黄斑色素（460 nm付近を吸収）などの分光特性も考慮する必要がある．

明所視では3種の錐体視細胞のうちL・M錐体の分光特性が主となっていて，S錐体の寄与はあまりないと考えられている．しかしL・M錐体視物質には分光感度の異なる遺伝子多型が知られている．またL・M錐体視物質の遺伝子は非常に近縁であり，そしてX染色体上にタンデムに並んでいることから，頻繁にこれらの遺伝子の欠損・重複そして分光感度が大きく異なるM/L錐体視物質のハイブリッド遺伝子が形成される．これらの遺伝的要因は個人の視感度に大きな影響を及ぼす．

視感度はこのように，遺伝的要因や背景光による順応や測定方法・網膜の測定部位や測定範囲によって異なる結果が得られることが知られていて，その解釈・応用には注意が必要である．

〔松山オジョス武〕

120

光シグナル伝達（脊椎動物）
Phototransduction

過分極性応答, 酵素カスケード, シグナル増幅

　視細胞において, 視物質が光を吸収すると, 一連の酵素反応が連鎖して生じ, 最終的に膜電位が変化する. この過程を光シグナル伝達（phototransduction）という. 光シグナル伝達の働きにより, 光の情報（光シグナル）は視細胞で神経情報に変換される. この項では, 脊椎動物の視細胞での光シグナル伝達について述べる. 多くの感覚受容細胞や神経細胞は, 刺激を受けると膜が脱分極するような電気応答をする. これに対して, 脊椎動物の視細胞では, 光刺激により膜が過分極する（過分極性応答）. この特徴的な応答の仕方は, 光シグナル伝達の仕組みに起因する.

光シグナル伝達のメカニズム

　脊椎動物の視細胞には, 桿体と錐体の2種類の視細胞が存在する（図1）. 桿体, 錐体の光シグナル伝達では, それぞれ桿体型, 錐体型の酵素が働いているが, 両者の光シグナル伝達の仕組みは同じである. 光シグナル伝達にかかわる酵素は視細胞の外節に高濃度で存在する.

　光シグナル伝達は, 図2に示した酵素反応の連鎖によって起こる. まず, 視細胞に入射した光が視物質によって吸収される. 光を吸収した視物質は活性型になる（図2①）. 活性型視物質は, 三量体Gタンパク質であるトランスデューシンのαサブユニットに結合したGDPをGTPに置き換える反応を触媒し, トランスデューシンを活性化する（図2②）. 活性化されたトランスデューシンのαサブユニットは, cGMPホスホジエステラーゼ（以下, PDEと略す）を活性化する（図2③）. 活性化されたPDEは, 視細胞内のセカンドメッセンジャーであるcGMPを加水分解する（図2④）. この結果, cGMPの細胞内濃度が低下する.

　視細胞外節の形質膜には, cGMP依存性陽イオンチャネルが存在している. cGMP

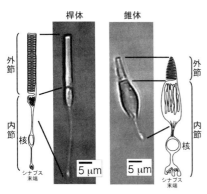

図1　コイ網膜から単離した桿体・錐体の写真と, その模式図（S. Tachibanaki et al., Photochem Photobiol, 83, 19-26, 2007を改変）
単離した細胞は, 核より下の部分を失っている.

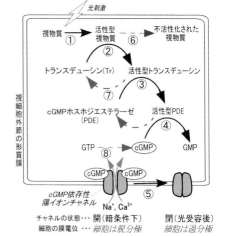

図2　脊椎動物の視細胞における光シグナル伝達のメカニズム（黒矢印）と膜電位回復のメカニズム（点線の矢印）

濃度が減少するとこのチャネルが閉じ，陽イオン（Na^+とCa^{2+}）の流入が減少する（図2⑤）．このため，膜が過分極する．強い刺激を受けると，より多くのチャネルが閉じるので，膜はより強く過分極する．細胞が過分極すると，シナプス末端での神経伝達物質（グルタミン酸）の放出量が減少する．過分極が強いほど，放出量はより減少する．光情報は，グルタミン酸の放出量変化として二次ニューロンへ伝わる．

　光シグナル伝達を構成する反応のうち，視物質がトランスデューシンを活性化する反応（図2②）と，PDEがcGMPを加水分解する反応（図2④）では，光シグナルの増幅が起こる．桿体では，活性型視物質1分子は，最大で毎秒数百個のトランスデューシンを活性化する．また，PDEは，最大で毎秒約千個のcGMPを加水分解する．したがって計算上では，桿体で1分子の視物質が活性化されると，最大で毎秒数十万個のcGMPが分解されうる．実際の細胞の中での分解量は種々の制約のためにやや少なくなるものの，活性型視物質の数よりはるかに多くのcGMP分子が分解される．この増幅効果により，桿体は1個の光子を受容しただけで電気的に応答できる．光シグナル伝達のように，過程が進むにつれ活性化される酵素の量が増え，シグナルが増幅される連鎖的酵素反応の仕組みを酵素カスケードと呼ぶ（カスケードは「段状に流れ落ちる滝」の意）．酵素カスケードは多くのシグナル伝達系に存在している．

膜電位回復のメカニズム

　光刺激で過分極した視細胞の細胞内電位は，しばらくすると次の刺激に備えて元の電位に戻る．この膜電位の回復は，細胞内cGMP濃度が元に戻ってcGMP依存性チャネルが開くことにより生じる．

　cGMP濃度が元に戻るためには，まず，光シグナル伝達にかかわる酵素群が不活性化され，cGMPの分解反応が止まる必要がある．すなわち，活性型の視物質，トランスデューシン，PDEが不活性化される必要がある．活性型視物質は，視物質キナーゼによりリン酸化された後，アレスチンが結合することにより不活性化される（図2⑥）．活性化されたトランスデューシンは，αサブユニットに結合したGTPを自身でGDPに加水分解して不活性型へ戻る（図2⑦）．視細胞には，このGTP加水分解反応を促進する酵素（RGS9）が存在する．活性化されたPDEは，トランスデューシンの不活性化に伴い不活性化すると考えられている．一方，視細胞外節ではグアニル酸シクラーゼという酵素がGTPからcGMPを合成している（図2⑧）．この働きにより，PDE不活性化の後にcGMP濃度が回復し，膜電位が元に戻る．なお，以上のメカニズムは，桿体と錐体で共通である．

桿体・錐体で応答が異なる原因

　桿体と錐体は，相同の光シグナル伝達メカニズム・膜電位回復メカニズムをもつが，両者の応答の仕方はやや異なっている．錐体の応答は桿体よりも速く終息する．また，光に対する感度は桿体のほうが高い．これらの違いは，光シグナル伝達や膜電位回復で働く酵素反応の効率が桿体と錐体で違うために生じる，と考えられている．たとえば，錐体では桿体と比べるとトランスデューシン活性化（図2②）の効率が低い．このために錐体の光に対する感度は低くなると考えられる．また，膜電位の回復にかかわる反応（視物質の不活性化，トランスデューシンの不活性化，cGMPの合成）が，錐体では桿体より速く進む．これにより，錐体の応答は桿体よりも速く終息すると考えられる．

　なお，桿体と錐体での酵素反応の効率の違いは，それぞれの細胞で発現している酵素のサブタイプの違いや発現量の違いに起因すると考えられている．　　　　〔橘木修志〕

光シグナル伝達（無脊椎動物）
Invertebrate phototransduction

Gタンパク質，エフェクター，トランスデューシソーム

　視細胞は，視物質（ロドプシン）で光を受容し，最終的に光情報を二次ニューロンに伝達する．光受容から，細胞応答に至る伝達機構をシグナル伝達と呼ぶ．脊椎動物の繊毛型視細胞（ciliary photoreceptor, 桿体，錐体細胞）では，光活性化したロドプシンが，Gタンパク質（トランスデューシン）を活性化し，それがcGMP分解酵素ホスホジエステラーゼ（PDE）を活性化し，細胞内のcGMPの濃度を減少する（図1A）．cGMPを結合した開口状態のcGMPチャネルの数が減少し，細胞外から流入する陽イオンの量が減少し，過分極応答を引き起こす（図1A）．その結果，二次ニューロンの双極細胞への信号伝達物質グルタミン酸の放出量が減少し，その放出量の変化が情報として伝達される．Gタンパク質は，いくつかのタイプが存在する．活性化されたGタンパク質が，活性化もしくは抑制するタンパク質（酵素）をエフェクターと呼び，エフェクターによって生成または分解された分子で，細胞応答に関与するものを二次メッセンジャーと呼ぶ．

無脊椎動物微絨毛型（感桿型）視細胞のシグナル伝達

　発達した眼をもつ無脊椎動物（節足動物や頭足動物）の視細胞は微絨毛型で，その信号伝達系は脊椎動物視細胞と大きく異なる．光受容したロドプシンは，GqタイプのGタンパク質を活性化し，活性化したGqは，ホスホリパーゼCβ（PLCβ）を活性化する．PLCβは，細胞膜のリン脂質の1つであるホスファチジルイノシトール4,5-二リン酸（PIP$_2$）をイノシトール1,4,5-三リン酸（IP$_3$）とジアシルグリセロール（DAG）とに分解する（図1D）．最終的には，視細胞は脱分極応答を引き起こし（図1B），終末から情報伝達物質ヒスタミンを放出し，光情報を二次ニューロンに伝える．このGq→PLCシグナル伝達は，脊椎動物のメラノプシン（Opn4）を視物質としてもつ光感受性網膜神経節細胞（ipRGC）のものと共通すると考えられる．

　PLCの活性化からチャネルに至る過程は，動物によって異なる．ハエでは，PLCの活性化によって，Ca^{2+}チャネルTRPおよび陽イオンチャネルTRPLが開口し脱分極が起こる．さまざまな実験から二次メッセンジャーは，IP$_3$ではないといわれている．DAGが二次メッセンジャーの可能性も考えられているが，DAGから生成される不飽和脂肪酸（PUFA）の可能性も示唆されている．最近，PIP$_2$分解に伴う細胞膜に引き起こされた張力（嵩のあるIP$_3$基が膜から遊離したために生じた）による機械的力が，TRPチャネルの開口を引き起こすという説が唱えられている．

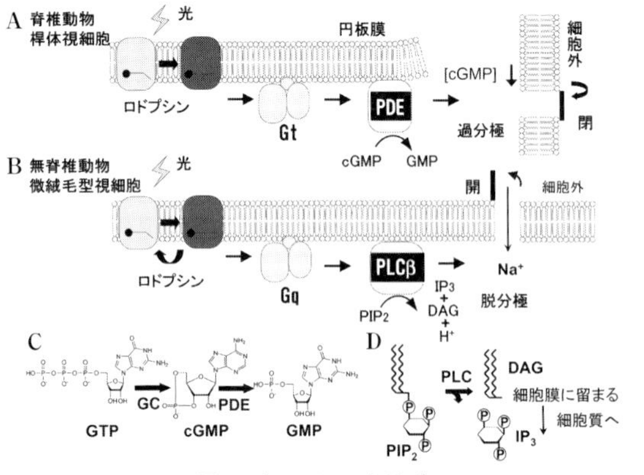

図1　光シグナル伝達系

一方，カブトガニではPLCによって生成されたIP$_3$が，細胞内小胞に存在するIP$_3$レセプターチャネルに結合し，小胞からCa^{2+}が放出され，細胞内のCa^{2+}が増加する．このCa^{2+}の増加によって，グアニル酸シクラーゼ（GC）が活性化され，cGMPの濃度が増加する（図1C）．最終的には，細胞膜上に存在するcGMPチャネルを開口し，脱分極するといわれている．

無脊椎動物繊毛型視細胞の光信号伝達系

無脊椎動物には微絨毛型視細胞以外に，繊毛型光受容細胞が存在する．その光シグナル伝達系は上記の伝達系とは異なる．ホタテガイの繊毛型光受容細胞では，視物質SCOP2が光刺激を受けるとGoタイプのGタンパク質を活性化する．GoはGCを活性化しGTPからcGMPを合成する（図1C）．cGMPが増加すると，K$^+$選択性cGMPチャネルが開口し，細胞内から細胞外K$^+$イオンが流出することで，脊椎動物視細胞と同様，過分極応答する．一方，原始的動物ハコクラゲのレンズ眼の視細胞では，GsタイプGタンパク質と共役し，アデニル酸シクラーゼ（AC）を活性化する．それ以降の信号伝達は，まだ明らかにされていない．

トランスデューシゾーム

ショウジョウバエ複眼の視細胞では，シグナル伝達タンパク質のPLC，TRP，プロテインキナーゼC（PKC）が微絨毛膜直下に集合体を形成している（図2）．この構造体はトランスデューシゾーム（transducisome）またはシグナルプレックスと呼ばれている．この構造体の基軸になるのが，足場タンパク質INAD（イナD）である．INADタンパク質は，約90アミノ酸配列からなるPDZドメインを5つもち，それ

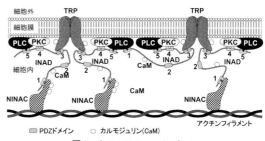

図2　トランスデューシゾーム

ぞれのPDZドメインが対応するタンパク質と結合している．四量体からなるTRPや，PDZ結合サイトを2つもつPLC，さらにPDZを介したINAD同士の結合で，巨大な集合体を形成する．集合体内での4つのタンパク質は，ほぼ1：1：1：1で存在している．上記3つのコアタンパク質以外に，細胞骨格アクチンフィラメントと結合しているNINAC（ニナC），ロドプシン，TRPLなどもINADに結合している可能性が示唆されているが，安定的な結合ではない．

トランスデューシゾームの機能として，光シグナルの増幅や伝達の迅速化が考えられた．しかし，突然変異によってTRPとINADとの結合を不能にしても，増幅や迅速化にほとんど影響はなかった．トランスデューシゾームは，PKCによるTRPのリン酸化を促進し，光応答の終了，つまりチャネルの閉鎖速度を速めている．さらに，最近の報告によると，暗状態から明状態にするとINADのPDZ5ドメイン内の2つのシステイン残基間でS-S結合が形成される．この構造変化により，TRPがINADから解離しやすくなり，TRPの光シグナルに対する感度が低下する．このことが明順応化に関与しているといわれている．暗状態にしておくとS-S結合は解離し，TRPは再びINADに結合する．　　〔中川将司〕

明順応・暗順応
Light and dark adaptation

慣れ，光感度，視細胞，cGMP，Ca^{2+}

　明順応・暗順応とは，光感度が調節され，それぞれ明所，暗所に眼が慣れる現象である．いずれも視細胞の外節内 Ca^{2+} 濃度が光環境によって変化し，それによって光シグナル伝達機構を構成する化学反応が調節されることで生じる．明順応と暗順応は，桿体と錐体のいずれでも起こるが，基本的な仕組みは両者で似ている．以下では，研究がおもに行われた桿体について述べる．

明順応に伴う光感度の低下
　吸引電極法により測定された暗順応時と明順応時の桿体の光応答を図1に示した．図1Aでは充分長い時間，桿体を暗所に置き暗順応させた状態でさまざまの強さのフラッシュ光を当てて測定し，図1Bでは弱い光をずっと当てつづけて明順応させてから測定している．図1Cは，刺激強度-応答曲線であり，フラッシュ光の強度に対して発生した光応答の相対的な大きさが示されている．明順応した場合，視細胞の応答は飽和しにくくなり，同じ割合の大きさの応答を発生させるにはより強い光刺激が必要であること，つまり，明順応すると光感度が低下することがわかる．また，明順応すると応答の時間経過が早くなる（たとえば矢頭で示した応答どうしを比較してほしい）．明所では視物質量は少なくなっており，そのことで光感度は低下する．しかし，明順応時の視細胞の光感度の低下は視物質量の低下では説明できないほど大きく，また，視物質量の低下が無視できるような弱い光のもとでも起こる．

光シグナル伝達機構
　図2には，おもに桿体で研究された光シグナル伝達機構の模式図が示されている．光は視物質（桿体の場合はロドプシン）によって受容され，視物質は活性型となる．活性型となった視物質はトランスデューシンの活性化を触媒する．活性化されたトランスデューシンはcGMPホスホジエステラーゼを活性化する．活性化されたこの酵素はcGMPを分解する．このような段階的な反応で光信号は増幅される．

　視細胞外節の原形質膜にはcGMP依存性陽イオンチャネルが存在する．暗いときには外節内のcGMP濃度は比較的高いので（とはいえ数 μM である），このcGMP濃度

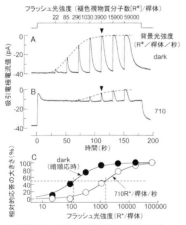

図1　暗順応時（A）と背景光存在下（B）での桿体の光応答と刺激強度-応答曲線（C）（河村悟，視覚の光生物学，朝倉書店，2010を改変）

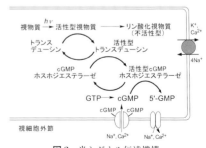

図2　光シグナル伝達機構

に対応した数のチャネルが開いており，Na^+とCa^{2+}が外節内に流入している．明時にはcGMPが分解され濃度が減少するのでこのチャネルが閉じ，Na^+とCa^{2+}の流入がなくなり細胞は過分極する．図1に示した記録は，この陽イオンの流入（下向き）が明時減少する様子を測定したものである．

光刺激がなくなると，活性化された各分子は不活性化され，減少したcGMP濃度はその合成によって暗時の濃度に回復する．これにより，光応答は暗時の状態に戻る．

光応答発生に伴うCa^{2+}濃度の減少

暗時，外節内のcGMP濃度が高い状態でcGMP依存性陽イオンチャネルは開いており，Na^+とCa^{2+}とが外節内へ流入している．Na^+は内節から排出され，Ca^{2+}は外節原形質膜に存在するNa^+/K^+，Ca^{2+}イオン交換ポンプにより細胞外へ排出される．暗時の外節内Ca^{2+}濃度は数百nM程度である．明時には陽イオンチャネルは閉じ，Ca^{2+}の外節内への流入は止まるが，イオン交換ポンプは光条件に関係なく働きつづけるので外節内のCa^{2+}濃度は暗時での濃度より減少し，ほとんどすべてのイオンチャネルが閉じている非常に強い光のもとでは数nM程度になる．このCa^{2+}濃度の低下によって光シグナル伝達機構の中の3つの反応が調節され，光感度が低下し，応答の飽和が起こりにくくなり，また，応答の時間経過が早くなる．いずれの反応も，それぞれ異なるCa^{2+}結合タンパク質が調節の役割を担っている．

Ca^{2+}濃度依存的な調節

第一のCa^{2+}濃度依存的な調節が行われるのは活性型視物質の不活性化反応である視物質のリン酸化反応である．暗時，高Ca^{2+}濃度時に光が当たったとき，視物質のリン酸化は阻害され，活性型視物質の寿命が長く，応答の飽和が起こりやすい．光が持続したとき，外節内のCa^{2+}濃度が低下する．このとき，視物質のリン酸化の阻害はなくなり，活性型視物質の寿命は短い．この調節はおもに応答時間の短縮に反映される．この反応にかかわるタンパク質はS-モジュリン（リカバリン）である．

Ca^{2+}濃度低下により調節を受ける第二の反応はcGMPの合成反応である．この反応は明時，Ca^{2+}濃度が減少したときに活性化され，cGMPの合成量が増える．これにより，明時，光応答が発生したとき，みかけのcGMP分解量が0になる時間（応答のピーク）が早まり，応答の大きさは小さくなって飽和は起こりにくくなり，かつ，応答の戻りが早くなる．視細胞の光感度は応答の大きさで定義されるが，明順応時の光感度の低下にはこのcGMP合成のCa^{2+}濃度依存的な調節が一番大きく寄与している．この反応にかかわるタンパク質は当初リカバリンと呼ばれていたが，リカバリンはS-モジュリンと同一であることが後日判明し，真のcGMP合成促進にかかわるタンパク質は，GCAPであることが明らかになった．

第三の反応は，cGMP依存性陽イオンチャネルのcGMPに対する感受性の調節である．明時，Ca^{2+}濃度が減少したとき，この陽イオンチャネルはcGMPに対する感受性を増大させる．つまり，cGMP濃度が減少した状態でもcGMPの濃度変化を陽イオンチャネルの開閉に反映させることができ，応答の飽和が起こりにくくなる．陽イオンチャネルのcGMPに対する感受性はカルモジュリンによって調節される．

暗順応

暗順応は明順応のいわば逆反応である．視物質の退色後のオプシンにもトランスデューシンを活性化する能力があることから，視物質が完全に再生するまで外節内のCa^{2+}濃度の低下が起こっており，感度の低下と時間経過の促進が起こっている．暗中で視物質が完全に再生しCa^{2+}濃度が暗時の濃度に戻ったとき，視細胞は暗順応する．暗順応は錐体のほうがはるかに速い．〔河村　悟〕

123

視　物　質
Visual pigment

ロドプシン，錐体視物質，発色団

視細胞は光を受容したという情報を電気信号へと変換することにより視覚の最初のステップを担う細胞である．脊椎動物の眼の網膜には暗所視を司る桿体と明所視・色覚を司る錐体という2種類の視細胞が存在する．これらの視細胞が光を受容することができるのは光受容タンパク質である視物質（visual pigment）を発現しているためである．桿体の視物質はロドプシン（rhodopsin），錐体の視物質は錐体視物質（cone visual pigment）と呼ばれる．

構造と機能

視物質は，7回膜貫通型のタンパク質であるオプシンと，発色団（chromophore）（分子に色を与える原子団）である11シスレチナールから構成されている．視物質が光を受容することができるのはこの発色団をもつためである．レチナールはオプシンの296番目（ウシロドプシンにおける番号）のリジン残基（K296）にシッフ塩基結合と呼ばれる共有結合をしている（図1）．

視物質はGタンパク質共役型受容体（GPCR）の一種であり，Gtタイプのタンパク質（トランスデューシン）と共役する．一般のGPCRが拡散性のリガンドを受容するのに対し，視物質はタンパク質部分に共有結合したリガンド（レチナール）の構造が光受容により11シス型から全トランス型へと変わること（光異性化反応）によって活性化されるところに特徴がある．活性状態となった視物質はトランスデューシンを活性化し，その結果視細胞内のシグナル伝達系が駆動され，最終的に視細胞の電気応答が生じる．

グループと吸収波長

脊椎動物視物質はアミノ酸配列の類似性に基づきL（LWS），S（SWS1），M1（SWS2），M2（Rh2），Rh（Rh1）の5つのグループに分類されている（図2A）．L，S，M1，M2は錐体視物質，Rhはロドプシンである．各グループには吸収極大波長（λ_{max}）が近い視物質が集まっている．すなわち，グループLは510〜570 nm（緑〜赤），グループSは360〜440 nm（紫外〜紫〜青），グループM1は400〜450 nm（紫〜青），グループM2は450〜530 nm（青〜緑），グループRhは480〜510 nm（緑）にλ_{max}をもつ視物質を含んでいる（図2B）．錐体視細胞は基本的にはL，S，

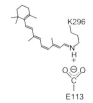

図1　11シスレチナール発色団と対イオン

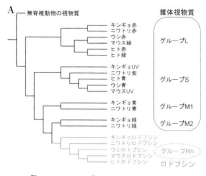

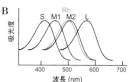

図2　視物質のグループ（A）と各グループの吸収スペクトル（B）の模式図

M1，M2のいずれかの錐体視物質を発現しており，視物質の種類によって波長感受性が決まっている．

ロドプシンはほとんどの脊椎動物がもっているが，錐体視物質のうちどのグループのものをいくつもっているかは動物種によって異なる（図2A）．たとえばヒトは，グループLの視物質を2つ（赤：$\lambda_{max} \sim 560$ nm，緑：$\lambda_{max} \sim 530$ nm）とグループSの視物質を1つ（青：$\lambda_{max} \sim 420$ nm）もっており，この赤・緑・青の3つの錐体視物質がいわゆる三原色による色覚の基礎となっている．しかし，霊長類以外の哺乳類の多くはグループLの視物質を1個，グループSの視物質を1個の計2個の錐体視物質しかもたない．一方，魚類や鳥類の多くはグループL，S，M1，M2の4種類の錐体視物質をもっている．これは，脊椎動物の共通祖先はL，S，M1，M2の4種類の錐体視物質をすべてもっていたのだが，哺乳類の進化過程においてM1とM2が失われたためである．その後霊長類の系統においてLの遺伝子重複によって赤感受性視物質と緑感受性視物質が生じ，Sと合わせて3種類の錐体視物質をもつようになった．

吸収波長制御メカニズム

11シスレチナールは単独では紫外（～380 nm）にλ_{max}をもつが，オプシンとシッフ塩基結合すると可視波長（ロドプシンの場合は約500 nm）にλ_{max}を示すようになる．この長波長シフトの大部分は，シッフ塩基部分にプロトン（H^+）が結合することにより発色団の電子状態が変化することによる．このシッフ塩基プロトンはオプシンの113番目（ウシロドプシンにおける番号）のグルタミン酸残基（E113）の負電荷（対イオン）により安定化されている（図1）．

多くの視物質はプロトン化したレチナールシッフ塩基を発色団としてもつが，それらは多様な吸収極大波長を示す．これは，発色団の吸収波長を制御するオプシンのアミノ酸配列が多様であるためである．ただし，最も長波長の光を受容するグループLの視物質と最も短波長の光に感受性のあるグループSの視物質には，特別な吸収波長制御メカニズムが存在する．グループL視物質（齧歯類などを除く）は塩化物イオンを結合することでλ_{max}を30～40 nmほど長波長シフトさせている．また，グループS視物質には紫～青に感受性があるもの（ヒトなど）と紫外光を受容するもの（マウスなど）があるが，後者は発色団のシッフ塩基を脱プロトン化させることによってλ_{max}を40～60 nmほど短波長シフトさせている．波長感受性の異なる4種類のグループがあることに加えてこれらの特別なメカニズムがあることにより，視物質は非常に広い波長範囲の光を受容することができる．

ロドプシンと錐体視物質の性質の違い

ロドプシンは錐体視物質と比較してトランスデューシンを活性化する効率が高く，また活性状態の寿命が長いため，より多くのトランスデューシンを活性化することができる．また，オプシンがレチナールを結合して視物質が再生する速度はロドプシンのほうが錐体視物質よりも遅い．これらの性質は，桿体が錐体と比較して高い光感受性と遅い暗順応を示すことの一因となっていると考えられる．

これらのロドプシンと錐体視物質の性質の違いは，122番目および189番目（ウシロドプシンにおける番号）のアミノ酸の違いに起因することがわかっている．

〔筒井　圭〕

124

オプシン
Opsin

光受容タンパク質，Gタンパク質共役型受容体，多様性

ビタミンA誘導体であるレチナールを発色団として結合している光受容タンパク質のタンパク質部分をオプシンと呼ぶ．一般に，動物の視物質ロドプシンと類似したアミノ酸配列をもつタンパク質を意味するが，広義には，微生物や菌類のもつレチナールを発色団とする光受容タンパク質もオプシンと呼ばれる．動物のオプシンは，アドレナリン受容体などのGタンパク質共役型受容体（GPCR）と類似した7回膜貫通構造をもつ（図1）．生体内では発色団レチナールを7番目の膜貫通領域のリジン残基に結合して光受容体となり，光依存的にGタンパク質を介するシグナル伝達系を駆動し，結果として細胞の光応答を生み出す．

これまでに同定された数千種類以上のオプシンは，分子系統解析により，大きく8つのグループに分類され（図2），各グループ間のアミノ酸配列の一致度は20〜25%程度である．以下，各グループに属するオプシンが形成する色素（オプシン色素）について概説するが，便宜的に，オプシン色素をオプシンと同一の名称により記す．

脊椎動物視覚・非視覚オプシングループ

脊椎動物の視細胞に存在する視覚オプシンと視覚以外（非視覚）で機能する非視覚オプシンの各グループに細別される．桿体の視物質であるロドプシンと錐体の色覚にかかわる錐体視物質などの視覚オプシンは，光を受容すると，Gタンパク質トランスデューシン（Gt）を活性化し，結果として視細胞を過分極応答させる．非視覚オプシングループは，トカゲの頭頂眼などに存在し，Go型Gタンパク質類を活性化するパリエトプシン，鳥類の松果体などに存在し，Gtを活性化するピノプシン，下等脊椎動物の松果体関連器官にGtと共局在するパラピノプシン，硬骨魚類の水平細胞などや脳に存在するVA（vertebrate ancient）オプシンなどを含む．

Opn3 グループ

Opn3グループのオプシンは，脊椎動物視覚・非視覚オプシングループに近縁で，脊椎動物のみならず，多様な新口動物や旧口動物に存在する．最初に，マウスの脳（encephalon）で見出され，エンセファロプシンと名づけられた．哺乳類以外の脊椎動物の多くは，哺乳類のもつOpn3型に加えて，その類似オプシンであるteleost

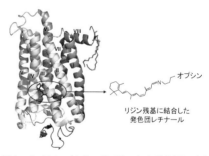

図1 オプシン（ウシロドプシン）と発色団レチナールの構造

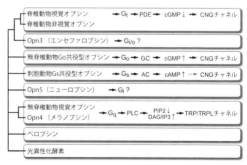

図2 オプシンの多様性

multiple tissue（TMT）オプシンをもつ．旧口動物では，Opn3 のホモログはミツバチやハマダラカ，コクヌストモドキに同定されている．ハマダラカ Opn3 と硬骨魚類の TMT は，試験管内でレチナールを結合して色素を生成し，Gi/Go 型 G タンパク質を光依存的に活性化する．

無脊椎動物視覚オプシン・Opn4 グループ

無脊椎動物視覚オプシンは，多くの旧口動物がもつ感桿型視細胞に存在し，光を受容すると Gq 型 G タンパク質を介してホスホリパーゼ Cβ（PLCβ）を活性化し，最終的に TRP チャネルが開いて，視細胞は脱分極する．Opn4 は，アフリカツメガエルのメラノフォアで初めて発見されたので，メラノプシンとも呼ばれ，物を見る視覚以外の生理機能に関与する．哺乳動物では，光感受性網膜神経節細胞に存在し，生体リズムの光調節や瞳孔反射などの光受容を担っている．哺乳類はメラノプシン遺伝子を1つもち，魚類，爬虫類，鳥類は，複数のメラノプシン遺伝子をもつ．

Opn5 グループ

Opn5 は，脳，脊髄および網膜といった神経組織で発現していることからニューロプシンと名づけられた．Opn5 は紫外光受容タンパク質であり，試験管内で Gi 型 G タンパク質を活性化する．ウズラにおいて，光周性の光受容体として機能していることが示唆されている．哺乳類以外の脊椎動物の多くは，複数の Opn5 グループのオプシン遺伝子をもつ．

無脊椎動物 Go 共役型オプシングループ

ホタテガイの繊毛型視細胞に見出された Go 共役型オプシンは，Go 型 G タンパク類を活性化し，細胞内 cGMP 濃度の上昇を介して，視細胞の過分極性光応答を引き起こす．脊椎動物に近縁なナメクジウオに類似したオプシンが同定されている．

刺胞動物 Gs 共役型オプシングループ

数種類の刺胞動物からオプシンが単離されている．アンドンクラゲのオプシンは，培養細胞で発現され，発色団を結合すると 500 nm 付近に吸収極大をもつ．生体内では，光依存的に Gs 型 G タンパク質，アデニル酸シクラーゼを活性化し，細胞内の cAMP 濃度が上昇して環状ヌクレオチド感受性（CNG）チャネルが開くことにより視細胞の光応答が生じると考えられる．アンドンクラゲのオプシンは，脊椎動物やホタテガイと同じ繊毛型視細胞に存在することから，繊毛型視細胞では共通して環状ヌクレオチドが二次伝達物質として機能していると推測されている．

光異性化酵素グループ

レチノクロム（軟体動物）や RGR（retinal G-protein-coupled receptor，脊椎動物）を含む．多くのオプシンが 11 シスレチナールを発色団として，光によりそれが全トランス型に異性化するのに対し，レチノクロムや RGR は全トランスレチナールを発色団として，光によりそれを 11 シスレチナールに変換し，視物質の発色団 11 シスレチナールを供給する「光異性化酵素」として機能し，シグナル伝達にはかかわらないと考えられている．

ペロプシングループ

ペロプシンはマウスの色素上皮細胞に初めて同定され，ほとんどの脊椎動物と一部の無脊椎動物に同定されている．ナメクジウオやハエトリグモのペロプシン類似オプシンの発色団は，レチノクロムと同様に全トランスレチナールであり，異性化酵素として機能することが示唆されている．一方，G タンパク質の活性化に重要で，多くの GPCR にも保存されているアミノ酸配列が，レチノクロムでは保存されていないが，ペロプシンでは保存されている． 〔寺北明久〕

ロドプシン
Rhodopsin

光受容タンパク質,光反応過程,分子進化

脊椎動物の眼には2種類の視細胞,桿体と錐体が含まれ,それぞれ,暗い場所と明るい場所での視覚を担っている.両視細胞には光を受容するために特別に分化したタンパク質（光受容タンパク質）が含まれ,桿体に含まれるものをロドプシン（rhodopsin）と呼ぶ.ロドプシンは光受容タンパク質の中でも最も古くから研究が行われ,その分子構造や特性が広範に研究されてきた.そのため,視覚の光受容タンパク質や類縁のタンパク質を総称してロドプシン類ということがある.最近ではタンパク質部分の名前をとってオプシン（opsin）類ということも多い.また,視細胞に含まれる光受容タンパク質を視物質（visual pigment）ということもあり,ロドプシンは桿体に含まれる視物質（桿体視物質）である.

ロドプシンの役割

ロドプシンは約350個のアミノ酸残基からなるタンパク質部分（オプシン）にビタミンAのアルデヒド型であるレチナール（retinal）が結合している.レチナールはロドプシンが光を吸収するのに必須の分子であり,ビタミンAが欠乏するとレチナールを含むロドプシンができなくなり夜盲症になる.ロドプシン中に結合しているレチナールは11シス型の立体構造をしており,ロドプシンに光が当たるとこのレチナールが全トランス型に異性化する（図1）.その結果,ロドプシンのタンパク質部分の構造変化が起こり,Gタンパク質を活性化する状態になる.活性化されたGタンパク質は後続の細胞内シグナル伝達系を活性化し,最終的に視細胞が興奮する.

ロドプシンの光反応過程

ロドプシンが光を吸収して活性状態になる過程（図2）は,桿体の非常に高い光感受性（photosensitivity）を分子レベルで解明する糸口として詳細に研究されてきた.光はロドプシンに含まれる11シスレチナールに吸収され,それを光励起状態にする.励起状態になった11シスレチナールは基底状態に遷移する際にシス-トランス異性化反応を起こす.この反応は約200 fsという超高速で起こり,また,その量子収率も0.65と非常に高い.異性化反応がこのように超高速・高効率で起こることが,われわれの視覚（暗所視）が高感度である1つの原因である.シス-トランス異性化反応によりレチナール分子は曲がった構造から延びた構造になるが,その反応が非常に速いためにまわりのタンパク質はこの反応に追随して構造変化を起こせない.その結果,レチナールはタンパク質内で非常にねじれた構造

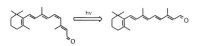

図1　ロドプシンの発色団

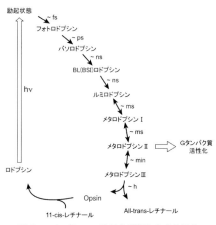

図2　ロドプシンの光反応過程と生成中間体
各中間体の右の時間は生成時間を示す.

をとり，内部にポテンシャルエネルギーをため込むことになる．レチナールはその後にこのポテンシャルエネルギーを使ってタンパク質部分を段階的に変化させるので種々の中間状態が生成し，最終的にGタンパク質を活性化する状態が生成する．この状態はその後に全トランスレチナールとタンパク質部分とに分解し，新たに供給された11シスレチナールと結合してもとのロドプシンに戻り，次の光の到来に備える．

ロドプシンの分子進化

ロドプシンは暗い場所で働く桿体の光受容タンパク質（視物質）であるが，明るい場所で働く錐体には複数のサブタイプがあり，それぞれが色の異なる別の光受容タンパク質（錐体視物質）を含んでいる．ロドプシンやこれらの錐体視物質は両者に共通した先祖型の視物質が長い進化の過程で分岐して生成したものである．そこで，アミノ酸配列の相同性をもとに分子系統樹を作成すると，先祖型の視物質はまず色を見る複数の錐体視物質に分岐したあと，そのうちの1つのグループからロドプシンのグループが分岐してきたことが示された（図3）．この結果から，動物はまず色覚を獲得しその後に暗い場所で働く高感度の視覚を獲得したことが示された．つまり，動物にとっては，暗がりで物を見るには特別なタンパク質（ロドプシン）をつくる必要のあったことを想像させる．

色を見る錐体視物質から分子進化してきたロドプシンにどのような分子的な性質が備わったのだろうか．これを検討するために，ロドプシンの代わりに錐体視物質を含

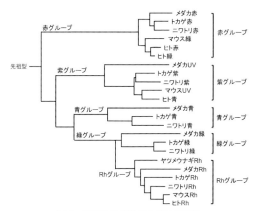

図3 脊椎動物視物質の分子系統樹

む桿体をもつマウスモデルが作製された．そして，ロドプシンへの進化により，桿体の光感受性が増大し，また，暗ノイズ（dark noise）が極端に減ることが明らかにされた．光感受性の増大はロドプシンが錐体視物質よりもGタンパク質を活性化する効率が高くなっていること，また，暗ノイズの減少は，含まれている11シスレチナールが光を受容せずに熱的に異性化する効率を下げるように進化したことが示された．ロドプシンなどのタンパク質の多様化は，分子進化の過程で遺伝子の重複とアミノ酸残基の置換が起こり，それが中立的あるいは自然選択により固定されたものである．つまり，ロドプシンの性質は分子進化の過程でタンパク質部分のアミノ酸残基の変異によってもたらされたものである．最近の研究により，ロドプシンの分子特性は少数のアミノ酸残基の変異によって獲得されたことが推定されている．

〔七田芳則〕

発　色　団
Chromophore

光受容，視物質，レチナール，共役二重結合

　発色団（chromophore）とは，元来染色の分野において，有機化合物が「色をもつ」ために必要とされる不飽和結合を含む分子団をさす概念として導入された言葉である（1876年，O. N. Witt）．
　一方，動物の網膜は外部環境の光刺激を受容する受容体（視物質）をもつ細胞（視細胞）が受容した入射光の波長，偏光，強度，空間分布，時間変化などの情報を総体として中枢（脳）に伝達する神経組織である．この情報が中枢において視覚に変換され，視覚の一属性が「色の感覚」である．

視物質発色団
　視覚の分野において，1930年代以降Waldらは，脊椎動物（ウシやカエル）網膜の桿体視細胞に存在し，吸収極大値（λ_{max}）を約500 nmにもち赤紫色に見えるためロドプシンと名づけられた物質が，光照射により，280 nmにλ_{max}をもつタンパク質部分と380 nm付近にλ_{max}をもつレチネンと名づけた物質に分解され，退色することを示した．Mortonらは，この物質を化学的に同定し，レチネンはビタミンA（レチノール，retinol）のアルコール基（-OH）がアルデヒド（-CHO）に酸化されたレチナール（retinal）であることを示した．
　その後，光照射される前のウシロドプシンは11シスレチナールがタンパク質のアミノ酸のリジンとシッフ塩基結合で結合しており，照射光を吸収すると，11シスレチナールは全トランスレチナールに異性化され，タンパク質部分から分離し，視細胞内ではさらに全トランスレチノール（λ_{max}は約330 nm）に還元されることが示された．
　これらのことから，光照射される前の赤紫色のロドプシンは網膜における光受容体であることが示され，視物質を形成するタンパク質はオプシン，ロドプシンに結合している11シスレチナールは視物質発色団と呼ばれるようになった．

視物質発色団の多様性
　その当時から多くの動物の視物質が調べられ，淡水魚など（後述）はレチナール以外に，3,4-ジデヒドロレチナールも発色団として利用していることが知られていた．その後長らく視物質発色団はこの2つと思われていたが，1983年K. Vogtは「ハエの視物質はロドプシンか？」という論文を発表し，ハエやチョウは3-ヒドロキシレチナールを視物質発色団として利用していることを示唆した．これ以降多くの昆虫の視物質発色団が分析され，石炭紀に起源をもつ系統的に「古い」昆虫はレチナールのみを利用しているが，ペルム紀以降に出現した「新しい」昆虫の中に（3R）-3-ヒドロキシレチナールも利用するものが出現し，ジュラ紀以降に出現した「より新しい」ハエの仲間（環縫群）では（3S）-3-ヒドロキシレチナールが利用されていることが明らかにされた．また，ホタルイカ（軟体動物）では（4R）-4-ヒドロキシレチナールが，レチナール，3,4-ジデヒドロレチナールとともに利用されていることが明らかにされた．
　これら5種類のレチナール同族体（図1）はいずれも11シス型で，オプシンとプロトン化シッフ塩基結合を形成している．

視物質発色団が色をもつ仕組み
　ヒトの錐体視細胞に発現する3種類の視物質に吸収される光の波長領域が可視光であり，入射光の差を網膜で処理して得られる波長弁別情報が脳に送られて生じる感覚が色の感覚である．
　ヒトの視物質発色団であるレチナールは6つの共役二重結合（=C-C）$_n$をもち，約380 nmにλ_{max}をもつが，ヒトの視物質のλ_{max}は420, 500, 530, 560 nm付近にある．

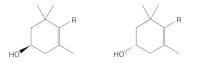

図1 動物界で使われている視物質発色団
Rは側鎖を示す.

発色団レチナールはオプシンとプロトン化シッフ塩基結合を形成し、タンパク質内部で多くのアミノ酸に取り囲まれて存在する. そのため同じレチナールであっても、オプシンのアミノ酸配列が異なればアミノ酸残基との総体としての相互作用も、分子のねじれや、シッフ塩基結合のプロトン化の程度も異なる. そのため、レチナールの電子状態、吸収する光の波長領域、λ_{max} も異なることになる. そこで、量子化学的方法により視物質に結合したレチナール分子の電子エネルギー状態が計算されている.

視物質発色団の多様性の生物学的意義

3,4-ジデヒドロレチナールはレチナールに比べて共役二重結合の数が1つ多いため吸収帯はより長波長側に移動している. 同じオプシンと結合したときもレチナールが結合した視物質に比べて λ_{max} は長波長側に移動する. 淡水魚や回遊魚、両生類、爬虫類など陸上の光環境下で生活する動物で利用されている例が多いため、海水中より長波長領域の多い光環境で生活するために適応した事例として紹介される場合が多い. しかし、3,4-ジデヒドロレチナールを視物質発色団として利用していない陸棲動物は多く、3,4-ジデヒドロレチナールを使う深海魚やホタルイカの例もある. 3,4-ジデヒドロレチナールが使われていることの生物学的意義は合目的的な環境適応では十分説明できない. 本来、レチナールは動物以外の生物によって合成された β-カロテンが動物に吸収され、β-カロテン分解酵素（酸素添加酵素）によって2分子のレチナールが生成される. 動物体内でレチナールはレチノールに還元されて輸送され、脂肪酸エステルとして貯蔵されることが多い.

卵生動物の場合、卵中に視物質発色団の前駆体物質が貯蔵されているため、誕生時から視覚機能が発揮できる.

脊索動物のホヤと卵生脊椎動物の卵にはレチナールが卵黄タンパク質に結合して存在し、それは視物質発色団としても利用されることが両生類で示されている.

昆虫の卵中にはカロテノイドが卵黄タンパク質と結合して貯蔵されている. ショウジョウバエでは、β-カロテン分解酵素が発見されており、全トランスレチナールから (3R)-3-ヒドロキシレチナールが生成され、さらに (3S)-3-ヒドロキシレチナールに異性化される代謝経路が示されている.

淡水魚や回遊魚、両生類では温度や変態、季節などによってレチナールと3,4-ジデヒドロレチナールの存在比が変化することが示されているが、3,4-ジデヒドロレチナールの生成代謝酵素はわかっていない. 視物質発色団の多様性の生物学的意義の解明には、カロテノイドとレチノイド代謝酵素系の解明が不可欠である. 〔関　隆晴〕

視覚オプシンと非視覚オプシン
Visual opsin and non-visual opsin

光受容タンパク質,概日リズム,松果体

オプシン（opsin）はもともとレチナール発色団とタンパク質部分とからなる光受容タンパク質のタンパク質部分をさす言葉であった．しかし，今日ではレチナールを発色団とする多くの光受容タンパク質が発見され，これらの光受容タンパク質をオプシン類ということが多くなった．本項でもオプシンという言葉を，光受容タンパク質をさす意味で用いることにする．

動物は光を視覚だけでなく，概日リズムの光同調などの視覚以外（非視覚系光受容）にも利用しており，それぞれのオプシンを視覚オプシン，非視覚オプシンと呼ぶ．本項ではこれらオプシンの分類や性質について，脊椎動物のオプシンを中心に解説する．

ヒトの視覚オプシンと非視覚オプシン

多くの動物は複数のオプシンをもち，それらは8つのグループに分類される．ヒトは6グループに属する9種類のオプシンをもつ．そのうち視覚オプシンは4種類である．すなわち，網膜の桿体視細胞に発現し薄明視を司るロドプシン（RHO），赤と緑および青錐体視細胞に発現し色覚を司る，赤錐体視物質（OPN1LW），緑錐体視物質（OPN1MW）および青錐体視物質（OPN1SW）である（図1）．これらはすべて脊椎動物視覚・非視覚オプシングループに属し，光を受容するとGタンパク質の一種，トランスデューシンを活性化する．ヒトを含む脊椎動物の視覚オプシンに特徴的な性質として，光を吸収しトランスデューシンを活性化したのち，発色団を離して壊れる点が挙げられる（図2A）．この現象は，発色団を結合することで光受容タンパク質についていた"色"がなくなることから"退色（bleaching）"と呼ばれる．

ヒトがもつ残りの5種類のオプシンのうち，エンセファロプシン（OPN3），メラノプシン（OPN4）およびニューロプシン（OPN5）が，一般に非視覚オプシンとして挙げられる．OPN3はエンセファロン（脳）オプシンという名が表すとおり，脳での発現が認められていることから，脳における未知の非視覚系光受容を担っている可能性がある．ヒトのOPN3が発色団を結合して光受容タンパク質として機能しているという直接証拠はまだないが，そのホモログは青色光あるいは緑色光受容タンパク質として機能し，光を受容するとGiおよびGo型Gタンパク質を活性化することが試験管内実験によって示されている．非視

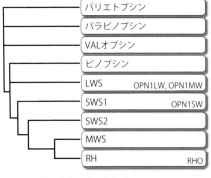

図1　脊椎動物視覚・非視覚オプシングループ

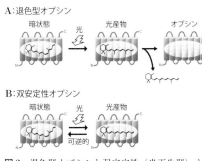

図2　退色型オプシンと双安定性（光再生型）オプシンの光反応

覚系オプシンの中で，最も研究が進んでいるのがOPN4である．OPN4は，最初にカエルの色素胞（メラノフォア）で発見されたためにメラノプシンと名づけられたが，ヒトを含む哺乳類では網膜に存在する神経節細胞の1～2％（光感受性神経節細胞）において発現している．メラノプシンは青色光受容タンパク質として機能し，おもにノックアウトマウスを用いた実験から，概日リズムの同調や瞳孔反射などにかかわる光受容を担っていることが明らかになっている．OPN4はイカやショウジョウバエなどの無脊椎動物（旧口動物）の視覚オプシンのホモログであり，光を受容するとGq型Gタンパク質を活性化するなど，性質も酷似している．分子系統関係に加えて，この光受容タンパク質の性質の類似性などから，哺乳類の光感受性網膜神経節細胞と無脊椎動物の感桿型視細胞とが同一起源であることが示唆されている．OPN5は，脳，脊髄および網膜といった神経組織で発現していることからニューロプシンと名づけられた（セリンプロテアーゼの一種にも同一の名前が付されている）．OPN5は紫外光受容タンパク質であり，Gi型Gタンパク質を活性化することが試験管内実験によって明らかになっているが，どのような生理機能にかかわるかは不明である．OPN3，OPN4，OPN5およびそれらのホモログは，視覚オプシンとは異なり，光を吸収しても壊れず，安定で光可逆的に元の状態に戻る光産物を生じることから，光再生型あるいは双安定性（bistable）オプシンと呼ばれる（図2B）．

ヒトがもつ残りの2種類のオプシン，RGRとペロプシン（RRH）は，ホモログなどの解析から，ともに光吸収によって全トランスレチナールから一般的な光受容タンパク質の発色団である11シスレチナールを生成することがわかっており，そのため光異性化酵素と考えられている．通常は視覚オプシン，非視覚オプシンの分類には含まれない．

松果体の非視覚オプシン

内分泌器官に特化している哺乳類の松果体とは異なり，哺乳類以外の脊椎動物の松果体は光受容能をもつ．1994年にニワトリの松果体から発見されたピノプシンが，最初の非視覚オプシンである．以降，哺乳類以外の脊椎動物を中心に非視覚オプシンが多数同定され，これまでに，ヒトがもつOPN3，OPN4，OPN5のホモログに加え，VALオプシン，パラピノプシン，パリエトプシンなどが見つかっている（図1）．ピノプシンを含め，これら哺乳類以外の脊椎動物に特異的な非視覚オプシンは脊椎動物視覚・非視覚オプシングループに属し，その多くが松果体およびその関連器官で発現している．

哺乳類以外の脊椎動物における松果体の光受容の役割としては概日リズムの光同調がよく知られており，青色光受容タンパク質であるピノプシンなどが関与していると考えられている．また，下等脊椎動物の松果体やその関連器官である爬虫類の頭頂眼は，青色光あるいは紫外光と緑色光の比率を検出する，いわゆる波長識別能をもつことが知られている．円口類などで研究が進んでいる松果体の波長識別においては，紫外光受容タンパク質であるパラピノプシンが松果体波長識別にかかわることがわかっている．また，爬虫類の頭頂眼においては，ピノプシンあるいはパラピノプシンが，緑色光受容タンパク質であるパリエトプシンとともに波長識別を担っている．パラピノプシンは，退色型の性質をもつ視覚オプシンと同じグループに属しながら，他のグループの非視覚オプシン（OPN3，OPN4，OPN5）などと同様，双安定性オプシンであることが示されており，非視覚オプシンから視覚オプシンが進化する過程の"進化的中間体"としても興味深い．〔小柳光正〕

G タンパク質

G protein

グアニンヌクレオチド，G タンパク質共役型受容体，動物の光シグナル変換

G タンパク質は GTP 結合タンパク質（GTP-binding protein）の略称であり，分子量 20〜30 kDa のタンパク質が単量体で機能する低分子量 G タンパク質と，3 つのサブユニットの複合体である三量体 G タンパク質がある．本項では，動物の光受容細胞における光シグナル変換にかかわることから，三量体 G タンパク質についてのみ扱う．なお，三量体 G タンパク質（以下 G タンパク質）の発見と細胞内シグナル伝達におけるその重要性の解明に大きな貢献を果たした Gilman と Rodbell に対し，1994 年ノーベル生理学・医学賞が贈られている．

G タンパク質サイクル

G タンパク質は，40〜45 kDa の α，35〜40 kDa の β，7〜9 kDa の γ という 3 つのサブユニットからなり，このうちグアニンヌクレオチドが結合するのは α サブユニット（Gα）である．GDP が結合した Gα は $\beta\gamma$ サブユニット（G$\beta\gamma$）と複合体をつくり，不活性状態を形成する．ここに guanine nucleotide exchange factor（GEF）が作用すると，Gα が GDP を放出し GTP を取り込む GDP–GTP 交換反応を起こす．そして GTP と結合した Gα が G$\beta\gamma$ と解離し，活性状態として特定の酵素の活性などを制御する．Gα は，自身がもつ GTPase 活性と，その活性を促進する GTPase-activating protein（GAP）の作用により，GTP を GDP に変換する．GDP を結合する Gα は再び G$\beta\gamma$ と複合体を形成し元の不活性状態に戻る．このように，G タンパク質は GDP 結合型の不活性状態と GTP 結合型の活性状態の間で変換サイクルを形成し，そのサイクルはアクセル（GEF）とブレー

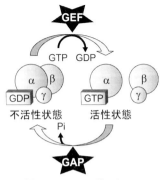

図1　G タンパク質サイクル

キ（GAP）により制御されている（図1）．G タンパク質を活性化する 7 回膜貫通型 G タンパク質共役型受容体（G protein-coupled receptor；GPCR）は，この G タンパク質サイクルの中では GEF に相当し，GPCR と G タンパク質が結合した状態では Gα にはグアニンヌクレオチドが結合していない．また，GAP の代表的なものとして，regulators of G protein signaling（RGS）が知られている．

この G タンパク質サイクルの各状態の"形"の解明も進んでいる．これまでに，GDP 結合型 G$\alpha\beta\gamma$ 三量体，GTP 結合型 Gα，GPCR と結合したグアニンヌクレオチド非結合型 G$\alpha\beta\gamma$ 三量体，などの立体構造が明らかにされている．

G タンパク質のサブタイプ

G タンパク質の 3 つのサブユニットはそれぞれ複数のサブタイプが知られている．ヒトゲノムには少なくとも，Gα が 4 つのグループに分類される 16 遺伝子，Gβ が 5 遺伝子，Gγ が 12 遺伝子存在し，スプライスバリアントが確認されているものもある（図2）．どの Gα がどの Gβ や Gγ と複合体を形成するかについては，特異的な選択がない場合も多い．オプシン類などの GPCR は，これら G タンパク質のうち 1 つまたは少数を選択的に活性化する（共役特異性）．

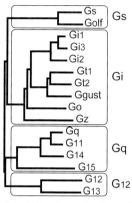

図2 ヒトの4つのGαグループ

その際に，サブタイプ間でアミノ酸配列が異なるGαのC末端領域をおもに認識する．また，4つのGαグループの分類は，それぞれ活性化するおもな細胞内シグナル伝達の違いとよい対応関係にある．Gsグループは細胞内のcAMP濃度を上昇させ，一方，GiグループはcAMPやcGMPの濃度を減少させる．また，GqグループはジアシルグリセロールやCa^{2+}の濃度を上昇させ，G_{12}グループは低分子量GタンパクRhoなどの活性変化を引き起こす．このように，Gタンパク質の分子特性は大部分Gαによって決まる．ただ，Gβγが直接酵素やイオンチャネルに作用する例もあり，1つのGタンパク質が活性化されても複数の細胞内シグナル伝達が活性化される可能性がある．

Gタンパク質は翻訳後修飾されるが，特に，細胞膜の表面に存在するためのアンカーとしての役割など重要な働きをする脂質修飾がサブタイプによって異なっている．GαではN末端領域にパルミチン酸やミリスチン酸などが付加し，GγではC末端がイソプレニル化（ファルネシル化またはゲラニルゲラニル化）されている．

動物の光シグナル変換とGタンパク質

ヒトを含む脊椎動物の網膜にある視細胞は，光情報を神経細胞の電気的応答に変換するためにGタンパク質を介する細胞内シグナル伝達を用いている．脊椎動物の視細胞で機能するGtαはGiグループに入るが，脊椎動物のゲノムにのみ存在し，発現部位もほぼ視細胞に限局している．つまり，脊椎動物はGiグループの中で視覚に特化したGタンパク質を作り出したといえる．脊椎動物の視細胞は大きく2種類，桿体と錐体に分類されるが，それぞれGt1αとGt2αという異なるGtαが発現している．両者とも，視物質（ロドプシンまたは錐体視物質）によって活性化されると，GTP結合型のGtαがホスホジエステラーゼ（PDE）を活性化する．そして，PDEがcGMPを分解することで陽イオンチャネルを閉じ，過分極応答を引き起こす．

イカやタコといった軟体動物，ショウジョウバエなどの節足動物の視細胞では，ロドプシンはGqを活性化する（ショウジョウバエでは3遺伝子あるGqグループの1つを用いている）．活性化されたGTP結合型のGqαはホスホリパーゼCを活性化し，最終的に陽イオンチャネルを開くことで脱分極応答を引き起こす．

ここ15年ほどの間に，GtまたはGqを介する光シグナル変換以外に，GoやGs，Giを活性化するオプシン類が見つかっている．つまり，おもなGタンパク質サブタイプではG_{12}グループ以外のものは光シグナル変換にかかわる例が報告されている．同じ光刺激を細胞応答に変換するのに，動物や光受容細胞の種類によって異なるGタンパク質サブタイプを介する細胞内シグナル伝達を利用するように進化・多様化してきたといえる．

〔山下高廣〕

PDE
Phosphodiesterase

cGMP, 加水分解, Gタンパク質, 標的酵素

ホスホジエステラーゼ（phosphodiesterase；PDE）は多様な基質分子内のリン酸ジエステル結合を切る酵素の総称であるが, ヒトを含む脊椎動物視細胞で働く PDE は環状ヌクレオチド 3′,5′-cyclic GMP（cGMP）を基質とする環状ヌクレオチド PDE の一種である. ヒトゲノムに存在する 21 種の環状ヌクレオチド PDE の遺伝子は配列相関性や生化学的性質, 調節様式, 薬理作用などの違いから 11 種のファミリー（PDE1〜PDE11）に分類されるが, 脊椎動物視細胞に局在するのは進化上かなり遅く出現した PDE6 ファミリーであり, ヒトゲノムには 3 遺伝子存在する. PDE6 は cGMP の 3′ 側のリン酸エステル結合を切って GMP に変換する. PDE6 は cGMP を特異的基質とするとともに非触媒的 cGMP 結合部位をもつなど, 血管平滑筋弛緩にかかわる PDE5 と類似性が高く, 勃起不全の対症薬である PDE5 阻害剤 Sildenafil によって阻害される.

視細胞内の PDE6 は, 代表的な G タンパク質信号系の効果器酵素としてこれまで 30 年余にわたって広範に研究され, ほぼその全容が解明されたかにみられた. しかし, その活性化・不活性化機構についてさえ未解明の部分があり, さらに最近の遺伝子改変マウスの解析によって背景光に対する順応現象のかなりの部分が PDE6 に対する未知の調節機構による可能性が示唆されている. 嗅覚など他の感覚受容を含む広範な G タンパク質信号系の順応機構を理解するうえでも PDE6 の調節機構の研究は依然重要である. 以下では, PDE6 分子の特徴とその調節機構を概説するが, あくまでも暫定的知見であることを認識いただきたい.

PED6 の機能と構造

PDE6 は桿体および錐体視細胞外節の膜系に局在し, 光信号変換系の効果器酵素として重要な役割を担っている. 光依存的な PDE6 の活性化は, 細胞内 cGMP 濃度の急速な減少を起こし, 細胞膜の cGMP 依存性イオンチャネルを閉じて視細胞の過分極応答を引き起こす. このような PDE6 の活性調節分子機構は, 単一光量子レベルの超微弱光から強い光信号にも迅速に応答し, 光信号を細胞電気信号に変換することができる.

脊椎動物視細胞には明暗のみに反応する桿体と色覚を担う錐体視細胞がある. 桿体の PDE6 は, 2 種の触媒サブユニット Pα と Pβ からなるヘテロ二量体（P$\alpha\beta$）と, 2 個の阻害サブユニット Pγ で構成されている（図1）. 錐体の PDE6 は Pα に相同性の高い Pα' のホモ二量体（P$\alpha'\alpha'$）と 2 つの阻害サブユニット Pγ' からなる.

Pα, Pβ, Pγ の分子量はそれぞれ 90, 88, 11 kDa で, 総分子量は〜200 kDa となる. PDE6 の円板膜上での濃度は〜200 分子 μm^{-2} でロドプシンの 150 分の 1 程度である. 図1には阻害サブユニット Pγ が

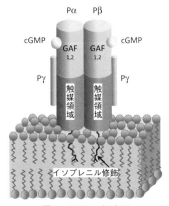

図1　PDE6 の概念図

PαとPβにそれぞれ1個対称的に示されているが，現時点でPγの正確な位置は不明である．PαとPβのC末端はそれぞれイソプレニル化されており，それら脂質修飾によって視細胞円板膜に繋留されている．PαとPβはそれぞれC末端側にcGMP特異的触媒領域があり，N末端側には2つのGAF領域（cGMP-特異的PDE，cAMP合成酵素，転写活性因子FhlAに共通する領域）がある．GAF領域には非触媒的cGMP結合能があるが，このcGMPの役割は確定しておらず，PDE6の活性化されやすさを調節しているとする説，不活性化にかかわるとする説，cGMPのバッファー説がある．

阻害サブユニットPγは87アミノ酸からなる天然変性タンパク質であり，等電点は〜9.5と強い塩基性を示す．Pαβと強く相互作用し，Pαβの触媒領域を覆って活性を阻害する．また，Pγは活性化されたGタンパク質トランスデューシンのαサブユニット（$G\alpha_t^*$）とも強く結合し，この結合によってPDE6の触媒領域が開放される．

PDE6の活性調節機構

PDE6の活性化および不活性化機構の概要を図2に示す．光異性化したロドプシンはGタンパク質トランスデューシンを触媒的に活性化し，$GTP-G\alpha_t^*$を生成する．$GTP-G\alpha_t^*$はPDE6中のPγに結合し，$GTP-G\alpha_t^*-P\gamma$をつくってPγをPαβγから解離させる（PαβγγのままPγとPαβγの相対位置を変化させるだけとする説もある）．$GTP-G\alpha_t^*$が2個のPγを標的とするのか，どちらか一方を標的とするのかも明確になっていない．$GTP-G\alpha_t^*$によって活性化されたPDE6の分子活性は2,000〜4,000 s^{-1}であり，この高い分子活性が視細胞での信号増幅に寄与している．

PDE6の不活性化過程には$G\alpha_t$のもつGTPase活性が関与している．$GTP-G\alpha_t^*$はPDE6を活性化した後$GDP-G\alpha_t$に自己壊変しPDE6活性化能を失う．$G\alpha_t$のGTPase活性化因子（GAP）としてRGS9など3種のタンパク質の複合体が関与しているが，PγはこのGAP活性のスイッチとして働いている．PDE6を活性化した直後に$G\alpha_t^*$が迅速に不活性化することはPDE6のパルス的活性化に都合がよい．

PDE6と疾患

$G\alpha_t^*$による活性化とは別に，PDE6の自発的活性化が確認されている．PDE6の構造変化（Pγの自発的ずれ）が関与するとされ，暗電流のノイズとして観測される．自発的活性化はノイズ源ともなるが，明順応に関与する可能性も示唆されている．

PαおよびPβ遺伝子の突然変異は網膜変性症の原因となりうる．Pβの遺伝子変異に起因する網膜変性症患者数は全患者数の5〜6％を占め，Pα遺伝子の突然変異は男性の網膜色素変性症を引き起こす．またPβのミスセンス変異は先天性停止夜盲症の原因となる．PDE6の機能不全によって細胞内cGMP濃度が高く維持されることが細胞内Ca^{2+}濃度上昇につながり，細胞死を招くと考えられている．

〔林　文夫〕

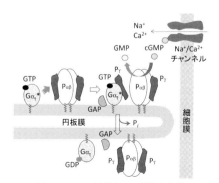

図2 PDE6の活性化・不活性化機構

チャネル
Ion channel

受容器電位，CNG，TRP

チャネルロドプシンを除くと，視細胞など光受容細胞で受容器電位を担うのは CNG (cyclic nucleotide gated) チャネルと TRP (transient receptor potential) チャネルの 2 系統である．

CNG チャネル

脊椎動物視細胞の CNG チャネルは，広く生物界に存在する CNG チャネルファミリーの一員で，細胞質側で 3′,5′-環状グアノシン一リン酸（3′,5′-cyclic guanosine monophosphate；cGMP）の結合により開孔する低選択性カチオンチャネルである．

脊椎動物の視細胞では，暗中で cGMP を結合した CNG チャネルは開孔して Na^+ や Ca^{2+} の内向き電流が存在し，膜電位は -40 mV 程度に脱分極している．光受容により cGMP がチャネルから解離してチャネルが閉じ，過分極性の受容器電位が発生する．

哺乳類を除く脊椎動物の松果体やある種のトカゲなどの頭頂眼には光受容細胞が存在し，光受容後の受容器電位発生には CNG チャネルが働いている．松果体の受容器電位は過分極性であるが，頭頂眼では cGMP 濃度の波長依存的な増減が起き，青色光に対しては過分極性，緑色光に対しては脱分極性の受容器電位が発生する．

無脊椎動物では，イタヤガイの繊毛型視細胞に K^+ 選択性の CNG チャネルが存在し，光受容により閉じて脱分極性受容器電位を示す．またウミウシの腹部神経節の光感受性神経でも K^+ 選択性の CNG チャネルが存在するが，こちらは光受容により開孔して過分極性応答を示す．

CNG チャネルは，互いに類似するサブユニットからなるヘテロ四量体（図 1 A，

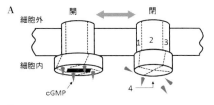
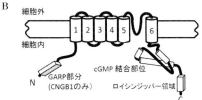
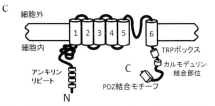

図 1　光受容器電位を担うチャネルの分子構造概念図．
A：CNG チャネルの四量体構成．B：CNG チャネル・サブユニット．C：TRPC チャネル・サブユニット．

B）である．脊椎動物の桿体視細胞のものはサブユニット CNGA1 が 3 本と CNGB1 が 1 本，錐体視細胞のものは CNGA3 が 3 本と CNGB3 が 1 本からなる．各サブユニットは 6 か所の膜貫通 α ヘリックスとその 5 と 6 番目の間にチャネル孔形成部分をもち，また細胞質側にペプチド鎖両端が位置するが，C 末端近くに cGMP 結合部位がある．さらに C 末端の直近にロイシンジッパー領域があり四量体形成にはこの領域同士が相互作用する．

CNG チャネルは膜のプラス電位側に Ca^{2+} が存在するとき Na^+ の流入が抑制され，整流性を示す．単一チャネルのコンダクタンスは Ca^{2+} 非存在下で 25 pS 程度であるが，通常は Ca^{2+} の存在により 100 分の 1 程度に

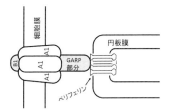

図2 GARP部分を介したCNGチャネルと円板の相互作用

抑制されている.

また, Ca^{2+} はcGMP感度を低下させるが, これはCNGB1またはCNGB3のC末端近くの結合部位に Ca^{2+} ・カルモジュリン会合体が結合することで起きる. Ca^{2+} 自身はよく透過し, Ca^{2+} チャネル阻害剤 l-シス・ディルティアゼムにより抑制される. またCNGB1のN末端近くには視細胞に豊富なGARP2（glutamic acid rich protein 2）と同じ配列をもつGARP部分があり, 円板膜上のペリフェリンと結合して位置を決める作用（図2）とチャネルの自己抑制作用が指摘されている. またCNGA1にはcGMP加水分解酵素（PDE）や Na^+/Ca^{2+}-K^+ 交換体との複合体形成能が見出されている.

TRPチャネル

ショウジョウバエの遺伝子 trp の同定を起源として, 動物界に広く存在することが明らかにされたTRPスーパーファミリーは複数のサブファミリーに分けられるが, 光受容細胞のものはTRPCサブファミリーに属する.

ショウジョウバエ視細胞の感桿微柔毛では Ca^{2+} にやや選択性の高いTRP（単位コンダクタンス 4 pS）と近縁で特異性の低いカチオン選択性のTRPL（同 35 pS）が脱分極性の受容器電位を担っている. TRPは La^{3+} によりブロックされ, TRPから流入する Ca^{2+} によるTRPLの抑制が明順応の一端を担う. またTRPLは明暗順応に応じて感桿と細胞体の間を移動するが, その機構は未解決である. 一方, 脊椎動物網膜中の光感受性網膜神経節細胞（ipRGC, 生物時計の調節に関与）ではTRPC6とTRPC7が脱分極性の受容器電位を担っている.

TRP/TRPLの開孔はホスホリパーゼC（PLC）に依存し, IP_3 受容体阻害剤2-APBにより阻害される. しかしPLC産物であるイノシトール三リン酸（IP_3）とジアシルグリセロール（DG）は単独ではチャネルを開孔しない. DGリパーゼによるDG分解産物, ポリ不飽和脂肪酸（PUFA）がTRPを開孔するが, 昆虫視細胞で産生されるPUFAは微量のため機能しないといわれる. 最近, 膜中の PIP_2 が, PLCにより分解される際の大きな膜張力の変化が検出され, TRP/TRPLはメカノセンサーとして開孔するという説が注目されている.

TRPファミリーは6回膜貫通型サブユニットの四量体で, 各サブユニットの両末端が細胞質側に位置するなどCNGチャネルとよく似た構成を示す（図1A, C）. ショウジョウバエTRPはホモ四量体が大部分を占めるが, TRPLはTRPγとのヘテロ会合体としての発現が示唆されている. TRPCサブファミリーのN末端付近にはアンキリンリピートと呼ばれる特徴的な配列があり, 他のタンパクなどとの相互作用やメカノセンサー機能を与えている可能性がある. C末端側には特異な配列"TRPボックス"が, C末端直近には情報伝達タンパクに頻繁にみられるPDZ結合モチーフが, 存在する. 後者はTRP/TRPLではINAD（in-activation no afterpotential D）と呼ぶタンパク質中のPDZ配列と相互作用をする. またINADを中心にした多くの情報変換タンパク質と複合体を形成しており, PLC産物である H^+ による相互作用の変化によりTRP/TRPLの感度が変化すると推測されている.

〔中村 整〕

視細胞
Photoreceptor

桿体, 錐体, 光応答

視細胞の役割

脊椎動物では，外界の視覚情報は光のシグナルとして眼に入り，網膜上にその像が結ばれる．網膜は視細胞を含む5種類の神経細胞で構成され，それらが神経ネットワークを形成して視覚の情報処理を行っている．光は網膜中の視細胞によって受容され，その情報は視細胞内で光シグナル伝達経路を経て電気シグナルに変換される．すなわち，視細胞は光のセンサーとしての役割をもつ一次ニューロンであり，受け取った情報を，シナプスを介して双極細胞や水平細胞に伝える役割をもつ．

視細胞の構造

脊椎動物の視細胞には桿体と錐体があり，それぞれ薄明視（暗所視）と昼間視（明所視）を担っている．図1は桿体と錐体の構造を示す．全体的な構造は両者ともよく似ており，外節，内節，およびシナプス終末部に分かれる．外節の構造は桿体と錐体で若干異なり，桿体外節は形質膜で囲まれた円柱の内部にリン脂質二重膜で形成されたディスクが隙間なく重なった構造をしているのに対し，錐体外節は形質膜が折り畳まれたラメラ状の構造をしている．桿体細胞はディスク膜に，錐体細胞はラメラ状の膜に多量の視物質が存在し，この外節で光シグナルの検出を行っている．内節はミトコンドリアを多く含むエリプソイドと核から構成され，そこからシナプス終末部を伸ばしている．シナプス終末部には，シナプスリボンと呼ばれる板状の構造にシナプス小胞が集積している構造が存在する．これはリボンシナプスと呼ばれ，一般的なシナプスとは異なる特殊な形態をしている．視細胞のような緩電位応答をする神経細胞では神経伝達物質を持続的に放出する必要があり，そのためにこのような構造になっていると考えられている．

ヒトの視細胞数は桿体がおよそ1億2000万個，錐体がおよそ600万個といわれている．1つ1つの視細胞はいわば受光素子であり，視細胞は網膜全体に分布して網膜上に結ばれた像を検出している．しかし，桿体と錐体ではその分布は大きく異なる．網膜の中心部には中心窩（黄斑）と呼ばれる部位があり，ここに視野の中心部の像が結ばれる．この部分には桿体はほとんどなく，錐体が高い密度で分布しているため，昼間視では中心窩で分解能が高く，高い視力を維持している．その反面，周辺部では錐体の密度が低いため視力は低下する．桿体は周辺部に分布しているので，薄明視では中心窩での視力は弱く，周辺部全体で微弱光の検出を行っている．

脊椎動物では，種によって視細胞の構造に大きな違いはないが，視力の優れた哺乳類では外節の直径は小さく（およそ1μm），両生類などの下等脊椎動物では大きい傾向がある（6〜12μm）．また，もともと夜行性である哺乳類は錐体に比べて桿体の数が

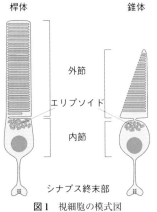

図1　視細胞の模式図

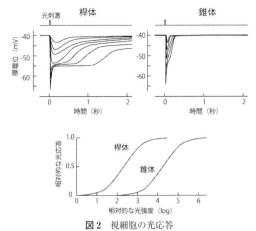

図2 視細胞の光応答
A：さまざまな光強度のフラッシュ光に対する桿体の応答．
B：錐体の応答．C：桿体および錐体の光強度-応答曲線．

多い．哺乳類でも昼行性のリスや，昼行性の鳥類などでは桿体に比べて錐体の数が多い．

視細胞の光応答

視細胞は光刺激に応答して膜電位に変化が生じる．図2は桿体と錐体の光応答を模式的に示したものである．このような視細胞の光応答にはいくつかの特徴がある．

一般的に，神経細胞は活動していない状態では静止電位（$-60 \sim -80$ mV）に保たれているが，視細胞は光刺激がない状態すなわち暗闇でおよそ-40 mVの電位を保っており，これを暗電位と呼ぶ．すなわち，視細胞では暗時に外節のイオンチャネルが開いていて定常的に電流が流れ込み，膜を一定のレベルに脱分極させている．言い換えれば，視細胞は光刺激がないときに興奮しているといえる．

視細胞に光が照射されると，過分極方向の応答が生じ，応答の大きさは光強度に依存して段階的に増大する．この過分極応答は以下の機構で起こる．光刺激によって光強度依存的にイオンチャネルが閉じると，暗時に流れていた電流が減少し，結果的に暗電位が小さくなる．これがみかけ上の過分極応答である．強い光によってイオンチャネルがすべて閉じると，膜電位は静止電位に近づき，過分極応答は飽和する．

上記の光応答は桿体と錐体で基本的なしくみは同じである．ただし，昼間視を担う錐体の感度は薄明視を担う桿体のおよそ100分の1と低く，その時間経過も桿体よりはるかに速い．

視細胞における調節機構

最初に述べたように，視細胞の基本的な役割は受け取った光情報を電気シグナルに変換して二次ニューロンに伝えることである．しかし，一次ニューロンである視細胞の段階で，シグナルの調節機構が働いている．たとえば，ヒトは星明かりから太陽光まで広い光強度の範囲の光を見ることができるが，その原因の一翼を視細胞自身が担っている．明順応のうち背景順応（background adaptation）として知られる現象がそれである．視細胞の光シグナルに対する感度は背景光があると低下し，その程度は背景光の光強度が強くなるほど大きくなる．明順応が起こらないと仮定したときの理論的な光強度-応答曲線ではおよそ10^2倍の光強度で飽和するが，明順応が起こることによってその範囲はおよそ10^4倍にまで広がる．すなわち，この機構が働くことによって視細胞が受容することのできる光強度の範囲が大きく広がるのである．

このように，視細胞で受容された光シグナルは，その中で電気シグナルに変換されるだけでなく，そのシグナルが調節されたのちに，双極細胞や水平細胞に伝達される．

〔中谷 敬〕

水平細胞
Horizontal cell

外網状層,抑制性ニューロン,ギャップ結合,リボンシナプス,受容野

水平細胞(horizontal cell)は外網状層(outer plexiform layer;OPL)において視細胞同士を側方に相互結合する二次神経細胞である.水平細胞は外網状層で,視細胞-双極細胞の神経伝達を修飾して機能していると考えられている.水平細胞はγ-アミノ酪酸(GABA)作動性のニューロンであることから,抑制性ニューロンであると考えられる.大多数の脊椎動物の網膜においては,形態的な分類として,軸索様の比較的長い突起を有するB-typeならびに軸索様突起を欠くA-typeの2種類の水平細胞が存在する.哺乳類においては,A-typeの水平細胞は錐体視細胞とのみ結合し,桿体とは結合しない.B-typeの水平細胞は錐体と桿体ともに接続することが知られているが,桿体優位な網膜においては,B-typeで桿体のみと結合するサブタイプなども知られている.マウスの網膜では,B-type1種類のみの水平細胞が観察される.また,魚類などの網膜水平細胞では,H1〜H4タイプの分類が知られている.さらに,生理学的な分類としてLuminosity type(L-type),Chromaticity type(C-type)が知られる.L-typeはどのような波長の光刺激に対しても脱分極し,C-typeは波長によって活動が変化する.生理学的なタイプと形態学的なタイプには関連がある.

水平細胞の発生

水平細胞は他の網膜神経細胞ならびにグリア細胞と同様に,多分化能を有する網膜共通前駆細胞(multipotential common progenitor cell)から発生してくる.水平細胞は,網膜ニューロンの中でも早い時期に発生することが知られている.現在までに,水平細胞の細胞運命決定ならびに分化成熟を制御するさまざまな転写因子が報告されている.フォークヘッド型の転写因子Foxn4,bHLH転写因子のPtf1a,ホメオドメイン転写因子のProx1,Otx2,Onecut1,2などが重要な機能を果たしていることが知られている.Foxn4,Ptf1aの機能喪失変異マウスの網膜では水平細胞が欠失し,アマクリン細胞の発生にも影響を与える.Foxn4欠失網膜ではPtf1aの発現が消失することから,Foxn4がPtf1aの上流で水平細胞の運命決定に機能していると考えられる.Prox1はFoxn4-Ptf1aのさらに下流で水平細胞のみに機能すると考えられている.また,水平細胞は網膜の視細胞側で細胞周期を出て,細胞運命決定後に一度神経節細胞側に移動してから,最終的に外網状層となる場所に移動する.Lim1欠失マウス網膜では水平細胞は内網状層にとどまることから,転写因子Lim1は水平細胞の移動を制御することが知られている.

さまざまな転写因子の組み合わせによる制御によって発生し成熟したマウス水平細胞は,抗カルビンジン(Calbindin)抗体を

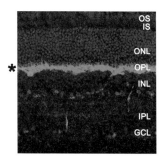

図1 マウス網膜の水平細胞
成体マウス網膜の水平細胞を抗カルビンジン抗体で免疫染色した像(星印).
OSは視細胞外節,ISは視細胞内節,ONLは外顆粒層(視細胞層),OPLは外網状層,INLは内顆粒層,IPLは内網状層,GCLは神経節細胞層.

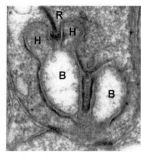

図2　視細胞リボンシナプスの電顕像
成体マウス網膜の視細胞軸索終末の電顕像．視細胞軸索終末の陥入部に水平細胞と双極細胞の樹状突起がシナプスを形成する．それぞれ2個ずつの樹状突起終末が観察される．Rはシナプスリボン，Hは水平細胞樹状突起終末，Bは双極細胞樹状突起終末．

用いた免疫組織染色によって可視化することができる（図1）．さまざまな動物種の成体網膜において，水平細胞同士はある一定の距離をおいて規則的に配置されている．

水平細胞と神経回路

　水平細胞は，視細胞終末（photoreceptor terminals）のリボン（presynaptic ribbon）が局在する場所で，双極細胞の樹状突起とともに視細胞と結合し，いわゆるリボンシナプスを形成する（図2）．
　発生過程では，まず水平細胞が視細胞とシナプス結合し，次に双極細胞が結合する．水平細胞の樹状突起は隣り合う樹状突起とギャップ結合（gap junction）を形成し電気的にカップルするが，異なるサブタイプの水平細胞樹状突起間ではギャップ結合を形成しない．マウス網膜の発生期において，水平細胞は突起を視細胞層にいったん伸ばした後，再び縮めて側方向に突起を伸ばし視細胞とシナプス結合する．
　B-typeの水平細胞において軸索様突起の終末領域は数百個程度の桿体細胞をカバーする．各桿体の終末は異なる2個の水平細胞由来の神経終末と結合する．水平細胞は，視細胞や双極細胞と同様に活動電位は発生せず，明暗の刺激に対して緩電位の変化による応答を示す．したがって，B-typeの軸索様の突起は活動電位の伝達のために存在するのではないが，どのような生理機能を有するのかは不明である．

水平細胞の機能

　神経節細胞や双極細胞は，受容野中心部とそれに拮抗する受容野周辺部を有する．中心部は，神経節細胞および双極細胞それぞれの樹状突起の広がりと一致している．しかし，周辺部の大きさは樹状突起よりはるかに大きく，広い受容野をもちうる水平細胞が受容野周辺部の形成にかかわっていると考えられている．周辺部が光刺激されると，周辺部の視細胞は過分極し，グルタミン酸の放出が減少する．水平細胞はAMPA/KA型のグルタミン酸受容体を発現しており，光刺激によってグルタミン酸の放出は減少し，水平細胞の電位は過分極方向へと移動する．水平細胞の過分極応答が中心部の視細胞終末を脱分極させて，そこからのグルタミン酸の放出を増加させる．その結果，中心部への光刺激と反対の効果が生じる．水平細胞の過分極応答によって，視細胞終末が脱分極しグルタミン酸の放出が増大する機構は不明であった．水平細胞の過分極によってGABAの放出が減少する結果，視細胞が脱分極するという機構が考えられてきた．しかし，GABAのアンタゴニスト存在下でも周辺部の光応答が残ることから，水平細胞の膜電位変化が視細胞終末リボンシナプス間隙のpH変化をもたらし，視細胞のカルシウム電流を修飾することによって，グルタミン酸の放出に影響を与えるという機構が提唱されている．

〔古川貴久〕

双極細胞
Retinal bipolar cell

中心-周辺拮抗型受容野，グルタミン酸受容体，桿体型双極細胞，錐体型双極細胞

双極細胞は網膜の二次ニューロンであり，視細胞からの入力を受け，アマクリン細胞（amacrine cell）や網膜出力細胞である神経節細胞（ganglion cell）に出力する．双極細胞は，入力する視細胞の種類・光応答の極性・内網状層における軸索終末部の分布位置・発現しているタンパク質などの違いから10種類以上のサブタイプに分類される．

光応答発生機構

光刺激に対して，活動電位（action potential）ではなく，光強度に依存して応答振幅が変化する緩電位（graded potential）応答を発生する．受容野（receptive field）は同心円状の中心-周辺拮抗型である．受容野中心部の光刺激で脱分極する ON 型と過分極する OFF 型に大別される（図1）．受容野中心部の大きさは，ほぼ樹状突起の広がりに対応する．

哺乳類では，視細胞の軸索終末部は，ON 型双極細胞との間に陥入型シナプス（invaginating synapse）を形成し，OFF 型双極細胞との間に基底型シナプス（basal synapse）を形成する（図1）．視細胞の神経伝達物質はグルタミン酸であり，ON 型双極細胞では代謝型グルタミン酸受容体（mGluR6）が存在し，OFF 型双極細胞ではイオンチャネル型グルタミン酸受容体（AMPA/KA 受容体）が存在する．暗闇では視細胞からグルタミン酸が持続的に放出されているので，ON 型では mGluR6 が活性化され，G タンパク質（G_o）の活性化を介して陽イオンチャネル（TRPM1）が閉じているので，約 −40 mV に分極した状態にある．光刺激によって視細胞は過分極し

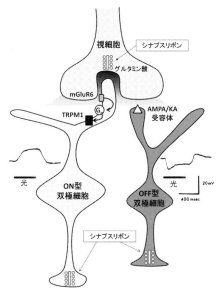

図1 双極細胞の光応答と視細胞から ON 型双極細胞と OFF 型双極細胞へのグルタミン酸伝達

てグルタミン酸の放出が減少するので，mGluR6 は脱活性化され，TRPM1 が開いて脱分極応答が発生する．一方，OFF 型双極細胞では暗闇で視細胞から放出されたグルタミン酸によって AMPA/KA 受容体が活性化されて陽イオンチャネルが開き脱分極しているが，光刺激で視細胞からのグルタミン酸放出が減少すると受容体チャネルが閉じて過分極応答が発生する．

受容野周辺部の光刺激では，中心部の応答とは逆の極性で応答する（ON 中心-OFF 周辺型応答，OFF 中心-ON 周辺型応答）．周辺応答は，外網状層（outer plexiform layer）における水平細胞から視細胞軸索終末部へのネガティブフィードバックによって形成されるが，内網状層（inner plexiform layer）におけるアマクリン細胞から双極細胞軸索終末部への抑制性フィードバックの影響も受けている．

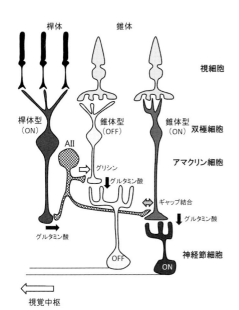

図2 AIIアマクリン細胞による桿体型双極細胞出力のON応答とOFF応答への振り分け

錐体経路と桿体経路

哺乳類では，明所視（photopic vision）条件下で錐体から入力を受けるON型とOFF型の錐体型双極細胞がそれぞれ働くが，暗所視（scotopic vision）条件下で桿体から入力を受ける桿体型双極細胞にはON型しか存在しない．しかし，網膜出力細胞である神経節細胞には，暗所視条件下でもON応答を示すものとOFF応答を示すものがある．これは，桿体双極細胞のON応答がAIIアマクリン細胞の働きによってON応答とOFF応答に振り分けられるからである（図2）．具体的には，桿体型（ON型）双極細胞の脱分極によるグルタミン酸出力がAIIアマクリン細胞を脱分極させ，AIIアマクリン細胞とギャップ結合によって電気シナプスを形成しているON錐体型双極細胞を脱分極させてグルタミン酸出力を増加させるのでON型神経節細胞は脱分極してスパイク発火が増加する．一方，桿体型双極細胞のグルタミン酸出力によって脱分極したAIIアマクリン細胞はグリシンを放出し，抑制性化学シナプスを介してOFF錐体型双極細胞を過分極させてグルタミン酸出力を減少させるのでOFF型神経節細胞は過分極してスパイク発火が減少する．なお，副次的ではあるが，桿体と錐体間の電気シナプスを介して錐体型双極細胞が桿体信号を受け取る経路や，桿体と錐体の双方から信号を受け取る混合型双極細胞の存在も明らかにされている．

興奮性出力と抑制性制御

双極細胞の軸索終末部にはシナプスリボン（synaptic ribbon）という特殊な微細構造があり，このリボンにはグルタミン酸を含んだ多数のシナプス小胞が繋留されている（図1）．シナプスリボンやそれに類似した微細構造は，視細胞や内耳・側線器官の有毛細胞にも存在する．いずれも，緩電位応答を伝達するシナプスなので，持続的な情報伝達にリボンのような構造が必須であると考えられている．しかし，キンギョの双極細胞では，脱分極によってCa^{2+}電流が活性化されると，一過性の同期したグルタミン酸放出はリボン直下で生じるが，持続性のグルタミン酸放出はリボンからやや離れた部位で生じる．

双極細胞の軸索終末部にはGABA作動性あるいはグリシン作動性の抑制性フィードバック入力がある．抑制性シナプスの形態から相反性シナプス（reciprocal synapse）と通常シナプス（conventional synapse）に分類される．前者はリボン直下でグルタミン酸入力を受け取り，その近傍で抑制を返す局所抑制回路を形成しており，後者はリボンから離れた部位に広領域からの抑制をかける側抑制回路を形成している．いずれもノイズの低減とゲインコントロールに寄与している． 〔立花政夫〕

網膜神経節細胞
Retinal ganglion cell

視神経細胞，ON-OFF 光応答，方向選択性

網膜神経節細胞（視神経細胞）は，網膜の出力神経細胞であり，最終的に視覚情報に応じた活動電位パターンを発生させ，視神経を通じて脳中枢へと情報を送る．

神経節細胞の多様性

神経節細胞は，樹状突起の形態，ON-OFF 光応答の仕方，視覚情報処理の種類などによって，さまざまな種類に分けられる．

(1) 樹状突起の形態による種別：樹状突起の広がりの形態と，内網状層（IPL）での層形成（stratification）の組み合わせによって，形態学的に種々に分けられる．

内網状層は，大きく5つの層に分けられる．神経節細胞の樹状突起がどの層に樹状突起を伸ばしているのかによって，区別される．その一層にだけ樹状突起を伸ばしているものを単層性（monostratified），二層に伸ばしているものを二層性（bistratified），多くの層にまたがって伸ばしているものを多層性（broadly stratified）と呼ぶ．

また，樹状突起の広がり方によっても区別される．形態学的ポイントは，樹状突起の広がりの広さ，樹状突起の空間的な充填度，樹状突起が直線的か否かなどである．従来，ネコの網膜などでは，その樹状突起の広がりによって，大きいほうから alpha，beta などと区別されていた．

(2) ON-OFF 光応答による種別：フラッシュ光に対する光応答性は，その神経節細胞が内網状層の中央より神経節細胞層側に樹状突起を伸ばしているか（大まかに ON 層と呼ぶ），または，内顆粒層側に伸ばしているかよって分かれる（OFF 層と呼ぶ）．前者は光の ON とともに活動電位が発生する ON 型，後者は光が ON のときには反応せず，OFF のときに活動電位が発生する OFF 型の光応答となる．たとえば形態学的に同種の単層性神経節細胞でも樹状突起の伸ばしている層によって光応答としては ON 細胞と OFF 細胞に分けられる．樹状突起を ON 層および OFF 層の両者に伸ばしている二層性の神経節細胞は ON と OFF 両方の反応を示す ON-OFF 型となる．

(3) 視覚情報の種類による種別：現在では，異なる形態をもつ神経節細胞は，異なる視覚情報処理を担っていると考えられている．いくつか例を示す．

方向選択制神経節細胞（Directional Selective Ganglion Cells；DSGCs）は，物体の動きに反応する網膜神経節細胞である．細胞ごとに方向の特異性があり，動きの方向とスピードも検出することができる．形態学的には二層性であり，コリンアセチルトランスフェラーゼ

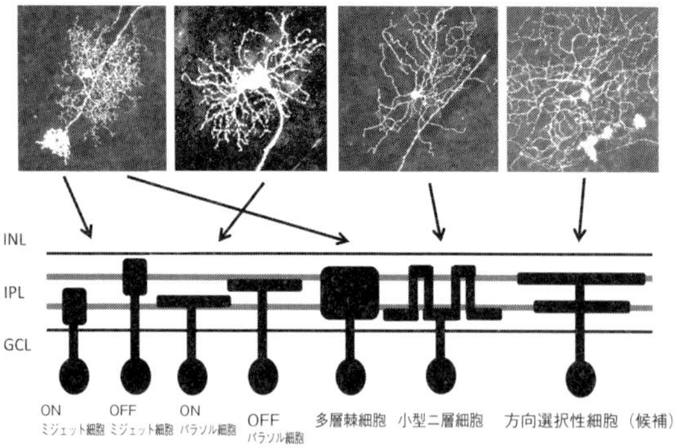

図1 マーモセット網膜で見つかった多様な網膜神経節細胞（S. Moritoh et al., PLoS One, 8, 2013）
形態学的な分類が機能分類と結びつくと考えられている．INL は内顆粒層，IPL は内網状層，GCL は神経節細胞層．IPL の2つの黒線で表される層は，ChAT 陽性のスターバーストアマクリン細胞が樹状突起を伸ばす2つの層．

(ChAT) 陽性のスターバーストアマクリン細胞の樹状突起と同じ層に樹状突起を伸ばし，シナプスをつくっている．蜂の巣状の樹状突起構造が特徴的である．ウサギや齧歯類網膜で発見されているが，霊長類網膜でも形態学的にその候補が見つかった．また，上記のものと形態は異なるが，ある一方向の動きに選択的に反応する別の種類の方向選択性神経節細胞もマウス網膜で見つかっている．

Blue-ON/Yellow-OFF 神経節細胞は，霊長類網膜で見つかっている機能的に特徴的な神経節細胞である．形態的には，小型二層性神経節細胞と呼ばれるもので，ON 層では青色錐体系の双極細胞から入力を受け，OFF 層では赤および緑色錐体系の双極細胞から入力を受けるので，青色に対して ON 応答，黄色（赤＋緑）に対して OFF 応答を示すことからこの名前がある．

LED（Local Edge Detector）神経節細胞は，ウサギ網膜で見つかっている樹状突起の広がりの最も狭い神経節細胞であり，明暗などコントラストの境界を見分けている．齧歯類網膜でも同様の神経節細胞が見つかっている．

ミジェット神経節細胞，パラソル神経節細胞は，霊長類網膜の典型的な神経節細胞である．霊長類網膜ではこの２種類で 90% を占めるとされる．赤あるいは緑の色信号を別々に担い画像の解像度を作り出すのがミジェット神経節細胞（X 型ともいう）で，光のコントラストを把握する役割を担うのがパラソル神経節細胞（Y 型）である．それぞれ，樹状突起を ON 層に伸ばしているか，OFF 層に伸ばしているかによって，さらに ON 型，OFF 型に分けられる．

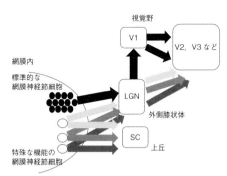

図 2 霊長類の神経節細胞の投射先
V1, V2, V3 は一次，二次，三次視覚野，LGN は外側膝状体，SC は上丘．

内因性光感受性網膜神経節細胞

通常，神経節細胞は光に対して直接応答することができないが，メラノプシンを光受容体としてもつ神経節細胞があり，この神経節細胞は視細胞からの入力がなくても直接光に持続的に ON 応答することができる．その役割としては，瞳孔反射を引き起こす光情報の取得と，概日リズムをリセットする光情報の取得がある．内因性光感受性網膜神経節細胞は霊長類を含むさまざまな動物の網膜で見つかっている．

神経節細胞の投射先

霊長類でいえば，これらは外側膝状体（LGN）を経由して，視覚野に投射している．その一方で，特殊な視覚情報処理機能をもつ神経節細胞は上丘（SC）に投射するとともに，一部 LGN にも投射していると考えられている．また，内因性光感受性網膜神経節細胞については，概日リズムを担う視交叉上核（SCN）と，瞳孔反射を担う視蓋前域オリーブ核（OPN）に投射している．

〔小泉 周〕

色素上皮細胞とレチノイドサイクル
Pigment epithelium and retinoid cycle

11シスレチナール，発色団の再生，レチノイド異性化酵素

　色素上皮細胞は正常な視覚を維持するため，発色団の再生，視細胞外節の貪食，血液網膜関門（blood-retinal barrier）の形成と維持といった多岐にわたる役割を果たしているが，本項では特に発色団の再生について解説する．

　光に応答した視細胞は次の光を受容するために速やかにもとの静止状態に戻る必要がある．そのためには視細胞で活性化された光情報変換系（phototransduction）が一度不活性化され，かつ光異性化した全トランスレチナール（All-$trans$ retinal）を放出したオプシン（opsin）が再び発色団である11シスレチナール（11-cis retinal）と結合して，光情報変換系を活性化しうる視物質（visual pigment）が再生されなければならない．視物質の再生には全トランスレチナールから11シスレチナールへの異性化が不可欠であり，この発色団をリサイクルするシステムは visual cycle またはレチノイドサイクルと呼ばれる（図1）.

発色団の再異性化機構

　レチノイドサイクルは視細胞と色素上皮細胞に存在するいくつかの酵素とレチノイド結合タンパク質で構成されており，光に非依存的に反応が進行する．

　光によって異性化された全トランスレチナールは光情報変換系の活性化の後，視細胞外節の細胞質側に放出されるが，有毒なアルデヒドである全トランスレチナールは直ちにレチノール酸化還元酵素（RDH）によって毒性の低いアルコール体である全トランスレチノール（all-$trans$ retinol, ビタミンA）へと還元される．続いて，全トランスレチノールは視細胞外節と色素上皮細胞の間に局在するレチノイド結合タンパク質（IRBP）を介して色素上皮細胞に輸送されるが，これ以外にも全トランスレチノールは肝臓から血漿レチノイド結合タンパク質（RBP4）を介して色素上皮細胞に供給されている．

　色素上皮細胞に輸送された全トランスレチノールはレシチン-レチノールアシル基転移酵素（LRAT）によって脂質修飾を受け，全トランスレチニルエステルへと変換される．続いて，近年同定されたレチノイド異性化酵素（RPE65）によって発色団の前駆体である11シスレチノールに異性化される．最後にレチノール酸化還元酵素により発色団である11シスレチナールが再生される．11シスレチナールは細胞性11シスレチノイド結合タンパク質（CRALBP）によって構造を保ったまま色素上皮細胞から視細胞外節へと輸送され，オプシンと結合し，光情報変換系を活性可能な状態の視物質が再生される．

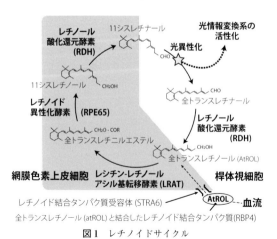

図1　レチノイドサイクル

レチノイド異性化酵素の同定

色素上皮細胞の膜分画に全トランスレチノイドを11シスレチノイドに異性化する酵素が存在することは1980年中頃から示唆されていたが，その同定には至っていなかった．色素上皮細胞の膜分画に豊富に存在するRPE65と呼ばれるタンパク質をコードする遺伝子はレーバー先天性黒内障（Leber's congenital amaurosis）や網膜色素変性症（retinitis pigmentosa）の原因遺伝子として知られていた．また，RPE65を欠損したマウスモデルでは光に対する網膜の電気的な応答が失われ（失明し），錐体視細胞の早期発症型変性（細胞死）に加え，色素上皮細胞でも11シスレチノイドの消失，レチニルエステルの過剰な蓄積が観察された．このことから，RPE65は発色団の異性化に必須なタンパク質，すなわちレチノイド異性化酵素の候補の1つと考えられた．しかしながら，ウシの色素上皮細胞から精製されたRPE65は界面活性剤を含んだバッファー中で全トランスレチニルエステルと高い結合性を示したものの，11シスレチノイドへの異性化がみられなかったことから当時はレチノイド結合タンパク質の1つと結論づけられた．

その後の研究によって，RPE65がレチノイド異性化酵素であることが2005年になって3つの研究グループからほぼ同時に報告された．さらに2009年には哺乳類の培養細胞で発現精製したRPE65でも酵素活性が示され，現在ではRPE65がレチノイド異性化酵素であることは広く受け入れられている．

錐体視細胞へのレチナール供給系

桿体視細胞における視物質の再生は，前述した色素上皮細胞との間にある「レチノイドサイクル」で，そのほとんどが賄われていると考えられている．その一方で，色覚や昼光視に関与している錐体視細胞は桿体視細胞よりも光に対する感度こそ低いものの，光に対する反応や視物質の再生がはるかに高速であることが知られており，錐体視細胞の機能をサポートするにはより高速な11シスレチナールの供給が必要である．また，色素上皮細胞から遊離した状態の錐体視細胞を含んだ網膜片や網膜ホモジネートで，11シスレチノイドの生成，視物質の再生，光に対する視細胞の応答の回復が報告されている．これらのことから，錐体視細胞を含む網膜内には色素上皮細胞のものとは異なるレチノイドサイクルが独立して存在すると考えられており，現在までに断片的ではあるものの，その可能性を示唆する報告がいくつかなされている．

たとえば，脊椎動物のミュラー（Müller）細胞にはレチノイドサイクルに関係したCRALBPやRDHのホモログが発現していることが知られている．また，ニワトリのミュラー細胞には，実際の酵素は未同定であるが，全トランスレチノールを11シスレチニルエステルに異性化する酵素が存在することが示唆されている．近年，マウスやヒトの錐体視細胞外節にRPE65が，ゼブラフィッシュでは網膜内のミュラー細胞にRPE65のホモログが発現していることも報告された．さらに，2013年にはジヒドロセラミド不飽和化酵素-1（DES1）が，11シス特異的酵素活性は低いものの，レチノイドを異性化できることが示された．しかしながらRPE65を欠損したマウスモデルで11シスレチノイドが網膜から検出できていないことから，新規の異性化酵素の候補分子（DES1）がどの程度網膜内のレチノイドサイクルに寄与しているかは明らかになっておらず，他のレチノイド異性化酵素候補分子の同定も含め，今後のさらなる研究が待たれている．

〔髙橋勇輔〕

大脳視覚野
visual cortical areas

一次視覚野，有線外皮質，腹側経路，背側経路

ヒトやサルの大脳皮質の後方には視覚機能にかかわる数多くの視覚野が存在する．多くの視覚領野は網膜対応地図をもち，視野内の各場所に受容野をもつ細胞が皮質表面に沿って規則的に配列している．またそれぞれの視覚領野には受容野内に呈示された特定の特徴をもつ視覚刺激に反応する細胞が存在する．ある領野にどのような刺激特徴に選択的に反応する細胞が多く存在するかを知ることによって，その領野で処理されている視覚情報の理解が進んできた．また近年ではそのような理解に基づいて，ヒトの脳活動を機能的磁気共鳴画像法（fMRI）などで計測して数理的解析を行うことにより，ヒトが見ている刺激を視覚野の活動をもとに推定するデコーディングが成功を収めている．

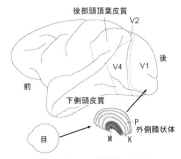

図1　サルの視覚系の概要

網膜から一次視覚野の経路の構成

網膜で処理された視覚情報は視床の外側膝状体で中継され，大脳皮質の最も後部に位置する一次視覚野（または有線皮質，V1などと呼ばれる）(primary visual cortex, striate cortex) に伝えられる．この経路は網膜上での神経細胞の位置関係を保って神経線維が配列されている．外側膝状体は背側の4つの小細胞層と腹側の2つの大細胞層の計6つのおもな層と，これらの層の間に存在する顆粒細胞層から構成される．右眼と左眼からの情報は小細胞層と大細胞層の別の層で伝えられる．外側膝状体の多くの細胞は網膜神経節細胞と同様の同心円受容野をもち明暗パターンの空間的なコントラストを検出する．大細胞層の細胞はパラソル神経節細胞から信号を受け取り明暗情報のみを伝え，空間解像度は低いが時間解像度は高い．小細胞層の細胞はミジェット神経節細胞から信号を受け取り空間解像度は高いが時間解像度は低い．顆粒細胞層は両亜層分枝型神経節細胞から信号を受け取る．小細胞層と顆粒細胞層の細胞は色選択性をもち，前者にはL錐体とM錐体の差分に反応するr/g反対色細胞が，後者にはS錐体とLM錐体の差分に反応するb/y反対色細胞が存在する．

一次視覚野の構造と機能

大脳皮質は厚さ2mm程度で六層構造をもつ．外側膝状体細胞の軸索はおもに四層に終わり，大細胞層からは4Cα層に，小細胞層からは4Cβ層に終わる．この段階では両眼からの信号ははっきり分かれており，皮質表面に垂直に左右の一方の眼からの信号を強く受ける細胞が集まり眼優位性コラム（ocular dominance column）をつくる．眼優位性コラムは皮質表面に沿って周期1mm程度の帯状の構造をつくる．同時にV1内の神経回路では両眼からの信号が1つの細胞に収束し，左右眼いずれの入力にも反応する両眼性細胞が形成される．

外側膝状体と比較してV1の顕著な特性は方位選択性の出現である．これは線分状の刺激や図形の輪郭を受容野内に呈示したときに，線分や輪郭の特定の向き（方位）に選択的に反応する性質である．皮質と垂直方向には同じ方位によく反応する細胞が

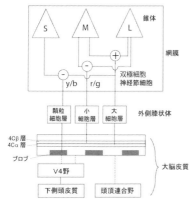

図2 サルの視覚系の構成

並んで方位コラム（orientation column）をつくる．V1表面にはさまざまな方位に選択性をもつ細胞が集まる特異点と呼ばれる場所が存在する．

V1の方位選択性細胞は空間周波数にも選択性をもち，視野の局所の空間的な特徴を検出するフィルターとして働く．これらの細胞は，明暗パターンの位置によってON反応とOFF反応を示す場所が受容野内で分かれる単純型細胞と分かれない複雑型細胞に区別される．V1表面に沿って空間周波数選択性も規則的に変化し，方位選択性に関する地図と空間周波数に関する地図の等高線は直交することが最近示されている．また2/3層で眼優位性コラムの中央にあたる部分に，チトクロムオキシダーゼ染色で濃く染まる斑点状の領域が存在しブロブと呼ばれるが，低い空間周波数に選択性をもつ細胞はブロブに多く存在する．

一次視覚野以降の処理

V1以降の視覚領野はまとめて有線外領野（extrastriate areas）と呼ばれるが並列階層的に構成されており，V1を起点として頭頂葉に向かう背側経路（dorsal pathway）と下側頭皮質に向かう腹側経路（ventral pathway）の2つの経路からなる．背側経路はおもに空間や動きの認識にかかわり腹側経路は物体認識にかかわる．いずれの経路も複数の領野により階層的に構成されており，階層が上がるとともに受容野が拡大し情報の空間的な統合が進み，より複雑な特徴が検出される．V1のすぐ前方に存在するV2野には，チトクロムオキシダーゼ染色によって皮質表面に平行に濃く染まる領域と薄く染まる領域が繰り返して存在し，濃く染まる領域はさらに細い縞領域と太い縞領域に区別される．このうち太い縞領域は背側経路におもに関係し，細い縞領域と縞の間の領域は腹側経路におもに関係する．細い縞領域には色選択性をもつ細胞が，縞の間の領域には明暗パターンの方位に選択性をもつ細胞が多く存在する．

腹側経路ではV1からV2野，V4野を経て下側頭皮質に情報が伝えられる．この経路ではV1で検出された局所の方位や空間周波数の情報がV2野，V4野で統合され輪郭の曲率，物体表面の三次元構造，また自然界の物体がもつ複雑なテクスチャに対して選択性を示す細胞が形成される．また顔や体といった生物学的に重要な意味をもつ刺激によく反応する細胞が数mmの大きさの領域に固まって存在する領域が下側頭皮質に複数存在することが見出されている．色の情報も腹側経路で処理される．また最近，物体表面の光沢に選択性を示す細胞が下側頭皮質で見出された．これらの形，テクスチャ，色，光沢などの情報は，物体の三次元形状や表面質感の認知を通して物体の視覚的認識に用いられると考えられる．

背側経路ではMT野を経てMST野に向かう経路で物体や自己の空間内での動きの情報処理を行うとともに，V3野，V3A野などを介して後部頭頂葉皮質に情報が伝えられ，物体の三次元形状が表現され，物を手や指でつかむ運動の制御にかかわる処理が行われる．

〔小松英彦〕

油球
Oil droplet

錐体，形態，分布，色フィルター

脊椎動物網膜の視細胞には，棒状をした桿体と円錐形の錐体がある．どちらも外節と内節から構成されている．外節は，膜構造が発達し，光を受容する視物質が膜に埋まっている．内節の基部には核がある．桿体は，薄明視に重要であり，視物質のロドプシンが外節に存在している．錐体は，昼間の視覚に関連していて，色の識別に関与している．魚類，両生類，爬虫類，鳥類，哺乳類のすべてで，両方の視細胞がみられるが，夜行性の動物では桿体がより発達しており，昼行性の動物では錐体がより発達している．ヒトでは，桿体に加えて，赤感受性，緑感受性，青感受性の3種類の錐体が知られている．

油球（油滴と呼ばれることもある）は，両生類，爬虫類，鳥類の錐体に存在しているが，魚類や哺乳類の錐体には，一般的には存在していない．ただし，軟骨魚類や有袋類では，油球のある錐体が報告されている．油球は，錐体内節の頂端部で，ミトコンドリアが集まった部分（エリプソイド）と外節の間に存在する．多くの油球では，

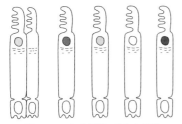

図1 ニワトリ網膜の錐体と油球
左は複錐体（主錐体，右側4つは単錐体（左から赤，黄（橙），透明，薄青油球））．光の入力方向は下から上．

赤，黄，緑，青などの色がついており，油球を通過した光が外節に到達するようになっている（図1）．すなわち，油球は光のカットオフフィルターとして機能しているとされている．また，無色あるいは透明な油球も存在していることから外節への集光レンズの役割をしていることも示唆されている．脊椎動物の網膜では，視細胞の外節は，光の入力方向（角膜側）と反対側に位置しているために，このような調節が可能となっている．色素層による光量調節とともに非常にうまくできた光受容機構といえる．油球は，カロテノイドを含む脂質でできている．油球の色は，動物種ごとに異なっており，特に夜行性，昼行性の違いにより色は顕著に異なる．

両生類の油球

夜行性であるアフリカツメガエルの錐体は，桿体に比べ非常に小さい．油球をもっているが色はついていない．一方，季節により昼行性的傾向をみせるイモリの錐体は，桿体とほぼ同じ大きさである．錐体に油球は認められない．

爬虫類の油球

カメの錐体は，主錐体と副錐体からなる複錐体（double cone）と4種類の単錐体（single cone）とからなる．複錐体の主錐体は黄色の油球をもち，副錐体は油球をもたない．微小電極を用いた電気生理学により，両者は赤感受性（$\lambda_{max} = 620$ nm）であることが報告されている．免疫組織化学的にも，赤視物質の存在が示されている．単錐体で赤色の油球をもつものと薄緑色の油球をもつものは赤感受性（$\lambda_{max} = 620$ nm）である．オレンジ色の油滴をもつものは，緑感受性（$\lambda_{max} = 540$ nm）である．透明な油滴をもつものは，青感受性（$\lambda_{max} = 460$ nm）である．

カナヘビは，複錐体の主錐体は黄緑の油球をもち，副錐体は油球をもたない．単錐体は黄色の油球をもつものと透明な油球を

もつ2種類がある．ヘビとヤモリでは，油球は存在しなかった．しかし，昼行性のヤモリのいくつかの属では，透明な油球の存在が報告されている．

鳥類の油球

視覚，色覚の発達した鳥類では，油球が非常によく発達している．

ニワトリ網膜においては，爬虫類のカメとよく似た油球が存在している．複錐体の主錐体は，薄緑色の油球をもち，副錐体は油球をもたない．単錐体は，赤色，黄（橙）色，薄青色，透明の4種類の油球をもつ（図1）．透明な油球は，紫外線照射により顕著な蛍光を出すことで他の油球と区別が可能である．複錐体と赤色油球をもつ単錐体は，外節に赤視物質をもつことが免疫組織化学的に示されている．ニワトリ網膜から抽出された視物質の割合と各油球の割合はほぼ一致している．すなわち，赤視物質は錐体視物質の約78％を占めているのに対して，赤視物質をもつ複合錐体の主錐体と副錐体そして赤色油球をもつ単錐体で約70％，緑視物質は，約10％を占め，緑視物質をもつ黄（橙）色油球をもつ単錐体は約12％，青視物質は，約10％を占め，透明油球をもつ単錐体は約12％，紫視物質は約2％を占め，薄青色の油球をもつ単錐体は約6％であった（図2）．

顕微分光学的研究

油球は光のフィルターとしての役割をも

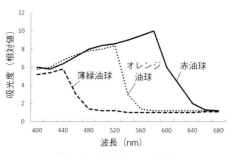

図3　鳥類の油球の吸収曲線

っているが，鳥類において，3種類の油球の吸収曲線が得られている．赤油球は，560 nmに吸収極大をもち，黄色（橙）油球は，510 nmに吸収極大をもち，薄緑色油球（複錐体の主錐体）は，440 nmに吸収極大をもつ（図3）．油球のフィルターとしての機能については，角膜側からと視細胞側からの光照射によるERG測定値の違いによっても示されている．

油球の生理的意義

油球の発達している動物である鳥類は，ほとんどの種が昼行性で，視覚，色覚が発達していることは油球がそれらに重要な機能をもっていることを示唆している．種により，油球の色や分布が異なっていることは，生態学的な意味をもっているようである．実際，カラスなどで，熟した果実を果皮の反射光により識別していることが報告されている．また，網膜の背側と腹側で油球の分布が異なっている種が多いが，地上のエサと頭上の捕食者を感知するためであるとの報告がある．　　　　〔大石　正〕

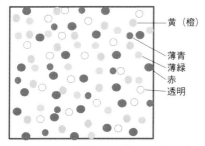

図2　ニワトリ網膜での5種類の油球の分布

複眼と単眼
Compound eyes and ocelli

節足動物，視覚器，側単眼，個眼

複眼は昆虫や甲殻類の主たる視覚器である．全動物の70％以上が昆虫であることは，複眼が地球上で最も成功した視覚系の1つであることを示す．複眼という呼称は複数のレンズをもつところからきており，レンズが1つしかない眼は単眼と呼ばれる．種によって，複眼と単眼の両方をもつもの，いずれか一方しかもたないものなどがある．個眼（ommatidium）は複眼の構成単位である．

複眼の構成単位：個眼

複眼の表面には，六角形あるいは四角形の構造がぎっしりと並んでいる．これは，個眼のレンズである．個眼は細長い構造で，隣り合う個眼とある角度をなしているため，全体としてドーム状を呈する．個眼間角度は種によって，あるいは1つの複眼でも部位によって異なり，0.8～3.0°くらいの幅がある．

複眼の大きさはさまざまで，頭部がほとんど複眼で覆われているようなトンボやチョウから，シロアリのようにほんの小さなものまである．ただ，個眼レンズの直径はだいたい25μmで一定している．つまり複眼の大きさは個眼の数と比例していると考えてよい．

1つの個眼には数個の視細胞（光受容細胞）が含まれる（図1A）．視細胞は個眼の中心に向かって微絨毛を伸ばし，感桿分体（rhabdomere）を形成する．多くの場合，すべての視細胞の感桿分体は個眼中央で集合し，感桿（rhabdom）という1つの光学素子をつくる（図1B）．細胞膜の主成分はリン脂質なので，感桿はその周囲に比べて光の屈折率が高い．このため，感桿は光フ

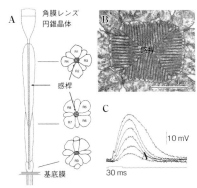

図1　個眼（A）と感桿（B）の構造および視細胞の受容器電位（C）

ァイバーとして機能し，感桿上端から入った光は外に漏れずにそのまま個眼基部に到達する．光は微絨毛の膜に含まれる視物質によって吸収され，視細胞膜に受容器電位を生じさせる（図1C）．

図1Cのような集合型感桿では，1つの個眼は視野の1ピクセルに対応する．そのため1つの個眼に結像機能はなく，像は多くの個眼からの情報を統合した結果として見えている．ハエなどいくつかの種では，感桿分体が集合せずに分散したままのものもある．この場合，1個眼である程度の空間分解能が得られると考えられる．

1つの個眼には分光感度の異なる視細胞が含まれるのが普通で，これが色覚の基礎となる．ミツバチ複眼には紫外，青，緑の3種，チョウ類ではこれに加えて，紫や赤受容細胞をもつものが多い．視細胞の分光感度は，種によってきわめて多様である．

複眼はその光学系の違いから，連立像眼（apposition eye）と重複像眼（superposition eye）とに大別される．前者は昼行性，後者は夜行性の種によくみられる．角膜レンズ，円錐晶体，色素細胞，感桿など，個眼の構成要素は基本的に同じだが，際立った違いは，感桿の長さと太さにみられる．前者は感桿が細くて長く，後者では感桿が

太くて短い．感桿が短い分，重複像眼では透明領域が発達している（図2）．

連立像眼

連立像眼では，それぞれの個眼は光学的に独立しており，1つの個眼は視野のごく狭い領域からの光のみを受容する（図2A）．したがって，隣接する個眼の受容野は個眼間角度の分だけズレる．これが，複眼の空間分解能（視力）を決定する重要な要因である．1.0の視力は1′（1/60°）の視角度に対応する分解能で，たとえば個眼間角度が1°の複眼の視力は，約0.02と計算される．

重複像眼

重複像眼では，ある方向からくる光は，光軸の合った個眼を中心にしてその周囲の数十～数百個の個眼を刺激する（図2B）．刺激される領域の大きさ（あるいは個眼の数）は，いわば"絞りの大きさ"に相当する．重複像眼でも個眼間角度は1°程度なので，絞りの端にあたる個眼の光軸は，中心にある個眼とは約20°ズレていることになる．斜め方向からの入射光も中央の個眼の感桿に焦点を結ぶのは，円錐晶体が光を大

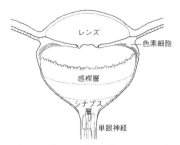

図3 バッタ単眼の構造（M. Wilson, *J Comp Physiol*, **124**, 297-316, 1978を改変）

きく曲げる機能をもち，さらに透明領域が光の進行を妨げないためである．円錐晶体で光が曲がるのは，円錐晶体の屈折率が周囲にいくほど高くなっているためで，このタイプの複眼を屈折型重複像眼と呼ぶ（図2C）．円錐晶体の屈折率が一定でも，その内壁が鏡になっていればほぼ同じことが起きる．この光学系はザリガニなど，個眼レンズの形が四角形の複眼にみられ，反射型重複像眼と呼ばれる（図2D）．

単 眼

多くの昆虫の成虫では両複眼の間に2～3個の単眼がある．昆虫の幼虫やクモ類には複眼はなく，代わりに4～6対の単眼がある．いずれもレンズは1つで，レンズの下部には多くの感桿でできた感桿層がある．このため単眼は結像が可能で，複眼をもたない種では，色覚を含む高度な視覚機能はすべて単眼が担当している．両方をもつ種では，単眼には複眼による視覚を補助する機能がある．バッタは，空と陸との境を単眼で受容した明度コントラストとして認識し，飛行調節に役立てている．単眼の空間分解能は低いとされているが，トンボでは空間分解能もかなり高いことがわかっている．

〔蟻川謙太郎〕

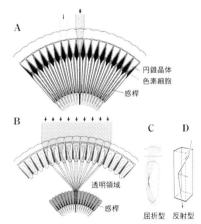

図2 連立像眼（A）と重複像眼（B～D）（D. E. Nilsson, in D. G. Stavenga and R. C. Hardie Ed., *Facets of Vision*, Springer, 1989を改変）

ピンぼけを利用した視覚
Defocus vision

視覚機能，奥行き知覚

われわれが物を見るとき，距離に応じて眼のレンズを調節しピントを合わせることで物の形を細部まで見ることができる．逆に，ピントの合っていない，つまりピンぼけ（defocus）の状態では得られる情報は少なくなってしまう．この観点からすれば，視覚を発達させるうえでピンぼけという現象は避けるべき問題である．実際，脊椎動物やイカ，タコなどの優れた視覚をもつ動物の多くが何らかのピント調節の仕組みをもつ．しかしピンぼけは別の側面ももつ．すなわち，ピンぼけは空間の奥行き方向の距離（depth）の情報をもつため，視覚情報として利用することができるのである．本項では，このようなピンぼけがもつ情報を利用した視覚機能について概説する．

ピンぼけがもつ空間情報
われわれが近くにある物にピントを合わせて見るとき，遠くの物はピンぼけとなる．逆に遠くの物にピントを合わせれば，近くのものはピンぼけとなる．このように一度にピントを合わせられる範囲が限られているのは，眼の中で光を受け取る網膜（retina）が平面的であるのに対して，レンズを通った光は眼の中で立体的に結像される（遠くからの光ほどレンズの近くに像を結ぶ）からである．このことを，網膜をスクリーンに置き換えた模式図（図1）で説明する．Aの文字からの光はレンズを通ってちょうどスクリーンの位置で結像している．このとき，Aより遠くにあるBからの光はもっと手前で結像し，そこから再び広がってスクリーンに到達する．これがピンぼけしている状態である．

AとBのレンズからの距離の差は，スク

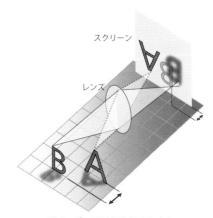

図1　ピンぼけが生じるしくみ
AとBのレンズからの距離の差と，スクリーンとBの結像位置との距離をそれぞれ両矢印で示す．

リーンからBの結像位置までの距離に反映され，この距離に比例してピンぼけの度合いが大きくなる．つまり，奥行き方向の距離の情報がピンぼけの度合いに反映されるのである．このことは，ピンぼけの度合いから奥行き方向の位置を知ることが可能であることを示している．工学分野の研究では，実際にこのような原理に基づき，カメラを使って奥行き方向の情報まで取得できるシステムが実現されている．

ヒトのピンぼけに基づく奥行き知覚
ヒトは，ピンぼけから奥行きの情報を得ている．普段ほとんど意識することがないのは，ピンぼけ以外にもさまざまな手がかり（左右の眼からの見え方の違いなど）をもとに奥行きを知覚しているからである．図2の左右の写真を見比べてほしい．どのような違いが感じられるだろうか．どちらもチョウと花畑を重ね合わせた合成写真であるが，右の写真では画像処理によって背景の花畑にピンぼけを加えてある．左の写真を見ると，チョウが花にとまっているのか，それとも離れて飛んでいるのかがわかりにくいが，右の写真では花から離れて飛

図2 ピンぼけがもたらす奥行きの感覚
(左) 花畑とチョウの合成写真. (右) 花畑の画像にピンぼけを加えたもの.

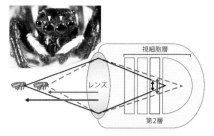

図3 ハエトリグモの奥行き知覚
ハエトリグモの写真 (左上) と主眼 (写真矢じり) の構造を簡略化して描いた模式図. 第2層のピンぼけの度合いをもとに獲物までの距離を測る.

んでいることがはっきりわかる. 別の言い方をすれば, 右の写真には立体感があり, チョウと花畑が異なる距離にあることが見て取れる. これは, ピントの合ったチョウと, ピンぼけしている背後の花畑が異なる距離にあることを, われわれが感覚として理解できることを示している.

ハエトリグモのピンぼけに基づく奥行き知覚

ヒトの眼はピントの調節ができるため, ピンぼけの度合いはピントの合った位置を基準にした相対的な位置で決まる (図1). したがって, ヒトがピンぼけから得られる奥行きの情報は相対的であり, 眼から対象物までの絶対的な距離を知ることはできない. ピンぼけから絶対的な距離を知覚する動物はこれまで知られていなかったが, 最近, クモの一種であるハエトリグモ (jumping spider) (図3) がピンぼけを利用して獲物までの距離を測っていることが報告された.

ハエトリグモがもつ主眼と呼ばれる眼 (単眼) はピント調節の仕組みをもたない. また, 特殊な構造の網膜には視細胞の層が4つ存在し, それぞれがレンズから異なる距離で像を受け取っている (図3). このうち奥から2番目の第2層は常にピンぼけとなっており, ハエトリグモはこの層に映った像のピンぼけの度合いをもとに, 獲物までの距離を測ると考えられている. その証拠に, ピンぼけの度合いが変わるとハエトリグモが見積もる距離が変わることが次のような行動実験で示されている. ハエトリグモは自然光 (白色光) の下では正確な距離のジャンプをして獲物に跳びつくことができる. それに対して赤色光のもとでは, レンズの色収差のせいでピンぼけの度合いが大きくなることにより, 獲物までの距離よりも短いジャンプをすることが理論的に予想された. そして実際に, 予想された分だけジャンプの距離は短くなった.

このように, 視覚に利用するためにピンぼけした像を積極的に受け取っていることがわかったのはハエトリグモが初めての例であると思われる. 動物の視覚は, その動物に特有の環境条件や内的制約のもとで, なるべく多くの視覚情報を得られるようにさまざまな進化を遂げている. ピント調節のできる眼をもつ脊椎動物はピンぼけを避ける選択をしたが, ハエトリグモは逆にピンぼけがもつ情報を最大限に生かしているといえよう.

〔永田　崇〕

昆虫の視覚・非視覚行動
Insect visual, non-visual behavior

複眼,構造色,ナビゲーション

昆虫の個眼の集合体である複眼は,色,形態,偏光,明滅頻度などの弁別能をもつ.個眼の数を画素数として解像度を比較すると,ヒトの視力に対して昆虫のそれは2桁近く悪いことになるが,空中を飛び交うハエが高速回転しながら猛スピードで対象を追随して飛翔する様子をみれば,設計原理が違うことに気づくことができる.

受容可能な波長帯域をみると,紫外光から長波長光まで受容できるトンボやチョウのようなものもあるが,多くの昆虫は300〜600 nm付近の帯域を受容する.この帯域で吸収波長の異なる視物質を別々にもつ3つの視細胞が1つの個眼に含まれていることが多く,多くの昆虫で色弁別能があることが報告されている.形態視ができるか否かについて,訪花するミツバチの学習行動を利用して研究され,提示された図形のおおよその輪郭を情報抽出して定位できることなども示されている.屈折率の異なる2つの界面が接しているところに無偏光の光が入射すると直線偏光(polarized light)が生じる.環境には界面が多く存在し,そこで生じた偏光を昆虫が弁別できることから,光の属性として種々の行動に利用されている.

タマムシの種弁別

動物がもつ構造色(structural color)には鮮やかな輝きがあり人々を魅了するにもかかわらず,動物行動にかかわる信号として機能しているか否かは不明だった.ヤマトタマムシの体表を形成するクチクラは美しい構造色を呈する.7月中旬から8月中旬にかけて繁殖シーズンを迎えるこのタマムシは約1か月の間,エノキやケヤキなど

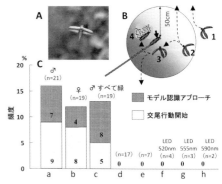

図1 タマムシのモデルへの飛翔接近

タマムシはグライダーのように鞘翅を広げ,後翅で推進力を得て寄主木の上を飛翔する(A).寄主木の上に竿を伸ばしモデルを提示すると♂が飛翔接近する(B).鞘翅を使ってモデルをつくると雌雄どちらの翅を使ったモデルにも飛翔接近がみられたが(cは赤のストライプを緑の鞘翅で隠したもの),寄主木の葉(d)やラッピングペーパー(e)や3種のLEDには接近がみられなかった.

の寄主木の葉を食べ寄主木の樹上を飛翔し,葉上で雌を見つけて交尾する.探索飛翔していた雄が他個体を発見すると,周辺に降り立って(ランディングして),樹上の葉の上を歩いて接近するか,直接仲間にランディングする.

2枚の鞘翅を切り取って長い棒の先につけると,飛翔個体がそのモデルに向かってランディングした(図1).しかし,寄主木の葉でつくったモデル,ラッピングペーパーのモデル,鞘翅と同じ発光波長をもつLED(発光ダイオード)でつくったモデルでは誘引できなかった.タマムシの形態が種弁別に関連をもつか否かを調べるために,タマムシをレーザー計測して細部に至るまで同じ体型のモデルをつくり人工的なペイントで似せたものをつくったが,そのモデルでは誘引できなかった.そこで,人工的にタマムシとまったく同じ光学的特徴をもつ多層膜干渉フィルムを作製したところ,タマムシの形態にしなくても5 cm角の正

方形のフィルムで誘引できた．タマムシは個体の形を弁別するのではなく，構造色の反射を種内コミュニケーションの信号としているのである．

社会性昆虫のナビゲーション行動

ハチ類やアリ類に代表される真社会性昆虫のナビゲーション（navigation）行動は詳しく調べられてきた．社会性昆虫は，巣などの中心となる地点から餌場などの資源のある場所に向い，餌を得た後に再び中心地点に戻るという「中心点採餌」と呼ばれる行動を示す．一方，単一の♀が，自身が産んだ卵を守り子育てのために餌を採取し帰巣する亜社会性昆虫であるツチカメムシ類も中心点採餌の見事なナビゲーション行動を示す．この地表徘徊性のカメムシは巣をもち，巣から寄主木の実をワンダリングしながら長く複雑な軌跡を描く．実を発見した後，出巣の軌跡をたどって巣に戻るのではなく，経路ベクトルを積算して0地点に戻るという直線的な最短ルートを描く「経路積算システム」を用いていることが確かめられた．そして，このナビゲーション行動は日中も夜間も行われていた．真社会性昆虫のナビゲーションは天空全体が見渡せる開放空間で行われ，天空の偏光情報が用いられていることが知られていたが，森の中に生息するこの亜社会性昆虫はどのような視覚情報をキューとして帰巣方向を知ることができるのか不明だった．林冠にできるキャノピーパターンを実験室内で模し，そのパターンを180°反転させるとカメムシは逆方向に歩きはじめ，巣へと同じ距離を直線的に歩いた後，そこに巣がないためににおいに基づく巣の探索行動を開始した．ナビゲーションのキューとして，明るいときも暗いときもキャノピーパターンが用いられていたことが示された．

視覚は，このように色やパターンなどのキューを弁別して生存に利用しているもので，光を情報としてとらえ行動を決定して

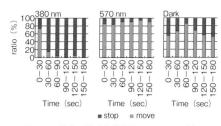

図2 日没後の明滅を開始したホタルの様子
390 nmの単色光を照射すると，30秒ほどですべての個体が行動停止する．同じ条件で，570 nm光を照射したり，暗所に保持したりすると行動の停止は観察されない．

いるものといえる．つまり，視覚では外界の光の空間的時間的コントラストを利用しているのである．一方，光の直接効果ともいえる非視覚的行動を示す昆虫も観察されている．

日没後に発光器を明滅させて種内コミュニケーションを行うゲンジボタルの発光器は，570 nm付近に発光のピーク（吸収極大）をもつ．複眼に，380 nmにピークをもつ紫外線受容細胞と，570 nmにピークをもつ受容細胞が見つかった．紫外域に感度をもつ視細胞の役割は不明だった．その役割を調べるために行動実験を行った（図2）ところ，紫外光が照射されると行動停止し，緑色光照射や暗条件では行動が継続することがわかった．夜間には紫外光がほとんど存在しないことから，紫外光は直接行動を支配し，行動停止の「色」として機能している．体内時計とあわせて行動を制御しているのだろう．

視覚行動は，視覚動物と呼ばれる人間にとって比較的理解しやすい現象であるが，非視覚行動は日常生活の中で意識に上りにくい．緯度の高い地域に住む人々が長い冬を過ごしてうつ症状を示したときに行われる光（照射）療法（light therapy）などは，非視覚行動をヒトももっていることを示している．

〔針山孝彦〕

第4章

光と障害

太陽紫外線環境
Solar ultraviolet radiation environment

太陽放射スペクトル，UV インデックス，オゾン層破壊

太陽の表面温度は約 5800 K であり，その温度に相当するエネルギーを宇宙空間に放射する．地球の軌道上の宇宙空間（すなわち大気上端）で太陽光線に対して垂直な面が受ける単位面積当たりの太陽放射エネルギーの強さは太陽定数と呼ばれており，その値は 1367 w/m^2 である．太陽放射のスペクトルは，5800 K の黒体放射のスペクトルとほぼ同じであり，紫外領域で立ち上がり，可視域にピークをもち，近赤外域まで伸びている．波長 315 〜 400 nm の紫外線は UVA，280 〜 315 nm の紫外線は UVB，280nm より短波長の紫外線は UVC と呼ばれ，短波長ほど光子のエネルギーが大きく化学的な活性が高い．

多くの動植物および人間が住んでいる地上の光環境は，大気上端の太陽放射に加え大気との相互作用（雲や空気による散乱，エアロゾルと呼ばれる粒子による散乱・吸収，気体成分による吸収）の影響を受けている．気体成分による吸収は特定の波長領域で起こるが，UVC は酸素およびオゾンによって吸収されるため地上には届かない．UVA はオゾンによってもほとんど吸収されずに地上に届く．地上の UVB 量は大気上端から地表の間の積算オゾン量（オゾン全量）によって大きく変わるが短波長ほどオゾンによる減衰が大きい．UVB 領域の紫外線の光子のエネルギーは比較的大きく，日焼けを引き起こすだけでなく細胞の DNA に損傷を与え，免疫機能を低下させるなど，人体に影響を及ぼす．

地表の UVB 強度は波長によって変わり（図1A），紫外線の皮膚などへの影響も波長によって変わる（図1B）ので，両者を

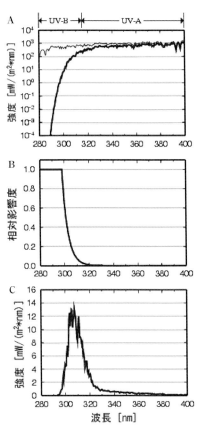

図1 UV インデックスの概念図（気象庁ホームページより）
A： 波長別紫外線強度．細線は大気外，太線は地表．B： 国際照明委員会（CIE）により定義された人体影響の作用スペクトル．C： 波長別紅斑紫外線強度．このスペクトルで囲まれた面積を 25 mW/m^2 で割った値が UV インデックス．

波長ごとにかけ合わせて得た量のスペクトル（図1C）の面積によって UVB 強度を定義する．これは紅斑紫外線量（CIE 紫外線量）と呼ばれ，UVB の波長域全体としての皮膚への影響を表す．この値を 25 mW/m^2 で割った値（UV インデックス）によって，地上の太陽紫外線環境を 1 〜 10 程度

の数字にわかりやすくし指標化している.

UVインデックスは，地上の紫外線が，1～2：弱い，3～5：中程度，6～7：強い，8～10：非常に強い，11以上：極端に強い，ことを表している．たとえば，2009年の札幌，那覇における日最大UVインデックスは，札幌では6～8月でもUVインデックスが8を超える日は少ないが，那覇では，7～8月のほとんどの日でUVインデックスが8を超えており，10～12に達する日も相当ある．

高度15～50 kmの高度の大気領域は成層圏と呼ばれているが，高度20～30 kmではオゾン濃度が最大となっている．炭化水素化合物の水素を塩素およびフッ素で置換した化合物はCFC（クロロフルオロカーボン）と呼ばれており，冷媒，電子部品洗浄，スプレー，断熱材などに広く用いられてきた．フロンは化学的に安定で高度15 kmまでの対流圏では破壊されず成層圏上部で紫外線によって分解され塩素原子を放出する．この塩素原子が以下の触媒サイクル反応によってオゾンを破壊する．

$$O_3 + Cl \rightarrow O_2 + ClO \quad (1)$$
$$O + ClO \rightarrow O_2 + Cl \quad (2)$$
$$\text{正味} \quad O_3 + O \rightarrow 2O_2 \quad (3)$$

ここで塩素原子Clは触媒となって何度もオゾンを破壊する．

オゾン層破壊は1980年頃から顕著になったが，モントリオール議定書に基づくフロン，さらには代替フロン（HCFC）の規制が功を奏して歯止めがかかり，1990年代後半には成層圏オゾンの減少トレンドがみられなくなり，現在は，緯度によっては上昇トレンドに転じている（ただし，オゾン層が元に戻るには数十年かかると予測されている）．それに伴い，雲の影響の小さい地域では地上の紫外線量（UVインデックス）が増加から減少に転じていると考えられる．図2に示すように，ローダー（ニュージーランド）では，そのような傾向がみ

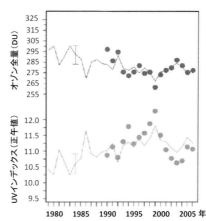

図2 ローダー（ニュージーランド）における夏季のオゾン全量とUVインデックスの長期変化 黒丸，灰色丸は地上紫外分光光度計観測値．折れ線はオゾン全量の衛星観測値からの計算値．ドブソン単位（DU）で表されるオゾン全量はmmで表したオゾン層の厚さを100倍した量である．（オゾン層破壊科学アセスメント2006より作成）

られる．しかし，UVインデックスは，雲量の影響を受けるため，気候の変化によって晴天率が増えている地域では増大する可能性がある．また，大気汚染が改善されて対流圏オゾンやエアロゾルが減少すると紫外線量が増える．気象庁の観測によれば，1990年の観測開始以来，札幌および茨城県つくばでは紅斑紫外線量の年積算値が増加傾向を示しており，現在，オゾン全量の回復傾向と逆のトレンドを示している．

式(1), (2)のようなオゾン層破壊をもたらす触媒サイクルは，塩素原子Clのほか，水蒸気から生じるOH，窒素酸化物NO，ハロンから生じるBrによっても起こる．ClやBrは減少傾向が続くと考えられるが，温室効果ガスでもあるN_2Oの増加に伴い成層圏のNOは今後も増加すると考えられる．気候の変化も含め，太陽紫外線環境の今後の動向の予測には不確実性が高い．

〔中根英昭〕

植物と太陽紫外線
Plants and terrestrial ultraviolet light

DNA損傷, UVA, UVB, 光回復

植物にとって，太陽から受ける紫外線は最も大きな環境ストレスの１つである．特に波長の短いUVB（280〜315 nm）は，植物の生長を阻害する大きな要因である．本項では，UVBが植物の成長に及ぼす影響を述べるとともに，その他の紫外線影響についても概説する．

紫外線が植物に及ぼす影響

太陽から降り注ぐ紫外線は，現在の植物にどのような影響を与えているのか．一般に紫外線，特に波長の短いUVB領域の紫外線は，植物にDNA損傷や光合成活性傷害などによる生育阻害や，色素沈着反応を起こすことが知られている（図１）．実験室での結果では，上記のほかに脂肪酸化や酸化防御物質の増加などが観察される．しかし，屋外環境での結果は例が少ない．紫外線に感受性の異なる２種類の大麦を用いた圃場での実験では，現状の太陽紫外線量でも生長量がかなり減少し，また麦の収穫量では，紫外線が当たらないようにしたものと比べて20〜32％の減収になることが報告されている．また，茎の伸長阻害や葉の拡大抑制がいくつかの植物で報告されている．

近年，よく話題にされているオゾン層の破壊に伴う太陽紫外線の増加では，オゾン層が１％破壊されると，紫外線量が２％増加するとの報告もある．1998年から1999年の統計では，紫外線量は10年前の同時期と比べて12％も増加した．しかも，波長が長く影響の少ないUVA（320〜400 nm）の増加はほとんどなく，波長の短いUVBが増加していた．UVBの中でも波長が短くなればなるほど，DNA損傷効率が高く，植物へのダメージも大きくなる．最近では，フロンガスなどの減少によって成層圏のオゾン層が回復されてきた一方で，対流圏の要素により，UVB量は増加し，日本付近でも今世紀終盤には平均10％程度増加すると予測されており，作物の紫外線対策は今後重要な農業政策の課題となっていくものと思われる．

一方，紫外線は植物にとって負の影響ばかりでなく，波長の長いUVA領域の紫外線は，植物にプラスの影響を与えることが知られている．UVAは，アントシアニン色素の合成促進や葉緑素，タンパク質，ビタミンの含量を高める効果がある．また，生長を促進し，光屈性に影響を及ぼすなど，発育・光形態形成に必須要因である．

紫外線に対する植物の応答機構

生物の中でもとりわけ植物は有害な紫外線から身を守るしくみが備わっている．動物と異なり，植物は太陽光から逃げることができないばかりでなく，太陽光を浴びることによって光合成が可能となるわけであり，紫外線は必要悪である．ヒトは紫外線を受けると日焼け反応や細胞性免疫抑制などの障害が起きるが，植物でも葉焼けや生長阻害などの影響が現れる．そのおもな原因はDNA損傷にある．DNAに傷が誘発されると，細胞の増殖に必要な遺伝情報に誤りを起こしたり，正常な遺伝子の機能が

図１ UVBによる植物生長阻害の例
モデル植物シロイヌナズナを日本の春や秋の紫外線（UVB）量で生育させたところ，紫外線耐性突然変異株（左）に比べ，通常の野生株（右）では葉が枯れるなど，生育が著しく抑制された．

保てなくなる．大量の紫外線を浴びると，細胞死を起こしたり，DNA複製が不正確となり，突然変異が生じたりする．このように，DNAの損傷は植物にとって致命的であり，そのために防御と修復のメカニズムを発達させてきた（図2）．防御としては，葉の表面のワックスにより紫外線を反射したり，またフラボノイド色素などの化学物質により相当量の紫外線（UVB）を吸収する．ヒトの場合で，メラニン色素を増やしてスクリーンをつくっているのと同様である．一方，反射・吸収できなかった紫外線は，DNAにシクロブタン型ピリミジン二量体や（6-4）光産物などのDNA損傷を誘発する．植物ではこの傷に対して光回復という強力な修復能力が備わっている．これは微生物や魚類など，幅広い生物で存在する機能であるが，ヒトでは見当たらない．おそらく進化の途中で遺伝子の機能が変化してしまったと考えられている．光回復は太陽光を利用してDNAの傷を治すものであるが，これとは別に暗回復という修復機能もあり，これはヒトにも存在する．興味深いことに，イネやムギといった植物の種類の差で光回復能や暗回復能が大きく異なる．なぜ異なっているのかはまだ明らかにされていないが，この能力の差で紫外線に対する感受性は異なっている．

一方，紫外線は植物にとって負の影響ばかりでなく，プラスの側面がある．植物には，青色光受容体の一種がUVAの光を受け取り，茎の徒長を抑える働きをすることが知られている．また，花芽の形成を促進したり，赤紫色のアントシアン色素の合成を促進したりする．植物には，UVAと青

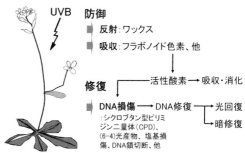

図2　モデル植物シロイヌナズナのUVB応答機構

色光（400～500 nm）の波長の光を受容する受容体が存在し，この受容体は光を感受することによって，その下流に存在する光形態形成や色素合成の遺伝子群を制御している．最近，植物にはUVBの光を受容する受容体も存在していることがわかってきたが，その機作はまだ明らかになっていない．

紫外線と進化

以上のように，植物は紫外線に対する応答機構を発達させてきたが，結果として完全な修復ができなかった場合は，突然変異が誘発される．その多くは，葉の表面で生じると考えられるものの，始原細胞に突然変異を誘発させることによって，子孫にわたり，その影響を及ぼし，進化にも大きな影響を与えてきたと考えることは無理な仮説ではないが，その明らかな証拠はまだない．最近，UVBだけでなく，UVAが突然変異を誘発してゲノムの不安定性を引き起こす可能性が示唆されており，今後，太陽紫外線の植物進化における影響という観点からの研究も必要となってくるだろう．

〔田中　淳〕

太陽紫外線の生体影響
Biological effects of solar UV radiation

動物への影響，DNA，クロモフォア，光毒性反応，複合曝露，ビタミンD

地球上の生物は太陽光の影響を受けながらその歴史を進行させてきた．特にヒトを含む陸棲動物は，水棲動物と比較して防護層となる水が存在しない環境で生活しているため，太陽光，なかでもエネルギーの高い紫外線の影響を直接的に受ける．紫外線には，殺菌やビタミンDの合成など，動物にとって有利な作用もあるが，動物種に関係なく，皮膚がん，白内障，免疫低下のような影響をもたらす．その原因は，紫外線がDNAをはじめとする多様な生体内物質に吸収され，それらを励起，構造変化させることにある．本項では，それら太陽紫外線の生体影響について概説する．

紫外線と生体内分子の反応

オゾン層により短波長の紫外線は遮蔽され，地上に到達できる紫外線はUVA（320〜400 nm）とUVB（290〜320 nm）である．体表面に多くの毛が存在する動物，たとえば，牛，馬などでは，紫外線はカットされるので影響は少ないが，ヒトを代表とする体毛が少ない動物では紫外線の効果が顕著に現れる．

ヒトの場合，紫外線に当たる皮膚は大きく分けて，外側から表皮，真皮，皮下組織に区分される（図1）．波長の短いUVBは表皮で吸収され，真皮にはほとんど届かない．一方，波長の長いUVAは真皮奥深くまで到達する．この過程において，両紫外線はさまざまな生体内分子と作用し，生体影響をもたらす原因をつくる．

紫外線の作用において，その影響が多大なのはUVBによるDNA損傷である．細胞核内のDNAはその構成単位の塩基構造からUVBを吸収し，ピリミジン塩基を二

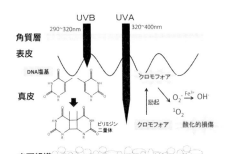

図1　ヒト皮膚における紫外線と生体内分子の反応

量体に変化させる．この構造変化は遺伝情報である塩基配列に変化をもたらし，突然変異，ひいては発がんの原因となる．

また，波長の長いUVAはDNAには吸収されないが，細胞内にある光エネルギーを吸収する分子（クロモフォア）に吸収される．クロモフォアは励起され，細胞内DNA，脂質，タンパク質と反応するか，酸素にエネルギーを受け渡して，一重項酸素をはじめとする活性酸素種を産生し，細胞内分子を傷害する．細胞内クロモフォアとしては，フラビン類，プテリン類などがある．さらに，紫外線照射によりメラノサイトで産生されるメラニンは紫外線を防御するが，同時にメラニン自体がクロモフォアとして働く二面性をもっていることが報告されている．UVBに比べ，UVAの生物学的効果は約1000分の1であるが，紫外線量の90％以上はUVAであることを考えると，UVAの生体に与える影響は大きい．これら紫外線と生体内分子の反応は以下の生体影響となって現れる．

紫外線の急性・慢性影響

紫外線の影響は動物種や照射時間の長さによって異なるが，照射後数時間で出現し2〜3日程度で消える急性影響と，長期間にわたる慢性影響に区別できる．最も影響を受ける皮膚の急性影響として，紅斑，日焼け，光アレルギーなどがある．長期間の

反復照射により，シミ，しわといった光老化や，日光角化症，基底細胞がんなどの慢性症状が現れる．また，影響は眼においても顕著である．急性症状は光角膜炎や光結膜炎で，長期間の曝露は，水晶体のタンパク質が変性する白内障になる．世界保健機構（WHO）は，白内障による失明の約20％は太陽紫外線に起因するとしている．皮膚がん，白内障と並んでもう1つの紫外線障害に免疫機能低下がある．皮膚内のランゲルハンス細胞は皮膚免疫を司っているが，紫外線により減少し免疫低下が起こる．免疫低下は，感染症を起こりやすくするだけでなく，変異した細胞除去能力の低下により発がんの原因ともなる．

化学物質と紫外線の複合曝露

紫外線によるさまざまな障害は，化学物質との共存により増強される場合がある．日光に異常に反応する日光過敏症の中の「光毒性反応」である．光毒性反応は原因化学物質がクロモフォアとなり，それに紫外線が当たったときに起こる．ベルガプテンはベルガモットなどの柑橘系植物に含まれる化学物質であるが，これを含む精油などが皮膚についたときにUVAが当たると皮膚炎や色素沈着を起こす．レモンに含まれるソラレンも同様である．

さらに，非意図的に存在する環境化学物質も同様に光毒性反応を起こす可能性がある．環境化学物質には，芳香族炭化水素をはじめとして，紫外線を吸収する構造をもつものが多い．

紫外線によるビタミンDの生成

紫外線には体内でビタミンDを合成できるという確かな効能もある（図2）．コレステロールの分解産物である7-デヒドロコレステロールにUVBが当たると，ビタミンD_3が合成される．ビタミンD_3は肝臓，腎臓で代謝され，1,25-ヒドロキシビタミンD

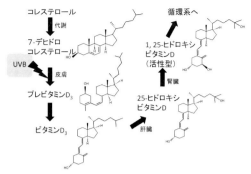

図2 紫外線によるビタミンDの生成

となり，生理的な作用が発揮される．ビタミンDはカルシウムの吸収を高め，骨の形成において重要である．また最近になって，ビタミンDが抗がん作用をもつこと，免疫応答の重要な調節因子として働き，感染症を防ぐことが明らかになっている．現代社会では，ビタミンDは食物から十分摂取できるので，紫外線はなるべく浴びないほうがいいともいわれるが，特に若い世代のビタミンD不足が懸念されている．太陽紫外線の防御と最適量のビタミンD摂取についてそのバランスを考えていく必要がある．

紫外線の生態影響がもたらすもの

紫外線は，陸棲動物だけでなく，他の動植物，海洋プランクトンなどにも影響する．仮に成層圏オゾンが減少し，紫外線量が増えれば，植物の光合成能は低下し成長阻害が生じる．同様に，プランクトンも減少し，食物連鎖のすべての段階へと影響する．生態系は多くの要因が複雑に関与しているので，紫外線の影響を正確に推定することは困難だが，最終的には陸棲生物にまで影響が及ぶことは容易に推察できる．オゾン層の破壊による生体影響は，紫外線増加の直接影響だけを考えがちであるが，生態系の撹乱，環境汚染など，地球規模で総合的に考えるべき問題である．　　　〔伊吹裕子〕

海洋生物と太陽紫外線
Marine organisms and solar UV

植物プランクトン，動物プランクトン，魚卵，強光阻害，日周鉛直移動

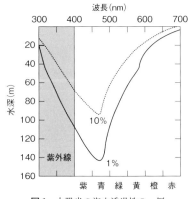

図1　太陽光の海中透過性の一例

　太陽紫外線の生物医学的な影響が解明されるにつれ，生態学的な影響も懸念されるようになってきた．生態系を支える基礎をなす光合成生産は，地球全体でみると陸上と海洋ではほぼ半々である．陸上の光合成は草木類が行うが，海洋ではワカメ・コンブなどの大型藻類（いわゆる海藻）と，ラン藻類やケイ藻類などの微細藻類が担っていて，おもに微細藻類の寄与が大である．微細藻類には付着性のものと浮遊性のもの（いわゆる植物プランクトン）がある．

　海面に届く太陽光の約半分は赤外線だが，海水は赤外線を透過しにくい．紫外線も海面から数十mで散乱・吸収されてしまうので，海中深くまでは届かない．しかし，表層を漂うプランクトンや海面生活するもの（ニューストン）は太陽紫外線の影響を受ける可能性がある．

　また，ブリ，イワシ，サバ，タイ，マグロ，ヒラメなどの魚類も太陽紫外線の影響を受ける可能性がある．それは成魚ではなく卵の問題だ．それらの魚卵は浮遊性で海面を漂うので，卵の胚発生や仔稚魚の成長に太陽紫外線が悪影響を及ぼす可能性が考えられるのである．

　海面に届く太陽光の残りの半分（波長約400～700nm）は可視光線であり，かつ，光合成有効放射（photosynthetically active radiation）である．この波長帯にはいわゆる虹の七色が含まれているが，海中をもっとも深くまで透過するのは青色光であり，澄んだ水中のやや深いところは青一色の世界になる．海面での光強度を100%として，それが1%まで減衰する水深は赤色光なら数m程度だが，青色光なら100m以深まで到達する（図1）．

　光合成有効放射の光強度Iと光合成速度Pの間には酵素反応のミカエリス－メンテン型の関係が知られている．つまり，酵素反応における基質濃度Sを光強度Iに置き換えて，

$$P = P_{\max} \cdot I/(K_I + I)$$

と表すことができるのである．ここで$P_{\max}$は最大光合成速度，K_Iは最大光合成速度の2分の1を達成する光強度（半飽和定数に相当）である．この式からある光強度以上では光合成能が飽和することがわかる．

　光合成有効放射が強すぎると光合成能が飽和するどころか低下する，いわゆる強光阻害（photoinhibition）という現象がある．南極海の微細藻類プランクトンでの実験では，太陽光そのままだと強光阻害があるが，太陽光から紫外線を除去するとなくなるので，紫外線が強光阻害を誘発する可能性が示唆されている．一方，呼吸に対する太陽光の影響は顕著でなく，紫外線の影響もほとんど報告されていない．

　海藻類や微細藻類には光合成の主要色素であるクロロフィル以外に補助色素としてカロテノイドなどがある．カロテノイドは光合成だけでなく抗酸化物質としても働くので，紫外線により生成する活性酸素への

対策になる．海藻類や微細藻類では紫外線照射でカロテノイド含量が増えるという報告がある．一方，フィコビリンはフィコビリソームという巨大な光捕集分子を形成するが，紫外線照射により含量が減少するという報告がある．

微細藻類の光合成生産と魚類生産を結びつけるものは動物プランクトンである．つまり，動物プランクトンは微細藻類を食べ，小魚や仔稚魚に食べられる．光の届く表層に漂う微細藻類（植物プランクトン）を動物プランクトンが食べるとき，昼間だと明るい海面を背景に自分の影がはっきり見えるので捕食されやすい．したがって，動物プランクトンの多くは，昼間は深部の暗所に身を隠し，夜間に表層に上がって摂食する．この行動を日周鉛直移動（diel vertical migration）という．動物プランクトンは遊泳能力が乏しいが，それでも1日に数百mという上下移動もまれではない．

こうして動物プランクトンは，そして魚類も，成体なら太陽紫外線の届かない深所へ移動することで，その悪影響から逃れることができる．しかし，前述のように，浮遊性魚卵の胚発生や仔稚魚は逃れることができず，成長などに悪影響を及ぼす可能性がある．これと同様なことについて，海洋生態系の重要な動物プランクトンであるカイアシ類でよく研究されてきた．カイアシ類は小魚や仔稚魚の好餌なので，紫外線の影響によるカイアシ類の減少は魚類資源の減少につながるからである．

沿岸域における代表的なカイアシ類にカラヌスと総称される一群がある．カラヌスは日周鉛直移動をするので，成体が紫外線の影響を顕著に受けることはなさそうだ．しかし，カラヌスには受精卵を海中に放出するものも多く，放出された受精卵が紫外線の影響がある水深を漂った場合，受精卵の胚発生や幼生の成長に悪影響が出る可能性がある．

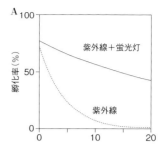

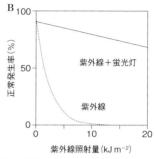

図2　動物プランクトンの光回復の一例

そのような可能性は室内実験で検証されてきた．たとえば，沿岸域で優占的なカラヌス *Calanus sinicus* の受精卵に紫外線照射すると，受精卵の孵化率の低下，あるいは，せっかく孵化した幼生でも正常発生率が低下する（奇形率が上がること）．

ところが，紫外線と可視光線を同時に照射すると，紫外線の悪影響が低減する光回復（photoreactivation）という現象も観察された．可視光線のうち波長430 nmの青色光が光回復に寄与するらしい．この波長を多く含む蛍光灯に光回復効果があることも報告されている（図2）．前述のように海中の光環境ではまさにその青色光が卓越するので，もしかしたら，海洋生物はその青色光を用いて光回復をするように適応進化したのかもしれない．

〔長沼　毅〕

DNA の光化学
Photochemistry of DNA

核酸塩基，DNAオリゴマー，DNAの光励起状態，光化学

DNA（deoxyribonucleic acid）は基本的な細胞要素で遺伝情報保存を担っている．DNAは2本のポリヌクレオチドからなる高分子で，1953年ワトソンとクリックはDNAが2重らせん構造をとっていることを発見した．DNA鎖はデオキシリボース糖と核酸塩基（nucleobase）からなるヌクレオチドがリン酸基で連結されていて，リン酸基がアニオンなのでアニオン性高分子で表面は水溶性，内部は疎水性である．

アデニン（A），グアニン（G），シトシン（C），チミン（T）の4つの核酸塩基があり，AとGはプリン塩基，CとTはピリミジン塩基である（図1）．AとT，GとCがそれぞれ2つ，3つの水素結合によって相補的な塩基対を形成し，4つの核酸塩基の配列情報が，タンパク合成の遺伝情報となっている．

A-TおよびG-C間の水素結合に加えて，A-TおよびG-C対同士のπ-スタッキング，親水性/疎水性相互作用，静電相互作用がDNAの熱的安定性に関与している．

DNAの構成要素であるリボースおよびリン酸基は190 nmより短波長に，核酸塩基は260〜270 nm付近に吸収をもつので，UV照射によって核酸塩基が励起される（表1）．

一方，1本鎖や2本鎖DNAでは核酸塩基が隣接したπ-スタッキングによる電子的相互作用のため，同じ数の核酸塩基に比較して，DNAのUV吸収は弱い（hypochromicity）．UV吸収の減少は，DNA2重らせん構造の生成によって約30％，1本鎖DNAで約15％にも達する．これは核酸塩基のπ-スタッキングによる双極子モーメントの変化により理解される．最近，2本鎖DNAが330 nm付近に吸収をもち，この波長光励起によって数nsの長寿命をもつ電荷移動型励起状態（charge-transfer type excited state）が高効率で生成することがわかった．

核酸塩基の光励起状態

核酸塩基のUV光吸収によって一重項励起状態（$^1\pi$-π^*および^{1}n-π^*）が生成するが，$^1\pi$-π^*状態からの弱い蛍光（量子収率$\Phi_{fl} \leq 10^{-4}$）のみが観測され，その蛍光スペクトルは吸収スペクトルと鏡像関係にある（表2）．

核酸塩基の$^1\pi$-π^*状態と$^3\pi$-π^*三重項状態のスピン軌道相互作用は低いので，$^3\pi$-π^*

表1 核酸塩基5'-リン酸塩（dXMP）のUV吸収

dXMP	λ_{max}/nm	$\varepsilon_{max}/M^{-1}\,cm^{-1}$
dAMP	259	15.1×10^3
dCMP	271	8.9×10^3
dGMP	252	14.2×10^3
dTMP	267	9.5×10^3

表2 核酸塩基Xの励起状態の性質（室温，中性条件下）

X	$\tau(^1\pi$-$\pi^*)$/ps	λ_{fl}/nm	$\Phi_{fl}/\times 10^4$	τ_{fl}/ps
A	0.29	307	0.86	0.17
C	0.54	328	0.89	0.40
G	0.46	334	0.97	0.46
dT	0.72	330	1.32	0.47

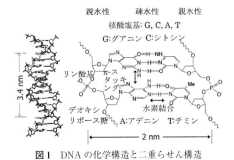

図1 DNAの化学構造と二重らせん構造

状態の生成収率は低い．4つの核酸塩基の中ではTの場合に，$^3\pi$-π^*状態の生成収率が最も高く，生理条件下で数%（$\Phi_T = 1.4 \sim 1.5 \times 10^{-2}$，寿命 25 μs）である．したがって，Tの$^1\pi$-π^*状態はほとんどが内部変換により基底状態へ失活する．なお，TとCの場合に約10%の^{1}n-π^*状態（寿命12～30 ps）が生成し（90%は$^1\pi$-π^*状態），^{1}n-π^*状態の振動励起状態からスピン交換が起こり$^3\pi$-π^*状態が約1～2%生成する．一方，プリン塩基の励起三重項は見出されていない．

核酸塩基の$^1\pi$-π^*状態の過渡吸収は450～700 nmに観測され，モル吸収係数はプリン塩基で≤1000 M^{-1} cm^{-1}，ピリミジン塩基では約3分の1である．プリン塩基の$^1\pi$-π^*状態の寿命（0.3～0.5 ps）は，ピリミジン塩基（0.5～0.7 ps）より短く，蛍光寿命で観測された傾向と同様である（表2）．

核酸塩基のUV光励起によって生成する$^1\pi$-π^*状態はサブ psで電子的基底状態の振動励起状態に内部変換し，さらに数 psで振動基底状態へ緩和する．すなわち，UV光励起により核酸塩基に注入された光エネルギーはサブ psから psで熱エネルギーに効率的に変換される．

1本鎖DNAの光励起状態

1本鎖DNAオリゴマーの励起状態は核酸塩基の励起状態とは異なる．核酸塩基に比較して，DNAオリゴマーの蛍光は長波長シフト，長寿命種が観測されている．たとえば，d(A)$_n$やd(C)$_{15}$，さらに長鎖のオリゴマーでは，AA*やCC*の励起錯体（エキシマー）発光が約400 nmに観測され，寿命2 nsである．オリゴマーの励起錯体発光の強度は，d(A)$_n$が強く，次がd(C)$_n$で，一方，d(G)$_n$やd(T)$_n$はエキシマー発光を示さない．AとTの混合オリゴマー d(AT)$_8$ではAA*に加え，AT*励起錯体（エキシプレックス）発光が460 nmに観測される（寿命460 ps）．さらに，AT*励起錯体以外にも数種の励起状態の失活過程があるともいわれている．一方，d(CG)$_8$のCG*発光は非常に弱い．ところが最近，d(T)$_{20}$やd(A)$_{20}$の場合，420～430 nmに寿命640～670 psの発光が観測され，発光種は電荷移動型励起状態（(T$^+$T$^-$)*，(A$^+$A$^-$)*）に帰属されている．(X$^+$X$^-$)*からの電荷移動のよる電荷分離状態の生成のため，長寿命になると説明されている．一方，このような発光はd(C)$_{20}$やd(G)$_{20}$では観測されない．また，過渡吸収測定によって，d(A)$_{18}$では126 psのAA*エキシマーによる長寿命励起状態が観測され，一方，d(T)$_{18}$では観測されない．

2本鎖DNAの光励起状態

2本鎖DNAである，d(A)$_{20}$・d(T)$_{20}$の330 nm励起では，415 nmに寿命1.3 nsの電荷移動型励起状態の発光が観測される．子牛胸線DNA（AT：GC = 58：42）の発光では，主成分のAとTのサブ ps蛍光に加え，寿命0.6～2.9 nsの電荷移動型励起状態による発光が観測されている．2本鎖DNA内の電荷移動による電荷分離状態生成が長寿命に起因している．また，過渡吸収測定によって，d(A)$_{18}$・d(T)$_{18}$では150 psのAA*エキシマー（excimer），d(AT)$_9$・d(AT)$_9$では51 psのAT*エキシプレックス（exciplex）による長寿命励起状態が観測された．

1本鎖，2本鎖DNAオリゴマー，DNAでは，UV光励起によって，核酸塩基の励起状態に加え，3つ以上の核酸塩基に分散した励起子が生成し，この励起子が2つの核酸塩基に捕捉されて励起錯体（エキシマー，エキシプレックス）あるいは電荷移動型励起状態が生成するために，400～460 nmにサブ nsから nsの発光が観測される．これは，DNAに注入された光エネルギーがDNA鎖内を高速で移動していることを意味する．

〔真嶋哲朗〕

DNAの光化学反応
Photochemical reactions of DNA

DNAの光化学反応，核酸塩基の光二量化，二量体の開裂

太陽光はさまざまな波長の光からなり，これが地球表面に降り注いでいるため，生体に分子レベルの光損傷を引き起こす．DNA核酸塩基は320 nm以下の短波長光（UVB（280〜320 nm）およびUVC（100〜280 nm））を吸収し，$^1\pi$-π^*励起状態を生成するので，光損傷のターゲットとなり，発がんなどを引き起こす．なお，UVCは大気に吸収されるので地上にはあまり到達しない．また，DNAはUVA（320〜400 nm）には吸収をもたないが，吸収をもつ化合物が光増感剤（Sens）として働き，DNA損傷を引き起こす．ここでは，DNAの直接光励起による化学反応と，SensによるDNAの光化学反応，光化学反応によって生成した核酸塩基二量体の光増感分解反応について説明する．

核酸塩基の直接光励起によるDNAの光化学反応

核酸塩基を直接光励起するとその$^1\pi$-π^*状態が生成し，ほとんどは超高速内部変換で基底状態に戻るが，一部が光反応を起こす．最も重要な光反応は，2つのTが連続配列している場合のT-T二量体の生成である．2種のT-T二量体があり，おもに*cis-syn*シクロブタン二量体（CPD），副生物として(6-4)ピリミドンが生成する（図1）．後者は，光シクロ付加生成物オキセタン中間体の転位によって生成し，さらに，UVB照射により異性化してDewar原子価異性体が生成する（図1）．ただし細胞中では確認されていない．

1960年代以来，CPDがTの励起一重項状態か，励起三重項状態を経由するかの議論があった．2007年，fsレーザー過渡赤外

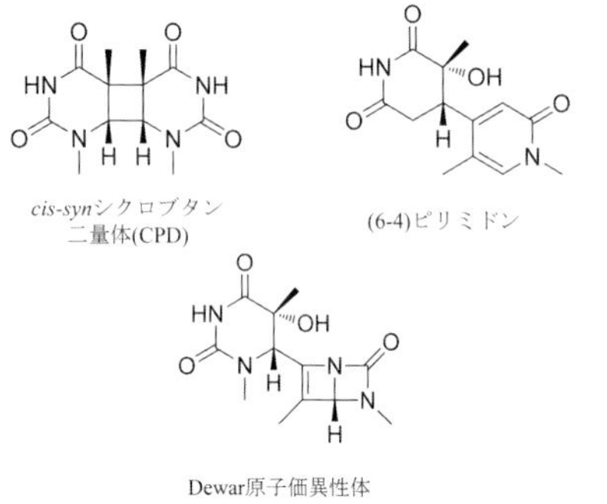

図1 T-T二量体とDewar原子価異性体の構造式

吸収測定によって，CPDが1 psの時間領域で生成することが報告され，CPD生成はTの$^1\pi$-π^*励起状態に起因し，$^3\pi$-π^*励起状態の寄与は10％以下であることが明らかとなった．また，DNA基底状態における隣接する2つのTの配置が，CPD生成収率に影響することが強く示唆された．実際，B-DNA構造における2つのTの配置はCPD生成には好ましくないので，CPD生成量子収率は0.03以下である．

励起三重項Sens（^{3}Sens*）による実験結果より，CPDはTの$^1\pi$-π^*および$^3\pi$-π^*励起状態から生成しうるが，(6-4)ピリミドンは$^1\pi$-π^*励起状態からのみ生成する．また，CPDは励起状態からの直接の生成物であるのに対し，(6-4)ピリミドンは光シクロ付加生成物オキセタン中間体の転位によって生成する．その生成量子収率は0.004以下で，CPDに比較して1桁小さい．$^1\pi$-π^*励起状態から，2つのT間での電荷移動励起状態が生成し，オキセタン中間体が生成すると報告されている．また，(6-4)ピリミドン生成量子収率の波長依存性（310 nmのとき最大値）もあることから，励起エネルギーの重要性が指摘された．DNA基底状態における隣接する2つのTの配置が，(6-4)ピリミドン生成収率に影響するかどうかは明確になっていない．

DNAの光照射によりCPDや(6-4)ピリ

ミドンに加えて Dewar 原子価異性体も生成する．これは，(6-4)ピリミドンの光4π電子環状反応により，第二の四員環と縮環したβラクタム構造の Dewar 原子価異性体が生成する．Dewar 原子価異性体は修復されにくく，強い変異源となる．最近，Dewar 原子価異性体が励起状態から 130 ps で直接生成すること，生成量子効率は 0.08 と CPD や (6-4)ピリミドンよりも大きいことが報告された．(6-4)ピリミドンの 130 ps と比較的長い寿命は，高速内部変換を起こす円錐交差への接近過程にエネルギー障壁があることが示唆された．また，Dewar 原子価異性体生成においては，リン酸骨格の配置が重要であることが提案されている．

光増感剤によるDNAの光化学反応

DNA は UVA (320〜400 nm) には吸収をもたないが，吸収をもつフラビン，ポルフィリンなどが Sens として働き，DNA の反応を引き起こす．特に，Sens によるがん細胞中の DNA 損傷は，光がん治療と関係し，非常に重要な研究課題である．

光増感 DNA 損傷では，^{3}Sens*からの電子移動反応による DNA の一電子酸化の結果，DNA$^{•+}$を生成し，これが水や酸素と反応して起こる酸化損傷 (1 型反応) と，^{3}Sens*が酸素と反応して一重項酸素などの活性酸素を生成し，これが DNA と反応して起こる酸化損傷 (2 型反応) がある．

^{3}Sens* + DNA → Sens$^{•-}$ + DNA$^{•+}$
(1 型反応)
DNA$^{•+}$ + H$_2$O, O$_2$ → DNA 酸化生成物
^{3}Sens* + O$_2$ → Sens + ^{1}O$_2^*$ (2 型反応)
^{1}O$_2^*$ + DNA → DNA 酸化生成物

おもに生成物分析によってこの損傷機構が議論されているが，化学反応レベルでの理解は十分でない．たとえば 1 型反応で，DNA が一電子酸化損傷では，G がおもに酸化部位となるが，G$^{•+}$から 8-オキソ G への変化は明確でない．ただ，最近の研究で，DNA 内に生成した正電荷が，核酸塩基配列によっては DNA 内を 20 nm 以上も移動した後に酸化反応が起こることがわかった．また，2 型反応では，実際に生成する活性酸素が何なのか，その拡散，反応機構などはまだわかっていない．

核酸塩基二量体の光増感分解反応

DNA の光損傷は酸化反応であり，一方，DNA 光修復酵素 (PRE, フラビン類) による DNA の修復は還元反応である．光損傷生成物である CPD の T への開裂は，PRE が損傷部位を識別し，PRE 励起状態から CPD へ電子移動によって進行する．

詳細には，CPD が PRE 励起状態により還元され CPD$^{•-}$となり，次に，CPD$^{•-}$のシクロブタン環の C5–C5′ 結合解裂が 10 ps 以内に進行し，続いて C6–C6′ 結合開裂が起こり，T と T$^{•-}$が生成する．T$^{•-}$から CPD への電子移動が起こり，T と CPD$^{•-}$が生成する．

^{3}PRE* + CPD → PRE$^{•+}$ + CPD$^{•-}$
CPD$^{•-}$ → T + T$^{•-}$
T$^{•-}$ + CPD → T + CPD$^{•-}$

溶液中では，CPD の光開裂反応の量子収率は 0.016〜0.06 と低い．これは，溶液中では PRE モデル化合物のフラビン励起状態の失活過程が速く，電子移動後の逆電子移動が速いが，生体内では PRE 励起状態の寿命が 1.3 ns と長いことによって説明されている．

最近，DNA 内の T 間の過剰電子移動 (4.4×10^{10} s^{-1}) が，G 間の正電荷移動 (4.3×10^9 s^{-1}) よりも 10 倍も速く起こることがわかった．DNA 内の高速過剰電子移動は，効率的な CPD の光開裂反応に寄与していることが考えられる．なお，(6-4)ピリミドン，Dewar 原子価異性体の光修復，G-quadruplex や 8-オキソ G による CPD の光修復，G$^{•+}$および G (−H)$^{•}$と酸素アニオン (O$_2^{•-}$) との電荷再結合による G$^{•+}$および G (−H)$^{•}$の失活なども光修復と関係して重要である．

〔真嶋哲朗〕

147

光による DNA 損傷
Light-induced DNA damage

CPD, (6-4) 光産物, Dewar 型光産物, オゾン層破壊

光の中で波長の短い紫外線はエネルギーが高く, 遺伝物質 DNA に直接あるいは間接に傷（損傷）をつけることができる. 紫外線は, 波長の長いほうから UVA (315〜400 nm), UVB (280〜315 nm), および UVC (100〜280 nm) に分類される. 大気圏外の太陽光には 200〜400 nm の紫外線が含まれるが, 地球を取り巻くオゾン層や酸素が UVC を含む短波長側の紫外線を吸収するため, 地表に到達できるのは 280〜400 nm (UVA と UVB) に限定される（図1）.

太陽紫外線による主要 DNA 損傷

限定された地表到達の太陽紫外線であっても, 直接的あるいは間接的に多様な DNA 損傷を誘発できる. 最も誘発量が多いのは, ピリミジン二量体型 DNA 損傷である. 太陽紫外線に含まれる UVB は細胞内の DNA に直接吸収されるため, DNA の吸収スペクトルに一致するように損傷を誘発する（図1）. 吸収の原因となるクロモフォア（発色団）は, DNA 塩基中の共役二重結合であり, その吸収エネルギーにより励起される. その結果, DNA 鎖中の隣り合う2つのピリミジン塩基間で結合が生じ, 最終的に3種類の主要 DNA 損傷; シクロブタン型ピリミジン二量体（CPD）, (6-4) 光産物 (6-4PP), および (6-4) 光産物の Dewar 型構造異性体である Dewar 型光産物（DewarPP）が形成される（図2）.

シクロブタン型ピリミジン二量体は3種類の損傷の中で最も形成量の多いものであり, 太陽紫外線による二量体型損傷全体の約77％を占める. チミン-チミン塩基間に

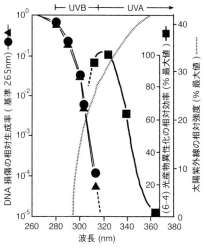

図1 DNA 損傷生成および (6-4) 光産物異性化の作用スペクトルと地表に到達する太陽紫外線スペクトルとの関係
黒丸はシクロブタン型ピリミジン二量体, 黒三角は (6-4) 光産物.

生じたシクロブタン型二量体の構造を図2B に示す. 2つのチミン塩基の5位-6位の二重結合が励起され, 5位-5位および6位-6位の共有結合による四員環（シクロブタン環）が形成される. 細胞 DNA 中では, 四員環両側の六員環が対面する配置となる立体構造が大部分を占める. シクロブタン型二量体の形成率はそのピリミジン塩基配列に依存する. 形成率の高い順に, チミン-チミン (TT CPD), チミン-シトシン (TC CPD), シトシン-チミン (CT CPD), およびシトシン-シトシン (CC CPD) となる.

太陽紫外線に含まれる UVA は DNA に直接吸収されないが, 細胞内の光増感物質 (photosensitizer) の励起を介してシクロブタン型二量体を形成する. この場合, TT CPD が優先的に形成されるが, 形成率は UVB に比べて3桁小さい. 細胞内光増感物質としては, フラビン類, プテリン類,

ポルフィリン類などが知られている．

　(6-4) 光産物は太陽紫外線のUVBによる直接DNA励起を介して形成されるもう1つのDNA損傷である（図1）．チミン-チミン塩基間に生じる (6-4) 光産物の構造を図2Cに示す．5′側（左側）チミンの5位-6位二重結合と3′側（右側）チミンの4位カルボニル基二重結合が励起され，共有結合による四員環中間体が形成される．この四員環は酸素原子を含むため不安定で，すぐに開裂する．その結果，ヒドロキシル基が5′側の5位に移り，チミン-チミン間で6位-4位の共有結合をもつ (6-4) 光産物が形成される．(6-4) 光産物の形成率もピリミジン塩基配列に依存する．形成率の高い順に，チミン-シトシン (TC 6-4PP)，チミン-チミン (TT 6-4PP) となる．(6-4) 光産物は太陽紫外線による二量体型損傷全体の約7％を占める．

　Dewar型光産物は太陽紫外線がUVBとUVAの混合波であることから生ずる興味深いDNA損傷である．つまり，UVBで形成された (6-4) 光産物が，320 nmを中心とするUVAの照射により光異性化され（図1），Dewar型光産物に構造変換される（図2D）．Dewar型光産物の形成率もピリミジン塩基配列に依存する．形成率の高い順に，チミン-シトシン (TC DewarPP)，チミン-チミン (TT DewarPP) となる．Dewar型光産物は太陽紫外線による二量体型損傷全体の約16％を占める．

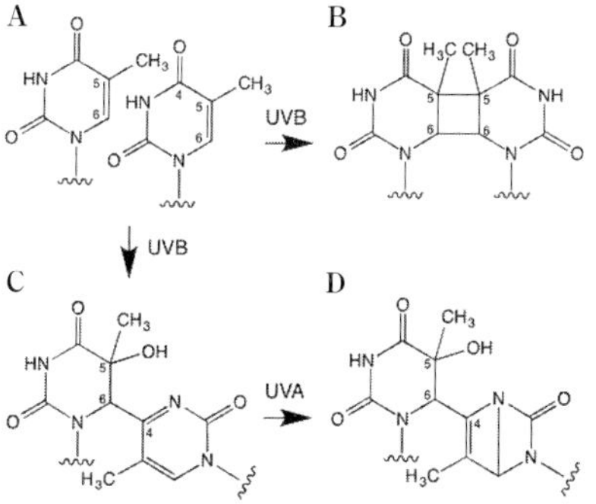

　太陽紫外線が前述の二量体型損傷に続いて多く誘発するDNA損傷に 8-oxoGua (8-oxo-7,8-dihydroguanine) がある．

オゾン層破壊とDNA損傷

　エアコンや冷蔵庫の冷媒，あるいは半導体の洗浄用などとして大量に使われてきたフロン（クロロフルオロカーボン）は，成層圏まで到達したあと紫外線で分解され塩素原子を放出し，オゾンを大量に破壊する．成層圏のオゾン層が減少すると，地表に到達する太陽紫外線の波長は短い側にシフトし，UVB量が増加する（図1）．オゾン層が1％減ると，地上のUVB量は約1.5％増えるといわれている．実際，1980年代に成層圏塩素量の増加に伴い，オゾン全量の減少が進み，UVB量が増加した．しかし，フロンガス排出規制などオゾン破壊防止のための国際協力が続けられた結果，成層圏塩素量は減少しはじめている．これに伴い，オゾン全量の回復やUVB量の減少が予測されているが，それらを実証する測定結果は今までのところ得られていない．

　UVB量が増加するとピリミジン二量体型DNA損傷の生成率が増加する．これらの損傷は紫外線による細胞死，突然変異，および発がんの主要な原因と考えられており，その増加はヒトを含む地上の生命体に有害作用を及ぼす可能性がある．こうしたゆゆしき事態を避けるため，私たちはオゾン層の完全回復をしっかり見守る必要があろう．

〔森　俊雄〕

図2　チミン-チミン塩基間に生じた3種類のピリミジン二量体型DNA損傷の構造
A：2つのチミン塩基，B：シクロブタン型ピリミジン二量体，C：(6-4) 光産物，D：Dewar型光産物．

DNA 損傷の修復機構
Repair mechanisms of DNA damage

ヌクレオチド除去修復，塩基除去修復，DNA鎖切断修復

紫外線で誘発されるDNA損傷は，UVCではおもにシクロブタン型ピリミジン二量体（CPD）と（6-4）光産物（6-4PP）であり，UVBでは6-4PPの異性体であるDewar型光産物も生成され，UVAになると酸化的塩基損傷やDNA単鎖切断も生成される．ヒト細胞において，CPD，6-4PP，Dewar型光産物はいずれもヌクレオチド除去修復（nucleotide excision repair；NER）機構により認識されてDNAから除去される．このNER機構のコア反応で働くポリペプチドは，試験管内反応系を用いて30種類以上がすでに同定されており，これらが協調的かつ段階的に働いて1個のDNA損傷を修復する．一方，酸化的塩基損傷は塩基除去修復（base excision repair；BER）機構で修復され，NERと同じ除去修復系に属するが，DNA損傷を認識して除去するまでの過程が大きく異なる．

ヌクレオチド除去修復

この修復機構は，DNA損傷によって生じるDNA二重らせんの歪みを認識する．したがって，NERは紫外線で誘発される二量体型ピリミジン損傷のみならず，多環芳香族などのかさ高い化学物質で生じる塩基付加体の修復も担っている．まずXPC-RAD23B-CETN2複合体によって二重らせんの歪みが認識され，基本転写因子としても知られるTFIIHがそのヘリカーゼ活性によりその付近を巻き戻す．次に，XPAとRPAが損傷DNA鎖を識別し，XPF-ERCC1とXPGがそれぞれDNA損傷の5′側と3′側にニックを入れる．両ニックの間隔はヒトでは約28ヌクレオチドであり，DNA損傷はオリゴヌクレオチドの形で除

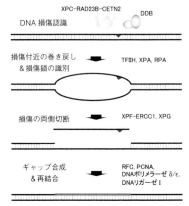

図1　ヌクレオチド除去修復

去される．生じた一本鎖DNAギャップはDNAポリメラーゼによる合成反応で埋められ，DNAリガーゼにより親鎖と再結合されてNERが完了する．

CPDによるDNA二重らせんの歪みは小さいため，この損傷の認識はXPC-RAD23B-CETN2では不十分であり，DDB（damaged-DNA binding protein）と呼ばれる補助因子が必要である．また，転写が活発に行われている遺伝子領域の鋳型DNA鎖上の損傷は，転写反応を行っているRNAポリメラーゼIIが見つけ，XPC-RAD23B-CETN2は不要である．

塩基除去修復

この修復機構は，酸化的塩基損傷の各構造を特異的に認識する一連のDNAグリコシラーゼの作用により開始される．この酵素は損傷とデオキシリボースとの間のグリコシド結合を切断し，脱塩基部位（apyrimidinic/apurinic site；AP部位）を生成する．一部のDNAグリコシラーゼはAPリアーゼ活性も有し，生じたAP部位のすぐ3′側のホスホジエステル結合も切断する．APリアーゼ活性をもたないDNAグリコシラーゼでは，AP部位が生じた後にAPエンドヌクレアーゼと呼ばれる酵素がリク

ルートされ，すぐ5′側のホスホジエステル結合を切断する．その後は，DNAポリメラーゼβ (Pol β) がAP部位を除去して同時にギャップを埋めるPol β依存性経路 (short patch pathway) と，AP部位を数ヌクレオチドのDNA断片として切り出してPCNAとDNAポリメラーゼδ/εによりギャップを埋めるPCNA依存性経路 (long patch pathway) が知られている．

DNA鎖切断修復

DNA単鎖切断の修復は，BERの後半過程とオーバーラップしている．初期段階では，まず単鎖切断部分でポリ (ADP-リボース) ポリメラーゼ (PARP) が活性化され，自身や周囲のヒストンをポリ (ADP-リボシル) 化すると，そこにXRCC1が集まり，さらにPol βやPCNAが集積する．

一方，紫外線はDNA二重鎖切断 (DNA double strand break ; DSB) を直接引き起こさないが，塩基損傷や単鎖切断部位でDNA複製などを介して二次的にDSBが生じることがあり，これらはおもに2つの修復系で修復される．1つは非相同末端結合修復 (non-homologous end joining ; NHEJ) と呼ばれるおもにG1期で働く修復系であり，Ku70/80, DNA-PKcsなどが関与してDSBの末端同士を強引に再結合させる．もう1つの相同組換え修復 (homologous recombination ; HR) は，S期やG2期においてRAD51をはじめとする多数の因子がかかわる複雑な機構であり，無傷の姉妹染色分体を利用するためエラーが生じない．対照的に，NHEJはDSB末端を再結合する際にDNAの一部が欠失するため，誤りがちな修復系として知られる．

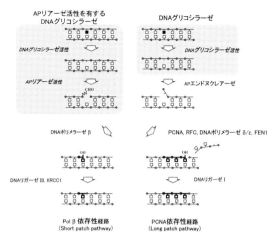

図2　塩基除去修復

CPDや6-4PPに対する他の修復機構

CPDや6-4PPに対する修復機構はヒトではNERのみと考えられているが，他の生物種では別の修復機構も存在する．後述の光回復酵素 (DNA photolyase) に加え，M. luteusやT4ファージに存在するピリミジン二量体DNAグリコシラーゼや，分裂酵母，アカパンカビなどに存在するUVDE (あるいはUve1) が知られている．前者は，名のごとくCPDに作用するDNAグリコシラーゼであり，CPDの5′ピリミジンのグリコシド結合を切断した後，すぐ3′側のホスホジエステル結合を切断する (APリアーゼ活性)．一方，UVDEはエンドヌクレアーゼであり，CPDのみならず6-4PPやAP部位にも作用し，損傷のすぐ5′側のホスホジエステル結合を切断する．いずれの酵素も，NERを先天的に欠損する色素性乾皮症細胞に導入されると，修復欠損や紫外線感受性を正常に回復することが報告されており，ヒト細胞はこれらの酵素をもたないものの，損傷付近に切り込みが入ればその後の修復反応は実行できると考えられる．

〔松永　司〕

DNA 損傷修復の制御機構
Regulation of DNA damage repair

DNA 損傷認識, ゲノム全体の修復, 転写共役修復, ユビキチン化

DNA 修復反応が開始されるためには, まず DNA の損傷部位が何らかのタンパク質因子により認識されることが必要であり, この過程が修復反応全体の効率を左右する場合が多い. 紫外線によって誘起されるピリミジン二量体をはじめとする, 広範な塩基損傷を対象とするヌクレオチド除去修復の場合, 損傷認識の様式としてゲノム全体の修復 (global genome repair) と転写共役修復 (transcription-coupled repair) の2種類が知られている.

ゲノム全体の修復は, 文字どおりゲノム上のあらゆる場所で発生した損傷を対象とする修復機構であり, DNA の構造異常部位に特異的な親和性をもつ DNA 結合タンパク質が損傷認識を担う. 一方, 転写共役修復は転写の鋳型となる DNA 鎖上の損傷を選択的に取り除くための分子機構で, 損傷によって進行を妨害された RNA ポリメラーゼ自身が修復開始因子として機能する. 転写共役修復は DNA 損傷により一時的に低下した転写活性を速やかに回復し, 細胞のアポトーシスを回避するうえで重要と考えられている. 一方, ゲノム全体の修復は特に DNA 複製が損傷によって妨害される頻度を下げ, 突然変異や染色体異常, さらには発がんの抑制に寄与する.

ゲノム全体の修復における損傷認識

ヌクレオチド除去修復に欠損を示すヒトの常染色体性劣性遺伝疾患として色素性乾皮症 (xeroderma pigmentosum；XP) が知られている. XP の責任遺伝子のうち, $XPA \sim XPG$ の7種類がコードするタンパク質が, ヌクレオチド除去修復の分子機構に直接かかわっている.

このうち, ゲノム全体の修復で損傷認識因子として中心的な役割を担うのが XPC タンパク質である. XPC は出芽酵母 RAD23 相同遺伝子がコードするタンパク質 (哺乳類には RAD23A, B の2種類が存在する) および中心体構成因子として知られる centrin-2 からなるヘテロ三量体として存在する. XPC 複合体は, 二重鎖 DNA 中で正常なワトソン-クリック型の塩基対を形成できない塩基の存在を認識して結合する性質がある. この結合自体は損傷塩基の化学構造に依存せず, DNA 二重鎖構造の歪みによって引き起こされる塩基対の不安定化がゲノム全体の修復の開始を規定する主要因の1つとなっている. 紫外線によって生じる塩基損傷の中では (6-4) 光産物が XPC 複合体による直接認識の対象となる.

一方, XPE 遺伝子産物 (一般に DDB2 と呼ばれる) は DDB1 タンパク質とのヘテロ二量体として存在する. この複合体は UV-DDB と呼ばれ, 紫外線によって誘起される (6-4) 光産物やシクロブタン型ピリミジン二量体 (CPD) に対して特異的な結合能を示す. このように特定の損傷に対してのみ認識活性を示す点で UV-DDB は XPC と大きく異なるが, 損傷部位に結合し

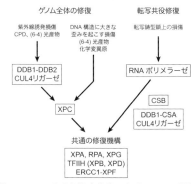

図1 ヌクレオチド除去修復における DNA 損傷認識経路

たUV-DDBは，そこにXPCを積極的に呼び込むと考えられている．特にCPDはDNA二重鎖構造に与える歪みが軽微であるためXPCによる直接認識が困難であり，したがってCPDの修復効率はUV-DDBに対する依存度が高い．それに対して（6-4）光産物の場合は，UV-DDB依存的な認識経路とXPCによる直接認識経路が並行して働く．いずれの場合も，XPCが損傷部位に結合した後に基本転写因子TFIIHのサブユニットであるXPDヘリカーゼがDNA鎖上を走査し，実際に損傷が存在することが確認されたうえでDNA修復反応が進行する（図1）．

ゲノム全体の修復とユビキチン化

近年になってDDB1は，cullin-4（CUL4）を含むユビキチンリガーゼ複合体におけるアダプター分子として再認識されている．一方DDB2は，ユビキチン化基質との相互作用を担うDCAFと呼ばれるタンパク質ファミリーの1つとして位置づけられる．細胞に紫外線を照射すると，UV-DDBのDNA損傷部位への結合に伴ってCUL4リガーゼが活性化され，DDB2，XPC，ヒストンなどのタンパク質がユビキチン化される．DDB2のポリユビキチン化によりUV-DDBは損傷DNA結合活性を失うことが生化学的に示されており，UV-DDBからXPCへの損傷の受け渡しをユビキチン化が促進している可能性が考えられる（図2）．ポリユビキチン化を受けたDDB2はプロテアソームにより分解されるのに対して，XPCのユビキチン化は可逆的であり，これらの現象の意義については今後の解明を待つ．

転写共役修復における損傷認識

前述したように，転写共役修復はRNAポリメラーゼによる転写の進行が鋳型鎖上の損傷によって停止したときに発動される．ゲノム全体の修復ではDNA二重鎖構造により大きな歪みを与える損傷がより効率よく修復される傾向があり，紫外線誘発損傷に関していえば，（6-4）光産物に比べてCPDの修復はかなり遅い．それに対して転写共役修復の効率はRNAポリメラーゼによる転写の頻度に依存しており，同じ遺伝子領域であればCPDも（6-4）光産物も同様の速度で修復される．

ゲノム全体の修復で損傷認識に関わるXPCやUV-DDBは転写共役修復には必要とされない．一方，転写共役修復の初期過程では，コケイン症候群（Cockayne syndrome；CS）の責任遺伝子産物CSA，CSBが必要とされ，これらはゲノム全体の修復には関与しない．CSAはDDB2と同様にDDB1と結合してCUL4ユビキチンリガーゼ複合体を形成すること，CSBはヘリカーゼモチーフをもち，クロマチンリモデリング活性を示すことが報告されているが，その正確な役割については未だに不明な点が多い．XPC，DDB2以外のXP責任遺伝子産物はゲノム全体の修復と転写共役修復の両方にかかわっており，損傷認識以降の修復反応は共通の分子機構により進行すると考えられている（図1）． 〔菅澤　薫〕

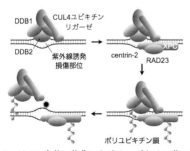

図2　ゲノム全体の修復におけるユビキチン化の役割に関するモデル

DNA 損傷応答シグナルトランスダクション
Signal transduction for DNA damage response

DNA 損傷応答（DDR），紫外線，細胞周期チェックポイント，ATR

紫外線（UV）を含む放射線や化学物質などでゲノム DNA は絶えず傷を受けている．それらの DNA 損傷は細胞死や突然変異，それに続くがん化を引き起こすため，細胞は DNA 損傷に対応し，それを防御する複雑で精巧な機構が備わっている．それらの生命機能を総じて DNA 損傷応答（DNA damage response；DDR）と呼んでいる．DNA 損傷が細胞内に生じると，細胞周期チェックポイント，DNA 修復，細胞死，転写調節などの DDR が発動され，突然変異やゲノムの不安定性を回避し，恒常性を維持する．これらの DDR 反応は互いに密接に関連しあいながら統合的に働いている．

この項では，DDR 反応において重要な役割を果たす ATR（ataxia telangiectasia and Rad3-related）を中心にして，おもに UV 照射時に引き起こされる DDR のシグナルトランスダクションについて概説する．

ATR 活性化の分子メカニズム

紫外線や抗がん剤などにより，細胞に DNA 損傷が生じると，PI3 キナーゼファミリーに属する ATR や ATM（ataxia telangiectasia mutated）が活性化する．これらの分子は DNA 損傷を検知するセンサーとして働き，活性化されると，トランスデューサーである CHK1 や CHK2 などをリン酸化，活性化し，細胞周期チェックポイントの制御を行う．ATR の活性化には，一本鎖 DNA（ssDNA）構造および ssDNA と二本鎖 DNA（dsDNA）のジャンクション構造が引き金になると考えられている．このような DNA 構造は，複製，DNA 修復反応時などにみられ，特に複製フォーク

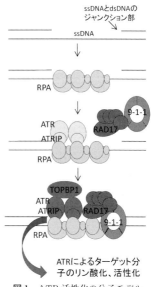

図1　ATR 活性化の分子モデル

が進行中に DNA 損傷を受けると，複製フォークの進行が妨げられ，ギャップ，切断などが起こる．ATR は，UV 損傷による複製障害時に活性化され，S 期の損傷チェックポイントにおいて，重要な役割を果たしている．図1に示すように，ATR は ATRIP とヘテロ二量体を形成する．ATRIP が直接 ssDNA-RPA（replication protein A）複合体に結合し，ATR を ssDNA の存在する部位に導き，ATR-ATRIP キナーゼの活性化を引き起こす．ssDNA と dsDNA のジャンクション構造を，Rad17-RFC 複合体と Rad9-Rad1-Hus1（9-1-1）複合体が認識し，Rad17-RFC 複合体が 9-1-1 複合体を DNA 上にロードする．ATR の上流にある TOPBP1 との相互作用により，ATR キナーゼが活性化し，下流のターゲット分子のリン酸化を引き起こす．

ATRによる細胞周期チェックポイントの制御機構

ATRやCHK1が欠損した細胞では，S期チェックポイントの異常を来し，ゲノム不安定性が増大する．ATR-CHK1経路が活性化されると，脱リン酸化酵素であるCDC25Aのリン酸化，ユビキチン化が促進され，それに続く分解が進む．その下流のサイクリン依存性キナーゼであるCDK2の活性が抑えられ，S期の細胞周期を遅延させる．このように，ATR-CHK1経路のシグナルは，最終的に，CDKの活性を抑制することで細胞周期の進行を妨げる．他の機序として，複製開始点の発火の抑制，複製フォークの安定化と停止した複製フォークの進行の再開にかかわる因子群を制御することが考えられている．

ATR経路とヌクレオチド除去修復機構との相互作用

ATR経路は，ヌクレオチド除去修復（NER）やミスマッチ修復（MMR）などいくつかのDNA修復機構と相互作用があることがわかってきており，互いに調節しながら，DDR反応を緻密に行うメカニズムが明らかになってきた．NERについては，他項にて詳細に記されるが，ゲノム全体の修復（GG-NER）と転写とカップリングした修復（TC-NER）の2つの経路からなり，UVによるDNA損傷を修復する主要経路である．NERのうちGG-NERが欠損している細胞ではUV照射後のCHK1の活性化が低下している．このことは，GG-NERがATR-CHK1経路に対し促進的に働いていることを示す．また，ATRに異常をもつ細胞では，チェックポイントのみならず，UV損傷に対する修復能が低下する．ATRはNERに必須であるXPAタンパクをリン酸化し，核移行を促進し，結果的に，NER反応を促進する．しかしながらATR経路とNERの相互作用について，詳細なメカニズムは，未だ明らかとなっていない．

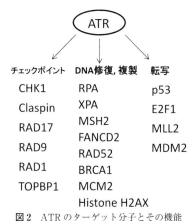

図2 ATRのターゲット分子とその機能

ATRによるp53のリン酸化とその調節機構

ATRはがん抑制遺伝子であるp53のSer15のリン酸化にもかかわっている．そのリン酸化はp53タンパクの安定化を促し，発現量を上昇させる．細胞がUV照射を受けると，転写鎖上に誘発されたUV損傷により，RNAポリメラーゼが停止し，TC-NERが発動される．そのシグナルがATR経路に伝わり，p53のリン酸化を促す．転写鎖上のUV損傷を修復できないコケイン症候群などのTC-NER欠損細胞では，野生型に比べると，UV照射後，p53が蓄積してくる．p53の蓄積，それに続く転写活性能の上昇は，下流遺伝子群の転写を促し，結果的に細胞周期の停止および細胞死を促進する．

最後に，図2にATRのリン酸化を受けるおもなターゲット分子について，機能別に分類したものを示す．本文にて説明していない分子も含まれているが，総じてATRのターゲット分子のリン酸化は，DDR反応を促進し，ゲノムの不安定性，突然変異，それに続くがん化を防ぐ役割をもつ．

〔竹内聖二〕

細胞周期チェックポイント
Cell cycle checkpoint

細胞周期の進行，サイクリン依存性キナーゼ

細胞は細胞周期と呼ばれるサイクルを回ることで増殖する．細胞周期はG1期（DNA合成準備期），S期（DNA合成期），G2期（分裂準備期），M期（分裂期）からなり，この順で進行し，M期で1つの細胞が2つに分裂することで細胞は数を増やす（図1）．

細胞周期の進行はサイクリン依存性キナーゼ（CDK）とサイクリン（cyclin）によって制御されている．CDKはタンパク質リン酸化酵素であるが，単体では活性を持たず，サイクリンと結合することで活性化し，細胞周期の進行を促す．酵母では1つのCDKと複数のサイクリンの組み合わせにより細胞周期が制御されているが，哺乳類では複数のCDKと複数のサイクリンの組み合わせで制御されている．CDKの活性化はさまざまな方法で制御されている．1つ目は，サイクリンの存在量である．CDKは細胞周期を通して発現量が変化しないが，サイクリンの発現量は細胞周期によって変動する．これはサイクリンの生合成と分解によるものである．2つ目は，サイクリン-CDK複合体に結合して活性を阻害するCDKインヒビターによる負の制御である．CDKインヒビターにはINK4ファミリー（p15, p16, p18, p19）とCip/Kipファミリー（$p21^{Cip1}$, $p27^{Kip1}$, $p57^{Kip2}$）が知られている．INK4はCDK4とCDK6を特異的に阻害し，Cip/KipはCDK2とCDK1を阻害する．CDK1は14番目のトレオニン残基と15番目のチロシン残基のリン酸化による負の制御も受ける．それぞれのリン酸化はMyt1とWee1というキナーゼによって行われる．

M期での分裂に先立ち，S期では遺伝情報を担うDNAの複製が行われる．細胞のDNAは，代謝の副産物として生じる化学的に活性な内因性物質や，紫外線，電離放射線，環境因子のような外的な要因によって常に損傷を受けており，このようなDNA損傷はS期とM期で特に有害な影響を及ぼす．損傷をもったDNAは複製の障害となるため，ゲノム恒常性の維持が脅かされる．同様に，大きな損傷をもったDNAはM期での分裂の際に遺伝情報の損失を引き起こす．このようなDNA損傷を修復するため生物はDNA修復機構を進化させてきた．それと同時に，細胞周期の進行が細胞にとって有害になる場合に細胞周期を停止または遅延させる機構を進化させてきた．このような機構を細胞周期チェックポイントと呼ぶ．DNA損傷によって誘導されるチェックポイントは，特にDNA損傷チェックポイントと呼ばれる（図2）．DNA損傷はG1期，S期，G2期でチェックされる．G1期では増殖因子の有無や細胞のサイズによってもチェックポイントが働く．M期では染色体の分離準備ができているかどうかがチェックされ，分裂中期から分裂後期への進行が制御されている．これはスピンドルチェックポイント（または紡錘体チェックポイント）と呼ばれる．

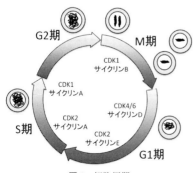

図1　細胞周期

G1/S チェックポイント

　G1 期から S 期への移行では CDK4/6-サイクリン D と CDK2-サイクリン E が網膜芽細胞腫タンパク Rb による転写因子 E2F の負の制御を解除することが鍵となる．E2F に結合してその活性を抑えている Rb は 2 つの CDK-サイクリン複合体によるリン酸化によって E2F から遊離し，これにより E2F は活性化する．E2F は DNA 複製に必要な S 期遺伝子群の転写を活性化する．増殖因子の欠乏や細胞老化などは INK4 ファミリーの発現を上昇させ，細胞周期を G1 期で停止させる．DNA 損傷は 2 つのキナーゼ ATM/ATR を活性化し，ATM/ATR はそれぞれ Chk2 キナーゼと Chk1 キナーゼを活性化する．Chk2 と Chk1 は Cdc25 をリン酸化して不活化する．Cdc25 は CDK を脱リン酸化することで CDK を活性化させるが，Cdc25 の不活化により CDK は不活化され細胞周期の進行が抑制される．ATM/ATR は p53 のリン酸化も行い，これによって活性化した p53 は $p21^{Cip1}$ の転写を促進し，CDK2-サイクリン E を阻害する．

S 期チェックポイント

　S 期進入前に修復されなかった損傷や S 期に生じた損傷は S 期チェックポイントを活性化し，DNA 複製の進行を抑制する．G1 期と同様に ATM/ATR → Chk2/Chk1 → Cdc25 の経路が働き CDK1/2-サイクリン A が抑制される．Chk2/Chk1 はまた p53 をリン酸化して安定化させ，下流因子である $p21^{Cip1}$ の転写を促進し，CDK1/2-サイクリン A の働きを抑制する．

G2/M チェックポイント

　G2/M チェックポイントは細胞が DNA 損傷をもったまま分裂期に進行することを防いでいる．ここでも ATM/ATR → Chk2/Chk1 → Cdc25 の経路が働き CDK1-サイクリン B が抑制される．もう 1 つのよ

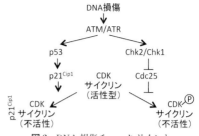

図2　DNA 損傷チェックポイント

り遅い経路では，ATM/ATR および Chk2 による p53 のリン酸化によりさまざまな p53 下流因子の転写が促進され，これらが CDK の働きを阻害する．$p21^{Cip1}$ は CDK1 に結合して活性を阻害し，14-3-3 はリン酸化された CDK1-サイクリン B に結合して核外に排出し，GADD45 は CDK1-サイクリン B に結合してこれを解離させる．

スピンドルチェックポイント

　分裂期の中期には染色体が赤道面に整列するが，このとき姉妹染色分体同士はコヒーシンというタンパク質複合体によってつなぎ止められている．染色体が両極に移動する分裂後期への移行にはこのコヒーシンの切断が必要である．コヒーシンの切断は，コヒーシン切断酵素であるセパリンの抑制因子セキュリンが，APC/C-CDC20 によるユビキチン化を受けて分解されることで促進される．スピンドルチェックポイントではすべての染色体の動原体に紡錘体微小管が接着し均等な張力がかかっているかどうかがチェックされ，それが確認されるまでコヒーシンの切断は抑制され後期への進行は阻害される．動原体に存在する CENP-E が異常を感知すると，Bub1 を介して Mad2 が活性化され，これが CDC20 に結合して APC/C の活性が抑制され，分裂中期での細胞周期停止が起こる．〔加藤晃弘〕

152

光回復酵素：DNA 損傷修復と概日リズム
DNA photolyase

太陽紫外線，DNA 損傷，地球環境適応

太陽光に含まれる紫外線により，遺伝物質であるDNAに傷が生じる．生じたDNA損傷は，ゲノム複製を阻害するため生物の生存を脅かすとともに，突然変異を誘発し発がんの要因となる．生物は地球環境によりよく適応するために，さまざまな機能を獲得しながら進化を遂げてきた．太陽紫外線は地球環境の生物への脅威の1つであり，現存生物はきわめて多様なDNA修復機構を備えることによりこの脅威に対抗している．多様なDNA修復機構の中で，光回復酵素（DNA photolyase）によるDNA修復は最もシンプルで，しかも効率のよい修復機構であり，生物が最初に獲得した太陽紫外線への抵抗手段であると考えられている．一方，地表に届く太陽紫外線量は地球環境変動により変化してきた．この太陽紫外線量変化に伴い，光回復酵素はDNA修復以外の光環境に制御されるさまざまな生命現象に関与する機能を獲得してきたことが知られている．

光回復酵素による修復反応

光回復酵素は，紫外線により誘発されるDNA損傷を，青色の光エネルギーを利用して修復する活性をもっている．図1に光回復酵素の損傷修復反応を図示している．①光回復酵素が損傷を認識し，損傷塩基に強固に結合する（図1C），②光回復酵素は損傷塩基と結合した状態で青色光を受容し，そのエネルギーを利用してDNA損傷を修復する，③修復が完了し正常な構造にDNAが変換されると，元来損傷が存在していた部位から離れ，新たな損傷の修復に向かう．以上が一連の反応過程である．太陽光に含まれる紫外線によって生じる損傷

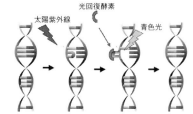

図1　光回復酵素の修復反応

を，同じく太陽光に含まれる青色光を利用し修復するというきわめて合理的な酵素である．以上の反応様式からもわかるように，光回復酵素活性には，①青色光を吸収できる光受容タンパク質としての機能，②紫外線DNA損傷を認識し，それに結合する機能の2つが重要である．修復反応が効率よく起こるよう，これら2つの機能において特別な工夫が施されている．まず光受容機能であるが，光回復酵素は還元型フラビンアデニンジヌクレオチド（Flavin Adenine Dinucleotide；$FADH^-$）を補酵素としてもち，これを介し光受容を行っている．$FADH^-$は，青色光を吸収することにより励起される（エネルギーの高い状態になる）．この励起エネルギーが電子移動の形でDNA損傷に付与されることにより，損傷が自動的に修復される．つまり，光回復酵素は光エネルギーを電子授与の動力に換えることにより修復反応を仲介しているわけである．2つ目の工夫は，酵素が示す特殊な高次構造である．光回復酵素は，酵素の真ん中に穴が空いた構造をとっており，その穴の底に$FADH^-$が存在している．通常DNAは二重らせん構造をとっており，塩基は二重らせんの内側に存在している．ところが，損傷をもつDNAに光回復酵素が接触することにより，損傷が生じた塩基は，この二重らせんから外側に飛び出し，光回復酵素の穴に入り込む．その結果，損傷塩

基は酵素内部の，光受容体であるFADH$^-$に近接して存在するようになり，上記電子授与反応を効率よく起こせるようになる．

光回復酵素関連遺伝子の多様な機能

紫外線によるDNA損傷には，シクロブタン型ピリミジン二量体（CPD）と（6-4）光産物の2種類がある．これらそれぞれに対する光回復酵素が存在し，それぞれCPD光回復酵素，（6-4）光回復酵素と呼ばれている（図2）．ほとんどの生物はこれら2種類の光回復酵素をもっている．しかしながら，われわれヒトを含む哺乳類はいずれの光回復酵素ももっていない．ところが，哺乳類のゲノムには，光回復酵素そっくりの遺伝子が存在しており，これらの遺伝子産物（タンパク質）は生物時計の制御を行っている．この「光回復酵素そっくりの遺伝子」はクリプトクロム（cryptochrome）と呼ばれ，一部のバクテリアを除きほとんどの生物が複数個の遺伝子をもっている（図3）．すべてのクリプトクロムの機能が解明されているわけではないが，現在明らかにされている限りでは，いずれのクリプトクロムも生物時計（概日リズム）の制御に関与している（図4）．しかしながらその機能は，「生物時計の本体」「生物時計の光受容体」など生物種により異なっている．また植物において，クリプトクロムは「生物時計の光受容体」の機能だけでなく「青色光依存的形態形成」にも関与している．

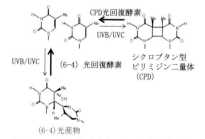

図2　CPD光回復酵素と（6-4）光回復酵素

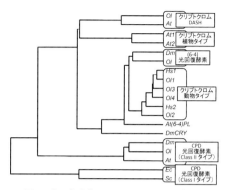

図3　光回復酵素・クリプトクロムの系統樹
Hs：ヒト，Ol：メダカ，At：シロイヌナズナ，Dm：ショウジョウバエ，Ec：大腸菌，Sc：酵母．

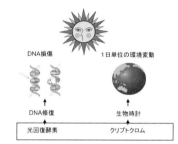

図4　時計光回復酵素関連遺伝子の機能：「DNA修復」と「生物時計」

生物時計は，生物が地球環境によりよく適応するために進化の過程で獲得した機能である．太古の地球では現在のオゾン層は存在せず，地表に届く太陽紫外線は強烈であったと考えられる．この太陽紫外線の脅威に対抗するために生物は光回復酵素を創り出し，さらにその遺伝子を重複することにより強力な修復能をもつようになったと考えられる．その後，オゾン層形成により地表に届く紫外線が軽減され，重複した遺伝子を，生物時計形成に利用し，光量変化という1日単位の環境変動へ適応してきたのではないかと考えられる．しかしながら，クリプトクロムの機能については未解明な点も多く残されている．　　　〔藤堂　剛〕

植物の太陽紫外線防御機構
UVB resistant mechanisms of plants

DNA損傷と修復，活性酸素生成と消去，紫外線吸収物質

太陽光をエネルギー源，環境情報源として利用する植物は，常に太陽光に含まれる有害紫外線（特にUVB域の紫外線，280～315 nm）による障害を受けている．したがって，UVBに対する防御機構の獲得は，陸上植物にとって必須である．植物は，UVBに対してどのような防御機構を有しているのか？ 成層圏オゾン層の破壊に伴うUVB量の増加は，植物の生育にどのような影響を及ぼすのか？ 以下では，植物のUVB防御機構に関して概説する．

太陽紫外線UVBと生育障害

UVBは可視光と比較して高いエネルギーを有しているため，DNA，タンパク質，脂質などの分子種に直接的に障害を与え，さらには活性酸素種も発生させる．生成した活性酸素種もまた近傍のDNAやタンパク質に障害を与える．これらの障害は，すべての生物に対して共通した現象であり，植物も例外ではない．今日の自然環境下で人工的にUVB光を付加して植物を栽培すると，植物は明らかな生育障害が引き起こされる．イネでは，単に生育・収量が阻害されるだけでなく，玄米のタンパク質成分にまで影響を及ぼす．また，太陽光からフィルターでUVBを除去した条件下で栽培されたレタスやキュウリの生育は，除去しないで栽培した場合と比較してよくなることが報告されている．したがって，今日の太陽光に含まれるUVB，さらには今後予想されるUVB量の増加は，植物の生育に負の影響を及ぼしていることが推測される．

紫外線防御機構その1

植物の紫外線防御機構は，おもに2つに大別できる．1つ目は，葉の表皮細胞に紫外線を吸収する物質を蓄積させることで，細胞内への紫外線の透過を軽減させ，細胞内のDNA，タンパク質などへの障害を妨げる機構である．フラボノイド，アントシアニンなどは代表的な紫外線吸収物質であり，植物に紫外線が照射されると，これらの物質の合成系が誘導され，表皮細胞の液胞に蓄積する．シロイヌナズナでは，フラボノイドを合成できない変異体はUVB感受性を示し，多く蓄積できる変異体では，UVB抵抗性を示す．しかし，紫外線吸収物質を多く蓄積する植物が必ずしもUVB抵抗性を示さない例も報告されており（たとえばイネ），一概に紫外線吸収物質の蓄積量がUVB抵抗性を決定しているわけではないようである．したがって，UVBによる防御機構を考えるには，葉の表皮細胞に蓄積した紫外線吸収物質を通り抜けて，葉の内部へと透過してきたUVBが，細胞にどのような障害を与えているのかを考える必要がある（図1）．

紫外線防御機構その2

UVBのおもな障害としては，DNA損傷が挙げられる．紫外線は，DNAに二本鎖切断，一本鎖切断，ピリミジン二量体（シクロブタン型ピリミジン二量体［CPD］，(6-4)光産物）や，活性酸素による酸化損傷など，さまざまな損傷を誘発する．植物

図1 UVBによる障害と防御

も他の生物同様種々のDNA修復機構を有している．たとえば，生物においてDNA損傷の主要な修復機構である除去修復機構（nucleotide excision repair；NER）にかかわるタンパク質や，損傷乗越え複製修復にかかわるDNAポリメラーゼζを欠損した変異体，さらにはUVBによって最も多く誘発されるピリミジン二量体を修復する酵素を欠損した変異体はすべてのUVB感受性を示す．なかでもCPDを特異的に修復するCPD光回復酵素を過剰に発現させたシロイヌナズナ，イネの組換え体ではUVB抵抗性を示す．また，活性酸素の消去に働くプラスチド型のCu/Zn superoxide dismutaseとストロマ型ascorbate peroxidaseの活性が上昇したシロイヌナズナ変異体もまた，UVBに抵抗性を示す．したがって，誘発されたDNA損傷の修復機構，さらには活性酸素種の除去機構は，植物の紫外線防御機構を考えるうえで非常に重要である．

世界各地で栽培されているイネ品種とUVB抵抗性

世界主要穀物であるイネは，アジアのモンスーン地帯を中心に，低緯度〜中緯度の広い範囲で栽培されている．したがってイネは，紫外線環境においても相対的に高い地域から低い地域の広い範囲で栽培されている．このようなアジア地域で栽培されているイネ品種のUVB抵抗性を調査した研究がある．その結果によると，相対的にUVB量が多い南方地方，栽培イネの起源といわれている中国南部で栽培されているイネ品種のほとんどは，UVBに対して高い感受性を示す．一方，日本で栽培されているイネ品種の中には，高い抵抗性を示すイネ品種（ササニシキなど）が存在しており，イネのUVB感受性は多様であった（図2）．これらイネ品種間のUVB抵抗性

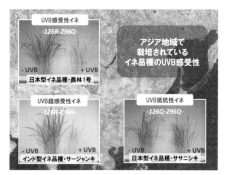

図2　UVB抵抗性イネ品種間差異
図中の記号はCPD光回復酵素のアミノ酸変異個所を示す．

の違いの原因を調査すると，CPD光回復酵素の126番目と296番目のアミノ酸の変異に起因していた．具体的には，東南アジアを中心に栽培されているイネの大半は，126番目がアルギニン［R］，296番目がヒスチジン［H］であるのに対して，ササニシキなどのUVB抵抗性イネでは，126番目，296番目ともにグルタミン［Q］であり，これらアミノ酸の違いが酵素活性に影響を及ぼし，前者のイネの光回復酵素の活性は低くなっている．そして結果として，DNA上に蓄積するCPD量に影響し，UVB抵抗性が異なっていた．したがって，相対的にUVB量が多い南方，東南アジアで栽培されている品種は，日本で栽培されている品種以上に，太陽紫外線による障害を受けている可能性が考えられる．

現在の野外環境で生育しているイネ葉のDNA中には，おおよそ1 Mb当たり3〜6個（核ゲノム当たりで約1,500〜3,000個）のCPDが存在していることが報告されている．今後は，現在の太陽紫外線環境においてこれらDNA損傷の蓄積が，どの程度生育に障害を引き起こしているかといった詳細な解析が必要であろう．　　〔日出間純〕

紫外線による突然変異誘発
UV mutagenesis

DNA損傷, UV signature, 皮膚がん, 炎症, アポトーシス

生命の重要な設計図であるDNAは紫外線に弱く,その光エネルギーを吸収して容易に化学反応しDNA損傷を生じてしまう.損傷は紫外線特異的でシクロブタン型ピリミジン二量体(CPD)や(6-4)光産物(6-4PP)などの塩基損傷が代表的である.これらDNA損傷は細胞分裂に伴うDNA合成(遺伝情報の複製)を妨げ,細胞死の原因になる.また遺伝情報の発現に必要なメッセンジャーRNAの転写も阻害する.損傷塩基は立体構造異常を示し,通常の核酸塩基対合の形成が困難になっている.一部のDNA損傷はヌクレオチド除去修復というDNA修復によってDNAから取り除かれるが,取り切れないものについては損傷乗越えDNA合成(translesion DNA synthesis : TLS)という機構により損傷部分のDNA複製を行う.この機構では一群の専門のDNA合成酵素(TLS酵素)が核酸塩基対合則を一部緩和して鋳型DNA鎖上の損傷塩基の向かいにヌクレオチドを挿入して新生鎖を合成する.この際に対合則上誤った塩基が挿入されると突然変異が発生することになる.

紫外線の突然変異パターン

紫外線ではシトシン(C)からチミン(T)への塩基置換突然変異が特異的に起こりやすく,しかもCPDや6-4PPが生成するピリミジン塩基が2個以上連続する配列(ジピリミジン)で発生する.またこの亜型として頻度的には少なくなるが並列したCが同時にTに変異するCC→TT二重塩基置換も紫外線に特徴的な変異である(図1).これらは紫外線特異的な変異としてUV signatureと呼ばれており,その突然変異パターンはTLSの際にC塩基を含むCPDや6-4PPの向かい側にアデニン(A)塩基が挿入され変異が起きることを意味する.大部分のCPDは並列したT塩基に生成するが,TT-CPDが変異を起こしにくい事実は関係するTLS酵素が紫外線による突然変異を抑える方向で進化してきたことを示している.

紫外線による突然変異の主要な原因損傷はCPDと考えられている.しかしUVC〜UVB領域とUVA領域で生成するCPDには違いがあり,UVA領域では単にジピリミジンだけでなく同時にメチル化されたCpG(脊椎動物にみられるDNAメチル化のターゲット配列)を伴う配列に生成しやすい.この結果,UVAやUVAの豊富な日光紫外線で誘発される突然変異はメチル化CpGを含むジピリミジン配列でのC→T変異が特徴的に多くなる.この長波長紫外線特異的な変異パターンはsolar-UV signatureと呼ばれている(図1).

紫外線は活性酸素も発生させるので,酸化型DNA損傷による突然変異の誘発も予測される.特にCPDなどの紫外線特異的損傷の生成効率が低下するUVA域では酸化型変異の寄与が期待され研究されてきたが,培養細胞による研究結果は実験者によりまちまちで結論に至っていない.マウス皮膚を用いた研究ではsolar-UV signatureが主要な変異で酸化型変異は誘発されなか

UV signature変異

C → T at Py-Py
CC → TT

Solar-UV signature変異

C → T at Py-mCpG

図1 紫外線による突然変異
Pyはピリミジン, Py-Pyはジピリミジン配列, mCpGはメチル化CpG配列.

ったと報告されている．生体では大気中酸素に起因する酸化ストレスに対して進化・獲得してきた DNA 修復系や内在性の抗酸化機構が紫外線による酸化ストレスを押さえ込んでいるものと推測される．

紫外線突然変異とがん・進化

ヌクレオチド除去修復に異常のある遺伝病，色素性乾皮症の患者は日光露光部の皮膚がんが多発するが，同時に患者の細胞は紫外線に対する突然変異感受性も高い．これは突然変異が発がんの原因の少なくとも一部であることを示している．また一部の患者の皮膚は少量の紫外線で炎症（紅斑）を起こし強い日光過敏症を示すが，組織学的にはアポトーシス（細胞自殺）の亢進が認められる．本来アポトーシスは異常細胞を排除し突然変異誘発を抑える方向に作用するが，過剰になると皮膚組織の破壊が進み，その再生に必要な多量の細胞増殖で一部の異常細胞も増殖し，がん細胞が誕生すると思われる．

色素性乾皮症のうちバリアントという亜群で変異している原因遺伝子の産物は他と異なり TLS 酵素であるが，CPD に特化した酵素であり，CPD の TLS 時に正しい対合則で塩基を挿入するという他の TLS 酵素にはない特徴をもつ．こうした酵素が生物進化上で誕生した事実は，他の生物で CPD や 6-4PP に特異的に反応する光回復酵素が獲得された事実とともに，紫外線による淘汰圧が生命にとっていかに大きなものであったかを物語っている．

紫外線突然変異の波長依存性

紫外線波長に注目すると 260 nm を中心とする UVC が最も DNA 損傷を生成しやすく突然変異も誘発しやすい．波長が長く

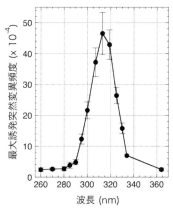

図2　皮膚突然変異の紫外線波長依存性
1 回の紫外線曝露でマウス皮膚表皮に誘発しうる最大突然変異頻度の波長依存性を示す．短波長側と長波長側では炎症（アポトーシス）により誘発が抑えられる．

なるにつれ誘発しにくくなる．しかし皮膚では 300 nm 未満の波長域は角層により吸収され減衰し，奥まで届きにくい．したがって皮膚では UVB が最も突然変異を誘発しやすい．一方，紅斑スペクトルが示すように紫外線による炎症（アポトーシス）も短波長側ほど起きやすい波長依存性がみられる．互いに拮抗する突然変異と炎症の誘発波長依存性の相互作用により，皮膚では UVB と UVA の境界波長である 315 nm 付近でアポトーシスによる効果が相対的に弱まり最も高い頻度で突然変異が誘発可能になる（図2）．したがってこの領域の紫外線が豊富な日光の長時間曝露は皮膚における高い突然変異頻度の上昇につながる．特に炎症作用の強い 300 nm から短波長側をカットして浴びた場合，その変異誘発効果は著しいと予想される． 〔池畑広伸〕

光による急性障害
Acute sun damage

日焼け，サンバーン，サンタン，DNA損傷，酸化的障害

　ヒトが地上で浴びる太陽光線による皮膚障害の大部分は紫外線に起因する．急激大量の紫外線曝露により4時間後頃から紅斑が生じはじめ，24時間後にピークに至るサンバーンと呼ばれる炎症反応を起こす．軽度であれば多少のヒリヒリ感を伴ったびまん性紅斑であるが，高度の場合は灼熱感が強い浮腫性紅斑となり，水疱形成もみられる（図1）．重症例では発熱，倦怠感などの全身症状も生じる．紅斑は3日程度で自然消退していくが，それに引き続いて一種の防御機序であるメラニン色素増加（サンタン）が生じる．一般的に「日焼け」という言葉はサンバーン（sunburn）とサンタン（suntan）を含んで使われるが，紫外線による炎症であるサンバーンと，傷害を受けた後の防御反応であるサンタンは区別して用いる必要がある．

サンバーン
　紫外線は波長により紅斑惹起作用が異なり，UVB領域（280～315 nm）では298.5 nmにピークがあり，長波長側にいくとともに急激に低下するが，UVA領域（315～400 nm）で362 nmに小さな第二のピークが観察される（図2）．この2つのピークがあることはUVBとUVAによる紅斑の成因に違いがあること示している．

　サンバーンを惹起する主要な作用波長はUVBであり，UVAはUVBと比べるとその紅斑惹起作用は1,000分の1程度といわれている．しかし，太陽光線中に含まれるUVA量はUVBの10～100倍もあり，その作用は決して無視できるものではない．

障害機序
　UVBは直接DNAに吸収され，隣同士のチミンが結合するチミン二量体，あるいは（6-4）光産物などのシクロブタン型ピリミジン二量体（cyclobutane pyrimidine dimer；CPD）をDNA鎖上に形成し，DNA損傷が生じる．UVAも量的には少ないもののCPDをつくることが明らかになっている．ただし，（6-4）光産物やDewar型異性体は産生しない．

　一方，おもにUVAは皮膚に存在するさまざまなクロモフォア（光線を吸収する分子）に吸収されると，これらの分子を励起

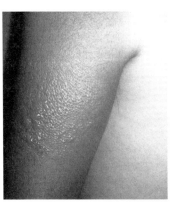

図1　サンバーン
左上腕の灼熱感を伴う著明な紅斑と水疱形成．

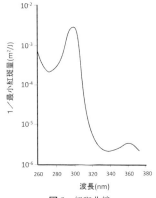

図2　紅斑曲線
縦軸は最小紅斑量の逆数．

する．励起された分子が基底状態に戻る際に，一重項酸素をはじめとする活性酸素種が発生し，近傍の細胞構成成分であるDNAやタンパク質，脂質に酸化的障害を与える．DNAが酸化されて生じる8-hydroxy-2′-deoxy-guanosine（8-OHdG）は変異原性が強い損傷である．

これらの細胞損傷がきっかけとなり炎症に関与する遺伝子群が発現し，皮膚に存在する各種細胞はさまざまな起炎物質を産生し，その結果炎症のカスケードが発現して，サンバーンが起こる．

病理組織学的には表皮内には好酸性に染まり，核が凝縮したサンバーン細胞（sunburn cell）が散在性に認められる．これはアポトーシスに陥った角化細胞である．

サンバーンのメディエーター

DNA損傷から始まる炎症のメディエーターとして，まず肥満細胞からヒスタミンが放出され，次いで紅斑や灼熱感をもたらすアラキドン酸代謝産物であるPGD2，PGE2，PGF2α，12-HETEなどが産生される．角化細胞や線維芽細胞からは炎症性サイトカインであるIL-1β，IL-6，IL-10，GM-CSF，TNF-αなどが遊離される．

血清中のIL-1活性は照射後1〜4時間で上昇し8時間で元に戻る．IL-1の刺激によりIL-6の産生が増加し，12時間で血清中のレベルがピークに達し，72時間以上持続する．IL-6はCRPやアミロイドAタンパク質などの急性期タンパク質の産生を亢進させるため，日焼けによる発熱など全身症状の発現にはこれらのサイトカインがかかわっている．

細胞接着分子のICAM-1，ELAM-1，VCAM-1も発現し，好中球，リンパ球などの炎症細胞が遊走し，それらから放出される起炎物質も炎症拡大に一役買っている．そのほか血管内皮細胞が産生する一酸化窒素（NO）や，励起されたクロモフォアから発生する一重項酸素，ヒドロキシルラジカル，スーパーオキシドなどの活性酸素種や過酸化脂質などのフリーラジカルも細胞成分に酸化的損傷を与え炎症を惹起する．

サンタン

紫外線曝露により皮膚の色素増強が生じる．これには即時型と遅発型の2種類の黒化がある．即時型色素増強（immediate pigment darkening；IPD）はUVAや可視光線の照射で，直後より灰褐色の色素増強が生じる．IPDは1分から長くて数時間程度で消退する．通常の日光曝露では気づかれない．本態は還元型メラニンの光酸化によるといわれている．このIPDは現在サンスクリーン剤のUVA防御効果を検定する指標に使われている．

紫外線曝露数日以降よりサンタンとして認識される遅発型タンニング（delayed tanning；DT）が生じる．紫外線照射により刺激された表皮角化細胞からb-FGF，stem cell factor（SCF），エンドセリン1などのサイトカインやホルモンであるα-MSHが遊離される．それらの刺激によりメラノサイトのチロシナーゼ遺伝子が活性化し，メラニン産生が増加する．繰り返し照射によりメラノサイト数が増加する．

障害の修復

DNA損傷はヌクレオチド除去修復機構により修復されるが，繰り返し紫外線曝露を受けていると損傷修復にエラーが生じ，突然変異となって，慢性障害である光発がんや光老化につながる．

サンバーンの治療

サンバーンの症状を自覚するまでには，3〜5時間のタイムラグがあるため，過剰照射となりやすく，治療開始も遅れる．まず，皮膚を冷却してさらなる炎症反応を抑制する．ステロイド薬の外用，あるいは重症例では内服の併用が広く行われているが，炎症抑制の点でその効果は限定的である．早期からの非ステロイド系消炎鎮痛薬の内服，外用の併用もよい．

〔上出良一〕

光発がん
Photocarcinogenesis

ピリミジン二量体，皮膚がん，紫外線炎症，突然変異

細胞の遺伝子に傷が蓄積されて，多段階発がん過程が進むが，皮膚は紫外線に繰り返しさらされるので遺伝子の傷が蓄積しやすい．遺伝子についた傷を修復する機構も備わっているが，傷が多すぎたり，修復能が低下していると皮膚がんを発症する．

紫外線によるDNA損傷

太陽光は長波長側から赤外線，可視光線，紫外線に分類され，さらに，紫外線はUVA（315～400 nm），UVB（280～315 nm），UVC（200～280 nm）に分類されるが，300 nm以下の太陽光はオゾン層で吸収されるので，地球上に届くのは300 nm以上の光である．光の皮膚への影響を考える際には細胞内のどの物質にどの波長が吸収されるかということと，各波長の皮膚への到達度が重要となる．UVAは波長が長いので真皮深くまで到達するが，UVBは10％程度しか真皮に到達しない（図1）．UVC～UVBはDNAに直接吸収され，隣接するピリミジン塩基間に電子的励起が起こる結果，ピリミジン二量体（CPD），（6-4）光産物が生じる．一方，UVB～UVAはピリミジン塩基間に直接電子的励起を引き起こさせるだけのエネルギーはないため，光が光増感分子にいったん吸収されたのち基底状態に戻る際に放出するエネルギーにより細胞が二次的に傷害を受ける．その際，光増感物質が電子移動を伴って直接に反応する機構と光増感物質がまず酸素と反応して生じた活性酸素により基質が酸化される反応がある．したがって，UVAは酸化的DNA損傷を生成する．

紫外線DNA損傷と突然変異

DNAの紫外線吸収スペクトルと真菌の突然変異誘発の作用スペクトルはよく一致し，紫外線で誘発された突然変異はピリミジン塩基が並んだ部位のトランジション型の変異 "UV signature mutation" であることから，紫外線によって生じるピリミジン二量体が突然変異の主因と考えられている．IARC（International Agency of Research on Cancer）は2009年7月29日，紫外線を発がんリスク分類でグループ1（ヒトに対する発がん性が認められる）に分類した．つまり，タバコと同等のリスク因子に位置づけた．

紫外線と皮膚がん

発がんの最初のステップ（イニシエーション）はがん関連遺伝子に突然変異が生じることから始まるので，突然変異は発がん過程にとって重要なステップであるが，それですぐに発がんが起こるわけではない．しかし，紫外線が *in vivo* で発がんの原因となっているという根拠も多くみられる．
① マウスに慢性にUVを照射すると100％に有棘細胞がんが生じる．② CPDを修復することができない遺伝病である色素性乾皮症では，若年で日光露光部に皮膚がんを高率に生じる．③ 色素性乾皮症患者に発症したメラノーマでは，がん抑制遺伝子の

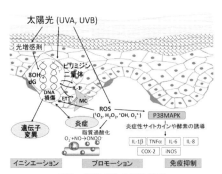

図1 光発がんの発生機序
紫外線発がんは紫外線によって生じるDNAの傷とその修復のバランス，紫外線炎症の遷延，紫外線による免疫抑制など多様な要因が関与する．

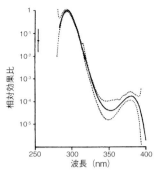

図2 マウスを用いた紫外線発がんの作用波長
(F. de Gruijl, *Cancer Res*, **139**, 21–30, 1995)

1つである PTEN の"UV signature mutation"を高率に認めている．④ 非黒色腫皮膚がんにおける *p53* 変異の頻度は，内臓がんにおけるそれより高く，"UV signature mutation"が多い．

いずれも，紫外線が突然変異原となり，がんを引き起こしていることを示している．さらに CPD の生成率は UVB 領域で最も効率よく生成され，動物実験での光発がんの作用波長も UVB にピークがあることから，光発がんの主因は UVB と考えられてきた．

光発がんにおける UVA の関与

最近ヒトの皮膚に UVA のみを照射しても CPD が生成されていることが報告されて以来，従来の考え方に修正が加えられつつある．すなわち，実際にヒトの皮膚で起こっている光発がんの原因として UVA も大きく関与しているのであろうということである．マウスの紫外線発がんの作用波長において，UVB 以外に UVA 領域にも小さな山があること，魚の黒色腫発症の作用スペクトルで UVA にも小さな山があることなども UVA が発がんに寄与することを示す．WHO はメラノーマ発症率の増加を懸念し，18歳未満は日焼け用機械を使用すべきではないという勧告を出している．また，EU では日焼け止めの UVA の防御率の比率を高めるよう奨励している．

紫外線炎症と皮膚がん

最近，炎症とがんの関係が実験的に証明されている．慢性炎症の状態では，炎症細胞の浸潤により酸化ストレスが増加することから，発がんのプロモーション過程を促進すると考えられる．ステロイド系抗炎症剤の投与が大腸がんに有用であるとの報告もみられる．炎症性サイトカインである TNF-α の欠損マウスでは皮膚がんが生じにくいことが示されている．ヒトにおいても表在拡大型黒色は若年から中高年の背部，胸，下腿が好発部位で，間欠的な大量の日光曝露との関連が示唆されている．HGF/SF トランスジェニック新生仔マウスに大量の紫外線を1回照射するだけで黒色腫が発生するとの報告もあり，幼小児期の大量紫外線曝露が黒色腫の重要な危険因子という疫学的事実を支持する．

光発がんと免疫抑制

紫外線誘発腫瘍は抗原性が高く，移植した腫瘍細胞は拒絶されるが，紫外線を照射したマウスでは拒絶されないことから，紫外線により免疫応答が低下することが示された．さらに，抑制性のサイトカインである IL-10 のノックアウトマウスでは紫外線を照射しても皮膚がんはまったく生じないことから，光発がんにおいては紫外線による腫瘍免疫のサーベイランスの低下が非常に重要であると考えられている．一方で，UV による免疫抑制のメカニズムとして CPD が引き金となることが示されており，紫外線 DNA 損傷は発がんの過程におけるイニシエーションを引き起こすのみでなく，免疫抑制によっても皮膚がんの増殖に関与することを示している．　　　　〔錦織千佳子〕

光老化
Photoaging

光老化,酸化ストレス,しわ,たるみ,しみ

皮膚の老化には自然老化と光老化の2種類が存在する．自然老化に加え，慢性に太陽光に曝露された結果生じる光老化では，紫外線（ultraviolet；UV）によりDNAの損傷が蓄積される結果，皮膚の各種細胞（角化細胞，色素細胞，線維芽細胞）に変調が生じ，しみ，しわ，皮膚がんなどを引き起こす．また紫外線による酸化ストレスなどを介して真皮の間質成分である膠原線維や弾力線維に変性が生じ，粗いしわがみられるのが光老化の特徴である．

光老化の特徴

自然老化と光老化を対比して表1にまとめた．

光老化皮膚では比較的早期から，より深くて不規則なしわが目立ち，色素細胞のメラニン分布にも規則性が失われ，しみ（日光黒子）がみられる．

光老化皮膚の表皮の変化としては，角化細胞の増殖・分化の変調により，角層水分の保持能低下が，また真皮の変化としては，紫外線照射によるコラゲナーゼ遺伝子の発現亢進・コラゲナーゼタンパク質の増加によるコラーゲンの崩壊亢進，およびグリコサミノグリカンと大型コンドロイチン硫酸プロテオグリカンの日光弾力線維変性部への沈着が明らかにされている．グルコースとタンパク質アミノ基との酸化触媒反応（メイラード反応）の結果産生される，後期反応生成物，advanced glycation end-products（AGEs）の1つであるN ε-carboxymethyl-lysine（CML）が日光弾力線維変性部の弾力線維に存在することが示され，光老化皮膚における本症の形成には，紫外線により誘導された酸化反応が関与していることが明らかにされている．したがって光老化は，紫外線の細胞DNAへの直接的な損傷に加え，酸化ストレスを介したDNAやタンパク質，糖，脂質への傷害の結果生じるものと考えられる．

光老化によるしわ発症メカニズム

光老化によるシワ発症メカニズムは，真皮マトリックスメタロプロテアーゼ（matrix metalloproteinase；MMP）に注目して検討されている．MMPはその活性中心にZnをもつ金属酵素で，その基質特異性の違いから25種類のMMPの存在が確認されており，コラーゲンやエラスチンなどの真皮マトリックスを分解する作用をもつ．紫外線照射により活性酸素種（reactive oxygen species；ROS）が生じ，チロシンホスファターゼを酸化することにより，その酵素活性を抑制して，mitogen-activated protein（MAP）キナーゼなどのシグナル伝達のカスケードの活性増強を導く．活性化されたMAPキナーゼは転写因子activator protein-1（AP-1）を活性化し，MMPの発現を誘導する．UVA照射を受けた線

表1 自然老化と光老化の特徴

自然老化	光老化
臨床的特徴	
細かいしわ	細かいしわ,粗いしわ*
乾燥,たるみ	色素沈着*,黄ばみ*,乾燥
	血管拡張,皮膚がん*
組織学的特徴	
表皮菲薄化	表皮肥厚と菲薄化,核異型*
表皮突起の減少	表皮突起の消失
	不規則なメラニン分布*
弾力線維の減少	変性弾力線維の増加*
膠原線維の減少	膠原線維の減少と均一化
コラーゲン産生能低下	
コラゲナーゼ増加	コラゲナーゼ著明増加
エラスチン産生減少	エラスチン産生増加*
グリコサミノグリカン増加	
汗腺・脂腺・毛成長の減少	

*：光老化に特徴的な所見.

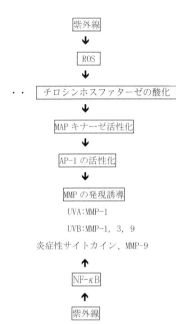

図1 紫外線によるMMP誘導

維芽細胞はMMP-1の，UVBではMMP-1，-3，92kD gelatinase（MMP-9）のmRNA，タンパク質の発現増加および活性の増強が誘導される．また，NF-κBも紫外線により活性化され，炎症性サイトカインやMMP-9を誘導する．MMPにより真皮マトリックスが破壊されるが，その修復が不完全なため，間欠的な紫外線照射により不十分な修復を繰り返し受けた結果，光老化による真皮の変化が進み，深いしわ形成へと導かれる（図1）．

　紫外線によるしわ発生の初期症状としては，エラスチン線維の弾力性発揮のための三次元構造にたわみ変性が生じ，皮膚弾力性の減少が生じていることも明らかにされている．この機序としてUVB照射によりケラチノサイトより産生・遊離されるIL-1αおよびIL-1αにより誘導されるGM-CSFにより線維芽細胞のコラゲナーゼⅠとエラスターゼの遺伝子発現およびエラスターゼ活性が増加すると報告されている．これはUVAではみられず，UVBにより誘導されることが動物実験で示されている．

　紫外線によるMMPのmRNA発現亢進はDNA修復酵素により抑制できることも示されており，光老化の主要原因として紫外線によるDNA損傷が重要な位置を占めると考えられている．また，加齢に伴い，DNA修復に関係する遺伝子産物XPA，ERCC3，PCNAのmRNAの低下や，DNA合成にかかわるDNAポリメラーゼが低下すると報告されている．

光老化によるしみ発症メカニズム

　老化に伴い表皮の色素細胞の数は減少するが，日光曝露部では，この減少率は非曝露部に比し明らかに小さくなるものの，若年者と比較すると減少傾向にある．光老化で認められる色素沈着としては，脂漏性角化症，基底細胞がんなどの良性，悪性腫瘍，および日光黒子などの表皮色素細胞の活性化に基づく表皮内でのメラニン増加に基づくものが挙げられる．主としてRejuvenation（皮膚の若返り）療法の対象となる日光黒子では，色素細胞においてメラニン産生の律速酵素であるチロシナーゼの活性が増強しており，メラニンが過剰に産生されて，周囲角化細胞に，より多くのメラニンが受け渡される結果，しみとして認識される色素沈着をきたす．さらに，色素細胞の活性化に加え，表皮角化細胞の増殖も伴い，表皮突起の延長がみられる．色素細胞，角化細胞，真皮乳頭層の線維芽細胞が慢性に紫外線に曝露されてこれら細胞に変調をきたして，色素沈着を起こす．

〔船坂陽子〕

光と免疫抑制
Photoimmunology and immunosuppuression

紫外線，紫外線発がん，紫外線免疫抑制

皮膚は外界と体内を隔離する臓器であり，異物の侵入を防ぐバリアーの役割を果たすとともに，効率的に異物を排除する役割を兼ね備えている．皮膚は生活上常にさまざまな外的因子にさらされているが，「光」は地球上に生命が誕生してから存在する代表的な外的因子であり，脊椎動物は進化の過程で「光」による有害な情報を有益なものとして利用できるかが重要な課題であった．「光」特に紫外線（UV）に対する反応として，皮膚免疫の変調（抑制）は有害でもあり有益にもなる反応である．

UV誘導性免疫抑制

UVは皮膚に存在するさまざまな免疫担当細胞に作用し免疫抑制作用を有することが知られている．マウスを用いた in vivo の研究の解析により，UVの抗原特異的な免疫抑制作用が知られている．1974年，Kripkeらは中波長紫外線（UVB）照射によって生じる皮膚がんは抗原性が高く，免疫不全マウスへの移植では拒絶されない一方で，免疫の正常な同系マウスへの移植により拒絶されることを報告した．さらに，前もってUV照射したマウスへの移植では拒絶できないことを報告した（図1）．免疫の正常な同系マウスでは拒絶され，前もってUV照射したマウスや免疫不全マウスでは拒絶されないことから，UVが紫外線誘発性皮膚がんに対する免疫反応を抑制することが想定された．その後，UV照射がハプテンや菌体成分などに対する幅広い免疫反応を抗原特異的に抑制することが知られるようになり，この免疫抑制を媒介する細胞，因子について多数の報告がなされている．これらの研究の発展には，接触過敏反応や遅延型過敏反応などの皮膚免疫反応を用いた研究が大きな役割を果たし，この現象をUV誘導性免疫抑制と呼ぶ．

UV誘導性免疫抑制に関与する細胞

UV誘導性免疫抑制において表皮ランゲルハンス細胞（LC）と肥満細胞が皮膚に存在する免疫細胞の中で注目されている．LCは表皮に存在し，古典的には皮膚における免疫誘導に必須の役割を果たす抗原提示細胞として考えられてきたが，近年の概念で免疫制御にも重要な役割を果たすことが知られてきている．LCを特異的に欠損させることができるマウスを用いた研究により，UV誘導性免疫抑制においてLCが必須の役割を果たすこと，さらにLC上のRANKLとUV照射により発現上昇したケラチノサイト上のRANKが結合することでLCの免疫抑制能を誘導されることも知られている．古典的概念として，真皮などの組織に存在する肥満細胞はIgEを介したアレルギー反応を媒介するエフェクター細胞であると考えられてきた．一方，近年になり肥満細胞がIL-10などのサイトカインなどを放出することにより後天的免疫反応を抑制する役割を果たすことが報告されている．肥満細胞が欠損したマウスを用いた研究により，UV誘導性免疫抑制において肥満細胞が必須であることが証明されている（図2）．

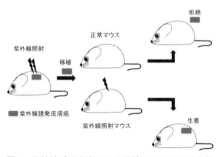

図1　紫外線誘発皮膚がんの移植モデルにおける紫外線免疫抑制の関与

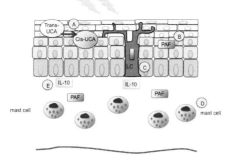

図2 皮膚における紫外線免疫抑制に関与する細胞と因子

図3 紫外線による遺伝子損傷と紫外線免疫抑制, 紫外線発がんの関連

UV誘導性免疫抑制と可溶性因子

UV照射により産生される皮膚における可溶性因子でUV誘導性免疫抑制に関与する免疫調整因子としては，IL-10，IL-4，PGE_2，cis-ウロカニン酸（cis-UCA），platelet-activation factor（PAF）などが知られている（図2）．IL-10はUV照射によりマウスにおいてはケラチノサイト，LC，肥満細胞から産生され抗原特異的抑制性T細胞（Treg）を誘導することで免疫抑制に関与している．角層中にあるtrans-UCAがUVB照射後にcis-UCAに変化し，セロトニン（5HT-2A）レセプターに結合することにより免疫抑制を媒介すること，cis-UCAが紫外線によるDNA損傷を修飾する因子であることが知られている．UV照射後にはリン脂質であるPAFがケラチノサイトから産生される．PAFは免疫制御，細胞遊走，分化，細胞増殖などに関与する．PAFをマウスに投与することでUV免疫抑制，UV炎症に類似した反応が生じ，PAF受容体欠損マウスではUV誘導性免疫抑制が生じない．以上の現象を背景として，PAF受容体，5HT-2A受容体アンタゴニストの投与でPAFやcis-UCAが受容体に結合することを阻害することで，UV免疫抑制だけでなく紫外線発がんが抑制されることが証明された．さらにPAF受容体や5HT-2A受容体アンタゴニストの投与はUV特異的な遺伝子損傷であるシクロブタン型ピリミジン二量体（CPD）の修復を促進することが報告された．免疫刺激性サイトカインであるIL-12がUVによる遺伝子損傷を減らすことを介してUV誘導性免疫抑制を阻害することも報告されている．以上より，UVによるDNA損傷やDNA損傷修復がUV誘導性免疫抑制にも関与しており，この両者は紫外線発がんとも密接な関係があり，図3のように互いに関連していると考えられる．

一方，皮膚以外ではリンパ節においてB細胞，NKT細胞，TregなどのI細胞がUV誘導性免疫抑制に深く関与している．B細胞の存在するリンパ濾胞領域ではCXCL12の発現が上昇し，CXCL4陽性IL-10陽性肥満細胞を遊走させることでIL-10産生suppressor B細胞が誘導される．NKT細胞はT細胞領域に存在しCD1d陽性LCと相互作用を示すことで活性化してIL-4を産生し免疫抑制を誘導する．

このようにUV誘導性免疫抑制の機序は多彩な研究から明らかとなってきており，皮膚がんの予防，皮膚疾患を標的とした紫外線治療器の開発に有益な情報を与え，研究レベルでも新たな局面を迎えているといえる．

〔福永　淳〕

光線過敏症
Photosensitivity disease

作用波長,光線過敏型薬疹,光接触皮膚炎,色素性乾皮症,ポルフィリン症

光線過敏症(photosensitivity disease)とは,日常浴びる程度の太陽光により皮膚に異常な反応がみられる疾患の総称である.その中でも,光線により発症する疾患群を狭義の光線過敏症,光線が悪化因子となる広義の光線過敏症に大別される.したがって,過剰な日光浴による日焼け(sun burn)や日焼けの反復による色素斑(しみ)などは光線過敏症には含まれない.

光線過敏症の原因となる光線の波長域を作用波長と呼び,作用波長には紫外線から可視光線まで種々の場合がある.

光線過敏症の皮膚症状は,太陽光を多く浴びる部位(露光部)にみられることが多い(図1).露光部と露出部は異なり,顔,耳,うなじ,手の甲などは露光部であるとともに露出部であるが,あごの下側は太陽光の陰になることが多く,露光部ではない.

狭義の光線過敏症
原因により外因性と内因性に分けられる.

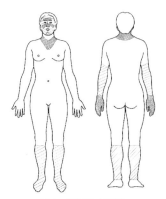

図1 露光部(斜線)
濃い斜線部は特に多く太陽光を浴びる部位.

おもな外因性光線過敏症は以下のとおりである.

光線過敏型薬疹: ある薬剤が体内に入った後,作用波長の光線を浴びた結果,皮膚に発赤や水疱が生じる疾患をいう.その原因薬剤は種々であるが,最近は昔から光線過敏症を起こすことが知られていたチアジド系降圧利尿薬を含む合剤による光線過敏型薬疹が増加している.そのメカニズムには,光毒性反応と光アレルギー性反応が考えられている.光毒性反応は原因物質が光線により活性酸素の産生や直接細胞核DNAに傷害を及ぼす結果起こる反応である.光アレルギー性反応は,原因物質が光線を吸収した後,抗原性を示すようになり引き起こされる一種のアレルギー反応である.

光接触皮膚炎: 皮膚に原因物質が接触した後,太陽光により皮疹が誘発される疾患をいう.その原因はキク科植物や日焼け止め(サンスクリーン剤)に含まれる成分(オキシベンゾン,オクトクリンなど)がある.最近の報告では,筋肉痛などの治療に用いられる湿布薬に含まれるケトプロフェンによる光接触皮膚炎が多い.

一方,おもな内因性の光線過敏症は以下のとおりである.

色素性乾皮症: 常染色体劣性遺伝を示す疾患で原因遺伝子の変異のために紫外線によって引き起こされた細胞核のDNA損傷を修復する過程に異常があるために起こる疾患である.現在までに8つのサブタイプ(A〜G群,バリアント群)が知られており,いずれもその原因遺伝子が見出されている.日本で比較的多いのは,A群とバリアント群である.A群は新生児期から著しい光線過敏を示し,小児期から皮膚がんが多発する.また,A群ではその約半数に原因不明の神経症状を合併し,20歳台後半で死亡する場合が多い.

皮膚ポルフィリン症: ポルフィリン症

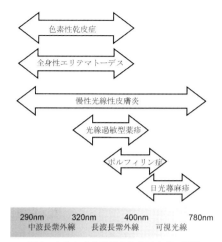

図2 おもな光線過敏症と作用波長の関係

とは，ヘモグロビンなどの構成タンパクであるヘムタンパク質の代謝異常により起こる疾患である．その中でも光線過敏を伴う疾患を総称して皮膚ポルフィリン症と呼び，骨髄性プロトポルフィリン症，晩発性皮膚ポルフィリン症，先天性骨髄性ポルフィリン症などが知られている．骨髄性プロトポルフィリン症はフェロキラターゼという酵素の遺伝子に異常があり，光線過敏のほかに約2割の患者で肝障害を伴うことが知られている．

慢性日光皮膚炎： 高齢男性に発症することが多く，露光部に激しいかゆみと発赤，丘疹，皮膚が分厚くなるといった湿疹反応がみられる．本疾患では中波長紫外線に対して著しい過敏を示すだけでなく，しばしば長波長紫外線，可視光線に対しても過敏性を示すことが多い．

日光蕁麻疹： 日光を浴びている間，またはその直後に露光部に蚊に刺されたようなかゆみと発赤を生じる疾患である．日本人の場合，その作用波長は可視光線であることが多い．

ペラグラ： ビタミンB群の1つであるニコチン酸の欠乏により起こる疾患で，皮膚症状（光線過敏），精神神経症状，消化器症状の3主徴を特徴とするが，必ずしも3つの症状がそろうとは限らない．ニコチン酸の欠乏の原因としては，アルコール依存症，極端な偏食，薬剤などが知られている．

広義の光線過敏症

日光曝露により悪化する皮膚疾患がいくつか知られている．たとえば，全身性エリテマトーデスは，膠原病の1つであるが，その分類基準の1つに光線過敏が含まれている．紫外線により皮疹（顔や手に赤い発疹）が誘発されるだけでなく，発熱や関節炎が誘発されることもある．その作用波長は中波長および長波長紫外線と考えられている．ほかにも，口唇ヘルペス，ダリエー病，天疱瘡などは太陽光により悪化することがある．

光線過敏症の治療

原因が明らかな場合はその原因に対する治療を行うが，一方で光線過敏症の患者に対する共通の対症療法が遮光である．遮光の目的は，光線過敏症を悪化させる作用波長の光を遮断することにあるが，疾患により作用波長が種々であるため，まずは疾患の作用波長を調べ，その波長域の光線を遮断する方法を見出す（図2）．

遮光の基本は日中外出しないことであるが，外出しなければならないときには，サンスクリーン剤が最も確実な方法である．サンスクリーン剤には中波長紫外線に対する遮光効果を表すSPFと長波長紫外線に対する遮光効果を表すPAの表示があり，光線過敏症患者では，なるべく表示が大きいもの（SPF：50+，PA：+++以上）を選ぶことが推奨される．

〔川原　繁〕

可視光・紫外光による眼の障害
Eye damage by visible and UV light

紫外線，角膜障害，結膜障害，加齢黄斑変性，
日光網膜症

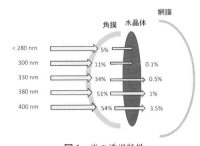

図1　光の透過特性

紫外線による角膜，結膜障害
　短期間に多量の紫外線を浴びると両眼性に眼痛，流涙，羞明，開瞼困難を訴え，角膜表層に点状びらんを認める．砂浜，雪原などの照り返し（雪目）で生じ，原因はおもにUVB照射による．溶接などの人工的紫外線曝露で生じる電気性眼炎はUVCにより起こる．結膜充血，眼瞼の発赤を伴う特徴がある．急性角結膜障害は紫外線の直接的な細胞死による．
　長期間に少量の紫外線が曝露されると細胞変性やがん化が起こる．翼状片，瞼裂斑などがある．眼瞼の基底細胞がん，扁平上皮がんなども紫外線との関連が指摘されている．

翼状片の好発地域
　翼状片は球結膜組織が増殖して，角膜輪部を越えて角膜に侵入し，ときに角膜の瞳孔領に至り，視力障害や乱視を起こす．地中海沿岸，熱帯，亜熱帯など紫外線の強い地方，高温地帯に多い．日本でも，九州地方，沖縄などは高頻度発生地帯である．屋外労働者，男性に多く，UVB照射が原因とする説が多い．

翼状片と酸化ストレス
　翼状片の発症と紫外線照射との関連が指摘されている．4-hydroxyhexenal（4-HHE）と4-hydroxynonenal（4-HNE）は不飽和脂肪酸が酸化ストレスを受けて生成される酸化二次生成物で，脂質過酸化の特異的指標である．翼状片では4-HNE，4-HHEがともに分布し，発症に関連している可能性がある．

光と白内障
　水晶体は常に外界からの刺激に曝されている．水晶体の大きな役目として光を屈折させ，網膜に結像させるレンズとしての役割と，紫外線からの防御としての働きがある．
　ヒトの角膜，水晶体はUVAを吸収し，1〜2％のみが水晶体を通過して眼内へ到達する．UVBはほぼ水晶体で吸収される．水晶体は紫外線の大半を吸収し，紫外線フィルターとしての機能を有する（図1）．
　長期にわたる紫外線曝露により水晶体は劣化し，透明性は維持できなくなり白内障をきたす．水晶体の主要な構成成分であるαクリスタリンは分子シャペロンとして正常構造の維持に作用する．長年の近紫外線曝露と，加齢による活性酸素消去能の低下はαクリスタリンの抗酸化能の低下を招く．αクリスタリンの凝集により，高分子量のαクリスタリンの出現と不溶化が白内障時に増加する．
　水晶体は加齢により黄色変化をきたす．これにはトリプトファン代謝産物や誘導体が蓄積することにより蛍光物質や黄色物質が増加し，紫外線フィルターを形成する．これらの機能は網膜に対する紫外線障害の盾になっている一方で，水晶体自体は核硬化をきたし，自らは白内障になる．

加齢黄斑変性とは
　加齢黄斑変性症は黄斑部の網膜色素上皮および視細胞の機能障害をきたす進行性の疾患で，黄斑が障害されると急激な視力

低下，変視症，中心暗点を訴えるようになる．物を見る中心が見えないため（中心暗点），欧米では60歳以上の失明者のトップを占めている．

前駆所見として，ドルーゼンと呼ばれる黄白色高輝度の点状病変が網膜下に出現してくる．この黄白色物質はリポフスチンで，N-retinyledin-N-retinylthanolamin（A2E）という物質が構成成分として同定されている．A2Eはリン脂質とロドプシンに含まれるレチノールの反応代謝物である．正常の網膜色素上皮細胞は視細胞外節を常に貪食しているが，加齢によりその貪食能は低下する．視細胞内の分解産物の輸送低下によって，リポフスチンが網膜色素上皮細胞内や網膜色素上皮細胞下に蓄積したものがドルーゼンと呼ばれる．網膜への光曝露はリポフスチン生成を増加させると考えられている．

本症の危険因子は加齢と喫煙が挙げられる．その他，ブロンドの髪の人は黒髪の人に比べて発症しやすいので，人種差が指摘されている．光照射が若いときに多いと，それが後々の発症誘因となる可能性が指摘されている．WHOは子どもの紫外線対策を提唱しているが，それによると18歳未満の日焼けは後年，皮膚がんや白内障の発症のリスクを高めるという．子どもでは細胞分裂も激しく，成長が盛んな時期であり，大人よりも環境に対して敏感であると警告している．10代の時期に光対策をとることが重要である．白内障，網膜疾患，特に光と関係すると考えられている加齢黄斑変性や網膜色素変性のような疾患では10代の頃に対策をする必要性があるかもしれない．

黄斑色素の役割

ヒトの場合，可視光線のうち，紫外線領域に近い波長の短い500 nm以下の紫色，青色光による網膜光障害が指摘されている．光が収束する黄斑部にはルテイン，ゼアキサンチンに代表される黄斑色素が存在する．これらの色素の大きな役目は光に対するフィルター効果と，光照射によって発生する一重項酸素のような活性酸素を消去する作用である．長期にわたる光曝露は黄斑の障害を引き起こす．光が加齢黄斑変性の引き金になる可能性がある．

一重項酸素により視細胞の不飽和脂肪酸は酸化されるとともに，網膜色素上皮細胞も障害される．初期段階で予防することができるならば本症の進行の抑制が可能だが，現在のところ残念ながら，そのような予防法はない．

日光網膜症

網膜の光障害は，急性障害と慢性障害があり，日食観察による障害は急性障害に分類できる．日光網膜症で問題になるのは，可視光線の中の特に青色光である．また，赤外線もある程度影響を及ぼす可能性がある．

日光網膜症の発症機序

以前は光がメラニン色素などの眼内色素に吸収されて発生した熱によるとされていたが，太陽光では，熱凝固を生じるほどの光エネルギーは網膜に集まりにくく，現在では，光化学作用によるものと考えられている．

光化学作用とは，眼内の視色素，フラビン，リポフスチンなどの色素が光を吸収した際に活性酸素やラジカルが発生する現象で，活性酸素などによって網膜視細胞が障害を受ける．光化学反応は，可視光線の中でも波長の短い光，すなわち青色の光で生じやすく，日食の場合も，青色光の影響が大きい．赤外線，青色を照射し，サル眼に実験的に網膜障害を行った報告で，赤外線では障害はみられなかった．計算上は真夏の赤道直下では7秒で障害が起こる．また太陽が真上にある場合，1日当たりの許容曝露時間は0.82秒と短い．〔大平明弘〕

光線防御
Photoprotection

メラニン，ウロカニン酸，ガラス，サンスクリーン剤

　太陽光を含む光線によるさまざまな悪い影響から皮膚を守ること（光線防御）はきわめて重要である．太陽光のうち特に皮膚の障害を起こすものとして紫外線がある．紫外線防御の種類を表1にまとめた．各項目について以下に解説する．

皮膚の紫外線防御の種類

　(1) **メラニン**：　皮膚の色素細胞はメラニンを恒常的に産生し，皮膚の色を一定に保っている．メラニンは黒褐色の色素であり，強い紫外線吸収作用を有する．皮膚の最外層である角層においてメラニンは全体に均一に分布しているのに対し，その下の有棘層では細胞の核の上に局在する（核帽という）．サンバーン後の遅延型色素沈着や日焼けマシンでの色素沈着は，通常の皮膚よりも紫外線防御効果は高いが，いずれも皮膚の障害の結果であり，推奨できない．

　(2) **ウロカニン酸**：　角層の下の顆粒層で形成されるフィラグリンというタンパク質は角化過程においてウロカニン酸や種々のアミノ酸に分解される．これらは天然保湿因子と呼ばれ皮膚の保湿に大きな役割を果たす．ウロカニン酸はUVBの吸収作用があり，角層の紫外線防御に大きな役割をもつ．しかしウロカニン酸にUVBが当た

ると，トランス型からシス型に移行し，免疫を抑制する．

　(3) **オゾン層**：　地球を包むオゾン層は，太陽光中の紫外線のうち，UVCのほぼ全量とUVBの一部を吸収する．したがってわれわれ人間が地表上で曝露されている紫外線はUVBの一部とUVAである．最近南極でオゾン層の薄い部分（オゾンホール）が拡大しており，紫外線による皮膚の障害（特に皮膚癌の発症）の増加が危惧されている．

　(4) **ガラス**：　ガラスは紫外線のうち特にUVBを吸収する作用がある．窓ガラス越しや自動車のガラス越しの太陽光に含まれるUVB量はきわめて少ない．また紫外線防御を謳った自動車のガラスやメガネはUVBとUVAを吸収する．

　(5) **衣服・帽子**：　紫外線防御は，まず長袖や長ズボンなどの衣服・帽子・メガネなどで物理的に防御することが重要である．それらが使用しにくい，顔や手には後述するサンスクリーン剤を使用する．衣服や帽子では，色の濃いもの（黒色・紺色・緑色）や生地の厚いものは防御効果が高い．白色や薄いピンクでかつ生地の薄いシャツなどは紫外線をかなり透過するため，注意が必要である．最近では酸化チタンを含有した衣料品や洗剤も市販されている．

サンスクリーン剤

　日本の薬事法では，サンスクリーン剤は化粧品に分類されている．紫外線に対する効能表現として，「日焼けを防ぐ」と「日焼けによるしみ，そばかすを防ぐ」のみが表示可能である．

　サンスクリーン剤の有効成分は，無機系素材と有機系素材に分類される（表2）．無機系素材は粉体で，酸化チタン・酸化亜鉛・アルミニウムなどがある．有機系素材はUVB吸収剤，UVA吸収剤，UVB/UVA吸収剤に分けられる．

　(1) **無機系素材**：　粒子径を小さくする

表1　紫外線防御の種類

皮膚の紫外線防御機構
メラニン
ウロカニン酸
生活と紫外線防御
オゾン層
ガラス
衣服・帽子
サンスクリーン剤

表2 サンスクリーン剤のおもな有効成分

無機系素材
　酸化チタン・酸化亜鉛・アルミニウム
有機系素材
UVB 吸収剤
　Parsol MCX, Cinoxate
UVA 吸収剤
　オキシベンゾン, Parsol 1789
UVB/UVA 吸収剤
　Mexoryl XL, Tinosorb M, Tinosorb S

ことによって，紫外線吸収作用を高めている．酸化チタン粒子（粒径50～150 nm）はUVA吸収作用と散乱作用を示す．一方，酸化チタン粒子（粒径10～50 nm）は高いUVB吸収作用を示す．また，酸化亜鉛粒子（粒径15～35 nm）はUVA吸収作用を示す．

（2）有機系素材： 日本では，UVB吸収剤では桂皮酸系のParsol MCX が，UVA吸収剤ではベンゾフェノン系のオキシベンゾンとベンゾイルメタン系のParsol 1789がよく使用されている．有機系素材は，化学的に不安定である，感作を起こしやすい（接触皮膚炎，光接触皮膚炎）などの欠点を有する．

SPF値とPA分類

日本で市販されているサンスクリーン剤には両者が表示されている（図1）．SPF値はUVBによる紅斑（サンバーン）に対する防御効果の指標である．夏にサンバーンを起こすのに必要な時間は，平均的な日本人で約20分である．SPF値15のサンスクリーン剤を塗布すれば，20分×15＝300分でサンバーンを起こすことになる．数値が高いほど効果が高く，上限は50＋である．

PA分類はUVAに対する防御効果を示す．UVA照射2～24時間後に生じる色素沈着に対する防御効果の指標として，UVAPF（UVA protection factor）を算定する．PA＋（UVAPFが2以上4未満），PA＋＋（UVAPFが4以上8未満），PA＋＋＋（UVAPFが8以上16未満），PA＋＋＋＋（UVAPFが16以上）の4種類があり，PA＋＋＋＋が最も効果が高い．

サンスクリーン剤の種類

クリーム，ミルク，ローション，スプレー，スティックなどがある．化粧品のファンデーションや乳液にサンスクリーン剤の成分を含んだ製品も多い．紫外線吸収剤無配合（吸収剤フリー）の製品や乳児・小児用サンスクリーン剤もある．保湿剤・美白剤・レチノールなどを含有する製品も国内外で市販されている．

サンスクリーン剤の使用方法

SPF値とUVAPFは $2\,mg/cm^2$ の塗布量で測定している．実際に使用している量は規定量の20％という報告がある．したがってSPF値とUVAPFを過信せず，2～3時間ごとに塗り直しをする必要がある．

〔川田　曉〕

図1　サンスクリーン剤の表示例
SPF値が50＋で，PA分類が＋＋＋＋であることを示す．

第5章

光による生命現象の計測

いろいろな光源
Various light sources

光源の特徴，波長，連続光とパルス光，光強度，偏光

　科学の研究ではわれわれが日常生活で使用している光源のほかにも目的に適ったさまざまな光源が利用されている．光を用いる際に考慮すべき光の特性としては，波長（wavelength），発光時間（連続光，パルス光），光強度，指向性を挙げることができる．

　光を用いる際に最も重要な要素は波長で，波長により紫外，可視，赤外領域に分類されている．それぞれの領域の光は物質に対する作用が異なる．おおよその目安として光の波長が10～380 nmを紫外，380～780 nmを可視，780 nm～1 mmを赤外とし，紫外線のうち200 nm以下の光は空気中の酸素により吸収されるため特に真空紫外と呼んで区別される．

　図1は光源の波長と光強度の関係を模式的に示したものであるが，波長に関して連続的なスペクトルをもつもの（連続スペクトル光源，a），いくつかの輝線からなるもの（線スペクトル光源，b），ピーク波長を中心に幅をもつもの（c），および単色光（d）がある．表1はそれぞれの種類のよく用いられる光源とその光の特性をまとめたものである．

　連続スペクトル光源としては太陽光，白熱電灯，白色蛍光灯，タングステンランプ，ハロゲンランプ，キセノンランプ，重水素ランプなどがある．太陽光は自然の光源で紫外から赤外領域にかけて幅広い波長の光を含んでいる．太陽光と類似の光を実験室で得るためにはキセノンランプが用いられる．連続スペクトル光をさまざまな光学フィルターや分光器を通すことにより，一部の波長領域の光を取り出したり，不要な波長領域の光を取り除くことも行われている．これらの光源は，吸収スペクトルや蛍光・リン光スペクトル測定用光源として用いられている．

　近年広く利用されるようになった光源にシンクロトロン放射光（synchrotron radiation）がある．この光源は大規模な施設を必要とし，現在国内ではつくば（高エネルギー加速器研究機構，フォトン・ファクトリー）や西播磨（高輝度光科学研究センター，Spring-8）など8か所に施設がある．この光は硬X線から遠赤外にわたる広い波長の連続スペクトル光で，高い指向性とパルス性をもつ高強度光源である．特にX線領域でのこの特性を利用することによりリアルタイムで生体分子の構造解析が行われている．

　線スペクトル光源としては水銀灯（低圧，高圧，超高圧）が広く用いられている．圧力の違いにより輝線の強度や分布が異なり，蛍光・リン光スペクトル測定に用いられている．その他の光源としてはカーボンアーク，水素放電管，希ガス共鳴管，金属蒸気放電管などがあり，各種分光器の波長校正用に用いられてきた．

　ピーク波長を中心に幅をもつ光源としてはカラー蛍光灯，エキシマランプ，発光ダイオード（light emitting diode；LED）などがある．カラー蛍光灯は蛍光剤の種類により長波長紫外領域から可視領域にかけて異なるピーク波長をもつものが各種市販さ

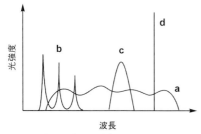

図1　光源の発光スペクトル

れている．エキシマランプは希ガスとハロゲンガスを用いたもので，その組み合わせにより紫外領域の異なるピーク波長の光を放射できる．LEDはおもに可視領域のものが多いが最近では長波長紫外領域のものも市販され，寿命が長い．LEDは可視領域では光変換効率が高いが，紫外領域では現在のところさほど高いとはいえない．また点灯と消灯速度が数～数百nsと従来のランプより速いので，連続光源としてばかりではなくパルス光源としても用いることができる．

単色光源の代表はレーザー（laser）で，さまざまな分野で異なる種類のレーザーが広く利用されている．その特徴は，高い光強度と指向性である．レーザーは固体レーザー，ガスレーザー，色素レーザー，半導体レーザー，自由電子レーザーに大別することができる．代表的な固体レーザーとガスレーザーとして，それぞれNd：YAGレーザーとエキシマレーザーを挙げることができる．

レーザーには時間的に連続光を出すものとパルス光を出すものがあり，波長も紫外から赤外領域にかけてそれぞれのレーザーに固有の単色光（複数の単色光からなる場合もある）を出すものが使用されている．これらの単色光はさまざまな装置を用いて他の波長の単色光に変換できる．

パルスレーザーには単一パルスの発光時間がfsからns領域のものがある．このような時間幅のパルス光を利用したフラッシュフォトリシス（閃光光分解）などにより化学反応や分子の動的挙動などの高速過程が観測できる．

レーザーの高強度性は，共鳴多光子イオン化法やマトリックス支援レーザー脱離イオン化法（MALDI）などによる分子のイオン化に用いられ，分子の質量分析が行われている．特にMALDI法はタンパク質などの高分子量化合物の質量分析に用いられている．

計測には偏光を用いる場合も多く，偏光には直線偏光と円偏光がある．直線偏光は光を偏光フィルターや偏光プリズムに通すことにより得られるが，レーザー光のような高強度光の場合はグランテーラープリズムが用いられる．レーザーの中には直接，直線偏光を出すものも多い．円偏光は単色の直線偏光を1/4波長板などに通すことにより得られ，生体に多く含まれる不斉化合物にかかわる測定に用いられることが多い．

〔大内秋比古〕

表1 各種光源とその特徴

	光源	光の特性
連続スペクトル光	太陽光，キセノンランプ 白熱電灯，白色蛍光灯，タングステンランプ，ハロゲンランプ 重水素ランプ シンクロトロン放射光	連続光，紫外～赤外 連続光，可視～赤外 連続光，紫外 パルス光，X線～赤外，指向性，偏光
線スペクトル光	水銀灯（低圧，高圧，超高圧） カーボンアーク 水素放電管，希ガス共鳴管	連続光，紫外～可視 連続光，紫外～可視 連続光，紫外
ピーク波長を中心に幅をもつ光	ブラックライト，カラー蛍光灯 エキシマランプ LED	連続，紫外～可視（線幅：100～200 nm） 連続光，紫外（ピーク波長：126, 146, 172, 193, 222, 308 nm；線幅：数十nm） 連続光・パルス光，長波長紫外～可視（線幅：数十nm）
単色光	レーザー Nd：YAGレーザー エキシマレーザー	連続光・パルス光，紫外～赤外，高強度，指向性 連続光・パルス，1.064 μm（532, 355, 266 nm） パルス，193, 222, 248, 308, 351 nm

蛍光・リン光分光計
Fluorescence/phosphorescence spectrophotometer

分光計，蛍光励起スペクトル，分光器，検出器

分光計の一般論

蛍光・リン光分光計は，試料に励起光を照射し，その照射によって試料から放出される蛍光，もしくはリン光を測定して定性および定量分析するための装置である．吸光分析が入射光の減少分を検出するのに対して，蛍光分析では発光を検出する．光のない状態を0として，そこからの増加分を検出することになるため，蛍光量子収率の高い物質を用いれば，非常に高感度（吸光光度法の100～1000倍）な測定手法である．蛍光を出す分子種が比較的限られているため，試料の中に複数の物質が混在していても，目的とする物質以外が蛍光を発しない場合は，他の物質を除去することなく選択的に測定することができる．また，蛍光を発する物質が混在する場合でも，それぞれの物質の励起波長もしくは蛍光波長が異なっていれば，波長の設定を的確に行うことにより区別して測定可能である．

蛍光励起スペクトル

励起スペクトルは蛍光波長を固定し，励起光の波長を走査して蛍光強度を測定したスペクトルであり，蛍光スペクトルは，励起光の波長を固定して蛍光波長を走査しながら蛍光強度を測定したスペクトルである．一般的に，励起スペクトルは，試料の吸収スペクトルと一致し，吸収極大波長において最も強い蛍光を生じることが多い．基底状態の最低振動準位と励起状態の最低振動準位との間の遷移に対応する吸収極大波長では，励起光を最も多く吸収するため，励起状態から基底状態に遷移する際に放出するエネルギーが大きくなるからである．

分光器（回折格子，プリズム，光フィルター，二次光など）の特性

一般的な蛍光分光計の光学系模式図を図1に示す．蛍光分光計では，光源としておもにキセノンランプが使用されており，光の強度が強く，放射スペクトルが連続しているという特色がある．分光器において，光源によって照射された光は，回折格子もしくはプリズムを経由して分光される．回折格子のほうがプリズムに比べて，光の分散度が波長に対して一次の関係であり，一定スリット幅で一定波長幅の単色光が得られることから，現在ではおもに回折格子が用いられている．設定した波長以外の光が分光器から出射されることを迷光と呼ぶ．回折格子を使用した分光器では，特定の波長に対し，その1/N波長の高次回折光の重畳が迷光の原因となる（Nは整数であり，N=2を二次光と呼ぶ）．そのため，キセノンランプのような連続光源から特定の波長を取り出す分光器は，回折格子の一次光のみを通過し，二次光以上の高次光である短波長光をカットする光フィルターの使用が必要となる．

蛍光・励起分光器の特性

光源の発光は不安定であるため，そのままでは信号のノイズが大きくなる．また，ランプの放射スペクトルや光電子増倍管の

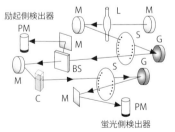

L：光源, M：ミラー, S：スリット, G：回折格子, BS：ビームスプリッター, C：セル, PM：光電子倍増管

図1 蛍光分光計の光学系模式図

分光感度特性などが一様でないために，スペクトルにも歪みが生じる．このような問題を軽減するために，光電子増倍管で励起光の一部をモニターし，蛍光測定用の光電子増倍管にフィードバックする比演算方式により測定する．分光器によって得られた単色光は，ビームスプリッターでそれぞれ試料に照射する光と励起光強度を測定する光に分離される（図1）．励起光強度を測定する光は直ちに検出器に入り，信号処理される．光が試料に照射されると試料から蛍光が発生する．試料を透過した光を除き，蛍光のみを検出するため，照射方向に対して90度の光を検出する．90度方向の光は再び回折格子で分光され，蛍光スペクトルとして得られる．

リン光測定

励起三重項状態から基底状態への遷移であるリン光は禁制遷移のため，許容遷移である蛍光に比べ長い寿命（数ms以上）をもつ．リン光は長寿命のため，ほとんどの場合において酸素による消光や溶媒の運動，衝突によって熱的に失活し，室温で観測することができないため，試料を液体窒素温度に冷却し凍結して測定する．例外としては，室温でリン光を発する有機EL用色素などが存在する．分光蛍光光度計でリン光性物質を測定する場合，長寿命としての性質を利用して，蛍光発光をカットした後の光を計測することでリン光を観察する．

検出器の分光特性・感度

検出器は，検出器面に照射された光の電磁気的エネルギーを電流，電圧に変換する光電子増倍管が用いられている．代表的なものに，190～1100 nmで強い感度を示すSiフォトダイオード検出器，900～1800 nmに強い感度を示すInGaAs検出器，185～900 nmに強い感度を示す光電子増倍管が知られている．光電面に光が当たると，真空中に光電子が放出し，集束電極によって電子増倍部に導かれる．電子増倍部で生

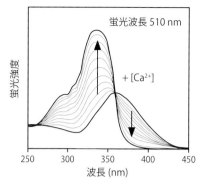

図2 fura-2の励起スペクトル

じる二次電子放出効果によって光電子を増倍し，100万～1000万倍に増幅することができる．しかしながら，これらの検出器は非常に増幅率が高いため，光に起因しない入力でも場合によっては増幅して光子信号として出力する．このような発光強度に対する出力の直線性の問題から，近年超伝導ナノワイヤを用いた単一光子検出器が注目を集めている．

蛍光・リン光分光計を用いた計測例

蛍光分光計を用いた計測例として，カルシウム指示薬として代表的なfura-2を紹介する．カルシウムイオンは細胞内のセカンドメッセンジャーであり，神経細胞，筋肉，分泌細胞など，ほとんどすべての細胞で重要な働きをしている．fura-2はカルシウムイオンとの結合に伴い，励起波長のピークが顕著に短波長シフトする（図2）．したがって，335 nm付近で励起した場合にはカルシウムイオン濃度の上昇に伴い蛍光強度が増大するのに対し，370～380 nm付近で励起したときは逆に蛍光強度が減少する．このような蛍光特性から，適当な2波長を選択して励起し，そのときの蛍光強度の比をとると，それが色素の濃度，光源の強度，細胞の大きさなどに関係なくカルシウムイオン濃度と対応づけることができる．

〔田井中一貴〕

蛍光寿命測定
Fluorescence lifetime measurement

パルスレーザー，光電子増倍管，光子係数，位相変調

光を吸収して生じた蛍光性の励起状態が関与するエネルギー移動反応や電子移動反応の研究のために，蛍光寿命測定は頻繁に使用される．特に一次反応の場合には励起状態のポピュレーションは単一指数関数によって減少するので，容易に速度定数を決定できる．また μs から ms オーダーのリン光寿命を測定する場合は，光学系とエレクトロニクスをシンプルに構成できるのに対し，蛍光寿命はサブ ps から数百 ns オーダーに及ぶために機器構成が複雑となり，用途によって複数の方法が用いられる．

蛍光強度の時間変化 $I(t)$ は，蛍光減衰曲線 $P(t)$ と励起光の時間に関する関数形 $E(t)$ を使って，次のようなコンボリューション積分で表される．

$$I(t) = \int_0^t E(t-x)P(x)dx \quad (1)$$

$E(t)$ は測定方法に依存して，2種類の関数形が使われることが多い．1つは δ 関数に近いものであり，もう1つは正弦関数である．特に δ 関数の場合，$I(t)$ と $P(t)$ は一致する．$E(t)$ の関数形をもとに蛍光寿命測定法を分類し，説明を行う．

$E(t)$ が δ 関数に近似できる場合

代表的な測定方法として，時間相関単一光子計数法（TCSPC），光子計数型ストリークカメラ法，蛍光アップコンバージョン法，カーゲート法などがある．最初に ps から μs の幅広い時間レンジでの計測が可能な TCSPC を取り上げる．

励起パルスを発した時間 (t_{start}) と，励起状態から発せられた光子が検出された時間 (t_{stop}) の時間差 ($t_{stop} - t_{start}$) を時間電圧変換器（TAC）によって検出し，横軸と縦軸にそれぞれ時間と光子数をとったヒストグラムをリアルタイムに作成する．この場合観測される光子はポアソン分布に従っている．励起パルスの周波数に対し，観測された光子の計数率が高い場合，ヒストグラムは蛍光減衰曲線を反映しなくなり，歪みが生じる（パルスパイルアップ）．これを避けるために，計数率は1％以下が推奨されている．Ti:Sa レーザーのオシレーターの周波数は高繰り返し（80 MHz 前後）であるため，そのままでは数 ns より短い寿命しか正確に測定することができない．これは寿命が長い発光種の場合，蛍光が完全に減衰してしまう前に次のパルスによって励起された蛍光減衰曲線の裾が重なってしまうからである．これを避けるためにはパルスピッカーなどを用いて繰り返し周波数を下げる必要がある．また，半導体レーザー（LD）の場合には発信周波数を電気的に制御することが可能である．繰り返し周波数を 4 MHz 以下に設定すれば，50 ns 程度までの寿命を測定することが可能となる．

さらに，TAC の動作にも注意を払う必要がある．スタート信号が検出されると，TAC は入力信号にある期間（不感時間とリセット時間）応答しなくなる．これを回

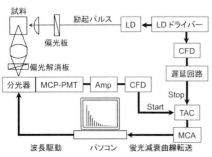

図1 TCSPC 装置のダイアグラム
LD は半導体レーザー，CFD は波高弁別器，Amp は前置増幅器，TAC は時間電圧変換器，MCA は多チャネル解析装置，MCP-PMT はマイクロチャネルプレート型光電子増倍管．

避するために，蛍光の光子が検出された信号をTACのスタート信号とし，励起パルスをストップ信号とすれば，無駄となる蛍光信号が減少し，計数効率が高くなる．

蛍光観測光学系にも注意を払う必要がある．回折格子は入射光の偏光方向によって感度が異なり，蛍光減衰曲線にも影響を与えるため，これを除去する方法が考案されている．たとえば，鉛直方向から魔法角（54.75°）だけ励起光の偏光を傾け，試料が発する蛍光を励起光の方向から直角になるよう観測する．さらに分光器の前に偏光解消板をおくと偏光の影響を除去できる．

他の測定方法について概説する．光子計数型ストリークカメラは時間領域と波長領域を同時に測定することができるため，TCSPCに比べて計測時間を短くすることができるという利点がある．また対応する時間領域もほぼ同じであるが，高感度な検出器を使っているため，使用には注意を要する．蛍光アップコンバージョン法は，光学遅延ステージによって時間分解能を制御することができるため，非常に高精度でfs領域の蛍光寿命を測定できる．ただし，TCSPCよりも高密度で試料を励起する必要があるため，試料のダメージに注意を要する．光カーゲート法はカー媒質をシャッターとして用いており，psからfsの測定に対応している．ストリークカメラと同様に波長領域も同時に測定できる装置も開発されているが，時間分解能はアップコンバージョン法には劣るとされている．

得られた減衰曲線は，希薄溶液の場合には単一指数関数になることが多い．さらに数十psのパルス幅を有するLDなどを励起源にした場合，数nsの寿命をもつ減衰曲線は，そのままでも単一指数関数であり，寿命を算出するために特段の処理が不要になることが多い．しかし，励起パルスの形状（装置応答関数，IRF）の影響が出るようなpsの寿命を有する減衰曲線の場合，

得られる蛍光減衰曲線はIRFの形が畳み込まれた形状をしている（式(1)）．この場合，デコンボリューションを行う必要がある．また，固相，高分子，生体試料など，蛍光物質間または，蛍光物質と基質との間で複雑な相互作用が生じることによって，蛍光減衰曲線も単一指数関数から大きく外れることが多い．このような場合には，多成分の指数関数で解析されることもある（式(2)）．

$$I(t) = \sum_{i=1}^{n} a_i \exp\left(-\frac{\tau_i}{t}\right) \quad (2)$$

これはn成分の指数関数によって蛍光減衰曲線を解析することを意味しており，τ_iとa_iはそれぞれ，i番目の減衰成分の寿命と，$t=0$のときの観測された光子数に対応している．しかし縦軸の光子数は，規格化されている（$\sum_{i=1}^{n} a_i = 1$）ことが一般的である．この場合，$a_i\tau_i$は各蛍光減衰成分の全体に占める割合となる．また，規格化されている場合，平均寿命（$\langle\tau\rangle = \sum_{i=1}^{n} a_i\tau_i$）を定義することができる．$\langle\tau\rangle$は多成分の指数関数で解析された蛍光減衰曲線を特徴づける指標として用いられることもある．

$E(t)$がδ関数に近似できない場合

$E(t)$の関数形が正弦関数の場合，$I(t)$も周期的に変動しており，その間の位相差φは以下のようになる．

$$\tan\varphi = \int_0^\infty \sin\omega t P(t)dt \Big/ \int_0^\infty \cos\omega t P(t)dt$$

ここでωは$E(t)$の角振動数である．$P(t)$が単一指数関数の場合には$\omega\tau = \tan\varphi$となり，寿命を簡単に求めることができるが，それ以外の場合には複雑となる．この手法の利点としては，TCSPCのような大がかりな装置は不要となり，また位相差を求めるだけで済むため，蛍光減衰曲線を求めるために時間をかけて蓄積する必要もない．そのため，蛍光顕微鏡と組み合わせて寿命のマッピングなどのリアルタイム性が問われている計測には適している． 〔西村賢宣〕

円偏光二色性スペクトル，円偏光蛍光スペクトル，蛍光検出円偏光二色性
Circular dichroism, circularly polarized fluorescence, and fluorescence detected circular dichroism

核酸の構造，タンパク質の二次構造，高次構造，生理活性物質の絶対配置

生命現象を担う生体分子の多くは，キラリティをもち，円偏光二色性（circular dichroism；CD），旋光分散（optical rotatory dispersion；ORD）などの光学活性を示す．光学異性体は，互いに物理的，あるいは化学的性質が類似していても，生物学的な活性はまったく異なることが多く，生命現象を理解するうえでは，キラルな分子の立体配置と，高次構造構築の際の立体配座を精密に評価することが重要である．

CD は，分子の不斉性に由来する右円偏光と左円偏光に対する吸光度の差として定義されるが，実際の測定では，試料に入射する左右円偏光に対する透過光強度の差を検出する．また，蛍光検出円二色性，あるいは蛍光検知円二色性（fluorescence detected circular dichroism；FDCD）と呼ばれる手法では，検出の方法として蛍光（発光）を用いるが，測定しているのは蛍光性官能基の周辺の CD である．これは，分子全体の示す CD の中から，蛍光性官能基の周辺だけの CD を取り出して評価することに相当する．一方，円偏光蛍光スペクトル（circularly polarized fluorescence；CPF），あるいはもっと広く，円偏光発光スペクトル（circularly polarized luminescence；CPL）と呼ばれる手法は，（非偏光によって）励起された分子からの発光に含まれる左右円偏光成分の強度の差によって定義される．

一般の吸収スペクトルや発光スペクトルに比べ，CD，FDCD，CPL などの円偏光を用いた測定法のほうが，強度だけでなく正負の符号を伴うシャープなバンドを与えるので，構造やその変化に対して敏感であるという利点がある．一方，実際の生体分子が示す吸収や発光の異方性因子（吸収や発光に占める左右円偏光に対する差の割合）は，大きくても 10^{-3} から 10^{-5} 程度にすぎないので，測定では分子の示す光の吸収や発光の中の，左右円偏光に対するごくわずかの差を検出しなければならない．このため CD 測定では，偏光変調法と呼ばれる手法により高感度化が図られている．また，FDCD や CPL では，発光の量子収率，選択励起と回転緩和，エネルギー移動，楕円偏光や直線偏光の影響の評価など，測定に付随して考慮が必要な問題が多く存在し，実用的な感度には一定の限界がある．

核酸の CD，FDCD

核酸分子（RNA/DNA）の CD では，おもに塩基の π-π^* 遷移に由来するバンドがスタッキングの状態を鋭敏に反映して 180～330 nm の領域に観測される．スペクトルは A-DNA，A-RNA，B-DNA，Z-DNA それぞれに特徴的だが，スタッキングしている最隣接塩基の種類によっても変化する．また，温度上昇に伴う核酸二本鎖の開裂の様子は，メルティングカーブと呼ばれて通常の吸収スペクトルでも測定されているが，高次構造も含めた複雑な核酸分子の構造が多段階で変化する場合などは，CD によって測定することにより，より詳細な解析が可能となる．

一方，一般的な実験条件下では，核酸からの蛍光はその量子収率が低く，現在の装置で FDCD や CPL を測定することは困難である．しかし，蛍光性のリガンドが核酸と相互作用している場合などには，FDCD などにより，この蛍光性リガンドの周辺の情報だけを選択的に評価することができる．

タンパク質の CD，FDCD

タンパク質の CD では，190 nm 付近のカルボニルの π-π^* に由来する強いバンドなどにより，ペプチド主鎖構造の情報が，180 nm から 250 nm の遠紫外領域で得られ

表1 ペプチド主鎖の二次構造とCD

波長と符号	遷移	二次構造
+212 nm	$n-\pi^*$	ランダムコイル
-195 nm	$\pi-\pi^*$	
-218 nm	$n-\pi^*$	βシート
+196 nm	$\pi-\pi^*$	
+192 nm	$\pi-\pi^*$	αヘリックス
-208 nm	$\pi-\pi^*$	
-222 nm	$n-\pi^*$	

る．主鎖の二次構造に特徴的なCDバンドを表1にまとめてある．

また芳香族アミノ酸側鎖の$\pi-\pi^*$遷移に由来するバンドは，250 nmから305 nmの近紫外領域に現れ，タンパク質の高次構造に関する情報をもたらす．

紫外領域でのCD測定は，タンパク質の構造，あるいは温度や周囲の環境とタンパク質構造の安定性の関係を調べるために頻繁に用いられ，また，モルテングロビュール状態を含むタンパク質のフォールディング過程の研究などにも用いられている．このような研究では，ストップ・フロー法と呼ばれる急速混合後の時間変化をms単位で追跡するCD測定も使われる．

一方，タンパク質に対してFDCD測定を行うと，蛍光性官能基であるフェニルアラニン，チロシン，トリプトファン側鎖の近傍の立体構造に関する情報だけが選択的に得られる．同様に，生体高分子の金属配位部位に蛍光性ランタノイドなどが結合した場合，FDCDやCPL測定により，この部分の周辺の構造情報が選択的に得られることになる．ただし，通常の装置は50 kHz程度の変調回路を用いた信号の増幅を行っているので，この周期より長い寿命をもつような遅延蛍光などの発光を用いた測定は注意を要する．

他の分光法や分子軌道計算と組み合わせた精密な解釈

電子遷移領域の通常の紫外・可視吸収スペクトルとCDスペクトル，FDCDやCPL，振動領域の円偏光二色性（vibrational circular dichroism；VCD）と赤外吸収スペクトル（IR），核磁気共鳴法（NMR）など，互いに相補的な情報をもつ複数の分光法を組み合わせて用いることにより，電子遷移レベルでの吸収・発光の過程を，それに付随する各振動順位も含めて総合的に議論することができる．各スペクトルのバンドの中心波長，強度，正負の符号，振動構造（もしくはバンド幅）のすべてを矛盾なく説明する分子の状態（群）を厳密に求めて，分子構造の精密な議論に用いるのである．

実際，近年の計算機科学分野の発展により，分子軌道計算と分光測定を組み合わせることで，そのような精密なスペクトルの解釈と構造解析を行うことが可能になってきた．新規生理活性分子の絶対配置の決定なども，類縁化合物のスペクトルからの経験則による類推などによらなくとも，円偏光を用いた測定と他の分光測定の結果を分子軌道計算の結果と照らし合わせることによって可能になっている．シンクロトロン放射光など新規の光源の利用なども含めて装置の改良も続いている．生体分子の精密で高度に選択性をもった相互作用のあり方や，構造や生物活性に対する水和やさまざまなイオンの影響，脂質膜による異方性をもつ疎水的環境での分子の挙動の評価などのさまざまな分野で，円偏光を利用した測定法は，今後いっそう，重要な役割を果たすと思われる．

〔児玉高志〕

光退色後蛍光回復法（FRAP）
Fluorescence recovery after photobleaching (FRAP)

蛍光顕微鏡，光退色，光刺激，拡散係数

蛍光顕微鏡は，細胞や生体組織の形や内部の構造を調べるだけではなく，細胞の中で，生体分子がどのような速度でどのように動いているのかを調べることもできる．光退色後蛍光回復法（FRAP）は，細胞の中での蛍光分子の動きについて，蛍光顕微鏡を用いてリアルタイムで観測する方法であり，細胞の中での分子の動きを観測する有力な手法である．数 ms から数時間までの非常に広い時間領域で検討することができ，蛍光分子が細胞内を動く速度を解析することによって，細胞内分子や構造体との結合および解離過程などを調べることができる．

FRAPの原理

光を吸収した蛍光分子は蛍光を発するが，強度の強い光を照射すると，光化学反応などが生じて蛍光を発しない分子へと不可逆的に変化をすることがある．この蛍光分子の不可逆反応による蛍光強度の減少を光退色と呼ぶ．FRAPは，光退色と呼ばれる蛍光分子が光によって蛍光を発しなくなる現象を用いる．図1にFRAPの模式図を示す．図では，色が濃いほど蛍光強度が強いとしている．FRAPでは，細胞の一部に強い光を照射し，照射した部分のみを光退色させる．次に光照射を止め，光退色させた領域の蛍光強度が，時間とともに増加（回復）する様子について，蛍光観察用の強度の弱い光を照射し，蛍光顕微鏡を用いて観察する．蛍光強度の回復は，光退色した分子が，光退色領域外にある蛍光分子と時々刻々と入れ替わることによる．そのために，FRAPは光退色した領域に蛍光分子がどのような速さで，また，どの程度入ってくるのかを，顕微鏡を用いてリアルタイムで観察する方法となる．用いる蛍光分子としては，観測したいタンパク質に蛍光タンパク質が結合した融合タンパク質がおもに用いられている．このような融合タンパク質は，遺伝子操作によって細胞内に発現させることができる．蛍光タンパク質の蛍光から，目的タンパク質の動きを観測できる．

図2の(a)～(c)の曲線は，光退色した領域の蛍光強度の時間変化（蛍光回復曲線）の例である．蛍光分子が動くことができる場合は，光退色した領域に蛍光分子が新たに入り，時間とともに蛍光強度は増加する．蛍光分子の動きが速いほど，回復するまでの時間が短くなり，曲線(a)と(b)では，(a)のほうが蛍光分子は速く動いている．一方，蛍光分子が細胞内のさまざまな構造体と結合して動くことができない場合は，蛍光分子が入ることはなく，蛍

図1　FRAPの模式図
細胞に強い光を照射し，細胞の一部を光退色させる．図では，色の薄い円形の領域が光退色した領域となる．FRAPではこの光退色領域の蛍光強度の時間変化を観測する．

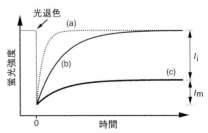

図2　光退色領域での蛍光強度の時間変化
時間0で光退色を起こし，蛍光強度を減少させている．

光強度は時間変化をしない．また，動くことができる蛍光分子とできない蛍光分子がある割合で存在するときには，曲線（c）のように，蛍光強度はすべて回復することはなく，ある低い蛍光強度で一定値となる．（c）において，動くことができる蛍光分子とできない蛍光分子の割合は，十分に時間が経ったときの蛍光強度において，光退色前の蛍光強度との差（I_f）と光退色直後の蛍光強度との差（I_m）を解析することによって見積もられる．

蛍光回復曲線の解析によって，分子の拡散のしやすさを示すパラメータである拡散係数（D [$\mu m^2 s^{-1}$]）が求められる．温度Tの媒質の中で蛍光分子が自由に熱運動をしているときには，ボルツマン定数kを用いて，拡散係数は以下の式で表される．

$$D = kT/6\pi\eta R$$

ηとRは，媒質の粘度と蛍光分子の形を球と仮定としたときの半径である．式からわかるように，蛍光分子のサイズおよび周囲の粘性が大きくなるほど拡散係数は小さくなり，拡散は遅くなる．細胞内にはさまざまなタンパク質や有機化合物が高濃度で存在するので，細胞内は水溶液中よりも粘性が増加する．そのため，細胞質中の蛍光タンパク質の拡散係数は，水溶液中の値の2倍以上小さくなることがある．また，蛍光分子が他の生体分子と会合体を形成すると，全体のサイズが大きくなり，拡散は遅くなる．

細胞内にあるタンパク質の中には，細胞内構造と結合し，構造体の機能発現などを誘起するものがある．タンパク質が細胞内の構造体と結合と解離を反復している場合には，結合生成と解離過程が，タンパク質の蛍光の蛍光回復曲線に反映される．解離する速度が遅ければ，蛍光が回復するまでの時間が長くなり，得られる拡散係数は小さな値となる．たとえば，クロマチン結合タンパク質は，核内でクロマチンと結合することにより，クロマチンの構造変化を誘起する．クロマチン結合タンパク質と融合した蛍光タンパク質の拡散係数は，蛍光タンパク質のみの場合と比較して10倍以上小さな値となることがある．この拡散係数の大きな違いは，タンパク質と融合することによる分子サイズの増加のみでは説明することができず，クロマチンなどの構造体との結合と解離が反映していると考えられる．

光刺激を用いた動的挙動の観察

FRAPと同様に光退色を利用した分子の動きを見る方法に光退色蛍光減衰法（fluorescence loss in photobleaching；FLIP）がある．FLIPでは，光退色を起こす光の照射を連続して続けながら，光退色領域以外の蛍光強度の時間変化を測定する．光退色を常に起こしているために，光退色領域に入った蛍光分子は速やかに光退色を示し，細胞全体の蛍光強度は時間とともに減少する．この蛍光強度の減少の時間変化を観測する．細胞の広い領域の時間変化を観測できるために，細胞内のどこに蛍光分子の移動を阻害する障壁（細胞小器官を構成する膜など）があるのかなどを明らかにできる．

また，光退色とは逆に，そのままでは蛍光を発しないが，ある波長の光を照射すると蛍光を発するようになる分子を用いる動的挙動の観測法もある．光照射によって蛍光を発するために，光刺激を受けた分子が，細胞内のどの場所にどのような速度で移動するのかを，直接観測することができる．光照射によって蛍光の色が変わる分子も同様に用いられている．ある波長の光を照射すると，蛍光強度や蛍光の色が大きく変わることを，光活性化（photoactivation）と呼ぶ．さまざまな光活性化蛍光タンパク質が開発されており，目的タンパク質に光活性化蛍光タンパク質を結合させ，目的タンパク質が細胞内を移動する過程が調べられている．

〔中林孝和〕

光 検 出 器
Photodetector

光電子増倍管,半導体検出器,量子収率,分光感度特性,信号雑音比

光検出器の大多数は,光を電気信号に変換する.光検出器は,光を検出する原理,素子数,検出感度とその波長依存性,応答時間などによって特徴づけられる.以下で,これらの項目について解説する.なお,本項では,近紫外領域から中赤外領域(波長にして200 nmから25 μm)の光に応答する検出器のみを取り上げる.

検出器の種類

光を電気信号に変換する方式には,主要なものが2種類ある.金属表面を光照射して光電効果によって電子を発生させる方法と,半導体を光照射してバンド間遷移によって電荷担体を発生させる方法である.前者の方式による光検出器の代表例は,光電子増倍管(photomultiplier)である(図1).後者の方式による光検出器は,半導体検出器と呼ばれる.可視領域ではシリコン光ダイオード,近赤外領域ではInGaAs検出器,中赤外領域ではMCT検出器が,それぞれ代表的な半導体検出器である.可視領域の分光測定でよく用いられるCCD検出器(CCD detector)も,シリコンの半導体によってつくられている.

検出器には,単一の受光素子からなるシングルチャネル検出器と,複数の受光素子からなるマルチチャネル検出器(あるいはアレイ検出器)がある.前者の代表例は光電子増倍管,後者の代表例はCCD検出器であろう.マルチチャネル検出器は,受光素子が一次元に並んだ検出器と二次元に配列された検出器に大別される.二次元検出器を用いると,光の画像を1度の露光で測定することができる.

通常の分光測定を行う場合には,分光器あるいは干渉計と光検出器を組み合わせて用いる.中赤外光やそれよりも長波長の光に対する分光測定では干渉計を用いる場合があるが(たとえばフーリエ変換赤外分光光度計,FTIR),紫外光や可視光に対する分光測定の場合は,ほとんどの場合に分散型分光器を用いる.干渉計を通った光の検出には,大多数の場合にシングルチャネル検出器を用いる.分散型分光器で分散された光の検出には,シングルチャネル検出器とマルチチャネル検出器の両方を用いる.マルチチャネル検出器を用いると,分光器の分散素子(回折格子など)を機械的に回転されることなしにスペクトルを測定することができる.

検出器の感度と雑音

検出感度は,光検出器の性能を記述する際の主要な指標になる.紫外,可視,および近赤外領域の光検出器の感度を評価する際には,検出器に入射した光子が電子(あるいは正孔)に変換される割合(量子効率(quantum efficiency;QE))が多く用いられる.検出感度は,光の波長に大きく依存する.検出感度と波長との関係は「分光感度特性」で表される.光電子増倍管におけ

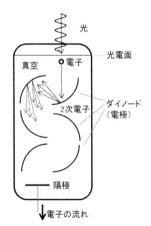

図1 光電子増倍管が光を電気信号に変換する機構の概念図

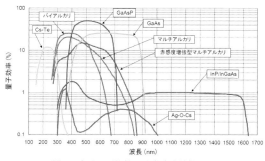

図2 光電子増倍管の分光感度特性の例

る分光感度特性の例を図2に示す．光電子増倍管は，光電面を構成する金属の仕事関数よりもエネルギーの小さい光子（長波長の光）を検出することができない．半導体検出器は，その半導体のバンドギャップよりも小さいエネルギーをもつ光子を検出することはできない．光電子増倍管やCCD検出器には，量子効率の最大値がそれぞれ0.6や0.9を超えるものもある．量子効率に関する限り，紫外から可視領域の検出器の性能はほぼ原理的な限界に達している．

光を検出する場合の検出限界は，信号（signal）と雑音（noise）の双方によって決まる．たとえば，上述の量子効率は信号の大きさを決定する主要因となる．しかし，同じ量子効率をもつ半導体検出器でも，可視と近赤外域では光の検出限界が大きく異なる．これは，近赤外領域の検出器は可視領域の検出器に比べて雑音が大きいからである．

雑音が大きい中赤外領域の検出器の感度を評価する場合は，雑音等価電力（noise equivalent power；NEP）や比検出度（D^*）といった数値をよく用いる．NEPは，信号雑音比（SN比，SN ratio）が1となる入射光パワーを示す．D^*値はNEPの逆数に相当する．1Wの入力光で得られるSN比の大きさを受光面積と周波数帯域で規格化している．中赤外領域（波長2.5～10 μm）においてよく用いられるMCT検出器のD^*の値は10^9～10^{10}程度となる．

雑音の発生機構は単一ではないが，検出器に由来する代表的な雑音は熱雑音と読み出し雑音である．熱雑音は，検出器を低温にすることによって大幅に低減される．たとえば，分光用のCCD検出器を使うときは，電子冷却や液体窒素冷却によって-70～-100℃程度まで冷却することが普通である．MCT検出器の多くは，液体窒素温度で利用される．シングルチャネル検出器を用いるときは，測定する電気信号の周波数領域を限定することで雑音を低減させるロックインアンプを併用することも多い．

蛍光やラマン散乱などの発光スペクトルを測定する場合には，検出器の感度を正しく較正することが重要である．最良の感度較正の方法はそれぞれの分光法において異なるが，発光特性が正確に計測されている標準光源や標準蛍光分子を使う方法が多用されている．マルチチャネル検出器を用いる場合は，受光素子の間の感度の違いを補正する必要もある．

検出器の時間応答

持続時間が短い光パルスを光検出器に入射したときに信号として得られる電気パルスの幅を応答時間（response time），電気パルスの形状を装置関数と呼ぶ．応答時間は，検出器によって大きく異なる．高速現象を観測する場合には，応答時間の短い光検出器を利用するのが便利である．応答時間の短い光検出器には，マルチチャネルプレートを使った光電子増倍管（数十psの応答時間）やストリークカメラ（サブpsから数ps）がある．

〔岩田耕一〕

過渡吸収測定
Transient absorption measurement

ポンプアンドプローブ，高速時間分光，フラッシュフォトリシス

　生物が光を利用している例として，緑色植物などが行っている光合成，動物の視覚，そして植物におけるフィトクロムに代表される光形態形成が挙げられる．このいずれにおいても，生物は光を捕集するための光受容体を生体内に保有しているが，ほとんどすべての光受容物質は，地球上に最も多く分布している 500 nm を中心とする可視光領域にその遷移エネルギーを有する．可視領域において大きな吸収断面積をもつ分子の蛍光自然寿命（τ）は

$$1/\tau = 6.7 \times 10^{-1} n^2 v_0^2 f$$

で与えられる．n は溶媒の屈折率，v_0 は吸収極大の波数，f は振動子強度である．n^2 を 2 とすると寿命は，$1 \sim 5$ ns（10^{-9} s）である．吸収した光エネルギーをほかに使わず，この寿命内に蛍光として放出してしまうのは，生体にとってまったく無駄である．したがって光生物学的初期過程は光励起後蛍光としてエネルギーを放出する前の $1 \sim 5$ ns より短い時間内に開始することが必要である．実際に植物の光合成においても，動物の視覚においても ps（10^{-12} s）あるいは数十 ps のうちに最初の光化学反応が起きている．したがって，光生物過程はこの時間領域で特異的に効率よく進行している．この過程を調べるためには fs 〜 ps（$10^{-12} \sim 10^{-15}$ s）の時間分解フラッシュ光分解（フォトリシス）法が必要となる．

フラッシュ光分解法

　光を吸収して生成した寿命の短い化学種について研究する手法をフラッシュ光分解法という．この手法は，系を瞬間的に光照射して，定常濃度よりもはるかに高い濃度の反応中間体をつくりだし，それらが消滅しないうちに測定する手法である．この方法により，フリーラジカル，三重項状態などの化学種の性質が初めて明らかにされた．光励起としてキセノンフラッシュランプが最初用いられたが，$1 \sim 10\,\mu$s（10^{-6} s）が限界であった．レーザー光の開発，特にモードロックの手法が開発され，ps から fs，現在では 100 as（10^{-18} s）の閃光が測定可能になった．

　反応中間体を測定する手段としては分光学的な手法が最もよく用いられている．ラジカルや三重項状態などの反応中間体は，紫外・可視の領域に強い吸収あるいは発光

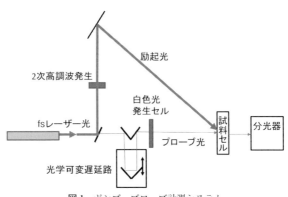

図1　ポンプ・プローブ計測システム

をもっていることが多く，分光学的手法によって感度よく検知できる．フラッシュ後から一定時間後の吸収強度を各波長ごとに求め，それを各波長に対してプロットして，フラッシュ後任意の時間における吸収スペクトルが得られる．このようにしてスペクトルを測定することを過渡吸収測定という．しかしながら通常の手法では ns 領域より速い過程は測定できない．特に光生物過程で問題となる ps・fs の測定には以下に述べるポンプ・プローブ光手法が用いられる（図1）．この手法はモードロックしたレーザーより発振した光パルスを2つに分け，1つは励起光（ポンプ光）として試料に照射し，他はパルスに同期した ps または fs の白色光（プローブ光）を励起状態の試料に透過させて，吸収スペクトルを測定する．ポンプ光とプローブ光の時間差を変えることで，励起状態の時間分解が可能となる．光は 100 ps で約 3 cm 進むので，ポンプ光を光学可変遅延ステージにより，光軸を 3 cm 移動すると試料励起後 100 ps の差スペクトルを観測することができる．この手法を用いた研究例を以下に示す．

光合成初期過程

光合成の初期過程における最初の光反応は，光エネルギーを吸収し，色素分子上で起こる電荷分離と，それに引き続いて起こる電子伝達からなる．これらは光合成細菌から得られた反応中心を用いて，詳細に調べられている．光合成細菌の反応中心には最初の電荷分離を起こすクロロフィル二量体（P），クロロフィル（B），フェオフィチン（H），ユビキノン（Q）からなる．最初の光吸収により，クロロフィル二量体の励起状態から，1060〜1130 nm に吸収をもつ $P_A^{\delta+}$-$P_B^{\delta-}$ 電荷分離状態が生成し，最初の電子受容体である B に〜1.1 ps，H に 3 ps で電子が移動し，さらに 200 ps の時間領域で高エネルギー状態である Q へ電子が移動する．

ロドプシンにおける光異性化

ロドプシンの光化学反応は励起状態におけるレチナールの異性化とその後の一連の熱反応である．500 nm の 35 fs のレーザーでロドプシンを直接励起し，観測される吸収変化を追跡している．光照射後 50 fs で 500 nm に観測される吸収は，$S_1 \rightarrow S_n$ の遷移に帰属され，フランク–コンドン状態から S_1 surface 上での緩和に対応して，< 200 fs で異性化する．535，550，570 nm の吸収の減少は光異性化過程を示し，200 fs 以内にこの過程が終了する．通常の振動緩和過程よりも速く起こるこの過程は光生物過程の1つである．

〔小林一雄〕

169 低温紫外可視吸収スペクトル法
Low-temperature UV-visible absorption spectroscopy

反応中間体,退色過程,光定常状態

光受容タンパク質では,発色団が光子を吸収した後,さまざまな反応中間体を経て生理活性中間体が生成する.活性構造に至るまでの反応を解析するためには,まず反応中間体を同定し,反応経路を明らかにする必要がある.低温紫外可視吸収スペクトル法(low-temperature UV-visible absorption spectroscopy,低温スペクトル法)は,紫外可視分光光度計と光学クライオスタットを組み合わせた測定法で,レーザーを用いた高速分光が普及する前には,反応中間体を同定するため広く用いられた.現在でも,少量の試料で精度よいスペクトルが得られるため,培養細胞に発現させた光受容タンパク質の解析などに広く用いられている.

測定法

液体ヘリウム(4 K),液体窒素(77 K),ドライアイス=アセトン(187 K)などで試料を冷却することで中間体の熱反応を止め,自記分光光度計で精密なスペクトルを測定する.初期には光学用のガラスデュワー(図1)が冷却に用いられていたが,現在ではさまざまな光学クライオスタットが市販されている.

水は凍結すると白濁したり膨張して試料セルを破損したりする.これらを防ぐため,試料には終濃度で 50〜75% のグリセリンを添加する.グリセリンを添加してもおおむね 170 K 以下では凍結によってクラックが生じ,測定光が散乱される.この影響を軽減するため,極低温の測定では試料セルの片方の窓板をオパールガラスとする(図1).この場合,測定光と対照光の強度をそろえるため,オパールガラスを対照光の光路上におく.

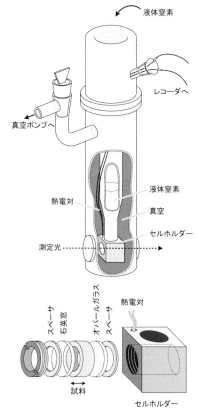

図1 光学用ガラスデュワーの構造

膜タンパク質の場合には,光学窓上で膜タンパク質の懸濁液を乾燥してフィルム状にし,少量の水(0.5〜5 μL)で水和した試料を用いることもできる.水和フィルムは凍結してもクラックを生じず,赤外分光法にそのまま用いることができるので扱いやすいが,水和量によって反応が影響を受けることがあるので,水和量の調節が必要である.

ロドプシンを例にとると,試料を液体窒素温度に冷却することで,室温では ps〜ns の時間領域でしか存在しないバソロドプ

シンが安定化される．また，試料の温度を上げていくことで，それ以降の反応も追跡することができる．すなわち，室温ではpsから数十分という非常に幅広い時間領域に対応する反応を，低温スペクトル法では1回の実験で追跡することができる．ただし，低温での反応経路と生理的温度での反応経路は必ずしも一致しないことに留意する必要がある．

昇温による熱反応の解析は，簡便であるが反応速度が得られないので，遷移温度を中間体の安定性の指標とする．速度論的な解析を行う場合には，観測したい中間体の生成・崩壊が数分から数時間になる温度に固定し，スペクトルを連続測定して反応を追跡する．温度を変化させて測定すれば，アレニウスの式やファントホッフの式を用いて熱力学パラメータを求めることが可能である．

測定例

低温スペクトル法は，ロドプシン，イエロータンパク質，フラビンタンパク質など，あらゆる光受容タンパク質の反応経路の解析に用いられてきたが，ここでは最も代表的なロドプシンの低温スペクトル法について紹介する（図2）．

ウシロドプシン試料を2倍量のグリセリンと混合し，ガラスデュワーにセットする．液体窒素で冷却すると，試料の温度は80 K程度になる．この温度で光照射すると，長波長シフトしたバソロドプシンと，短波長シフトしたイソロドプシンが生成する（図2A）．ロドプシン，バソロドプシン，イソロドプシンは互いに光変換するので，照射光の波長によって量比を変化させることができる．

バソロドプシンを10 Kずつ昇温すると，150 K以上でルミロドプシン（図2B），240 K以上でメタロドプシンI（図2C），260 K以上でメタロドプシンII（図2C）に変化

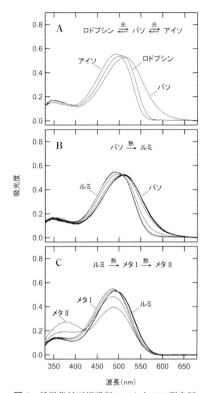

図2　低温紫外可視吸収スペクトルの測定例
A：ウシロドプシンの83 Kでの光反応．B：バソロドプシンからルミロドプシンへの熱反応．C：ルミロドプシンからメタロドプシンI，およびメタロドプシンIIへの熱反応．

する．なお，スペクトルの形状の温度依存性を排除するため，昇温のたびに83 K（図2B），または173 K（図2C）に再冷却して測定したスペクトルを示した．

ここでは紫外可視吸収スペクトル測定について述べたが，光学クライオスタットをフーリエ変換赤外分光光度計，蛍光光度計，円二色性分散計などに組み込めば，同様に中間体の物性測定に用いることができる．

〔今元　泰〕

赤外分光法
Infrared spectroscopy

分子振動,発色団,水素結合

赤外分光法(infrared spectroscopy)とは対象物に赤外線を照射してその吸収を観測する分光法である.赤外線の波長範囲はおよそ 2.5 ～ 12.5 μm であり,この範囲のエネルギーは分子内の結合の振動のエネルギーに対応する.すなわち赤外分光法は分子の振動を観測する手法である.単位は波数(cm^{-1})を使用し,これは cm で現した波長の逆数である.上記の波長は 4000 ～ 800 cm^{-1} に対応する.

タンパク質の赤外分光計測

タンパク質の計測において,赤外分光法とは相性が悪い.それはタンパク質が(膜タンパク質も含めて)水溶液中において機能するが,溶媒の水の赤外吸収が非常に強くタンパク質のシグナルは水の大きな吸収に隠されてしまうからである(水の赤外吸収スペクトルを図 1 に示す).

これらの問題を克服するためにタンパク質の赤外吸収測定試料として以下のように試料中の水の含量を低減させた試料調製(水和フィルム・再溶解試料・濃縮溶液)を行う.水和フィルムはタンパク質溶液(懸濁液)を乾燥させ,タンパク質の近傍に接触しないように水を置き,水の蒸気圧によってタンパク質を湿らせる(水和する)ことにより調製したものである.再溶解試料は乾燥させたタンパク質に直接水を加えて再溶解させたものである.また,濃縮溶液は文字どおり濃縮したタンパク質溶液である.濃縮溶液の濃度はおよそ 1 mM 程度(50 ～ 100 mg/mL)必要となる.

図 2 に乾燥させたタンパク質試料と水和フィルムの赤外スペクトルを示す.タンパク質はアミノ酸がペプチド結合で連なった構造をしており,したがってペプチド結合に由来する振動,N-H 伸縮振動(アミド A),C=O 伸縮振動(アミド I),C-N 伸縮振動と N-H 変角振動(アミド II)と C-H 伸縮振動が吸収に現れる.

分子振動はその官能基がおかれた環境(電荷や水素結合を含む局所的な構造)を反映しており,そこから特定の官能基の構造情報を得ることができる.また,安定同位体置換体の作製,測定を行うことで帰属が可能となる(図 1 に軽水と重水のスペクト

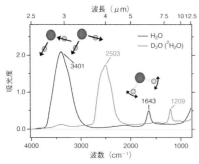

図 1 軽水(H$_2$O)と重水(D$_2$O)の赤外絶対吸収スペクトル
軽水の場合,O-H 伸縮振動は ～ 3400 cm^{-1} に,O-H 変角振動は ～ 1640 cm^{-1} にそれぞれ現れる.試料の光路長は 5 ～ 10 μm である.

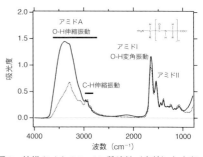

図 2 乾燥させたタンパク質試料(点線)と水和フィルム(実線)の赤外絶対吸収スペクトル
水和によって 3500 ～ 3000 cm^{-1} と 1650 cm^{-1} の吸収が増加したことがわかる.

ルを示しているが，同位体の影響により振動数がシフトする）．ところが，N個の原子からなる分子のもつ振動の自由度は非直線分子の場合 $3N-6$ となり，アミノ酸125からなるタンパク質と水分子1000個からなるモデルを考えると，原子数はおよそ5000，すなわち振動の数は15000に及ぶ．これらの振動から特定の振動を抽出することは，たとえ部位特異的同位体標識試料を調製したとしても不可能であろう．

光誘起赤外差スペクトル法

赤外の絶対吸収スペクトルから情報を得ることは難しいが，刺激に応答した差スペクトルを計測することにより反応に関与した成分のみを抽出でき，より細かい構造情報が得られる．特に光誘起差赤外スペクトルを用いた構造解析が光受容体の研究には有効な手法である．光受容タンパク質には光を吸収する色素（発色団）が結合しており，光反応における発色団の構造変化，またそれに付随して起こるタンパク質の構造変化を観測することができる．

発色団としてレチナールを結合したロドプシン類においては光誘起赤外差スペクトル法を用いた研究が進んでおり，発色団の異性体構造，タンパク質骨格の構造変化に加えて，内部結合水の水素結合構造，アスパラギン酸やグルタミン酸側鎖のカルボン酸のプロトン化状態といった，X線結晶構造解析からでは得られない情報を得ることができる．

ここでフラビン結合光受容体研究の一例を示す．植物の光屈性の光受容タンパク質として同定されたフォトトロピンにはLOVと名づけられた光受容ドメインが存在する．LOVには発色団としてフラビンモノヌクレオチド（FMN）が結合しており，LOVドメインの光反応はFMNと近傍のシステイン残基との共有結合形成であることが示されていた（図3A）．そこで，光反応前にはシステイン側鎖のチオール基が解離してい

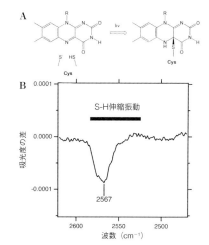

図3 LOVドメイン光反応の模式図（A）およびLOVドメインの光誘起赤外差スペクトル（B）
S-H伸縮振動領域に負のピークが観測された．

るモデルが提案されていた（図3A左）．LOVドメインのX線結晶構造解析の報告はあったが2.7Åの解像度では側鎖のプロトン化状態は決定できない．そこで，LOVドメインの光誘起差赤外スペクトルが測定されたところ，光照射に伴ってS-H伸縮振動の消失が観測された（図3B）．このことから，反応前の状態でシステイン残基の側鎖はプロトン化していることが明らかになった．また，伸縮振動は形成している水素結合強度が強いほど低波数に現れることから，このS-H基は水素結合を形成していないことがわかった．

光受容体以外の赤外分光解析では，ケージド化合物といった光分解性の保護基を結合させた分子を用いることが行われている．つまり，光依存的な保護基の解離により反応を開始させる．これらの系の利用によって光誘起赤外差スペクトル法の新たな展開が示されている．　　　　　　〔岩田達也〕

共鳴ラマン分光法
Resonance Raman spectroscopy

分光法，分子振動，レーザー，密度汎関数法

ラマン分光法（Raman spectroscopy）は気体，液体，固体などさまざまな形態の試料について，その分子振動を観測する振動分光の1つである．水のラマン信号強度は比較的弱いため水溶液試料への応用が可能となり，生体関連試料の測定に適した構造解析手段の1つである．

ラマン分光法の原理

ラマン分光法は光の非弾性散乱に基づく分光法で，ある分子にエネルギー $h\nu_L$（h はプランク定数，ν_L は光の振動数）のレーザー光を照射したときの散乱光を観測する．散乱光の多くはエネルギーを変えず（弾性散乱）にレイリー散乱（ν_L）となるが，一部は分子と入射光の電場との相互作用によって振動数が変化したラマン散乱光（ν_S）となる．このとき入射光と散乱光の振動数の差（$\nu_L - \nu_S$）がラマンシフト（通常は波数 cm^{-1} の単位で表す）と呼ばれ，分子固有の振動数に対応する．したがって，試料に照射したレーザー光からの散乱光を観測し，その振動数と強度を調べることで分子振動に関する知見が得られる．分子振動は分子内における電子分布や原子核の配置（すなわち分子構造），分子とその周辺の相互作用に敏感であり，ラマンスペクトルを解析することで，これらの知見を得ることができる．

図1にはラマン分光装置の概略図を示した．レーザーからの単色光を試料上に焦点を結ぶように照射し，試料からの散乱光を集光系で集める．集光された散乱光を分光器に導入し，分光器で分散させたあと冷却型 CCD カメラなどで検出する．最近のラマン分光装置の多くはスループットの高い

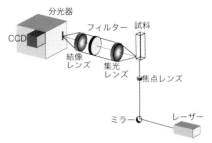

図1 ラマン分光装置の光学系の例

（光検出効率のよい）小型の分光器を用い，ノッチフィルターやロングパスフィルターなどと呼ばれるフィルターを用いてレイリー散乱光を除去するようになっている．また図1は90°散乱と呼ばれる集光方式を示しているが，レーザー光の入射方向への散乱光を観測する後方散乱も使われる．近年さまざまな分野で使われている顕微ラマン分光装置は後方散乱の集光方式を採用している．

ラマン分光法を生体分子に適用する際の重要な利点の1つに共鳴ラマン効果がある．ラマンスペクトルの測定に用いるレーザー光の波長が試料の電子吸収帯にある場合，その電子吸収帯を示す分子種のラマンバンドの強度がその他の分子種に比べて著しく（$10^3 \sim 10^5$倍）増大する．この信号強度の増大効果を用いた共鳴ラマン分光法はその高い選択性などのためタンパク質などの高分子の研究に威力を発揮する．たとえば希薄濃度溶液でも，共鳴効果により信号強度が増大された溶質のラマンバンドを溶媒のラマンバンドと同程度またはそれ以上の強度で観測することができる．これは大量の試料を得ることが難しい生体分子では特に利点となる．また光受容タンパク質のような発色団をもつ試料では共鳴効果によって発色団の振動スペクトルを選択的に測定することができる．これは色素分子を有するタンパク質などにラマン分光法を応用する

際に大きな利点となる.

共鳴ラマン分光法の応用例

上記の例として紅色光合成細菌がもつ青色光センサーであるイエロータンパク質(photoactive yellow protein；PYP)の吸収スペクトルと共鳴ラマンスペクトルを図2に示した.イエロータンパク質の発色団はシステイン残基に共有結合した4-ヒドロキシ桂皮酸で,その吸収極大は446 nmである.イエロータンパク質は原子数が約2000で,振動モードの数は約6000ときわめて複雑なスペクトルになる.しかし,発色団の吸収極大に近い413 nmで測定した共鳴ラマンスペクトルは原子数が約20個の発色団が示す約60の振動モードに由来し,観測されたスペクトルの解釈がきわめて容易になる.

一方,220～240 nmにはタンパク質中に存在する芳香族アミノ酸側鎖の吸収帯が存在し,224 nm励起で測定した共鳴ラマンスペクトルはトリプトファンやチロシン側鎖のラマンバンドに帰属される(図2).この紫外共鳴ラマンスペクトルからタンパク質部分の構造情報を得ることができる.図2には785 nm励起で測定したスペクトルも示した.イエロータンパク質は近赤外領域に吸収帯を示さないが,前期共鳴ラマン効果と呼ばれる信号強度の増大効果によっておもに発色団のラマンバンドが観測される.しかしタンパク部分に由来するラマンバンドも観測され,また測定には413 nm励起よりも高濃度の試料が必要であるなどの違いがある.

共鳴ラマン分光法の高感度・高選択性などの利点を活かし,パルスレーザーの利用やサンプリング方法の工夫(フローセルや回転セルなどの利用)によってpsからmsの時間領域での共鳴ラマンスペクトルの測定が可能である.特に光受容体の場合,反応開始用の光を照射することで光励起によって生成した中間体などの測定ができる.これらの手法は過渡共鳴ラマン分光法または時間分解共鳴ラマン分光法と呼ばれ,光反応機構の解明などに有効である.

共鳴ラマンスペクトルの解析法

共鳴ラマン分光法を分子構造の解析手段として用いるためには,得られたスペクトルから具体的な構造情報を得る必要がある.その方法は大きく分けて2つあり,1つ目はマーカーバンドを用いる方法である.たとえばC=C二重結合の異性化状態や分子のプロトン化/脱プロトン化など,類似分子に関する研究から分子構造との関係が確立されたラマンバンドを用いる方法である.一方,マーカーバンドが見出されていない系や,より詳細な構造情報を得るためには量子化学計算に基づく振動解析が有効である.近年ではコンピュータの演算能力の飛躍的な進歩もあり,光受容タンパク質がもつ発色団程度の大きさの分子については密度汎関数理論(density functional theory；DFT)などを用いることで比較的容易に振動解析ができるようになってきた.また分子動力学計算などと組み合わせることで,溶媒である水分子や分子構造のゆらぎの効果を考慮した解析も行われるようになってきた.

〔海野雅司〕

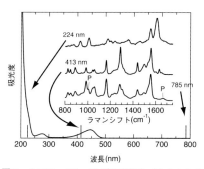

図2 イエロータンパク質の吸収スペクトルとラマンスペクトルの励起波長依存性.785 nm励起のスペクトルではタンパク質部分(P)に由来するラマンバンドも観測されている.

172

X線小角散乱
Small angle X-ray scattering

構造解析, 放射光, 小角回折, 溶液散乱

結晶にX線を照射するとBraggの条件を満たす方位に強いX線回折斑点が観測される。X線結晶構造解析では、このBragg回折を利用する。一般的には、結晶にかかわらず、物体にX線を照射すると、物体の形を反映したX線散乱が観測される。しかし、周期性に乏しい物質では、入射X線の方向からほんのわずかでも角度がそれると、急激に散乱強度が減少してしまう。このような非結晶性物質から生じるX線小角領域の散乱をもとに、物質の構造を解析する手法がX線小角散乱測定法である。

生命科学におけるX線小角散乱測定は、X線小角回折と溶液散乱の2つに大別することができる。筋肉やコラーゲンなどの繊維、あるいは、脂質のように、天然に存在する状態で、ある程度の周期構造を有する生体物質がある。このような物質にX線を照射すると、その周期性に依存したX線回折を観測することができる。しかしながら、人工的に作製した結晶に比べ、周期性に劣るため、観測されるX線回折は小角領域に限定される。このX線小角回折を用いることで、低分解能ながら生体物質のありのままの構造を解析することができる。他方、タンパク質溶液のような、まったく周期性を有さない場合でも、タンパク質の形を反映したX線小角散乱が観測される（X線溶液散乱）。このような散乱は非常に微弱であるため、分子の大きさ程度の構造情報しか得られなかったが、放射光が一般的に利用できるようになり、その応用範囲が広まっている。いずれの手法も、結晶構造解析で得られる構造と天然に存在するありのままの構造を橋渡しするうえで重要な構造解析

手法として認識されている。

X線小角散乱の応用例

光駆動プロトンポンプであるバクテリオロドプシンは、膜タンパク質の中で最も早くから構造学的研究がなされたタンパク質である。バクテリオロドプシンは、光エネルギーを使って水素イオンをくみ出し、細胞内外に水素イオン濃度勾配を形成する。バクテリオロドプシンは、高度好塩菌の細胞膜上で細密充填され、天然で二次元結晶を形成している（紫膜）。1990年代後半に、三次元結晶を用いた構造解析が報告されるまでは、紫膜を用いた電子線回折や小角X線回折による構造解析が主流であった。

図1Aは、紫膜にX線を照射した際に観測されるX線回折を示している。分解能にして、約7Å程度の回折ピークまでしか観測することができないものの、天然膜中での構造を反映したX線回折を観測することができる。実線は暗中の紫膜から、点線は反応中の紫膜からのX線小角回折を示している（比較のため点線は右にずらして示している）。ピーク位置での強度を比較すると、複数のピークで回折強度に変化が生じていることがわかる。これは、光照射によ

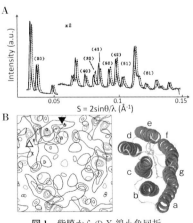

図1　紫膜からのX線小角回折

ってタンパク質の構造に変化が生じていることを示している．図1Bは，回折強度変化をもとに，バクテリオロドプシンで生じる構造変化を解析した結果を示している．二次元結晶であるために，構造解析で得られる結果は，膜に垂直方向に平均化されたものになる．図1B右に示したバクテリオロドプシンの構造と比較すると，光照射によって，複数のヘリックスでチャネル内部の電子密度が低下し（▼），外側の電子密度が増加（△）していることがわかる．この変化は，水素イオンが移動する際にチャネルが開くような構造変化が生じていることを示している．現在では，三次元結晶を用いたX線結晶構造解析によって高分解能の構造が明らかにされている．三次元結晶中では，タンパク質同士の非天然接触のため，構造変化が抑制されることも多く，天然由来の生体膜を用いた構造解析との比較によってはじめて，正確なタンパク質の動態を解釈することができる．

X線溶液散乱の応用例

まったく周期性を示さないタンパク質溶液にX線を照射しても，タンパク質の形に依存した散乱曲線を観測することができる．周期性を示す物質では，明瞭なピークを示すのに対し，X線溶液散乱は角度に依存して急速に強度が減少していく（図2A）．従来は，入射X線近傍のX線散乱しか測定することができず，タンパク質の大きさの指標となる慣性半径のみが一般的な解析によって導かれる構造情報であった．放射光が利用されるようになってからは，より高角の散乱曲線の観測も可能となり，分子形状や分子内の構造に関しても解析可能になりつつある．図2B, Cに，紅色光合成細菌由来の光センサータンパク質（photoactive yellow protein: PYP）の暗状態と明状態で観測されたX線溶液散乱の解析結果を示している．分解能にして約25 Å（$Q < 0.25\ \text{Å}^{-1}$）までのX線溶液散乱を用いる

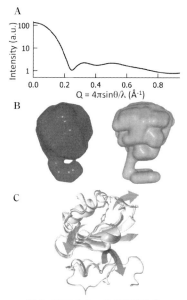

図2　PYPからのX線溶液散乱

と，分子の大きさだけではなく，溶液中のタンパク質の形状を解析することができる．図2Bは，暗状態（左）・明状態（右）の形状解析結果を示している．明状態では，発色団が存在する，図中，上半分の領域が膨潤し，それに伴って，下半分の領域が上半分の領域から離れる方向に変化していることがわかる．この分解能では，分子内部でどのような構造変化が生じているか同定することはできない．現在では，より高分解能の構造情報を含む高角散乱（分解能6 Å，$Q < 1\ \text{Å}^{-1}$）とゆらぎ解析を併用することで図2Cに示したような分子内部の構造変化を解析することも可能である．

このような大きな構造変化は溶液中でのみ観測され，結晶中では観測されない．この事実からも，結晶構造解析とX線小角散乱の相補的な利用の重要性が理解できる．

〔上久保裕生〕

中性子散乱
Neutron scattering

中性子溶液散乱，中性子結晶構造解析，中性子非干渉性散乱

　生体分子の構造情報を得るための重要な手段に，X線ほど普及は進んでいないが，中性子結晶構造解析および中性子線散乱がある．普及が進まない理由は，中性子回折・散乱実験のためには，加速器あるいは原子炉といった中性子源が必要であるが，世界的にも限られた資源であり，X線ほど気軽に利用できないからである．しかし，中性子は核密度により散乱されることから，電子密度により散乱されるX線と比べ，水素原子を同定できるという際立った特徴をもっている．さらに，中性子がスピンをもっていること，生体分子を構成する原子のうち水素が核スピンをもっていることから生じる非干渉性散乱は，熱ゆらぎを直接測ることのできるきわめてユニークな方法となっている．生体分子の水素の構成比が高いことから，生体分子の動力学を研究するためには，中性子非干渉性散乱は重要な方法となっている．

　表1に生体を構成する主要元素の中性子散乱長と非干渉性散乱断面積を示す．この表では，自然に存在する同位体比率も加味

表1 生体を構成するおもな元素の中性子散乱長と非干渉性散乱断面積

元素	散乱長 (10^{-12} cm)	非干渉性 散乱断面積 (10^{-24} cm^2)
H	-0.3739	80.26
^{1}H	-0.3741	80.27
^{2}H = D	0.6671	2.05
C	0.6646	0.001
N	0.936	0.5
O	0.5803	0.0

した値を挙げてあるが，軽水素と重水素についても特記してある．水素原子の散乱長が負になっているのは，入射中性子と散乱中性子の位相が逆転することを示している．この結果，差核密度を求めると，水素原子は負に，重水素原子は正に現れる．中性子結晶構造解析により，水素原子を同定するための重要な性質である．構造研究に用いられる干渉性散乱に関してみれば，水素原子の散乱長は，他の元素と大きな差はなく，重水素ではほぼ同等になる．中性子の散乱では，水素原子も他の原子と同等に寄与するため，水素原子を観測することができるのである．水素原子と重水素原子の散乱断面積の差により，重水素ラベルにより特定部位を際立たせることができる．また，軽水と重水を混合することにより，溶媒の核密度を変化させることができる．タンパク質と核酸などの二成分系ではそれぞれの平均核密度が異なるため，溶媒の核密度がその平均密度に一致するよう重水の濃度を調整することで，一方の成分からの構造情報を消すことができる．コントラスト変調法と呼ばれ，1970年代から応用されてきている．

　これらの特徴を生かし，1970年代には重水素化した界面活性剤を用いて可溶化したロドプシンのコントラスト変調による中性子小角散乱の研究が盛んに行われていた．また，部位特異的重水素置換と中性子散乱により，バクテリオロドプシンの立体構造が決まっていなかった1980年代初頭に，バクテリオロドプシンは脂質と接する側に疎水的アミノ酸が，タンパク質内部に親水的アミノ酸が集まったinside-outタンパク質であるということが明らかにされている．このように中性子散乱は，光生物学研究の有効なツールとして早くから用いられてきているのである．

　表1をみると，水素原子の非干渉性散乱断面積が他の元素と比べると圧倒的に大き

いことがわかる．非干渉性散乱では，入射波と散乱波の間の位相関係が保たれておらず，散乱波どうしの干渉が起きない．そのため個々の原子からの散乱が観測される．生体物質では水素原子のダイナミクスが観測されることになる．入射中性子のエネルギーと散乱中性子のエネルギーが同一の散乱を弾性散乱，エネルギーが異なる散乱を非弾性散乱といい，非干渉性非弾性散乱は赤外分光やラマン散乱などと相補的な振動スペクトルを与える．非干渉性弾性散乱からは，水素原子の振動の振幅（平均自乗変位，RMSD）を求めることができる．極低温から室温までの RMSD の温度変化をみると，ある温度で急激に RMSD が増加するガラス転移が観測される．200 K 近傍の動力学転移は水和によっており，バクテリオロドプシンではガラス転移が起きない水和率や温度では光反応サイクルが完結しないことが示されている．ガラス転移を引き起こすタンパク質の運動が機能と密接に関係していることを示している．最近では，バクテリオロドプシンの動力学は水和水よりも脂質の動力学と密接に関係していることが示され，水溶性タンパク質との大きな違いとして注目されている．

中性子結晶構造解析の注目すべき成果として，イエロータンパク質（photoactive yellow protein；PYP）について述べる．PYP は，発色団に p-クマル酸をもつ水溶性の光受容タンパク質である．発色団の光吸収による異性化反応に始まり，いくつかの反応中間体を経て元に戻る光反応サイクルをもつ．発色団から N 末端への情報伝達は水素結合ネットワークを介して行われる．特に，発色団と Y42 および発色団と E46 の間の水素結合は，ドナー–アクセプター距離が 2.5 Å よりも短い短距離水素結合で

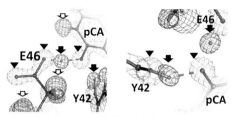

図1　PYP の2つの短距離水素結合．白い矢印は水素原子，黒い矢印は重水素原子，三角は酸素原子の位置を示す．

あることが知られていた．

中性子結晶構造解析のためには，大きな単結晶が必要である．また，水素原子からの非干渉性散乱による背景散乱を軽減するため，溶媒は重水が望ましい．重水溶液から PYP の巨大単結晶が作製され，これを用いて 1.5 Å 分解能中性子結晶構造解析が行われた．その結果，PYP の 942 個の水素原子のうち，表面に位置しているもの以外の 819 個の水素原子の位置が同定されている．発色団周辺の水素結合ネットワークを形成する水素原子もすべて同定された．短距離水素結合のうち，発色団–E46 の間の水素原子は，E46 のカルボニル酸素と発色団のフェノール酸素の間に見出された．この水素原子はどちらの酸素とも共有結合しておらず，ほぼ中間に位置しており，低障壁水素結合を形成していることが明らかになった（図1左）．もう一方の短距離水素結合である発色団–Y42 の間の水素原子は，Y42 のフェノール酸素に共有結合しており，水素–アクセプター間が短くなっている水素結合であることが示された（図1右）．タンパク質における低障壁水素結合は世界初の観測であり，中性子結晶構造解析でなければ明らかにできなかったものである．

〔片岡幹雄〕

過渡回折格子法
Transient grating methad

反応機構，拡散係数，熱力学量，反応中間体

光と生命活動の関係を分子論的に明らかにするためには，光によって誘起される生体分子の化学反応分子機構を解明する必要がある．そのためには，反応中間体や化学変化の速度を明らかにする必要があり，紫外可視吸収検出による過渡吸収や発光検出法などの光遷移を用いた方法がおもに使われている．しかし，巨大な生体分子においては，こうした光遷移検出では観測できないダイナミクスが多数あり，時間変化として観測される物理量は非常に数少ない．吸収スペクトルに基づいた中間体の同定の限界といえる．たとえば，水分子との分子間相互作用は，生体反応を決定づける重要な要素であるが，多数の水素結合を時間分解で検出する方法はなかったし，タンパク質間やタンパク質-DNAなどの会合状態の変化を速い時間分解で測定する手法もなかった．こうした点について有用な知見を与えるのが，過渡回折格子（transient grating：TG）法である．

原　理

TG法では，2つの励起光を空間的に異なった方向から試料内に照射し，干渉させる．2つの光が干渉すると，Youngのスリットの実験でみられるような，干渉縞が現れる（図1）．この干渉縞によって分子を励起すると，励起状態の空間的な濃度分布がつくられる．光強度の強いところで光反応がたくさん起こり，屈折率（Δn）あるいは吸収（Δk）の空間的変調（格子生成）が起こる．たとえば，この励起状態から無輻射失活によって発熱が起こると，溶液中に温度の異なる領域が周期的につくられ，屈折率が周期的に変化することになる．これは

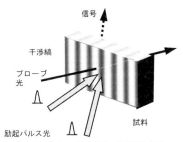

図1　過渡回折格子法の原理模式図

回折格子の役目をするので，そこに入射された3つ目のプローブ光が回折され，その光が信号となる．この回折条件は，回折格子の取り扱いと同じで，干渉条件で強めあう方向に特徴的に回折する．回折効率ηは，屈折率変化や吸収変化が充分小さいときには

$$\eta \simeq \alpha(\Delta n)^2 + \beta(\Delta k)^2$$

（α, βは比例定数）と近似的に表される．この回折光を光電子増倍管などの光検出器で時間分解検出する．吸収スペクトル変化による寄与には，プローブ光の吸収による寄与（Δk）とそれに伴う屈折率変化による寄与（Δn）が存在する．たとえば，過渡吸収測定のように白色の光でプローブすると，バックグランドフリーでの過渡吸収スペクトルに相当するスペクトルが高感度に得られる．ただし，その中には屈折率の寄与も必ず含まれるため，吸収スペクトルとは異なってくることに注意が必要である．TG法として，より重要なのは屈折率成分であろう．

信号から得られる情報

TG信号には多くの寄与が含まれ，これらを分別することで，種々の情報が得られる．化学反応的に興味のある時間領域では，信号は大きく分けて温度変化（熱グレーティング）と反応生成分子の存在による寄与（化学種グレーティング）に分けられる．励起に用いられた光子エネルギーから生成

物のエンタルピー変化を差し引いたエネルギーは溶液を温め，温度変化を生じる．この温度変化は屈折率を変えて信号として現れるので，信号強度を測定することで反応のエンタルピー（enthalpy）を測定することができる．通常のカロリメトリーと比べ，高感度かつ高時間分解能で測定が可能であるので，中間体のエンタルピーも決めることができ，反応解析に用いられる．

化学種グレーティングには，反応による部分分子体積変化と吸収スペクトル変化による寄与が含まれる．部分分子体積（partial molar volume）は，溶媒和（solvation）変化，構造変化や会合状態変化が起こることでほぼ必ず変化するので，この成分を検出することで，他の手法では観測されない反応ダイナミクスのほぼすべてが観測可能となる．

時間変化

信号の時間変化を追跡することで，反応ダイナミクス解析が行える．たとえば，熱グレーティングの時間変化から，これまでは理論計算でしか得られなかった反応座標に沿ったエネルギー変化曲線が実測されるし，溶液の熱拡散係数も得られる．

励起後早い時間には熱放出により媒体の熱膨張が起こって音波が発生し，正弦的に振動する信号が現れる．もし，励起状態の失活が遅く，熱がゆっくりと放出されると，この正弦波が異なった時間で発生することになり，瞬間的に熱が発生した場合の音波と比べて，時間的に遅く出現する．この時間遅れから熱放出の速度が求められる．励起とプローブ光を ps パルスにすることによって，ps での時間分解能を出すことができるので，ps 時間分解での熱放出を観測できる．この手法の特徴は，単に熱だけではなく，分子体積や熱容量，熱膨張係数，圧縮率などの熱力学量を測定できるところにある．これを用いることで，従来は不可能

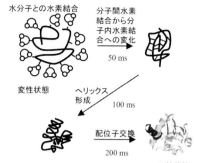

図2 変性したタンパク質から天然状態への折り畳み

分子間水素結合から分子内水素結合へスイッチした中間体が存在する．こうした中間体の存在発見や速度測定には時間分解拡散係数法が有効である．

であった時間分解熱力学量測定が可能となった．

また，化学種グレーティング信号は，化学反応に伴って時間変化するだけでなく，分子拡散（diffusion）によっても変化する．よって信号の時間変化より時間分解での拡散係数が求められる．この方法で，これまでデータが必要であったが検出不可能であった，化学的に活性な短寿命種の空間的動きを初めて見ることができるようになったし，また反応に伴う構造変化を拡散係数をプローブとして追跡できるようになった．これは時間分解拡散係数法として，生体分子反応の研究に使われている．たとえばタンパク質（シトクロム c）の折り畳み反応で得られた反応スキームの模式図を図2に示す．可視紫外の吸収スペクトルや発光スペクトルなどが変化しない構造変化や，溶媒分子との相互作用変化を時間分解でとらえることができる有力な手法である．この方法を用いると，CD や IR では検出できないほど小さな構造変化が，拡散係数変化として検出されることが示されている．

〔寺嶋正秀〕

スピンラベル法
Spin labeling method

電子スピン共鳴法, タンパク質構造解析

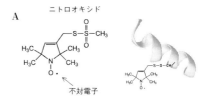

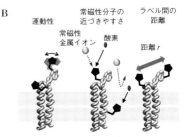

図1 スピンラベル分子とスピンラベル法の応用

　スピンラベル法は, 不対電子をもつ分子（ラジカル）でタンパク質をラベルし, 電子スピン共鳴（ESR）を観測する方法である. この観測により, ラジカル分子の運動性や水和状態, また, 2つのラジカル分子でラベルした場合には, ラベル分子間の距離などの情報が得られる. これらをもとにタンパク質の構造や変化を検討できる. この方法はタンパク質が機能しうる生理的条件下の試料を用いることができる点で優位性があり, 構造変化を伴う機能性タンパク質の研究に盛んに用いられてきた. ESR は常磁性分子を測定対象にする場合, 電子常磁性共鳴（EPR）とも呼ばれる.

　2つのスピン量子状態（上向きと下向き）をもつ電子スピンは, 磁場の存在下で磁場方向またはその逆方向に歳差運動し, その周波数（ラーモア周波数）は磁場の強さに比例する. 2つの状態のエネルギー差はマイクロ波の領域に相当し, その磁場成分の摂動を受けて倒される（吸収する）. よく用いられるラベル分子は図1に示すようなニトロオキシド分子である. ラベル分子はシステインやリジン残基に共有結合させる. タンパク質の調べたい部位にいずれかの残基を変異導入し, ラベル分子を修飾させれば ESR 測定用の試料となる.

　実際の測定法は2通りある. 一方は, 一定波長のマイクロ波の照射下で印加磁場の周波数を変化させながら共鳴周波数での吸収スペクトルを測定する CW ESR 法である. 他方は, 一定の外部磁場（z 方向とする）の存在下でマイクロ波パルスを照射し電子スピンを 90° 倒し, xy 平面に倒れたスピンが元の状態を回復（緩和）していく過程の時間成分を x 軸方向の誘導電流として観測するパルス ESR 法である. パルス ESR 法の場合, 倒されたラベルの磁化の位相は一致し, ラーモア周波数で振動するが, 時間とともに位相がずれるので強度は減衰（緩和）する（ns 時間スケール）. この緩和は xy 平面上で起こるため横緩和と呼ばれ, z 軸方向への戻りである縦緩和（μs スケール）よりも短い時間スケールで起こる. スペクトル成分と時間成分は互いにフーリエ変換の関係にあり, ESR スペクトルのバンド幅（半値幅）は励起電子スピンの緩和時間と反比例の関係にある.

　常磁性イオンなどとの衝突に伴うスピン交換は縦緩和に, ラベル分子自体の運動・回転などは横緩和に影響を与える. また, 電子スピン近傍の核磁気や他の電子スピンからの磁場環境も EPR の信号に鋭敏に反映する.

ラベル分子の運動性

　タンパク質に結合したニトロオキシドラベルの運動性は EPR のスペクトルの形状から判断できる. ラベル分子の ESR スペクトルは, 3つのスピン量子数をもつ窒素

原子核（ニトロオキシド由来）からの核磁気の影響を受け3本に分裂している（図2A）．このような分裂の度合いはラベル分子と外部磁場の角度に依存する．しかし，ラベル分子はランダムな方向を向いているので観測されるスペクトルは x, y, z 方向を向いたラベル分子のスペクトルの合成になる．ラベル分子の運動・回転が遅いとき（相関時間＞10 ns）には3つを重ね合わせた形状で半値幅が広がるが，運動性が大きいとき（相関時間＜1 ns）には3つが平均化されたよりシャープな形状になる．つまり，ラベル分子の運動性はスペクトルの形状や半値幅に表れる（図2A）．ラベル分子が高速で動けるときは標識されたアミノ酸残基がタンパク質の柔軟性のある部位または表面にあることを反映している．一方，動きが遅いときはラベル分子は立体障害が生じるような部位にあることがわかる．

ラベル分子に対する常磁性金属イオンや酸素分子の近づきやすさ

常磁性金属イオンや酸素分子は，マイクロ波励起されたラベル分子の電子とスピン交換を起こし，スピンの縦緩和（時定数 T1）を促進する．縦緩和過程を CW ESR 法で測定するには，まず，強いマイクロ波照射によりスペクトルの強度が減衰した状態（励起飽和）をつくり，その後にマイクロ波強度を弱めて，スペクトル強度が回復する過程を測定する．

T1 が水溶性の常磁性金属イオンの存在下で小さくなれば，ラベル分子が親水的環境にあることがわかる．一方，そうでない場合はラベル分子が脂質膜内やタンパク質内部などの水分子の到達できない部位にあることがわかる．脂質膜内に侵入できる酸素分子による T1 の減少が起こらないときは修飾位がタンパク質の内部にあることがわかる．

2つのラベル間の距離

タンパク質中の2つの残基をラベル分子

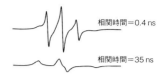

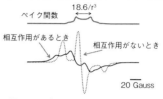

図2　スピンラベルの ESR スペクトル

で修飾すると，ラベル分子の電子スピンは双極子相互作用を起こす．つまり，一方の電子スピン（A）がもう一方の電子スピン（B）からの2層の磁場（上向きと下向きのスピンがあるので）を受ける．CW ESR 法で得られるスペクトルは，外部磁場と双極子相互作用による摂動磁場で決まる（図2B）．摂動磁場はペイク関数で表され，双極子相互作用によるスペクトルのデコンボリューションにより得られる．2つの電子スピン間の距離はペイク関数に現れる2つのピーク間隔の3乗根に逆比例する値として得られる．この手法は 0.6〜2.5 nm の距離を観測するのに有効である．一方，パルス ESR 法で得られる時間成分は，2層の磁場の影響でラーモア周波数の少し異なる2つの振動成分が重なり合って緩和する．マイクロ波パルス配列をうまく組み合わせて両者の振動数の違い（双極子振動数）を抽出できる（DEER 法など）．双極子振動数のフーリエ変換がペイク関数となり，1.5〜6 nm の距離を観測することができる．

〔佐々木純〕

NMR 分光法
NMR spectroscopy

光照射 NMR，光中周体，信号伝達，光走性

NMR の原理

強い磁場中に分子が置かれたとき，分子を構成する原子核はその磁気モーメントが量子化し，エネルギー分裂が起こる（図1A）．このエネルギー分裂をゼーマン分裂といい，これに相当する電磁波（ラジオ波）のエネルギーを系に照射したとき，原子核はエネルギーを吸収して励起状態に遷移する．この現象を核磁気共鳴といい，この実験法を核磁気共鳴分光法（NMR 法）という．ラジオ波のエネルギーを吸収して得られる NMR スペクトル（図1B）には原子核の周りの電子の密度に依存する化学シフト値と核スピン間の相互作用によるスピン結合定数の情報に加えて，線幅には分子の運動性に関する情報が含まれている．

溶液 NMR

NMR 法は分子構造に関する情報を含んでいるため，有機分子の構造決定には ^{1}H，^{13}C，^{15}N 核の化学シフト値やスピン結合の情報が使われる．タンパク質のように，分子構造が複雑な場合は二次元 NMR に拡張することにより分解能を上げて，各アミノ酸残基の信号をそれぞれの原子核に帰属す

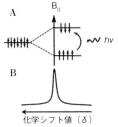

図1　NMR の原理
A：ゼーマン分裂，B：NMR スペクトル．

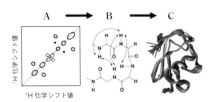

図2　NMR によるタンパク質の立体構造決定
A：二次元 NMR スペクトル，B：原子間距離，C：マウス BAG-1-UBH の立体構造．（PDB：2LWP）

ることが可能になる．さらに，帰属した原子間距離情報を得ることができる．この情報を分子の立体構造構築の制約条件としてタンパク質の立体構造を決定することが可能になった（図2）．現在では，多くのタンパク質が溶液 NMR 法により決定されてPDB に登録されている．ただし，分子量が大きくなると，信号の分解能が悪くなり，個々の原子間距離情報を求めることが困難になる．現在 NMR により構造決定できるタンパク質の分子量は 40 kDa 以下であるといわれている．

固体 NMR

試料が固体状態の場合は固体 NMR 法を用いて測定する必要がある．膜タンパク質は運動性が低いため，固体 NMR 法を用いる必要がある．ただし，固体試料では異方的磁気相互作用が強いため，線幅が広幅化して，情報量が減ってしまう．この場合，高出力ラジオ波を照射することで，強い双極子相互作用を消去することができるが，化学シフト相互作用が残るため，まだ広幅化している．この化学シフト相互作用の異方性はマジックアングル角度回転（MAS）を行うことで消去することが可能になる．さらに，感度を向上させるため交差分極法（cross polarization；CP）を用いて，希薄核である ^{13}C，^{15}N 核の感度を大幅に増強することができる．この方法は CP-MAS 法と呼ばれており，固体高分解能 NMR の標準的手法になっている．

光照射 NMR

　光生命現象にかかわるタンパク質では光のエネルギーを吸収して活性を示す多くの膜タンパク質が存在する．この膜タンパク質の光活性機構を原子分解能で観測するため，光照射 NMR が開発された．初期には NMR 分光器の外で試料に光照射を行い，光中間体を凍結してから，NMR 装置に移して測定する光照射 NMR が報告されている．これに対して，最近 NMR 装置の超伝導磁石内に光照射装置を組み込み，光照射下で NMR 測定が可能な in $situ$ 光照射 NMR 法が開発された．この装置では，磁石の外の光源から光ファイバーによって磁石内側に光を導入し，NMR 試料管外側から光を照射する方法と光を試料管の中に導入して試料管内側から光照射を行う方法が用いられている．後者の方法によって，光照射効率が格段に向上し，光応答膜タンパク質の光中間体の観測が可能になってきた．

光応答膜タンパク質の光中間体の観測

　バクテリオロドプシンは古細菌に存在する光駆動プロトンポンプ活性をもつ膜タンパク質であり，7回膜貫通ヘリックス構造をもち，発色団のレチナールが Lys216 とシッフ塩基結合をつくっている．このレチナールは暗順応状態で全トランス型と13シス型，15シン型配座をもつレチナールが約1：1で共存している．このうち，全トランス型レチナールを含む状態は，光のエネルギーを吸収して，K 中間体に励起され，その後緩和により，L，M，N，O 中間体を経て全トランスに戻る光反応サイクルを回る．この間に，プロトンを細胞質側から細胞外側に輸送する．光照射 NMR 法を用いて，M 中間体は2種類存在することや，L 中間体も4種類存在することなど，詳細な光中間体の状態が観測されている．

　一方，13シス，15シンレチナールは光照射によって13シスをもつ別の光励起中間体を経て，全トランスに異性化することが報告されている．この光励起過程に関しても光照射 NMR による新たな情報が期待される．

　古細菌には，バクテリアの光走性にかかわる光信号伝達活性を示す光受容膜タンパク質，センサリーロドプシン I（SRI）およびセンサリーロドプシン II（SRII）の2種類が存在する．SRII は膜内でトランスデューサータンパク質（HtrII）と2：2の複合体を形成しており，光のエネルギーを吸収して，K 中間体に励起されてから，L，M，O 中間体を経る光反応サイクルが回り，信号が SRII から HtrII に伝わり，さらにバクテリアの鞭毛モーターに伝わって，光から忌避する負の光走性を示す．光照射 NMR 法を用いて，信号伝達にかかわる M 中間体は1種類ではなく，複数（M_1，M_2，M_3）存在することが新たに判明した．

　SRI は HtrI トランスデューサータンパク質と2：2複合体を形成し，緑色光を照射した場合は K 中間体に励起された後，L，M，O 中間体を経る光反応サイクルが働く．この間，M 中間体が溜まると正の光走性を示し，紫外光が照射されると，M から P 中間体に移る光反応サイクルに切り替わり，負の光走性を示す．このように SRI は多重機能をもつことが知られている．光照射 NMR 法を用いて，緑色光を照射すると，M 中間体が捕捉され，紫外光を照射すると，P 中間体が捕捉されることが明らかになった．すなわち，SRI は光の波長に依存した中間体の切り替えが起こり，この結果，負と正の光走性機能の切り替えが起こると解釈できる．

〔内藤　晶〕

177

高速原子間力顕微鏡
High-speed atomic force microscopy

一分子観察，構造変化，バクテリオロドプシン

AFMの原理と高速イメージング

AFM（atomic force microscopy）は先鋭な探針（プローブ）を試料表面に接触させ，試料表面の三次元形状を得る触針顕微鏡である．プローブがついたカンチレバーを圧電素子により機械的共振周波数で振動させ，プローブが試料に間欠接触したときのカンチレバーの振動振幅の変化を光てこ法により検出する．プローブを試料に対してラスター走査しながら，PIDフィードバック制御によりカンチレバーの振動振幅が設定値と等しくなるようにZ方向の圧電素子の伸縮を制御し，プローブと試料間距離が一定に保つ．このとき，二次元走査の各ピクセル位置でのPID信号をコンピュータに取り込むことで表面形状像を得ることができる．

動作原理から明らかなように，AFMは観察環境を選ばない，すなわち溶液環境でも高解像な形状観察ができることから，1986年の発明直後から生物試料へ応用されてきた．これまでに多種多様なタンパク質，核酸，染色体から細胞までの多岐にわたる生物試料での観察例が報告されている．しかしながら，通常のAFMでは1枚の画像を取得するのに数十秒から分スケールの時間が必要なため，生体分子の動態を直接観察することは長い間できなかった．

AFMの高速イメージングに向けた装置開発は日本・アメリカを中心としたいくつかの研究機関で進められ，2001年に12.5 frame/s（fps）のフレームレートでタンパク質をイメージングできる高速AFMが最初に報告された．当初は，観察中に脆弱なタンパク質が破壊されたり，タンパク質間の弱い相互作用を乱さずに観察することは困難な状況であったが，その後の低襲浸化と高分解能化に向けた装置改良により，2008年頃に理論限界に近い20 fpsでタンパク質が機能している状態をリアルタイム撮影できる装置が完成し，現在では市販化もされている．

これまでに，高速AFMを用いてさまざまなタンパク質のダイナミクス，たとえば，モータータンパク質や膜タンパク質の構造変化，分子間の相互作用，膜中での分子の拡散や集合過程などの観察が報告されている．ここでは，バクテリオロドプシン（bR）の光誘起構造変化を観察した例を紹介する．

bRの光活性動態の可視化

bRは高度好塩菌の細胞膜に存在する膜貫通タンパク質で，細胞膜中で三量体を形成し，その三量体が六方格子状に配列した二次元結晶を構成している．bRの機能は光エネルギーを利用してプロト

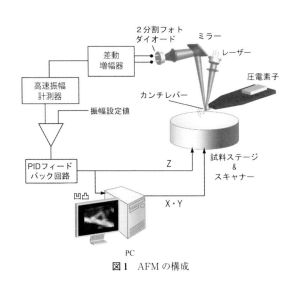

図1 AFMの構成

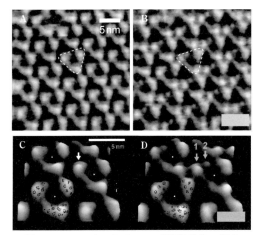

図2 バクテリオロドプシンの光照射前後の高速AFM像（口絵参照）

ンを細胞膜の内から外へ輸送することであるが，その際，光サイクル中のM中間体で細胞質側のFヘリックスが変位することがX線回折や電子顕微鏡，NMRなどにより示されている．しかし，計測手法によりFヘリックスの変位量は0.1 nmから0.35 nm程度の幅があった．図2に波長532 nmの光を照射前（A）と光照射中（B）のbR二次元結晶（細胞質側）のAFM像（1 fps）を示す．ただし，野生型bRの光サイクルは約10 ms程度であり，高速AFMの時間分解能よりもかなり速いために，光サイクルが野生型よりも1000倍程度遅いD96N変異体が使われた．光照射前後のAFM画像を見比べると大きな変化がみられる．光照射前では規則正しい三量体の配列（図中三角形）が見え，光照射により三量体の各bR分子が三量体の中心から外側に約0.7 nm移動する．光照射前と光照射中でbR分子の形状を比較すると，図2D中の緑色矢印で示すように，光照射時にbR分子の表面形状が主要な突出部とマイナーな突出部に分かれる．結晶構造で知られている7本のαヘリックスの位置と合わせてみると，主要な突起部はE-Fループに対応し，マイナーな突起部はヘリックスA, Bに対応していることがわかる．このことから，従来いわれているように光励起によりE-Fループが外側に変位しており，その変位量は従来考えられていた大きさ0.1〜0.3 nmよりもかなり大きいことがわかった．また，励起状態（構造変化している分子）の寿命は，pHの上昇とともに長くなり，可視吸収分光で計測されたM中間体の寿命よりも長いことがわかった．さらに，青色と緑色のレーザーの交互照射による構造変化の観察などから，構造変化はM中間体以降（すなわち，N中間体で）も続いていること，レチナールの異性化と構造変化が強くカップルしていることなどが示されている．また，構造変化した分子の寿命が隣接した分子の励起状態に依存し，二次元結晶内で分子間の協同性が存在することも示されている．このように高速AFMでは溶液環境下にあるタンパク質が機能している様子をサブnmの解像度で直接可視化でき，多くの分子の平均を計測する従来法では得ることが困難であった情報を得ることができる．また，最近の機能拡張により，バクテリアや細胞のダイナミクス観察や一分子蛍光顕微鏡との同時計測も可能になってきており，今後ますますの応用展開が期待される．

〔内橋貴之〕

遺伝子の蛍光ラベル化，蛍光標識
Fluorescence labeling of DNA

蛍光分子，DNA固相自動合成，DNAポリメラーゼ，FISH，DNAチップ

ヒトゲノム計画により2003年に約30億塩基対のヒトゲノムの全塩基配列が決定され，現在は遺伝子の機能解析に重点が移行したポストゲノム時代を迎えている．遺伝子の機能解析法として，遺伝子を蛍光分子で標識する手法が広く用いられている．本項では，DNAを蛍光分子でラベル化（蛍光標識）する手法を説明し，蛍光標識DNAを用いた遺伝子機能解析の応用例として，fluorescence in situ hybridization (FISH)，およびDNAチップ（DNAマイクロアレイ）について概説する．

DNAを蛍光分子で標識する手法は大きく分け，DNA固相自動合成機を用いてすべて化学合成する方法と，酵素（DNAポリメラーゼ）取り込みを利用する2つの手法が存在する．両者とも，蛍光分子を直接導入する方法と，官能基を導入したDNAを得た後に蛍光分子を結合する，ポストモディフィケーション法が用いられる．アミノ基修飾DNAと，蛍光分子 N-ヒドロキシスクシンイミド（NHS）活性エステルとの反応が最も一般的に用いられている．これにより，さまざまな発光波長を有する任意の蛍光分子でDNAを標識することができる．高感度な検出法として，DNA側にジゴキシゲニンを導入し，これを複数の蛍光分子で修飾した抗ジゴキシゲニン抗体で標識する手法が利用されている．

DNA固相自動合成機による蛍光標識

直接蛍光分子標識DNAを得る場合，蛍光分子アミダイト試薬を利用する（図1）．dG，dA，dC，Tの4種の天然塩基のアミダイト試薬に交えて，蛍光分子アミダイト試薬を用いることにより，DNA固相自動合成機上で塩基配列を入力するだけで，配列中の任意の位置（順番）に蛍光分子を導入したDNAを得ることができる．μmolの単位で合成可能であるが，鎖長は200塩基程度が限界である．DNA固相自動合成機を用いる際には，通常トリクロロ酢酸処理（酸性条件），ヨウ素酸化（酸化条件），アンモニア処理（アルカリ条件）を行う．これら条件で分解する蛍光分子に関しては，アミノ基などの官能基を有する修飾アミダイトを用いてDNAを合成した後に蛍光分子をDNAに結合する，ポストモディフィケーション法により蛍光標識がなされる．

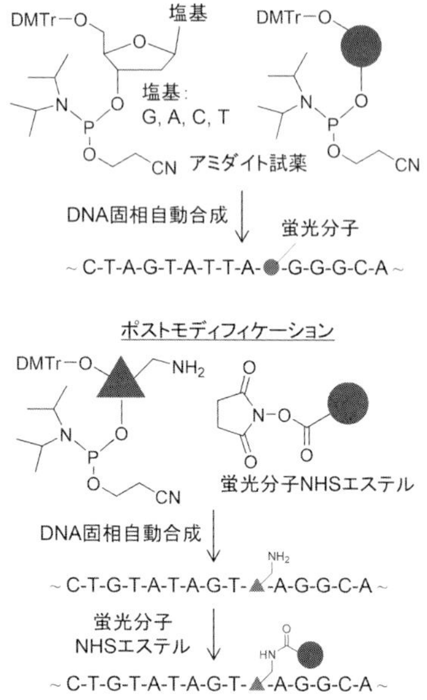

さまざまな種類の蛍光分子アミダイト試薬，官能基修飾アミダイト試薬，そして蛍光分子のNHS活性エステルが市販されている．これら市販の試薬を用いてDNA固相自動合成機で合成可能な蛍光標識DNA

図1 DNA固相自動合成機を用いたDNAの蛍光標識
NH_2はアミノ基修飾塩基，●は蛍光分子．

の多くは，受託合成サービスにより入手することができる．

酵素を用いた DNA の蛍光標識

かさ高い分子を導入しても酵素取り込みの妨げとなりにくいウリジンの5位が，通常蛍光分子の導入位置として選択される．天然の4種の三リン酸に加え，5位を蛍光分子で修飾したウリジンの三リン酸誘導体を用いることにより，酵素による DNA 合成の際に一部の T が置換され，蛍光分子標識 DNA が得られる．DNA 固相自動合成機を用いる場合と比較して収量は少ないが，1,000 塩基対を超える長鎖 DNA を得ることができる．蛍光分子修飾三リン酸誘導体は，蛍光分子の種類によっては酵素による取り込み効率が低い，あるいは蛍光分子取り込み後の鎖伸張が起こらないなどの問題を生じる．改変された酵素を用いることにより，蛍光分子の取り込みが可能となる場合がある．問題が解決されなければ，DNA 固相自動合成機を用いる場合と同様に，アミノ基などの官能基を有する三リン酸誘導体により官能基修飾 DNA を得た後に，ポストモディフィケーション法により蛍光分子の導入が行われる．

FISH

調べたい DNA 断片が染色体のどの位置にあるのかを決定するとともに，そのコピー数を知る方法である．スライドガラス上に固定された染色体に蛍光標識されたプローブ DNA（200〜500 塩基が最適とされる）を添加することにより，相補的な配列を有する部位に結合（hybridize）させ，蛍光顕微鏡で位置を特定することにより，染色体上での遺伝子のマッピングが行える．また，蛍光の強度比からそのコピー数を決定できる．複数の異なる配列および異なる発光波長を有する蛍光標識プローブ DNA を用いることにより，複数の染色体や遺伝子を同時にマルチカラー検出することも可能である．FISH は，疾病と深くかかわる特定遺伝子の検出や，染色体転座などの染色体異常の検出など，病理臨床検査で日常的に利用される技術となっている．

DNA チップ

すでに解読されている DNA の部分配列（1本鎖：20〜60塩基程度が広く用いられている）を基板上に高密度で多種配置したもので（数千〜数万配列），DNA マイクロアレイとも呼ばれる．検体細胞から抽出した mRNA を逆転写酵素で cDNA に変換し，この際に蛍光分子修飾三リン酸体を用いて cDNA を蛍光標識する．蛍光標識した cDNA を基板上の相補的な DNA とハイブリダイズして二本鎖を形成し，cDNA の結合位置，すなわち発現している遺伝子をスキャナにより蛍光検出・定量する．本手法により，遺伝子の発現パターンを網羅的に解析することができる．DNA マイクロアレイは，基礎研究用（トランスクリプトーム解析）のみならず，さまざまな疾患の検査・診断や各種薬剤感受性の検査などに利用される次世代医療機器として期待されている．

〔川井清彦〕

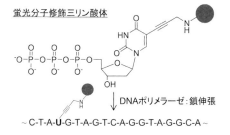

図2 酵素反応を利用した DNA の蛍光標識
●は蛍光分子．

タンパク質の蛍光ラベル化
Fluorescence labeling for proteins

遺伝子コードラベル化法，発現後ラベル化法，緑色蛍光タンパク質，ペプチドタグ，アフィニティラベル化

タンパク質を蛍光ラベル化することによって，バイオイメージングなどさまざまな観測技術が利用可能になる．特に近年のケミカルバイオロジーの進展に伴い，生体内反応を生きた細胞の中で直接観察することが重要になってきており，細胞内というきわめて複雑な系の中でタンパク質の局在や動態の時間的・空間的挙動を解析するために，タンパク質の細胞内における蛍光ラベル化技術が欠かせなくなってきている．タンパク質のラベル化技術は，遺伝子コードラベル化法（genetic encode labeling）と発現後ラベル化法（post-translational labeling）に大別できる．

遺伝子コードラベル化法

緑色蛍光タンパク質（green fluorescent protein；GFP）の遺伝子を導入することによって細胞内のさまざまな位置に蛍光性部位を作り出せることが見出されて以来，目的のタンパク質をコードする遺伝子に蛍光タンパク質を発現する遺伝子を組み込み，細胞内における標的タンパク質の局在を動的に観測することが可能となった．さらに，GFPの変異体が数多く作製され，現在では励起波長，発光波長，安定性などの観点から多くの蛍光タンパク質を選択できるようになっている．図1には，このような遺伝子コードラベル化法を利用して開発された，細胞内の信号伝達を担うカルシウム（Ca^{2+}）イオンをリアルタイムに検出するセンサーである「カメレオン」の概念図を示している．カメレオンは，シアン蛍光タンパク質（CFP）とイエロー蛍光タンパク質（YFP）を，Ca^{2+}イオンの結合により構造変化を誘起するカルモジュリンで接続した蛍光タン

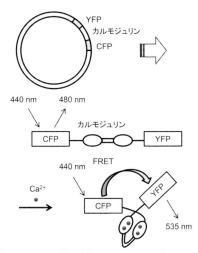

図1 タンパク質の遺伝子コードラベル化法の一例（カメレオン）

パク質である．Ca^{2+}イオン非存在下ではCFPからの蛍光が観測されるが，カルモジュリンにCa^{2+}イオンが結合するとCFPとYFPの距離が接近し，蛍光共鳴エネルギー移動（FRET）によりYFPからの蛍光が観測されるようになる．この原理は，2種類のタンパク質にそれぞれ異なる蛍光タンパク質をラベル化することにより，タンパク質相互作用をFRETにより観測する手法にも応用されている．

遺伝子コードラベル化法は，生細胞中で目的のタンパク質の局在や動態をリアルタイムで観察できる優れた手法であるが，蛍光タンパク質がタグとしては分子量が大きすぎるため，融合することによって目的タンパク質の本来の局在挙動や，他のタンパク質との相互作用が変化する可能性が懸念されている．そこでより小さなプローブを用いることができる発現後ラベル化法が活発に研究されている．

発現後ラベル化法

目的とするタンパク質を細胞内のように複雑な系の中で選択的に蛍光ラベル化する

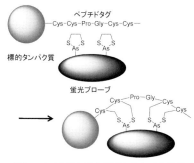

図2 ペプチドタグを利用したラベル化法

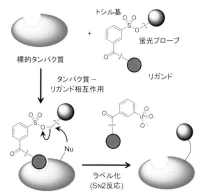

図3 トシル基を利用したアフィニティラベル化法

ことは容易ではない．たとえば，酵素の基質選択性を利用して，標的タンパク質と酵素の融合タンパク質を作製し，蛍光色素などを含む小分子プローブを自殺基質として反応させる方法などが用いられているが，比較的分子量の大きな酵素を融合させる必要がある．ここではより低分子量のタグとしてペプチドタグ（peptide tag）を利用する方法と，遺伝子操作を用いずに蛍光プローブを選択的に修飾するアフィニティラベル化法（affinity labeling）について取り上げる．

ペプチドタグを用いたラベル化法

この方法では短いペプチドタグを標的タンパク質に融合して発現させ，このタグと選択的に反応できる小分子プローブでラベル化する．たとえば図2に示すように，有機ヒ素化合物がシステイン残基と選択的に結合することを利用し，テトラシステインモチーフと呼ばれるペプチド配列をタグとして利用することが考案されている．このほかにも His タグ（His6 または His10）と抗 His タグ抗体や金属イオンのついた蛍光プローブや，D4 タグ（Asp4）と二核亜鉛錯体を接続した蛍光プローブなどの組み合わせが知られている．

アフィニティラベル化法

細胞内のような複雑な系の中でタンパク質を選択的に修飾する方法として，タンパク質とそのリガンドの特異的な相互作用を利用したアフィニティラベル化法が知られている．この方法では，リガンドと蛍光プローブ部位と反応基を接続した分子が，標的タンパク質と相互作用した後，結合部位近傍の求核性アミノ酸が反応することにより蛍光ラベル化が達成される．しかしながら，従来のアフィニティラベル化法ではリガンドがタンパク質の活性部位から解離せず，ラベル化に伴いタンパク質が不活性化する問題点があった．そこで近年，トシル基を利用することにより，標的タンパク質の蛍光ラベル化に伴い，リガンド部位が脱離する方法が開発された（図3）．

本項で取り上げたタンパク質の蛍光ラベル化は，ケージド化合物などの修飾に応用することにより，タンパク質の光機能制御に利用可能な技術であり，今後の展開が期待される分野である．

〔石田 斉〕

FRET（蛍光共鳴エネルギー移動）/BRET（生物発光共鳴エネルギー移動）

FRET/BRET（Fluorescence/bioluminescence resonance energy transfer）

FRET，BRET，構造変化，分子間相互作用，細胞内イメージング

FRET

蛍光共鳴エネルギー移動（FRET）は近接場の相互作用による，2つの異なる蛍光分子（エネルギー供与体（D）と受容体（A）間で起こる励起エネルギー移動である．最近，FRETは生体分子の分子内の構造変化，生体分子間の分子間相互作用や生きた生体細胞内でのタンパク質間相互作用を調べる技法として，幅広く応用されている．Dの励起状態から近くにあるAへエネルギーが移動すると，Aの励起状態が生成し，Aからの蛍光が観測される．DとAの間に起こる励起エネルギー移動速度定数（k_T）は，式（1）のように表現される．

$$k_T = \left\{ \frac{9000(\ln 10)\kappa^2 J}{128\pi^5 n^4 N_A r^6} \right\} k_f \quad (1)$$

n は溶媒の屈折率，N_A はアボガドロ数，r は D-A 間の距離，κ^2 は D と A のモーメントの相対的な向きを表す配向因子，J は重なり積分，k_f は D の蛍光速度である．式（1）からわかるように，FRET の効率（E_{FRET}）は供与体の発光スペクトルと受容体の吸収スペクトルの重なり積分（J），D と A の蛍光分子の遷移モーメントの配列の方向と r によって決定される．

したがって，D と A の J が大きいほど r が大きくなり，励起エネルギー移動が起こりやすくなる．換言すれば，E_{FRET} は D と A の双極子–双極子カップリングによる励起エネルギー移動であり，r の6乗に反比例する．

E_{FRET} は式（2）で表され，D の蛍光強度（F）や蛍光寿命（τ）の変化から求めることができる．

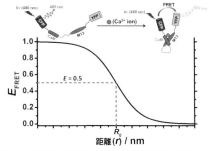

図1 FRETの原理とFRET法を利用した細胞内のCa^{2+}イオンセンサー

E_{FRET} はエネルギー移動効率，r はエネルギー供与体（D）と受容体（A）の距離），R_0 は E が 0.5 のときの距離．

$$E_{FRET} = \frac{k_T}{\tau_D^{-1} + k_T} = 1 - \frac{F_{DA}}{F_D} = 1 - \frac{\tau_{DA}}{\tau_D} \quad (2)$$

ここで，τ_D は D の τ，τ_{DA} は D-A の D の τ，F_D は D の F，F_{DA} は D-A の F である．

E_{FRET} は r に著しく依存するため（図1と式2, 3），生体分子に D と A を修飾し，FRET 法によって測定した r の変化から，生体分子の分子内の構造変化や，生体分子と別の生体分子との分子間相互作用が検討できる．

$$r = R_0 \cdot \sqrt[6]{\frac{1 - E_{FRET}}{E_{FRET}}} \quad (3)$$

しかし，細胞内ではタンパク質と DNA などのさまざまな物質が高密度に詰め込まれているので，蛍光分子の F は，FRET だけでなく，他の物質との非常に複雑な相互作用によって，蛍光消光が起こる場合が多いので，生体分子の構造変化の解析において注意が必要である．すなわち F の変化から求めた r の変化から，生体分子の構造変化および他の分子との相互作用を説明するのは十分ではなく，構造変化の正確な解明にはより多くの情報が必要である．そこで，最近，3つ以上の蛍光分子の F の同時測定による FRET 法が開発された．この測定法により，複数の蛍光分子間の r の変化を同時に測定すると，生体分子の三次元構造変

化や，2つ以上の多数分子間の相互作用をより正確に知ることができる．しかし，複数の蛍光分子間で起こる FRET と r との関係の正確な決定には，測定されたデータを2分子間の FRET で得られたデータで補正する必要がある．さらに，分子構造に対する事前情報なしに多分子間の距離を正確に測定し，より多くの情報を得るために，三色 FRET 法と，2つ以上の波長の異なるレーザーを迅速に交差させる ALEX 法を組み合わせた三色 ALEX-FRET 法も報告されている．この三色 ALEX-FRET 法では，① E_{FRET} に依存しない3つの励起分子間の相互作用の分析，②1つの溶液中に存在する単一，異種，3つの励起分子が修飾された各生体分子の分類と観測，③実質的な FRET が存在しない蛍光分子間の距離の測定，④従来法よりも高解像度での構造的不均一性の分析などが可能になって，酵素-基質混合物に Mg^{2+} を添加しながら反応を調べ，正確なデオキシリボザイムの分裂速度を単一分子レベルで実時間測定など，より複雑な生体分子の研究で利用されている．

FRET 法は D-A 間の距離の測定だけでなく，細胞内イメージングや細胞内プロセスの1つである飲食作用（エンドサイトーシス）など，細胞内での複雑な生命現象の直接観測にもよく利用されている．さらに，FRET 法は細胞内で行う生理学的な現象を単一分子レベルで調べられる単一分子蛍光分光法（SMS）で最も多く使用されている．SMS は，通常の多数分子実験（ensemble-averaged experiment）では観測できなかった多くの生理学的条件で起こる生命現象のより正確な反応機構とその不均一性に関する情報を提供する．

BRET

次に，生物発光共鳴エネルギー移動（bioluminescence resonance energy transfer；BRET）は，FRET とは異なり，D として発光物質を使用する．つまり，ルシ

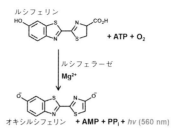

図2　ホタルルシフェリン-ルシフェラーゼ反応

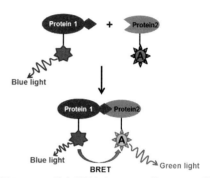

図3　BRET 法を利用したタンパク質-タンパク質相互作用の研究

フェリンを D とし，この D によって酸化されると励起状態のオキシルシフェリンが生成し，基底状態に戻るときに発光する（ルシフェリン-ルシフェラーゼ反応，図2）．

実際に，生物発光ドナーであるウミシイタケ（Renilla）ルシフェラーゼ（Rluc）融合タンパク質と，蛍光受容体である緑色蛍光タンパク質（GFP）融合タンパク質との間にエネルギー転移を用いてタンパク質-タンパク質相互作用の研究や，生物発光イメージングにも利用されている．（図3）FRET 測定では D を励起するための光源を使用するが，BRET 法では光源は使用しないので，バックグラウンドがきわめて低く，D の光退色という問題もないので，FRET 法より細胞内イメージングに適した方法である．

〔崔　正權〕

生物による発光分子の利用
Use of bioluminescent molecules in living things

発光タンパク質,発光基質,高輝度化,生体機能指示薬,イメージング

生物発光（luminescence）は,ホタル,魚,クラゲ,きのこ,バクテリアなど自然に存在する実にさまざまな生物から観察される.一般にこれら生物発光は生体内に存在する発光タンパク質ルシフェラーゼ（Luc）が,発光基質ルシフェリン（luciferine）を酸化することで引き起こされる.酸化されたルシフェリン（オキシルシフェリン）が励起状態から基底状態に戻る際,そのエネルギー準位に応じた波長の光が発せられる.今日では多くの Luc の遺伝子ならびに,ルシフェリンの構造が同定され,化学合成が可能となった（表 1）.

蛍光の代わりに生物発光を計測に使用する利点は,生物発光が励起光を必要としない点に尽きる.このために,①サンプルの光毒性・光応答を起こさない,②背景光がほとんどないために高感度である,③励起光が届かないような生体深部からのシグナルを得られる,といった特徴をもつ.そのために,生物発光は生命現象の計測ツールとしてさまざまな場面で広く利用されている.以下では,生物発光がどのような計測に使われているかについて概説する.

ATP 計測

ホタルの発光タンパク質ホタルルシフェラーゼ（FLuc）は,その発光基質ホタルルシフェリンを酸化する際に,ATP,Mg^{2+}を必要とする.このように,FLuc において ATP は必須因子でありその量に応じて発光量が変わるため,ATP の微量検出・定量（～10^{-10} M）が可能である.この方法は細胞内・試験管内の ATP 濃度の経時的計測に利用されている.また,微生物の検出にも応用できるため,微生物検査や清浄度検査にも利用されている.

遺伝子発現解析

解析したい転写調節領域（プロモーター,エンハンサーなど）を,発光レポーター遺伝子（各種 Luc 遺伝子）の上流に挿入したベクターを用いることで,転写活性を発光量で計測することができる.発光レポーター遺伝子としては,FLuc が最も多く用いられている.また,ウミシイタケルシフェラーゼ（RLuc）はセレンテラジンを発光基質とするため,FLuc と発光基質の違いを利用したデュアルルシフェラーゼアッセイに用いられる.また,近年では発光基質を同じくし発光色の異なる複数種類の Luc を用いることで発現量の定量化を行うマルチレポーターアッセイも行われている.カイアシルシフェラーゼ（GLuc）は細胞外に分泌されるため培地（培養液）中の Luc 活性を測定することで遺伝子発現のモニタリングができる.発光バクテリアルシフェラーゼは,特に細菌における遺伝子発現検出に利用されている.

イクオリンによる Ca^{2+} 計測

発光タンパク質イクオリンはアポイクオリン,分子状酸素 O_2,発光基質セレンテラジンからなる複合体である.イクオリンは FLuc などと異なり,Ca^{2+} との結合をトリガーとしてセレンテラジンを酸化し発光す

表 1 代表的な発光タンパク質

ルシフェラーゼ（由来生物）	発光基質	最大発光波長（nm）
ホタル	ホタルルシフェリン	560
ウミシイタケ	セレンテラジン	480
カイアシ*	セレンテラジン	480
ウミホタル*	ウミホタルルシフェリン	460
発光バクテリア	発光バクテリアルシフェリン	490

＊：分泌型.

る．この性質を利用し，イクオリンは蛍光性 Ca^{2+} 指示薬が開発される以前から神経細胞，心筋細胞，卵細胞の Ca^{2+} 測定に利用されており，今日でも利用されている．

遺伝子配列解析

FLuc が ATP を必要とすることを応用したのがパイロシーケンシングと呼ばれる遺伝子配列解析法である．この方法ではDNA の伸長反応に伴って遊離するピロリン酸の検出を原理とする．FLuc は ATP の検出にしか使えないが，ATP スルフリラーゼとアデノシン 5′-ホスホ硫酸を反応系に加えておくことで，遊離ピルビン酸から ATP が合成され検出が可能となる．反応系に加えるヌクレオチドを dATP, dGTP, dCTP, dTTP いずれか 1 種類にしておくことで，どのヌクレオチドが取り込まれたか区別できる．これを何度も繰り返すことで，数十〜数百塩基をシーケンシングができる．この方法は安価かつシンプルで大規模化が容易なため，一塩基多型（SNP）解析，次世代シーケンシンサーと幅広く利用されている．

Luc の高輝度化

Luc の高輝度化は，Luc 遺伝子の改変による方法と共鳴エネルギー移動（Förster resonance energy transfer）を利用した方法がある．遺伝子の改変による方法では，発光量子収率の改善，発光基質のターンオーバーの改善，安定性の改善が行われている．共鳴エネルギー移動を利用した方法では，Luc に適切な蛍光分子を結合させることで量子収率の大幅な改善を行うことができる（図 1）．ここでは，RLuc と黄色蛍光タンパク質 Venus を融合させたナノ・ランタンと RLuc 単独のスペクトルを示している．発光強度が大きく改善されているのがわかる．以前は微弱な生物発光のシグナルでは細胞や個体をリアルタイムに可視化（イメージング）することが非常に困難であ

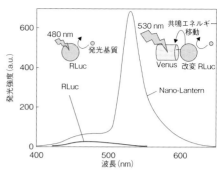

図 1　高輝度発光タンパク質

ったが，このような Luc の高輝度化により単一細胞のイメージングや in vivo のビデオレートイメージングが可能となった．

Luc のタンパク質間相互作用検出，細胞機能指示薬への応用

Luc を利用したタンパク質間相互作用検出は分割 Luc による方法と共鳴エネルギー移動を利用した方法がある．前者では適切な部位で Luc を N 末端側，C 末端側に分割し，相互作用のあるタンパク質をそれぞれに融合させる．分割された Luc は発光基質を酸化する活性をもたないが，タンパク質が細胞内で相互作用した際に，分割した Luc 同士が近接し元の Luc としての活性を回復する．Luc からの発光を計測することでタンパク質の相互作用を検出することが可能となる．

Luc を利用した生理活性因子指示薬は，前述した Luc の分割位置に，計測したい因子（Ca^{2+}，ATP，cAMP など）と結合し構造が変化するタンパク質ドメインを挿入することで行う．因子が結合することで Luc 活性が変化するため，発光量の変化として因子を検出することができる．この方法でさまざまな指示薬を作成することができる．

〔永井健治〕

182 オプトジェネティクス
Optogenetics

光操作, 発色団, イオン輸送, 構造変化

オプトジェネティクスとは，オプト（光）とジェネティクス（遺伝学）が融合した造語で，日本語では光遺伝学と訳される．その実体は，"光"により，"遺伝子"にコードされた分子を操作し，細胞の動き，形態，生理応答を制御すること（optical control）で，生命機能の理解につなげる手法（学問）である（本来の遺伝学とは少し意味合いが異なる）．本項では，オプトジェネティクスに用いられる分子群とその利用範囲について概説する．

光受容タンパク質

通常，タンパク質は無色であるが，動物・微生物のレチナール（ビタミンAのアルデヒド誘導体）や植物のフラビンなど，可視部に吸収をもつ分子（発色団）と結合することで，さまざまな色を呈するようになる．これにより，タンパク質は可視光を吸収する能力（光受容能）を獲得する（図1）．発色団が光で励起されると，異性化や電子移動などの反応が駆動され，タンパク質の構造変化を通じて，最終的にさまざまな生理機能が発揮される．これら天然の光応答性を利用あるいは改変し，生命現象を理解するためのツールとして利用する試みが盛んに行われている．たとえば，クラゲ由来の緑色蛍光タンパク質やホタルルシフェラーゼに代表される蛍光・発光タンパク質の利用および改変により，生命現象を可視化することができる．また，合成分子の利用も盛んで，ケージド化合物やフォトクロミックRNAによる生命現象の光制御が試みられている．

2005年に，遺伝子にコードされた光受容タンパク質を用いて，任意の時間と場所で，可逆的に生物機能を操作する手法（オプトジェネティクス）が確立された．この手法は，その後10年足らずで，神経科学者を中心に爆発的に利用され，今や生命科学者にとって重要な技術の1つとなっている．

イオン透過型レチナールタンパク質

手法の開発以来，最もよく用いられているものは，レチナールを発色団とするタンパク質である（図1）．動物の視覚・色覚を司る分子群（タイプII）が有名であるが，一般にこの種の受容体は光励起により不可逆的に退色するため，繰り返し刺激ができない．そのため，光で退色しない微生物型（タイプI）がおもに用いられている．

1971年に，高度好塩性古細菌 *H. salinarum* からレチナールを発色団とする光駆動H^+ポンプが発見された．その後，続々と関連タンパク質が発見され，現在では万を超える分子が発見されている．その中で，2002年に真核生物のコナミドリムシより発見されたチャネルロドプシン（ChR）は，光励起によりカチオンを濃度勾配に従って透過（チャネル）する分子である（図2）．

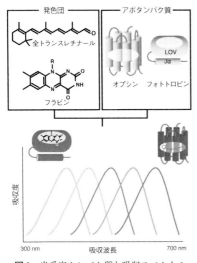

図1　光受容タンパク質と吸収スペクトル

一般に，動物の脳神経系の活動は，イオンの流れ（活動電位）で制御されているため，ChR を細胞に発現させれば，光励起により脱分極が起こり，活動電位が生み出されるはずである．実際，2005 年に，ラットの神経細胞と ChR を用いて，光による神経細胞の興奮が実証された．

一方，イオンポンプ型分子は，その逆の作用を引き起こしうる．すなわち，光励起により過分極を誘起し，神経活動を抑制させると考えられる．しかしながら，よく研究されている H. salinarum のイオンポンプが動物細胞では発現しないこと，ポンプはチャネルと比べて単位時間あたりに運べるイオンの絶対量が少なく，活動電位を変化させるほどの変化が期待できないとの懸念から，その利用は遅れた．しかし，2007 年に，高度好アルカリ性菌 N. pharaonis 由来の Cl⁻ポンプ・NpHR を用いて（図2），生きたマウスの行動を光で抑制できること，2010 年にさまざまな微生物由来 H⁺ポンプのスクリーニングから，アーキロドプシン 3（AR3）やカビ由来の分子（LR）が効果的に神経活動を抑制することが示された．また，イオン透過ゲートの開閉時間や吸収波長を改変した変異体の作成も進んできている．

このように，さまざまな個体や細胞の活動を光により高い時空間分解能で制御することが可能となった（図2）．これにより個々の細胞の役割やつながりを，生きた個体の中で調べることができるようになった．

光誘起構造変化の利用

分子の光誘起"構造変化"を利用したオプトジェネティクス研究も盛んに行われている（図2）．たとえば，植物の青色光受容体の LOV ドメインでは，発色団・フラビンが光を吸収した後，C 末端 α ヘリックス（Jα）に構造変化が起こる．Jα の後ろに制御したい分子をつなげ，光刺激によりその

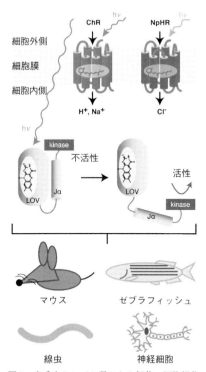

図2　光受容タンパク質による個体・細胞操作

活性を ON にすることができる（図2）．また，ラン藻アナベナ由来のレチナールタンパク質は，光励起により C 末端ドメインが構造変化し，暗状態での転写抑制能が失われる．この分子を使って，光により任意のタンパク質の合成を開始させることができる．さらに，光応答性のウシロドプシンに別のタンパク質の一部分をつないだものや，光で退色しないタイプ II 型レチナールタンパク質を用いて，情報伝達分子である三量体 G タンパク質（Gs, Gq）の活性化に成功した例も報告されている．

このように，神経活動制御から始まったオプトジェネティクスは，あらゆる生命現象の制御へと拡張しつつある．　〔須藤雄気〕

放射光構造生物学,放射光生体イメージング

Biological imaging and structural analysis by synchrotron radiation

放射光,生体物質の構造解析,イメージング生命機能の解明

放射光とは,相対論的な速度で運動している高エネルギーの電子などの荷電粒子が,磁場で曲げられたときに,その接線方向に放射される電磁波であり,赤外線,可視光線,紫外線,X線がある.加速器(シンクロトロン)を用いて得られることから,シンクロトロン放射光とも呼ばれる(図1).放射光は,①非常に明るい,②細く絞られ,広がりにくい,③広い波長領域を含む,④パルス光であるなどの優れた特徴をもつ.このため,生体関連物質の構造解析や性質の調査に加えて,種々の環境下での物質の変化,化学反応や物質変化をもたらすトリガーとして用いられている.

とりわけバイオサイエンスの分野においては,医療における診断への応用やタンパク質や核酸の立体構造の解析をはじめとして,放射光は生命現象の解明に幅広く活用されている.こうした最新技術の活用による生体関連分子の構造解明や機能の理解が進むことによって,疾患の新しい治療方法や診断方法の開発が進むものと期待されている.本項では,X線を中心に,放射光の構造生物学や生体イメージングへの応用について解説する.

X線結晶構造解析

生物は多種多様な分子が複雑に作用し,相互作用することによって機能を維持している.その機能を明らかにするためには,各種生体内分子の構造を原子レベルでの三次元構造を明らかにすることが必要である.これを実現するための強力な手法がX線結晶構造解析法である(図2).調べたい物質を結晶化させると,規則正しく並んだ多数の同一分子がつくる反復構造(結晶)ができる.この結晶に,短い波長の光であるX線が照射されると,分子を作り上げている原子1つ1つの周りの電子雲により,X線が散乱される.この散乱X線が干渉現象を起こすため,分子の並び方に従って,ある特定の方向にだけ強められ,回折像が得られる.回折像のパターンは物質の構造を反映しているため,像を解析することによって,物質の立体構造が特定できる.

しかし,タンパク質などの生体内分子の結晶化は困難なことが多く,よい結晶を得るためには,高い技術と労力が必要となる.結晶の作成が困難な物質の解析には,輝度が高く,かつ波長を容易に変えることが可能な光源(Spring-8 など)が有効である.構造を決定するために重要な情報である位相の情報を,異なる波長を複数用いることによって得ることができる.得られるデータから算出される電子密度は,結晶分子を

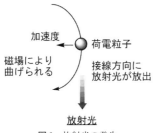

図1 放射光の発生

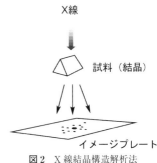

図2 X線結晶構造解析法

構成する原子周りの空間的配置であり，位相が正しければ，原子配置が決まる．この手法は多波長異常分散法（multi-wavelength anomalous diffraction method；MAD法）と呼ばれ，位相をたった1つの結晶で決定できる．

X線イメージング法

1895年にレントゲンにより発見されて以来，X線は高い生体透過性と直進性をもつことから，医療における診断分野で幅広く用いられてきた．現在，生体内を非侵襲的に可視化する診断手法として，X線による生体イメージングは欠かせないものとなっている．

X線を物質に照射すると，光電効果，コンプトン散乱，トムソン散乱などの相互作用が起こる．X線イメージングでは，これら相互作用を経て物質を透過したX線から，強度ならびに物質固有の吸収係数について処理し，画像を得ている．医療応用が最初に試みられた冠状動脈造影では，造影剤としてヨウ素が用いられた．血中にヨウ素を投与した後，光電効果によりX線吸収が大きく変わるヨウ素K吸収端前後で画像を取得することによって，血管のみの可視化に成功している．

最近では，X線の吸収ではなく，位相情報を用いた高感度のX線イメージング（X線位相コントラスト法）も進められている．X線は波としての性質をもっているため，物質（生体組織）と相互作用する際に，位相（波の位置）がズレる．このズレ（位相シフト）の変形量を画像取得に用いる手法が位相コントラスト法である．この手法はX線の吸収を用いる画像化手法と比べて約1000倍高い感度をもつうえ，造影剤を必要とせずに，生体軟部組織を可視化できる．今後，画像の高分解能化などさらなる医療診断分野での発展が期待されている．

X線顕微鏡

生きた細胞や組織，さらには生体内分子の構造を観察することは，生体機能の解明に不可欠である．可視光を用いた顕微鏡をはじめ，最近では原子間力顕微鏡（AFM）や走査型トンネル顕微鏡（SEM）を用いてそれら生体内の微小構造を観察することが試みられている．しかし，可視光を用いた顕微鏡では，用いる光の波長（約500 nm）以下の構造を観察することはできない．また，AFMやSEMは一般に平面構造の可視化を得意とする一方，3次元構造の詳細は可視化が難しいことも多い．特に，構造体の表面から隠れた部分の構造や構造体内部の構造は観察することができない．こうした問題点を克服すべく，X線顕微鏡が開発され，生体分子の構造解析，機能解析への応用が進められている．X線顕微鏡は以下のようなメリットをもつ．①X線は可視光に比べて波長が短いため，より微細な構造を観察可能である．②染色の必要がなく，厚い材料の観察が可能である．

X線領域では，物質の屈折率が1に近いため，可視光のようにレンズを作成することができない．したがって，鏡面すれすれに入射させ，全反射を起こさせることにより，結像する手法（斜入射線）や，回折現象を利用したゾーンプレートが集光・結像に活用されている．微小環境を観察する類似手法として電子顕微鏡が挙げられるが，X線顕微鏡では電子顕微鏡とは異なり，試料を乾燥させる必要がないため，生きた状態の細胞を観察することが可能である．軟X線顕微鏡を用いると，水を含んだ状態の試料で100 nm以下の大きさの構造を観察することができる．　　　　　〔田邉一仁〕

生体光イメージングと分子イメージング
Biological optical imaging and molecular imaging

細胞, オルガネラ, 近赤外蛍光, 生体組織

光を用いた生体イメージングは, 放射光イメージングと比較して, 大規模な装置を必要としない, 時空間分解能が高い, 安全で操作が容易であることが挙げられる. このため, 細胞内にあるタンパク質や微量金属などの生体関連化合物の分布および定量, また, pH, 温度など細胞内局所環境の可視化（イメージング）, さらに生体内で起こるさまざまな生命現象をリアルタイムにイメージングすることが容易にできる. 一方, 個体を対象とした場合, 可視光や赤外光領域の光は, 生体組織中に存在する水やヘモグロビンに吸収される. また, 個体内で散乱した励起光や自家蛍光によるバックグラウンドノイズが発生するため, 生体深部をイメージングするためには条件を最適化する必要がある. 本項では, 細胞および組織を対象とした光イメージングについて概説する.

蛍光試薬を用いた細胞の光イメージング

細胞（接着細胞）は薄く比較的に透明であるため, 可視光領域の光を用いて容易にイメージングすることができる. また, 特定のオルガネラ局在性を示す小分子蛍光試薬と共焦点レーザー顕微鏡を用いることにより, 単一細胞内のオルガネラ分布やそこで起こる生命現象をイメージングすることが可能である. たとえば, ミトコンドリア局在性蛍光試薬（JC-1）を培養細胞の培地に添加すると, 細胞内に移行しミトコンドリアに局在する. これはミトコンドリア膜が負に帯電しているためである. JC-1の特徴は, ミトコンドリアの膜電位に依存して, 蛍光色（スペクトル）が変化することである. ミトコンドリアの膜電位が低い場合,

図1 JC-1の構造式とミトコンドリア内分布

JC-1は緑色蛍光（極大波長527 nm）を示す. 一方, 膜電位が高い場合, JC-1の蓄積量が増加しJ会合体を形成し, 橙色蛍光（590 nm）を示す（図1）. 細胞がアポトーシスを起こすときミトコンドリアの膜電位が低下することが知られており, JC-1の蛍光からアポトーシスした細胞をイメージングすることが可能である.

細胞内においてCa^{2+}は外部からの刺激に応じて種々のタンパク質の働きを変化させるシグナル伝達物質として働いており, 細胞内Ca^{2+}濃度をリアルタイムで知ることが重要である. Ca^{2+}検出蛍光試薬としてFura-2やIndo-1が開発されている. これらの試薬は細胞内においてCa^{2+}と錯体を形成する. 特にIndo-1は, 錯体形成の前後で蛍光極大波長が大きく変化するため, レシオ測定を行うことでCa^{2+}濃度変化の定量化および濃度分布のリアルタイムイメージングができる.

生体組織における光吸収と光散乱

個体を対象とした光イメージングでは, 光吸収と光散乱を考慮する必要がある. 可視から赤外光領域の光を組織に照射すると, 可視光はおもにヘモグロビンに吸収され, 赤外光は水に吸収される. 一方, 700〜1100 nmの近赤外光はこれらの物質に吸収される割合が少なく, 組織深部へ浸透する

ため，この波長領域は"生体の光学的窓"と呼ばれている．たとえば，515 nm のアルゴンイオンレーザーの光は約 300 μm の浸透であるのに対して，830 nm の半導体レーザーや 1064 nm の Nd^{3+}：YAG レーザーでは約 1400 μm 浸透する．一方，生体組織が光を散乱する強さは，波長が長くなるにつれて徐々に弱くなる．そのため，ヘモグロビンや水の吸収が強い波長域では散乱よりも吸収が強いが，近赤外光では，吸収よりも散乱が強い．生体組織内の光伝播に関しては，1990 年代に勢力的に研究が行われ，波長に対する吸収係数や散乱係数などの光学特性が報告されている．しかし，計測法や算出法が統一されていないことに加えて特定の組織に対してのみのデータしかない．近年，計算機を用いたシミュレーション法が発達し，実測と併用することにより，組織内の光伝播挙動に対して新しい知見が得られるようになった．

近赤外蛍光試薬を用いた生体組織の光イメージング

光を利用して生体組織をイメージングする場合，バックグラウンドとなる生体由来の自家蛍光を可能な限り抑えて，画像の S/N 比を高くすることが重要である．自家蛍光の要因の 1 つして，マウスに与える餌がある．餌に含まれる植物成分が蛍光を示すため，この成分を含まない低蛍光バックグラウンド飼料を与えることで影響を低減できる．また，他の要因としては，もともと生体内に含まれる成分によるものがあり，これら自家蛍光の強度は励起波長と観測波長に大きく依存する．たとえば，励起波長 690 nm，観測波長 810 nm における自家蛍光強度を 1 とすると，励起波長 635 nm，観測波長 670 nm での自家蛍光強度は約 5

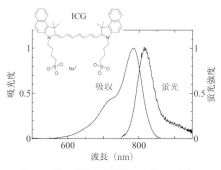

図 2 ICG の構造式と吸収，蛍光スペクトル

倍となる．このため，近赤外光領域に吸収・蛍光を示す色素が有効である．

インドシアニングリーン（ICG，図 2）はシアニン骨格を有する色素であり，近赤外光領域に吸収（極大波長 784 nm）および蛍光（極大波長 816 nm）を示す（図 2）．

ICG は肝機能検査試薬として広く用いられており，ヒトへ投与できる色素である．生体内に投与された ICG は，肝臓に集積する特性があり単独で投与した場合，肝臓がイメージングされる．このため，化学修飾を施したり，リポソームを用いて血中滞留性を向上させる必要がある．ICG は分子内にスルホ基を有しているためさまざまな修飾が可能であり，タンパク質や抗体を ICG で標識した試薬が開発されている．これら試薬を担がんマウスに投与し，*in vivo* イメージングシステムを用いてマウス内に分布する腫瘍のイメージングや，同一個体を用いた腫瘍成長の経時変化をイメージングする研究が進められている．現在，ICG 以外の近赤外蛍光試薬の開発が急速に進んでおり，今後，光を用いた生体組織イメージングは，ますます重要となる． 〔吉原利忠〕

一分子蛍光イメージング法
Single-molecule fluorescence imaging

一分子,蛍光,顕微鏡

タンパク質やDNAなどの生体分子の運動,構造変化,化学反応過程を明らかにすることは生命現象を理解するうえで重要な鍵となる.従来の生化学研究では,生体分子の性質を多数分子の平均値として表してきた.しかし,実際の生体分子はそれぞれ異なる環境下で複雑な挙動を示しているはずである.たとえば,タンパク質の変性過程をみても,フォールディング状態とアンフォールディング状態の間にどのような構造中間体が存在しているのかを知ることは容易ではない.もし,一分子ごとに変性過程を観察することができれば,中間体の有無はもちろん,構造変化のダイナミクスに関する知見も得ることができるであろう.一分子計測は技術的に難しいが,①解釈が一目瞭然,②反応の素過程がわかる,③反応や構造のゆらぎや不均一性がわかる,④力など反応速度以外の物理量がわかる,などの長所がある.

一分子蛍光検出の歴史

一分子の蛍光検出については,1970年代のHirschfeldの研究にまでさかのぼることができる.彼は,γ-グロブリンというタンパク質に100分子程度の蛍光色素を修飾することで,溶液中に存在するタンパク質一分子の蛍光検出に初めて成功した.その後,1990年代になり,全反射照明蛍光顕微鏡(total internal reflection fluorescence microscope;TIRFM)を用いることで,1個の蛍光色素で修飾した1個のタンパク質を可視化することに成功した.それ以降,蛍光顕微鏡を用いた生体分子の一分子イメージングは,生物学を中心にさまざまな分野において著しい発展を遂げている.最近で

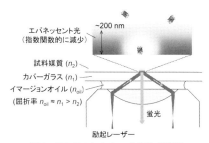

図1 TIRFMによる一分子蛍光観察

は,蛍光標識したヌクレオチドを用いてDNAの複製過程を一分子レベルでイメージングするDNAシーケンサー技術が開発され,ゲノム解析への応用が期待されている.また,一分子が確率的に明滅する(ブリンキングという)性質と輝点位置をnmの精度で決定できる計測技術を組み合わせることで,光の回折限界を超えた空間分解能をもつ超解像蛍光イメージング法が開発された.

TIRFM

TIRFMは,カバーガラスと試料媒体との境界面で生じるエバネッセント光を励起光源とした顕微鏡である.拡散しない光源が必要なため,通常レーザー光源が用いられる.図1に示したように,油浸対物レンズから光学オイル(イマージョンオイル)を介してカバーガラスと試料の境界面で全反射を起こす角度でレーザー光を入射させる.この境界面で生じるのがエバネッセント場であり,厚さ数百nmのみが照明される.そのため,背景光の非常に少ない暗い状態で,ガラス近傍の分子のみを励起することができる.この特徴から,溶液中はもちろん細胞中においても一分子からの微弱な蛍光が観察しやすくなる.また,一分子蛍光観察には,高感度な検出器が必要であり,一般には,電子冷却した電子増倍型CCDカメラがよく用いられる.分光器や短パルスレーザーを導入することで,分子ご

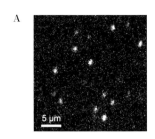

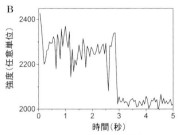

図2 GFPの一分子蛍光イメージ（A）と蛍光強度の時間変化（B）（励起波長488 nm；観測波長510～550 nm）

との蛍光スペクトルや蛍光寿命の測定も可能となる．

TIRFMを用いて緑色蛍光タンパク質（Green fluorescent protein；GFP）の一分子蛍光を観察した例を図2に示す．同一の蛍光分子を長時間観察するには分子をガラス表面近傍に固定化する必要がある．ここでは，ガラス表面のニッケル錯体とGFPのヒスチジンタグとの結合によって固定化しているが，ほかにもベシクル中に閉じ込めて固定化する方法がある．

図2Aに示したように，一分子からの蛍光は夜空の星のように見える．一分子研究を行ううえで，観察している分子が本当に1個であるかどうかを確認することは非常に重要である．少なくとも，①一段階の消光を示すこと，②輝点数が色素濃度に対し線形に依存することは確認したい．図2Bに示した輝点強度の時間変化では，3秒付近で蛍光強度が背景光レベルまで一段階で減少している．これは，GFPがレーザー照射によって光退色したことを示している．分子の種類にもよるが，1個の蛍光分子が発することができる光子の総数は限られている（GFPは約10^5個）．したがって，同一分子を長時間観察するためには，可能な限り光退色を抑制する必要がある．具体的には，①レーザー強度を抑える，②不活性ガス（アルゴンや窒素）雰囲気にする，③ポリマー薄膜中に閉じ込め，酸素との反応を抑える，④退色防止剤（β-メルカプトエタノールやジチオスレイトール）を添加する，などが有効である．発光強度が強く，ほとんど退色しない発光性量子ドットも蛍光標識として利用されるが，高頻度のブリンキングが問題となる場合がある．今後，退色せず，かつブリンキングを示さない蛍光分子の開発が望まれる．

観察中，一分子の蛍光強度が時間によって大きく変動する現象がたびたびみられる．いわゆる蛍光ブリンキングと呼ばれる現象で，分子が蛍光を発する状態（ON状態）と発しない状態（OFF状態）を可逆的に行き来しているためで，一分子検出の証拠の1つとされている．ブリンキングの要因としては，①暗状態である励起三重項状態への遷移，②電子移動によるラジカルイオン状態への変化，③非蛍光性の分子コンホメーションへの変化，④局所環境の変化などによるスペクトル拡散，などが考えられている．したがって，ブリンキング挙動を定量的に解析することで，分子の構造変化や化学反応に関する情報を得ることができる．これらの知見は，生体分子の発光機構や触媒反応機構を理解するうえで大きな助けとなる．一分子蛍光イメージング法は比較的新しい手法であり，今後さらに応用展開される見込みである． 〔立川貴士〕

186

生物光学顕微鏡
Optical microscope for biological research

蛍光顕微鏡，偏光顕微鏡，位相差顕微鏡，微分干渉顕微鏡，暗視野観察

光学顕微鏡は，その創生期から医学や生命科学に用いられてきたが，古典的な基礎測定まで含めると膨大な数の手法を解説しなければならない．ここでは主として細胞や微生物を研究対象とした研究に頻繁に用いられる測定法を中心に取り上げる．

現代生命科学の観察対象は，細胞に代表される微小かつ厚みの薄い試料であることが多い．透過測定が容易である一方で，試料の透明度が高く（屈折率変化が小さく）肉眼やカメラなどでとらえにくい．そのため，高感度化を目的に，蛍光プローブを用いることや，偏光や投光を工夫したさまざまな測定手段が用いられる．

蛍光顕微鏡

蛍光ラベル剤や遺伝子で導入された蛍光タンパク質を含んだ化学種，薬剤，リガンド，抗原や抗体を用いると，濃度の低い化学種でも高感度に検出できる．通常の染色法と同じく特定の組織や器官を美しく染色する目的にも用いられる．

最も一般的に用いられるのは，対物レンズを通して励起光を与え，観察にも同じ対物レンズを用いる落射式蛍光顕微鏡である．キセノンランプなどの幅広い波長で励起し，画像で空間分解を行うので，複数の蛍光色素からの発光を各点の励起波長で区別することができないが，フィルターを用いることで発光波長での分離は可能である．分子レベルあるいは組織レベルでの各種相互作用を議論することが多い．また，走査型共焦点レーザー顕微鏡（LSM）も最近ではよく用いられる．

暗視野観察

試料に照射した照明光をそのまま見る明視野観察に対し，暗視野（dark field）観察では，照明光を対物レンズに入れないように斜め位置などから照射し，試料が散乱した光を観察する．この方法により解像限界（約200 nm）よりも小さな物体の存在や動きを観察できる．対物レンズに適した暗視野コンデンサを用いるだけで簡単に実現し，細菌の鞭毛や微小管などの観察に用いられている．

偏光顕微鏡

光路内に偏光子を挿入し，試料の偏光特性を，明暗のコントラストとして判別するのが偏光顕微鏡（polarization microscope）である．通常はオルソスコープと呼ばれる偏光した照明でつくられる偏光した画像を得る方法を用い，オープンニコルとクロスニコルの2つの手法がある．前者では明視野で偏光特性の強いものが暗く映り，後者では暗視野で，偏光の波長依存性により干渉色が観測できる．

生体系においては，規則構造のあるものとランダム構造あるいはガラス状態のものを区別する目的で用いられる．生物骨格には偏光特性を示すものが多く，アクチン繊維やアミロイドを選択的に区別するのに用いられる．たとえばコンゴーレッド色素を用いれば，アミロイド沈着（アミロイドーシス）を確認する最も簡単な方法となる．

また，細胞分裂の際に見られる紡錘体の観察に用いられ，細胞周期や細胞死の研究，また人工授精における受精操作には必要不可欠な観察手法である．また生体内のアスベストを他のガラス状繊維と区別するためにも用いられている．

位相差顕微鏡

透明，もしくはほとんど透明な媒体（たとえば無染色の細胞や微生物）を光線が通過するとき，各点の厚みや屈折率が異なると，それらを透過した光に位相差が生じる．この位相差を強調する光学系を用いて，透明な試料のコントラストを明瞭にするのが，

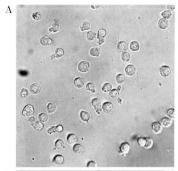

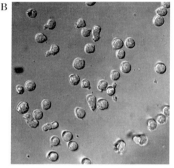

図1 同一試料(リンパ球BAF)を位相差検鏡(A)と微分干渉検鏡(B)で観察した画像

位相差検鏡(phase contrast microscopy)である(図1A).アメーバ,白血球,細菌など透明度の高い試料に適している.

この測定には,視野にドーナツ型のスリットを組み込んだ位相差コンデンサと,リング状の位相膜の中心に減光フィルターを組み込んだ位相差対物レンズを用いる.試料を通過した透過光は,直進するバックグラウンド光とスリットで回折した一次回折光の和で近似できるが,前者は対物レンズ中心の光学系により適度に減光され,リング部分を通過した後者が強調される.

実際に観察すると試料境界付近にハロと呼ばれるオーラのような光が発生する.ハロがあると輪郭が見やすくなる一方,微細な構造が見えにくいので調整が必要である.

この観察法は,10 μm より厚い試料の測定には向かないが,細菌や微生物の観察に適しており,後述の微分干渉検鏡に比べて,光学系が安価であることから,たとえば歯科医院において,歯周病菌など口腔内細菌を判別するのに盛んに用いられている.

微分干渉顕微鏡

位相差測定に類似しているが,屈折率により,物体を通る光に小さな位相差が生じることによって起こる干渉特性を利用するのが微分干渉検鏡(differential interference contrast microscopy)であり(図1B),同様に透明な試料の測定に適している.

必ず線偏光光源を用い(LSMのレーザー光でもよい),それを互いに直交する2つの偏光に分割する.この2つの光を,光学分解能以下の距離(通常は約0.2μm:シア量という)ズレた異なる試料位置を通過させ,一種の二重像をつくる.物質の厚さや屈折率の差(二色性)により2つの偏光間に生じるわずかな位相差を強調する光学系を用いることにより,立体的な陰影のついたレリーフ状の像を得ることができる.

陰影の方向は偏光子の向きに依存するので,画像に偏光方向を示すのが望ましい.明瞭な像を得るために,その都度プリズムを調整するが,線偏光に平行な構造が見えないことに注意する.また,光学系に光学ひずみが存在してはならないので,プラスチック容器を挟むことはできない.

位相差検鏡と比較すると,ハロがない分,高画質で明るい像が得られる.コントラストは,試料の厚さだけでなく屈折率変化を反映し,数100μm程度のかなり厚みのある試料でも測定が可能である.一方で染色された試料や,蛍光ラベルされた試料での観察には向かない. 〔丑田公規〕

共焦点顕微鏡,二光子励起蛍光顕微鏡

Confocal microscopy and two-photon excitation microscopy

レーザー走査型顕微鏡,蛍光イメージング

共焦点顕微鏡と二光子励起蛍光顕微鏡は,レーザー光をスキャン(走査)しながら,生体試料からの蛍光を検出し,三次元画像を得ることのできるレーザー走査型顕微鏡である.

共焦点顕微鏡

共焦点顕微鏡では,レーザー光源と2つのピンホールを用いることによって,解像度の高い三次元イメージを構成可能な顕微鏡の一種である.試料上のある1点を光照射することで照明し,その1点からの発光を1点検出できる装置(共焦点光学系)を用い,各点の情報を集めて,二次元あるいはz軸方向を含めたスキャニングを行うことで,画像を再構成し,三次元画像を得ることができる(図1).具体的には,まず,レーザー光を直径数十μmのピンホールに照射することで余分な光を除去することで点光源を作製する.その点光源が試料面で焦点を結ぶように集光して,照射し,そこにある蛍光分子を励起する.そこから発せられる蛍光を,第二のピンホールで焦点が合うように設計することで,微小なスポットからのシグナルを1点としてとらえることができる.

このようにしてできる,ピンポイントの1点からの情報を,ガルバノミラーと呼ばれる鏡を回転させて光照射を行う1点の位置を変えることで,照射するレーザーを走査する.試料焦点面すべてにおいて二次元的(xy方向)に光電子増倍管などで検出することで,その画像を再構成しイメージを得る(図1).また,縦方向(z方向)に焦点位置を変えた画像を連続的に撮り積算することで,三次元の画像を再構成することもできる.このようなシングルビームスキャン共焦点光学系では,ピンホールで焦点を結ばない光をカットし,焦点面にあった部分からのシグナルのみを観測できるため,高感度でコントラストの高い像を得ることができる.

この共焦点系を用いることで,上記の強度に基づく二次元画像の取得に加え,生物イメージングでは,発光の寿命やスペクトルに関する情報も同時に得ることができる.特に共焦点中の微小空間に蛍光色素が存在する時間を観察し,その相関関数のグラフとして表現することで,細胞内の生体分子の相互作用を解析することも可能である.そのほか,この共焦点系を用いることで,FRAP(fluorescence recovery after photobleaching)と呼ばれる手法を用い,一度退色させた部分での蛍光の回復を観察することで,生体分子の動きやすさを調べることもできる.

しかしながら,スキャンするシングルビーム方式では,スキャンに時間がかかることなどから,生きた細胞の蛍光観察を行うことには必ずしも適していなかった.そこで,近年,多点を同時にスキャンすることのできるマルチビームスキャン方式を用い

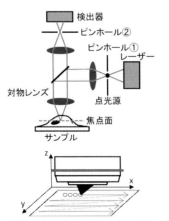

図1 共焦点光学系によるレーザー走査の方法

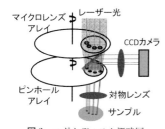

図2 ニポウディスク概略図
多数のピンホールを有する回転ディスクの使用により,高速スキャンが可能である.

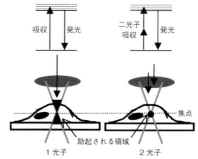

図3 一光子励起と二光子励起の違い
二光子励起では,光子密度の高い焦点面でのみ,励起することができる.

る共焦点顕微鏡が開発された.多点を同時にスキャンするために,たくさん穴の開いたピンホールアレイと対になるマイクロレンズアレイをもつ,ニポウディスクを用いる(図2).ニポウディスクを高速回転し,観察領域を多数のレーザービームを同時にスキャンする.このマルチスキャンビーム方式により,CCDカメラなどの高感度カメラを用いて共焦点画像を観察することができる.この方法では,高速撮影を可能になり,また蛍光色素の退色が少なく,その結果,長時間の観察が可能で,光生物計測などの生きた細胞のイメージングに適する.

二光子励起蛍光顕微鏡

二光子励起蛍光顕微鏡は,近赤外レーザーを用いて,二光子励起過程により,生体深部のイメージングができる顕微鏡である.さて,二光子励起とは,1つの蛍光色素が,エネルギーの低い長波長の光を短い時間の間に吸収することにより,励起状態を生成する非線形光学現象のことをいう(図3).原理的には,2つの光子からもとの光子の2倍のエネルギーをもった一つの光子,つまり波長が半分の光子が生成する.この二光子励起は,通常,自然界ではあまり起こらないが,光子の密度を高めることで確率が高まる.二光子励起顕微鏡では,光源としてfsの短パルスレーザーを用い,焦点での光子密度を高め,対物レンズ焦点領域で蛍光色素の二光子励起を誘起することができるので,焦点面のみを選択的に励起できる(図3).つまり,ピンホールなしで微小なスポットを励起し,ピンポイントの1点からのシグナルを得ることで,共焦点顕微鏡と同様な断面画像を得ることが可能となる.また,近赤外光を励起光源として用いるため,励起光の組織透過性が高いことから1mm程度までの深部のイメージングも可能であることから,脳神経のイメージングによく用いられている.

最近では,共焦点顕微鏡と二光子励起蛍光顕微鏡を組み合わせた,多光子共焦点顕微鏡も開発されており,生体の深部のより鮮明なイメージングが可能になり,今後,光生物計測に応用される見込みである.

〔小阪田泰子〕

高分解能光学顕微鏡
High resolution light microscopes

回折限界，重心検出，単一蛍光体

細胞生物学の教科書をみると，細胞の内部あるいは表面構造の説明で使用されている写真の多くは走査型電子顕微鏡像である．蛍光画像も使われているが，それは電子顕微鏡像の補助的な役割として使われている．これは，高い空間分解能で得られる画像が細胞構造を理解するために一番説得力があることを意味している．しかし，細胞内外の構造を電子顕微鏡用試料で用いられている特別な処理なしで観測したいという要求は常にある．このように，光学顕微鏡と1個の分子でも検出できる蛍光測定の特長を組み合わせて，空間分解能を電子顕微鏡に近づける試みがなされてきた．

光学顕微鏡の空間分解能

光学顕微鏡で分離して観測できる視野平面上の2点間の距離は分解能と呼ばれ以下の式で表される（図1）．

$$r_A = 0.61 \frac{\lambda}{N_A} \quad (1)$$

ここで r_A はエアリーディスクの半径，N_A は対物レンズの開口数，λ は観測する蛍光の波長（nm）を表す．N_A は大きくても1.4程度なので，r_A はおよそ波長の半分程度となる．エアリーディスクとは r_A よりも十分小さな点光源を観測したとき得られる同心円状の輝度分布における中央の輝点をいう．たとえば孤立した単一分子（1 nm以下）からの蛍光がこのような点光源となる．以下では点光源とみなすことが可能な孤立した nm サイズの単一蛍光体，すなわち単一分子あるいは単一量子ドット（< 10 nm）を測定するモデルを考える．

光学顕微鏡の高分解能化

式（1）で決まる蛍光測定の空間分解能を超える試みの中で，現在主流になっている方法は以下の2つに大別される．1つは励起光源のサイズを r_A 程度あるいはそれ以下にする方法．もう1つはエアリーディスクとして観測される蛍光像（以下，単位蛍光像と呼ぶ）の光強度の空間分布の中心座標を測定する方法，すなわち重心検出法である．

光源のサイズを制限する方法では，式（1）で与えられる空間分解能以下（50～100 nm）に制限した開口から励起光を漏出させ，そのような光が存在する開口付近の限られた範囲（100 nm 以内），すなわち近接場に存在する蛍光体を励起する．この開口は引き延ばした光ファイバーの先端に形成される．蛍光像は通常の顕微鏡を使って観測するので，実質的には励起光が漏出している開口の像を観測することと等価である．ただし，開口の近傍には1個の蛍光体が存在し，励起光を遮断して蛍光を透過するフィルターを介して開口像を見るので，開口のサイズで決まる蛍光像が見える．近接場に局在する励起光を用いる顕微鏡では開口を固定して試料ステージを平面内で走査して蛍光画像を取得するので，蛍光測定用の光学系も含め走査型近接場顕微鏡と呼ばれる．

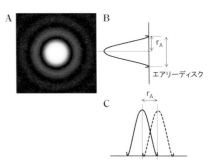

図1　光学顕微鏡の分解能
点光源を観測したときの顕微鏡像（A），エアリーディスクの光強度分布（B），隣接したエアリーディスクと空間分解能の定義（C）．

重心検出法には主として2つの方法が用いられている．1つは図1に示したような単位蛍光像を測定した後で，その中心あるいは重心を位置決めする方法である．条件がよい場合で5 nm以下の空間分解能が得られる．もう1つの方法では励起光と同軸でドーナツ型に整形した光を照射して図1に示した単位蛍光像の周縁部を消光して中央部をくり抜く．このようにして単位蛍光像そのものを小さくする．この方法を用いて最高10 nm以下の分解能が達成された．単位蛍光像の周縁の蛍光を誘導放出によって消光することがこの方法の原理なので，この方法を使った顕微鏡はSTED（stimulated emission depletion）顕微鏡と名づけられた．

誘導放出によって最低励起一重項（S_1）状態にある蛍光体の蛍光を消光する方法は以下のとおりである．蛍光体が色素の場合，S_1状態の寿命，すなわち蛍光寿命は典型的には1～3 nsなので，ps～fsパルスレーザーを励起光として用いる．パルスレーザーを照射すると瞬時に蛍光体のS_1状態の分布密度が高くなる．このとき蛍光放出に誘導されてS_1状態から基底状態（S_0）への誘導放出が起こる．誘導放出の持続時間はパルスレーザーの持続時間程度で，蛍光寿命よりもはるかに短い．このため，蛍光発光に先立ってS_1状態を枯渇させる，すなわち蛍光を消光できる．

単位蛍光像の光強度の重心を決める方法では，使用する顕微鏡の点像分布関数で決まる位置の広がり（図1，$\pm r_A$）の中心を精度よく位置決めすることが重要である．このとき，測定される蛍光の光子数をNとすれば，中心の位置決めのばらつきは$r_A/\sqrt{N}$程度なので，単位蛍光像を構成する光子数の数をできるだけ多くすれば精度が向上する．

単位蛍光像が複数接近して重なりあった蛍光画像からすべての蛍光体の位置を重心検出できる巧妙な方法が開発された．この方法はPALM（photoactivated localization microscopy）あるいはSTORM（stochastic optical reconstruction miscoscopy）と呼ばれる．生体分子を含む高分子を複数の単一蛍光体で標識して，その蛍光体が距離r_A（図1）以内に混み合って存在する場合にその特長が発揮される．この方法では蛍光体の発光のONとOFFが切り替わることが要件となる．複数の蛍光体の中で1個が光っていれば，その単位蛍光像から前節の原理で示したように高い空間分解で重心検出できる．順番に複数の蛍光体の単位蛍光像を測定することによって高分子の構造と動的過程を数十nmの高分解能で観測できる（図2）．

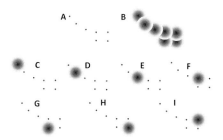

図2　PALM
A：孤立した単一ナノ蛍光体の配列．B：ナノ蛍光体に単位蛍光像を重ねた像．C～I：ナノ蛍光体を1個ごとに発光させて単位蛍光像を測定して重心検出する．すべての単位蛍光像を測定するとAの配列を再現できる．実際の測定では単位蛍光像を測定する順番はランダムとなる．

高分解能測定と生命現象の解明

細胞や組織を10～20 nmの空間分解能で観測できると，たとえば抗原抗体反応を駆使して，標的とするタンパクを選択的に高精度でマッピングすることが可能となる．このような測定は電子顕微鏡ではきわめて困難であり，疾病による特異的タンパク質の発現の空間分布，その発現に及ぼす薬剤の効果などを従来と比べて高精度で評価できる道が開かれる．

〔石川　満〕

第6章

光による
診断・治療

生体分光学
Biospectroscopy

赤外・近赤外,ラマン分光,分光イメージング,ラマン光学活性(ROA)

赤外・近赤外,ラマン分光

　赤外・近赤外,ラマン分光法は,分子内,分子間の振動を測定する.分子の振動は,原子核の配置や化学結合の様式などを敏感に反映するので,分子構造や分子間相互作用に関する知見を与える.したがってこれらの分光法は,生体分子,生体組織などの詳細な基礎研究に幅広く用いられており,また生体診断法としても高い期待が寄せられている.赤外,ラマン分光法はタンパク質,核酸などの生体分子,生体分子の複合体,細胞などの生体の基礎研究に用いられてきた.また近赤外分光はその高い透過性から,脳中酸素濃度や肥満度診断などに応用されている.

　がん細胞診断へのラマン分光利用の一例を示す.図1は,正常細胞と培養した種々のがん細胞の共鳴ラマンスペクトルである.シトクロムCなどに帰属される特徴的なピークが明確に現れているが,一見したところこれらに大きな差異は見出せない.このように,ラマンのみならず分光データは往々にして,さまざまな要素が混在してい

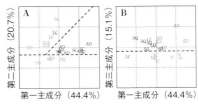

図2　4種類のがん細胞の判別分析結果
ADは腺がん,SQは扁平上皮がん,LCは大細胞がん,SCは小細胞がん.A:主成分1,2軸,B:主成分1,3軸.

る場合が多い.そのため,スペクトル解析手法としてケモメトリックスが発展している.図2のようにPCA(主成分分析)を用いることで,がん細胞が明確に分類される.さらに詳細なスペクトル解析によって,がん細胞が異なるタンパク質,脂質を発現させていることや,がん細胞の呼吸機能の変化を示唆することができる.

分光イメージング

　不均一系である生体試料に対しては,分光イメージングによる状態把握や評価が有用であると考えられる.分光イメージングとして,対象の形状や不均一性を把握可能な可視イメージングに加えて,前述の特性を活かした赤外・近赤外,ラマン分光イメージングの実利用が盛んに進められている.また,近年未踏の分光領域であったテラヘルツ分光を利用したイメージング技術の検討も実施されている.

　分光イメージングによる人体の診断では,脳活動の評価,把握に特化した装置開発および基礎,臨床研究が進められている.この研究では,機能的近赤外分光法(fNIR)の概念に基づき,言語・視覚・聴覚・運動に伴う脳活動の近赤外イメージングによる可視化が実現している.これらの知見は,今後のさらなる詳細な基礎研究,臨床研究解析によって,未だ謎が多い脳活動の解明に貢献する.

　さらに,臨床現場での利用に向け,可搬性や高速性,高空間分解能を兼ね備えた分

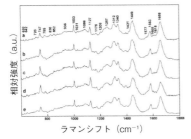

図1　生細胞のラマンスペクトル
(1)正常細胞,(2)腺がん,(3)扁平上皮がん,(4)大細胞がん,(5)小細胞がん.

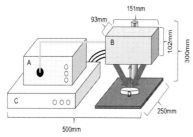

図3 可搬型近赤外イメージング装置の一例
Aは分光計，Bはイメージングユニット，Cは光源．

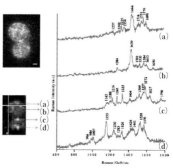

図4 酵母細胞のラマンイメージ（左）とラマンスペクトルの場所依存性（右）

光イメージング装置の開発が進められている．可搬型近赤外イメージング装置の一例を図3に示す．一般的にイメージングシステムは，分光計，イメージングユニットと光源が1対になっており，サンプルの各ピクセルから反射された光は，分光計に取り込まれる．得られたスペクトルデータは，位置情報と波長情報を有しており，一般的にハイパーキューブと呼ばれている．図3のような可搬性や高速性を備えた分光イメージング装置は，薬剤製造工程におけるサンプルの準リアルタイム評価への利用などに加え，バイオメディカル分野に応用が可能である．

ラマンイメージングの一例として，SERS（表面増強ラマン散乱）を用いた酵母の測定事例を示す．先に述べたようにラマン分光は，感度がたいへん低い（蛍光の10桁以上）が，SERSはその点通常のラマン散乱に比べ8～14桁程度の強度増大が期待できる．さらに，空間分解能が飛躍的に向上することから，単一細胞内の不均一性をも議論することが可能である．測定は，SERS活性な金属ナノ粒子を介して行われる．図4は，酵母細胞とそのSERSスペクトルの場所依存性を示したものである．測定位置によってスペクトルに大きな違いがあることが確認され，酵母表面のタンパク質分子の不均一性を単一分子レベルで認識可能である．本手法は，さらにDNA検出，イノムアッセイや疾患診断などへの応用が期待されている．

ラマン光学活性

ラマン光学活性（Raman optical activity；ROA）は，光学活性分子の左右円偏光に対するラマン強度の差を測定する分光手法であり，溶液中のタンパク質の二次構造などの研究に適している．ROA分光により，インスリンアミロイド繊維の天然化過程の測定が初めて可能となり，二次構造がβシートからαヘリックスへ回復していく際の構造変化が明らかとなった．さらに天然状態においてみられる"水和したαヘリックス"構造が，アミロイド繊維，およびその前駆体において他の二次構造に変化していることがわかった．これらの考察は，量子力学計算によってさらに詳細に検討された．天然状態のインスリン全体のROAおよびラマンスペクトルの計算が可能となっており，計算スペクトルは実験スペクトルをよく再現している．

このように従来法では解析できなかった非定型二次構造をもつタンパク質やアミロイド線維を形成するタンパク質の解析がROA分光を用いて可能となった．このことはアルツハイマー病などの診断法確立につながる．　　　　　　　　〔石川大太郎〕

光診断法
Optical diagnosis

血液検査，生体組織診断，内視鏡検査

病院では日々さまざまな検査・診断・治療が行われている．骨折したときにはレントゲン検査で骨を写し出し，お母さんのお腹の中にいる赤ちゃんはエコー検査で様子を観察できる．これらの検診ではそれぞれ生体組織透過性の高いX線（光と同じ電磁波だが，1 pm〜10 nmの短い波長をもつ）や超音波（人間の耳には聞こえない高い振動数をもつ音波）を用いているため，ヒトの体内を覗き見ることができる．一方で，可視光（人間の眼で認識可能な波長380 nm〜780 nmの電磁波）は生体組織透過性が低いため，上記のようにヒト体内を写し出すことは難しい．しかしながら，体外の検査・診断，内視鏡診断，眼底検査においては，実に多彩な形で光が用いられている．その中でも，光の吸収を原理とした比色法（色の変化に基づいた方法），励起状態からの発光を原理とした蛍光法や発光法が代表的である．本項では，血液検査，病理組織診断，内視鏡検査に焦点を当て，光がどのように日々の検査や診断に用いられているのか解説する．

血液検査・尿検査・肝機能検査

健康診断で受けた血液検査・尿検査の検査値は多岐にわたるが，これらはいったいどのようにして測定されているのだろうか．たとえば，飲酒との関連性が高い例 γ-GTP，GOT，GPTは，肝臓などの臓器由来の酵素（胆道系酵素）であり，特定の化学反応を触媒する活性（酵素活性）をもつため，検査値はその活性を利用した比色法で求められる．図1に γ-GTPの例を示す．γ-GTPは無色のL-γ-グルタミル-3-カルボキシ-4-ニトロアニリドの γ-グルタミル基をグリシルグリシンに転移し，黄色を呈する5-アミノ-2-ニトロ安息香酸を生成する反応を触媒するため，その速度を測定することにより γ-GTPの量が求められる（比色法）．

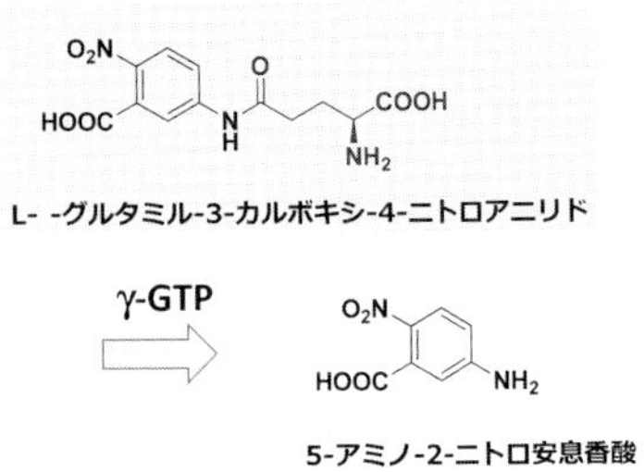

また花粉症患者は年々増えつづけており，花粉が飛ぶ時期になると鼻水が止まらなくなりアレルゲン検査を受けたという方も少なくないだろう．この検査では，アレルゲンと検体中（血清中）の特異的IgEとを反応させ（アレルゲン-特異的IgE複合体が形成），さらに酵素標識抗IgE抗体を反応させる．その後，標識された酵素活性を蛍光基質・化学発光基質で検出することで，特定のアレルゲンに対するIgEの量を知ることができる．この方法は，用いる基質の違いにより，蛍光酵素免疫測定法または化学発光酵素免疫測定法と呼ばれ，高感度な検出が可能である．

また，インドシアニングリーン（ICG）という暗緑色の色素は，近赤外光の蛍光を発する物質としても知られているが，現在はおもに肝機能検査に用いられている．ICGは通常，血液中に入るとほとんどが肝臓の細胞に吸収され胆汁中に排出される．そのため，投与後一定時間ごとに採血しその血液残留度をICGの吸光度から求めることで，肝臓の機能を診断することができる（比色法）．

図1 γ-GTP値の検出法（比色法）無色から黄色に変化する．

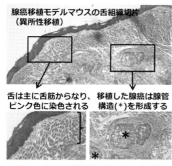

図2 病理組織診断の例（HE染色）

生体組織診断・病理診断

生検や手術でヒトから採取した組織試料から薄い切片を作製し，その形態を顕微鏡で観察することで，病変の有無や種類について診断することができる．この際，各種色素で染色しておくと，形態の観察が容易になる．たとえば，核を青く染色するヘマトキシリンと，細胞質を赤く染色するエオジンを用いたHE染色は，古くから用いられている最も一般的かつ重要な染色方法である（図2）．また必要に応じて特殊染色や免疫染色を行うことで，特定のものだけを染色することができる．このように，病理診断においても，色の違いを利用した識別が行われている（比色法）．

蛍光眼底検査

一般的に蛍光法は，比色法と比べて感度が高いが，その感度の高さを生かした検査が眼科領域で行われている．つまり，フルオレセインやICGといった蛍光分子を用いて眼底検査を行うことで，通常の眼底検査では発見できない病変状態や血流状態を詳細に描出することができる．血管に入った色素は蛍光を発し血流がある部位を描出するが，毛細血管が詰まっている部位は暗く抜けるため，血流が正常な部位と異常な部位とを感度よく識別することが可能である．

内視鏡検査

腫瘍性病変では周囲の正常組織と比べて粘膜表面の構造・毛細血管・組織の構成成分が異なっている．近年，特殊光を利用してこの違いを巧みに描出する画期的な内視鏡技術が開発されている．1つは，粘膜の微小な血管や腫瘍の模様を強調して描出し，小さな病変でも見落とさず発見する狭帯光域観察（narrow band imaging；NBI），もう1つは正常粘膜と病変部位の自家蛍光を異なる色調で表示する蛍光内視鏡（auto fluorescence imaging；AFI）である．

NBIでは，血液に強く吸収される光（390〜445 nm）と粘膜で強く反射・散乱される光（530〜550 nm）を利用して，粘膜表面の血管や微細構造，毛細血管が集中している領域の強調表示を行う．NBIにより，病変表面の血管が鮮明に表示され，その性状が判断可能となる．

AFIは，コラーゲンなどの蛍光物質からの自家蛍光を観察するための励起光（390〜470 nm）と血液中のヘモグロビンに吸収される波長（540〜560 nm）の光を照射することにより，腫瘍性病変と正常粘膜を異なる色調で強調表示する．自家蛍光はきわめて微弱な光であるが，近年の技術改良により鮮明な画質での観察・診断が可能になると期待される．

これらの手法は，従来の内視鏡では発見・診断が難しい早期の腫瘍性病変を特定できる可能性が高く，すでに食道・胃・大腸などあらゆる分野の臨床現場で利用されている．

このように，「光」は日々のさまざまな検査や診断に用いられている．また最近では，光を用いた術中診断の試みも報告されており，光診断の果たす役割は今後ますます増えると期待される．

〔神谷真子〕

蛍光診断法
Fluorescence diagnosis

蛍光診断, 膜電位感受性色素, 金属イオン指示薬, 蛍光着色微粒子

個体の生体内情報をそのまま経時的に得る方法として, 分子イメージング技術が発展しつつあり, 病気の診断や治療, またはそれらに関連する基礎研究への寄与が期待されている. 分子イメージングには, ポジトロン断層法 (PET)・核磁気共鳴画像法 (MRI)・光・超音波などの手法が用いられているが, それらの中でも, 蛍光イメージングは, 大型施設が不要, 簡便かつ高スループットであり, ほぼリアルタイムに画像追跡が可能である. また, 異なる波長の蛍光分子を用いることにより複数の蛍光物質の分布を同時に検出できる. 現在, この長所を生かして, イメージング装置, プローブや測定キットの開発が盛んに行われている. 以下に, 蛍光診断法に用いられる蛍光分子技術についていくつか挙げる.

金属イオン指示薬

1980年代に金属イオン指示薬が登場し, 細胞内で機能する特定のイオンの動態を可視化した. それ以来, さまざまな金属イオン指示薬とそれらを用いたイオン計測装置が続々と開発された. たとえば, 1985年にTsienらによって報告されたFura-2と呼ばれる蛍光性Ca^{2+}指示薬 (図1) は, カルボキシル基によるカルシウムイオンへのキレーションを通じて, カルシウムイオン濃度の変化に対して敏感に蛍光強度を変える. カルシウムイオンフリーでは, 380 nm励起の蛍光が強く, カルシウムイオン濃度が高くなると340 nm励起の蛍光強度が上昇する (蛍光波長はいずれも510 nm近傍). そのときの蛍光強度比 (I_{ex340}/I_{ex380}) を計算すると, Fura-2濃度, 励起光強度, 細胞サイズ, 細胞からの漏れなどを気にせずに,

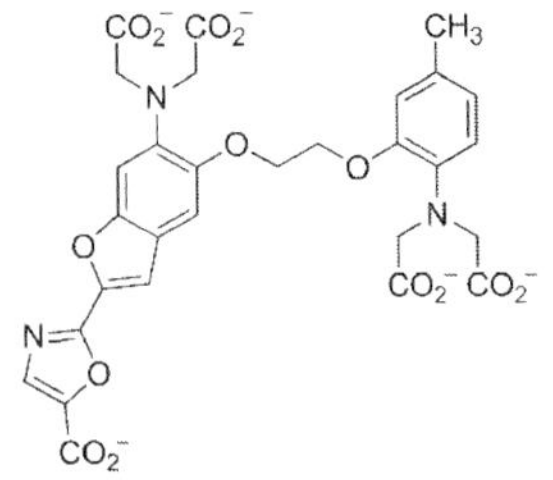

図1 蛍光Ca^{2+}指示薬Fura-2

細胞内カルシウムイオンの濃度を正確に測定することができる. また, これをエステル化することによって, 容易に細胞の中に導入できる. いったん細胞内に入るとそこに存在するエステラーゼで分解されて, 原形に戻る. そうすると細胞膜を通過できないので, 細胞内で長時間滞留して指示薬として利用できる. たとえば, ラット小脳プルキンエ細胞における脱分極時の細胞内Ca^{2+}濃度変動の部位差の高速計測が行われている. ラット小脳スライス標本において単一のプルキンエ細胞に遊離型Fura-2を微量注入し, 脱分極させたときの細胞内Ca^{2+}濃度の変動を観測した場合, 脱分極だけではほとんどCa^{2+}濃度の上昇を生じないが, カルシウムスパイクが生じはじめると急速なCa^{2+}濃度の上昇が生じる. その程度は細胞体より樹状突起部で大きい.

ほかにも, Na^+, K^+, Mg^{2+}, Zn^{2+}, Cu^+, Cu^{2+}, Fe^{2+}, Fe^{3+}などの生物機能に寄与する重要なイオンを計測する多数の蛍光指示薬が開発されている.

膜電位感受性色素

神経細胞の活動は, 活動電位 (100 mV/1 ms) とシナプス電位 (20 mV/10 ms) で表され, 両者が混ざった膜電位変化を膜電位感受性色素を用いて光変化に変換して映像にすることができる. 膜電位感受性色素は, 電位変化に応じて再分布し吸収や蛍光の変化を起こす色素であり, 膜電位の変化を追跡できる. たとえば, $DiBAC_4$

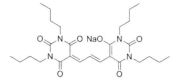

図2　膜電位感受性色素 DiBAC$_4$(3)

(3)（図2）は，ビスオキソノール型のアニオン性膜電位感受性色素である．この色素は，細胞膜の脱分極に伴って，細胞質中への分布が増し，蛍光強度がおよそ10倍増強する．DiBAC$_4$(3) は，Arレーザー（488 nm）で励起できるので，フローサイトメトリー，共焦点レーザー顕微鏡などでその蛍光を観察することができる．膜電位測定のほかにも，細胞の生存率やイオンチャネルの活性評価などにも応用できる．

膜電位感受性色素の使用例として，ヤリイカ巨大神経軸索における単一神経細胞膜を対象としてその活動電位が測定されている．このとき，膜電位感受性色素の蛍光強度変化は，内部電極法での結果によく一致した．膜電位感受性色素法は，内部電極法のような一般的に難度が高く熟練を要する電極刺入にかかわる困難さがなく，初心者でも簡単に再現性の高い観測が可能である．また，細胞レベルの信号を二次元的に1000点以上同時に観察できる．

一方，問題点としては，膜電位の変化に応じた蛍光強度の変化が小さい（1%/mV未満）ため，ノイズが避けられない．その場合，平均加算により雑音を低減する必要がある．

蛍光着色微粒子

高い蛍光強度，色素安定性，安全性を追究した結果，蛍光色素を内包した微粒子が開発された．微粒子の素材として，シリカ，セルロース，ラテックスが知られている．有機系の蛍光色素は，有機溶媒中に比べて水溶液中で量子収率が低減することが多く，色素を微粒子中に内包することによって水溶液中でも量子収率の低減を抑制することができ，量子ドットのように強い蛍光と高い光安定性が期待できる．

一例として，有機蛍光色素が二酸化ケイ素によってコーティングされたナノ粒子（蛍光シリカナノ粒子）が注目されている．ローダミンを内包した蛍光シリカナノ粒子は遊離のローダミンよりも約10倍明るい．また，遊離のローダミンとの光退色比較実験によって光安定性に優れていることが示された．

免疫染色やイメージングなどの微小領域の観察や，DNAチップ，プロテインチップなどのマイクロアレイへの応用には，標識物質へ直接染色を行うために30 nm以下の粒子が望ましい．また，強い吸光度を有する着色シリカ粒子による着色を目視することによって陽性・陰性の判定を行うイムノクロマト検査薬では，感度の点から比較的粒径が大きい30～数百 nm の粒子が適している．

なお，イムノクロマト法とは，蛍光着色微粒子で標識した抗体または抗原（リガンド）を，クロマト基材上で検査対象物質（唾液，尿，血清など）と複合体を形成させつつ展開させて，クロマト基材上の所定の検出位置に抗原または抗体（前記リガンドと特異的に結合するもの）をあらかじめ固定しておいた箇所で展開複合体を捕捉することにより陽性・陰性の判定を行う手法をいう．本法は操作が簡便で判定が容易であることから，感染や妊娠の判定での有用なツールとして広く利用されている．

〔岡本晃充〕

術中光診断
Intraoperative optical diagnosis

センチネルリンパ同定，がんイメージング

外科医は，手術で取り除くべき「がんなどの病態組織」を，さまざまな臓器や組織が複雑に入り組んでいる体内で，的確に認識しなければならない．もちろん術前に，CT，MRI，PETといった画像診断を行い，病態組織がどこにあるのか検討し，得られた情報をもとに病態組織の位置を特定する．しかし，術前の位置情報と術中の視野（術野）とを一致させることが難しく，見落としや取り残しが問題となっている．そこで近年では，蛍光物質を用いて標的組織や病態部位を特定する「術中蛍光ナビゲーション」に注目が集まっている．手術中に励起光を当てることで，標的組織や病態部位が蛍光を発し，その存在が顕在化される，そんな夢のような技術が現在の医療現場では少しずつ可能となりつつある．

本項では，センチネルリンパの同定，がんの蛍光イメージング，術中膵液漏イメージングに焦点を当て，蛍光物質が術中光診断にどのように用いられているのか，実例を挙げて紹介する．

ICGによるセンチネルリンパ節同定

インドシアニングリーン（ICG）は現在おもに肝機能検査に用いられるが，血液中に入ると血漿タンパクと結合して近赤外の蛍光を発する特徴を生かして，センチネルリンパ節の同定などにも活用されている．

センチネルリンパ節とは，がんの原発巣からリンパ節に侵入したがん細胞が最初に到達するリンパ節のことであり，最も転移の可能性が高い．そのため，このセンチネルリンパ節を同定・生検し（センチネルリンパ節生検），がん転移が確認されなければ，それ以外のリンパ節にも転移していないと判断し，不要なリンパ節郭清（リンパ節の摘出）を回避する方針がとられている．ICGをがん原発巣の近傍に注射すると，リンパ管を通ってセンチネルリンパ節に到達するため，ICGの近赤外発光を用いることで，センチネルリンパ節を感度よく同定することができる．特に乳房組織ではリンパ流路が明確であるため，乳がんにおいて多く適用されている．

肝がんイメージング

近年になり，ICGを用いることで微小な肝がん検出も可能であることが示された．術前肝機能検査のために静注したICGが肝細胞がん組織，または腫瘍に圧排された非がん部肝組織にうっ滞する現象を利用して，肝がんを感度よく同定することが可能になった．ICGは，臨床での使用が許可されている数少ない蛍光性物質であることから，市販のICG蛍光観察機器を用いて，実際のヒト肝手術において微小がんの存在を発見する臨床研究が盛んに行われている．微小な肝がんを取り残すと約7割が5年以内に再発するとされているため，手術中にがん細胞を光らせ残らず切除することで，手術後の再発防止につながる．

5-ALAによる脳腫瘍，膀胱がんイメージング・光線力学療法

動植物個体内に存在する天然アミノ酸の一種である5-アミノレブリン酸（5-ALA）は，それ自身は非蛍光性であるが，細胞内に取り込まれると代謝されて，蛍光性のプロトポルフィリンIX（PpIX）に変換される．正常細胞では，PpIXに鉄イオンを挿入する酵素によって非蛍光性のヘムへと変換されるが，がん細胞内ではこの酵素活性が低下しており，結果として蛍光性のPpIXが高濃度に蓄積する．よって青色光を照射することで，がん部位の選択的イメージングが可能となる．ごく最近，日本でも脳腫瘍の術中蛍光診断薬として5-ALAが認可され，実際の脳外科手術に用いられ

るようになった．手術の2〜4時間前に経口内服し，術中にPpIX由来の赤色蛍光発光を観察することで，腫瘍摘出率が向上することが明らかとなっている．

さらにPpIXは蛍光を発するだけでなく，光励起によって一重項酸素を発生する光増感剤としても機能することから，蛍光内視鏡を用いたがんの蛍光可視化と光線力学療法（PDT）が，特に膀胱がんにおいて多く検討されている．

FITC–folateによるがんイメージング

多くのがんにおいて葉酸受容体が高発現している性質を利用したがん蛍光イメージング法が検討されている．蛍光色素であるFITCと葉酸とを化学的にコンジュゲートした誘導体（FITC–folate）を静注すると，葉酸受容体を介してがん細胞選択的に取り込まれる．2011年，このFITC–folateを卵巣がん患者に適用しイメージングした例が報告された．

gGlu–HMRGによる迅速がん蛍光イメージング

特定のがん細胞で，その発現の亢進がみられるGGT（γ-glutamyltranspeptidase）と反応して初めて蛍光を発する蛍光プローブgGlu–HMRGが開発された．このプローブを腹膜播種モデルマウスの腹腔内にスプレー噴霧もしくは内視鏡下で噴霧することで，微小がんの迅速かつ高感度な検出に成功した（図1）．現在，多くの病院と連携し，ヒト手術サンプルを用いた前臨床の試験が行われている．

膵液プローブによる膵液漏イメージング

膵液漏は，膵切除術後に膵断面から膵液が腹腔内に漏れる現象であり，膵切除術に

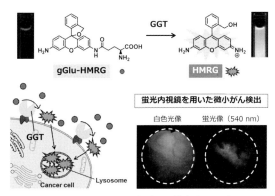

図1　gGlu–HMRGによる迅速がん蛍光イメージング
gGlu–HMRGは無蛍光性であるが，これががん細胞でその活性が亢進しているGGT酵素によって，蛍光性生成物であるHMRGに変化するため，がん部位の迅速かつ選択的な検出が可能となった．

おける最も重要な合併症の1つである．膵液漏が起こると，細菌感染を引き起こすだけでなく，膵液の自己消化作用により血管が消化され大出血を起こし，死に至る危険性がある．膵液漏を防ぐためのさまざまな膵切除法が検討されているが，一定の頻度で膵液漏が生じてしまうのが現状である．

そこで，膵管や膵液の漏出を迅速かつ的確に確認する手法を確立すべく，膵液中に含まれるキモトリプシノーゲンを活性化し，その結果生成するキモトリプシン活性を最終的に検出することで膵液漏を可視化するプローブ（gPhe–HMRG/trypsin）が開発された．手術中に膵臓の断端をガーゼに押しつけ，さらにそのガーゼに開発したプローブを噴霧することで，断端に膵液が漏れていないかを迅速かつ高感度に検出することが可能であることが明らかとなった．

現時点では臨床に用いることができる蛍光色素の種類は限られているが，将来的には，現在研究段階の色素を含め，さまざまな蛍光色素を用いた術中ナビゲーションが可能になる．

〔浦野泰照〕

193

光殺菌作用
Sterilization by light irradiation

抗菌作用,消毒,紫外線,光増感剤,抗菌光線力学療法

光の照射によって細菌（バクテリア）を死滅させることを光殺菌と呼ぶ．一般的に殺菌という用語は滅菌と同義であり，類似の用語に抗菌作用（antimicrobial action）や消毒（disinfection）などがある．殺菌の対象は，文字どおりの細菌に限定されず，細菌以外の微生物（カビや酵母，原虫など）やウイルスも含めている場合が多い．

光殺菌は，食品，医薬，農業，水産，電子工学などのさまざまな産業分野で利用される．具体的には，食品や医薬品への細菌の混入やそれによる汚染の防止，水の浄化，さらに，作業環境の衛生管理のために光殺菌が利用される．医療においては，光殺菌が積極的に治療に利用され，次項の光線力学療法（photodynamic therapy；PDT）の一部を成している．

光殺菌の方法には，大きく分けて2つの方法がある．1つは細菌に光を直接吸収させて死滅させる方法で，おもに紫外線（UV）が用いられる．もう1つは光増感剤などの色素を用いて殺菌する方法である．本項では，これらの方法にかかわる光殺菌の仕組みを中心に応用例を交えて解説する．

紫外線（UV）による光殺菌

太陽光線にはUVが含まれる．生物はUVの高いエネルギーによって引き起こされる障害から身を守る仕組みを発展させてきた．しかし，防御が追いつかなくなると生体に障害が起き，微生物の場合は死に至る．光殺菌にはUVC領域（100〜280 nm）が有効であり，ちょうどDNAの吸収波長領域に対応する．光殺菌が起こるおもな原因は，核の中の二本鎖DNAがUVを吸収してピリミジンの光 [2 + 2] 環化二量化や（6-4）付加二量化を起こし，これが損傷となって細胞分裂による増殖ができなくなるためと考えられる．

細菌にUVを直接吸収させる以外に，酸化チタンを光触媒として用いる方法もある．酸化チタンは300 nm台の紫外線を吸収して強い酸化還元力をもつようになり，後述の色素のように，活性酸素（ROS）を発生させて殺菌効果を示す．

抗菌光線力学療法：医療への光殺菌の応用

PDTは光化学反応を用いた治療方法であり，可視光を色素に吸収させて実施される．感染症では病原菌の死滅が治療に結びつく．したがって，病原菌の殺菌によるPDTを特に抗菌光線力学療法（antimicrobial PDT；a-PDT）と呼ぶ（図1）．

細菌感染症に対しては抗生物質による薬物治療が一般的であるが，抗生物質が効かないメチシリン耐性黄色ブドウ球菌（MRSA）などの薬剤耐性菌が出現し，近年その対策が重要となっている．また，高齢者の外傷や手術の患部での細菌感染の件数が増え，抗生物質治療だけでは対応しきれない状況も増えている．このため，抗生物質に頼る以外の治療方法が望まれるようになり，a-PDTが注目されている．

a-PDTの光殺菌にはいくつかの過程が含まれ，最初に色素の役割からみていこう．色素が光を吸収すると励起一重項状態に励

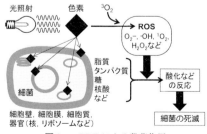

図1　a-PDTによる殺菌作用

起され，一部は項間交差して励起三重項状態（T_1）となる．T_1 は比較的寿命が長いため，殺菌にかかわる分子間反応を起こすことができる．特に，電子移動によって酸素分子の還元を起こせばスーパーオキシドが生成し，さらなる後続反応で過酸化水素やヒドロキシルラジカルなどを生成できる．また酸素分子とのエネルギー移動は一重項酸素を与える．スーパーオキシドやヒドロキシルラジカル，一重項酸素はROSとして生体物質と反応し，障害を引き起こす．たとえば，脂質の過酸化物生成やタンパク質中のトリプトファンやメチオニン，ヒスチジン側鎖の酸化，核酸の糖部分や塩基部分の酸化が起き，生命活動が阻害され，細胞増殖の抑制や細胞死に至る．

色素が殺菌に働くためには，細胞に色素が取り込まれる必要がある．したがって，対象となる細菌や微生物の性質を理解する必要がある．たとえば，細菌はグラム陽性菌とグラム陰性菌に大別される．両者の違いは細胞壁構造の違いに起因する．グラム陽性菌の細胞壁はおもに厚い（15～80 nm）ペプチドグリカン層からなり，多孔性で物質が通過しやすい性質をもつ．一方，グラム陰性菌の細胞壁はペプチドグリカン，ポリンなどのタンパク質，リポ多糖などからなる薄くて（15～20 nm）密度の高い構造をもち，色素が通過しにくい．よって，腸球菌のようなグラム陽性菌では，色素が細胞壁に取り込まれて内部の細胞膜に到達しやすく，PDT が機能しやすいが，大腸菌のようなグラム陰性菌の場合は PDT によって最初に細胞壁を壊した後，続く色素の細胞侵入後に本来の PDT の作用が可能になる．細菌以外の微生物についても，外膜や細胞壁などの構造と色素の取り込まれやすさが密接に関係する．また，細菌や微生物の生活史の段階の違いや細菌の集合状態（コロニーやバイオフィルムなど）でも色素の導入のされやすさは変化する．

色素としては，PDT 利用が認可されているポルフィリン化合物（フォトフリンなど）のほか，フタロシアニン，フェノチアジニウム（メチレンブルーなど），シアニンなどが使用される．また，細胞に内在する色素も利用でき，色素の前駆体を細菌に導入し，細胞内で色素をつくらせる方法もある．たとえば，5-アミノレブリン酸（5-ALA）を真核細胞に入れると，細胞の酵素系によってプロトポルフィリン IX（PpIX）がつくられ，a-PDT に利用できる．色素は分子構造の違いによって細胞内への取り込まれやすさが変化する．たとえば，細菌の細胞壁の内部には，脂質のリン酸部位に由来する負電荷が存在するため，色素に正電荷をもつ部分構造を導入することで，取り込まれやすさが上昇する．同様に色素へのポリリジン構造の連結も有効である．

a-PDT は，感染した患部のみに適度な量の色素を注入あるいは塗布し，局所的に光を当てて実施される．内臓であれば，色素を患部に注入し，内視鏡技術を用いて光照射して治療できる．全身に薬剤がめぐる抗生物質治療よりも患者への負担が少ない点が魅力的である．a-PDT の実施にあたっては，人体の細胞に影響を与えることなく，選択的に病原体の細菌や微生物のみを殺菌する条件を見つけなければならない．このため，a-PDT はまだ試験的な治療方法が多いものの，ニキビなどの皮膚の感染症治療や歯周病予防のための歯垢細菌の殺菌，外傷での感染症予防では実際に威力を発揮しており，さらなる発展が期待される治療技術である．

〔平野　誉〕

光線力学療法
Photodynamic therapy（PDT）

可視光線，光線力学療法，光増感剤，皮膚がん

光線力学療法とは

　光線力学療法（Photodynamic Therapy；PDT）は腫瘍組織，新生血管などの病変組織に特異な蓄積性をもつ光感受性物質（Photosensitizer；PS）を投与し，一定時間後に励起光線を照射して引き起こされる光線力学反応を利用することにより，早期の悪性腫瘍や加齢黄斑変性症に対して有用性が示された新しい治療法の1つである．PSの組織親和性（高蓄積性），使用する光線（可視光線）の安全性から，治療の際にターゲットとした病変周囲の正常組織へのダメージが少なく，病巣選択性がきわめて高い治療法である．侵襲が少ないため高齢者や心肺機能の低下した患者でも施行が可能である．またPDTは外科的治療など他の治療法との併用や，反復実施も可能である．

　PDTは近年注目されている治療法であるが，その歴史は古く，1900年にRaabらがアクリジン存在下では光線照射によりinfusoriaが致死に陥ることを見出し，その後，von Tappeinerらが1903年にエオジン塗布後に白色光を照射して皮膚腫瘍の治療を行い，その作用機序としてのphotodynamic actionという言葉を提唱したのが始まりである．ただ，PDTの最初のヒトへの応用はその70年以上後のKellyらによるヘマトポルフィリン誘導体を用いた膀胱がんの治療である．その後，肺がん，食道がん，子宮頸がん，皮膚がん，脳腫瘍，前立腺がん，胃がんなどの悪性腫瘍，眼疾患（加齢黄斑変性症），美容皮膚科領域（ニキビ，しわなど）へと応用が拡大していった．

　わが国では10数年間の臨床研究の後に，腫瘍親和性の高い第一世代の光感受性物質としてポルフィマーナトリウム（フォトフリン®，静注剤），光線として赤色光（630 nmをピーク波長とするエキシマダイレーザー，YAG-OPOレーザー）を使用したPDTが1994年厚生省（当時）により認可を受け，早期肺がん，表在性食道がん，表在性早期胃がん，子宮頸部初期がんおよび異形成への治療が各地で開始され，実際の臨床の場で有効症例が蓄積されてきた．若年女性の子宮頸部がんの場合には本治療法を用いることで臓器温存（妊孕性の維持）を可能にした．ただ同剤は体内に長く残留するため数週間にわたる遮光が人工的ポルフィリアによる光毒性反応の予防のために必要であった．皮膚科領域で扱われる皮膚の表在性疾患（主として皮膚腫瘍）に対しては，PSとして全身投与の薬剤ではなく，合成5-アミノレブリン酸（ALA）外用剤の局所投与によるPDTの有用性が数多く報告されてきた．ALA外用使用であるため光線過敏症のリスクはないが，まだ正式には国から認可を受けた治療法ではない．

　最近では投与後光線過敏症が軽度ですむ第二世代の光感受性物質としてタラポルフィンナトリウム（レザフィリン®，静注剤）が早期肺がん（2003），悪性脳腫瘍（2012）に対して，ベルテポルフィン（ビズダイン®，静注剤）が加齢黄斑変性症の脈絡膜新生血管の治療法（2004年）として新たに国の認可を受け，急速に普及してきた．前者は励起光として664 nm，後者は689 nmの波長を利用し（ダイオードレーザー），遮光期間はいずれも5日間前後であり，ポルフィマーナトリウム（フォトフリン®）に比べかなり改善した．ただPS投与後の光線過敏発症リスクの期間が短縮したとはいえ，まだ数日間の遮光が必要であることから，今後は病変部のみで代謝されてPSに変化するような，あるいは特異抗体と結合させて病変への選択性をさらに向上させた新規

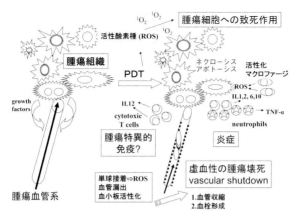

図1　PDTの作用機序

PSの開発が望まれる.

　PSが腫瘍細胞に取り込まれた後変換・集積したプロトポルフィリンIX（protoporphyrin IX；PpIX）に特定波長の光が照射されることでPpIXが励起され，定常状態に戻る際に発する赤色蛍光を検出・解析することで腫瘍の浸潤範囲を推定する手法が光線力学的診断（Photodynamic Diagnosis；PDD）である．本法は膀胱がん，前立腺がん，脳腫瘍，皮膚がんなどで有用性が確認されている．

光線力学療法の作用機序

　病変内に蓄積したPSに照射した光線が吸収されることにより光線力学反応（光線＋光感受性物質＋酸素による反応）が引き起こされ，その際，組織中に発生した活性酸素（主として一重項酸素）ががん細胞や血管を破壊する（図1）．このような直接作用に加え，PDTではがん組織を栄養する血管内の凝血反応により血管を閉塞させ，それが抗腫瘍効果を増強させる．したがってがん組織においては栄養血管が豊富で酸素濃度の高い病変ほど抗腫瘍効果が高いと考えられている．また，PDT後は局所に炎症が惹起され，マクロファージの活性化，好中球の集簇，IL-1β，IL-2，IL-6，TNF-α，COX-2，VEGFなどの発現増強がPDTの直接作用に対症的に働く．マウスレベルであるがPDT後にIL-12を介して腫瘍免疫が誘導されるとの報告もあり，PDT実施後の再発・転移予防など，PDTのワクチン効果も期待されている．

　皮膚がん治療に使用するALAでは皮膚がん病変部の細胞内に取り込まれた後，その細胞内で光感受性のあるPpIXに変換される．密封外用塗布によるがん細胞内への大量の人工のALAの取り込み，がん細胞内でのporphobilinogen deaminase活性の亢進やPpIXを分解するferrochelatase活性の低下により，がん細胞には正常細胞に比べて過剰のPpIXが蓄積する．ALA-PDTの高い腫瘍選択性はこのためであり，治療に伴う腫瘍周囲の正常組織のダメージは最小限に抑えられる．　　〔森脇真一〕

放射光による医学診断・治療
Medical application of synchrotron radiation

単色X線造影撮像，位相コントラスト画像診断，光子活性化療法，微小平板ビーム放射線療法

　放射光は赤外からX線領域までの連続スペクトルをもつ高強度・高指向性の電磁波である．生命科学・医学への利用はこの電磁波と物質（生体分子，組織，個体）との相互作用による（図1）．

　すなわち吸収あるいは散乱の情報を生体分子計測，構造解析，画像診断，治療の目的に利用する．放射光利用の特徴は，その強度が非常に高いことにあり，X線領域でも単色（単一波長）光源として利用できる点が，従来の光源とは異なる．上記利用の各項目のうち，前2者（生体分子計測，構造解析）については，すでに取り上げられているので，本項では，放射光で検討され，診断・治療への発展が期待されるX線領域の画像診断・治療への利用について概説する．いずれも現状はまだ研究段階で，実用化は今後の課題である．

画像診断

　生体のような高次の構造体の観察・解析には，造影剤と単色X線による造影撮像，位相コントラスト画像診断などが放射光利用の効果を発揮する．単色X線の利用は従来の方法で問題となるビームハードニングの問題がなく，高い光源強度とともに高解像度定量解析を実現している．一方，位相コントラスト画像診断は物質の位相特性を利用した画像解析法で，比較的高いエネルギーのX線に対する光学特性を利用できるので，生体への被曝影響を大幅に軽減できる．

（1）単色X線造影撮像

　ヨウ素などの造影剤を利用し，そのK吸収端（元素の吸収率が大きく変化するX線のエネルギー）よりやや高いエネルギーの単色X線を利用して造影剤による高いコントラストの画像を取得する．またその吸収端を挟む2つのエネルギーによる画像の差分をとり，造影剤の定量的解析や選択的描出が可能となる．高強度線源の利用により高速撮像が可能になると同時に高解像度の画像取得も可能であるが，高解像度画像取得の場合には所要線量が高くなり，被曝の影響に十分な配慮が必要となる．

　医学診断を試みた例としては心血管造影診断がある．心血管の狭窄部位を診断する現行の診断法には動脈への選択造影法がある．放射光の利用は，被験者の負担を軽減することが目的であり，静脈に造影剤を投与して冠動脈を診断する方法として開発された．その有用性に関しては，ドイツのHASYLABで総勢376人を対象とした調査研究がある．その結果，患者の負担を軽減することにおいては非常に有効であったがすべての冠動脈を一度に診断することは難しく，初期の目的であった予防的なスクリーニングに利用するにはまだ工夫が必要と判断された．他方，治療後の患者の追跡診断には有効だが，その目的のためには病院施設に放射光施設を併設する必要があり，現状の放射光施設では，規模・コスト両面で問題が残る．

（2）位相コントラスト画像診断

　位相コントラストは物質の位相特性を利用した検出法で，従来の吸収特性を利用した検出法とは異なる原理に基づく．生体の

図1　放射光と物質との相互作用とその利用法
①生体分子計測，②構造解析，③画像診断，④治療．

おもな構成元素である軽元素の場合には，診断に利用するX線のエネルギー領域では，元素の吸収断面積よりも位相シフト相互作用断面積が大きく，位相シフトを検出するほうがはるかに高感度となる．したがって，同じ画質の情報を得るための被験者の被曝線量を大幅に低減できる．位相コントラスト画像診断はX線のこの光学特性を利用しており，放射光の高強度・高指向性という特徴を活用した診断法である．その手法には回折強調法と干渉計測法があり，画像解析上最も感度の高い方法は干渉計測法であるが，診断に利用するには，その手法の容易さなどの点で回折強調法か微分干渉法が実用化に近いと考えられている．

治療

腫瘍の放射線治療の課題は，正常組織の損傷を最小限にして腫瘍組織を破壊する方法の開発にある．放射光の利用には，単色光源として利用する試みと高強度・高指向性を利用する試みがある．

（1）光子活性化療法

単色光源を利用する方法としては，①血管造影剤を腫瘍細胞周辺に集積させ，その構成元素のK吸収端を利用した選択的X線吸収に伴う2次的な放射線による細胞致死増感を期待する方法と，②腫瘍細胞内に集積させ，内殻電離後に誘起されるオージェ効果の高い細胞致死作用を利用する方法がある．後者は光子活性化療法（photon activation therapy）と呼ばれ，がん治療法の1つとして1970年代後半に提案され，1980年代にはヨードデオキシウリジン（IUdR）と単色X線の組み合わせによる理論的考察と細胞レベルにおける実験的検討がなされた．結果は期待するほど大きな利得ではないという結論になっていたが，最近，再度話題になっている．この両者は現在の治療法の延長線上にあり，単色X線と増感剤の組み合わせと考えることができるが，いずれもK吸収端付近のエネルギーの

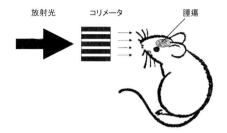

図2 微小平板ビーム放射線療法の概念図

X線を必要とするので，生体による減衰が大きく，その有効性には慎重な検討を要する．

（2）微小平板ビーム放射線療法

高強度・高指向性を利用するものとしては，微小平板ビーム放射線療法（microplanar beam radiation therapy）が試みられている．単色X線の利用の場合には，いかにして正常組織への照射を減らし，腫瘍への線量集中を高めるかという点に特徴があるが，微小ビーム放射線療法の場合には，線量集中ではなく，微小線幅の放射線照射の場合に正常組織の回復力が高いという現象を利用する点に特徴がある．X線をスダレ状の線量分布とし，患部に平行平板状の線幅数十 μm・ビーム間隔数百 μm といった精度の高いX線ビームの束を照射する（図2）．この場合に患部の動きなどによる影響を排除して線量分布の精度を確保するために高強度光源が要求される．

この治療法では，ビーム中心部における一回線量625 Gyでも正常組織にはほとんど放射線障害が残らず，担癌動物に延命効果があることが示されている．1992年の提案から20年以上が経過するが，現在もこの現象を追認する報告が増えている．このような照射方法をとると腫瘍への放射線作用の選択性が増大する理由については未解明であるが，1つの可能性として，腫瘍血管の選択的な傷害が示唆されている．

〔篠原邦夫〕

紫外線療法
Phototherapy

エキシマランプ，ナローバンドUVB，ターゲット型光線療法

太陽の光には，皮膚病を改善することや，皮膚の健康を守る働きがあることは，経験的ではあるが知られていた．図1に示すように，紫外線には短い波長から，短波長紫外線（UVC），中波長紫外線（UVB），長波長紫外線（UVA）があり，ヒトに及ぼす影響もそれぞれの波長で大きく異なる．

太陽に近似する紫外線波長や中波長紫外線（UVB）が，おもに治療に用いられてきたが，UVB・UVAの領域中でも波長ごとに特性があることが明らかとなり，新たな波長特性をもつナローバンドUVB（narrow-band UVB, 311 nm），エキシマランプ（XeCl excimer lamp, 308 nm）やUVA 1（340～400 nm）などの紫外線治療が登場した．これらの照射には，PUVA（Psoralen + UVA）で用いられるソラレンという光増感薬を必要としないため，世界中でPUVAからの移行がみられる．ナローバンドUVBは，ピークだけでなくほとんどが311～312 nm付近に分布する放射帯域幅の非常に狭い光源（図2）である．

紫外線療法はこの数年飛躍的な発展を遂げ，選択的な波長を用いたナローバンドUVBは，非常に普及し，わが国でも一般診療レベルでも使用されるようになった．ナローバンドUVBでは，紅斑や急性の副作用となる水疱をつくりにくく，乾癬では最少紅斑量（minimal erythema dose）を基準とする照射方法が容易で，かつ効果・安全性が得られやすい．ナローバンドUVBでは，PUVAのようにソラレンを使わないため，治療後の遮光などの生活の制限がなく，またソラレン内服による悪心・胃腸障害など全身の影響がなく，小児や妊婦へ使用することも可能である．ブロードバンドUVBやPUVAからナローバンドUVBへ紫外線療法全体がシフトしていくことは当然の流れである．ナローバンドUVBでは，乾癬やアトピー性皮膚炎では多数の比較検討がなされ，その他，尋常性白斑，菌状息肉症，結節性痒疹でも使用頻度が明らかに高くなり，PUVAから移行がみられる．症例報告は少ないが，円形脱毛症，掌蹠膿疱症，多形日光疹などにも有効性が認められている．

ナローバンドUVB

ナローバンドUVBの照射方法には，①最少紅斑量（minimal erythema dose；MED）を基準とした照射方法，②スキンタイプを基準とした方法，③初回照射量・増量幅も一定がとられるが，スキンタイプを用いた方法はわが国では行われてはいない．①と③を2分する形で，MEDを測定できない照射器，特に立ち型のみしかもちえない場合は，③が用いられている．機器・照射率計によって明らかな表示値の違いがあるため生体反応を利用したMEDを基準とした治療のほうが安全性が高く，有効性も得られやすいことから，乾癬では，スタン

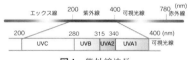

図1 紫外線波長

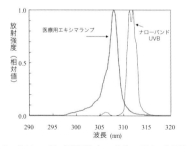

図2 ナローバンドUVBとエキシマランプの波長

ダードレジメンといわれる，MEDを基準とした代表的な照射治療が推奨される．なお，白斑では，MEDの測定をせず一定量（$300 \sim 400 \, \mathrm{mJ/cm^2}$）から開始して増量（$50 \sim 100 \, \mathrm{mJ/cm^2}$）を行い，白斑部分がピンクになる程度に照射を継続するようにすれば色素沈着が得られることや，アトピー性皮膚炎では，MED $20 \sim 50\%$ 程度の少量の照射を継続することが多く，効果の減弱で少量の増量を行うようなことが多い．今後，普及とともに，疾患ごとの照射方法を確立することが必要である．基本として，紅斑を生じない照射量で治療を行うため，非常に扱いやすく，効果が得られやすいことが，わが国や海外で汎用されるになった理由と思われる．

ターゲット型光線療法

現在のナローバンドUVB照射方法では，正常部位の皮膚への照射がなされるため，皮膚がん，光老化のリスクが高くなること，頻回に行う必要があり，しかも比較的長期間の照射が必要であること，寛解を得るためには1週間に2回以上の照射が必要であること，ナローバンドUVBでも平均20回程度の照射が寛解に必要であることなどが問題である．皮膚がん・光老化のリスクを抑えることや照射回数を少なくすることが現在の紫外線療法での課題であり，特に，全身型照射器で治療する際には，小さな範囲の皮疹であれば，不必要な照射を防ぐために遮光などが必要となる．そこで，乾癬皮疹部や白斑の皮疹部のみに照射されるターゲット型光線療法が開発された．また，ターゲット型照射方法によって，無疹部での発がんのリスクを減らすばかりか，少ない照射回数で乾癬治療が可能であることが示唆された．

エキシマライト

ターゲット型光線療法として，一般的な

図3 ターゲット型ナローバンドUVB療法の尋常性白斑治療例
色素沈着は，周囲もしくは毛孔から始まり，それが次第に融合し全体に色素沈着がみられるようになる．

ものは308 nmエキシマランプ（図2）である．わが国でも，2008年には一般診療レベルでの使用が可能となり，乾癬や白斑，掌蹠膿疱症に有効性が認められている．

ターゲット型光線療法として，乾癬では，初回を含めMED以上で照射されることが多く，さらに増量幅も1 MED以上であり，強力に照射を行う．以前のエキシマレーザーでの検討であるが，1回当たりの照射量が多ければ，皮疹の改善がよく，緩解期間が長いことが明らかとなっていた．そのため，エキシマランプでも，同様の照射が行われるが，わが国においても，至適照射（推奨される照射）方法が今後検討されなければならない．

平面光源を用いたナローバンドUVB

平面光源を用いたナローバンドUVBによって皮疹部のみに強力に照射する方法は現在わが国で開発段階である．ナローバンドUVBと同様の照射方法を用い，部分的に難治な皮疹に関して照射を行う．照射回数は，現在のナローバンドUVBと変わりなく，白斑・乾癬の治療例を図3で示す．

紫外線療法のメカニズム

紫外線療法の作用機序として，おもには病因となる細胞のアポトーシスや制御性T細胞の誘導（免疫抑制）が挙げられるが，波長ごとの光生物学的な作用から，疾患ごとに有効な光源（波長）や照射方法を考えなければならない．

〔森田明理〕

光による眼の診断
Ocular diagnosis by light

細隙灯顕微鏡，走査型レーザー検眼鏡（SLO），光干渉断層計（OCT）

眼組織では，角膜，前房，水晶体，硝子体（まとめて中間透光体という）といった構造が可視光を透過させる（透明）という特殊な性質を有するため，眼球内部の構造を直視観察することができる．細隙灯顕微鏡検査では，斜め方向からスリット状の可視光を眼球に入射させ，透明組織を通過する光線を正面から観察することで，中間透光体の断層像を観察できる（図1）．また，眼底に入射した光線の反射光を眼前に置いたレンズにより集光し験者の眼底に投影することで，被験者の眼底像を直像あるいは倒像で観察することができ，また同様の原理を用いて写真撮影を行うことができる（図2）．細隙灯顕微鏡と眼底鏡を用いた眼球内部構造の観察は，現在の眼科診断の根幹をなしており，眼科疾患の多くが直視観察により形態学的に診断されている．加えて，近年，光による眼球観察を行うための種々の機器が開発され，臨床の場に広く応用されている．

走査型レーザー検眼鏡

低輝度のスポット光を高速で走査し，眼底からの反射光を画像化する走査型レーザー検眼鏡（scanning laser ophthalmoscope；SLO）では，眼底上のスポットと共益な位置にピンホールを置くことにより，共焦点光学系が構成され，フォーカス面以外からの信号が排除されるので，通常の眼底カメラと比較してコントラストが大幅に向上する．光源として，488 nm（固体レーザー，青），532 nm（固体レーザー，緑），790 nm（半導体レーザー，赤外），820 nm（半導体レーザー，赤外）などが搭載され，デジタル解像度は5～10 μm程度が達成されている．光の組織透過性は，単波長光源で低く，長波長光源で高いため，青色レーザーを用いた場合には，網膜前膜などの眼

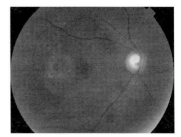

図2　加齢黄斑変性患者の眼底写真
多くの眼疾患が，直視観察により診断される．

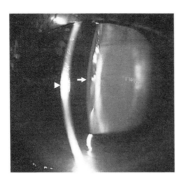

図1　細隙灯顕微鏡による断層観察
角膜（矢頭）や水晶体（矢印）の断層像が観察される．

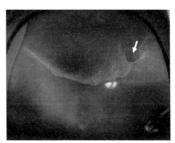

図3　超広角SLOによる眼底写真撮影
眼底周辺の網膜裂孔（矢印）が撮影されている．

底表面の病変を，赤外光レーザーを用いた場合には，網膜深層から脈絡膜の病変を描出するのに優れている．近年，従来の眼底カメラの画角（60度）よりはるかに広角（200度）のSLOも登場している（図3）．

また，造影剤を用いた蛍光眼底造影検査では，青色レーザーとフルオレセインナトウム（励起波長490 nm/蛍光波長530 nm）の静脈内投与を組み合わせた検査と，網膜深層・脈絡膜の赤外レーザーとインドシアニングリーン（励起波長766 nm/蛍光波長826 nm）の静脈内投与を組み合わせた検査が行われる．前者は網膜内病変（図4），後者は網膜下・脈絡膜病変の診断に優れている（図5）．

光干渉断層計

光干渉断層計（optical coherence tomogrphy；OCT）の原理は超音波を用いるエコー断層装置に似ており，OCTでは超音波の代わりに近赤外光を用いる．エコー断層装置では，組織から反射した超音波の時間的遅れを画像に換算するのに対し，OCTはミケルソン干渉計により，干渉現象を用いて反射波の時間的な遅れを検出する．眼底から反射してきた測定光と，参照ミラーから反射してきた参照光の干渉現象で得られた光の時間遅れと強度を画像信号へ変換する．眼底検査用のOCTでは，光源として波長820〜840 nmのsuper luminescence diode（SLD）が用いられる．現行のOCTでは，深さ分解能3 μm程度の解像度で，網膜層構造を生体で明瞭に観察することができる（図6）． 〔谷戸正樹〕

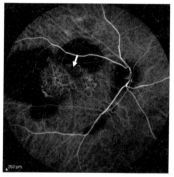

図5 インドシアニングリーン蛍光眼底撮影
図2と同症例．脈絡膜の異常血管網が観察される（矢印）．

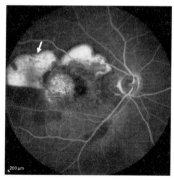

図4 フルオレセイン蛍光眼底撮影
図2と同症例．蛍光色素の貯留が観察される（矢印）．

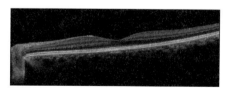

図6 正常網膜のOCT画像
網膜の層構造が明瞭に観察される．

198

光による眼の治療（前眼部）
Phototherapy of anterior segment of the eye

クロスリンキング，エキシマレーザー，fs レーザー，LASIK，PTK

眼の構造

眼球の前のほうを前眼部というが，このうち角膜と水晶体がカメラのレンズにあたる働きをしており，この2つの組織が光を用いた治療のターゲットとなる．

眼に入った光はまず黒眼の表面の角膜で大きく屈折し，さらに眼の中の水晶体で屈折して網膜上に焦点を結ぶことになる．「物を見る」うえで網膜に結ばれる映像は重要であり，その精度を保証しているのが，角膜と水晶体からなるレンズ系である．これに濁りや歪みがあると当然視力が低下する．また，遠方からきた光の焦点がうまく網膜上に結ぶ状態を正視というが，多くの人ではズレがある．これを屈折異常といい，近視・遠視・乱視に分けられる．この角膜の形を光による治療でいろいろと変化させることができる．

クロスリンキング

角膜は基本的にドーム状をしているが，これが薄くなって前方へ突出してくる円錐角膜という疾患がある．遺伝的要因やアトピー性皮膚炎が関係しており，10歳代で発症し，20～30歳代にかけて進行する．角膜が突出してくることによって，著しい乱視が生じ，眼鏡でも視力が出なくなる．軽症から中等症の場合はハードコンタクトレンズで視力が出るが，重症になると角膜移植が必要になる．

この円錐角膜の進行を止める方法として，最近新しくクロスリンキングという方法が応用されるようになってきた．円錐角膜の場合，角膜が正常に比較して軟らかいことが知られているが，角膜の中に整然と並んでいるコラーゲン線維を架橋して角膜を硬くするのが，このクロスリンキングという方法である．具体的にはリボフラビンを点眼（0.1％，2分ごと30分）しながら，紫外線A（UVA）を眼表面に照射する．

この方法によって円錐角膜の進行を抑制あるいは停止させることができると報告されているが，形を元に戻すことはできないため，角膜の中に人工のリング（intracorneal ring；ICR）を入れて円錐角膜の形状を変化させる方法と組み合わせる方法が考案されつつある．

エキシマレーザー

エキシマレーザー（excimer laser）は excited dimer（励起二量体）の合成語であり，希ガスとハロゲンの組み合わせでいろいろな種類のものがあるが，眼科領域で応用されているエキシマレーザーはアルゴンとフッ素を媒体とし，193 nmの波長の光を発振する．このレーザーを照射すると，分子間結合が切断され組織を分解・除去することができる．熱変性を起こすことなく，正確かつ平滑に切除することが可能で，眼の表面に当てた場合は角膜でほぼ吸収されてしまうため周囲組織への侵襲がほとんどない．このエキシマレーザーによって，角膜の表層の混濁を除去することができ，顆粒状角膜ジストロフィ，帯状角膜変性に対して保険適用がある．この混濁を除去する術式を治療的レーザー角膜切除（phototherapeutic keratectomy；PTK）と呼んでいる（図1）．

一方，正常な角膜を切除することもできるので，これで近視・乱視・遠視を治療することができる．特に，近視の場合は角膜の中央を削って平坦にすることで角膜の屈折力を弱めて矯正できることから，その有効性が高い．最初はPRK（photorefractive keratectomy）という方法が行われていた．これは角膜の表面からエキシマレーザーを照射し，角膜を削って形状を変える方法だが，一時的に角膜の最表面の上皮が欠損し

図1 PTK
左の混濁した角膜が右のように中央透明となる.

た状態になる. 術後4日程度で上皮の再被覆はほぼ終了するが, この間, 痛みや異物感が出ることがあり, 角膜に混濁が生じることがあるため, 視力の安定に時間がかかるという欠点があった.

その後, LASIK (laser in situ keratomileusis) という方法が考案された. この方法はマイクロケラトームを用いて角膜の厚みの4分の1くらいの深さの蓋（フラップ）をつくり, このフラップをどけておいて, その下をエキシマレーザーでPRK同様に削り, フラップを元の位置に戻すという手法である. 角膜上皮の欠損が起こらず, PRKのときのような術後角膜上皮再生までの痛みがなく, 混濁もあまり生じないので, 比較的短期間で視力が安定する. そのため両眼同時手術が可能であり, 翌日からよく見えるために, 広く行われるようになり, 現在でもレーザー屈折矯正手術の主流である. レーザー屈折矯正手術を行うと裸眼の視力はよくなるが, レンズ系としての波面収差が増大することがわかっている. この収差の増加をきたさないよう, 収差を考慮して削る wave-front guided LASIK が考案され, 広く行われるようになってきている.

fs レーザー

fs レーザーは長波長レーザーを fs (10^{-15} s) の時間単位で照射して, 組織を分離することが可能である. 角膜に応用されているものは波長 1053 nm の近赤外線レーザーであり, 角膜を計画どおりに切開することができる. fs レーザーが LASIK におけるフラップ作製のステップで用いられるようになってきている. LASIK の術中に数少ないながら合併症が生じることがあるが, その多くがマイクロケラトーム関連であり, fs レーザーを用いることによって, これを回避できる.

また, エキシマレーザーを用いず, fs レーザーのみで屈折矯正手術を行う方法が考案されている. 1つは fs レーザーでフラップをつくり, エキシマレーザーで切除する代わりに, その分の角膜を fs レーザーで切開してレンズ状の角膜片として取り除く方法であり, FLEx (femtosecond lenticule extraction) といわれている. さらにフラップを作成せず, 角膜の中にポケットを作成して, 角膜の表面にはポケットの入り口としての切開があるだけで, そこから fs レーザーで切開した角膜片を取り除く, SMILE (small incision lenticule extraction) という方法もある.

fs レーザーは自由に角膜を切開できるために, 前述した ICR を角膜内に入れるための輪状のトンネルを作成することが容易にできるようになった. また, 角膜移植で, 角膜を切開するときも fs レーザーが使用可能で, 創口を自由な形にできるため, ドナーとホストの角膜をよりきっちりと合わせることができる. 近年は, 深達性の高い fs レーザーが開発され, 白内障（水晶体が混濁する病気）の手術にも使用が可能となってきており, 水晶体の前面の膜を丸く切開したり, 水晶体を超音波で粉砕しやすい状態にできるようになってきている.

〔井上幸次〕

199

光による眼の治療（後眼部）
Ocular phototherapy

レーザー光凝固，光線力学療法，パターンスキャンレーザー

2012年に日本で金環日食観察の際に太陽光を直接見ると眼に障害をきたす危険性があることが周知されたが，これは太陽光の強い可視光線や赤外線が透明な眼球内を透過し眼底に達し，網膜に火傷を起こす危険性があるためである．太陽光による眼障害は古代ギリシャ時代から知られ，ガリレオ・ガリレイ（1564～1642）も自作の望遠鏡で障害を受けたとの記録がある．この光による網膜凝固を治療に応用したのがドイツのMeyer-Schwickerathであり，Zeiss社より世界で初めてキセノンランプを光源とする光凝固装置が市販された．その後，レーザーが開発され，いろいろなレーザーが臨床応用され，現在のレーザー光凝固（laser photocoagulation）装置に至っている．レーザー光は太陽光や蛍光灯ランプの光と違い，波長・位相・方向が一定である．眼底のレーザー光凝固では波長によって決定される組織深達性の光を同じ場所に集中的に照射することができる．レーザー光は，網脈絡膜に存在する光の吸収体（メラニン・ヘモグロビン・キサントフィルの3種類の色素）に吸収されて組織の熱凝固が生じる．眼底に到達したレーザー光は，網膜最外層の網膜色素上皮内に存在するメラニンにおもに吸収されるため，網膜色素上皮を中心に熱が発生し，その内層の神経組織と外層の脈絡膜内に熱伝導する．一部の光は網膜色素上皮を透過し脈絡膜血管内のヘモグロビンに吸収されて脈絡膜組織の熱凝固が生じ，また，青色～緑色の短波長の光は，黄斑部網膜内層に存在するキサントフィルに吸収されやすく，黄斑部の組織障害を引き起こす．

レーザー光凝固術

網膜に対する光凝固の作用は，①虚血網膜の破壊による血管新生の抑制，②神経網膜と網膜色素上皮細胞との瘢痕癒着に代表される．1番目の作用として，糖尿病網膜症，網膜静脈閉塞症，未熟児網膜症などさまざまな原因で網膜毛細血管が閉塞し網膜虚血をきたすと，血管増殖因子が発現し網膜血管新生が起こる．このような症例に対し，血管新生を抑制するために光凝固が行われる（図1A）．光凝固された瘢痕組織は酸素要求度が正常の神経網膜組織より低いため，酸素供給が低下した状態でも相対的に虚血が緩和され血管増殖因子の発現が低下し，血管新生が抑制される．2番目の作用は，神経網膜と網膜色素上皮細胞との癒着瘢痕を形成して，神経網膜の接着力を強固にすることである．網膜剥離への進行を防ぐことを目的に，網膜裂孔周囲への光凝

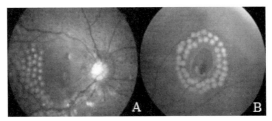

図1　網膜光凝固
A：糖尿病網膜症；新凝固斑（白色）と凝固瘢痕（灰色）．B：網膜裂孔に対する光凝固斑．

固（図1B），網膜剥離に対する硝子体手術中の復位網膜への眼内光凝固などが行われている．

光線力学療法

光線力学療法（Photodynamic therapy；PDT）とは，腫瘍親和性光感受性物質を腫瘍血管に取り込ませ，特定波長のレーザー光を照射することにより光化学反応を惹起させ，血管内皮細胞障害を生じさせることにより選択的に腫瘍組織を死滅させる治療法である．眼科領域においては，網膜・脈絡膜の新生血管・異常血管が病態にかかわる加齢黄斑変性，中心性漿液性網脈絡膜症，網膜・脈絡膜血管腫などの症例に用いられている．眼科治療で用いるポルフィリン化合物はベルテポルフィンで，静脈内注射により病的新生血管付近へ血流により運ばれていき，異常血管を構成する内皮細胞内に取り込まれる．ベルテポルフィンが集積した部位にレーザーを照射することにより，ベルテポルフィンが励起し，その部位で活性酸素やフリーラジカルが生成されることで血管内皮を障害し，新生血管の閉塞が起こる．レーザーは 689 ± 3 nm の半導体レーザーが用いられ，照射条件は，出力 600 mW/cm^2，照射時間 83 s，照射量 50 J/cm^2 と決められている．ベルテポルフィン投与量は，患者の体表面積から算出し，6 mg/m^2 となるように調整する．治療後は，患者は光線過敏の状態になっているので，薬物代謝に必要な 48 時間までは特に薬剤の血中濃度が高いため，屋内で過ごし，遮光のためにつばの長い帽子，色の濃いサングラス，長袖シャツ，長ズボン，手袋，靴下などを着用し，直射日光に曝露しないように指導する．

パターンスキャンレーザー

従来の網膜光凝固装置は単照射で，一度に1か所しか凝固できなかったが，レーザー装置内ミラーでレーザービームの向きを機械的に走査するパターンスキャンレーザ

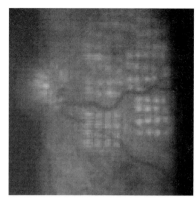

図2　パターンスキャンレーザーの一例
一度に照射できるパターンレーザースポットを示す．

ー（pattern scan laser）の登場で，あらかじめ設定したパターンで複数のスポットの同時照射が行えるようになった（図2）．従来の光凝固装置（出力 200 mW 程度，照射時間 0.2 s 程度）に比べ，高出力（300〜1000 mW）が必要であるが照射時間が約10分の1（0.02 s 程度）であり，従来の凝固よりも総エネルギー量は小さくなり，凝固による熱拡散が脈絡膜まで届きにくく，患者にとって痛みの少ない凝固ができ，また一度に複数のスポットを凝固できるため治療時間を短縮できるというメリットがある．さらに，従来の網膜光凝固の瘢痕は拡大することが報告されていたが，短時間高出力で光凝固を行った場合は，拡大率が小さく，また動物実験にて短時間高出力で光凝固を行うと，その侵襲が及ぶ網膜内層への影響が少ないことが示されている．しかしながら，パターンスキャンレーザーの効果や合併症については未知数のところが多く，今後の検討が必要である．　〔髙井保幸〕

200

網膜再生
Retinal regeneration

網膜変性，移植，立体分化培養，ES 細胞

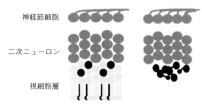

図1　視細胞の生着
視細胞層のあるホスト網膜（左）へは移植した視細胞（黒）はきれいに生着することが知られている．臨床では視細胞層が失われたようなホスト（右）が対象となると考えられ，細胞を移植しても従来の形態をとるのは難しく（黒），その生着が課題となる．

　古くから，イモリや魚の網膜が再生することは知られており，これらの動物では網膜が障害を受けてもまるまる全網膜を再生することができる．哺乳類においては，中枢神経の一部である網膜の神経細胞は傷んでも再生することはないと長い間思われていた．それが近年になり，哺乳類において記憶や学習を司る脳の一部や嗅球などでは神経細胞が再生していることがわかってきた．同様に，哺乳類の網膜において，わずかながら，網膜特異的グリア細胞であるミュラー細胞などが，傷害を受けると幼弱化したり，分裂後に視細胞をはじめとする網膜の細胞に分化したと報告されるようになった．また，網膜周辺部の毛様体に幹細胞があるとの報告もある．こういった細胞が網膜の再生にかかわっている可能性が示唆されている．このように，哺乳類の大人の神経系であっても，新たに生まれた神経細胞が既存の回路に組み込まれる可能性があるとすれば，そこにさらに後押しする形で適切な幼弱細胞を移植してやれば，回路に組み込まれて再生反応を増強できる可能性があるといえよう．そのような中，2006年に，網膜の光受容体細胞である視細胞の前駆細胞を成体マウスの網膜に移植すると，きれいに生着して回路に組み込まれる可能性が示された．さらに2011年には実際に桿体視細胞機能不全をもつ変性モデルマウスを用いて，移植した細胞が移植後機能することが証明された．これはまさに哺乳類の網膜も適切な補助を加えてやれば再生しうる環境が備わっていることを示している．このことから，視細胞移植による網膜の再生治療が将来性のある治療として考えられるようになった．しかし，これまでの報告は，視細胞の層がまだ残存しているようなホストに視細胞を移植した場合のみであり，実際の臨床応用では「視細胞層がほとんど消失しているようなホスト」への視細胞の生着が課題となる（図1）．

網膜色素変性と治療

　網膜視細胞の変性疾患の代表といえる網膜色素変性は，桿体細胞が何らかの視細胞関連遺伝子の異常により変性していく疾患である．数千人に1人罹患者がいるとされ，その原因となる遺伝子は40以上報告されており，それらは視物質そのものや視物質の代謝，細胞内シグナルや視細胞の骨格／形態にかかわる．また，その原因遺伝子によって，疾患の病態や進行速度はさまざまである．さらに，原因遺伝子や同じ遺伝子であってもその異常の部位により，遺伝形態も，優性，劣性，伴性劣性など，すべての形式をとりうる．初期の病態は桿体細胞の機能障害や細胞死であるため，自覚症状としては夜盲が特徴とされ，桿体細胞の細胞死とともに視野狭窄が進行する．網膜において，視力を担っているのは黄斑部という網膜中央の部分の大部分を占める錐体細胞である．網膜色素変性ではこの錐体細胞が消失するのは桿体細胞が失われることによる二次的な障害であるため，疾患の末期で

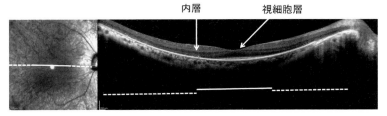

図2 眼科臨床検査として用いられている光干渉断層像
高解像度の網膜断面像が得られる．左白線・点線の部分の断面図が右に示されている．白線部では視細胞層は残存しており，点線部においてはほとんど消失していることがわかる．

ある．一般にこの疾患の進行は緩徐であることから，実際視力に影響が出るまでには長い年月がかかる．そのため，視力低下に至らないケースも多く，必ず失明するというような疾患ではない．このような変性疾患に対して現時点ではまだはっきり効果の得られる治療はなく，末期症例に対しては，人工網膜や，チャネルロドプシンといわれる，多種生物からもってきた自己再生型視物質を残存細胞に導入するような視機能回復方法も研究されている．移植治療については，以前からアメリカやインドなどで胎児の網膜移植などが行われた経緯はあるものの，世界的に眼科の世界で認められるというほどの成果はなく，また実際胎児網膜の移植となると倫理的問題は無視できない．胎児網膜細胞に代わるものとして，われわれもES細胞から視細胞などを分化誘導する方法は確立していたが，実際にはなかなか現実的に臨床で移植に用いるほどの量と純度を確保することは困難であった．しかし，2011年に，マウス，続いてヒトのES細胞から，組織を立体的に分化誘導する「自己組織化」という画期的な技術が報告された．この分化方法により，かなり純度よく質のよい十分量の網膜の細胞を用意できるようになったばかりでなく，適切な発生段階の細胞を自在に選んで使うことも可能となり，胎児網膜移植のような倫理的な問題が回避されたばかりかそれ以上の効果が

期待できるようになった．また細胞に加え，シート用網膜組織の移植，という移植形態の選択肢も広がった．実際これらのESから分化した網膜様組織をマウスの変性網膜下に移植すると，組織中の視細胞は外節構造まで形成してほぼ最終形態にまで成熟し，光に対する反応も得られ，機能的にも成熟することが確認できている．これらが移植先のホスト網膜内の二次ニューロンである双極細胞，さらには視神経を長い軸索として伸ばす神経節細胞と実際にシナプスを形成して，光シグナルを神経シグナルとして脳に伝達することができるようになるのかどうか，現在検証が行われている．

画像技術の発展

近年眼科のイメージングツールは飛躍的な進化をとげており，網膜内の神経の3層構造や視細胞の外節の有無などの詳細が断面像として得られるようになっている．これらの画像解析により，変性過程でどの範囲は視細胞が消失あるいは残存しているか，などかなり詳細な情報が得られるようになっている（図2）．このことは，実際に視細胞移植の臨床の応用を考えるにあたっても非常に有用であり，初期臨床応用においてはほぼ視細胞の消失してしまったような症例での光覚の再獲得，中心だけ視細胞が残存しているような症例での周辺視野の部分回復と中心部の進行の抑制といったことが目標となると思われる．　　　〔万代道子〕

索　引

＊太字はおもな解説ページを表す

和　文

■あ行

アクチン細胞骨格　137
アクチン繊維　120, 134
アゾベンゼン　42
アナベナセンサリーロドプシン　**178**
アフィニティラベル化法　367
アブシジン酸　113
アポトーシス　315
アマクリン細胞　270
アミノレブリン酸　398
アレスチン　239
暗形態形成　114
暗視野観察　380
暗順応　235, **248**
暗所視　232, 234, **236**, 242, 271
アンテナ複合体　66
暗ノイズ　255
暗反転　190

イエロータンパク質　22, **146**, 351, 355
イクオリン　32, 370
移植　410
異性化　345
位相コントラスト画像診断　400
位相差顕微鏡　380
位相シフト　210
位相反応曲線　218, 225
一光子応答　237
一次視覚野　276
一重項酸素　46, 327, 399
一分子蛍光イメージング法　**378**
遺伝子コードラベル化法　366

遺伝子の蛍光ラベル化　**364**
遺伝子発現　111, 118, 182, 203
異方性因子　338
色　**14**
インドシアニングリーン　377
陰葉　86

ウロカニン酸　328

エアリーディスク　384
エキシプレックス　25
エキシマー　25
エキシマライト　403
エキシマランプ　332, 402
エキシマレーザー　333, 406
液体窒素　346
エチオプラスト　114
エネルギー移動　60
エネルギーゲイン　36
エフェクター　246
塩基除去修復　49, 302
円錐交差　27, 30
遠赤色光　100-103, 110-113, 133, 134, 145, 152, 158, 164, 186-188, 192
エンセファロプシン　258
エンタルピー　357
円偏光　**17**
円（偏光）二色性　17, 338
円偏光発光スペクトル　**338**

黄色植物　156
オーキシン　129, 130, 188
オーキシン応答　187

8-オキソグアニン　49
奥行き知覚　233, 282
オゾン全量　288
オゾン層　328
オゾン層破壊　289, 301
オプシン　170, 180, 194, 250, **252**, 258
オプシンシフト　23
　——のメカニズム　23
オプシン類似タンパク質　154
オプトジェネティクス　57, 147, 151, 177, 223, **372**
オーレオクロム　98, **156**
オレキシン　222
オレンジカロテノイドタンパク質　143

■か行

概月リズム　**206**
概日光受容　211
概日時計　97, 103, 196, 197, 202, 204, 210, 212, 214
　哺乳類の——　198
概日時計遺伝子　161
概日リズム　173, **196**, 210, 216, 218, 221, 224, 228, 258
　——のリセット機構　210
回折　13
外側膝状体　276
概潮汐リズム　**206**
回転触媒仮説　70
概年リズム　105, 207
概半月リズム　**206**
海綿状組織　87, 90

外網状層　268
海洋細菌　58
化学種グレーティング　356
化学発光酵素免疫測定法　390
核　136
核酸塩基　296, 298
拡散係数　341, 357
核磁気共鳴分光法　360
覚醒　222
覚醒中枢　222
　　——の光定位運動　136
角膜障害　326
可視光線の割合　9
舵取り機構　109
活性酸素　46, 48, 88, 312
活動電位　373
過渡回折格子法　356
過渡吸収測定　344
過分極　264
過分極性応答　244
加法混色　5
カルビン–ベンソン回路　74, 76
加齢黄斑変性　326
カロテノイド　60, 80
カロテン　80
がん　226, 394
　　——の蛍光イメージング　394
換羽　207
感桿　280
感桿分体　280
環境ゲノミクス　58
環境シグナル　11
還元的ペントースリン酸回路　76
干渉　13, 14
感染症　396
桿体（桿体視細胞）　234, 236, 242, 266
眼点　109
眼優位性コラム　276
緩和現象　24

気孔　138, 139, 140
　　——の光開口運動　138
キサントフィル　80
キサントフィルサイクル　84, 88
キサントロドプシン　60
季節繁殖　106
季節変動　225

擬態　15
キナーゼ　162, 239
機能発現　37
キノン　92, 93
キメラセンサー　142
逆転領域　39
ギャップ結合　269
吸収スペクトル　6, 20
休眠　104
強光センサー　142
強光阻害　88, 294
共焦点顕微鏡　382
狭帯光域観察　391
共鳴　28
共鳴エネルギー移動　371
共鳴ラマン分光法　350
共役二重結合　22, 44, 256
許容遷移　21
魚卵　294
キラリティー　17
禁制遷移　21
近赤外蛍光試薬　376
金属イオン指示薬　392

グアニル酸シクラーゼ　239, 245, 247
グアニンヌクレオチド　260
空間情報　282
クエンチング　84
屈折　12
クライオスタット　346
クラミドモナス　109, 150, 163
グリコール酸　75
αクリスタリン　326
クリプトクロム　100, 110, 114, 144, 156, 160, 201, 311
グルタミン酸　270
クロスリンキング　406
クロモフォア　→　発色団
クロラシドバクテリア　63
クロリン　78
クロロフィル　40, 53, 78, 114

蛍光　26, 30, 364, 378
蛍光イメージング　383, 392, 395
　　がんの——　394
蛍光共鳴エネルギー移動　366, 368

蛍光減衰曲線　336
蛍光検知円二色性　338
蛍光顕微鏡　340, 380
蛍光酵素免疫測定法　390
蛍光寿命測定　336
蛍光診断法　392
蛍光着色微粒子　393
蛍光内視鏡　391
蛍光標識　364
蛍光ラベル　364, 366
　　遺伝子の——　364
蛍光・リン光分光計　334
蛍光励起スペクトル　334
血液検査　390
月周性　106
結膜障害　326
ゲーティング機構　205
ゲート　207
4-ケト環　61
検出器　335, 342
減法混色　5
瞼裂斑　326

光化学系　64, 66, 68, 88
光化学系Ⅰ型反応中心　52, 62, 64, 66
光化学系Ⅱ型反応中心　52, 62, 64, 68, 83, 86
光化学反応　26, 34, 36, 298
光化学反応中心　40
効果器酵素　262
光学活性　17
光学顕微鏡の分解能　384
項間交差　24, 30
抗菌光線力学療法　396
抗菌作用　396
高血圧　199
光源　332
光合成　10, 40, 52, 78, 86, 100, 102
光合成細菌　62
　　非酸素発生型——　62
光合成初期過程　345
光合成有効放射　294
交差分極法　360
抗酸化剤　81
抗酸化防御　48
光子活性化療法　401

414　索引

光質センサー　142
光周性　103, 105, 106
　　動物の──　**122**
甲状腺刺激ホルモン　123
高照度光　225
紅色細菌　62, 166
光線過敏型薬疹　324
光線過敏症　**324**
光線防御　**328**
光線力学的診断　399
光線力学療法　31, 46, 396, **398**, 409
構造色　14, 284
光走性　**108**, 146, 166, 361
光走速反応　108
酵素カスケード　245
高速原子間力顕微鏡　**362**
高速現象　24
交代制勤務　**226**
光電子移動　**38**, 40
光電子環状反応　43
光電子増倍管　334, 336, 342
紅斑　315
高分解能光学顕微鏡　**384**
孔辺細胞　139, 140
光量子　2
高齢者　228
黒色素胞刺激ホルモン　107
黒体輻射　4
コケ植物　100, 192
コミュニケーション　18, 285

■さ行
サイクリック電子伝達　72
サイクリン　308
細隙灯顕微鏡　404
最少紅斑量　402
最低励起一重項状態　30
細胞間隙　90
細胞骨格　120, 125
細胞周期チェックポイント　306, **308**
細胞膜 H^+-ATPase　139
柵状組織　87, 90
サブユニット構造　67
作用スペクトル　112, 126
サリニキサンチン　60
酸化還元電位　64

酸化ストレス応答　48, 320
酸化的リン酸化　70
三（原）色説　6, 240
サンスクリーン剤　325, 328
酸素濃度　9
サンタン　316
サンバーン　316

シアノバクテリア → ラン藻
シアノバクテリオクロム　83, 142, **152**
紫外線　11, 118, 125, 290-295, 306, 310, 314, 318, 322, 326, 396, 402
　UVA　125, 144, 290, 292, 301, 314, 316, 318, 328, 406
　UVB　9, 118, 144, 180, 290, 292, 301, 312, 316, 322, 328
　UVC　298, 300, 396
紫外線炎症　319
紫外線耐性　290
紫外線フィルター　326
紫外線防御　312, 328
視覚　11, **232**, 282
　赤ちゃんの──　**230**
　──の二元説　**234**
視覚オプシン　**258**
視覚器　280
自家蛍光　377
時間相関単一光子計数法　336
時間電圧変換器　336
視感度　234
視感度曲線　**242**
色覚　232, 234, **240**
色覚異常　241
色相環　5
色素顆粒　208
色素細胞　208
色素上皮細胞　**274**
色素性乾皮症　315, 324
色素胞　15, 208
色素胞細胞　107
シクロブタン型ピリミジン二量体　300, 302, 304, 312, 314, 318, 323
視交叉上核　173, 198, 210, 212, 214, 215, **216**, 228
自己組織化　411

視細胞　242, 248, **266**
　──の構造　266
　──の光応答　267
視細胞移植　410
時差ぼけ　217, 219
視床下部　180, 222
l-シス・ディルティアゼム　265
シス-トランス光異性化　42
ジスルフィド結合　71
自然変異　**190**
自然老化　320
シダ植物　100, 164
シトクロム $b_6 f$　64
シナプスリボン　269, 271
磁場センサー　161
ジビニルクロロフィル　79
シフォナキサンチン　82
視物質　6, 174, **250**, 254, 256, 274
ジベレリン　113, 188
しみ　320, 324
社会性昆虫　285
遮蔽仮説　109
自由継続リズム　218
集合運動　132
集光能　83
重心検出　385
終脳外側中隔　180
重力屈性阻害　186
種子発芽　**112**
術中光診断　**394**
受容器電位　264, 280
受容野　269, 270
順化　**86**
松果体　107, 123, 170, 194, 212, 220, 259
　──の非視覚オプシン　259
初期電荷分離状態　40
ショ糖　75
ショ糖リン酸合成酵素　75
シロイヌナズナ　136
しわ　320
進化　193, 291
神経節細胞　194, 214
人工光合成　**92**
信号雑音比　342
伸長応答　117
振動分光　350

415

水素結合　54, 348
錐体（錐体視細胞）　234, 238, 242, 250, 266, 278
錐体視物質　250
水平細胞　**268**
睡眠覚醒　**222**
睡眠障害　199, 228
睡眠中枢　222
スチルベン　42
ステート遷移　85
スーパーオキシド　46
スピン多重度　20
スピンラベル法　**358**
スペクトログラフ　112

ゼアキサンチン　327
生活史　96, 98, 100, 102, 104, 106
　コケの――　**100**
　昆虫の――　**104**
　シダ植物の――　**100**
　種子植物の――　**102**
　脊椎動物の――　**106**
生活史形質　104
生活習慣病　226
正常領域　39
青色光　125, 126, 138-140, 144, 160, 162, 170
青色光受容体　160, 162, 166, 168
性腺刺激ホルモン　122
性腺刺激ホルモン放出ホルモン　122
生体イメージング　**376**
生体の光学的窓　377
生体分光学　**388**
生物光学顕微鏡　**380**
生物時計　202, 204, 220, 224
生物発光　15, 370
生物発光共鳴エネルギー移動　**369**
赤外線　2, 6, 8, 9, 52, 108, 208, 294, 318, 327, 348, 374, 407, 408
赤外分光法　**348**
赤色光　33, 59, 83, 91, 97, 100-103, 110-116, 121, 125, 129, 132-140, 144, 152, 158, 165, 166, 182, 186, 190-193, 230, 283, 294, 398

絶対閾値　237
ゼニゴケ　101, 192
繊維状非酸素発生型光合成細菌　63
遷移モーメント　21
旋光性　17
センサリーロドプシンⅠ　361
センサリーロドプシンⅡ　361
選択則　21
センチネルリンパ節　394
全反射照明蛍光顕微鏡　378

造影撮像　400
双極細胞　**270**
双極子相互作用　360
走査型レーザー検眼鏡　404
装置応答関数　337
相同組換え修復　303
藻類　98
側面光屈性　128
ソラレン　402
損傷乗越え DNA 合成　314

■た行
体色調節　107
体色変化　**208**
大脳視覚野　**276**
太陽光　243
太陽光スペクトル　**8**
太陽紫外線　310
太陽放射　288
ターゲット型光線療法　403
多層膜干渉　14
脱黄化反応　103, 114
脱分極　264
タラポルフィンナトリウム　398
単一蛍光体　385
段説説　241
単眼　**284**
炭酸同化　**74**
単色 X 線　400
単錐体　278
タンパク質間相互作用　148
タンパク質分解　182, 184
単面葉　90

チオエステル結合　146
チャップマン機構　9

チャネル　**264**
チャネルロドプシン　98, 109, **150**, 372
昼間視　**238**
中間体　54
昼行性　7, 106
中心窩　238
中枢時計　198, 210
中性子結晶構造解析　354
中性子散乱　**354**
重複像眼　280, 281
超高速現象　44
直線偏光　**16**
チラコイド膜　64

定位行動　18
低温紫外可視吸収スペクトル法　346
低障壁水素結合　146, 355
適応進化　191
テトラピロール　78
電荷移動型励起状態　296
電気性眼炎　326
天空コンパス　18
電子移動理論　92
電子供与体　66
電子交換　29
電子受容体　66
電子スピン共鳴　358
電子伝達系　52, **64**, 66, **72**
電子遷移　20
電磁波　2, 4
転写因子　111, 156
転写制御　179, 184
電子励起現象　**24**
点像分布関数　385
デンプン　75

同調　103, 201, 205, 217, 218
同調因子　201, 206, 224
頭頂眼　194
糖尿病　199
逃避運動　132
等面葉　90
時計遺伝子　197, 198, 200, 215
突然変異　126, 291, 314
トランスデューシゾーム　247
トランスデューシン　212, 238,

245, 263
ドルーゼン 327

■な行
内因性光感受性網膜神経節細胞
　　（ipRGC） 172, 211, 214, 273
内視鏡検査 391
内部結合水 55
内部変換 24, 30
ナビゲーション行動 285
ナルコレプシー 223
ナローバンドUVB 402
二光子励起蛍光顕微鏡 **382**
二状態安定色素 173
二成分情報伝達系 148
日光網膜症 327
日周鉛直移動 294
日周性 106
日周リズム 220
ニューロプシン（Opn5） 258
認知症 **228**

ヌクレオチド除去修復 302, 307, 315

ネオクロム 121, 125, 132, 134, 136, 145, **164**
熱グレーティング 356
熱放散 88
年周性 106

脳脊髄液接触ニューロン 180
脳内光受容器 123
脳内光受容体 180
ノンレム睡眠 222

■は行
バイオフィルム 166
配偶体 100, 164
胚軸 128
背側経路 277
背地適応 208
胚発生 294
バクテリオクロリン 78
バクテリオクロロフィル 52, 78
バクテリオフィトクロム 152, 158

バクテリオロドプシン 53, **54**, 56, 354, 361, 362
白内障 326
薄明視 232, 234, **236**
バソロドプシン 347
パターンスキャンレーザー 409
波長 332
波長依存性 315
発現後ラベル化法 366
発光 15, 26, 370
発色団 22, 36, 44, 250, **256**, 274, 349, 350, 372
パラソル神経節細胞 273
パラピノプシン 195
バリアント 315
パルス光 333, 336
ハロロドプシン **56**
反射 **12**
繁殖期 106
反対色説 240
半導体検出器 342
反応効率 44
反応中間体 346, 356
反応中心 68
　　光化学系Ⅰ型—— 62
　　光化学系Ⅱ型—— 62, 83

非イメージ形成視覚 173
避陰反応 103, 110, **116**, 158, 188
ビオラキサンチン 84
光アンテナ 109
光異性化 **42**, 44, 174
光異性化酵素 253
光運動 124
光運動反応 108
光エネルギー 36, 52
光応答膜タンパク質 361
光回復 291, 295
光回復酵素 303, **310**, 313
光活性化 341
光活性化アデニル酸シクラーゼ 108
光感覚 232
光環境 **84**, 228, 230
光環境応答 83, 158
光環境適応 59, **84**
光感受性 254
光感受性物質 398

光干渉断層計 405
光感度 248
光吸収 **20**
光強度 332
光驚動反応 108
光屈性 96, 103, 124, 126, 128, 130, 164, 186
　　菌類の—— **126**
　　植物の—— **128**
光駆動Cl⁻ポンプ 56
光駆動プロトンポンプ 52
光傾性 124, 128
光形態形成 96, 103, 110, 116, **120**, 160, 182, 184
　　——の制御 182
光原子価異性 42
光検出器 **342**
光-光合成曲線 86
光呼吸 75, 76
光互変異性 43
光殺菌 **396**
光シグナル伝達 **130**, 188, **244**, 245, **246**, 248
光シグナルの増幅 245
光シグナル変換 260
光周期 104
光受容体 11, 125, 130, 143, 152, 230
　　植物の—— **144**
　　微生物の—— **142**, 166
光受容タンパク質 36, 252, 254, 258
光順化 **86**
光照射NMR 361
光情報変換 179
光診断法 **390**
光センサー分子 109
光増感DNA損傷 299
光増感剤 47, 298
光増感分解反応 299
光阻害 **88**
　　——の回避機構 89
光退色 340
光退色蛍光減衰法 341
光退色後蛍光回復法 **340**
光定位運動 **132**
　　核の—— 136
　　葉緑体の—— 102, 124, 132,

417

134, 162, 165
光同調　217
光毒性　293
光による眼の診断　**404**
光による眼の治療　**406**, **408**
光の二重性　2
光発芽　103, 183
光発がん　**318**
光方向認識　108
光捕集　40, 78, 80
光補償点　86
光リン酸化　**70**
光老化　293, **320**
非形態視覚　233
ヒゲカビ　126
ピコシアノバクテリア　82
非酸素発生型光合成細菌　62
非視覚　**194**
非視覚応答　214
非視覚オプシン　252, **258**
　　松果体の――　259
微弱光反応　112
微小管　120
微小平板ビーム放射線療法　401
非相同末端結合修復　303
ビタミンD　292
7α-ヒドロキシプレグネノロン　213
ヒドロキシルラジカル　46
ピノプシン　**170**, 212
皮膚がん　315
微分干渉顕微鏡　381
ヒメツリガネゴケ　100
日焼け　316, 324
表在性タンパク質　68
表面増強ラマン散乱　389
病理診断　391
ピリミジン二量体　119, 318
ピンぼけ　**282**

フィコシアノビリン　153
フィコビオビリン　153
フィコビリソーム　83
フィコビリン　83
フィトクロム　97, 98, 100, 110, 112, 114, 116, 142, 144, 152, **158**, 182, 186, 190, 192
　　――の分子系統樹　193

フィトクロモビリン　144, 158
フィードバックループ　200
フォトクロミズム　178
フォトサイクル　150
フォトトロピン　98, 100, 110, 125, 129, 130, 132, 134, 136, 139, 140, 144, 156, **162**, 186
フォトトロピン1　129
フォトリアーゼ　145
孵化率　295
複眼　**284**
複錐体　278
腹側経路　277
符号の制御　109
フコキサンチン　82
フシナシミドロ　156
物体認知　18
ブラシノステロイド　188
フラッシュ光分解法　344
フラビン　167
フラビンアデニンジヌクレオチド　144, 160
フラビンタンパク質　109
フラビンモノヌクレオチド　144, 162
フラボノイド　118
フラーレン　93
フランク-コンドン因子　21
ブリュースター角　16
フリーランリズム　224
ブルキンエシフト　235, 243
プロテオロドプシン　53, **58**
プロトポルフィリン IX　394, 397, 399
プロトン駆動力　72
プロトンの電気化学ポテンシャル差　70
プロトンポンプ　54, 58, 139, 155
プロラメラボディ　114
分光イメージング　388
分光感度特性　342
分光器　334
分子拡散　357
分子間相互作用　368
分子シャペロン　326
分子進化　255
分子振動　348, 350
分子設計原理　37

分子体積　357
ヘテロコント藻類　109
ヘテロ二量体　62
ペプチドタグ　367
ヘリオバクテリア　63
ベルテポルフィン　398
偏光　3, 18, 284, 333
偏光顕微鏡　380
偏光子　16
偏光視　233
偏光走性　108
ベンゾフェノン　34
変動磁場　3
変動電場　3
鞭毛運動　108

膨圧　124
方向選択制神経節細胞　272
芳香族アミノ酸　351
胞子体　100
胞子嚢柄　126
放射光　352, **374**, **400**
ホウライシダ　121, 136, 164
補欠分子　149
保護色　107
補償深度　82
補色順化　**82**
補色適応　82
ホスホジエステラーゼ　262
ホモ二量体　62
ポルフィマーナトリウム　398
ポルフィリン　46, 78, 93
ポルフィリン症　324
ポンプ・プルーブ光手法　345

■ま行
マーカス理論　39, 93
膜電位感受性色素　392
マスキング　206
末梢時計　198, 210
マルチドメインタンパク質　148

ミクロフィブリル　120, 138
ミジェット神経節細胞　273
水分解　68
水-水サイクル　72
密度汎関数理論　351

ミトコンドリア局在性蛍光試薬　376
ミドリムシ　109, 166
ミヤマタネツケバナ　190
無脊椎動物オプシン　176
無輻射遷移　26

明順応　248, 267
明所視　232, 234, **238**, 242
メラトニン　107, 123, 170, 212, **220**, 229
　——の生理作用　221
メラトニン受容体　220
メラニン　328
メラニン凝集ホルモン　107
メラノプシン　**172**, 211, 213, 214, 230, 258
免疫抑制　319, **322**

網膜再生　410
網膜色素変性症　275, 410
網膜神経節細胞　172, 217, **272**
網膜対応地図　276

■や行
夜間光刺激　226
夜行性　7, 106
有線外皮質　276
雪目　326
油球　**278**
ユビキチン化　111, 185, 305
ユビキチン-プロテアソーム系

184
溶液散乱　352, 354
葉肉組織　90
陽葉　86
幼葉鞘　129
葉緑体　87, 134
葉緑体NDH複合体　73
葉緑体光定位運動　102, 124, 132, 134, 162, 165
翼状片　326
抑制性ニューロン　268

■ら行
ラマン光学活性　389
ラマンスペクトル　388
ラマン分光法　388
ラン藻　10, 62, 82, 152, 166, 202
ランバート-ベールの法則　21

リズム中枢　216
リズム同調　224
立体分化培養　411
リポフスチン　327
リボンシナプス　269
量子収率　35, 45, 342
両面葉　90
緑色硫黄細菌　63
緑色蛍光タンパク質　366, 379
緑色光　91
臨界日長　105
リン光　**30**, 335
リン酸化　111

ルシフェラーゼ　32, 369
ルシフェリン　32, 370
ルテイン　327
ルビスコ　74, 76, 86, 90
ルビスコアクティベース　74
励起一重項状態　35
励起錯体　297
励起三重項状態　30, 35
励起子　29
励起状態　10, 30
レーザー光凝固術　408
レチナール　34, 36, 42, 54, 60, 150, 174, 176, 250, 252, 254, 256, 372
　——の異性化　37
レチナール結合タンパク質　175
レチナール光異性化タンパク質　174
レチナール膜タンパク質　56
レチノイドサイクル　174, **274**
レチノクロム　174
レトロトランスポジション　165
レーバー先天性黒内障　275
レム睡眠　222
連像眼　280, 281

ロドプシン　36, 56, 250, **254**, 347
　菌類の——　**154**
　古細菌型の——　109

■わ行
輪回し行動　218

欧　文

2-APB　265
(6-4)光産物　300, 302, 304

a-PDT　396
AFI　391
AFM　375
antimicrobial PDT (a-PDT)　396
ataxia telangiectasia and Rad3-related　306
ATM　309
ATP合成　52, 65, **70**
ATP合成酵素　64, 70

ATR　306, 309
auto fluorescence imaging (AFI)　391

bacteriorhodopsin　56
base excision repair (BER)　302
BER　302
bioluminescence　15
bioluminescence resonance energy transfer (BRET)　**369**
Blue-ON/Yellow-OFF神経節細胞　273
BLUF　166

BRET **369**

C₃ 植物 76
C₄ 植物 76
Ca²⁺ 249
CAM 植物 76
Ccg 199
CD 338
CDK 308
cGMP 262
CH/π 水素結合 147
CikA 203
circular dichroism（CD） 338
circularly polarized luminescence（CPL） 338
clock-controlled genes 199
CNG チャネル 264
COP タンパク質 **184**
COP1 119, 185
COP9 signalosome 184
CP 360
CP-MAS 法 360
CPL 338
cross polarization（CP） 360
CRY 201
cryptochrome（CRY） 201
cyclic nucleotide gated channel 264

DDR 306
deoxyribonucleic acid 296
Dewar 型光産物 298, 300, 302
Dexter 機構 29, 93
directional Selective Ganglion Cells（DSGCs） 272
DNA 292, 296, 298
DNA damage response（DDR） 306
DNA チップ 365
DNA マイクロアレイ 365
DNA 固相自動合成機 364
DNA 光修復酵素 299
DNA 損傷 118, 290, 302, 310, 317, 323
　――の修復 **118**, **302**, **304**
DNA 損傷チェックポイント 308
DNA 損傷応答 306
DNA 損傷応答シグナルトランスダクション **306**
DSGCs 272

End of day far-red 116
ES 細胞 411

F-BOX 168
FDCD 338
FISH 365
FKF **168**
FLIP 341
fluorescence detected circular dichroism（FDCD） 338
fluorescence loss in photobleaching（FLIP） 341
fluorescence recovery after photobleaching 382
Förster 機構 28, 93
FRAP **340**, 382
FRET 31
fs レーザー 407

GFP 32, 366, 379
GnRH 123
gonadotropin-releasing hormone（GnRH） 123
green fluorescent protein（GFP） 366, 379
G タンパク質（G protein） 176, 180, 212, 238, 246, 258, **260**, 263
G タンパク質共役型受容体（G protein-coupled receptor（GPCR）） 176, 252, 260
G タンパク質信号系 262

homologous recombination（HR） 303

intrinsically photosensitive retinal ganglion cell（ipRGC） 172, 211, 214, 273
IRF 337

KELCH REPEAT 168

laser *in situ* keratomileusis（LASIK） 407
LASIK 407
LED 273
leptosphaeria rhodopsin 155
LKP2 **168**
Local edge detector 神経節細胞 273
LOV KELCH PROTEIN2 168
LOV ドメイン 97, 145, 162, 168
LR 155
Luc 371

MED 402
melanophore 208
minimal erythema dose（MED） 402
Mn₄CaO₅ クラスター 68
　――のイス型構造 69

mRGC 214

NADPH 生成 64
narrow band imaging（NBI） 391
NBI 391
NDH 複合体 72
NER 302
neurospora rhodopsin 155
NHEJ 303
NMR 分光法（spectroscopy） **360**
non-homologous end joining（NHEJ） 303
non-photochemical quenching 84
nop-1 遺伝子 154
NPH3/RPT2-like 130
NPQ 84
NR 155
NRL 130
nucleotide excision repair（NER） 302

OCP 143
OCT 405
ON-OFF 光応答 271, 272
OPL 268
opsin-related protein（ORP） 154
optical coherence tomogrphy（OCT） 405
orange carotenoid protein（OCP） 143
ORP 154
outer plexiform layer（OPL） 268
8-oxoguanine 49

p53 307
PA 分類 329
PAC 99, 108
PALM 385
PAS ドメイン（domain） **148**
PDD 399
PDE **262**
PDT 31, 46, 396, 398, 409
PGR5 タンパク質 72
phase response curve（PRC） 225
phosphodiesterase（PDE） 262
photic vesicle 175
photoactivated adenylyl cyclase 108
photoactivated localization microscopy 385
photoactive yellow protein（PYP） 351, 355
photodynamic diagnosis（PDD） 399
photodynamic therapy（PDT） 31, 396, 398, 409
photosensitizer（PS） 398

phototherapeutic keratectomy 406
PHYE 191
phytochrome interacting factor protein 182
phytochrome interacting factors 193
phytochrome kinase substrate 130, 186
PIF 111, 188, 193
PIF タンパク質 **182**
PIN 130
PIN-FORMED 130
PKS 130, **186**
PpIX 399
PRC 225
primary visual cortex（V1） 276
protoporphyrin IX（PpIX） 399
PS 398
PSI core complex 66
PSI-LHCI 超複合体 66
PSI コア複合体 66
PTK 406
PUVA 402
PYP **146**, 351, 353, 355
p 偏光 16

qE クエンチング 84

RALBP 175
Raman optical activity（ROA） 389
Rehm-Weller の式 38
retinal G protein-coupled receptor（RGR） 174
retinal ganglion cell（RGC） 214
retinal-binding protein（RALBP） 175
ROA 389
Rubisco 74

scanning laser ophthalmoscope（SLO） 404
SCF 複合体 168
SCN 198, 210, 214, 216
SEM 375
SERS 389
signal transduction for DNA damage response 306
SLO 404
small angle X-ray scattering 352
solar-UV signature 314
SPF 値 329
STED 385
stimulated emission depletion 385
stochastic optical reconstruction miscoscopy 385

STORM 385
supercomplex 66
suprachiasmatic nucleus（SCN） 198, 210, 214, 216
s 偏光 16

TCSPC 336
thyroid-stimulating hormone（TSH） 123
Time-correlated single photon counting（TCSPC） 336
total internal reflection fluorescence microscope（TIRFM） 378
transient receptor potential channel 264
translation DNA synthesis（TLS） 314
TRP チャネル 264
TSH 123

UV signature 314
UV signature mutation 318

UVB 抵抗性 313
UVR8 118, 125
UV インデックス 288

V1 276
visual cycle 274

WC-1 97
wc-1 ホモログ 127

X 線イメージング法 375
X 線結晶構造解析 352, 374
X 線顕微鏡 375
X 線小角散乱 **352**

ZEITLUPE 168
ZTL **168**
Z スキーム 64

光と生命の事典

2016 年 2 月 25 日　初版第 1 刷

編集者　日本光生物学協会
　　　　光と生命の事典
　　　　編集委員会

発行者　朝　倉　邦　造

発行所　株式会社　朝　倉　書　店
　　　　東京都新宿区新小川町 6-29
　　　　郵便番号　162-8707
　　　　電　話　03(3260)0141
　　　　ＦＡＸ　03(3260)0180
　　　　http://www.asakura.co.jp

〈検印省略〉

© 2016〈無断複写・転載を禁ず〉　　新日本印刷・牧製本

ISBN 978-4-254-17161-7　C 3545　　Printed in Japan

JCOPY　〈(社)出版者著作権管理機構　委託出版物〉

本書の無断複写は著作権法上での例外を除き禁じられています．複写される場合は，そのつど事前に，(社)出版者著作権管理機構 (電話 03-3513-6969, FAX 03-3513-6979, e-mail: info@jcopy.or.jp) の許諾を得てください．

太陽紫外線防御研究委員会編

からだと光の事典

30104-5 C3547　　　　B5判 432頁 本体15000円

健康の維持・増進をはかるために，ヒトは光とどう付き合っていけばよいか，という観点からまとめられた事典。光がヒトに及ぼす影響・作用を網羅し，光の長所を活用し，弊害を回避するための知恵をわかりやすく解説する。ヒトをとりまく重要な環境要素としての光について，幅広い分野におけるテーマを考察し，学際的・総合的に理解できる成書。光と環境，光と基礎医学，光と皮膚，光と眼，紫外線防御，光による治療，生体時計，光とこころ，光と衣食住，光と子供の健康，など

光化学協会光化学の事典編集委員会編

光化学の事典

14096-5 C3543　　　　A5判 436頁 本体12000円

光化学は，光を吸収して起こる反応などを取り扱い，対象とする物質が有機化合物と無機化合物の別を問わず多様で，広範囲で応用されている。正しい基礎知識と，人類社会に貢献する重要な役割・可能性を，約200のキーワード別に平易な記述で網羅的に解説。〔内容〕光とは／光化学の基礎I―物理化学―／光化学の基礎II―有機化学―／様々な化合物の光化学／光化学と生活・産業／光化学と健康・医療／光化学と環境・エネルギー／光と生物・生化学／光分析技術(測定)

早大 石渡信一・前遺伝研 桂　勲・徳島文理大 桐野　豊・名大 美宅成樹編

生物物理学ハンドブック

17122-8 C3045　　　　B5判 680頁 本体28000円

多彩な生物にも，それを司る分子と法則がある：生物と生命現象を物理的手法で解説する総合事典〔内容〕生物物理学の問うもの／蛋白質(構造と物性／相互作用)／核酸と遺伝情報系／脂質二重層・モデル膜／細胞(構造／エネルギー／膜動輸送／情報)／神経生物物理(イオンチャネル／シナプス伝達／感覚系と運動系／脳高次機能)／生体運動(分子モーター／筋収縮／細胞運動)／光生物学(光エネルギー／情報伝達)／構造生物物理・計算生物物理／生物物理化学／概念・アプローチ／他

産総研 石田直理雄・北大 本間研一編

時 間 生 物 学 事 典

17130-3 C3545　　　　A5判 340頁 本体9200円

生物のもつリズムを研究する時間生物学の主要な事項を解説。生理学・分子生物学的な基礎知識から，研究方法，ヒトのリズム障害まで，幅広く新しい知見も含めて紹介する。各項目は原則として見開きで解説し，図表を使ったわかりやすい説明を心がけた。〔内容〕生物リズムと病気／生物リズムを司る遺伝子／生殖リズム／アショフの法則／レム睡眠／睡眠脳波／脱同調プロトコール／社会性昆虫／ヒスタミン／生物時計の分子システム／季節性うつ病／昼夜逆転／サマータイム／他

前阪大 木下修一・北大 太田信廣・阪大 永井健治・東工大 南不二雄編

発 光 の 事 典
―基礎からイメージングまで―

10262-8 C3540　　　　A5判 788頁 本体20000円

発光現象が関連する分野は物理・化学・生物・医学・地球科学・工学と実に広範である。本書は光の基礎的な知識，発光の仕組みなど，発光現象の基礎的な解説を充実させることを特徴にした事典で，工学応用への一端も最後に紹介した。各分野において最先端で活躍している執筆者が集まり実現した，世界に類のない発光のレファレンス。〔内容〕発光の概要／発光の基礎／発光測定法／発光の物理／発光の化学／発光の生物／発光イメージング／いろいろな光源と発光の応用／付録

上記価格(税別)は2016年1月現在